KoROAD 도로교통공단 시행 국가공인 PASS

도로교통 사고감정사

1 2차 자격시험

공학박사 박성지 교수

머리말 PREFACE

도로교통사고감정사는 교통사고의 원인을 체계적으로 조사·분석·감정할 인력을 배출하기 위해 도입된 자격 제도입니다. 우리나라에서는 매년 5,000명에 가까운 사람들이 교통사고로 사망합니다. 인적·물적 피해가 엄청날 뿐만 아니라 교통사고 당사자들이 사고의 실체적 원인을 몰라 법원까지 가서 다투는 일이 비일비재합니다.

그러므로 사고발생시 현장을 조사하고 증거물을 확보하고 향후 쟁점이 될 사안에 대해서 과학적인 분석을 수행하며 수사기관 또는 법원에 원인 분석에 대한 종합감정서를 제출하는 전문가로서 도로교통사고감정사의 역할은 매우 중요하다고 할 것입니다.

도로교통사고감정사의 활동범위를 보면 교통경찰관, 국립과학수사연구원, 도로교통공단에서 전문가로서 활동하고 있습니다. 특히 경찰공무원 시험에 4점의 가산점이 있습니다. 또한 교통관련 기업체 또는 단체에서도 많이 진출되어 역량을 발휘하고 있으며 사설감정인으로 활동하시는 분도 많아 전망이 매우 밝다고 할 수 있습니다.

필자는 자격의 취득을 원하시는 많은 분들이 교재의 전문성 부족으로 어려움을 겪고 있는 것을 보아왔습니다. 또한 학생들을 가르치는 입장에서도 마땅히 참고할 만한 교재가 없어 본 교재를 저술하게 되었습니다.

수험생 여러분들의 행운을 빕니다.

저자 박 성 지

도로교통사고감정사란?

교통사고의 원인을 체계적으로 조사·분석·감정할 인력을 배출하기 위해 도입된 제도로 교통사고관련 당사자들의 주장이 상반되어 이를 판단하기 어려운 경우 과학적이고 체계적인 조사·분석으로 공정한 사고조사를 위한 공인자격입니다.

① 직무내용 및 업무분야

직무내용	업무분야
- 도로상에서 발생하는 교통사고의 조사 - 교통관련법규에 대한 이해 - 교통사고의 정확한 원인 규명 및 과학적 해석 - 교통사고의 재현 - 교통사고에 대한 감정서 작성	- 교통사고와 관련하여 공무집행을 시행하는 경찰관, 군 헌병, 검찰 및 법원 관련 공무원 등 - 국영기업체 및 정부 산하기관 - 일반 교통관련 기업체 또는 단체, 교통용역업체, 사설감정인 등

② 응시자격

- 만 18세 이상인 자
- 자격이 취소된 후 1년이 경과된 자
- 도로교통사고감정사 자격시험 부정행위자로 3년이 경과된 자

③ 시험방법 및 합격자 결정

시험구분	시험문제형태	시험시간	합격기준
1차시험(객관식)	4지선다형 100문제 (과목당 25문제)	150분	평균 60점 이상 (과목당 40점 미만 과락)
2차시험(주관식)	5문제(3문제 선택기술)	150분	60점 이상

4 시험과목 및 출제기준

시험구분	시험과목	출제기준	
		주요항목	세부항목
1차 시험	교통관련 법규	도로교통법	- 도로교통법의 이해 - 용어의 정의 - 사고유형별 적용방법
		교통사고처리특례법	- 교통사고처리특례법의 이해 - 특례예외단서 10개항의 성격 - 사고유형별 적용방법
		특정범죄가중처벌법	- 특정범죄가중처벌법의 이해 - 특정범죄가중처벌법의 구성요건
	교통사고 조사론	현장조사	- 도로의 구조적 특성 이해 - 사고원인과 관련한 도로의 상황 - 사고흔적의 용어와 특성 - 사고현장의 측정방법 - 사고현장의 사진촬영방법
		인적조사	- 인터뷰조사의 개념 - 인터뷰조사의 방법 - 인체상해도에 대한 이해
		차량조사	- 차량관련 용어의 이해 - 차량 내외부 파손부위 조사방법 - 충격력의 작용방향 판단 - 차량의 구조적 결함 시 특성 이해 - 차량 사진촬영 방법
	교통사고 재현론	탑승자 및 보행자 거동분석	- 충돌현상에 따른 탑승자 거동의 특성 - 사고유형별 탑승자의 운동이해 - 탑승자의 상해도 이해 - 충돌 후 보행자의 거동특성 - 사고유형별 보행자의 거동유형 - 보행자의 상해도 이해 - 보행자 충돌속도의 분석 - 충돌속도와 보행자 전도거리간의 관계
		차량의 속도분석 및 운동특성	- 충돌과정 및 방향에 따른 차량 운동특성 - 사고유형별 차량의 속도분석 - 자동차의 일반적 운동특성 - 선회시 자동차 운동특성 - 타이어 흔적의 종류 - 추락 및 전복시 속도분석
		충돌현상의 이해	- 사고흔적과 차량 운동의 이해 - 충돌시 발생되는 사고흔적의 종류 및 특성 - 사고유형별 충돌현상의 특성
		교통사고재현프로그램	- 관련용어의 이해 - 사고재현프로그램의 기본원리 이해
	차량운동학	기초물리학	- 벡터와 스칼라의 이해 - 속도, 가속도의 이해
		운동역학	- 운동량과 충격량의 이해 - 일과 에너지의 관계 이해
		마찰계수 및 견인계수	- 마찰계수 및 견인계수의 정의 - 사고사례별 견인계수의 산출 및 적용 - 사고유형별 속도분석
2차 시험	교통사고조사 분석서 작성 및 재현실무	교통사고조사 분석서 작성방법	- 분석의뢰내용별 주요 분석사항 - 분석서의 내용 전개요령
		교통사고조사의 종합적인 지식	- 사고흔적의 이해와 적용 - 물리학적 근거의 이해 - 교통공학 적용 - 사고유형별 법규적용 - 종합적인 사고분석 능력
		도면작성능력	- 축적의 이해 - 좌표법 및 삼각법의 이해 - 현장측정 도면작성의 정확도

CONTENTS 차례

PART 01 교통관련 법규

PART 02 교통사고조사론

PART 03 교통사고재현론

PART 04 차량운동학

PART 05 2차시험 기출문제 분석

PART 01

교통관련 법규

도로교통사고감정사

현장조사

section 1 관련 용어의 해설 및 구분

□ 도로교통법의 목적

이 법은 도로에서 일어나는 교통상의 모든 위험과 장해를 방지하고 제거하여 안전하고 원활한 교통을 확보함을 목적으로 한다.

※ **도로교통의 3대 요소** : 사람(보행자, 운전자), 자동차, 도로

□ 용어의 정의

○ **도로의 범위**

- 「도로법」에 따른 도로
- 「유료도로법」에 따른 유료도로
- 「농어촌도로 정비법」에 따른 농어촌도로
- 그 밖에 현실적으로 불특정 다수의 사람 또는 차마(車馬)가 통행할 수 있도록 공개된 장소로서 안전하고 원활한 교통을 확보할 필요가 있는 장소

※ 1. **도로법에 따른 도로** : 고속국도, 일반국도, 특별시도(광역시도), 지방도, 시도, 군도, 구도

2. **유료도로법에 따른 유료도로** : 통행료를 징수하는 도로

3. **농어촌 도로** : 농어촌 지역 주민의 교통편익과 생산·유통 활동 등에 공용되는 공로 중 고시된 도로

- **면도** : 「도로법」에 따른 군도 및 그 상위등급의 도로와 연결되는 읍 · 면 지역의 기간도로
- **이도** : 군도 이상의 도로 및 면도와 갈라져 마을 간이나 주요 산업단지 등과 연결되는 도로
- **농도** : 경작지 등과 연결되어 농어민의 생산활동에 직접 공용되는 도로

4. 그 밖에 현재 특별하지 않은 여러 사람이나 차량이 통행되고 있는 개방된 곳(공지, 해변, 광장, 공원, 유원지, 제방, 사도 등)

– 도로(도로법 제2조)에는 터널 · 교량 · 도선장 · 도로용 엘리베이터 및 도로와 일체가 되어 그 효용을 다하게 하는 시설이나 공작물로서 대통령령으로 정하는 것과 도로의 부속물을 포함한다.

※ 대통령령으로 정하는 것

1. 차도, 보도, 자전거 도로 및 측도
2. 터널, 교량, 지하도 및 육교(엘리베이터 포함)
3. 궤도(=철도, 선로)
4. 옹벽, 배수로, 길도랑, 지하통로 및 무넘기 시설
   – 무넘기 : 논에 물이 알맞게 고이도록 만든 둑
5. 도선장 및 도선의 교통을 위하여 수면에 설치하는 시설

○ **그 밖의 도로 (이용성, 형태성, 공개성, 교통경찰권)**
현실적으로 불특정 다수의 사람 또는 차마가 통행할 수 있도록 공개된 장소로서 안전하고 원활한 교통을 확보할 필요가 있는 장소(공개성)

※ 1. 도로가 아닌 곳 : 운전학원연습장, 운전면허 시험장
2. 관공서, 대중음식점, 병원, 호텔 등 일반의 이용이 허락된 곳은 사용료 부과여부에 관계없이 공공성을 인정할 수 있다.

○ **중앙선** : 차마의 통행 방향을 명확하게 구분하기 위하여 황색실선이나 황색점선 등의 안전표지로 표시한 선 또는 중앙분리대나 울타리 등으로 설치한 시설물

○ **안전지대** : 도로를 횡단하는 보행자나 통행하는 차마의 안전을 위하여 안전표지나 이와 비슷한 인공구조물로 표시한 도로의 부분을 말한다.
– **보행자용 안전지대** : 노폭이 비교적 넓은 도로의 횡단보도 중간에 '교통섬'을 설치하여 횡단하는 보행자의 안전을 기한다.
– **차마용 안전지대** : 광장, 교차로 지점, 노폭이 넓은 중앙지대에 안전지대 표시로 표시한다.

○ **안전표지** : 교통안전에 필요한 주의 · 규제 · 지시 등을 표시하는 표지판이나 도로의 바닥에 표시하는 기호 · 문자 또는 선 등을 말한다.

○ **자동차**
– 철길이나 가설된 선을 이용하지 아니하고 원동기를 사용하여 운전되는 차(견인되는 자동차도 자동차의 일부로 본다)로서 「자동차관리법」에 따른 다음의 자동차. 다만, 원동기장치자전거는 제외한다.
* 승용자동차
* 승합자동차
* 화물자동차
* 특수자동차
* 이륜자동차(125cc 초과) → 제2종 소형운전면허 필요
* 건설기계 10종

→ **운전면허를 받아야하는 건설기계(10종)** : 덤프트럭, 아스팔트살포기, 노상안정기, 콘크리트믹서트럭, 콘크리트펌프, 천공기(트럭적재식), 콘크리트믹서트레일러, 아스팔트콘크리트 재생기, 도로보수트럭, 3톤 미만의 지게차

※ **자동차가 아닌 것** : 철길 또는 가설된 선에 의하여 운전되는 기차, 케이블카 등 궤도차 및 원동기장치 자전거(배기량 125cc 이하)

○ **자동차등**

- 자동차와 원동기장치자전거(=오토바이, 배기량 125cc 이하)를 말한다.
- 원동기장치 자전거란 「자동차관리법」에 따른 이륜자동차 가운데 배기량 125cc 이하(전기를 동력으로 하는 경우에는 최대정격출력 11kw 이하)의 이륜자동차

  → 그 밖에 배기량 125cc 이하(전기를 동력으로 하는 경우에는 최고정격출력 11킬로와트 이하)의 원동기를 단 차.(「자전거 이용 활성화에 관한 법률」 제2조제1호의2에 따른 전기자전거는 제외한다) → 전기자전거는 자전거

○ **차** = 자동차등 + 자전거 + 건설기계(10종 제외) + 농업용기계(**자동차등과 건설기계, 자전거는** 음주운전 처벌대상)

- 사람 또는 가축의 힘이나 그 밖의 동력으로 도로에서 운전되는 것(농업용 기계). 다만, 철길이나 가설된 선을 이용하여 운전되는 것, 유모차와 행정안전부령이 정하는 보행보조용 의자차는 제외한다.
- 자동차등과 건설기계는 음주운전 처벌대상이고 경운기는 해당 없으며, 자전거는 범칙금 ₩30,000원.

  ※ 과태료는 형벌×, 행정처분, 벌점×, 차량소유자에게 미납 시 압류 **예** 불법주차
  범칙금은 경범죄, 미납 시 즉심, 벌금부과(벌점 ○) **예** 속도위반
  벌금은 형사처벌, 전과기록○ **예** 음주운전

○ **차마** = 자동차 + 건설기계 + 원동기장치자전거 + 자전거 + 사람 또는 가축의 힘이나 그 밖의 동력으로 도로에서 운전되는 것=차 + 우마(손수레 포함).

- 우마란 교통이나 운수에 사용되는 가축을 말한다.

○ **자전거등** = 자전거 + 개인형 이동장치

- 자전거란 자전거 및 전기자전거를 말한다.
- **개인형 이동장치**(PM, Personal Mobility) : **원동기장치자전거**로 1인 교통수단이고, 시속 25킬로미터 이상으로 운행할 경우 전동기가 작동하지 아니하고 차체중량이 30킬로그램 미만인 것(전동킥보드, 전동이륜평행차, 전동기의 동력만으로 움직이는 자전거)

  1. 차도, 자전거 전용도로, PM전용도로 이용 가능
  2. 횡단보도 이용 시 내려서 끌고 갈 것
  3. 원동기장치자전거 면허 이상 보유
  4. 인명보호장구 착용(2인 이상 탑승불가)

□ 운전 · 운행 · 교통의 구분

○ **운전**이란 도로에서 차마 또는 노면전차를 "그 본래의 사용방법"에 따라 사용하는 것(조종 또는 자율주행시스템을 사용하는 것을 포함하며, 음주, 약물, 사고 후 조치 위반, 인적사항 미제공의 경우에는 도로 외의 곳을 포함한다.

※ 도로 외의 곳은 형사처벌만 가능하고 제93조(운전면허의 취소 · 정지) 행정처벌은 불가

- 본래의 사용방법이란 원동기를 작동할 것을 요하고(시동) 단지 엔진을 작동했다는 것만으로 부족하고 발진 조작의 완료(기어가 들어간 상태)를 요하며 운전의 종료는 시동을 끄는 시점으로 족하고 운전자의 하차까지 요하지 않는다.
- 조종이란 기계를 밀고 당겨서 차가 움직이는 것을 말한다.

○ **운행**이란 사람 또는 화물의 운송여부와 관계없이 자동차를 "그 용법에 따라 사용"하는 것

- 그 용법이란 원동기의 작동을 요하지 아니하고 주행 장치가 작동되어 차의 전체가 움직이면 족하다.

○ **교통**이란 도로에서 사람의 왕래나 화물의 운반을 위한 차의 운행. 즉 차를 "당해 장치의 용법"에 따라 사용하는 것

- 당해장치의 용법이란 엔진의 시동을 요하지 아니하고 주행장치의 작동과 관계없이 주행의 전 · 후 단계에서 위험성이 예상되는 각 장치의 전부나 일부가 작동되면 교통에 해당한다.

  ※ 정차된 차 문을 열다가 보행자가 다친 경우도 교통사고

교통 〉 운행 〉 운전

section 2 신호기 등의 설치 및 관리

□ 설치 및 관리권자

○ **시장등**이란 광역시의 군수를 제외한 특별시장, 광역시장, 제주특별자치도지사, 시장, 군수를 총칭한다.(도지사 ×)

○ **교통안전시설(신호기, 안전표지)의 설치 및 관리권자**

- 일반도로 : 시장등
- 유료도로 : 시장등의 지시에 따라 그 도로관리자

○ **설치사유** : 도로에서의 위험을 방지하고 교통의 안전과 원활한 소통을 위하여 필요하다고 인정되는 경우

※ 신호기 설치 필요시 : 시장등 → 지방경찰청 심의 → 시장등 설치 또는 지방경찰청 심의 → 지방경찰청장 설치

□ 비용의 부담

○ 대통령령으로 정하는 사유로 설치된 교통안전시설을 철거하거나 원상회복이 필요한 경우 시장등이 그 사유를 유발한 사람에게 부담시킨다.

○ **교통안전시설 관련 비용 부담의 사유**

- 차의 운전 등 교통으로 인하여 사람을 사상하거나 물건을 손괴한 사고가 발생한 경우
- 분할할 수 없는 화물의 수송 등을 위하여 신호기 및 안전표지를 이전하거나 철거하는 경우
- 함부로 교통안전시설을 철거 · 이전하거나 손괴한 경우
- 도로관리청 등에서 도로공사 등을 위하여 무인 교통단속용 장비를 이전하거나 철거하는 경우
- 그 밖의 고의 또는 과실로 무인 교통단속용 장비를 철거 · 이전하거나 손괴한 경우

□ 부담금의 부과기준 및 환급

○ **부담금액의 기준** : 교통안전시설의 파손 정도 및 내구연한을 고려하여 산출

○ **부담금의 분담 및 면제** : 그 사유를 유발한 사람이 여러 명인 경우에는 그 유발 정도에 따라 부담금을 분담하게 할 수 있다. 다만, 파손정도가 경미하거나 일상 보수작업만으로 수리할 수 있는 경우 또는 부담금 총액이 20만원 미만인 경우에는 부과를 면제할 수 있다.

○ **부담금의 환급**

- 부담금이 교통안전시설의 철거나 원상회복을 위한 공사에 드는 비용을 초과한 경우 그 차액을 환급하여야 한다.
- 환급에 필요한 사항을 시장등이 정한다.

○ 시장등은 부담금을 납부하여야 하는 사람이 지정된 기간에 이를 납부하지 않으면 지방세 체납처분의 예에 따라 징수한다.

교통안전시설의 종류 등

□ 안전시설 규정

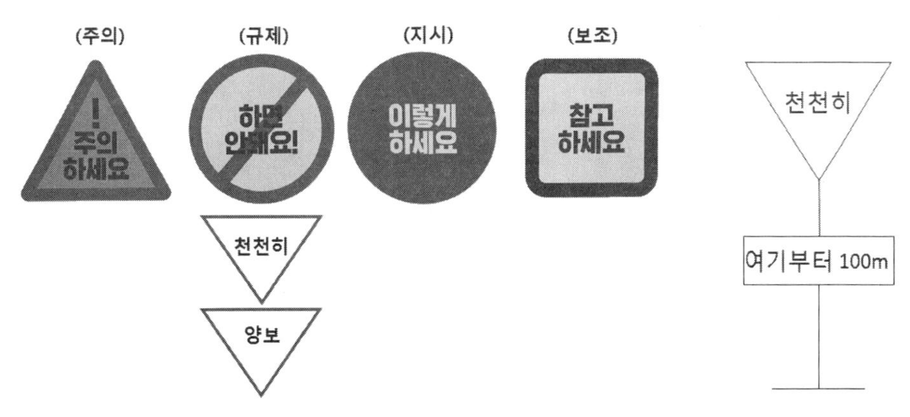

구분						
주의	101 +자형 교차로	107 우합류 도로	109 회전형 교차로	110 철길건널목	111 우로굽은도로	116 오르막경사
주의	118 도로폭이좁아짐	132 횡단보도	134 자전거	139 야생동물보호	140 위험	

구분							
규제	201 통행금지	217 앞지르기금지	220 차중량제한	223 차간거리확보	226 서행	227 일시정지	228 양보

구분							
지시	301 자동차전용도로	304 회전교차로	308 직진 및 우회전	311 유턴	312 양측방통행	316 우회로	319 주차장
지시	321 보행자 전용도로	322 횡단도로	324 어린이보호표지 (어린이보호구역안)	326 일방통행	329 비보호좌회전	330 버스전용차로 	

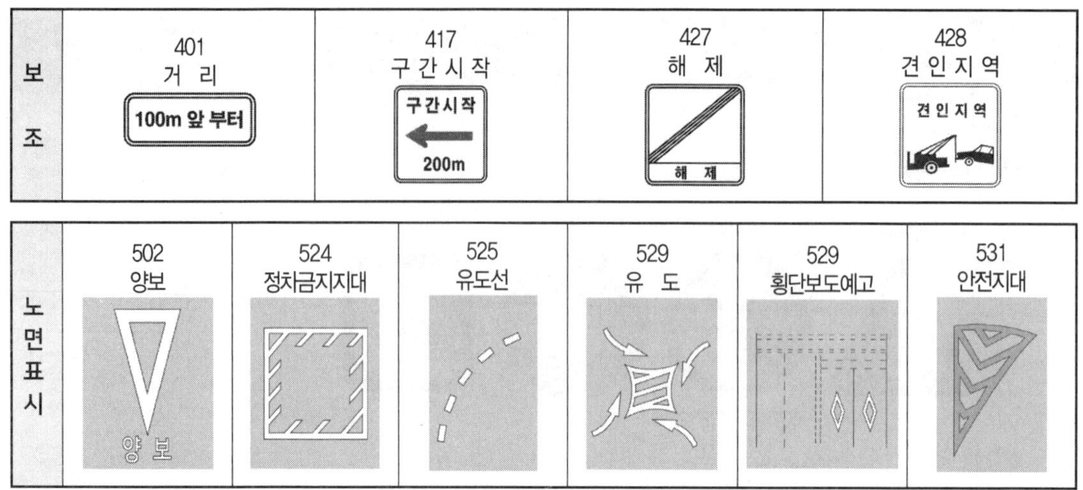

신호등				
횡형		종형		보행등
3색등	4색등	3색등	4색등	
(화살표)	A B	화살표		

용어	내 용
신호기	도로교통에서 문자, 기호 또는 등화를 사용하여 진행, 정지, 방향전환, 주의 등의 신호를 표시하기 위하여 사람이나 전기의 힘으로 조작하는 장치를 말한다.
안전표지	교통안전에 필요한 주의, 규제, 지시 등을 표시하는 표지판이나 도로의 바닥에 표시하는 기호, 문자 또는 선 등을 말한다.
신호기 설치	신호기는 지방경찰청장 또는 경찰서장이 필요하다고 인정하는 교차로 그 밖의 도로에 설치하되 그 앞쪽에서 잘 보이도록 설치하여야 한다.
신호등 성능	1. 등화의 밝기는 낮에 150미터 앞쪽에서 식별할 수 있도록 할 것 2. 등화의 빛의 발산각도는 사방으로 각각 45도 이상일 것 3. 태양광선이나 주위의 다른 빛에 의하여 그 표시가 방해받지 아니하도록 할 것

용어	내 용
안전표지 구분	1. 주의표지 도로의 상태가 위험하거나 도로 또는 그 부근에 위험물이 있는 경우에 필요한 안전조치를 할 수 있도록 이를 도로 사용자에게 알리는 표지 2. 규제표지 도로교통의 안전을 위하여 각종 제한, 금지 등의 규제를 하는 경우에 이를 도로 사용자에게 알리는 표지 3. 지시표지 도로의 통행방법, 통행구분 등 도로교통의 안전을 위하여 필요한 지시를 하는 경우에 도로사용자가 이에 따르도록 알리는 표지 4. 보조표지 주의표지, 규제표지 또는 지시표지의 주기능을 보충하여 도로 사용자에게 알리는 표지 5. 노면표시 도로교통의 안전을 위하여 각종 주의, 규제, 지시 등의 내용을 노면에 기호, 문자 또는 선으로 도로 사용자에게 알리는 표지 ① 표시 ㉠ 노면표시는 도로표시용 도료나 반사테이프 또는 노면표시병으로 한다. ㉡ 자전거 횡단표시를 횡단보도표시와 접하여 설치할 경우에는 접하는 측의 측선을 생략할 수 있다. ② 황색표시 : 중앙선표시, 도로중앙장애물표시, 주차금지표시, 정차·주차금지표시, 안전지대표시 ③ 청색표시 : 버스전용차로표시, 다인승차량 전용차선 표시 ④ 적색표시 : 어린이보호구역 또는 주거지역 안에 설치하는 속도제한표시의 테두리선 ⑤ 백색표시 : 이 외의 모든 표시

□ 표시의 의미

○ 신호기가 표시하는 신호의 종류 및 신호의 뜻

구 분		신호의 뜻
원형등화	녹색 등화	- 차량신호등 • 차마는 직진 또는 우회전할 수 있다. • 비보호 좌회전 표시가 있는 곳에서는 신호에 따르는 다른 교통에 방해가 되지 않을 때에는 좌회전할 수 있다.(사고 시 안전운전 의무 위반) - 보행신호등 : 보행자는 횡단보도를 횡단할 수 있다. - 자전거주행신호등 : 자전거는 직진 또는 우회전할 수 있다. - 자전거횡단신호등 : 자전거는 자잔거횡단도를 횡단할 수 있다. - 버스신호등 : 버스전용차로에서 차마는 직진할 수 있다.
	황색 등화	- 차량신호등(자전거주행신호등) • 차마(자전거)는 정지선이 있거나 횡단보도가 있을 때에는 그 직전이나 교차로의 직전에 정지하여야 하며, 이미 교차로에 차마의 일부라도 진입한 경우에는 신속히 교차로 밖으로 진행하여야 한다. • 차마(자전거)는 우회전할 수 있고 우회전하는 경우에는 보행자의 횡단을 방해하지 못한다. - 버스신호등 : 버스 전용차로에 있는 차마는 정지선이 있거나 횡단보도가 있을 때에는 그 직전이나 교차로 직전에 정지하여야 하며, 이미 교차로에 진입한 경우에는 신속히 교차로 밖으로 진행하여야 한다.

<table>
<tr><th colspan="2">구 분</th><th>신호의 뜻</th></tr>
<tr><td rowspan="4">원형등화</td><td>적색등화</td><td>- 차량신호등(자전거주행신호등)
• 차마(자전거)는 정지선, 횡단보도 및 교차로의 직전에서 정지하여야 한다. 다만 신호에 따라 진행하는 다른 차마의 교통을 방해하지 아니하고 우회전할 수 있다.
- 보행신호등 : 보행자는 횡단하여서는 아니된다.
- 자전거횡단신호등 : 자전거는 자전거횡단도를 횡단하여서는 아니된다.
- 버스 신호등 : 버스전용차로에 있는 차마는 정지선, 횡단보도 및 교차로 직전에서 정지하여야 한다.</td></tr>
<tr><td>황색등화 점멸</td><td>- 차량신호등(자전거주행신호등) : 차마(자전거)는 다른 교통 또는 안전표지의 표시에 주의하면서 진행할 수 있다.
- 버스신호등 : 버스전용차로에 있는 차마는 다른 교통 또는 안전표지에 주의하면서 진행할 수 있다.</td></tr>
<tr><td>적색등화 점멸</td><td>- 차량신호등(자전거주행신호등) : 차마(자전거)는 정지선이나 횡단보도가 있을 때에는 그 직전이나 교차로의 직전에 일시정지한 후 다른 교통에 주의하면서 진행할 수 있다.
- 버스신호등 : 버스전용차로에 있는 차마는 정지선이나 횡단보도가 있을 때에는 그 직전이나 교차로의 직전에 일시정지한 후 다른 교통에 주의하면서 진행할 수 있다.</td></tr>
<tr><td>녹색등화 점멸</td><td>- 보행신호등(자전거횡단신호등) : 보행자(자전거)는 횡단을 시작해서는 아니되고, 횡단하고 있는 보행자(자전거)는 신속하게 횡단을 완료하거나 그 횡단을 중지하고 보도로 되돌아와야 한다.</td></tr>
<tr><td colspan="2">화살표시의 등화</td><td>- 녹색화살표등화 : 차마는 화살표 방향으로 진행할 수 있다.
- 황색화살표등화 : 화살표시 방향으로 진행하려는 차마는 정지선이 있거나 횡단보도가 있을 때에는 그 직전이나 교차로 직전에 정지하여야 하며, 이미 교차로에 차마의 일부라도 진입한 경우에는 신속히 교차로 밖으로 진행하여야 한다.
- 적색화살표등화 : 화살표시 방향으로 진행하려는 차마는 정지선, 횡단보도 및 교차로의 직전에서 정지하여야 한다.
- 황색화살표등화의 점멸 : 차마는 다른 교통 또는 안전표지의 표시에 주의하면서 화살표시 방향으로 진행할 수 있다.
- 적색화살표시등화의 점멸 : 차마는 정지선이나 횡단보도가 있을 때에는 그 직전이나 교차로의 직전에 일시정지한 후 다른 교통에 주의하면서 화살표시 방향으로 진행할 수 있다.</td></tr>
<tr><td colspan="2">사각형 등화</td><td>- 녹색화살표의 등화(하향) : 차마는 화살표로 지정한 차로로 진행할 수 있다.
- 적색×표시의 등화 : 차마는 ×표가 있는 차로로 진행할 수 없다.
- 적색×등화의 점멸 : 차마는 ×표가 있는 차로로 진입할 수 없고 이미 차마의 일부라도 진입한 경우에는 신속히 그 차로 밖으로 진로를 변경하여야 한다.</td></tr>
</table>

※ 비고

1. 자전거로 도로를 주행하는 경우 자전거주행신호등이 설치되지 않은 장소에서는 차량신호등의 지시에 따른다.
2. 자전거횡단도에 자전거횡단신호등이 설치되지 않은 경우 자전거는 보행신호등의 지시에 따른다. 이 경우 보행신호등란의 "보행자"는 "자전거"로 본다.

section 4 신호 또는 지시에 따를 의무

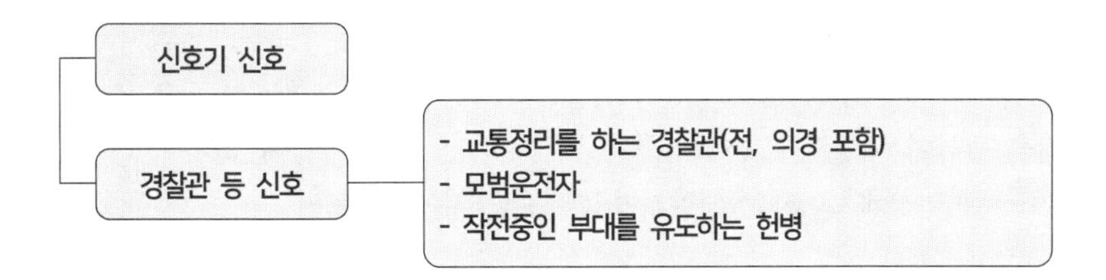

□ 신호 또는 지시에 따를 의무

○ 도로를 통행하는 보행자와 차마의 운전자는 교통안전시설이 표시하는 신호 또는 지시를 따라야 한다.

○ 교통정리를 하는 국가경찰공무원(의무경찰 포함) 및 제주특별자치도의 자치경찰관, 국가 또는 자치경찰공무원을 보조하는 사람으로서 대통령령으로 정하는 사람의 신호 또는 지시에 따라야 한다.

○ 교통안전시설이 표시하는 신호 또는 지시와 교통정리를 하는 경찰공무원등[국가경찰공무원(의무경찰 포함), 자치경찰공무원, 모범운전자]의 신호 또는 지시가 서로 다른 경우 경찰공무원등의 신호 또는 지시에 따라야 한다.

□ 경찰공무원을 보조하는 사람의 범위

○ 모범운전자(서장의 근무명령을 받은 자)

○ 군사훈련 및 작전에 동원되는 부대의 이동을 유도하는 헌병

○ 본래의 긴급한 용도로 운행하는 소방차 · 구급차를 유도하는 소방공무원

section 5 통행의 금지, 제한 및 혼잡 완화 조치

□ 통행의 금지 및 제한

○ **지방경찰청장이 제한하는 경우**

- 도로에서의 위험을 방지하고 교통의 안전과 원활한 소통을 확보하기 위하여 필요하다고 인정될 때 구간을 정하여 보행자나 차마의 통행을 금지하거나 제한할 수 있다.
- 그 도로의 도로관리청에 그 사실을 알려야 한다. (금지 → 통보)

○ **경찰서장이 제한하는 경우**

- 도로에서의 위험을 방지하고 교통의 안전과 원활한 소통을 확보하기 위하여 필요하다고 인정될 때 우선 보행자나 차마의 통행을 금지하거나 제한한 후 그 도로관리자와 협의하여 금지 또는 제한의 대상과 구간 및 기간을 정하여 금지 또는 제한할 수 있다.
  (금지 → 협의 → 금지)

○ **경찰공무원이 제한하는 경우**

- 도로의 파손, 화재의 발생이나 그 밖의 사정으로 인한 도로에서의 위험을 방지하기 위하여 긴급히 조치할 필요가 있을 때에는 필요한 범위에서 보행자나 차마의 통행을 일시 금지하거나 제한할 수 있다.

□ 통행의 금지 및 제한의 알림

○ **공고판 설치권자** : 지방경찰청장, 경찰서장

○ **공고(알림판)설치 내용 및 방법**

- 알림판은 통행을 금지 또는 제한하고자 하는 지점 또는 그 지점 바로 앞의 우회로 입구에 설치.
- 통행을 금지 또는 제한하고자 하는 경우 우회로 입구가 다른 지방경찰청 또는 경찰서의 관할에 속하는 때에는 그 지방경찰청장 또는 경찰서장에 통보하여야 하며, 통보를 받은 지방경찰청장 또는 경찰서장은 지체 없이 그 우회로 입구에 알림판을 설치하여야 한다.
- 알림판을 설치할 수 없는 때에는 신문, 방송 등을 통하여 이를 공고하거나 그 밖의 적당한 방법에 의하여 그 사실을 널리 알려야 한다.

□ 교통혼잡을 완화시키기 위한 조치

○ 경찰공무원은 보행자나 차마의 통행이 밀려서 교통 혼잡이 뚜렷하게 우려될 때에는 혼잡을 덜기 위하여 필요한 조치를 할 수 있다.

section 6 보행자의 통행방법

□ 보행자 및 행렬 등의 통행과 도로의 횡단

○ 용어의 정의

- 보도 : 연석선, 안전표지나 그와 비슷한 인공구조물로 경계를 표시하여 보행자(유모차와 행정안전부령으로 정하는 보행보조용 의자차(=전동휠체어)를 포함한다)가 통행할 수 있도록 한 도로의 부분
- 길가장자리구역 : 보도와 차도가 구분되지 아니한 도로에서 보행자의 안전을 확보하기 위하여 안전표지 등으로 경계를 표시한 도로의 가장자리 부분
  → 고속도로, 자동차전용도로에서는 "갓길"
- 횡단보도 : 보행자가 도로를 횡단할 수 있도록 안전표지로 표시한 도로의 부분

○ 보행자의 통행

- 보도와 차도가 구분된 도로
  * 언제나 보도 통행
  * 도로공사 등으로 보도의 통행이 금지된 경우나 그 밖의 부득이한 경우에는 차도를 횡단
- 보도와 차도가 구분되지 아니한 도로
  * 차마와 마주보는 방향의 길가장자리 또는 길가장자리구역으로 통행하여야 한다. 다만, 일방통행인 경우에는 차마를 마주보지 아니하고 통행할 수 있다.
- 통행방법 : 보행자는 보도에서는 우측통행을 원칙으로 한다.

○ 행렬등의 통행

- 차도 우측으로 통행할 수 있는 행렬
  * 법상 행렬 : 학생의 대열
  * 대통령령으로 정하는 행렬
    · 말, 소 등의 큰 동물을 몰고 가는 사람
    · 사다리, 목재나 그 밖의 보행자의 통행에 지장을 줄 우려가 있는 물건을 운반 중인 사람
    · 도로의 청소나 보수 등의 작업을 하고 있는 사람
    · 군부대 그 밖의 이에 준하는 단체의 행렬
    · 기 또는 현수막 등을 휴대한 행렬
    · 장의 행렬
- 도로의 중앙으로 통행할 수 있는 행렬 : 사회적으로 중요한 행사에 따라 시가를 행진하는 경우
- 경찰의 조치
  * 행렬 등에 대하여 구간을 정하고

* 그 구간 내에서 도로 또는 차도의 우측(자전거도로가 설치되어 있는 차도에서는 자전거도로를 제외한 부분의 우측을 말한다)으로 붙여서 통행할 것을 명하는 조치를 할 수 있다.

○ **도로의 횡단**

– 횡단보도 설치권자 : 지방경찰청장

– 설치기준

종류	설치기준 및 장소
횡단보도 예고표시	- 횡단보도 전 50~60m 노상에 설치 - 추가설치 경우 10~20m를 더한 거리에 설치 - 편도 2차로 이상의 도로는 각 차로 마다 설치
횡단보도표시	- 보행자의 통행이 번번하여 횡단보도가 필요한 포장도로에 설치 - 4m 미만의 도로에는 좌우통행방법을 구분하지 않고 설치 가능 - 교차로에는 대각선으로 설치 가능 - 중간에 보행섬을 두고 설치 가능
고원식 횡단보도표시	= 제한속도를 30km/h 이하로 제한할 필요가 있는 도로에서 횡단보도를 노면보다 높게 하여 운전자의 주의를 환기시킬 필요가 있는 지점에 설치 - 횡단보도의 형태 및 높이는 사다리꼴 과속방지턱 형태로 하며 높이는 10cm로 한다.

– 횡단방법

* 횡단시설이 설치된 곳 : 보행자는 횡단보도, 지하도, 육교나 그 밖의 횡단시설이 설치되어 있는 도로에서는 그 곳으로 횡단하여야 한다. 다만, 지하도나 육교 등 횡단시설을 이용할 수 없는 지체장애인의 경우에는 다른 교통에 방해가 되지 아니하는 방법으로 도로 횡단시설을 이용하지 아니하고 도로를 횡단할 수 있다.

* 횡단시설이 설치되지 아니한 곳

  · 횡난보도가 설치되지 아니한 도로에서는 가장 짧은 거리로 횡단하여야 한다.

  · 모든 차의 바로 앞이나 뒤로 횡단하여서는 아니된다(주정차한 차, 신호대기차 사이로 나오지 말 것). 다만, 횡단보도를 횡단하거나 신호기 또는 경찰공무원등의 신호나 지시에 따라 도로를 횡단하는 경우에는 그러하지 아니하다.

  · 안전표지(중앙분리대, 가드레일, 화단)에 의하여 횡단이 금지되어 있는 도로의 부분에서는 그 도로를 횡단하여서는 아니된다.

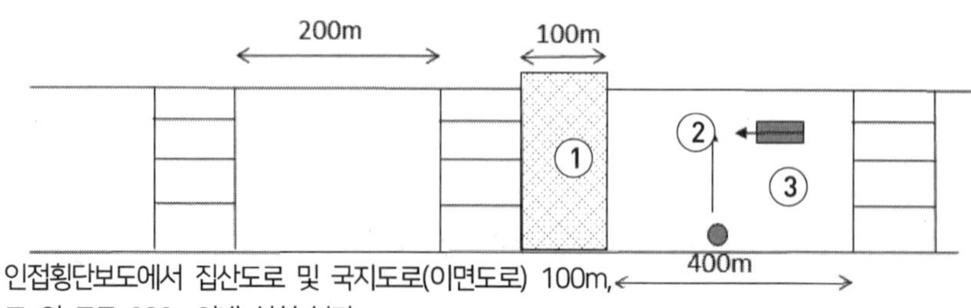

인접횡단보도에서 집산도로 및 국지도로(이면도로) 100m,
그 외 도로 200m이내 설치 불가
① 무단횡단구역 ② 보행자횡단가능 ③ 일시정지

□ 어린이, 노인, 지체장애자 보호

○ 어린이 등에 대한 보호

- 어린이(13세 미만) 및 영유아(6세 미만)보호자는 교통이 빈번한 도로에서 어린이를 놀게 하여서는 아니되며, 영유아 혼자 보행하게 하여서는 아니된다.

■ 앞을 보지 못하는 사람(이에 준하는 사람 포함)의 보호자는 그 사람이 도로를 보행할 때에는 흰색 지팡이를 갖고 다니도록 하거나, 길을 안내하는 장애인보조견을 동반하도록 하여야 한다. → 운전자 일시정지

※ 앞을 보지 못하는 사람에 준하는 사람의 범위

1. 듣지 못하는 사람
2. 신체의 평행기능에 장애가 있는 사람
3. 의족 등을 사용하지 아니하고는 보행을 할 수 없는 사람

■ 자전거 및 행정안전부령이 정하는 놀이기구를 타는 어린이 보호자 의무 → 운전자 일시정지

* 인명보호 장구를 착용하도록 하여야 한다.

* 교통이 빈번한 도로에서 혼자 놀게 하여서는 안된다.

※ 행정안전부령이 정하는 위험한 놀이기구 : 킥 보드, 롤러스케이트, 인라인스케이트, 스케이트보드, 그 밖에 위 놀이기구와 비슷한 놀이기구

- 어린이의 보호자는 도로에서 어린이가 개인형 이동장치를 운전하게 하여서는 아니 된다.
- 경찰공무원은 신체에 장애가 있는 사람이 도로를 통행하거나 횡단하기 위하여 도움을 요청하거나 도움이 필요하다고 인정하는 경우에는 그 사람이 안전하게 통행하거나 횡단할 수 있도록 필요한 조치를 하여야 한다.
- 경찰공무원은 다음 각 호의 어느 하나에 해당하는 사람을 발견한 경우에는 그들의 안전을 위하여 적절한 조치를 하여야 한다.

1. 교통이 빈번한 도로에서 놀고 있는 어린이
2. 보호자 없이 도로를 보행하는 영유아
3. 앞을 보지 못하는 사람으로서 흰색 지팡이를 가지지 아니하거나 장애인보조견을 동반하지 아니하는 등 필요한 조치를 하지 아니하고 다니는 사람
4. 횡단보도나 교통이 빈번한 도로에서 보행에 어려움을 겪고 있는 노인(65세 이상인 사람을 말한다. 이하 같다)

○ 어린이, 노인 및 장애인 보호구역의 지정 및 관리

구분	어린이 보호구역	노인, 장애인 보호구역
지정 및 관리	- 지정 : 시장등(학교장이 요청) - 제한 : 자동차등의 통행속도를 30km/h 이내로 제한	- 지정 : 시장등 - 제한 : 차마의 통행을 제한하거나 금지하는 등의 필요한 조치
보호구역에 해당하는 시설	- 유치원, 초등학교 또는 특수학교 - 어린이집 가운데 100명 이상의 보육시설. 다만 시장등이 관할 경찰서장과 협의하여 어린이를 교통사고로부터 보호할 필요가 있다고 인정하는 경우에는 100인 미만의 보육시설 주변도로 등에 대하여도 보호구역을 지정할 수 있다. - 학원가운데 학교 교과교습학원 중 학원수강생이 100명 이상인 학원. 다만, 시장등이 경찰서장과 협의하여 어린이를 교통사고로부터 보호할 필요가 있다고 인정하는 경우에는 정원이 100명 미만인 학원주변 도로 등에 대해서도 보호구역을 지정할 수 있다.	- 노인보호구역 · 노인주거복지시설 및 노인의료복지시설, 노인여가복지시설 · 자연공원 또는 도시공원 · 생활체육시설 · 그 밖에 노인이 자주 왕래하는 곳으로서 조례로 정하는 시설 - 장애인 보호구역 · 노인주거복지지설, 노인의료복지시설 및 노인여가복지시설 · 장애인생활시설을 말한다.
보호구역의 지정절차 및 기준	교육부, 행정안전부, 국토교통부 공동부령으로 정한다.	보건복지부, 행정안전부, 국토교통부 공동부령으로 정한다.
운전자의 의무	- 자동차등 운전자는 통행속도를 **30km/h 이내로 운행**하고 - 차마 운전자는 어린이의 안전에 유의하면서 운행하여야 한다. - 30km/h초과 → 12개항 사고 - 오전8시부터 오후8시까지 신호지시, 속도, 주정차위반 → 과태료 2배	- 차마 운전자는 차마의 통행을 **제한하거나 금지**하는 등의 조치를 준수하고 - 노인 또는 장애인의 안전에 유의하면서 운행하여야 한다. - 오전8시부터 오후8시까지 신호지시, 속도, 주정차위반 → 과태료 2배

section 7 차마의 통행방법

□ 차마의 통행

○ **차도**란 연석선(차도와 보도를 구분하는 돌 등으로 이어진 선을 말한다), 안전표지 또는 그와 비슷한 인공구조물을 이용하여 경계를 표시하여 모든 차가 통행할 수 있도록 설치된 도로의 부분을 말한다.

○ **중앙선**이란 차마의 통행방향을 명확하게 구분하기 위하여 도로에 황색실선이나 황색점선 등의 안전표지로 표시한 선 또는 중앙분리대나 울타리 등으로 설치한 시설물을 말한다. 다만 가변차로가 설치된 경우에는 신호기가 지시하는 진행방향의 가장 왼쪽에 있는 황색점선을 말한다.

- ○ **보도횡단방법**
  - 차마의 운전자는 보도를 횡단하기 직전에 일시정지하여 좌측과 우측 부분 등을 살핀 후 보행자의 통행을 방해하지 아니하도록 횡단하여야 한다.
- ○ **통행구분** : 차마의 운전자는 안전지대 등 안전표지에 의하여 진입이 금지된 장소에 들어가서는 아니된다.
- ○ **통행구분 사유** : 차마의 운전자가 도로의 중앙이나 좌측부분을 통행할 수 있는 경우
  - 도로가 일방통행인 경우
  - 도로의 파손, 도로공사나 그 밖의 장애 등으로 도로의 우측부분을 통행할 수 없는 경우
  - 도로 우측 부분의 폭이 6m가 되지 아니하는(편도1차로) 도로에서 다른 차를 앞지르려는 경우. 다만 다음의 어느 하나에 해당하는 경우에는 그러하지 아니하다.
    - * 도로의 좌측 부분을 확인할 수 없는 경우
    - * 반대 방향의 교통을 방해할 우려가 있는 경우
    - * 안전표지 등으로 앞지르기를 금지하거나 제한하고 있는 경우(예 : 실선차선)
  - 도로의 우측부분의 폭이 차마의 통행에 충분하지 아니한 경우
  - 가파른 비탈길의 구부러진 곳에서 교통의 위험을 방지하기 위하여 지방경찰청장이 필요하다고 인정하여 구간 및 통행방법을 지정하고 있는 경우에 그 지정에 따라 통행하는 경우

□ 자전거횡단도의 설치 등

- ○ 지방경찰청장은 도로를 횡단하는 자전거 운전자의 안전을 위하여 행정안전부령으로 정하는 기준에 따라 자전거횡단도를 설치할 수 있다.
- ○ 자전거등의 운전자가 자전거등을 타고 자전거횡단도가 따로 있는 도로를 횡단할 때에는 자전거횡단도를 이용하여야 한다.
- ○ 차마의 운전자는 자전거등이 자전거횡단도를 통행하고 있을 때에는 자전거등의 횡단을 방해하거나 위험하게 하지 아니하도록 그 자전거횡단도 앞(정지선이 설치되어 있는 곳에서는 그 정지선을 말한다)에서 일시정지하여야 한다.

□ 중앙선 표시 및 설치

- ○ **중앙선 의미**
  - 황색실선은 차마가 넘어갈 수 없음을 표시하는 것
  - 황색 점선은 반대방향의 교통에 주의하면서 일시적으로 반대편 차로로 넘어갈 수 있으나 진행방향 차로로 다시 돌아와야 함을 표시하는 것
  - 황색실선과 점선의 복선은 자동차가 점선이 있는 측에서는 반대방향의 교통에 주의하면서 넘어갔다가 다시 돌아올 수 있으나 실선이 있는 쪽에서는 넘어갈 수 없음을 표시하는 것

○ **설치기준 및 장소**

- 차도 폭 6m 이상인 도로에 설치하며, 편도 1차로 도로의 경우에는 황색실선 또는 점선으로 표시하거나 황색복선 또는 황색실선과 점선을 복선으로 설치
- 중앙분리대가 없는 편도 2차로 이상인 도로의 중앙에 실선의 황색복선을 설치
- 중앙분리대가 없는 고속도로의 중앙에 실선만을 표시할 때에는 황색복선으로 설치

※ 고속도로, 자동차전용도로, 중앙분리대가 있는 도로에서 중앙선을 고의로 위반하여 운전한 사람은 100만원 이하의 벌금 또는 구류에 처한다.

□ 자전거의 통행방법의 특례

○ **용어의 정의**

- **자전거 도로** : 안전표지, 위험방지용 울타리나 그와 비슷한 인공구조물로 경계를 표시하여 자전거가 통행할 수 있도록 설치된 도로
- **자전거횡단도** : 자전거가 일반도로를 횡단할 수 있도록 안전표지로 표시된 도로의 부분
- **자전거** : 「자전거 이용 활성화에 관한 법률」에 따른 자전거 및 전기자전거를 말한다.

○ **자전거 통행방법**

- 자전거 운전자는 자전거 도로가 따로 있는 곳에서는 자전거도로로 통행하여야 한다.
- 자전거도로가 설치되지 아니한 곳에서는 도로 우측 가장자리에 붙여서 통행하여야 한다.
- 안전표지로 자전거 통행을 금지한 구간 외에서는 길가장자리구역을 통행할 수 있다. 이 경우 보행자의 통행에 방해가 된 때에는 서행하거나 일시정지하여야 한다.
- **자전거의 보도 통행방법**
  * 보도통행방법 : 보도 중앙으로부터 차도 쪽 또는 안전표지로 지정된 곳으로 서행하여야 하며, 보행자의 통행에 방해가 될 때에는 일시정지하여야 한다.
  * 자전거로 보도를 통행할 수 있는 사람
    · 어린이(13세 미만), 노인(65세 이상), 신체장애인으로 등록된 사람
    · 국가유공자로서 상이등급 제1급부터 제7급까지에 해당하는 사람
  * 모든 사람이 자전거로 보도를 통행할 수 있는 경우
    · 안전표지로 자전거 통행이 허용된 경우
    · 도로의 파손, 도로공사나 그 밖에 장애 등으로 도로를 통행할 수 없는 경우
- **자전거 병렬통행의 금지** : 안전표지로 통행이 허용된 경우를 제외하고는 2대 이상이 나란히 차도를 통행하여서는 아니 된다.
- **자전거의 횡단보도 횡단방법** : 자전거 운전자가 횡단보도를 이용하여 도로를 횡단할 때에는 자전거에서 내려서 자전거를 끌고 보행하여야 한다.

□ 차로, 전용차로, 자전거횡단도 설치 등

○ **용어의 정의**

- 차로 : 차마가 한 줄로 도로의 정하여진 부분을 통행하도록 차선으로 구분한 차도의 부분을 말한다.
- 차선 : 차로와 차로를 구분하기 위하여 그 경계지점을 안전표지로 표시한 선을 말한다.

○ **차로의 설치 등**

- 설치권자 : 지방경찰청장
- 가변차로 : 시간대에 따라 양방향의 통행량이 뚜렷하게 다른 도로에는 교통량이 많은 쪽으로 차로의 수가 확대될 수 있도록 신호기에 의하여 차로의 진행방향을 지시하는 가변차로를 설치할 수 있다.

○ **행안부령이 정하는 차로**

- 지방경찰청장은 법에 따라 도로에 차로를 설치하고자 하는 때에는 노면표시로 표시하여야 한다.
- 차로를 설치할 수 없는 곳 : 횡단보도, 교차로, 철길건널목
- 보도와 차도의 구분이 없는 도로에 차로를 설치할 때에는 보행자가 안전하게 통행할 수 있도록 그 도로의 양쪽에 길가장자리구역을 설치하여야 한다.

○ 모든 차의 운전자는 통행하고 있는 차로에서 느린 속도로 진행하여 다른 차의 정상적인 통행을 방해할 우려가 있는 때에는 그 통행하던 오른쪽 차로로 통행하여야 한다.

○ **차로의 너비보다 넓은 차의 운행**

- 그 차의 운전자는 도로를 통행하여서는 아니된다. 그러나 그 차의 출발지를 관할하는 경찰서장의 허가를 받은 경우에는 그러하지 아니하다.

○ **안전기준을 넘는 승차 및 적재의 허가신청**

- 안전기준을 넘는 화물의 적재허가를 받은 사람은 그 길이 또는 폭의 양 끝에 너비 30cm, 길이 50cm 이상의 빨강 헝겊으로 된 표지를 달아야 한다. 다만, 밤에 운행하는 경우에는 반사체로 된 표지를 달아야 한다.

○ **차로에 따른 통행차 기준 (입법취지 : 전방주시)**

도로		차로 구분	통행할 수 있는 차종
고속도로외의 도로		왼쪽 차로	○승용자동차 및 경형·소형·중형 승합자동차
		오른쪽 차로	○대형승합자동차, 화물자동차, 특수자동차, 법 제2조제18호나목에 따른 건설기계, 이륜자동차, 원동기장치자전거
고속도로	편도 2차로	1차로	○앞지르기를 하려는 모든 자동차. 다만, 차량통행량 증가 등 도로상황으로 인하여 부득이하게 시속 80킬로미터 미만으로 통행할 수밖에 없는 경우에는 앞지르기를 하는 경우가 아니라도 통행할 수 있다.
		2차로	○모든 자동차
	편도 3차로 이상	1차로	○ 앞지르기를 하려는 승용자동차 및 앞지르기를 하려는 경형·소형·중형 승합자동차. 다만, 차량통행량 증가 등 도로상황으로 인하여 부득이하게 시속 80킬로미터 미만으로 통행할 수밖에 없는 경우에는 앞지르기를 하는 경우가 아니라도 통행할 수 있다.
		왼쪽 차로	○ 승용자동차 및 경형·소형·중형 승합자동차
		오른쪽 차로	○ 대형 승합자동차, 화물자동차, 특수자동차, 법 제2조제18호나목에 따른 건설기계

→ 자기차로 좌측 1개 차로는 추월차로, 우측 차로는 주행해도 무방, 느린 차는 우측차로로 이동하여 주행

※ 비고

1. 위 표에서 사용하는 용어의 뜻은 다음 각 목과 같다.
   가. "왼쪽 차로"란 다음에 해당하는 차로를 말한다.
      1) 고속도로 외의 도로의 경우: 차로를 반으로 나누어 1차로에 가까운 부분의 차로. 다만, 차로수가 홀수인 경우 가운데 차로는 제외한다.
      2) 고속도로의 경우: 1차로를 제외한 차로를 반으로 나누어 그 중 1차로에 가까운 부분의 차로. 다만, 1차로를 제외한 차로의 수가 홀수인 경우 그 중 가운데 차로는 제외한다.
   나. "오른쪽 차로"란 다음에 해당하는 차로를 말한다.
      1) 고속도로 외의 도로의 경우: 왼쪽 차로를 제외한 나머지 차로
      2) 고속도로의 경우: 1차로와 왼쪽 차로를 제외한 나머지 차로
2. 모든 차는 위 표에서 지정된 차로보다 오른쪽에 있는 차로로 통행할 수 있다.
3. 앞지르기를 할 때에는 위 표에서 지정된 차로의 왼쪽 바로 옆 차로로 통행할 수 있다.
4. 도로의 진출입 부분에서 진출입하는 때와 정차 또는 주차한 후 출발하는 때의 상당한 거리 동안은 이 표에서 정하는 기준에 따르지 아니할 수 있다.
5. 이 표 중 승합자동차의 차종 구분은 「자동차관리법 시행규칙」 별표 1에 따른다.
6. 다음 각 목의 차마는 도로의 가장 오른쪽에 있는 차로로 통행하여야 한다.
   가. 자전거
   나. 우마
   다. 법 제2조제18호 나목에 따른 건설기계 이외의 건설기계
   라. 다음의 위험물 등을 운반하는 자동차
      1) 위험물 2) 화약류 3) 유독물질 4) 지정폐기물, 의료폐기물 5) 고압가스
      6) 액화석유가스 7) 방사성물질, 방사성 오염 물질 7) 유해물질과 8) 원제(농약)
   마. 그 밖에 사람 또는 가축의 힘이나 그 밖의 동력으로 도로에서 운행되는 것
7. 좌회전 차로가 2차로 이상 설치된 교차로에서 좌회전하려는 차는 그 설치된 좌회전 차로 내에서 위 표 중 고속도로 외의 도로에서의 차로 구분에 따라 좌회전하여야 한다.

※ 자동차 전용도로 : 자동차 만이 다닐 수 있도록 설치된 도로

1. 보행자 및 이륜차 등은 절대 통행 금지
2. 횡단, 유턴, 후진 등 금지
3. 최고속도는 차로의 수와 관계없이 90km/h, 최저속도 30km/h

□ 전용차로의 설치

○ 용어의 정의

- 전용차로 : 차의 종류나 승차인원에 따라 지정된 차만 통행할 수 있는 차로
- 전용차로 통행차 : 전용차로로 통행할 수 있는 차

○ 전용차로 설치 및 폐지

- 설치 및 폐지권자 : 시장등과 경찰청장

○ 전용차로 종류 및 통행할 수 있는 차

<table>
<tr><th rowspan="2">종류</th><th colspan="2">통행할 수 있는 차</th></tr>
<tr><th>고속도로</th><th>고속도로 외의 도로=일반도로</th></tr>
<tr><td>버스 전용 차로</td><td>9인 이상 승용자동차 및 승합자동차(승용자동차 또는 12인승 이하의 승합자동차는 6인 이상이 승차한 경우에 한한다)
=(9 ~ 12인승, 6명 탑승)</td><td>1. 36인승 이상의 대형승합자동차 (관광버스×)
2. 36인승 미만의 사업용 승합자동차
3. 신고필증을 교부받아 어린이를 운송할 목적으로 운행 중인 어린이 통학버스
4. 도로에서 원활한 통행을 위하여 지방경찰청장이 지정하는 다음 각 목의 어느 하나에 해당하는 승합자동차
가. 노선을 지정하여 운행하는 통학, 통근용 승합자동차 중 16인승 이상 승합자동차
나. 국제행사 참가 인원 수송 등 특히 필요하다고 인정되는 승합자동차(지방경찰청장이 정한 기간 이내에 한한다)
다. 전세버스운송사업자가 운행하는 25인승 이상의 외국인 관광객 수송용 승합자동차(외국인 관광객이 승차한 경우에 한한다).</td></tr>
<tr><td colspan="2">다인승 전용차로</td><td>3인 이상 승차한 승용·승합자동차(다인승전용차로와 버스전용차로가 동시에 설치되는 경우에는 버스전용차로를 통행할 수 있는 차를 제외한다).</td></tr>
<tr><td colspan="2">자전거 전용차로</td><td>다른 차와 도로를 공유하면서 안전표지나 노면표시 등으로 자전거 통행구간을 구분한 차로</td></tr>
</table>

○ 버스전용차로 노면표시

표시의 의미	설치기준 및 장소
- 버스전용차로의 경계를 표시하는 것. 다만, 버스전용차로제가 시행되지 아니하는 시간에는 이를 차선표시로 본다. - 청색실선은 차마가 넘어가서는 아니되는 것임을 표시한다. - 청색점선은 전용차로를 통행할 수 있는 차마는 넘어갈 수 있으나 전용차로를 통행할 수 없는 차마는 전용차로 외의 도로 등으로 진출·진입하거나 전용차로의 최초시작 지점에서 전용차로가 아닌 차로로 진입하기 위하여 넘어갈 수 있음을 표시하는 것 - 청색점선과 실선의 복선은 차마가 점선이 있는 쪽에서는 넘어갈 수 있으나 실선이 있는 쪽에서는 넘어갈 수 없음을 표시하는 것	- 편도 3차로 이상의 도로에 설치 - **출·퇴근 시간에만 운영하는 구간은 청색단선**으로, **그 외의 시간까지 운영하는 구간은 청색복선**으로 설치

※ 3차로 이상도로에 설치할 수 있는 것 : 버스전용차로, U턴 차로

○ 전용차로 통행차 외의 차 통행

– 긴급자동차가 그 본래의 긴급한 용도로 운행되는 경우나 대통령령으로 정하고 있는 경우는 통행이 가능하다.

※ 대통령령이 정하는 경우

· 긴급자동차가 그 본래의 긴급한 용도로 운행되고 있는 경우

· 전용차로 통행 차의 통행에 장해를 주지 아니하는 범위 안에서 택시가 승객의 승 · 하차를 위하여 일시 통행하는 경우로 이 경우 택시 운전자는 승객의 승 · 하차가 끝나는 즉시 전용차로를 벗어나야 한다.

· 도로의 파손 · 공사 그 밖의 부득이한 장애로 인하여 전용차로가 아니면 통행할 수 없는 경우

□ 자동차등의 속도(개인형 이동장치는 제외)

○ 도로별 자동차등의 운행 속도

도로 구분		최고속도	최저속도
일반도로	편도 1차로	• 60km/h 이내	규정없음
	편도 2차로 이상	• 80km/h 이내	
자동차전용도로		• 90km/h 이내	30km/h
고속도로	편도1차로	• 80km/h 이내	50km/h
	편도2차로 이상	• 100km/h 이내 • 적재중량 1.5톤 초과 화물자동차, 특수자동차, 위험물운반차, 건설기계는 80km/h 이내	
	편도2차로 이상의 고속도로로서 경찰청장이 지정 고시한 노선 또는 구간	• 120km/h 이내 • 화물자동차, 특수자동차, 위험물운반차, 건설기계는 90km/h 이내	

○ 이상기후 시 감속 속도

이상 기후 종류	감속기준
비가 내려 노면에 습기가 있는 때 - 눈이 20mm미만 쌓인 때	최고속도의 100분의 20을 줄인 속도
폭우·폭설·안개 등으로 가시거리가 100미터 이내일 때 노면이 얼어 붙은 때 눈이 20mm 이상 쌓인 때	최고속도의 100분의 50을 줄인 속도

예제 자동차 전용도로에서 눈이 30mm 쌓여있는 도로에서 70km/h로 운행 중 사고가 발생한 경우 과속인가?

[풀 이] 자동차 전용 90km/h × 50/100 = 45km/h로 주행하여야 하나 70km/h는 25km/h 초과이므로 과속사고에 해당됨.

○ **자동차를 견인할 때의 속도(고속도로 제외)**

- 총 중량 2,000kg에 미달하는 자동차를 그의 3배 이상의 총중량인 자동차로 견인하는 때 30km/h 이내
- 그 외의 경우 및 이륜자동차가 견인하는 때 25km/h 이내

※ 견인자동차로 견인할 때의 속도 규정은 없음

○ 가변형 속도제한표지로 최고속도를 정한 경우에는 이에 따라야 하며, 가변형 속도제한표지로 정한 최고속도와 그 밖의 안전표지로 정한 최고속도가 다를 때에는 가변형 속도제한표지에 따라야 한다.

○ **속도의 제한**

- 고속도로 : 경찰청장
- 그 외의 도로 : 지방경찰청장

□ 횡단 등의 금지

○ 차마 운전자는 보행자나 다른 차마의 정상적인 통행을 방해할 우려가 있는 경우에는 도로를 횡단, 유턴, 후진하여서는 아니 된다.

○ 지방경찰청장은 도로에서의 위험을 방지하고 교통의 안전과 원활한 소통을 확보하기 위하여 필요하다고 인정되는 경우 도로의 구간을 지정하여 차마의 횡단, 유턴, 후진을 금지할 수 있다.

○ 차마 운전자는 길가의 건물이나 주차장 등에서 도로에 들어갈 때 일단 정지한 후 안전한지 확인하면서 서행하여야 한다.

○ **유턴표지 및 구역선 표시의 뜻**

종류	표시의 의미	설치기준 및 장소
유턴표시	차마가 유턴할 것을 지시	차마가 유턴할 지점의 도로 우측 또는 중앙에 설치
진행방향 표시	진행방향	· 유턴시키려고 하는 장소에 설치 · 좌회전과 유턴을 동시에 시키려고 하는 장소에 설치
유턴구역선 표시	유턴을 허용하는 안전표지가 있는 곳에서 차마가 유턴하는 구역임을 표시	편도 3차로 이상의 도로에서 차마의 유턴이 허용된 구간 또는 장소 내의 필요한 지점에 설치

□ 안전거리 확보, 진로양보의무 등

구분	내 용
차간거리 확보 의무	모든 차의 운전자는 같은 방향으로 가고 있는 앞차의 뒤를 따르는 경우에는 앞차가 갑자기 정지하게 되는 경우에 그 앞차와의 충돌을 피할 수 있는 필요한 거리를 확보하여야 한다.
자전거와 필요한 거리 확보의무	자동차등의 운전자는 같은 방향으로 자전거 옆을 지날 때에는 그 자전거와의 충돌을 피할 수 있는 필요한 거리를 확보하여야 한다. → 비접촉사고도 안전거리 미확보 과실이 있다.
진로변경방법 위반	모든 차의 운전자는 차의 진로를 변경하려는 경우에는 그 변경하려는 방향으로 오고 있는 다른 차의 정상적인 통행에 장애를 줄 우려가 있을 때에는 진로를 변경하여서는 아니 된다.
급제동금지위반	모든 차의 운전자는 위험을 방지하기 위한 경우와 그 밖의 부득이한 경우가 아니면 운전하는 차를 갑자기 정지시키거나 속도를 줄이는 등의 급제동을 하여서는 아니된다.

□ 진로 양보의 의무

○ 앞 · 뒤차의 진로양보의무

- 모든 차(긴급자동차는 제외)의 운전자는 뒤에서 따라오는 차보다 느린 속도로 가려는 경우에는 도로의 우측 가장자리로 피하여 진로를 양보하여야 한다. 다만, 통행구분이 설치된 도로의 경우는 그러하지 아니하다.

○ 마주보고 진행할 때 진로양보의무

- 자동차(긴급자동차 제외)의 운전자는 서로 마주보고 진행할 때 비탈진 좁은 도로에서는 내려가는 자동차에 올라가는 자동차가 진로를 양보해야하고, 비발신 좁은 도로 외의 좁은 도로에서는 사람을 태웠거나 물건을 실은 자동차에 동승자가 없고 물건을 싣지 아니한 자동차가 도로의 우측 가장자리로 피하여 진로를 양보해야 한다.

  ※ 내려가는 차 우선, 물건을 실었거나 동승자가 있는 차 우선

□ 앞지르기, 끼어들기 금지

○ 앞지르기 방법 등

- 모든 차의 운전자는 다른 차를 앞지르려면 앞차의 좌측으로 통행하여야 한다.
- 자전거 운전자는 서행하거나 정지한 다른 차를 앞지르려면 앞차의 우측으로 통행할 수 있다. 이 경우 정지한 차에서 승차하거나 하차하는 사람의 안전에 유의하여 서행하거나 필요한 경우 일시정지하여야 한다.
- 앞지르기 할 때에도 법정 최고속도 이내이어야 한다.

○ **앞지르기 금지의 시기 및 장소**

– 앞차를 앞지르지 못하는 경우

* 앞차의 좌측에 다른 차가 앞차와 나란히 가고 있을 때

* 앞차가 다른 차를 앞지르고 있거나 앞지르려고 하고 있을 때

– 다른 차를 앞지르지 못하는 경우 = 끼어들기 금지 경우와 동일

* 이 법이나 이 법에 따른 명령에 따라 정지하거나 서행하고 있는 차

* 경찰공무원의 지시에 따라 정지하거나 서행하고 있는 차

* 위험을 방지하기 위하여 정지하거나 서행하고 있는 차

– 앞지르지 못하는 장소

* 교차로

* 터널 안

* 다리 위

* 도로의 구부러진 곳, 비탈길의 고갯마루 부근 또는 가파른 비탈길의 내리막 등 지방경찰청장이 안전표지로 지정한 곳

○ **끼어들기 금지(다른 차를 앞지르지 못하는 경우)** : 모든 차의 운전자가 다른 차에 끼어들지 못하는 경우

– 이 법이나 이 법에 따른 명령에 따라 정지하거나 서행하고 있는 차

– 경찰공무원의 지시에 따라 정지하거나 서행하고 있는 차

– 위험을 방지하기 위하여 정지하거나 서행하고 있는 차

□ 철길 건널목의 통과방법

○ 철길건널목에서 모든 차의 운전자는 철길건널목을 통과하려는 경우에는 건널목 앞에서 일시정지하여 안전을 확인한 후 통과하여야 한다. 다만, 신호등이 표시하는 신호에 따르는 경우에는 정지하지 아니하고 통과할 수 있다.

○ 철길건널목에 차단기 및 경보기가 설치된 경우 : 모든 차의 운전자는 건널목의 차단기가 내려져 있거나 내려지려고 하는 경우 또는 건널목의 경보기가 울리고 있는 동안에는 그 건널목에 들어가서는 아니된다.

○ 철길건널목에서 고장 시 모든 차의 운전자는 건널목을 통과하다가 고장 등의 사유로 건널목 안에서 차를 운행할 수 없게 된 경우에는 ① 즉시 승객을 대피시키고 ② 비상신호기 등을 사용하거나 그 밖의 방법으로 ③ 철도공무원이나 ④ 경찰공무원에게 그 사실을 알려야 한다.

□ 교차로 통행 및 양보운전

○ **교차로 통행방법**

– 교차로에서의 우회전 : 모든 차의 운전자는 교차로에서 우회전하려는 경우에는 미리 도로의 우측 가장자리로 서행하면서 우회전하여야 한다. 이 경우 우회전하는 차의 운전자는 신호에

따라 정지하거나 진행하는 보행자 또는 자전거등에 주의하여야 한다.

- **교차로에서의 좌회전** : 모든 차의 운전자는 교차로에서 좌회전하려는 경우에는 미리 도로의 중앙선을 따라 서행하면서 교차로의 중심 안쪽을 이용하여 좌회전 하여야 한다. 다만, 지방경찰청장이 지정한 곳에서는 교차로의 중심 바깥쪽을 통과(회전교차로)할 수 있다.

※ **회전교차로 통행방법**

1. 교차로에 진입하는 자동차는 회전 중인 자동차에게 양보해야한다.
2. 회전교차로에서는 우측으로 회전을 하며 비상점멸등은 켤 필요가 없으며 시계반대방향으로 회전하여야 한다.
3. 회전교차로 내에 여유공간이 있을 때까지 양보선에서 대기하여야 한다. 신호등이 설치된 곳은 로타리라고 한다

- **자전거의 좌회전** : 자전거등의 운전자는 교차로에서 좌회전하려는 경우에는 미리 도로의 우측 가장자리에 붙여 서행하면서 교차로의 가장자리 부분을 이용하여 좌회전하여야 한다.
- **교차로에서 좌 · 우회전 신호를 하는 차에 대한 주의의무** : 모든 차의 운전자는 교차로의 통행방법에 따라 우회전이나 좌회전을 하기 위하여 손이나 방향지시기 또는 등화로써 신호를 하는 차가 있는 경우에 그 뒤차의 운전자는 신호를 한 앞차의 진행을 방해하여서는 아니된다.
- **신호등 있는 교차로의 진입방법** : 모든 차의 운전자는 신호기로 교통정리를 하고 있는 교차로에 들어가려는 경우에는 진행하려는 진로의 앞쪽에 있는 차의 상황에 따라 교차로(정지선이 설치되어 있는 경우에는 그 정지선을 넘은 부분을 말한다)에 정지하게 되어 다른 차의 통행에 방해가 될 우려가 있는 경우에는 그 교차로에 들어가서는 아니 된다.
- **양보 및 일시정지 의무** : 모든 차의 운전자는 교통정리를 하고 있지 아니하고 일시정지나 양보를 표시하는 안전표지가 설치되어 있는 교차로에 들어가려고 할 때에는 다른 차의 진행을 방해하지 아니하도록 일시정지하거나 양보하여야 한다.

○ **교통정리가 없는 교차로에서의 양보운전**

- **선진입차에 대한 양보의무** : 교차로에 들어가려고 하는 차의 운전자는 이미 교차로에 들어가 있는 다른 차가 있을 때에는 그 차에 진로를 양보하여야 한다.
- **넓은 도로로부터 들어가려고 하는 차에 대한 양보의무** : 교차로에 들어가려고 하는 차의 운전자는 그 차가 통행하고 있는 도로의 폭보다 교차하는 도로의 폭이 넓은 경우에는 서행하여야 하며, 폭이 넓은 도로로부터 교차로에 들어가려고 하는 다른 차가 있을 때에는 그 차에 진로를 양보하여야 한다.

※ **대로와 소로의 구분**

- 국도(간선도로)와 농노길
- 중앙선과 차선이 있는 도로와 골목길
- 2차로 대 4차로와 같이 도로 폭이 2배 이상 넓은 경우
- **우측 도로 차에 양보 의무** : 교차로에 동시에 들어가려고 하는 차의 운전자는 우측도로의 차에 진로를 양보하여야 한다.

- 직진 또는 우회전 차에 양보의무(신호기 없는 경우) : 교차로에서 좌회전하려고 하는 차의 운전자는 그 교차로에서 직진하거나 우회전하려는 다른 차가 있을 때에는 그 차에 진로를 양보하여야 한다.
  ※ 일시정지 : 사각지대, 교통이 빈번한 곳, 안전표지가 있는 곳

○ 통상 교차로 진입 전 30m 구간은 진로변경제한선이 설치되어 있어 교차로에서 좌 · 우회전하고자 할 때에는 교차로에 이르기 전 70m 전 지점에서 의사결정한 후 진로변경한 후 좌 · 우회전하여야 할 것이다.

○ 자전거 운전자는 진행방향의 직진신호에 따라 도로 우측 가장자리에서 2단계로 좌회전하도록 하고 이 경우 우회전하는 자동차와 정지 또는 직진하는 자전거와의 충돌을 방지하기 위해 우회전하는 차의 운전자는 신호에 따라 교차로에서 정지해 있거나 운행하는 자전거에 유의하도록 하여야 한다.

□ 보행자의 보호 및 보행자 전용도로

○ 용어의 정의

- 횡단보도 : 보행자가 도로를 횡단할 수 있도록 안전표지로 표시한 도로의 부분
- 안전지대 : 도로를 횡단하는 보행자나 통행하는 차마의 안전을 위하여 안전표지나 이와 비슷한 인공구조물을 표시한 도로의 부분

○ 횡단보도 보행자 보호

- 모든 차의 운전자는 보행자(자전거등에서 내려서 자전거를 끌고 통행하는 자전거 운전자를 포함한다)가 횡단보도를 통행하고 있을 때에는 보행자의 횡단을 방해하거나 위험을 주지 아니하도록 그 횡단보도 앞(정지선이 설치되어 있는 곳에서는 그 정지선을 말한다)에서 일시정지하여야 한다.
- 모든 차의 운전자는 교통정리를 하고 있는 교차로에서 좌회전이나 우회전을 하려는 경우에는 신호기 또는 경찰공무원등의 신호나 지시에 따라 도로를 횡단하는 보행자의 통행을 방해하여서는 아니 된다.
  ※ 도로횡단 보행자의 보호 : 차의 운전자에게 횡단보도를 통행하는 보행자는 물론 횡단보도가 설치되지 않은 도로를 횡단하는 보행자에 대하여도 보행자가 안전하게 도로를 횡단할 수 있도록 통행방해의 금지 의무를 부과

○ 보행자 통행 방해

- 모든 차의 운전자는 교통정리를 하고 있지 아니하는 교차로 또는 그 부근의 도로를 횡단하는 보행자의 통행을 방해하여서는 아니 된다.
- 모든 차의 운전자는 도로에 설치된 안전지대에 보행자가 있는 경우와 차로가 설치되지 아니한 좁은 도로에서 보행자의 옆을 지나는 경우에는 안전한 거리를 두고 서행하여야 한다.
- 모든 차의 운전자는 보행자가 횡단보도가 설치되어 있지 아니한 도로를 횡단하고 있을 때에는 안전거리 두고 일시정지하여 보행자가 안전하게 횡단할 수 있도록 하여야 한다.

□ 긴급자동차

○ 긴급자동차의 종류

– 도로교통법상 긴급자동차 : 소방차, 구급차, 혈액 공급차량

– 대통령령으로 정하는 긴급자동차

* 경찰용 자동차 중 범죄수사·교통단속 그밖에 긴급한 경찰 임무수행에 사용되는 자동차
* 국군 및 주한국제연합군용 자동차 중 군 내부의 질서유지 및 부대의 질서 있는 이동을 유도하는데 사용되는 자동차
* 수사기관의 자동차 중 범죄수사를 위하여 사용되는 자동차
* 다음 각목에 해당하는 시설 또는 기관의 자동차 중 도주자의 체포 또는 피수용자, 피관찰자의 호송, 경비를 위하여 사용되는 자동차
  · 교도소, 소년교도소, 구치소 및 보호감호소
  · 소년원 및 소년분류 심사원
  · 보호관찰소
* 국내외 요인에 대한 경호업무 수행에 공무로서 사용되는 자동차
* 전기사업, 가스사업 그 밖의 공익사업기관에서 위험방지를 위한 응급작업에 사용되는 자동차

– 사용하는 사람 또는 기관등의 신청에 의하여 지방경찰청장이 지정하는 긴급자동차

* 민방위업무를 수행하는 기관에서 긴급예방 또는 복구를 위한 출동에 사용되는 자동차
* 도로관리를 위하여 사용되는 자동차 중 도로 상의 위험을 방지하기 위한 응급작업에 사용되는 자동차
* 전신, 전화의 수리공사 등 응급작업에 사용되는 자동차와 우편물의 운송에 사용되는 자동차와 우편물의 운송에 사용되는 자동차 중 긴급배달 우편물의 운송에 사용되는 자동차 및 전파감시업무에 사용되는 자동차

– 긴급자동차로 보는 긴급자동차

* 경찰용의 긴급자동차에 의하여 유도되고 있는 자동차, 국군 및 주한국제연합군용의 긴급자동차에 의하여 유도되고 있는 국군 및 주한국제연합군의 자동차와 생명이 위급한 환자나 부상자를 운반 중인 자동차는 긴급자동차로 본다.

○ 긴급자동차 우선통행

○ 일반차 통행방법

– 모든 차의 운전자는 교차로나 그 부근에서 긴급자동차가 접근하는 경우에는 교차로를 피하여 도로의 우측 가장자리에 일시정지하여야 한다. 다만, 일방통행으로 된 도로에서 우측 가장자리로 피하여 정지하는 것이 긴급자동차의 통행에 지장을 주는 경우에는 좌측 가장자리로 피하여 정지할 수 있다.

– 모든 차의 운전자는 교차로나 그 부근 외의 곳에서 긴급자동차가 접근한 경우에는 긴급자동차가 우선통행할 수 있도록 진로를 양보하여야 한다.

○ **긴급자동차 특례**

- 속도제한, 앞지르기, 끼어들기, 신호위반, 중앙선침범, 후진·횡단·유턴, 안전거리, 주정차위반, 인도 진입, 일시정지(속도제한, 앞지르기, 끼어들기 3가지는 모든 긴급자동차에 해당)

○ **긴급자동차의 준수사항**

- 「자동차관리법」 제29조에 따른 자동차의 안전운행에 필요한 기준에서 정한 긴급자동차의 구조를 갖출 것
- 사이렌을 울리거나 경광등을 켤 것
  * 본래의 긴급한 용도로 운행하지 아니하는 경우에는 경광등을 켜거나 사이렌을 작동하여서는 아니된다. 다만 범죄 및 화재예방 등을 위한 순찰·훈련 등을 실시하는 경우에는 그러하지 아니하다.(소방차가 임무를 마치고 복귀할 때에는 긴급자동차에 해당하지 않음)
- 사이렌, 경광등을 켜지 않아도 되는 긴급자동차
  * 긴급자동차로 보는 자동차(경찰차에 유도되는 차, 부상자를 실은 앰뷸런스)
  * 속도에 관한 규정을 위반하는 자동차등을 단속하는 긴급자동차
  * 국내외 요인에 대한 경호업무 수행에 공무로 사용되는 자동차
  ※ 긴급자동차로 보는 자동차의 준수사항 : 전조등 또는 비상표시등을 켜거나 그 밖의 적당한 방법으로 긴급한 목적으로 운행되고 있음을 표시하여야 한다.

□ 서행, 일시정지 및 정차, 주차

○ **용어의 정의**

- **주차** : 운전자가 승객을 기다리거나 화물을 싣거나 차가 고장나거나 그 밖의 사유로 차를 계속하여 정지상태에 두는 것. 또는 운전자가 차에서 떠나서 즉시 그 차를 운전할 수 없는 상태에 두는 것
- **정차** : 운전자가 5분을 초과하지 아니하고 차를 정차시키는 것으로서 주차 외의 정차 상태를 말한다.
- **서행** : 운전자가 차를 즉시 정차시킬 수 있는 정도의 느린 속도로 진행하는 것
- **일시정지** : 차의 운전자가 그 차의 바퀴를 일시적으로 완전히 정지시키는 것

※ ① 사각지대 ② 신호기가 없는 교통이 빈번한 곳 ③ 지방청장이 지정한 곳 ④ 철길건널목 ⑤ 횡단보도에 보행자 통행시 ⑥ 어린이나 앞을 보지 못하는 사람, 지체장애인이 도로를 횡단할 때 ⑦ 적색등화 점멸시

○ **서행하여야 할 곳**

- 교통정리를 하고 있지 아니하는 교차로
- 도로가 구부러진 부근
- 비탈길의 고갯마루 부근
- 가파른 비탈길의 내리막(오르막은 서행하여야 할 장소 아님)
- 지방경찰청장이 도로에 안전표시로 지정한 곳

○ **일시정지 하여야 할 곳**

- 교통정리를 하고 있지 아니하고 좌우를 확인할 수 없거나 교통이 빈번한 교차로
- 지방경찰청장이 안전표지로 지정한 곳

□ 정차 및 주차의 금지

○ **정차 및 주차 불가 장소**

- 교차로 · 횡단보도 · 건널목 · 보도와 차도가 구분된 도로의 보도
- 교차로의 가장자리나 도로의 모퉁이로부터 5미터 이내인 곳
- 안전지대의 사방으로부터 각각 10미터 이내인 곳
- 버스여객자동차의 정류지(停留地)임을 표시하는 기둥이나 표지판 또는 선이 설치된 곳으로부터 10미터 이내인 곳
- 철길 건널목의 가장자리 또는 횡단보도로부터 10미터 이내인 곳

○ **정차 및 주차의 임의적 금지장소** : 지방경찰청장이 필요하다고 인정하여 지정한 곳

○ **정차 및 주차의 예외 장소**

- 이 법이나 이 법에 따른 명령
- 경찰공무원의 지시
- 위험방지를 위하여 일시정지하는 경우
- 「주차장법」에 따라 차도와 보도에 걸쳐서 설치된 노상주차장
- 버스여객자동차의 운전자가 그 버스여객자동차의 운행시간 중에 운행노선에 따르는 정류장에서 승객을 태우거나 내리기 위하여 차를 정지하거나 주차하는 경우

○ **주차금지의 장소**

- 주차 금지의 필수적 장소
  * 터널 안 및 다리 위
  * 화재경보기로부터 3미터 이내인 곳
  * 다음 각 목의 곳으로부터 5미터 이내인 곳
    · 소방용 기계 · 기구가 설치된 곳
    · 소방용 방화(防火) 물통
    · 소화전(消火栓) 또는 소화용 방화 물통의 흡수구나 흡수관(吸水管)을 넣는 구멍
    · 도로공사를 하고 있는 경우에는 그 공사 구역의 양쪽 가장자리
  * 황색 복선을 설치한 곳
- 주차금지의 임의적 장소 : 지방경찰청장이 안전표지에 의하여 지정한 곳

○ **정차 방법**

- 모든 차의 운전자는 도로에서 정차할 때에는 차도의 오른쪽 가장자리에 정차할 것. 다만, 차도와 보도의 구별이 없는 도로의 경우에는 도로의 오른쪽 가장자리로부터 중앙으로 50cm 이상의 거리를 두어야 한다.

※ 주정차 위반 시 벌점은 없다. 도로 가장자리에 설치된 황색 점선은 주차는 금지되고 정차는 할 수 있다.

□ 차의 등화 및 차의 신호

○ 차의 등화

- 대통령령이 정하는 바에 따라 전조등, 차폭등, 미등과 그 밖에 등화를 켜야 하는 경우
  * 밤(해가 진 후부터 해가 뜨기 전까지를 말한다)에 도로에서 차를 운행하거나 고장이나 그 밖에 부득이한 사유로 도로에서 차를 정차 또는 주차하는 경우
  * 안개가 끼거나 비 또는 눈이 올 때에 도로에서 차를 운행하거나 고장이나 그 밖에 부득이한 사유로 도로에서 차를 정차 또는 주차하는 경우
  * 터널 안을 운행하거나 고장 또는 그 밖의 부득이한 사유로 터널 안 도로에서 차를 정차 또는 주차하는 경우
- 밤에 차가 서로 마주보고 진행하거나 앞차의 바로 뒤를 따라가는 경우에는 등화의 밝기를 줄이거나 잠시 등화를 끄는 등의 필요한 조작을 하여야 한다.

○ 밤에 도로에서 차를 운행하는 경우 등의 등화

- 도로에서 차를 운행할 때 켜야 하는 등화의 종류
  * 자동차 : 전조등, 차폭등, 미등, 번호등, 실내조명등(승합자동차와 여객자동차 운수사업법에 따른 여객자동차운송사업용 승용자동차만 해당) → 버스하고 택시
  * 원동기장치자전거 : 전조등, 미등
  * 견인되는 차 : 미등, 차폭등, 번호등 (전조등×)
  * 자동차등 외의 모든 차 : 지방경찰청장이 정하여 고시하는 등화
- 도로에서 정차하거나 주차할 때 켜야 하는 등화의 종류
  * 자동차(이륜자동차는 제외한다) : 미등, 차폭등
  * 이륜자동차 및 원동기장치자전거 : 미등(후부반사기를 포함한다)

  ※ 실내조명등 : 승합자동차(버스) 및 사업용승용차(택시)만 의무적으로 켜야함.

○ 밤에 운행할 때 등화 조작

- 서로 마주보고 진행할 때
  * 등화조작 : 전조등의 밝기를 줄이거나 불빛의 방향을 아래로 향하게 하거나 잠시 전조등을 끌 것
  * 예외 : 도로의 상황으로 보아 마주보고 진행하는 차의 교통을 방해할 우려가 없는 경우에는 그러하지 아니하다
- 앞차의 바로 뒤를 따라갈 때 : 전조등 불빛의 방향을 아래로 향하게 하고, 전조등 불빛의 밝기를 함부로 조작하여 앞차의 운전을 방해하지 아니할 것

○ **차의 신호**

- 신호가 필요한 경우 : 좌회전, 우회전, 횡단, 유턴, 서행, 정지, 후진, 차로변경 시
- 신호의 방법 : 손이나 방향지시기 또는 등화
- 신호의 시기 : 그 행위가 끝날 때까지

○ **신호의 시기 및 방법**

신호를 하는 경우	신호를 하는 시기	신호의 방법
좌회전 · 횡단 · 유턴 또는 같은 방향으로 진행하면서 진로를 왼쪽으로 바꾸려는 때	그 행위를 하려는 지점(좌회전할 경우에는 그 교차로의 가장자리)에 이르기 전 30미터(고속도로에서는 100미터) 이상의 지점에 이르렀을 때	왼팔을 수평으로 펴서 차체의 왼쪽 밖으로 내밀거나 오른팔을 차체의 오른쪽 밖으로 내어 팔꿈치를 굽혀 수직으로 올리거나 왼쪽의 방향지시기 또는 등화를 조작할 것
우회전 또는 같은 방향으로 진행하면서 진로를 오른쪽으로 바꾸려는 때		오른팔을 수평으로 펴서 차체의 오른쪽 밖으로 내밀거나 왼팔을 차체의 왼쪽 밖으로 내어 팔꿈치를 굽혀 수직으로 올리거나 오른쪽의 방향지시기 또는 등화를 조작할 것
정지할 때	그 행위를 하려는 때	팔을 차체의 밖으로 내어 45도 밑으로 펴거나 제동등을 켤 것
후진할 때		팔을 차체의 밖으로 내어 45도 밑으로 펴서 손바닥을 뒤로 향하게 하여 그 팔을 앞뒤로 흔들거나 후진등을 켤 것
뒤차에게 앞지르기를 시키려는 때	그 행위를 시키려는 때	오른팔 또는 왼팔을 차체의 왼쪽 또는 오른쪽 밖으로 수평으로 펴서 손을 앞뒤로 흔들 것
서행할 때	그 행위를 하려는 때	팔을 차체의 밖으로 내어 45도 밑으로 펴서 위아래로 흔들거나 제동등을 깜박일 것

□ 승차 또는 적재의 방법

○ **승차인원 초과 · 적재제한 위반**

- 모든 차의 운전자는 승차 인원, 적재중량 및 적재용량에 관하여 대통령령으로 정하는 운행상의 안전기준을 넘어서 승차시키거나 적재한 상태로 운전하여서는 아니 된다. 다만, 출발지를 관할하는 경찰서장의 허가를 받은 경우에는 그러하지 아니하다.

○ **차종별 안전기준**

차종별	안전기준
자동차	• 고속버스 운송사업용 자동차 및 화물자동차를 제외한 자동차의 승차인원은 승차정원의 110% 이내일 것 - 다만, 고속도로에서는 승차정원을 넘어서 운행할 수 없다. • 고속버스 운송사업용 자동차 및 화물자동차의 승차인원은 승차정원 이내일 것 ※ 화물자동차나 고속버스는 일반도로에서도 승차정원을 넘어서 운행할 수 없다.
화물자동차	구조 및 성능에 따르는 적재 중량의 110% 이내일 것
화물자동차, 이륜자동차, 소형 3륜자동차	• 적재 용량 - 길이 : 자동차 길이에 그 길이의 10분의 1을 더한 길이. 다만 이륜자동차는 그 승차장치의 길이 또는 적재장치의 길이에 30cm를 더한 길이를 말한다. - 너비 : 자동차의 후사경으로 뒤쪽을 확인할 수 있는 범위(후사경의 높이보다 화물을 낮게 적재한 경우에는 그 화물을, 후사경의 높이보다 높게 적재한 경우에는 뒤쪽을 확인할 수 있는 범위를 말한다)의 너비 - 높이 : 화물자동차는 지상으로부터 4m(도로구조의 보전과 통행의 안전에 지장이 없다고 인정하여 고시한 도로노선의 경우에는 4m 20cm), 소형삼륜차는 지상으로부터 2m 50cm, 이륜자동차는 지상으로부터 2m 높이

• 경찰서장이 안전기준을 넘는 승차 및 적재의 허가를 할 수 있는 경우
  - 전신, 전화, 전기공사, 수도공사, 제설작업, 그 밖에 공익을 위한 공사 또는 작업을 위하여 부득이 화물자동차의 승차정원을 넘어서 운행하려는 경우
  - 분할할 수 없어 화물자동차의 적재중량, 화물자동차·이륜자동차·소형3륜자동차의 적재용량의 기준을 적용할 수 없는 화물을 수송하는 경우
• 경찰서장이 허가할 때 안전운행상 필요한 조건에 따른 운전자 의무
  - 화물의 적재허가를 받은 사람은 그 길이 또는 폭의 양 끝에 너비 30cm, 길이 50cm 이상의 빨간 헝겊으로 된 표지를 달아야 한다.
  - 밤에 운행하는 경우에는 반사체로 된 표지를 달아야 한다.

○ **승객 또는 승 · 하차자 추락방지 조치위반**

– 모든 차의 운전자는 운전 중 타고 있는 사람 또는 타고 내리는 사람이 떨어지지 아니하도록 하기 위하여 문을 정확히 여닫는 등 필요한 조치를 하여야 한다.

○ **적재물 추락방지 위반**

– 모든 차의 운전자는 운전 중 실은 화물이 떨어지지 아니하도록 덮개를 씌우거나 묶는 등 확실하게 고정될 수 있도록 필요한 조치를 하여야 한다.

○ 지방경찰청장은 도로에서의 위험을 방지하고 교통의 안전과 원활한 소통을 확보하기 위하여 필요하다고 인정하는 경우에는 차의 운전자에 대하여 승차 인원, 적재중량 또는 적재용량을 제한할 수 있다.

□ 정비불량차의 운전금지·유사표시

○ 모든 차의 사용자, 정비책임자 또는 운전자는 「자동차관리법」, 「건설기계관리법」이나 그 법에 따른 명령에 의한 장치가 정비되어 있지 아니한 차(이하 "정비불량차"라 한다)를 운전하도록 시키거나 운전하여서는 아니 된다.

○ 누구든지 자동차등(개인형 이동장치 제외)에 교통단속용자동차, 범죄수사용자동차, 그 밖의 긴급자동차와 유사하거나, 혐오감을 주는 도색이나 표지 등을 하거나, 그러한 도색이나 표지 등을 한 자동차를 운전하여서는 아니된다.

○ 유사표지 및 도색등의 범위
- 긴급자동차로 오인할 수 있는 색칠이나 표지
- 욕설을 표시하거나 음란한 행위를 묘사하는 등 다른 사람에게 혐오감을 주는 그림 · 기호 또는 문자

section 8 무면허 운전 등의 금지

□ 무면허 운전의 금지

○ 누구든지 지방경찰청장으로부터 운전면허를 받지 아니하거나 운전면허의 효력이 정지된 경우에는 자동차등(개인형 이동장치 제외)을 운전하여서는 아니 된다.

○ **무면허 운전의 유형**
- 운전면허를 받지 않고 운전
- 운전면허가 없는 자가 군운전면허를 가지고 군용차량이 아닌 차량을 운전하는 행위
- 운전면허증 종별에 따른 자동차를 운전하지 않는 경우
- 적성검사를 받지 않아 운전면허가 취소된 자가 그 운전면허로 운전하는 행위
- 운전면허 갱신기간 이내에 갱신하지 않고 1년이 경과되어 면허가 취소된 자가 그 면허로 운전한 경우
- 면허취소처분을 받은 자가 운전한 경우
- 운전면허 효력 정지기간 중 운전행위
- 연습면허를 받지 않고 운전연습을 하는 경우
- 국제운전면허증을 받지 아니하고 자동차등을 운전하거나 그 면허종별과 다른 자동차를 운전한 경우
- 상호주의에 의하여 운전면허를 인정하지 않는 국가에서 운전하는 행위

section 9 음주, 과로, 공동위험행위의 운전금지

□ 술에 취한 상태에서 운전금지 (법 제44조)

○ **음주운전 금지**

- 누구든지 술에 취한 상태에서 자동차등과 모든 건설기계, 노면전차, 자전거를 운전하여서는 아니된다.
- 경찰공무원(자치경찰공무원은 제외)은 교통의 안전과 위험방지를 위하여 필요하다고 인정하거나 제1항을 위반하여 술에 취한 상태에서 자동차등을 운전하였다고 인정할 만한 상당한 이유가 있는 경우에는 운전자가 술에 취하였는지를 호흡조사로 측정할 수 있다. 이 경우 운전자는 경찰공무원의 측정에 응하여야 한다.
- 호흡측정 결과에 불복하는 운전자에 대하여는 그 운전자의 동의를 받아 혈액 채취 등의 방법으로 다시 측정할 수 있다.
- 운전이 금지되는 술에 취한 상태의 기준은 운전자의 혈중알코올농도가 0.03퍼센트 이상인 경우로 한다.

○ **위험방지를 위한 경찰의 조치**

- 면허증 제시 요구의 강제성 : 경찰공무원은 자동차등(개인형 이동장치는 제외한다) 또는 노면전차의 운전자가 제43조부터 제45조까지(무면허, 음주, 과로)의 규정을 위반하여 자동차등을 운전하고 있다고 인정되는 경우에는 차를 일시정지시키고 그 운전자에게 자동차 운전면허증(이하 "운전면허증"이라 한다)을 제시할 것을 요구할 수 있다.
- 경찰공무원은 제44조(음주) 및 제45조(과로)를 위반하여 자동차등 또는 노면전차를 운전하는 사람이나 제44조를 위반하여 자전거등을 운전하는 사람에 대하여는 정상적으로 운전할 수 있는 상태가 될 때까지 운전의 금지를 명하고 차를 이동시키는 등 필요한 조치(면허증회수)를 할 수 있다

○ **운전면허 결격사유 및 기간**

- 음주운전으로 벌금 이상의 형(집행유예를 포함한다)을 선고받은 사람으로서
  * 술에 취하여 운전 중 사람을 사상 후 필요한 조치 및 신고를 하지 아니한 경우에는 운전면허가 취소된 날로부터 5년
  * 술에 취한 상태에서 운전하다가 3회 이상 교통사고를 일으킨 경우에는 운전면허가 취소된 날부터 3년
- 술에 취하여 운전한 사람으로서
  * 2회 이상 위반하여 운전면허가 취소된 경우에는 운전면허가 취소된 날부터 2년
  * 단순 주취 운전으로 면허가 취소된 경우 1년(원동기 장치 자전거면허를 받으려는 경우에는 6개월)

○ **운전면허 취소 · 정지처분, 결격 기준**

* 0.03~0.08% 미만 : 100일 면허정지+벌점(취소가능, 결격기간 1년), ~1, ~500
* 0.08~0.2% 미만 : 면허취소(결격기간 1년), 1~2, 500~1000
* 0.2% 이상 : 면허취소(결격기간 1년), 2~5, 1000~2000
* 측정거부 : 운전면허취소(결격기간 1년), 1~5, 500~2000
* 음주운전 2회이상 면허취소(결격기간 2년), 2~5, 1000~2000

(위 항목: 대인사고의 경우 면허취소(결격 2년))

* 음주운전으로 교통사고 2회 이상 : 면허취소(결격기간 3년)
* 음주운전 인사사고 후 도주 : 면허취소(결격기간 5년)
* 최고속도를 시속 100km를 초과한 속도로 3회 이상 운전 : 면허취소, ~1, ~500(1회는 ~6월, ~200)

□ 과로한 때 등의 운전금지(법 제45조)

○ 과로한 때 등의 운전 금지 : 자동차등(개인형 이동장치)의 운전자는 제44조에 따른 술에 취한 상태 외에 과로, 질병 또는 약물(마약, 대마 및 향정신성의약품과 그 밖에 행정안전부령으로 정하는 것을 말한다. 이하 같다)의 영향과 그 밖의 사유로 정상적으로 운전하지 못할 우려가 있는 상태에서 자동차등을 운전하여서는 아니 된다.

○ 자동차등의 운전자가 그 영향으로 인하여 운전이 금지되는 약물은 흥분 · 환각 또는 마취의 작용을 일으키는 유해화학물질로서 유해화학물질관리법 시행령 제25조에 따른 환각물질로 한다.

○ 약물로 인하여 정상적으로 운전하지 못할 우려가 있는 상태에서 자동차등을 운전한 사람은 3년 이하의 징역이나 1천만원 이하의 벌금에 처한다.

○ 운전면허 결격사유 및 기간(법 제82조 제2항)

- 약물 복용운전으로 사람을 사상한 후 제54조제1항에 의거 필요한 조치 및 제2항에 따른 신고를 하지 아니한 죄로 벌금 이상의 형(집행유예를 포함한다)을 선고받은 사람으로서 운전면허가 취소된 경우 취소된 날부터 5년
- 단순 약물 복용운전으로 운전면허가 취소된 경우 취소된 날부터 1년

□ 공동위험행위의 금지

○ 자동차등(개인형 이동장치)의 운전자는 도로에서 2명 이상이 공동으로 2대 이상의 자동차등을 정당한 사유 없이 앞뒤로 또는 좌우로 줄지어 통행하면서 다른 사람에게 위해(危害)를 끼치거나 교통상의 위험을 발생하게 하여서는 아니 된다.

○ 자동차등의 동승자는 제1항에 따른 공동 위험행위를 주도하여서는 아니 된다.

○ 공동위험행위를 한 운전자나 주도한 동승자는 2년이하의 징역이나 500만원 이하의 벌금에 처한다.

○ **운전면허 취소 · 정지처분 기준**

- 취소처분 개별기준 : 공동위험행위로 구속된 때 운전면허 취소
- 정지처분 개별기준 : 공동위험행위로 형사입건된 때 벌점 40점

section 10 교통단속용 장비의 기능방해 금지 및 안전운전의 의무

□ 교통단속용 장비의 기능방해 금지

○ 누구든지 교통단속을 회피할 목적으로 교통단속용 장비의 기능을 방해하는 장치를 제작 · 수입 · 판매 또는 장착하여서는 아니 된다.

○ **벌칙** : 6개월 이하의 징역이나 200만원 이하의 벌금 또는 구류에 처한다.

□ 안전운전 및 친환경 경제운전의 의무

○ **안전운전 의무** : 모든 차의 운전자는 차의 조향장치와 제동장치, 그 밖의 장치를 정확하게 조작하여야 하며, 도로의 교통상황과 차의 구조 및 성능에 따라 다른 사람에게 위험과 장해를 주는 속도나 방법으로 운전하여서는 아니된다.

○ 모든 차의 운전자 차를 친환경적이고 경제적인 방법으로 운전하여 연료소모와 탄소배출을 줄이도록 노력하여야 한다.

□ 난폭운전 금지

○ 자동차등(개인형 이동장치 제외)의 운전자는 다음 각 호 중 둘 이상의 행위를 연달아 하거나, 하나의 행위를 지속 또는 반복하여 다른 사람(불특정인)에게 위협 또는 위해를 가하거나 교통상의 위험을 발생하게 하여서는 아니 된다.

1. 신호 또는 지시위반
2. 중앙선 침범
3. 속도의 위반
4. 횡단 · 유턴 · 후진 금지 위반
5. 안전거리 미확보, 진로변경 금지 위반, 급제동 금지 위반
6. 앞지르기 방법 또는 앞지르기의 방해금지 위반
7. 정당한 사유 없는 소음 발생
8. 고속도로에서의 앞지르기 방법 위반
9. 고속도로등에서의 횡단 · 유턴 · 후진 금지 위반

※ 1년 이하의 징역 또는 500만원 이하 벌금, 난폭운전으로 구속되는 경우 운전면허 취소

cf. 보복운전(형법) : 자동차등의 운전자가 도로위 운전 중 차량을 이용하여 상대방에게 상해와 폭행, 협박, 손괴를 가하는 행위를 의미

section 11 모든 운전자의 준수사항 등[법 제49조]

□ 운전자 준수사항

○ 물이 고인 곳을 운행할 때에는 고인 물을 튀게 하여 다른 사람에게 피해를 주는 일이 없도록 할 것

○ 다음의 어느 하나에 해당하는 경우에는 일시정지할 것

– 어린이가 보호자 없이 도로를 횡단할 때, 어린이가 도로에서 앉아 있거나 서 있을 때 또는 어린이가 도로에서 놀이를 할 때 등 어린이에 대한 교통사고의 위험이 있는 것을 발견한 경우

– 앞을 보지 못하는 사람이 흰색 지팡이를 가지거나 장애인보조견을 동반하고 도로를 횡단하고 있는 경우

– 지하도나 육교 등 도로 횡단시설을 이용할 수 없는 지체장애인이나 노인 등이 도로를 횡단하고 있는 경우

○ 자동차의 앞면 창유리와 운전석 좌우 옆면 창유리의 가시광선(可視光線)의 투과율이 대통령령으로 정하는 기준보다 낮아 교통안전 등에 지장을 줄 수 있는 차를 운전하지 아니할 것. 다만, 요인(要人) 경호용, 구급용 및 장의용(葬儀用) 자동차는 제외한다.

※ 가시광선 투과율

· 앞면창유리 : 70% 보다 낮으면 ×

· 운전석 좌우 옆면 창유리 : 40% 보다 낮으면 ×

○ 교통단속용 장비의 기능을 방해하는 장치를 한 차나 그 밖에 안전운전에 지장을 줄 수 있는 것으로서 행정안전부령으로 정하는 기준에 적합하지 아니한 장치를 한 차를 운전하지 아니할 것. 다만, 「자동차관리법」 제2조제1호의3에 따른 자율주행자동차의 신기술 개발을 위한 장치를 장착하는 경우에는 그러하지 아니하다.

※ 불법부착장치 기준

· 경찰관서에서 사용하는 무전기와 동일한 주파수의 무전기

· 긴급자동차가 아닌 자동차에 부착된 경광등, 싸이렌 또는 비상등

· 자동차안전기준에 관한 규칙에서 정하지 아니한 것으로서 안전운전에 현저히 장애가 될 정도의 장치

○ 도로에서 자동차등(개인형 이동장치 제외) 또는 노면전차를 세워둔 채 시비 · 다툼 등의 행위를 하여 다른 차마의 통행을 방해하지 아니할 것

○ 운전자가 운전석을 떠나는 경우에는 ① 원동기를 끄고 ② 제동장치를 철저하게 작동시키는 등 차의 ③ 정지 상태를 안전하게 유지하고 다른 사람이 함부로 ④ 운전하지 못하도록 필요한 조치를 할 것

○ 운전자는 안전을 확인하지 아니하고 차의 문을 열거나 내려서는 아니 되며, 동승자가 교통의

위험을 일으키지 아니하도록 필요한 조치를 할 것

○ 운전자는 정당한 사유 없이 다음 각 목의 어느 하나에 해당하는 행위를 하여 다른 사람에게 피해를 주는 소음을 발생시키지 아니할 것
 - 자동차등을 급히 출발시키거나 속도를 급격히 높이는 행위
 - 자동차등의 원동기 동력을 차의 바퀴에 전달시키지 아니하고 원동기의 회전수를 증가시키는 행위
 - 반복적이거나 연속적으로 경음기를 울리는 행위

○ 운전자는 승객이 차 안에서 안전운전에 현저히 장해가 될 정도로 춤을 추는 등 소란행위를 하도록 내버려두고 차를 운행하지 아니할 것

○ 운전자는 자동차등의 운전 중에는 휴대용 전화(자동차용 전화를 포함한다)를 사용하지 아니할 것. 다만, 다음 각 목의 어느 하나에 해당하는 경우에는 그러하지 아니하다.
 - 자동차등이 정지하고 있는 경우
 - 긴급자동차를 운전하는 경우
 - 각종 범죄 및 재해 신고 등 긴급한 필요가 있는 경우
 - 안전운전에 장애를 주지 아니하는 장치로서 대통령령으로 정하는 장치를 이용하는 경우

 ※ **대통령령으로 정하는 장치**
  · 손으로 잡지 아니하고도 휴대용 전화(자동차용 전화를 포함한다)를 사용할 수 있도록 해 주는 장치를 말한다.

○ 자동차등의 운전 중에는 방송 등 영상물을 수신하거나 재생하는 장치(운전자가 휴대하는 것을 포함하며, 이하 "영상표시장치"라 한다)를 통하여 운전자가 운전 중 볼 수 있는 위치에 영상이 표시되지 아니하도록 할 것. 다만, 다음 각 목의 어느 하나에 해당하는 경우에는 그러하지 아니하다.
 - 자동차등이 정지하고 있는 경우
 - 자동차등에 장착하거나 거치하여 놓은 영상표시장치에 다음의 영상이 표시되는 경우
 - 지리안내 영상 또는 교통정보안내 영상
 - 국가비상사태 · 재난상황 등 긴급한 상황을 안내하는 영상
 - 운전을 할 때 자동차등의 좌우 또는 전후방을 볼 수 있도록 도움을 주는 영상

○ 자동차등의 운전 중(자동차등이 정지하고 있는 경우는 제외한다)에는 영상표시장치를 조작하지 아니할 것

○ 운전자는 자동차의 화물 적재함에 사람을 태우고 운행하지 아니할 것

○ 그 밖에 지방경찰청장이 교통안전과 교통질서 유지에 필요하다고 인정하여 지정 · 공고한 사항에 따를 것

○ 경찰공무원은 가시광선투과율이 기준보다 적은 자동차 및 교통단속장비의 기능을 방해하는 장치를 한 자동차나 그 밖에 행안부령으로 정하는 기준에 적합하지 아니한 장치를 한 자동차를 발견한 경우 그 현장에서 운전자에게 위반사항을 제거하게 하거나 필요한 조치를 명할 수 있다.

이 경우 운전자가 그 명령을 따르지 아니할 때에는 경찰공무원이 직접 위반사항을 제거하거나 필요한 조치를 할 수 있다.

section 12 특정 운전자의 준수사항

□ 특정운전자 준수사항

○ 자동차(이륜자동차는 제외한다)의 운전자는 자동차를 운전할 때에는 좌석안전띠를 매어야 하며, 그 옆 좌석의 동승자에게도 좌석안전띠(영유아인 경우에는 유아보호용 장구를 장착한 후의 좌석안전띠를 말한다. 이하 같다)를 매도록 하여야 한다. 다만, 질병 등으로 인하여 좌석안전띠를 매는 것이 곤란하거나 행정자치부령으로 정하는 사유가 있는 경우에는 그러하지 아니하다.

※ 행안부령에서 정하는 예외

· 부상, 질병, 장애 또는 임신 등으로 인하여 좌석 안전띠의 작용이 적당하지 아니하다고 인정되는 자가 자동차를 운전하거나 승차하는 때

· 자동차를 후진시키기 위하여 운전하는 때

· 신장, 비만 그 밖의 신체의 상태에 의하여 좌석 안전띠의 작용이 적당하지 아니하다고 인정되는 자가 자동차를 운전하거나 승차하는 때

· 긴급자동차가 그 본래의 용도로 운행되고 있는 때

· 경호 등을 위한 경찰용 자동차에 의하여 호위되고 있거나 유도되고 있는 자동차를 운전하거나 승차하는 때

· 「국민투표법」 및 「공직선거관리법령」에 의하여 국민투표운동, 선거운동 및 국민투표, 선거관리업무에 사용되는 자동차를 운전하거나 승차하는 때

· 우편물의 집배, 폐기물의 수집 그 밖에 빈번히 승강하는 것을 필요로 하는 업무를 위하여 자동차를 운전하거나 승차하는 때

· 「여객자동차운수사업법」에 의한 여객자동차운송사업용 자동차의 운전자가 승객의 주취, 약물복용 등으로 좌석안전띠를 매도록 할 수 없는 때

○ 자동차(이륜자동차는 제외한다)의 운전자는 그 옆 좌석 외의 좌석의 동승자에게도 좌석안전띠를 매도록 주의를 환기하여야 하며, 승용자동차의 운전자는 영유아가 운전자 옆 좌석 외의 좌석에 승차하는 경우에는 좌석안전띠를 매도록 하여야 한다.

○ 이륜자동차와 원동기장치자전거(개인형 이동장치 제외)의 운전자는 행정안전부령으로 정하는 인명보호 장구를 착용하고 운행하여야 하며, 동승자에게도 착용하도록 하여야 한다.

○ 자전거등의 운전자는 자전거도로 및 「도로법」에 따른 도로를 운전할 때에는 행정안전부령으로 정하는 인명보호 장구를 착용하여야 하며, 자전거의 운전자는 동승자에게도 이를 착용하도록 하여야 한다.

※ 행안부령에서 정하는 인명보호장구

· 좌우상하로 충분한 시야를 가질 것
· 풍압에 의하여 차광용 앞창이 시야를 방해하지 아니할 것
· 청력에 현저히 장애를 주지 아니할 것
· 충격 흡수성이 있고, 내관통성이 있을 것
· 충격으로 쉽게 벗어지지 아니하도록 고정시킬 수 있을 것
· 무게는 2kg 이하일 것
· 인체에 상처를 주지 아니하는 구조일 것
· 안전모의 뒷부분에는 야간운행에 대비하여 반사체가 부착되어 있을 것

○ 자전거의 운전자는 자전거에 어린이를 태우고 운전할 때에는 그 어린이에게 행정안전부령으로 정하는 인명보호 장구를 착용하도록 하여야 한다.

○ 운송사업용 자동차나 화물자동차 등의 운전자는 다음 각 호의 어느 하나에 해당하는 행위를 하여서는 아니 된다.

- 운행기록계가 설치되어 있지 아니하거나 고장 등으로 사용할 수 없는 운행기록계가 설치된 자동차를 운전하는 행위
- 운행기록계를 원래의 목적대로 사용하지 아니하고 자동차를 운전하는 행위
- 승차를 거부하는 행위(사업용 승합자동차 운전자에 한정한다.)

※ 운행기록계는 운송사업용자동차에 설치해야 한다. 다만, 최대적재량 1톤 이하의 화물자동차와 경형 및 소형특수자동차는 제외

○ 사업용 승용자동차의 운전자는 합승행위 또는 승차거부를 하거나 신고한 요금을 초과하는 요금을 받아서는 아니 된다.

○ 자전거등의 운전자는 행정자치부령으로 정하는 크기와 구조를 갖추지 아니하여 교통안전에 위험을 초래할 수 있는 자전거를 운전하여서는 아니 된다.

○ 자전거등의 운전자는 약물의 영향과 그밖의 사유로 정상적으로 운전하지 못할 우려가 있는 상태에서 자전거를 운전하여서는 아니 된다.

→ 0.03%이상 : 3만원 범칙금, 측정불응 : 10만원 범칙금

○ 자전거등 운전자는 밤에 도로를 통행하는 때에는 전조등과 미등을 켜거나 야광띠 등 발광장치를 착용하여야 한다.

○ 개인형 이동장치의 운전자는 행정안전부령으로 정하는 승차정원을 초과하여 동승자를 태우고 개인형 이동장치를 운전하여서는 아니된다.

○ 완전 자율주행시스템에 해당하지 아니하는 자율주행시스템을 갖춘 자동차의 운전자는 자율주행시스템의 직접 운전 요구에 지체 없이 대응하여 조향장치, 제동장치 및 그 밖의 장치를 직접 조작하여 운전하여야 한다.

※ 운전자가 자율주행시스템을 사용하여 운전하는 경우에는 제49조제1항제10호(휴대용전화 금지), 제11호 및 제11호의2(영상표시장치 사용금지)의 규정을 적용하지 아니한다.

section 13 어린이통학버스의 특별보호

□ 용어의 정의

○ **어린이통학버스** : 다음 각 목의 시설 가운데 어린이(13세 미만인 사람을 말한다. 이하 같다)를 교육 대상으로 하는 시설에서 어린이의 통학 등에 이용되는 자동차와 「여객자동차 운수사업법」 제4조제3항에 따른 여객자동차운송사업의 한정면허를 받아 어린이를 여객대상으로 하여 운행되는 운송사업용 자동차를 말한다.
- 「유아교육법」에 따른 유치원 및 유아교육진흥원, 「초ㆍ중등교육법」에 따른 초등학교, 특수학교, 대안학교 및 외국인학교
- 「영유아보육법」에 따른 어린이집
- 「학원의 설립ㆍ운영 및 과외교습에 관한 법률」에 따라 설립된 학원 및 교습소
- 「체육시설의 설치ㆍ이용에 관한 법률」에 따라 설립된 체육시설
- 「아동복지법」에 따른 아동복지시설(아동보호전문기관은 제외한다)
- 「청소년활동 진흥법」에 따른 청소년수련시설
- 「장애인복지법」에 따른 장애인복지시설(장애인 직업재활시설은 제외한다)
- 「도서관법」에 따른 공공도서관
- 「평생교육법」에 따른 시ㆍ도평생교육진흥원 및 시ㆍ군ㆍ구평생학습관
- 「사회복지사업법」에 따른 사회복지시설 및 사회복지관

□ 어린이통학버스의 특별보호

○ 어린이통학버스가 도로에 정차하여 어린이나 영유아가 타고 내리는 중임을 표시하는 **적색 4개 점멸**등 등의 장치를 작동 중일 때에는 어린이통학버스가 정차한 차로와 그 차로의 바로 옆 차로로 통행하는 차의 운전자는 어린이통학버스에 이르기 전에 일시정지하여 안전을 확인한 후 서행하여야 한다.

○ 제1항의 경우 중앙선이 설치되지 아니한 도로와 편도 1차로인 도로에서는 반대방향에서 진행하는 차의 운전자도 어린이통학버스에 이르기 전에 일시정지하여 안전을 확인한 후 서행하여야 한다.

○ 모든 차의 운전자는 어린이나 영유아를 태우고 있다는 **황색점멸 표시**를 한 상태로 도로를 통행하는 어린이통학버스를 앞지르지 못한다.

□ 어린이통학버스의 신고 등

○ 어린이통학버스를 운영하려는 자는 행정안전부령으로 정하는 바에 따라 미리 관할 경찰서장에게 신고하고 신고증명서를 발급받아야 한다.
- **어린이통학버스로 신고할 수 있는 자동차** : 승차정원 9인승 이상의 자동차로 한다.

◦ 어린이통학버스를 운영하는 자는 어린이통학버스 안에 제1항에 따라 발급받은 신고증명서를 항상 갖추어 두어야 한다.
◦ 어린이통학버스로 사용할 수 있는 자동차는 행정자치부령으로 정하는 자동차로 한정한다. 이 경우 그 자동차는 도색 · 표지, 보험가입, 소유 관계 등 대통령령으로 정하는 요건을 갖추어야 한다.
◦ 누구든지 제1항에 따른 신고를 하지 아니하거나 「여객자동차 운수사업법」에 따라 어린이를 여객대상으로 하는 한정면허를 받지 아니하고 어린이통학버스와 비슷한 도색 및 표지를 하거나 이러한 도색 및 표지를 한 자동차를 운전하여서는 아니 된다.

□ 어린이통학버스 운전자 및 운영자 등의 의무

◦ 어린이통학버스를 운전하는 사람은 어린이나 영유아가 타고 내리는 경우에만 적색점멸등을 작동하여야 하며, 어린이나 영유아를 태우고 운행 중인 경우에만 황색표시등 또는 호박색표시등을 표시를 하여야 한다.
◦ 어린이통학버스를 운전하는 사람은 어린이나 영유아가 어린이통학버스를 탈 때에는 승차한 모든 어린이나 영유아가 좌석안전띠(어린이나 영유아의 신체구조에 따라 적합하게 조절될 수 있는 안전띠를 말한다)를 매도록 한 후에 출발하여야 하며, 내릴 때에는 보도나 길가장자리구역 등 자동차로부터 안전한 장소에 도착한 것을 확인한 후에 출발하여야 한다.
◦ 어린이통학버스를 운영하는 자는 어린이통학버스에 어린이나 영유아를 태울 때에는 다음 각 호의 어느 하나에 해당하는 보호자를 함께 태우고 운행하여야 하며, 동승한 보호자는 어린이나 영유아가 승차 또는 하차하는 때에는 자동차에서 내려서 어린이나 영유아가 안전하게 승하차하는 것을 확인하고 운행 중에는 어린이나 영유아가 좌석에 앉아 좌석안전띠를 매고 있도록 하는 등 어린이 보호에 필요한 조치를 하여야 한다.
  * 유치원이나 초등학교 또는 특수학교 교직원
  * 영유아 보육교직원
  * 학원강사
  * 체육시설의 종사자
  * 그 밖에 어린이통학버스를 운영하는 자가 지명한 사람

□ 어린이통학버스 운영자 등에 대한 안전교육

◦ 운영하는 사람, 운전하는 사람 및 보호자(동승자)는 ‘어린이통학버스 안전교육’을 받아야 한다.
  1. **신규안전교육** : 운영, 운전 또는 동승하기 전에 실시하는 교육
  2. **정기안전교육** : 계속 운영하는 사람, 운전하는 사람 및 동승한 보호자를 대상으로 2년마다 실시

section 14 사고발생 시의 조치

□ 용어의 정의

○ **교통사고** : 차의 운전 등 교통으로 인하여 사람을 사상하거나 물건을 손괴한 경우

○ **운전자등** : 교통사고 야기 차의 운전자나 그 밖의 승무원을 말한다.

□ 사고발생시 조치

○ **구호 및 필요한 조치** : 교통사고를 야기한 운전자등은 즉시 정차하여 사상자를 구호하는 등 필요한 조치를 하여야 한다.

○ **신고의무** : 사고 발생 시 그 차의 운전자등은 경찰공무원이 현장에 있을 때에는 그 경찰공무원에게, 현장에 없을 때에는 가장 가까운 국가경찰관서(지구대, 파출소 및 출장소를 포함한다)에 지체없이 신고하여야 한다.

– 신고사항 (인피)

* 사고가 일어난 곳

* 사상자 수 및 부상 정도

* 손괴한 물건 및 손괴 정도

* 그 밖의 조치사항 등

– 신고 예외 사항 (물피)

* 운행 중인 차만 손괴된 것이 분명하고

* 도로에서의 위험방지와 원활한 소통을 위하여 필요한 조치를 한 경우

○ **신고를 받은 경찰공무원의 명령 준수 의무** : 부상자 구호와 그 밖에 교통위험 방지를 위하여 필요한 경우

– 경찰공무원(자치경찰공무원 제외)이 현장에 도착할 때까지

– 신고한 운전자등에게 현장에서 대기할 것을 명할 수 있다.

○ **신고를 받은 경찰공무원의 지시** : 그 현장에서 부상자 구호와 교통안전을 위하여 필요한 지시를 명할 수 있다.

○ **조치 및 신고의 예외**

– 긴급자동차, 부상자를 운반 중인 차 및 우편물자동차 등의 운전자는 동승자로 하여금 사상자를 구호하는 등 필요한 조치를 하게 하거나 신고를 하게 하고 운전을 계속할 수 있다.

○ **경찰공무원의 사고조사**

– 인적피해 교통사고 발생 시 조사사항

1. 교통사고 발생일시 및 장소
2. 교통사고 피해 사항
3. 교통사고 관련자, 차량등록 및 보험가입 여부

4. 운전면허의 유효여부, 술에 취하거나 약물을 투여한 상태에서 운전여부 및 부상자에 대한 구호조치 등 필요한 조치의 이행여부
5. 운전자의 과실 유무
6. 교통사고 현장 상황
7. 그 밖에 차량 또는 교통안전시설의 결함 등 교통사고 유발요인 및 교통안전법 제55조에 따라 설치된 운행기록장치 등 증거의 수집 등과 관련하여 필요한 사항

- 물적피해 교통사고로 공소를 제기할 수 없는 경우 : 상기 5호부터 7호까지의 사항에 대한 조사를 생략할 수 있다.

□ 범칙금·과태료·벌점

- ○ 사고발생시 조치를 아니한 사람 : 5년 이하의 징역이나 1500만원 이하의 벌금
- ○ 교통사고 발생 시의 조치 또는 신고행위를 방해한 사람 : 6개월 이하의 징역이나 200만원 이하의 벌금 또는 구류
- ○ 교통사고로 사람을 사상 후 제54조 제1항(사상자 구호, 피해자에게 인적사항 제공) 또는 제2항(신고)의 규정에 의한 필요한 조치 또는 신고를 하지 아니한 경우 : 면허취소
- ○ **조치 등 불이행에 따른 벌점기준**
  - **15점**
    * 물적피해가 발생한 교통사고를 일으킨 후 도주한 때(교통상 장애가 발생한 경우)
  - **30점**
    * 교통사고를 일으킨 즉시(그때, 그 자리에서 곧) 사상자를 구호하는 등 조치를 하지 아니하였으나 그 후 자진신고를 한 때

    → 고속도로, 특별시 · 광역시 및 시의 관할 구역과 군(광역시의 군을 제외한다)의 관할 구역 중 경찰관서가 위치하는 리 또는 동 지역에서 **3시간**(그 밖의 지역에서는 **12시간**)이내에 자진신고를 한 때
  - **60점** : **48시간** 이내에 자진신고를 한 때

section 15 고용주 등의 의무

□ 고용주등의 의무

- ○ 차의 운전자를 고용하고 있는 사람이나 직접 운전자나 차를 관리하는 지위에 있는 사람 또는 차의 사용자는 운전자에게 이 법이나 이 법에 따른 명령을 지키도록 항상 주의시키고 감독하여야 한다.
- ○ 고용주등은 제43조(무면허운전), 제44조(술에취한상태에서 운전), 제45조(과로, 질병 또는 약물의 영향으로 정상적으로 운전하지 못할 우려가 있는 상태에서의 운전)의 규정에 따라 운전을 하여서는 아니 되는 운전자가 자동차등을 운전하는 것을 알고도 말리지 아니하거나 그러한 운전자에게 자동차등을 운전하도록 시켜서는 아니 된다.

section 16 고속도로 및 자동차전용도로에서의 특례

□ 용어의 정의

- ○ **고속도로등** : 고속도로 또는 자동차전용도로를 말한다.
- ○ **고속도로등에서 보행자 통행방법** : 특례의 정하는 바에 따르고 외의 사항은 도로교통법 제1장부터 제4장까지의 규정에서 정하는 바에 따른다.

□ 교통안전시설의 설치 및 관리

- ○ 고속도로 관리자는 교통안전시설을 설치 · 관리하여야 한다. 이 경우 경찰청장과 협의하여야 한다.
- ○ **경찰청장의 지시** : 경찰청장은 고속도로의 관리자에게 교통안전시설의 관리에 관한 필요한 사항을 지시할 수 있다.

□ 갓길 통행금지 등

- ○ 자동차의 운전자는 고속도로등에서 자동차의 고장 등 부득이한 사정이 있는 경우를 제외하고는 정해진 차로를 따라 통행하여야 하며, 갓길(도로법에 따른 길어깨)로 통행하여서는 아니 된다.
- ○ 다만, 긴급자동차와 고속도로등의 보수 · 유지 등의 작업을 하는 자동차를 운전하는 경우에는 그러하지 아니하다.

□ 고속도로에서 앞지르기 시 통행방법 : 자동차의 운전자는 고속도로에서 다른 차를 앞지르려면 방향지시기, 등화 또는 경음기를 사용하여 행자부령으로 정하는 차로로 안전하게 통행하여야 한다.

□ 고속도로 전용차로의 설치

○ **설치권자** : 고속도로는 경찰청장, 고속도로 외의 도로는 시장이 설치

□ 통행 등의 금지

○ 자동차(이륜자동차는 긴급자동차만 해당한다) 외의 차마의 운전자 또는 보행자는 고속도로등을 통행하거나 횡단하여서는 아니된다.

□ 고속도로등에서의 정차 및 주차의 금지 : 자동차의 운전자는 고속도로등에서 차를 정차하거나 주차시켜서는 아니 된다. 다만, 다음 각 호의 어느 하나에 해당하는 경우에는 그러하지 아니하다.

○ 법령의 규정 또는 경찰공무원(자치경찰공무원은 제외한다)의 지시에 따르거나 위험을 방지하기 위하여 일시 정차 또는 주차시키는 경우
○ 정차 또는 주차할 수 있도록 안전표지를 설치한 곳이나 정류장에서 정차 또는 주차시키는 경우
○ 고장이나 그 밖의 부득이한 사유로 길가장자리구역(갓길을 포함한다)에 정차 또는 주차시키는 경우
○ 통행료를 내기 위하여 통행료를 받는 곳에서 정차하는 경우
○ 도로의 관리자가 고속도로등을 보수 · 유지 또는 순회하기 위하여 정차 또는 주차시키는 경우
○ 경찰용 긴급자동차가 고속도로등에서 범죄수사, 교통단속이나 그 밖의 경찰임무를 수행하기 위하여 정차 또는 주차시키는 경우
○ 교통이 밀리거나 그 밖의 부득이한 사유로 움직일 수 없을 때에 고속도로등의 차로에 일시 정차 또는 주차시키는 경우

□ 고속도로 진입 시의 우선순위

○ 자동차(긴급자동차는 제외한다)의 운전자는 고속도로에 들어가려고 하는 경우에는 그 고속도로를 통행하고 있는 다른 자동차의 통행을 방해하여서는 아니 된다.
○ 긴급자동차 외의 자동차의 운전자는 긴급자동차가 고속도로에 들어가는 경우에는 그 진입을 방해하여서는 아니 된다.

□ 고장 등의 조치

○ 자동차의 운전자는 고장이나 그 밖의 사유로 고속도로등에서 자동차를 운행할 수 없게 되었을 때에는 행정자치부령으로 정하는 표지(이하 "고장자동차의 표지"라 한다)를 설치하여야 하며, 그 자동차를 고속도로등이 아닌 다른 곳으로 옮겨 놓는 등의 필요한 조치를 하여야 한다.

○ **행자부령으로 정하는 고장자동차의 표지**
- 고장이나 그 밖의 사유로 고속도로등에서 자동차를 운행할 수 없게 되었을 때 안전삼각대를 설치한다.
- 사방 500미터 지점에서 식별할 수 있는 적색의 섬광신호, 전기제동 또는 불꽃신호. 다만,

밤에 고장이나 그 밖의 사유로 고속도로등에서 자동차를 운행할 수 없게 되었을 때로 한정한다.

- 자동차의 운전자는 안전삼각대를 설치하는 경우 그 자동차의 후방에서 접근하는 자동차의 운전자가 확인할 수 있는 위치에 설치하여야 한다.

□ 운전자 및 동승자의 고속도로등에서의 준수사항

○ 고속도로등을 운행하는 자동차 가운데 행정안전부령으로 정하는 자동차의 운전자는 모든 동승자에게 좌석안전띠를 매도록 하여야 한다. 다만, 질병 등으로 인하여 좌석안전띠를 매는 것이 곤란하거나 행정안전부령으로 정하는 사유가 있는 경우에는 그러하지 아니하다.

○ 고속도로등을 운행하는 자동차의 운전자는 교통의 안전과 원활한 소통을 확보하기 위하여 고장자동차의 표지를 항상 비치하며, 고장이나 그 밖의 부득이한 사유로 자동차를 운행할 수 없게 되었을 때에는 자동차를 도로의 우측 가장자리에 정지시키고 행정안전부령으로 정하는 바에 따라 그 표지를 설치하여야 한다.

○ 자동차의 좌석에는 안전띠를 설치하여야한다. 다음의 어느 하나에 해당하는 좌석에는 이를 설치하지 아니할 수 있다.

- 환자 수송용 좌석 또는 특수구조자동차의 좌석 등 국토교통부장관이 안전띠의 설치가 필요하지 아니하다고 인정하는 좌석
- 규정에 의한 노선여객자동차 운송사업에 사용되는 자동차로서 자동차전용도로 또는 고속국도를 운행하지 아니하는 시내버스 · 농어촌버스 · 마을버스의 승객용 좌석

section 17 도로의 사용

□ 도로에서의 금지행위 등

○ 누구든지 함부로 신호기를 조작하거나 교통안전시설을 철거 · 이전하거나 손괴하여서는 아니되며, 교통안전시설이나 그와 비슷한 인공구조물을 도로에 설치하여서는 아니 된다.

○ 누구든지 교통에 방해가 될 만한 물건을 도로에 함부로 내버려두어서는 아니 된다.

○ 누구든지 다음 각 호의 어느 하나에 해당하는 행위를 하여서는 아니 된다.

- 술에 취하여 도로에서 갈팡질팡하는 행위
- 도로에서 교통에 방해되는 방법으로 눕거나 앉거나 서있는 행위
- 교통이 빈번한 도로에서 공놀이 또는 썰매타기 등의 놀이를 하는 행위
- 돌 · 유리병 · 쇳조각이나 그 밖에 도로에 있는 사람이나 차마를 손상시킬 우려가 있는 물건을 던지거나 발사하는 행위
- 도로를 통행하고 있는 차마에서 밖으로 물건을 던지는 행위
- 도로를 통행하고 있는 차마에 뛰어오르거나 매달리거나 차마에서 뛰어내리는 행위

– 그 밖에 지방경찰청장이 교통상의 위험을 방지하기 위하여 필요하다고 인정하여 지정 · 공고한 행위

□ 도로공사의 신고 및 안전조치 등

① 도로관리청 또는 공사시행청의 명령에 따라 도로를 파거나 뚫는 등 공사를 하려는 사람(이하 이 조에서 "공사시행자"라 한다)은 공사시행 3일 전에 그 일시, 공사구간, 공사기간 및 시행방법, 그 밖에 필요한 사항을 관할 경찰서장에게 신고하여야 한다. 다만, 산사태나 수도관 파열 등으로 긴급히 시공할 필요가 있는 경우에는 그에 알맞은 안전조치를 하고 공사를 시작한 후에 지체 없이 신고하여야 한다.

② 관할 경찰서장은 공사장 주변의 교통정체가 예상하지 못한 수준까지 현저히 증가하고, 교통의 안전과 원활한 소통에 미치는 영향이 중대하다고 판단하면 해당 도로관리청과 사전 협의하여 제1항에 따른 공사시행자에 대하여 공사시간의 제한 등 필요한 조치를 할 수 있다.

③ 공사시행자는 공사기간 중 차마의 통행을 유도하거나 지시 등을 할 필요가 있을 때에는 관할 경찰서장의 지시에 따라 교통안전시설을 설치하여야 한다.

④ 공사시행자는 공사로 인하여 교통안전시설을 훼손한 경우에는 부득이한 사유가 없는 한 해당공사가 끝난 날부터 3일 이내에 이를 원상회복하고 관할 경찰서장에게 신고하여야 한다.

section 18 교통안전교육

□ 용어의 정의

○ **"초보운전자"** 란 처음 운전면허를 받은 날(처음 운전면허를 받은 날부터 2년이 지나기 전에 운전면허의 취소처분을 받은 경우에는 그 후 다시 운전면허를 받은 날을 말한다)부터 2년이 지나지 아니한 사람을 말한다. 이 경우 원동기장치자전거면허만 받은 사람이 원동기장치자전거면허 외의 운전면허를 받은 경우에는 처음 운전면허를 받은 것으로 본다.

□ 교통안전교육

○ **대상** : 운전면허를 받으려는 사람은 대통령령으로 정하는 바에 따라 운전면허 시험에 응시하기 전에 교통안전교육을 받아야 한다.

○ **예외**

– 특별한 교통안전교육을 받은 사람

– 자동차운전 전문학원에서 학과교육을 수료한 사람

○ **교육시간** : 1시간

○ **교통안전교육의 과목 · 내용 · 방법 · 시간**

교육과목	교육내용	교육방법	시간
교통질서	안전운전을 위한해 태도, 성격 및 행동의 형성	시청각 교육	20분
교통사고와 예방	위험예측과 방어운전 어린이·장애인·노인의 교통사고 예방 긴급자동차 길터주기	〃	20분
자동차운전의 기초이론	도로교통 이해하기	〃	20분

□ 특별한 교통안전교육 시행령

○ **특별한 교통안전교육 구분**

특별교통안전 의무교육(이하 "특별교통안전 의무교육"이라 한다) 및 같은 조 제3항에 따른 특별교통안전 권장교육(이하 "특별교통안전 권장교육"이라 한다)은 다음 각 호의 사항에 대하여 강의 · 시청각교육 또는 현장체험교육 등의 방법으로 3시간 이상 16시간 이하로 각각 실시한다.

1. 교통질서
2. 교통사고와 그 예방
3. 안전운전의 기초
4. 교통법규와 안전
5. 운전면허 및 자동차관리
6. 그 밖에 교통안전의 확보를 위하여 필요한 사항

○ 특별교통안전 의무교육 및 특별교통안전 권장교육(이하 "특별교통안전교육"이라 한다)은 도로교통공단에서 실시한다.

○ 특별교통안전교육의 과목 · 내용 · 방법 및 시간 등에 관하여 필요한 사항은 행정안전부령으로 정한다.

○ 법 제73조제2항제2호부터 제4호까지의 규정에 해당하는 사람이 다음 각 호의 어느 하나에 해당하는 사유로 특별교통안전 의무교육을 받을 수 없을 때에는 행정안전부령으로 정하는 특별교통안전 의무교육 연기신청서에 그 연기 사유를 증명할 수 있는 서류를 첨부하여 경찰서장에게 제출하여야 한다. 이 경우 특별교통안전 의무교육을 연기받은 사람은 그 사유가 없어진 날부터 30일 이내에 특별교통안전 의무교육을 받아야 한다.

1. 질병이나 부상으로 인하여 거동이 불가능한 경우
2. 법령에 따라 신체의 자유를 구속당한 경우
3. 그 밖에 부득이하다고 인정할 만한 상당한 이유가 있는 경우

가. 특별교통안전 의무교육

<table>
<tr><th>교육 과정</th><th colspan="2">교육 대상자</th><th>교육 시간</th><th>교육과목 및 내용</th><th>교육방법</th></tr>
<tr><td rowspan="3">음주 운전 교육</td><td rowspan="3">(1) 법 제73조제2항에 해당하는 사람 중 음주운전이 원인이 되어 운전면허효력 정지 또는 운전면허 취소처분을 받은 사람
- 면허를 다시 받으려는 사람
- 정지기간이 끝나지 않은 사람
- 취소·정지처분 면제 후 1개월이 지나지 않은 사람</td><td>최근 5년 동안 처음으로 음주운전을 한 사람</td><td>6시간</td><td>○ 음주운전 실태
○ 음주운전의 주요 원인
○ 알코올이 운전에 미치는 영향
○ 음주운전 유형
○ 음주운전 극복
○ 주요 생활 교통법규 등</td><td>강의·시청각·발표·토의·영화상영 등</td></tr>
<tr><td>최근 5년 동안 2번 음주운전을 한 사람</td><td>8시간</td><td>○ 음주문화와 교통안전
○ 음주운전 재발의 원인 및 유형
○ 음주운전 재발자의 심리적 특성
○ 음주운전 관련 교통법규
○ 음주운전 예방
○ 운전성격 · 행동검사
○ 안전운전과 교통법규 등</td><td>강의·시청각·토의·지필검사·과제작성·영화상영 등</td></tr>
<tr><td>최근 5년 동안 3번 이상 음주운전을 한 사람</td><td>16시간</td><td>○ 안전운전과 교통법규 등
○ 안전운전 체험
○ 행동 변화를 위한 상담 등</td><td>강의·시청각·영화상영·실습·상담 등</td></tr>
<tr><td>배려 운전 교육</td><td colspan="2">(2) 법 제73조제2항에 해당하는 사람 중 보복운전이 원인이 되어 운전면허효력 정지 또는 운전면허 취소처분을 받은 사람</td><td>6시간</td><td>○ 스트레스 관리
○ 분노 및 공격성 관리
○ 공감능력 향상
○ 보복운전과 교통안전</td><td>강의·시청각·토의·검사·영화상영 등</td></tr>
<tr><td>법규 준수 교육 (의무)</td><td colspan="2">(3) 법 제73조제2항에 해당하는 사람 중 음주운전, 보복운전 이외의 원인으로 운전면허효력 정지 또는 운전면허 취소처분을 받은 사람
- 면허를 다시 받으려는 사람
- 정지기간이 끝나지 않은 사람
- 취소·정지처분 면제 후 1개월이 지나지 않은 사람</td><td>6시간 (-20점)</td><td>○ 교통환경과 교통문화
○ 안전운전의 기초
○ 교통심리 및 행동이론
○ 위험예측과 방어운전
○ 운전유형 진단 교육
○ 교통관련 법령의 이해</td><td>강의·시청각·토의·검사·영화상영 등</td></tr>
</table>

(비고)

1. 교육과목 · 내용 및 방법에 관한 그 밖의 세부내용은 도로교통공단이 정한다.
2. 위 표의 (1)에 해당하는 교육대상자 선정 시 음주운전 횟수 산정기준은 다음 각 목에 따른다.
   가. 해당 처분의 원인이 된 음주운전도 횟수 산정 시 포함한다.
   나. "최근 5년"은 해당 처분의 원인이 된 음주운전을 한 날을 기준으로 기산한다.

나. 특별교통안전 권장교육

교육과정	교육 대상자	교육시간	교육과목 및 내용	교육방법
법규준수교육(권장)	(1) 법 제73조제3항제1호에 해당하는 사람 중 교육받기를 원하는 사람 → 교통법규위반으로 정지처분을 받게되거나 받은 사람	6시간 (-20점)	○ 교통환경과 교통문화 ○ 안전운전의 기초 ○ 교통심리 및 행동이론 ○ 위험예측과 방어운전 ○ 운전유형 진단 교육 ○ 교통관련 법령의 이해	강의 · 시청각 · 토의 · 검사 · 영화상영 등
벌점감경교육	(2) 법 제73조제3항제2호에 해당하는 사람 중 교육받기를 원하는 사람 → 운전면허 정지처분을 받을 가능성이 있는 사람	4시간 (-20점)	○ 교통질서와 교통사고 ○ 운전자의 마음가짐 ○ 교통법규와 안전 ○ 운전면허 및 자동차 관리 등	강의 · 시청각 · 영화상영 등
현장참여교육	(3) 법 제73조제3항제3호에 해당하는 사람이나 (1)의 교육을 받은 사람 중 교육받기를 원하는 사람 → 의무교육을 받은 사람	8시간 (법규 + 현장 -30점)	○ 도로교통 현장 관찰 ○ 음주 등 위험상황에서의 운전 가상체험 ○ 교통법규 위반별 사고 사례분석 및 토의 등	도로교통현장관찰 · 강의 · 시청각 · 토의 · 영화상영 등
고령운전교육	(4) 법 제73조제3항제4호에 해당하는 사람 중 교육받기를 원하는 사람 → 65세 이상	3시간	○ 고령운전자 교통사고 실태 ○ 신체노화와 안전운전 ○ 인지기능 검사 ○ 교통관련 법령의 이해	강의 · 시청각 · 인지기능검사 등

(비고) 교육과목 · 내용 및 방법에 관한 그 밖의 세부내용은 도로교통공단이 정한다.

다. 긴급자동차 교통안전교육

교육 대상자	교육시간	교육과목 및 내용	교육방법
법 제73조제4항에 해당하는 사람 → 긴급자동차 운전에 종사하는 사람	2시간 (3시간)	(1) 긴급자동차 관련 도로교통법령에 관한 내용 (2) 주요 긴급자동차 교통사고 사례 (3) 교통사고 예방 및 방어운전 (4) 긴급자동차 운전자의 마음가짐 (5) 긴급자동차의 주요 특성	강의 · 시청각 · 영화상영 등

(비고)
1. 교육과목 · 내용 및 방법에 관한 그 밖의 세부내용은 도로교통공단이 정한다.
2. 위 표의 교육시간에서 괄호 안의 것은 신규 교통안전교육의 경우에 적용한다.

※ 교육교재 : 도로교통안전공단 제작, 경찰청장 감수

section 19 운전면허

□ 운전면허의 취득과 범위 및 운전할 수 있는 차의 종류

○ **운전면허 취득**

– 운전면허를 주는 사람 : 지방경찰청장

– 자동차등을 운전하려는 사람은 지방경찰청장으로부터 운전면허를 받아야 한다. 다만, 제2조 제19호나목의 원동기를 단 차 중 개인형 이동장치 또는 「교통약자의 이동편의 증진법」 제2조제1호에 따른 교통약자가 최고속도 시속 20킬로미터 이하로만 운행될 수 있는 차를 운전하는 경우에는 그러하지 아니하다.

※ 장애인, 고령자, 임산부, 영유아를 동반한 자, 어린이 등 생활을 영위함에 있어 이동에 불편을 느끼는 자 등이 최고속도 20km/h 이하로만 운행될 수 있는 차를 운전하는 경우 (→ 전동휠체어 = 보행보조용의자차)

○ **운전면허의 범위**

제1종 운전면허	제2종 운전면허	연습운전면허
가. 대형면허 나. 보통면허 다. 소형면허 라. 특수면허	가. 보통면허 나. 소형면허 다. 원동기장치자전거면허	가. 제1종 보통면허 나. 제2종 보통면허

운전면허		운전할 수 있는 차량
종별	구분	
제1종	대형면허	1. 승용자동차 2. 승합자동차 3. 화물자동차 **4. 긴급자동차** 5. 건설기계 가. 덤프트럭, 아스팔트살포기, 노상안정기 나. 콘크리트믹서트럭, 콘크리트펌프, 천공기(트럭 적재식) 다. 콘크리트믹서트레일러, 아스팔트콘크리트재생기 라. 도로보수트럭, 3톤 미만의 지게차 6. 10톤 이상 특수자동차[**대형견인차, 소형견인차 및 구난차(이하 "구난차등"이라 한다)는 제외**한다] 7. 원동기장치자전거(125cc까지)
제1종	보통면허	1. 승용자동차 2. 승차정원 15명 이하의 승합자동차 3. 승차정원 12명 이하의 **긴급자동차**(승용자동차 및 승합자동차로 한정한다) 4. 적재중량 12톤 미만의 화물자동차 5. 건설기계(도로를 운행하는 3톤 미만의 지게차로 한정한다) 6. 총중량 10톤 미만의 특수자동차(구난차등은 제외한다) 7. 원동기장치자전거(125cc까지)

운전면허			운전할 수 있는 차량
종별	구분		
제1종	소형면허		1. 3륜화물자동차 2. 3륜승용자동차 3. 원동기장치자전거(125cc까지)
	특수면허	대형견인차	1. 견인형 특수자동차 2. 제2종 보통면허로 운전할 수 있는 차량
		소형견인차	1. 총중량 3.5톤 이하의 견인형 특수자동차 2. 제2종 보통면허로 운전할 수 있는 차량
		구난차	1. 구난형 특수자동차 2. 제2종보통면허로 운전할 수 있는 차량
제2종	보통면허		1. 승용자동차 2. 승차정원 10명 이하의 승합자동차 3. 적재중량 4톤 이하의 화물자동차 4. 총중량 3.5톤 이하의 특수자동차(구난차등은 제외한다) 5. 원동기장치자전거
	소형면허		1. 이륜자동차(측차부를 포함한다) → **125cc초과** 2. 원동기장치자전거 →125cc까지
	원동기장치자전거면허		원동기장치자전거 →125cc까지
연습면허	제1종 보통		1. 승용자동차 2. 승차정원 15명 이하의 승합자동차 3. 적재중량 12톤 미만의 화물자동차
	제2종 보통		1. 승용자동차 2. 승차정원 10명 이하의 승합자동차 3. 적재중량 4톤 이하의 화물자동차

[주]

1. 「자동차관리법」 제30조에 따라 자동차의 형식이 변경승인되거나 동법 제34조에 따라 자동차의 구조 또는 장치가 변경승인된 경우에는 다음의 구분에 의한 기준에 따라 이 표를 적용한다.
   가. 자동차의 형식이 변경된 경우
   (1) 차종이 변경되거나 승차정원 또는 적재중량이 증가한 경우 : 변경승인 후의 차종이나 승차정원 또는 적재중량
   (2) 차종의 변경없이 승차정원 또는 적재중량이 감소된 경우 : 변경승인 전의 승차정원 또는 적재중량
   나. 자동차의 구조 또는 장치가 변경된 경우 : 변경승인 전의 승차정원 또는 적재중량
2. 별표 9 (주) 제6호 각 목에 따른 위험물 등을 운반하는 적재중량 3톤 이하 또는 적재용량 3천리터 이하의 화물자동차는 제1종 보통면허가 있어야 운전을 할 수 있고, 적재중량 3톤 초과 또는 적재용량 3천리터 초과의 화물자동차는 제1종 대형면허가 있어야 운전할 수 있다.
3. 피견인자동차는 제1종 대형면허, 제1종 보통면허 또는 제2종 보통면허를 가지고 있는 사람이 그 면허로 운전할 수 있는 자동차로 견인할 수 있다. 이 경우 총중량 750킬로그램을 초과하는 피견인자동차를 견인하기 위하여는 견인하는 자동차를 운전할 수 있는 면허 외에 제1종 특수(트레일러)면허를 가지고 있어야 한다.

○ **운전면허를 받을 사람에게 붙일 수 있는 조건 → 오토면허**

- 조건을 붙이는 사람 : 지방경찰청장
- 조건을 붙이는 이유 : 운전면허를 받을 사람의 신체상태 또는 운전능력에 따라
- 조건의 한계 : 운전할 수 있는 자동차등의 구조를 한정하는 등 운전에 필요한 조건을 붙일 수 있다.

□ 연습운전면허

○ **효력 발생** : 연습운전면허는 그 면허를 받은 날부터 1년 동안 효력을 가진다.

○ **효력의 상실** : 연습운전면허를 받은 날부터 1년 전이라도 제1종 보통면허 또는 제2종 보통면허를 받은 경우 연습면허는 그 효력을 잃는다.

○ **연습운전면허를 받은 사람의 준수사항**

- 운전면허(연습하고자 하는 자동차를 운전할 수 있는 운전면허에 한한다)를 받은 날부터 2년이 경과된 사람(소지하고 있는 운전면허의 효력이 정지기간 중인 사람을 제외한다)과 함께 승차하여 그 사람의 지도를 받아야 한다.
- 사업용 자동차를 운전하는 등 주행연습 외의 목적으로 운전하여서는 아니된다.
- 주행연습 중이라는 사실을 다른 차의 운전자가 알 수 있도록 연습 중인 자동차에 표지를 붙여야 한다.
  * 바탕은 청색, 글씨는 노란색
  * 운전석을 중심으로 앞면 유리 우측하단 및 뒷면 유리 중앙상단에 부착
  * 제1종 보통연습면허의 경우에는 적재함 중앙에 부착

○ **연습운전면허 취소처분 기준**

일련번호	위반사항	내 용
1	교통사고	○ 도로에서 자동차등의 운행으로 인한 교통사고(다만, **물적 피해만 발생한 경우를 제외**한다)를 일으킨 때
2	술에 취한 상태에서의 운전	○ 술에 취한 상태의 기준(혈중알코올농도 0.03퍼센트 이상)을 넘어서 운전한 때
3	술에 취한 상태의 측정에 불응한 때	○ 술에 취한 상태에서 운전하거나 술에 취한 상태에서 운전하였다고 인정할 만한 상당한 이유가 있음에도 불구하고 경찰공무원의 측정요구에 불응한 때
4	다른 사람에게 연습운전면허증 대여 (도난, 분실 제외)	○ 다른 사람에게 연습운전면허증을 대여하여 운전하게 한 때 ○ 다른 사람의 면허증을 대여받거나 그 밖에 부정한 방법으로 입수한 면허증으로 운전한 때

일련번호	위반사항	내 용
5	결격사유에 해당	○ 교통상의 위험과 장해를 일으킬 수 있는 정신질환자 또는 뇌전증환자로서 영 제42조제1항에 해당하는 사람 ○ 앞을 보지 못하는 사람, 듣지 못하는 사람(제1종 보통연습면허에 한한다.) ○ 양 팔의 팔꿈치 관절 이상을 잃은 사람 또는 양 팔을 전혀 쓸 수 없는 사람. 다만, 본인의 신체장애 정도에 적합하게 제작된 자동차를 이용하여 정상적으로 운전 할 수 있는 경우에는 그러하지 아니하다. ○ 다리, 머리, 척추 그 밖의 신체장애로 인하여 앉아 있을 수 없는 사람 ○ 교통상의 위험과 장해를 일으킬 수 있는 마약, 대마, 향정신성 의약품 또는 알코올 중독자로서 영 제42조제3항에 해당하는 사람
6	약물을 사용한 상태에서 자동차 등을 운전한 때	○ 약물(마약 · 대마 · 향정신성의약품 및 「유해화학물질 관리법 시행령」제25조에 따른 환각물질)의 투약 · 흡연 · 섭취 · 주사 등으로 정상적인 운전을 하지 못할 염려가 있는 상태에서 자동차 등을 운전한 때
7	허위·부정수단으로 연습운전면허를 취득한 경우	○ 허위 또는 부정한 수단으로 연습운전면허를 받은 사실이 드러난 때
8	등록 또는 임시운행 허가를 받지 아니한 자동차 운전	○ 「자동차관리법」에 따라 등록되지 아니하거나 임시운행 허가를 받지 아니한 자동차(이륜자동차를 제외한다)를 운전한 때
9	자동차를 이용하여 범죄행위를 한 때	○ 국가보안법을 위반한 범죄에 이용된 때 ○ 형법을 위반한 다음 범죄에 이용된 때 ·살인, 사체유기 또는 방화 ·강도, 강간 또는 강제추행 ·약취 · 유괴 또는 감금 ·상습절도(절취한 물건을 운반한 경우에 한한다) ·교통방해(단체에 소속되거나 다수인에 포함되어 교통을 방해한 경우에 한한다)
10	다른 사람의 자동차 등을 훔치거나 빼앗은 때	○ 다른 사람의 자동차 등을 훔치거나 빼앗아 이를 운전한 때
11	다른 사람을 위하여 운전면허 시험에 응시한 때	○ 다른 사람을 부정하게 합격시키기 위하여 운전면허 시험에 응시한 때
12	단속 경찰공무원 등에 대한 폭행	○ 단속하는 경찰공무원등 및 시·군·구 공무원을 폭행한 때
13	준수사항을 위반한 때	○ 연습운전면허로 운전할 수 없는 자동차등을 운전한 때 ○ 제55조제1호 내지 제3호 어느 하나의 규정을 위반한 때
14	이 법이나 이 법에 따른 명령을 위반한 때	○ 연습운전면허 유효기간에 별표 28 제3호가목 중 제4호부터 제17호까지, 제17호의2, 제17호의3 및 제20호부터 제31호까지의 위반사항 중 어느 하나에 해당하는 사항을 3회 이상 위반한 때

○ **연습운전면허 취소의 예외 사유**

– 지방경찰청장은 연습운전면허를 발급받은 사람이 운전 중 고의 또는 과실로 교통사고를 일으키거나 이 법이나 이 법에 따른 명령 또는 처분을 위반한 경우에는 연습운전면허를 취소하여야 한다. 다만, 본인에게 귀책사유(歸責事由)가 없는 경우 등 대통령령으로 정하는 경우에는 그러하지 아니하다.

– 예외 사유

  * 도로교통공단에서 도로주행시험을 담당하는 사람, 자동차운전학원의 강사, 전문학원의 강사 또는 기능검정원의 지시에 따라 운전하던 중 교통사고를 일으킨 경우
  * 도로가 아닌 곳에서 교통사고를 일으킨 경우
  * 교통사고를 일으켰으나 물적피해만 발생한 경우

□ 운전면허의 결격사유 (82조)

○ **운전면허를 받을 수 없는 사람(①항)**

– 18세 미만(원동기장치자전거의 경우에는 16세 미만)인 사람

– 교통상의 위험과 장해를 일으킬 수 있는 정신질환자 또는 뇌전증 환자로서 대통령령으로 정하는 사람

– 듣지 못하는 사람(제1종 운전면허 중 대형면허ㆍ특수면허만 해당한다), 앞을 보지 못하는 사람이나 그 밖에 대통령령으로 정하는 신체장애인 : 다리, 머리, 척추, 그 밖에 신체의 장애로 인하여 앉아 있을 수 없는 사람을 말한다.

– 양쪽 팔의 팔꿈치관절 이상을 잃은 사람이나 양쪽 팔을 전혀 쓸 수 없는 사람. 다만, 본인의 신체장애 정도에 적합하게 제작된 자동차를 이용하여 정상적인 운전을 할 수 있는 경우에는 그러하지 아니하다.

– 교통상의 위험과 장해를 일으킬 수 있는 마약ㆍ대마ㆍ향정신성의약품 또는 알코올 중독자로서 대통령령으로 정하는 사람

– 제1종 대형면허 또는 제1종 특수면허를 받으려는 경우로서 19세 미만이거나 자동차(이륜자동차는 제외한다)의 운전경험이 1년 미만인 사람

○ **운전면허 취소 후 결격기간이 지나야 운전면허를 받을 수 있는 사람(②항)**

– 결격기간이 없는 경우

  * 적성검사를 받지 아니하여 운전면허가 취소된 사람
  * 제1종 운전면허를 받은 사람이 적성검사에 불합격되어 다시 제2종 운전면허를 받으려는 사람

– 결격기간 6개월

  * 원동기장치자전거를 무면허로 운전하여 벌금 이상의 형(집행유예를 포함한다)을 받은 사람은 그 위반한 날부터
  * 음주운전 · 약물복용운전 · 사고 후 조치위반 등 외의 사유로 원동기장치자전거면허가 취

소된 경우 그 취소된 날부터

- 결격기간 1년
  * 무면허 운전의 경우 그 위반한 날부터(벌금형 이상의 선고)
  * 원동기장치자전거를 무면허로 운전하여 공동위험행위의 금지를 위반한 경우 그 위반한 날부터. 다만, 면허가 있는 경우 그 면허가 취소된 날부터
  * 운전면허 정지기간에 운전한 경우 그 운전면허가 취소된 날부터
  * 누산점수 초과로 면허가 취소된 경우
  * 교통사고로 인하여 운전면허가 취소된 경우(뺑소니 제외)
  * 무면허운전 · 음주운전 · 약물복용운전 등으로 면허가 취소된 경우(벌금형 이상의 선고)
  * 공동위험행위를 위반한 경우에는 위반한 날로부터 1년
  * 공동위험행위 2회 이상 위반한 경우가 아닌 다른 사유로 운전면허가 취소된 경우 취소된 날부터
- 결격기간 2년
  * 무면허(국제운전면허 포함)로 3회 이상 운전하여 벌금 이상의 형(집행유예를 포함)을 선고받은 경우 그 위반한 날부터
  * 음주운전 2회 또는 측정거부 2회로 운전면허가 취소된 경우 취소된 날부터
  * 공동위험행위를 2회 이상 위반한 경우 그 운전면허가 취소된 날부터
  * 아래 사유로 운전면허가 취소된 경우 취소된 날부터
    · 운전면허를 받을 수 없는 사람이 운전면허를 받은 경우
    · 운전면허 정지기간 중 운전면허 또는 이에 갈음하는 증명서를 발급받은 사실이 드러난 경우
    · 다른 사람의 자동차를 훔치거나 빼앗은 경우
    · 다른 사람의 운전면허시험에 응시한 경우
- 결격기간 3년 : 아래 사유로 벌금 이상의 형(집행유예를 포함)을 받은 사람으로서
  * 음주운전으로 2회 이상 교통사고를 일으키고 운전면허가 취소된 경우 취소된 날부터
  * 무면허 운전으로 자동차를 이용하여 범죄행위를 하거나 다른 사람의 자동차를 훔치거나 빼앗은 사람은 위반한 날부터
- 결격기간 4년 : 아래 사유로 벌금이상의 형(집행유예를 포함)을 받은 사람으로서 법 제43조(무면허), 44조(음주), 45조(과로), 46조(공동위험)의 규정 외의 사유로 사람을 사상하는 등 사고 후 필요한 조치 및 신고를 아니하여 운전면허가 취소된 경우 그 운전면허가 취소된 날부터
- 결격기간 5년 : 아래 사유로 벌금이상의 형(집행유예 포함)을 받은 사람으로서
  * 무면허 운전(43조), 정지기간 중 운전으로 사람을 사상케 하고 신고 및 필요한 조치를 아니한 경우는 그 위반한 날부터
  * 음주운전 · 과로한 때 등의 운전 · 공동행위의 금지 등을 위반하여 사람을 사상하는 등

ㅇ사고 후 신고 및 필요한 조치를 아니하여 운전면허가 취소된 경우 취소된 날부터

* 음주(44조)를 위반하여 운전하다가 사람을 사망에 이르게 한 경우

◦ 운전면허 취소처분(법 93조에 따라)을 받은 사람은 운전면허 결격기간이 끝났다 하여도 그 취소처분을 받은 이후에 특별 교통안전교육을 받지 아니하면 운전면허를 받을 수 없다.

□ 운전면허 시험

◦ 운전에 필요한 적성의 기준

- 다음 구분에 따른 시력을 갖출 것
  * 제1종 운전면허: 두 눈을 동시에 뜨고 잰 시력이 0.8 이상이고, 두 눈의 시력이 각각 0.5 이상일 것
  * 제2종 운전면허: 두 눈을 동시에 뜨고 잰 시력이 0.5 이상일 것. 다만, 한쪽 눈을 보지 못하는 사람은 다른 쪽 눈의 시력이 0.6 이상이어야 한다.
- 붉은색·녹색 및 노란색을 구별할 수 있을 것
- 55데시벨(보청기를 사용하는 사람은 40데시벨)의 소리를 들을 수 있을 것
- 조향장치나 그 밖의 장치를 뜻대로 조작할 수 없는 등 정상적인 운전을 할 수 없다고 인정되는 신체상 또는 정신상의 장애가 없을 것. 다만, 보조수단이나 신체장애 정도에 적합하게 제작·승인된 자동차를 사용하여 정상적인 운전을 할 수 있다고 인정되는 경우에는 그러하지 아니하다.

◦ 군의 자동차 운전 경험기준 등

- 군복무 중 자동차등에 상응하는 군의 차를 운전한 경험이 있는 사람이라 함은 군의 자동차 운전면허증을 교부받아 운전한 경험이 있는 사람으로서 현역복무 중이거나 군복무를 마치고 전역한 후 1년이 경과되지 아니한 사람을 말한다.
- 제1항의 규정에 해당하는 사람에 대하여는 지역군사령관(장관급장교 또는 국방부장관이 지정하는 대령급 이상의 장교가 지휘하는 부대의 장에 한한다)이 군운전경력확인서를 발급한다.
- 군 복무 중 자동차에 상응하는 군의 차를 6월 이상 운전한 경험이 있는 사람에 대한 운전면허 시험의 일부 면제 기준
  * 제1종 보통면허 및 제2종 보통면허를 제외한 면허 : 기능, 법령, 점검
  * 제1종 보통면허 및 제2종 보통면허 : 기능, 법령, 점검, 도로 주행

□ 운전면허증 발급

◦ 운전면허증의 발급

- 운전면허증을 받으려는 사람은 운전면허시험에 합격하여야 한다.
- 운전면허증 발급권자 → 지방경찰청장
- 운전면허의 효력 → 본인 또는 대리인이 운전면허증을 발급받은 때부터

◦ 운전면허증의 재발급

- 재발급사유 : 운전면허증을 잃어버렸거나 헐어 못쓰게 되었을 때
- 재발급권자 : 지방경찰청장

□ 운전면허증의 갱신과 적성검사

○ **운전면허증의 갱신**

– 운전면허를 받은 사람은 다음 각 호의 구분에 따른 기간 이내에 대통령령으로 정하는 바에 따라 지방경찰청장으로부터 운전면허증을 갱신하여 발급받아야 한다.

* 최초의 운전면허증 갱신기간은 제83조제1항 또는 제2항에 따른 운전면허시험에 합격한 날부터 기산하여 10년(운전면허시험 합격일에 65세 이상 75세 미만인 사람은 5년, 75세 이상인 사람은 3년, 한쪽 눈만 보지 못하는 사람으로서 제1종 운전면허 중 보통면허를 취득한 사람은 3년)이 되는 날이 속하는 해의 1월 1일부터 12월 31일까지

* 제1호 외의 운전면허증 갱신기간은 직전의 운전면허증 갱신일부터 기산하여 매 10년(직전의 운전면허증 갱신일에 65세 이상 75세 미만인 사람은 5년, 75세 이상인 사람은 3년, 한쪽 눈만 보지 못하는 사람으로서 제1종 운전면허 중 보통면허를 취득한 사람은 3년)이 되는 날이 속하는 해의 1월 1일부터 12월 31일까지

○ **정기적성검사**

– 다음 각 호의 어느 하나에 해당하는 사람은 운전면허증 갱신기간에 도로교통공단이 실시하는 정기(定期) 적성검사(適性檢査)를 받아야 한다.

* 제1종 운전면허를 받은 사람

* 제2종 운전면허를 받은 사람 중 운전면허증 갱신기간에 70세 이상인 사람

– 다음 각 호에 해당하는 사람은 운전면허증을 갱신하여 받을 수 없다.

* 제73조제5항에 따른 교통안전교육을 받지 아니한 사람

* 제2항에 따른 정기 적성검사를 받지 아니하거나 이에 합격하지 못한 사람

– 제1항 또는 제2항에 따라 운전면허증을 갱신하여 발급받거나 정기 적성검사를 받아야 하는 사람이 해외여행 또는 군 복무 등 대통령령으로 정하는 사유로 그 기간 이내에 운전면허증을 갱신하여 발급받거나 정기 적성검사를 받을 수 없는 때에는 대통령령으로 정하는 바에 따라 이를 미리 받거나 그 연기를 받을 수 있다.

□ 수시 적성검사 등

○ **수시적성검사 대상** : 제1종 운전면허 또는 제2종 운전면허를 받은 사람(제96조제1항에 따른 국제운전면허증을 받은 사람을 포함한다)이 안전운전에 장애가 되는 후천적 신체장애 등 대통령령으로 정하는 사유에 해당되는 경우에는 도로교통공단이 실시하는 수시(隨時) 적성검사를 받아야 한다.

○ 대통령령으로 정하는 사유란 다음에 해당하는 사람을 말한다.

– 정신질환자, 뇌전증환자, 듣지 못하는 사람, 앞을 보지 못하는 사람, 양쪽 팔의 팔꿈치 관절 이상을 잃은 사람이나 양쪽팔을 전혀 쓸 수 없는 사람 중 본인의 신체 장애 정도에 적합하게 제작된 자동차를 이용하여 정상적인 운전을 할 수 있는 사람은 그러하지 아니하다. 마약 및 대마 등 알코올 중독자의 어느 하나에 해당하거나 그 밖에 안전운전에 장애가 되는 신체

장애 등이 있다고 인정할 만한 상당한 이유가 있는 경우
- 후천적 신체장애 등에 관한 개인정보가 경찰청장에게 통보된 경우

○ **통지요령** : 도로교통공단은 수시 적성검사를 받아야 하는 사람에게 그 사실을 등기우편으로 통지하여야 한다.

○ **수시 적성검사 기간** : 통지를 받은 사람은 도로교통공단이 정하는 날부터 3개월 이내에 수시 적성검사를 받아야 한다.

□ 임시운전증명서 및 운전면허증 휴대 및 제시 의무

○ **임시운전증명서 발급조건(면허증이 없는 상태)**
- 운전면허증을 받은 사람이 제86조에 따른 재발급 신청을 한 경우
- 정기 적성검사 또는 운전면허증 갱신 발급 신청을 하거나 수시 적성검사를 신청한 경우
- 운전면허의 취소처분 또는 정지처분 대상자가 운전면허증을 제출한 경우

○ **효력** : 임시운전증명서는 그 유효기간 중에는 운전면허증과 같은 효력이 있다

○ **유효기간** : 임시운전증명서의 유효기간은 20일 이내로 하되, 운전면허의 취소 또는 정지처분 대상자의 경우에는 40일 이내로 할 수 있다. 다만, 경찰서장이 필요하다고 인정하는 경우에는 그 유효기간을 1회에 한하여 20일의 범위에서 연장할 수 있다.

□ 운전면허증 휴대 및 제시 등의 의무

○ **운전면허증 휴대 의무 : 자동차등을 운전할 때 휴대해야 할 운전면허증 등**
- 운전면허증, 국제 운전면허증이나 건설기계조종사 면허증
- 운전면허증을 갈음하는 다음의 증명서
  * 임시운전증명서
  * 범칙금 납부통고서 또는 출석지시서
  * 출석고지서

○ **제시에 응해야 할 의무** : 운전자는 운전 중에 경찰공무원이 운전면허증 또는 이에 갈음하는 증명서를 제시할 것을 요구하거나 운전자의 신원 및 운전면허 확인을 위한 질문을 할 때에는 이에 응하여야 한다.

□ 운전면허의 취소·정지

○ **용어의 정의**
- **벌점** : 행정처분의 기초자료로 활용하기 위하여 법규위반 또는 사고야기에 대하여 그 위반의 경중, 피해의 정도 등에 따라 배점되는 점수를 말한다.
- **누산점수** : 위반 · 사고 시의 벌점을 누산하여 합산한 점수에서 상계치(무위반 · 무사고 기간 경과시에 부여되는 점수 등)를 뺀 점수를 말한다.
  * 다만, 출석기간 또는 범칙금 납부기간 완료일부터 60일이 경과될 때까지 즉결심판을 받지

아니한 때의 벌점 40점(즉결심판 불응 40점)은 누산점수에 삽입하지 아니한다.

* 범칙금 미납 벌점을 받은 날을 기준으로 과거 3년간 2회 이상 범칙금을 납부하지 아니하여 벌점을 받은 사실이 있는 경우에는 누산점수에 산입한다.

[누산점수 = 매 위반 · 사고 시 벌점의 누산 합계치 - 상계치]

- **처분벌점** : 구체적인 법규위반, 사고야기에 대하여 앞으로 정지 처분 기준을 적용하는데 필요한 벌점으로서, 누산점수에서 이미 정지처분 집행된 벌점의 합계치를 뺀 점수를 말한다.

○ **벌점의 종합관리**

- **누산점수의 관리** : 법규위반 또는 교통사고로 인한 벌점은 행정처분을 적용하고자 하는 당해 위반 또는 사고가 있었던 날을 기준으로 하여 과거 3년간의 모든 벌점을 누산하여 관리한다.
- **무위반 · 무사고기간 경과로 인한 벌점 소멸** : 처분 벌점이 40점 미만인 경우에 최종의 위반일 또는 사고일로부터 위반 및 사고 없이 1년이 경과한 때에는 그 처분벌점은 소멸한다.
- 벌점공제

* 인적피해 있는 교통사고를 야기하고 도주한 차량의 운전자를 검거하거나 신고하여 검거하게 한 운전자(교통사고의 피해자가 아닌 경우로 한정한다)에게는 검거 또는 신고할 때마다 40점의 특혜점수를 부여하여 기간에 관계없이 그 운전자가 정지 또는 취소처분을 받게 될 경우 누산점수에서 이를 공제한다. 이 경우 공제되는 점수는 40점 단위로 한다.

* 경찰청장이 정하여 고시하는 바에 따라 무위반 · 무사고 서약을 하고 1년간 이를 실천한 운전자에게는 실천할 때마다 10점의 특혜점수를 부여하여 기간에 관계없이 그 운전자가 정지처분을 받게 될 경우 누산 점수에서 이를 공제한다. 이 경우 공제되는 점수는 10점 단위로 한다.

- 개별기준 적용에 있어서의 벌점 합산 : 법규위반으로 교통사고를 야기한 경우 다음 각 벌점을 합산한다.

* 교통사고의 원인이 된 법규 위반이 둘 이상인 경우 그 중 중한 것 하나만 적용한다.

예 1. 중침 30점, 신호위반 15점인 경우 중침 30만 적용

2. 신호위반한 후 중침하면서 사고발생, 사망 1명, 중상 2명의 인적피해 발생의 경우 : 30 + 90 + 15 * 2 = 150점

* 사고결과에 따른 벌점

구분		벌점	내용
인적 피해 교통 사고	사망 1명마다	90	사고발생 시부터 72시간 이내에 사망한 때
	중상 1명마다	15	3주 이상의 치료를 요하는 의사의 진단이 있는 사고
	경상 1명마다	5	3주 미만 5일 이상의 치료를 요하는 의사의 진단이 있는 사고
	부상신고 1명마다	2	5일 미만의 치료를 요하는 의사의 진단이 있는 사고

※ 비고

1. 교통사고 발생원인이 불가항력이거나 피해자의 명백한 과실인 때에는 행정처분을 하지 아니한다.
2. 자동차등 대 사람 교통사고의 경우 쌍방과실인 때에는 그 벌점을 2분의 1로 감경한다.

예 육교밑을 지나가는 보행자 사망사고 → 45점

3. 자동차등 대 자동차등 교통사고의 경우에는 그 사고원인 중 중한 위반행위를 한 운전자만 적용한다.
4. 교통사고로 인한 벌점산정에 있어서 처분받을 운전자 본인의 피해에 대하여는 벌점을 산정하지 아니한다.
5. 물건을 손괴(주정차 차량포함)한 경우 피해자에게 인적사항을 제공하지 않으면 20만원 이하의 벌금(25점 벌점)

○ **벌점 등 초과로 인한 운전면허의 취소 · 정지**

– 벌점 · 누산점수 초과로 인한 면허 취소

* 1회의 위반 · 사고로 인한 벌점 또는 연간 누산점수가 다음 표의 벌점 또는 누산점수에 도달한 때에는 그 운전면허를 취소한다.

기간	벌점 또는 누산점수
1년간	121점 이상
2년간	201점 이상
3년간	271점 이상

* **벌점 · 처분벌점 초과로 인한 면허 정지** : 운전면허 정지처분은 1회의 위반 · 사고로 인한 벌점 또는 처분벌점이 40점 이상이 된 때부터 결정하여 집행하되, 원칙적으로 1점을 1일로 계산하여 집행한다.

예 중침 30점+사망1명 90점+동승자부상3일 2점 = 122점 → 면허취소

○ **처분벌점 및 정지처분 집행일수의 감경**

– 특별교통안전교육에 따른 처분벌점 및 정지처분집행일수의 감경

* 처분벌점이 40점 미만인 사람이 특별교통안전 권장교육 중 벌점감경교육을 마친 경우에는 경찰서장에게 교육필증을 제출한 날부터 처분벌점에서 20점을 감경한다.

* 운전면허 정지처분을 받게 되거나 받은 사람이 특별교통안전 의무교육이나 특별교통안전 권장교육 중 법규준수교육(권장)을 마친 경우에는 경찰서장에게 교육필증을 제출한 날부터 정지처분기간에서 20일을 감경한다. 다만, 해당 위반행위에 대하여 운전면허행정처분 이의심의위원회의 심의를 거치거나 행정심판 또는 행정소송을 통하여 행정처분이 감경된 경우에는 정지처분기간을 추가로 감경하지 아니하고, 정지처분이 감경된 때에 한정하여 누산점수를 20점 감경한다.

* 운전면허 정지처분을 받게 되거나 받은 사람이 특별교통안전 의무교육이나 특별교통안전 권장교육 중 법규준수교육(권장)을 마친 후에 특별교통안전 권장교육 중 현장참여교육을 마친 경우에는 경찰서장에게 교육필증을 제출한 날부터 정지처분기간에서 30일을 추가로 감경한다. 다만, 해당 위반행위에 대하여 운전면허행정처분 이의심의위원회의 심의를 거치거나 행정심판 또는 행정소송을 통하여 행정처분이 감경된 경우에는 그러하지 아니하다.

– 모범운전자에 대한 처분집행일수의 감경

* 모범운전자(무사고운전자 또는 유공운전자의 표시장을 받은 사람으로서 교통안전봉사활동에 종사하는 사람)에 대하여는 면허 정지처분의 집행기간을 2분의 1로 감경한다. 다만,

처분벌점이 교통사고야기로 인한 벌점이 포함된 경우에는 감경하지 아니한다.

- **행정처분의 취소** : 교통사고(법규의반을 포함한다)가 법원의 판결로 무죄확정(혐의가 없거나 죄가되지 아니하여 불기소처분된 경우를 포함한다)된 경우에는 즉시 그 운전면허 행정처분을 취소하고 당해 사고 또는 위반으로 인한 벌점을 삭제한다. 다만,
  * 교통상의 위험과 장해를 일으킬 수 있는 정신질환자 또는 간질환자로서 대통령령이 정하는 사람
  * 교통상의 위험과 장해를 일으킬 수 있는 마약 · 대마 · 향정신성의약품 · 알코올 중독자로서 대통령령이 정하는 사람은 무죄가 확정된 경우라 할지라도 그러하지 아니하다

○ **처분기준의 감경**

- **음주운전으로 운전면허 취소처분 또는 정지처분을 받은 경우**
  * 운전이 가족의 생계를 유지할 중요한 수단이 되거나, 모범운전자로서 처분 당시 3년 이상 교통봉사활동에 종사하고 있거나, 도주한 운전자를 검거하여 경찰서장 이상의 표창을 받은 사람으로서 다음의 어느 하나에 해당하는 경우가 없어야 한다.
    1) 혈중알콜농도가 0.1퍼센트 초과하여 운전한 경우
    2) 음주운전 중 인적피해 교통사고를 일으킨 경우
    3) 음주측정불응하거나 도주한 때 또는 단속경찰관을 폭행한 경우
    4) 과거 5년 이내에 3회 이상의 인적피해 교통사고 전력이 있는 경우
    5) 과거 5년 이내에 음주운전의 전력이 있는 경우
- **벌점 · 누산점수 초과로 인하여 운전면허 취소처분을 받은 경우**
  * 운전이 가족의 생계를 유지할 중요한 수단이 되거나,
  * 모범운전자로서 처분 당시 3년 이상 교통봉사활동에 종사하고 있거나,
  * 정기적성검사에 대한 연기신청을 할 수 없었던 불가피한 사유가 있는 등으로 취소 · 정지처분 개별기준을 적용하는 것이 현저히 불합리하다고 인정되는 경우이거나

* 도주한 운전자를 검거하여 경찰서장 이상의 표창을 받은 사람으로서 다음의 어느 하나에 해당하는 경우가 없어야 한다.
  1) 과거 5년 이내에 운전면허 취소처분을 받은 전력이 있는 경우
  2) 과거 5년 이내에 3회 이상 인적피해 교통사고를 일으킨 경우
  3) 과거 5년 이내에 3회 이상 운전면허 정지처분을 받은 전력이 있는 경우
  4) 과거 5년 이내에 운전면허 행정처분 이의 심의위원회의 심의를 거치거나 행정심판 또는 행정소송을 통하여 행정처분이 감경된 경우

- **감경기준** : 위반행위에 대한 처분기준이
  * 운전면허의 취소처분에 해당하는 경우에는 해당 위반 행위에 대한 처분벌점을 110점으로 하고
  * 운전면허의 정지처분에 해당하는 경우에는 처분집행일수의 2분의 1로 감경한다.
  * 다만, 연간 벌점 · 누산점수 초과로 인한 면허취소에 해당하는 경우에는 면허가 취소되기

전의 누산점수 및 처분벌점을 모두 합산하여 처분벌점을 110점으로 한다.

– 처리결과

* 감경사유에 해당하는 사람은 행정처분을 받은 날(정기 적성검사를 받지 아니하며 운전면허가 취소된 경우에는 행정처분이 있음을 안 날)부터 60일 이내에 그 행정처분에 관하여 주소지를 관할하는 지방경찰청장에게 이의신청을 하여야 하며,

* 이의신청을 받은 지방경찰청장은 운전면허행정처분 이의심의위원회의 심의 · 의결을 거처 처분을 감경할 수 있다.

○ **취소처분 개별기준**

번호	위반사항	내용
1	교통사고를 일으키고 구호조치를 하지 아니한 때	- 교통사고로 인적피해를 야기하고 구호조치를 하지 아니한 때 - 건설기계를 포함한다.
2	술에 취한 상태에서 운전한 때	- 술에 취한 상태의 기준(0.03% 이상)을 넘어서 운전하다 인적피해 발생 - **술에 만취된 상태(0.08% 이상)**에서 운전한 때 - 술에 취한 상태의 기준을 넘어 운전하거나 술에 취한 상태의 측정에 불응한 사람이 다시 술에 취한 상태(0.03% 이상)에서 운전한 때
3	술에 취한 상태에 측정에 불응한 때	- 술에 취한 상태에서 운전하거나 술에 취한 상태에서 운전하였다고 인정할 만한 상당한 이유가 있음에도 불구하고 경찰공무원의 측정요구에 불응한 때 - 건설기계를 포함한다.
6의2	공동위험행위	공동위험행위로 구속된 때 (형사입건 ×)
6의3	난폭운전	난폭운전으로 구속된 때
12의2	자동차 등을 이용하여 형법상 특수상해 등을 행한 때 (보복운전)	자동차 등을 이용하여 형법상 특수상해, 특수폭행, 특수협박, 특수손괴를 행하여 구속된 때
13	자동차 등을 이용하여 범죄행위를 한 때	- 국가보안법을 위반한 범죄에 이용된 때 - 형법을 위반한 다음 범죄에 이용된 때 · 살인, 사체유기, 방화 · 강도, 강간, 강제추행 · 약취, 유인, 감금 · 상습절도(절취한 물건을 운반한 경우에 한한다) · 교통방해(단체에 소속되거나 다수인에 포함되어 교통을 방해한 경우에 한한다)

※ 제17조제3항을 위반하여 제17조제1항 및 제2항에 따른 최고속도보다 시속 100킬로미터를 초과한 속도로 3회 이상 자동차등을 운전한 경우

□ 운전면허증의 반납사유 및 기간

○ **반납기간** : 사유가 발생한 날부터 7일 이내

○ **반납기관** : 지방경찰청장

○ **반납사유**

- 운전면허 취소처분을 받은 경우
- 운전면허 효력 정지처분을 받은 경우
- 운전면허증을 잃어버리고 다시 발급받은 후 그 잃어버린 운전면허증을 찾은 경우
- 연습운전면허를 받은 사람이 제1종 보통면허증 또는 제2종 보통면허증을 받은 경우
- 운전면허증 갱신을 받은 경우

section 20 국제운전면허증

□ 국제운전면허증 발급 및 기간

○ **운전할 수 있는 기간** : 국제운전면허증을 발급받고 국내에 입국한 날부터 1년

○ **운전할 수 있는 자동차의 종류** : 그 국제운전면허증에 기재된 것으로 한정한다.

□ 운전금지

○ 지방경찰청장은 다음의 어느 하나에 해당하는 경우 1년을 넘지 아니하는 범위에서 국제운전면허증에 의한 자동차등의 운전을 금지할 수 있다.

- 적성검사를 받지 아니하였거나 적성검사에 불합격한 경우
- 운전 중 고의 또는 과실로 교통사고를 일으킨 경우
- 대한민국 국적을 가진 사람이 운전면허가 취소되거나 효력이 정지된 후 규정된 기간이 지나지 아니한 경우
- 자동차등의 운전에 관하여 이 법이나 이 법에 따른 명령 또는 처분을 위반한 경우

□ 형사처벌의 개별 법규

○ **5년 이하의 징역이나 1천500만원 이하의 벌금**

- 교통사고 발생시의 조치를 아니한 사람(사고로 인하여 도로에 파편이나 유류물이 생긴 경우 교통의 장애가 발생하였음에도 도주한 경우에 한하여 적용)
- 신호기 조작 · 교통안전시설을 철거 · 이전 · 손괴한 행위로 인하여 교통위험을 일으키게 한 사람

○ **3년 이하의 징역이나 1천만원 이하의 벌금**

- 약물로 인하여 정상적으로 운전하지 못할 우려가 있는 상태에서 자동차등을 운전한 사람

○ **3년 이하의 징역이나 700만원 이하의 벌금**

- 함부로 신호기를 조작하거나 교통안전시설을 철거 · 이전하거나 손괴한 사람

○ **2년 이하의 징역이나 500만원 이하의 벌금**

- 공동위험행위를 하거나 주도한 사람

○ **2년 이하의 금고나 500만원 이하의 벌금**

- 중대한 과실로 다른 사람의 건조물이나 그 밖의 재물을 손괴한 물적피해 교통사고 야기자

○ **1년 이하의 징역이나 300만원 이하의 벌금**

- 무면허 운전(원동기장치자전거면허는 제외한다), 운전면허 정지기간 중 운전행위, 국제운전면허를 받지 아니하고 운전(운전이 금지된 경우와 유효기간이 경과된 경우 포함)

○ **6개월 이하의 징역이나 200만원 이하의 벌금이나 구류**

- 정비불량차를 운전하도록 시키거나 운전한 사람
- 정비불량차, 위험방지를 위한 조치 등 경찰공무원의 요구 · 조치 또는 명령에 따르지 아니하거나 이를 거부 또는 방해한 사람
- 교통단속을 회피할 목적으로 교통단속용 장비의 기능을 방해하는 장치를 제작 · 수입 · 판매 · 장착한 사람
- 교통사고 발생시의 조치 또는 신고를 방해한 사람
- 교통사고안전시설이나 그 밖에 그와 비슷한 인공구조물을 설치한 사람
- 운전면허 조건을 위반하여 운전한 사람

○ **30만원 이하의 벌금이나 구류**

- 자동차등에 도색 · 표지 등을 하거나 그러한 자동차등을 운전한 사람
- 원동기장치자전거를 무면허로 운전한 사람
- 사고발생시 조치 상황 등 신고를 하지 아니한 사람
- 고속도로 통행금지 차마로 고속도로를 통행하거나 횡단한 사람

□ 과태료 부과·징수·납부

○ **과태료 처분을 할 수 없는 경우**

1. 차를 도난당하였거나 그 밖의 아래의 부득이한 사유가 있는 경우
   * 범죄의 예방 · 진압이나 그 밖에 긴급한 사건 · 사고의 조사를 위한 경우
   * 도로공사 또는 교통지도단속을 위한 경우
   * 응급환자의 수송 또는 치료를 위한 경우
   * 화재 · 수해 · 재해 등의 구난작업을 위한 경우
   * 장애인복지법에 따른 장애인의 승 · 하차를 돕는 경우
   * 그 밖에 부득이한 사유라고 인정할 만한 상당한 이유가 있는 경우
2. 해당 위반행위로 처벌된 경우

○ **과태료 납부** : 200만원까지는 신용카드 또는 직불카드로 납부할 수 있다.

□ 범칙행위 및 범칙금액

○ 범칙행위란 20만원 이하의 벌금이나 구류에 해당하는 위반행위를 말한다.

※ 구류 : 1일 이상 30일 미만 교도소 또는 경찰서 유치장에 구치하는 형벌

○ **통고처분**

– 범칙자와 통고권자

* 범칙자 : 범칙행위를 한 사람(경미한 교통법규를 위반)

→ 범칙자가 아닌 사람

1. 운전면허증 또는 이에 갈음하는 증명서를 제시 못하거나 경찰공무원의 운전자 신원 및 운전면허 확인을 위한 질문에 응하지 아니하는 운전자(벌금 대상)
2. 범칙행위로 교통사고를 일으킨 사람(벌금 대상)

* 통고권자 : 경찰서장이나 제주도특별자치도지사

→ 통고처분을 할 수 없는 자

1. 성명이나 주소가 확실하지 아니한 사람
2. 달아날 우려가 있는 사람 → 즉결심판 청구
3. 범칙금 납부통고서를 받기 거부한 사람

○ **범칙금 납부**

– 납부 기간 및 수납처 : 범칙금 납부통고서를 받은 사람은 10일 이내 납부해야 한다.

※ 범칙금 : 국고 또는 제주특별자치도의 금고에 내야할 금전. 액수는 범칙행위 및 차종에 따라 대통령령으로 정한다.

○ **범칙금액**

(운전자)

범칙행위	범칙금액
속도위반(60km/h 초과)	• 승합등 : 13만원 • 승용등 : 12만원 • 이륜등 : 8만원
속도위반(40km/h 초과 60km/h 미만)	• 승합등 : 10만원 • 승용등 : 9만원 • 이륜등 : 6만원
신호·지시위반	• 승합등 : 7만원 • 승용등 : 6만원 • 이륜등 : 4만원 • 자전거 : 3만원
중앙선침범, 통행구분 위반	
속도위반(20km/h 초과 40km/h 미만)	
횡단, 유턴, 후진 위반	
앞지르기 방법 위반	
앞지르기 금지시기, 장소위반	
철길건널목 통과방법 위반	
횡단보도 보행자 횡단방해(신호 또는 지시에 따라 도로를 횡단하는 보행자의 통행방해를 포함한다)	

범칙행위	범칙금액
택시의 합승(장기주차·정차하여 승객을 유치하는 경우로 한정한다), 승차거부·부당요금징수 행위	• 승합등 : 2만원 • 승용등 : 2만원 • 이륜등 : 1만원 • 자전거 : 1만원
돌, 유리, 쇳조각, 그 밖에 도로에 있는 사람이나 차마를 손상시킬 우려가 있는 물건을 던지거나 발사하는 행위(동승자 포함)	모든 차마 5만원
도로를 통행하고 있는 차마에서 밖으로 물건을 던지는 행위 (동승자 포함)	

(보행자)

범칙행위	범칙금액
1. 돌, 유리, 쇳조각, 그 밖에 도로에 있는 사람이나 차마를 손상시킬 우려가 있는 물건을 던지거나 발사하는 행위	5만원
2. 신호 또는 지시위반 3. 차도 통행 4. 육교 바로 밑 또는 지하도 바로 위로 횡단 5. 횡단이 금지되어 있는 도로 부분의 횡단 6. 술에 취하여 도로에서 갈팡질팡하는 행위 7. 도로에서 교통에 방해되는 방법으로 눕거나 앉거나 서있는 행위 8. 교통이 빈번한 도로에서 공놀이 또는 썰매타기 등의 놀이를 하는 행위 9. 도로에서 통행하고 있는 차마에 뛰어오르거나 매달리거나 차마에서 뛰어내리는 행위	3만원
10. 통행금지 또는 제한위반 11. 도로횡단시설이 아닌 곳으로의 횡단(제4호의 해우이는 제외한다) 12. 차로 바로 앞이나 뒤로 횡단	2만원
13. 교통혼잡을 완화시키기 위한 조치 위반 14. 행렬등의 차도 우측 통행의무 위반(지휘자를 포함한다)	1만원

(어린이보호구역)

<table>
<tr><th>범칙행위</th><th>범칙금액</th></tr>
<tr><td>1. 신호·지시위반</td><td rowspan="2">• 승합등 : 13만원
• 승용등 : 12만원
• 이륜등 : 8만원
• 자전거 : 6만원</td></tr>
<tr><td>2. 횡단보도 보행자 횡단방해</td></tr>
<tr><td>3. 속도위반
가. 60km/h 초과</td><td>• 승합등 : 16만원
• 승용등 : 15만원
• 이륜등 : 10만원</td></tr>
<tr><td>나. 40km/h 초과 60km/h 이하</td><td>• 승합등 : 13만원
• 승용등 : 12만원
• 이륜등 : 8만원</td></tr>
<tr><td>다. 20km/h 초과 40km/h 이하</td><td>• 승합등 : 10만원
• 승용등 : 9만원
• 이륜등 : 6만원</td></tr>
<tr><td>라. 20km/h 이하</td><td>• 승합등 : 6만원
• 승용등 : 6만원
• 이륜등 : 4만원</td></tr>
<tr><td>4. 통행금지·제한 위반
5. 보행자통행방해 또는 보호불이행
6. 정차·주차금지 위반
7. 주차금지 위반
8. 정차·주차방법 위반
9. 정차·주차 위반에 대한 조치불응</td><td>• 승합등 : 9만원
• 승용등 : 8만원
• 이륜등 : 6만원
• 자전거 : 4만원</td></tr>
</table>

※ 비고

1. 승합등이란 승합자동차, 4톤 초과 화물자동차, 특수자동차 및 건설기계를 말한다.
2. 승용등이란 승용자동차, 4톤이하 화물자동차를 말한다.
3. 이륜등이란 이륜자동차 및 원동기장치자전거를 말한다.
4. 자전거란 자전거, 손수레, 경운기, 우마차를 말한다.
5. 가산금을 더하는 경우에 범칙금의 최대 부과금액은 20만원으로 한다.

교통사고처리특례법

□ 일반적 과실사고와 형사입건 사고의 업무처리 절차

○ 형사처벌이 면제되는 일반적 과실사고 20여종

※ **형사처벌** : 범죄를 이유로 하여 형벌을 가하는 처벌, (형사)입건 : 사법기관에서 사건을 접수한 이후 구속수사 또는 불구속수사로 진행하는 절차

1. 안전운전불이행 사고
2. 안전거리 미확보 사고
3. 차로변경 중 사고
4. 교차로 통행방법 위반 사고
5. 교통정리가 없는 교차로 사고
6. 통행우선권 양보불이행 사고
7. 후진사고
8. 개문사고
9. 서행 · 일시정지위반 사고
10. 주 · 정차시 안전조치불이행 사고
11. 과로 · 졸음운전 중 사고
12. 차내 사고
13. 정비불량 사고
14. 고속도로 · 전용도로 사고
15. 중앙버스전용차로 사고
16. 비접촉 사고

17 쌍방과실 사고

18. 이륜차 사고
19. 자전거 사고
20. 손수레 등 사고

※ 1. 공소권 → 없음 (공소권 : 검사가 법원에 특정 형사사건의 재판을 청구함)
2. 형사적 조치 : 형사처벌 면제(반의사불벌죄 적용)
3. 특례단서 12개항 사고라도 피해결과 대물만이면 "공소권없음"으로 처리
4. 일반사고라도 보험미가입, 합의 되지 않으면 형사입건(14일간 합의유예기간 부여)

5. 일반사고라도 피해자가 중상해 입는 경우는 합의되지 않으면 형사입건
6. **행정적 조치** : 범칙금 부과(최고 20만원), 운전면허 행정처분(취소, 정지)

○ **형사입건 처벌되는 사고(사망+도주+12대중과실+중상해 = 15종)**

1. 사망사고
2. 도주사고

▷ 12대중과실 사고

1. 신호, 지시위반 사고
2. 중앙선침범 사고
3. 과속(20km/h) 초과 사고
4. 앞지르기 방법 · 금지 위반 사고
5. 철길건널목 통과방법 위반 사고
6. 횡단보도 보행자 보호의무위반 사고
7. 무면허운전 중 사고
8. 주취(음주) · 약물복용 운전 중 사고
9. 보도침범 · 통행방법 위반 사고
10. 승객추락방지의무 위반 사고
11. 어린이 보호구역에서 안전운전의무 위반 사고
12. 화물추락방지의무 위반 사고

▷ 중상해 사고

1. 일반사고 중 피해자 중상해사고

※ 가. 공소권 → 있음(형사입건)
나. 사망 · 도주 · 특례단서 12개항 사고는 피해자의 의사에 관계없이 형사입건(5년이하의 금고 또는 2천만원 이하의 벌금)
다. 중상해 사고는 피해자와 합의되지 않으면 형사입건(5년이하의 금고 또는 2천만원이하의 벌금).
라. 인사사고에만 적용하고 대물사고는 공소권없음으로 처리
마. 피해결과 통상 10주 미만은 불구속처리
바. 도주사고는 피해결과 경상이라도 특가법적용 통상 구속수사
사. 행정적 조치 : 형사처벌 받으므로 범칙금 없음. 운전면허 행정처분(취소, 정지)

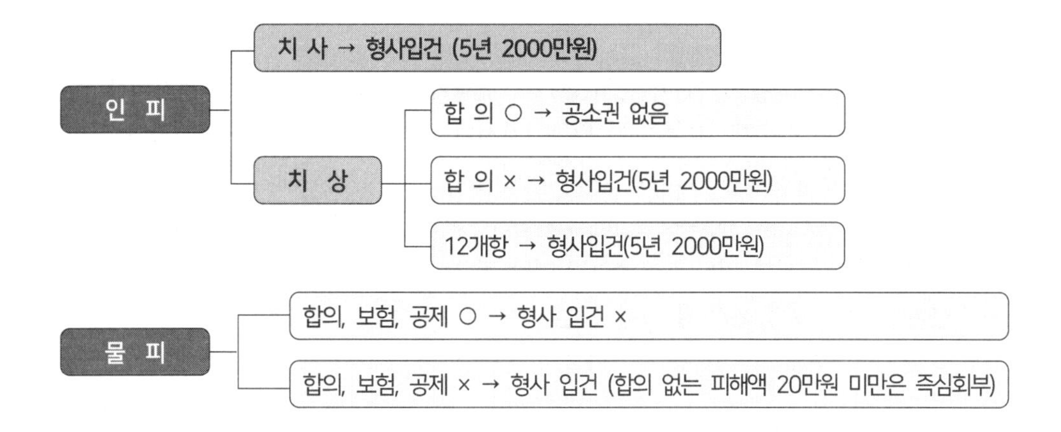

※ 즉심(즉결심판) : 경범죄 등에 대해 지방법원 판사가 경찰서장 청구에 의하여 공판절차를 거치지 않고 간단한 절차로 행하는 재판

□ 중상해의 기준

○ 생명에 위험이 발생하거나 불구, 불치, 난치의 질병에 이르게 한 경우로 신체주요 부위에 중한 손상이 생긴 때

○ **중상해에 대한 검찰의 지침**

- 인간의 생명유지에 불가결한 뇌 또는 주요 장기에 대한 중대한 손상
- 사지절단 등 신체 중요부분의 상실, 중대 변형 또는 시각·청각·언어·생식기능 등 중요한 신체 기능의 영구적 상실
- 사고후유증으로 인한 중증의 정신장애, 하반신 마비 등 완치가능성이 없거나 희박한 중대 질병을 초래한 경우

※ 상해 : 신체의 완전성에 대한 침해가 있으면 족하고 그 밖의 생리적 기능의 훼손까지 요하는 것은 아니다.

□ 형사합의 없는 교통사고 야기 시 벌칙

○ **12대 중과실 부상사고 야기** : 5년 이하의 금고 또는 2천만원 이하 벌금

○ **일반사고 피해 중상해 미합의** : 〃

○ **사망사고** : 〃

□ 교통사고처리특례법 목적(형사처벌의 특례)

○ 이 법은 업무상과실(業務上過失) 또는 중대한 과실로 교통사고를 일으킨 운전자에 관한 형사처벌 등의 특례를 정함으로써 교통사고로 인한 피해의 신속한 회복을 촉진하고 국민생활의 편익을 증진함을 목적으로 한다.(작은 사고까지 국가가 처벌하면 전과자를 양산하게 된다.)

○ **용어의 정의**

– **"차"** 란 「도로교통법」에 따른 차(車)와 「건설기계관리법」에 따른 건설기계를 말한다.

※ 차라 함은 자동차, 건설기계, 원동기자전거, 자전거 또는 사람이나 가축의 힘 그 밖의 도로에서 운전되는 것과 유모차 및 보행보조용의자차를 제외한 것을 말함

– **"교통사고"** 란 차의 교통으로 인하여 사람을 사상하거나 물건을 손괴한 것을 말한다.(도로와 관계 없음) → 도로 외의 장소에서 일어난 경우도 교통사고에 해당. 도로 외의 곳에서 단순 물피 사고는 벌금 20만원 벌점 15점

※ 교통 : 통상 사람의 왕래나 화물의 운반을 위한 차의 "운행"

□ 처벌의 특례와 특례예외단서

○ 차의 운전자가 교통사고로 인하여 형법 제268조 업무상과실치사 · 상죄, 중과실치사 · 상죄를 범한 때에는 5년이하의 금고 또는 2천만원이하의 벌금에 처한다.

○ **특례의 적용**

– 차의 교통으로 업무상과실치상죄 또는 중과실치상죄와 도로교통법 제151조(물피손괴)의 죄를 범한 운전자에 대하여는 피해자의 명시한 의사에 반하여 공소를 제기할 수 없다.(반의사불벌)

– 교통사고를 일으킨 자가 보험 또는 공제에 가입된 경우에는 죄를 범한 당해 차의 운전자에 대하여 공소를 제기할 수 없다.(보험)

○ **특례의 예외**

– 12개항 내용

* **신호 · 지시위반** : 신호기 또는 교통정리를 하는 경찰공무원 등의 신호나 통행의 금지 또는 일시정지를 내용으로 하는 안전표지가 표시하는 지시에 위반하여 운전한 경우
* **중앙선 침범** : 중앙선 침범 또는 고속도로 및 자동차전용도로(일반도로×)에서 횡단, 유턴, 후진 금지규정을 위반한 경우
* **제한속도 위반** : 제한속도를 시속 20km를 초과하여 운전한 경우
* **앞지르기 방법 · 금지 위반** : 앞지르기 방법 · 금지시기 · 금지장소 · 끼어들기의 금지 등에 위반하여 운전한 경우
* 철길건널목 통과방법 위반
* 횡단보도 보행자 보호의무 위반
* 무면허운전
* 주취운전(제45조 과로한때 운전금지 : 자동차등(개인이동장치 제외) 운전자는 과로, 질병, 약물 등 운전금지)
* 보도침범 · 통행방법 위반
* 승객추락방지의무 위반(오토바이는 문이 없어 현실적으로 적용불가)
* 어린이보호구역 내 안전운전의무 위반

* 화물추락방지의무 위반

○ **해설**

- 차의 운전자가 교통사고를 일으켜 사람을 사망 또는 부상케 하였을 때에는 5년이하의 금고 또는 2000만원 이하의 벌금형(부상의 경우 합의하면 공소권 없음)
- 차의 운전자가 교통사고를 일으켜 사람을 부상케한 경우와 물적피해를 입힌 죄를 범한 운전자에 대하여는 피해자의 명시한 의사에 반하여 공소를 제기할 수 없도록 반의사불벌죄 규정
- 치상 · 대물사고는 반의사불벌죄에 해당되나 사망도주사고, 음주측정불응, 12대 중과실은 해당되지 않는다.

□ 신뢰의 원칙

○ 교통법규를 준수한 운전자는 다른 교통관여자가 교통법규를 준수할 것이라고 신뢰하면 족하며, 교통법규에 위반하는 경우까지 예견하고 이에 대한 방어조치를 취할 의무는 없다.

- 진행신호에 따라 진행하는 차는 신호를 무시하고 진행하는 차가 있음을 예상하여 사고의 발생을 방지해야할 주의 의무가 없다.
- 비정상적인 방법으로 운행하리라 함을 미리 예견할 수 있는 특별한 사정의 경우에는 대향차에 대한 주의의무가 있다고 본다.

□ 보험, 공제에 가입된 경우 처벌하지 않는다.

○ **예외**

① 12대 중과실(인피)

② 중상해 → 형사합의 안하면 처벌하겠다.(합의하면 반의사불벌죄에 해당 → 처벌×)

③ 보험, 공제가 무효 또는 해지되거나 계약조건 등으로 지급의무가 없게 된 때

○ 가입사실증명원을 보험회사로부터 발급받아 경찰에 제출하면 형사처벌 면제.

□ 우선 지급할 치료비 외의 손해배상금의 범위

○ 청구는 보험업자 또는 공제사업자에게 청구하고 이들은 청구를 받은 날로부터 7일이내 지급

○ **손해배상금 범위**

구 분	내 용
부상	보험약관 또는 공제약관에서 정한 지급기준에 의하여 산출한 위자료 전액과 휴업손해액의 100분의 50에 해당하는 금액
후유장애	보험약관 또는 공제약관에서 정한 지급기준에 의하여 산출한 위자료 전액과 상실수익액의 100분의 50에 해당하는 금액
대물손해	보험약관 또는 공제약관에서 정한 지급기준에 의하여 산출한 대물배상액의 100분의 50에 해당하는 금액
위자료가 중복되는 경우	부상과 후유장해의 위자료가 중복되는 경우에는 보험약관 또는 공제약관이 정하는 바에 의하여 지급한다.

□ 벌칙

- ○ **보험회사 또는 공제조합에서 서면을 허위작성한 때** : 3년 이하의 징역 또는 1000만원 이하의 벌금
- ○ **허위로 작성된 문서를 그 정을 알고 행사한 자** : 3년 이하의 징역 또는 1000만원 이하의 벌금
- ○ **보험업자 또는 공제사업자가 정당한 사유없이 서면발급을 하지 아니한 때** : 1년 이하의 징역 또는 300만원 이하의 벌금

section 1 교통사고의 처리

□ 교통사고의 구성요건

- ○ **차에 의한 사고**
- ○ **차의 교통으로 인하여 발생된 사고**
  - 교통이라 함은 차의 운전을 말하는데 이는 사람의 왕래나 화물의 운반을 위한 운행을 뜻하는 것으로 조종을 포함한다. 직접적인 차의 운행뿐 아니라 차의 운행과 밀접하게 관련된 부수적인 행위를 포함하며, 차체에 의하여 차량에 적재된 화물 등 차량과 밀접하게 연결된 부위에 의하여 발생된 경우를 포함한다.
  - 교특법에서는 '차의 교통으로 인하여 도교법의 죄를 범한 운전자에 대하여' 라고 규정하고 있으므로 반드시 도로에서의 사고에 한하는 것은 아니고 도로 이외의 장소에서 일어난 경우에도 교통사고에 해당한다.

    ※ 도교법상 사고 : 도로에서의 운전 중 사고
    교특법상 사고 : 차의 교통으로 인한 사고
- ○ **피해결과의 발생**
  - 피해는 타인에 대한 생명, 신체, 재산에 대한 것으로 1일간의 관찰을 요하는 정도나 피해자가 임신 6주에 2주의 안정관찰을 요할 정도는 이를 부상으로 볼 수 없고, 가해 운전자 자신과 운전하던 차량이나 범행의 수단 또는 도구로 제공된 차량 자체는 포함되지 않으며, 재물은 유형적 재물만을 의미하며 정신적 손해 등 무형적인 피해는 제외된다.
- ○ **업무상 과실이 있을 것**

□ 무면허 운전과 도로

- ○ 무면허운전의 처벌은 도로의 경우에만 적용
- ○ 음주운전, 약물복용운전, 대물도주는 도로 외의 곳에도 적용됨

  → 면허는 취소되지 않음(행정처분은 도로의 경우에 한정)

무면허 운전(금지) = 도로 + 자동차 등 / 경운기, 자전거× + 차의 본래 방법대로 사용 / 시동걸고 기어를 넣은 상태(운전)

□ 피해자의 의사표시(합의)

- **의사표시의 기한** : 법원의 1심 판결 선고 전까지 효력 발생
- **의사표시의 효력** : 한번 의사표시하면 특별한 상황이 아닌 한 번복 불가
- **의사표시의 내용** : 명시적 의사표시로 무조건적이어야 한다. 만약 조건부 의사표시라면 처벌불원 의사표시 배제
- **합의 시행자** : 피해자 본인, 미성년자(20세 미만) 경우 법정대리인, 대물피해사고 시는 피해물 소유자

※ !경찰서에 "자동차교통사고합의서" 라는 제목으로 피해자와 가해자가 원만히 합의하여 서명한 합의서가 제출되었다면 피고인의 처벌을 희망하지 않는다는 의사를 명시적으로 표시한 것으로 본다.

section 2 일반적 과실사고

□ 안전거리 미확보 사고

- 모든 차의 운전자는 같은 방향으로 가고 있는 앞차의 뒤를 따르는 경우에는 앞차가 갑자기 정지하게 되는 경우 그 앞차와의 충돌을 피할 수 있는 필요한 거리를 확보하여야 한다.
- 자동차 등의 운전자는 같은 방향으로 가고 있는 자전거 옆을 지날 때에는 그 자전거와의 충돌을 피할 수 있는 필요한 거리를 확보하여야 한다.
  ※ 안전간격 1.5m를 확보
- 모든 차의 운전자는 위험방지를 위한 경우와 그 밖의 부득이한 경우가 아니면 운전하는 차를 갑자기 정지시키거나 속도를 줄이는 등의 급제동을 하여서는 아니된다.
- **진행방향 앞차에 대한 주의의무**

※ 1. **형사적** : 종합보험 가입 경우 면제
중상해의 경우 형사 합의 필요
2. **민사적** : 일방과실
3. **면허행정** : 벌점 10점 + 부상 2점 + … = 40점 이상이면 정지

※ 1. 버스전용차로나 자전거 전용 도로에 승용차가 진입해서 사고가 나더라도 법규위반이지 무조건 가해자가 되는 것은 아니다.
2. 종합보험 있는 경우 : 형사처벌 ×, 범칙금 3만원
↓ ↑
중상해 → 합의 ○ , 합의× : 5년 금고, 2000만원

section 3 후진사고

□ 중앙선이 있는 일반도로에서 후진 중 사고의 처리

○ 도로에서 위험을 방지하고 교통의 안전과 원활한 소통을 확보하기 위하여 특히 필요하다고 인정되는 때에는 도로의 구간을 정하여 차마의 횡단이나 유턴 또는 후진을 금지한다고 되어 있어 일반도로에서 안전조치 없이 후진 중 사고를 야기했다면 도로교통법 제18조(후진위반)를 적용 처리해야 한다.

□ 주차장, 골목길 등에서 후진 중 사고의 처리

○ 도로교통법 제18조에 의하면 다른 차마의 정상적인 통행에 방해될 염려가 있는 때에는 후진을 금지하고 있으므로 이는 차로 등이 있는 일반적인 도로의 경우로 보아 후진위반 적용하고 일반적인 도로가 아닌 주차장, 골목길 등의 경우는 안전운전의무위반으로 보아야 한다.

section 4 개문사고

□ 개문사고 관련 규정

○ 운전자는 안전을 확인하지 아니하고 차의 문을 열거나 내려서는 아니되며, 동승자가 교통의 위험을 일으키지 아니하도록 필요한 조치를 할 것

○ **개문사고와 개문발차(승객추락방지의무위반) 사고의 구분**

구분	개문사고	개문발차사고(12대중과실) (승객추락방지의무 위반)
적용법조	도로교통법 제49조제1항제7호	도로교통법 제39조제2항
법규내용	운전자는 안전을 확인하지 아니하고 차의 문을 열거나 내려서는 아니되며, 동승자가 교통의 위험을 일으키지 아니하도록 필요한 조치를 요구	운전자는 운전 중 타고 있는 사람 또는 내리는 사람이 떨어지지 아니하도록 하기 위하여 문을 정확히 여닫는 등의 필요한 조치를 요구
행위내용 및 사례	- 차의 문을 열거나 내리므로 인해 승차자나 측면진행차량에 피해를 입힌 경우 - 차의 문을 열고 닫는 과정에 승차자의 신체나 옷자락 등이 끼어 사고가 난 경우	차의 문을 정확히 여닫지 않은 상태에서 발진 또는 정차하여 타고 내리던 사람이 떨어져 부상을 입는 경우
사고처리	종합보험(공제)에 가입되어 있거나, 피해자가 처벌을 원치 않으면 공소권 없음으로 처리	종합보험(공제)에 가입되어 있어도 치상사고 야기하면 형사입건 처벌 → 합의하면 공소권 없음

※ 택시 뒷문 충돌 사고 : 오토바이 30% 책임

section 5 교차로 통행방법 위반사고

□ 교차로에서 좌우 통행방법

○ 교차로에서 좌 · 우회전 시 주의 의무

- 좌회전 차로에서 직진하고 직진차로에서 좌회전한 경우 각각 지정차로 위반이나, 교차로 특성상 진로변경은 사고위험성이 크므로 직진차로에서 좌회전 차량의 과실이 크므로 이를 #1차량(가해차량)으로 하여 사고처리 한다.
- 교차로에서 뒤차가 앞차의 측면을 통과한 후 앞차의 그 앞으로 들어가던 중 사고가 발생하였다면 앞지르기 금지에 해당되어 특례단서 제4호(앞지르기 금지) 적용 처리할 수 있으나 뒤차가 교차로에서 앞차의 측면을 통과하여 앞차의 그 앞으로 들어가지는 않고 앞차의 측면을 접촉하는 사고라면 앞지르기에 해당된다고 보기 어려우므로 교차로통행방법위반으로 처리한다.
- 교차로 정체 시 진입금지 : 신호기에 의하여 교통정리가 행하여지고 있는 교차로에 들어가려는 모든 차는 진행하고자 하는 진로의 앞쪽에 있는 차의 상황에 따라 교차로(정지선이 있는 경우에는 정지선을 넘는 부분)에 정지하게 되어 다른 차의 통행에 방해가 될 우려가 있는 경우에는 그 교차로에 들어가서는 아니된다.
- 교차로에서 우회전 시 신호따라 진행하는 차량에 통행우선권 양보
  신호가 있는 교차로에서 통상 신호기의 지시에 따라 진행하는 차량에 통행 우선권이 부여되므로 신호에 따라 좌회전한 차량과 대향방향에서 적색신호등에 우회전한 차량과의 조우시에는 통상 신호에 따라 좌회전한 차량에게 통행우선권을 양보하여야 한다.

section 6 안전운전불이행 사고

□ 관련법령

○ 모든 차의 운전자는 차의 조향장치와 제동장치, 그 밖의 장치를 정확하게 조작하여야 하며 도로의 교통상황과 차의 구조 및 성능에 따라 다른 사람에게 위험과 장해를 주는 속도나 방법으로 운전하여서는 아니 된다.

□ 안전운전불이행의 종류

○ 조향장치, 제동장치의 조작 불량
○ 전후좌우 주시 태만
○ 전방교통상황에 대한 파악 및 적절한 대처 미흡
○ 차내 잡담, 장난 등으로 운전 부주의한 경우
○ 핸들조작, 운전미숙

○ 난폭운전, 기타 안전운전불이행

○ 운전자가 운전석을 떠나는 경우 원동기를 끄고 제동장치를 철저하게 하는 등 차의 정지상태를 안전하게 유지하고 다른 사람이 함부로 운전하지 못하도록 필요한 조치를 할 것.

※ 1. 정차란 운전자가 5분을 초과하지 않고 차를 정지시키는 것으로서 주차외의 정지상태

2. 불법주차가 사고발생과의 사이에 상당한 인과관계가 있을 때에는 일반 형법인 업무상 과실을 적용

section 7 12대 중과실 사고처리 방법

□ 신호·지시위반 사고

○ 신호등이 적색등화임에도 횡단보도 앞 정지선 직전에 정지하지 않고 횡단보도에 진입 진행하다 차량 신호등이 녹색으로 바뀌자 계속 교차로 통행중 사고는 정지신호에 정지선 전에 정지하였다면 사고발생되지 않았을 것이므로 신호위반 사고의 직접 원인으로 보아 신호위반 적용.

○ 횡단보도 보행자용 신호기는 보행자를 위한 신호기이며 차량에 적용되지 않는다.

○ 신호위반 정지선 초과 정지해 있다가 신호 받고 출발한 경우는 신호위반 적용 배제.

※ 1. 신호지시위반은 인과관계와 관계없다. 행위만 있으면 족하다. 일방통행도로를 주행하다가 부주의하여 보행자를 충격한 경우 직접적인 사고 원인은 부주의한 것이나 신호지시위반으로 처리

2. 신호지시위반이란 :

신호기내용위반+경찰공무원등 수신호 위반+통행금지, 일시정지 내용의 안전표지위반

→ 내용 : 신호위반 사전출발, 황색주의신호에 무리한 진입, 신호내용을 위반하고 진행

○ 비보호좌회전은 녹색(진행)신호시에만 적용되고 적색신호에는 적용되지 않으며, 교차로통행방법위반 이나 안전운전의무 위반을 적용한다.

○ 횡형삼색등 신호기가 설치되어 있고 비보호 좌회전표지가 없는 교차로에서 녹색 등화시 유턴하여 진행하였다면 반대 진행차량 뿐만아니라 같은 진행후방차량에 대하여도 신호위반의 책임을 진다.

○ 안전지대 표시는 도로교통법 제13조 제5항에서 진입이 금지된 장소로 규정되어 있고 교특법 제3조 제2항 제1호의 "통행의 금지 또는 일시정지를 내용으로 하는 안전표시"에 해당되므로 이를 위반한 경우 12대 중과실로 처리

○ 속도제한표지가 아닌 서행표지만이 설치된 지역에서의 사고는 서행위반 적용하고 교통사고처리 특례법 단서 제3호(과속 20km/h초과)를 적용할 수 없다.

○ 속도제한표지판이 설치되어 있지 않은 일반도로는 통상 제한속도 50km/h로 간주한다.

□ 중앙선침범 사고(중앙선침범+고속·전용도로에서 횡단·유턴·후진)

○ 중앙선에 차체 일부라도 걸치면(일부침범) 중앙선 침범을 인정한다.

○ 중앙선이 실선인 경우에 중앙선을 넘었거나 중앙선에 차체가 걸친 행위를 중앙선 침범으로 적용처리한다.

○ 의사를 가지고 중앙선을 넘어 회전 또는 유턴한 경우 중앙선침범으로 처리
　→ 중앙선침범 사고가 성립하려면 침범행위가 사고발생과의 인과관계가 있어야 한다.

○ 교차로에서 좌회전 중 일부 중앙선을 물은 경우 사고원인을 중앙선 침범으로 볼 수 없고 교차로 통행방법 위반으로 본다.

※ 중앙선을 침범하여 진행하다 신호없는 교차로 내에서 대향차와 충돌된 경우 교차로 내 사고이며 중앙선침범사고는 아님

※ 1. 중앙선 시설은 황식실선, 점선, 복선, 중앙분리대(오뚜기, 라바콘, 피드럼, 팬스와 전구는 ×)
　2. 점선 중앙선 : ① 필요한 경우, ② 대향차 주의, ③ 복귀
　　→ 앞차 없는 나홀로 침범은 중앙선 침범!

○ 빗길에 미끄러져 중앙선을 넘은 경우 당시 일부 과속이었다면 어쩔 수 없다 할 수 없으므로 중앙선 침범 적용된다.

○ 뒤차가 중앙선을 넘어 앞차 추월 중 앞차가 좌측으로 진로변경 하여 사고가 발생된 경우 경과실 사고로 처리.

○ 횡단보도에서 반대차로로 넘어 들어가 반대차로 차량과 충돌된 경우 피해자의 신뢰보호를 위해 중앙선 침범에 해당한다.

○ 월선의 필요성이 조성되었다고 하나 반대도로 교통에 주의치 않았으므로 중앙선침범 적용.

○ 중앙선 침범하여 앞지르기 한 후 원래 차로로 들어가며 후속차량 충돌된 경우 중앙선 침범의 과실 인정된다.

※ 중침적용이 안되는 경우
　1. 교차로
　2. 백색실선, 백색점선
　3. 아파트, 군부대 내 자체 안전을 위해 그은 중앙선
　4. 불법주정차 차량이 대열을 이루어 중앙선을 넘지 않고서는 진행이 불가할 때

□ 과속사고

○ 제한속도 20km/h를 초과하여 운전한 경우(60km/h의 경우 81km/h부터)

□ 앞지르기 방법·금지 사고

○ **앞지르기의 정의**

– 앞지르기는 뒷차가 1단계로 앞차의 측면으로 진로 변경 한 후 2단계로 앞차의 측면을 통과하여 3단계로 앞차의 그 앞으로 나가는 3단계 과정이다.

○ **앞지르기 방법 위반 사고**

- 앞차의 좌측으로 앞지르기는 합법적이고, 우측 앞지르기 및 2개차로 사이 앞지르기는 12대 중과실 적용.

※ 앞지르기가 아닌 경우

1. 앞차를 앞지르기 하다 대향차를 보고 원래 차로로 복귀 중 앞차의 후미나 앞차의 측면을 충격한 사고(3단계×)
2. 앞차를 앞지르기 하던 중 정지차량의 전면을 충격한 사고(앞지르기는 진행해야함)

- 앞지르기 금지장소 : 교차로, 터널 안, 다리 위, 지방경찰청장이 안전표지 설치하여 앞지르기 금지 지정한 곳

□ 횡단보도에서 보행자 보호의무 위반 사고

○ 횡단보도 노면표시 외 지역은 횡단보도 적용 제외(단, 피해자 긴급 피난은 예외)

○ 신호등 있는 횡단보도 사고에서 차량 적색, 보행신호 녹색 때만 적용

○ 자전거 운전자가 횡단보도를 이용하여 도로를 횡단할 때에는 자전거에서 내려서 자전거를 끌고 보행하여야 한다.

※ 오토바이를 운전하여 보행자 적색신호에 횡단보도를 가로질러 가다가 중간을 지난 지점에서 차량 녹색신호에 따라 진행하던 차량과 충돌한 경우 오토바이의 중앙선 침범사고로 볼 수 있다.

○ 보행자가 녹색신호에 횡단보도에 들어선 이상 신호가 바뀌었다 해도 횡단보도 다 건널 때까지 보호하여야 할 보행자로 보아야 하므로 미처 못 건넌 보행자 충돌 시 횡단보도 사고로 본다.

○ 보행자가 횡단보도 보행자 점멸신호에 건너던 중 사고
(보행등점멸 = 차량적색신호 → 신호위반)

○ 교차로 좌우측 도로 횡단보도 보행신호가 녹색이거나 녹색점멸의 경우 보행자는 횡단보도에서 보호해야할 의무의 대상이므로 사고발생시 보행자 보호의무위반 적용 처리.

※ 보행자가 아닌 경우

1. 횡단보도에 누워있거나, 앉아 있거나, 엎드려 있는 경우
2. 횡단보도 내에서 교통정리를 하고 있는 경우

○ 보행자가 충돌을 피하기 위해 긴급 피난하면서 횡단보도를 벗어난 경우 횡단보도사고로 처리

□ 무면허운전 중 사고

○ **무면허 운전의 형사처벌**

구분	관계규정	처벌내용
자동차 무면허	도교법 제152조	1년 이하의 징역 300만원 이하의 벌금
건설기계 무면허	건설기계관리법 제41조	1년 이하의 징역 300만원 이하의 벌금
원동기장치 자전거	도교법 제154의2	30만원 이하의 벌금이나 구류

○ **적성검사** : 제1종 65세 이상은 5년, 제2종 70세 이상은 5년

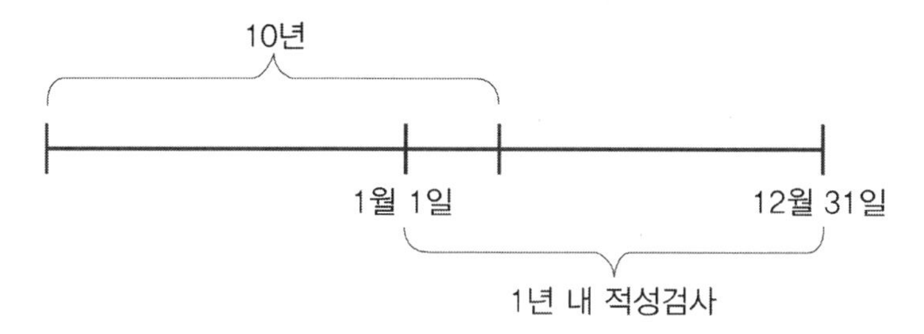

※ 65세 이상은 5년마다 면허갱신, 70세 이상은 5년마다 적성검사

○ **무면허운전의 행정벌**

구 분	처벌내용
면허취득 자격상실(무면허 운전)	위반한 날로부터 1년간 (원동기장치자전거의 경우는 6월)
면허취득 제한(결격사유) - 3회 이상 무면허 운전	위반한날로부터 2년
- 무면허, 음주, 과로, 공동위험행위로 사람을 사상케한 후 조치불이행	5년 (무면허, 음주, 약물, 과로, 공동위험행위 등)
- 사상자조치불이행	4년
- 음주운전 2회 이상 교통사고	3년
- 절취차량 범죄이용 무면허운전, 음주운전+사고	3년
음주운전 2회 이상 위반이나 허위 부정면허를 받은 때	2년
기타 사유로 취소	1년(단, 적성검사 미필은 제외)

※ 1. 오토면허로 수동을 운전한 경우 운전면허의 조건을 위반(무면허 운전에 해당되지 않음)
2. 주차장, 주차구획선, 사실상 주차장(식당 주차장), 산비탈 내리막(형태 불성립), 출입통제하는 학교운동장, 군부대, 공장앞마당은 도로가 아니므로 무면허운전 적용할 수 없다.
3. 무면허와 면허행정처분(취소 · 정지)은 도로가 아닌 경우 적용하지 않음.

□ 주취·약물 복용 운전 중 사고

○ 누구든지 술에 취한 상태에서 자동차등(건설기계 포함)을 운전하여서는 아니 된다.

○ 자동차등의 운전자는 술에 취한 상태 외에 과로, 질병 또는 약물의 영향과 그 밖의 사유로 정상적으로 운전하지 못할 우려가 있는 상태에서 자동차등을 운전하여서는 아니된다.

○ 자전거의 운전자는 술에 취한 상태 또는 약물의 영향과 그 밖의 사유로 정상적으로 운전하지 못할 우려가 있는 상태에서 자전거를 운전하여서는 아니된다.

※ APT의 경우

1. 출입이 통제되는 경우 : 도로가 아님 → 형사처벌은 받으나 면허취소나 정지의 행정처벌은 받지 않는다.
2. 불특정 다수인에게 공개된 곳은 도로가 맞음.

□ 보도침범·통행방법위반 사고

○ 연석으로 보도 · 차도 구분 되지 않은 도로의 보도 부분이거나 보 · 차도 구분이 없는 경우 보도침범 적용 배제

○ 보도횡단 시설 있는 곳에서 보도 통행 중 보행자 충격한 사고

□ 승객추락방지 의무위반 사고(개문발차)

○ 운전자가 자동차를 운전할 때에는 타고 있는 사람 또는 타고 내리는 사람이 떨어지지 아니하도록 하기 위하여 문을 정확히 여닫는 등 필요한 조치를 취할 의무가 있음에도 승객이 승 · 하차 하고 있는데 출발(개문발차)하여 타고 내리던 승객이 차 밖으로 추락, 부상을 입는 경우에는 승객추락방지의무위반 적용 사고처리

○ 개문발차 외 승객이 승 · 하차 하고 있는데 갑자기 문을 닫아 승객이 추락 부상을 입은 경우에도 승객추락방지의무위반을 적용한다.

※ 택시의 급회전 중 우연히 문이 열리면서 승객이 추락하는 경우, 트럭 적재함 탑승자가 추락하는 경우, 오토바이 탑승자 추락하는 경우는 승객추락방지의무위반에 적용되지 않음.

□ 어린이 보호구역 내 안전운전의무 위반 사고

○ 차마의 운전자는 어린이 보호구역에서 통행속도를 시속 30km/h이내로 준수하고 어린이의 안전에 유의하면서 운행하여야 한다.

○ 어린이는 13세 미만(만 나이)의 사람을 말한다.

○ 시장등은 어린이보호구역으로 지정, 관리할 필요가 인정되는 경우에는 관할 지방경찰청장 또는 경찰서장과 협의하여 해당 보호구역 지정대상시설의 주 출입문을 중심으로 반경 300미터 이내의 도로 중 일정구간을 보호구역으로 지정한다.

○ 어린이 보호구역에서 제한속도 30km/h를 1km/h라도 초과 과속하는 경우 중과실 적용처리하고 어린이가 보행자 외에 자전거를 타고 가던 중이라도 적용되며 자동차를 탑승하고 있는 경우에는 적용배제된다.

○ **어린이 보호구역 내에서 어린이가 부상을 입은 사고**

사고 형태	사고 처리
어린이 보호구역에서 제한속도 30km/h 이하로 주행하였으나 어린이의 안전에 유의하지 않은 경우	- 제한속도 준수하였어도 어린이의 안전에 유의하지 않아 사고가 발생하였으므로 12대 중과실 적용 - 사고 운전자를 형사입건 처벌(5년 이하의 금고 또는 2천만원 이하의 벌금)
31km/h~50km/h 운행 중 사고 (어린이 보호구역에서 제한속도 초과)	- 어린이 보호구역에서 제한속도 초과하여 12대 중과실 적용 - 사고 운전자를 형사입건 처벌(5년 이하의 금고 또는 2천만원 이하의 벌금)
51km/h이상(20km/h과속) 운행 중 사고(어린이 보호구역에서 제한속도 20 km/h초과)	- 어린이 보호구역에서 제한속도(30km/h)초과하였고 - 20km/h초과 과속하였으므로 12대 중과실 2가지 적용, 사고운전자 형사입건(5년 이하의 금고 또는 2천만원 이하 벌금)

※ 어린이 보호구역 및 노인장애인보호구역 법규위반은 08:00~20:00까지만 적용하나, 어린이보호구역 사고의 적용은 전일 적용(12대중과실)된다.

section 8 사망사고의 처리

□ 관련법령

○ 차의 운전자가 교통사고로 인하여 형법 제268조의 죄를 범한 때에는 5년 이하의 금고 또는 2천만원 이하의 벌금에 처한다.

○ **형법 제268조** : 업무상 과실 또는 중과실로 인하여 사람을 사상에 이르게 한 자는 5년 이하의 금고 또는 2천만원 이하의 벌금에 처한다.

○ 교통사고에서 사망은 행정적으로 교통사고로 인해 72시간 이내 사망한 경우를 말하여 72시간이 지나면 중상으로 처리된다. 형사처벌은 시간제한 없다.

□ 사망사고의 처리

○ 교통사고로 치료 중 피해자가 사망한 경우 당초 사고처리 당시 범칙금 부과하였어도 사망사고에 따른 형사 입건을 별도로 하게 되는데, 이는 새로운 피해결과에 대해 조치되는 것으로 일사부재리의 원칙에 위배되지 않는다.

○ 산모가 교통사고로 낙태되거나 사고로 사산한 경우 사망사고로는 볼 수 없음으로 일반사고로 처리해야 한다.

○ **사망사고** : 형사적 책임은 시간과 제한없고, 행정처리는 72시간까지, 통계목적으로는 30일까지를 사망으로 처리하고 사망의 정의는 맥박종지설로 함

특정범죄 가중처벌 등에 관한 법률

01 도주차량 운전자의 가중처벌(제5조의 3)

① 「도로교통법」 제2조에 규정된 **자동차 · 원동기장치자전거**의 교통으로 인하여 「형법」 제268조의 죄를 범한 해당 차량의 운전자가 피해자를 구호(救護)하는 등 「도로교통법」 제54조제1항에 따른 조치를 하지 아니하고 도주한 경우에는 다음 각 호의 구분에 따라 가중처벌한다.

1. 피해자를 사망에 이르게 하고 도주하거나, 도주 후에 피해자가 사망한 경우에는 무기 또는 5년 이상의 징역에 처한다.
2. 피해자를 상해에 이르게 한 경우에는 1년 이상의 유기징역 또는 500만원 이상 3천만원 이하의 벌금에 처한다.

② 사고운전자가 피해자를 사고 장소로부터 옮겨 유기하고 도주한 경우에는 다음 각 호의 구분에 따라 가중처벌한다.

- 피해자를 사망에 이르게 하고 도주하거나, 도주 후에 피해자가 사망한 경우에는 사형, 무기 또는 5년 이상의 징역에 처한다.
- 피해자를 상해에 이르게 한 경우에는 3년 이상의 유기징역에 처한다.

02 운행 중인 자동차 운전자에 대한 폭행 등의 가중처벌

① 운행 중(「여객자동차 운수사업법」 제2조제3호에 따른 여객자동차운송사업을 위하여 사용되는 자동차를 운행하는 중 운전자가 여객의 승차 · 하차 등을 위하여 일시 정차한 경우를 포함한다)인 자동차의 운전자를 폭행하거나 협박한 사람은 **5년 이하의 징역 또는 2천만원 이하**의 벌금에 처한다.

② 제1항의 죄를 범하여 사람을 상해에 이르게 한 경우에는 3년 이상의 유기징역에 처하고, 사망에 이르게 한 경우에는 무기 또는 5년 이상의 징역에 처한다.

※ 1. 폭행이란 물리력을 행사하였으나 상해의 정도에 이르지 않은 것을 의미

2. 상해란 신체의 완전성에 대한 침해를 말하며 그 밖의 생리적 기능의 훼손은 포함되지 아니한다. 경미한 두통, 현훈, 피부가 약간 할퀸 또는 몇 군데 푸른 멍이 든 정도의 타박 등은 자연치유되는 것으로 이는 엄격한 의미의 상해로 보기 어렵다.

3. 도로교통법상 조치불이행이란 교통사고로 인하여 다른 일반인의 교통에 장애를 주는 경우에 대한 미조치를 의미하므로 도로에서 발생된 사고라도 아무튼 교통 장애가 발생되지 않은 경우 조치불이행죄는 혐의 없음으로 처리된다.

03 위험운전 등 치사상

① 음주 또는 약물의 영향으로 정상적인 운전이 곤란한 상태에서 자동차(원동기장치자전거를 포함한다)를 운전하여 사람을 상해에 이르게 한 사람은 1년 이상 15년 이하의 징역 또는 1천만원 이상 3천만원 이하의 벌금에 처하고, 사망에 이르게 한 사람은 무기 또는 3년 이상의 징역에 처한다.

※ 운전자의 혈중알코올 농도가 0.08% 이상이면 특단의 사정이 없는 한 음주의 영향으로 정상적인 운전이 곤란한 상태로 추정하여 특가법 위반(위험운전치사상)죄를 적용한다.
→ 적용대상 : 자동차와 원동기장치자전거

※ 과로와 질병은 제외된다.

04 어린이 보호구역에서 어린이 치사상의 가중처벌

자동차(원동기장치자전거를 포함한다)의 운전자가 「도로교통법」 제12조제3항에 따른 어린이 보호구역에서 같은 조 제1항에 따른 조치를 준수하고 어린이의 안전에 유의하면서 운전하여야 할 의무를 위반하여 어린이(13세 미만)에게 「교통사고처리 특례법」 제3조제1항의 죄를 범한 경우에는 다음 각 호의 구분에 따라 가중처벌한다.

1. 어린이를 사망에 이르게 한 경우에는 무기 또는 3년 이상의 징역에 처한다.
2. 어린이를 상해에 이르게 한 경우에는 1년 이상 15년 이하의 징역 또는 500만원 이상 3천만원 이하의 벌금에 처한다.

※ 형법 제268조(업무상과실 · 중과실 치사상) : 업무상과실 또는 중대한 과실로 인하여 사람을 사상에 이르게 한 자는 5년 이하의 금고 또는 2천만원 이하의 벌금에 처한다.

※ 「교통사고처리 특례법」 제3조 ①차의 운전자가 교통사고로 인하여 「형법」 제268조의 죄를 범한 경우에는 5년 이하의 금고 또는 2천만원 이하의 벌금에 처한다.

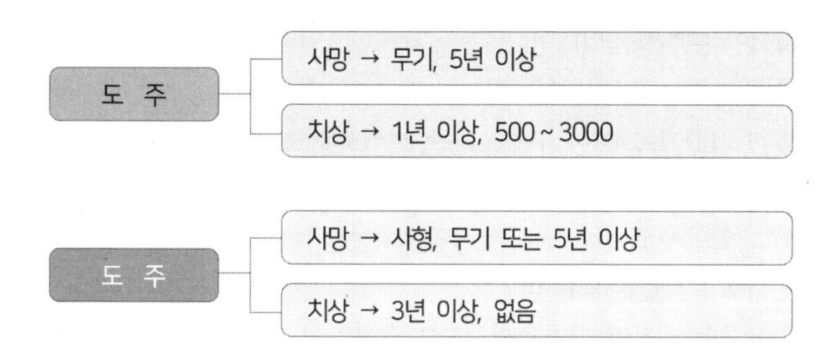

※ 편도 2차로 중 1차로 상에서 충격하여 쓰러진 피해자를 2차 역과사고 우려가 있어 차도 가장자리로 옮겨 놓고 도주했다면 이는 유기도주에 해당되지 않는다.

□ 특가법(도주차량) 위반의 성립요건

○ 성립요건의 구분

구분		내용
정의	광의	- 인적피해사고 야기 도주 - 물적피해사고 야기 도주 - 과실없는 피해차량 운전자 도주
	협의	- 인적피해사고 야기 도주 - 과실 있는 피해차량 운전자 도주
관련법규	특가법	- 특가법 제5조의3 도주차량 운전자의 가중처벌, 형법 제268조 및 도로교통법상의 처벌규정과 별도로 가중처벌
	도로교통법	- 도로교통법 제50조 제1항 교통사고발생 시 사상자의 구호조치 등 필요한 조치

○ 도주의 성립요건

– **특정범죄가중처벌 등에 관한 법률상의 도주사고** : 도로교통법 제2조에 규정된 자동차, 원동기장치자전거의 교통으로(제외대상 : 자전거, 우마차, 농업기계, 건설기계 7종 외의 20종은 사고야기 도주시 도로교통법 제54조제1항만을 적용), 도로여부에 관련 없이 교통으로 인하여, 형법 제268조 업무상 주의 의무를 이행치 아니하고 사람을 사상케한 결과가 발생한 당해차량 운전자.

– **도로교통법상의 조치 불이행** : 모든 차가 도로에서 교통으로 인하여 형법 제268조의 업무상 주의의무 이행여부 관련없이 사람을 사상케 하거나 물건을 손괴하는 결과가 발생한 운전자나 그 밖의 승무원

– **도주(뺑소니)의 성립요건** : 교통사고를 야기한 운전자가 다음의 네 가지 요건을 충족하면 도주(뺑소니)사범으로 처벌된다.

* 전형적인 도주(뺑소니)사범

첫째 : 사상(死傷) 사실을 인식하고,

둘째 : 사상자에 대한 구호조치를 이행하지 아니한 채,

셋째 : 사고현장을 이탈함으로서,

넷째 : 교통사고 야기자로 확정될 수 없는 상태를 초래한 경우

* 비전형적 도주(뺑소니)사범

· 사상자의 일부만 구호조치, 전부 구호조치 후 도주한 경우

· 사상자 구호조치 후 인적사항 연락 등을 허위로 알려주고 도주한 경우

· 사상자에게 면허증 등만 주고 구호조치 없이 도주한 경우

· 사상자 구호조치 및 도주하지 않았으나 사고 목격자 등의 위장 진술로 운전자임을 은폐시킨 경우 등

□ 특가법(도주차량)과 도로교통법상 조치불이행 구분

○ **적용대상**

- **특가법상 도주** : 자동차(건설기계 7종만 포함)와 원동기장치자전거 등으로만 한정되어 있다.
  [1) 덤프트럭 2) 아스팔트살포기 3) 노상안정기 4) 콘크리트믹서트럭 5) 콘크리트펌프 6) 천공기 7) 도로를 운행하는 3톤 미만의 지게차]
  ※ 콘크리트믹서 트레일러, 아스팔트콘크리트재생기, 도로보수트럭 제외
- **조치불이행** : 도로교통법상의 조치불이행은 특가법 적용대상 차량 외에도 건설기계(26종 모두), 자전거, 우마차 등 "제차"에 해당되면 모두 적용대상이 된다.

○ **적용장소**

- **특가법상 도주** : 사고지점이 도로이건 아니건 사고장소를 구성 요건의 전제조건으로 하지 않기 때문에 지하주차장이나 학교 구내 등 도로 여부를 불문하고 모든 장소에서 사고 후 구호조치 없이 도주하면 적용대상이 된다.

○ **적용주체**

- **특가법상 도주** : 당해 차량의 운전자에 한하며 동승자는 제외되는 진정신분범이다. 따라서 신분이 없는 자는 교통사고 사실을 알았다 하더라도 범인도피죄 중 형법상의 다른 범죄가 성립함을 변론으로 하더라도 특가법은 적용되지 않는다.
- **조치불이행** : 당해 차량의 운전자와 그 밖의 동승자에게도 적용된다.

○ **적용내용**

- **특가법상 도주** : 자신의 피해를 제외한 타인의 인적피해발생을 전제로 하기 때문에 물적피해만 발생한 경우에는 특가법을 적용할 수 없다.
- **조치 불이행** : 인적피해와 물적피해 모두 적용대상이 된다.

○ **과실여부**

- **특가법상 도주** : 사고운전자가 형법 제268조 규정의 업무상 주의의무를 태만히 하여 발생한 경우를 전제로 하기 때문에 단순한 법규 위반 등 형법 제268조에서 말하는 업무상 주의의무를 묻기 어려운 경우에는 특가법 적용대상이 안되고 단지 조치불이행이 될 뿐이다.
- **조치불이행** : #1차량으로 확정되었건 #2차량으로 확정되었건 과실여부를 논하지 않고 구호조치를 하지 않은 그 자체로써 범죄가 성립된다.

	과실여부	피해내용	대상	장소	차량
특가법상 도주	있어야함	인피	당해운전자만	장소 불문	자동차등 (자동차, 오토바이, 건설기계 7종)
도교법상 조치불이행	불문	인피, 물피	운전자, 동승자, 승무원	〃	모든 차

※ 도교법상 조치불이행이란 교통사고로 인하여 다른 일반인의 교통에 장애를 주는 경우 이에 대한 미조치를 의미하므로 도로에서 발생된 사고라도 어떠한 교통장애가 발생된다고

보기 어려운 경우 조치불이행죄 혐의없음으로 처리된다.

→ 도교법 제2조26호 : 운전이란 도로(음주, 과로, 사고발생후미조치의 경우 도로외 곳도 포함)

□ 도주(뺑소니)가 인정되는 경우와 인정되지 않는 경우

○ 도주가 인정되는 경우

- 사상 사실을 인식하고도 가버린 경우
- 피해자 방치한 채 사고현장을 이탈 도주한 경우
- 사고현장에 있었어도 사고사실 은폐키 위해 거짓진술 및 신고한 경우
- 부상피해자에 대한 적극적 구호조치 없이 가버린 경우
- 사고야기자로써 확정될 수 없는 상태를 초래한 경우
- 피해자가 이미 사망했다고 하더라도 사체안치 후송 등 조치없이 가버린 경우
- 피해자를 병원까지만 후송하고 계속치료 받을 수 있는 조치없이 도주한 경우
- 운전자 바꿔치기 하여 신고한 경우
- 부상피해자를 장시간 경과 후 입원조치한 경우

○ 도주가 인정되지 않는 경우

- 피해자가 부상사실 없거나 경미하여 구호조치 필요치 않은 경우
- 성인의 경우 피해자가 괜찮다고 하여 가버린 경우
- 가 · 피해자가 일행 또는 경찰관이 환자 후송조치 하는 것을 보고 연락처 주고 가버린 경우
- 사고 운전자가 심한 부상을 입어 피해자를 타인에게 의뢰하여 후송조치한 경우
- 사고장소 혼잡하여 일부 진행 후 정지하고 되돌아와 조치한 경우
- 급한 용무로 탑승자에게 사고처리를 위임하고 가버린 후 탑승자가 사고를 처리한 경우
- 피해자 일행의 구타 · 폭언 · 폭행 두려워 현장 이탈한 경우
- 피해자에게 가해자의 연락처를 건네주고 헤어진 경우
- 사고운전자 자신과 자기차량 사고 시 조치 없이 가버린 경우

□ 미신고 사고

○ 피해자 구호 및 교통질서 회복을 위한 경찰관의 조직적인 조치가 필요한 상황일 경우만 신고의무 발생, 환자구호 및 현장조치 시 신고의무 없어 뒤늦게 신고해도 처벌은 배제된다.

section 1 벌 점

□ 벌점은 자동차와 원동기장치 자전거만 부과된다.

□ 개별기준 적용에 있어서의 벌점 합산

○ 법규위반으로 교통사고를 야기한 경우에는 다음의 각 벌점을 모두 합산한다.

- 이 법이나 이 법에 따른 명령을 위반한 때(교통사고의 원인이 된 법규위반이 둘 이상인 경우에는 그 중 가장 중한 것 하나만을 적용한다.)
- 교통사고를 일으킨 때 사고결과에 따른 벌점
- 교통사고를 일으킨 때 조치 등 불이행에 따른 벌점

○ **법규위반에 따른 주요벌점 기준** (★ : 교통사고처리특례법 12개 항목)

<table>
<tr><th colspan="2">위반사항</th><th>벌점</th></tr>
<tr><td>면허증 갱신기간 만료일 다음날부터 면허증 갱신을 받지 않고 1년 경과한 때</td><td></td><td>110</td></tr>
<tr><td>술에 취한 상태의 기준을 넘어서 운전한 때
(음주 0.03퍼센트 이상 0.08퍼센트 미만)
※ 0.08% 이상인 경우 운전면허취소 대상</td><td>★</td><td>100</td></tr>
<tr><td>단속경찰관 폭행(형사입건)</td><td></td><td>90</td></tr>
<tr><td>속도위반(60km/h 초과)</td><td>★</td><td>60</td></tr>
<tr><td>주차, 정차 위반에 대한 조치 불응(경찰공무원의 3회 이상의 이동명령에 따르지 아니하고 교통을 방해한 경우)</td><td></td><td rowspan="6">40</td></tr>
<tr><td>안전운전의무 위반(경찰공무원의 3회 이상의 안전운전 지시불응하여 타인에게 위험과 장해를 주는 속도나 방법으로 운전한 경우)</td><td></td></tr>
<tr><td>공동위험행위로 형사입건된 때
※ 공동위험행위로 구속이 된 경우 운전면허 취소 대상</td><td></td></tr>
<tr><td>난폭운전으로 형사입건된 때
※난폭운전으로 구속이 된 경우 운전면허 취소 대상</td><td></td></tr>
<tr><td>승객의 차내 소란행위 방치 운전</td><td></td></tr>
<tr><td>출석기간 또는 범칙금 납부기간 만료일부터 60일이 경과될 때까지 즉결심판을 받지 아니한 때</td><td></td></tr>
<tr><td>중앙선 침범</td><td>★</td><td rowspan="5">30</td></tr>
<tr><td>속도위반(40km/h 초과 60km/h 미만)</td><td>★</td></tr>
<tr><td>철길건널목 통과방법 위반</td><td>★</td></tr>
<tr><td>고속도로 갓길 통행</td><td></td></tr>
<tr><td>고속도로·버스전용차로 위반</td><td></td></tr>
</table>

<table>
<tr><th colspan="3">위반사항</th><th>벌점</th></tr>
<tr><td colspan="2">**속도위반(40km/h 초과 60km/h 미만)**</td><td>★</td><td rowspan="4">30</td></tr>
<tr><td colspan="2">철길건널목 통과방법 위반</td><td>★</td></tr>
<tr><td colspan="2">고속도로 갓길 통행</td><td></td></tr>
<tr><td colspan="2">고속도로·버스전용차로 위반</td><td></td></tr>
<tr><td colspan="2">신호·지시위반</td><td>★</td><td rowspan="5">15</td></tr>
<tr><td colspan="2">**속도위반(20km/h 초과 40km/h 미만)**</td><td>★</td></tr>
<tr><td colspan="2">앞지르기 금지시기·장소위반</td><td>★</td></tr>
<tr><td colspan="2">어린이 통학버스 운전자 의무 위반</td><td></td></tr>
<tr><td colspan="2">적재 제한 위반 또는 적재물 추락 방지 위반</td><td>★</td></tr>
<tr><td colspan="2">통행구분위반(보도 침범)</td><td>★</td><td rowspan="8">10</td></tr>
<tr><td colspan="2">안전거리미확보</td><td></td></tr>
<tr><td colspan="2">진로변경방법위반</td><td></td></tr>
<tr><td colspan="2">진로변경금지장소에서의 진로변경</td><td></td></tr>
<tr><td colspan="2">앞지르기방법 위반</td><td>★</td></tr>
<tr><td colspan="2">보행자보호 불이행</td><td>★</td></tr>
<tr><td colspan="2">승객추락방지의무</td><td>★</td></tr>
<tr><td colspan="2">안전운전의무 위반</td><td></td></tr>
<tr><td rowspan="5">어린이보호구역
(오전 8시
~오후 8시 사이)</td><td>속도위반(제한속도를 20km/h 이내에서 초과)</td><td rowspan="5">★</td><td>15</td></tr>
<tr><td>보행자 보호 불이행</td><td>20</td></tr>
<tr><td>신호·지시위반</td><td>30</td></tr>
<tr><td>속도위반(40km/h초과 60km/h이하)</td><td>60</td></tr>
<tr><td>속도위반(60km/h초과)</td><td>120</td></tr>
</table>

□ 무면허 운전 처벌

○ **차량** : 1년 이하의 징역이나 300만원 이하 벌금

○ **원동기 장치 자전거(오토바이)** : 30만원 이하의 벌금이나 구류

□ 운전면허 시험 결격기간

음주운전		무면허운전		교통사고뺑소니	
횟수	기간	횟수	기간	구분(인피)	기간
1회 3회	1년 2년	1회 3회	1년 2년	일반뺑소니 음주뺑소니 무면허뺑소니	4년 5년 5년

section 2 벌금 관련 사례

□ 보험회사 또는 공제조합에서 보험가입사실증명을 허위로 작성할 때 처벌내용은 3년 이하의 징역 또는 1000만원 이하의 벌금

□ **대물도주 사고의 경우** : 5년 이하의 징역 또는 1500만원 이하 벌금, 벌점 15점
→ 교통소통 등 현저하게 조치가 필요한 경우에 한하며 경미한 접촉사고는 해당 없음

□ **운전중인 자동차운전자에 대한 폭행 등의 가중처벌**
- ○ 운전 중인 자동차의 운전자를 폭행하여 사망에 이르게 한 경우 : 무기 또는 5년 이상의 징역
- ○ 운행 중인 자동차의 운전자를 폭행 또는 협박한 자 : 5년 이하의 징역 또는 2천만원 이하의 벌금
- ○ 상해를 입힌 경우 : 3년 이상 유기징역

□ **위험운전 치사상죄**
- ○ 정상적인 운전이 곤란한 경우 : 혈중알코올농도 0.08% 이상
- ○ 치상의 경우 1~15년 이하의 징역이나 1000만원 이상 3000만원 이하의 벌금

□ **운전면허**
- ○ 부정한 수단으로 운전면허를 받은 경우 : 1년 이하의 징역이나 300만원 이하의 벌금

□ 교통사고의 발생원인이 불가항력이거나 피해자의 명백한 과실이 있는 경우 행정처분(면허정지, 면허취소 등)을 하지 않음.

□ 자동차 등과 사람과의 교통사고의 경우 쌍방과실이면 그 벌점을 1/2로 감경하며, 자동차 등과의 교통사고의 경우 교통사고의 원인 중 중한 위반행위를 한 운전자만 위의 벌점을 적용

section 3 과태료 관련 사례

□ 승용자동차가 평일 오전 10시 제한속도 30km/h 구간인 어린이 보호구역을 60km/h의 속도로 진행한 경우 : 과태료 10만원

□ **형의 감면**
- ○ 긴급자동차(제2조제22호가목부터 다목까지의 자동차와 대통령령으로 정하는 경찰용 자동차만 해당한다)의 운전자가 그 차를 본래의 긴급한 용도로 운행하는 중에 교통사고를 일으킨 경우에는 그 긴급활동의 시급성과 불가피성 등 정상을 참작하여 제151조 또는 「교통사고처리 특례법」 제3조제1항에 따른 형을 감경하거나 면제할 수 있다.

section 4 민식이법

○ 어린이보호구역에서 인도와 차도 구분이 없는 곳은 시속 20km이하, 주정차위반시 12만원, 어린이 사망사고 무기징역 또는 3년 이상의 징역, 상해사고는 1년이상 15년 이하의 징역 또는 500~3000만 원 벌금.

○ 어린이 보호구역에는 사고의 원천봉쇄를 하기 위해 안전표시, 과속방지시설, 미끄럼 방지시설, CCTV 등의 설치를 의무적으로 하도록 규정

section 5 하준이법

○ 경사진 주차장에서는 미끄럼 방지를 위한 고임목과 안내 표지 설치 → 이를 따르지 않을 경우 6개월 이내의 영업정지 또는 300만 원 이하의 과징금이 부과

section 6 기 타

○ 킥보드는 최대무게 30kg으로 하고 전조등과 경음기를 장착하여야 한다.
○ 2020년 5월 이후에 출시된 5인승 이상의 차량은 소화기를 설치하여야 한다.

section 7 개인형이동장치 과태료 및 범칙금

구분	내 용	과태료 기준
과태료	13세 미만의 어린이가 개인형 이동장치를 운전하도록 한 보호자에게 과태료 부과	과태료 10만원
	개인형 이동장치 동승자가 안전	과태료 2만원
범칙금	무면허운전	범칙금 10만원
	과로 · 약물운전 시	범칙금 10만원
	개인형 이동장치 운전자가 안전모 미착용 시	범칙금 2만원
	야간에 도로를 통행할 때 등화장치를 작동하지 않는 경우	범칙금 1만원
	승차정원(1인) 위반 시	범칙금 4만원
	개인형 이동장치 음주운전	단준음주 : 10만원 음주측정불응 : 13만원

chapter 04 기출문제 분석

2021년 기출 교통관련법규

01 도로교통법상 승용자동차 기준 위반행위에 대한 벌점과 범칙금의 연결로 맞지 않는 것은?

① 앞지르기 방법위반 ; 10점 ; 4만원
② 어린이통학버스 특별보호위반 ; 30점 ; 9만원
③ 운전 중 영상표시장치 조작 ; 15점 : 6만원
④ 속도위반(60km/h 초과 80km/h 이하) : 80점 : 16만원

해설 60km/h 초과 속도위반 벌점 60점

02 도로교통법령상 일시정지 하여야 할 장소로 규정된 곳은?

① 가파른 비탈길의 내리막
② 도로가 구부러진 부근
③ 교통정리가 행하여지고 있지 아니하고 교통이 빈번한 교차로
④ 비탈길의 고갯마루 부근

해설 ①, ②, ④ 서행 하여야 할 곳

03 도로교통법령상 정차는 허용하나 주차를 금지하는 장소는?

① 교차로　② 건널목
③ 다리위　④ 횡단보도

해설 주차금지 필수장소 : 터널안 및 다리 위, 화재경보기 3m, 소방시설 5m, 공사구역 5m, 황색복선

04 도로교통법령상 승용자동차를 최고속도보다 시속 100킬로미터를 초과한 속도로 3회 이상 운전한 사람에 대한 처벌규정으로 맞는 것은?

① 1년 이하의 징역이나 500만원 이하의 벌금
② 100만원 이하의 벌금
③ 30만원 이하의 벌금이나 구류
④ 법칙금 16만원

해설 난폭운전에 해당, 운전면허 취소

05 다음 중 교통사고처리 특례법상 신호 또는 지시위반 교통사고로 처리되지 않는 것은? (인적피해 발생)

① 경찰공무원의 수신호를 위반하여 진행 중 발생한 교통사고
② 비보호좌회전 표지가 있는 곳에서 진행방향 녹색신호에 좌회전 중 발생한 교통사고
③ 쌍방이 적색신호를 위반하여 발생한 교통사고
④ 진입금지 표지판이 있는 오로를 진입하여 진행 중 발생한 교통사고

해설 안전운전불이행으로 처리

정답 01.④ 02.③ 03.③ 04.① 05.②

06 **도로교통법령상 교통정리가 없는 교차로에서의 양보운전에 대한 설명으로 틀린 것은?**

① 교통정리를 하고 있지 아니하는 교차로에 들어가려고 하는 차의 운전자는 이미 교차로에 들어가 있는 다른 차가 있을 때에는 그 차에 진로를 양보하여야 한다.
② 교통정리를 하고 있지 아니하는 교차로에 들어가려고 하는 차의 운전자는 그 차가 통행하고 있는 도로의 폭보다 교차하는 도로의 폭이 넓은 경우에는 서행하여야 하며, 폭이 넓은 도로로부터 교차로에 들어가려고 하는 다른 차가 있을 때에는 그 차에 진로를 양보하여야 한다.
③ 교통정리를 하고 있지 아니하는 교차로에서 우회전하려고 하는 차의 운전자는 그 교차로에서 직진하거나 좌회전하려는 다른 차라 있을 때에는 그 차에 진로를 양보하여야 한다.
④ 교통정리를 하고 있지 아니하는 교차로에 동시에 들어가려고 하는 차의 운전자는 우측도로의 차에 진로를 양보하여야 한다.

해설 신호에 의해 좌회전하는 차량에는 양보하여야 한다.

07 **다음 교통안전표지 중 규제표지가 아닌 것은?**

① 정차-주차금지 표지
② 차간거리확보 표지
③ 양보 표지
④ 자동차전용도로 표지

해설 지시표지 : ~전용도로, 회전교차로, 직진, 우회전, 유턴, 주차장 등.

08 **특정범죄 가중처벌 등에 관한 법률 제5조의3에 의하면 사고운전자가 피해자를 사고 장소로부터 옮겨 유기하고 도주하여 상해에 이르게 한 경우에는 (　　) 이상의 유기징역에 처한다. (　　)에 알맞은 것은?**

① 1년　　② 2년
③ 3년　　④ 5년

해설 유기도주 – 치상 – 3년 이상

09 **다음 교통사고를 발생시킨 제1종 보통면허를 가진 자전거 운전자에 대한 벌점으로 맞는 것은?**

> • 사고유형 : 자전거와 보행자 충돌사고
> • 사고원인 : 보도 내 자전거 운전자의 부주의로 인한 사고
> • 사고결과
> 가) 자전거 운전자 상해 3주 진단
> 나) 자전거 동승자 1명 상해 2주 진단
> 다) 보행자 1명 상해 3주 진단

① 벌점 없음
② 20점
③ 30점
④ 45점

해설 자전거는 운전면허와 관련 없음.

10 **교통사고처리특례법 시행령 제4조에서 손해배상금의 우선 지급절차 중 손해배상금 우선지급의 청구를 받은 보험사업자 또는 공제사업자는 그 청구를 받은 날부터 (　)이내에 이를 지급하여야 한다. (　)에 맞는 것은?**

① 7일
② 5일
③ 10일
④ 15일

해설 7일 이내 지급

정답 06.③ 07.④ 08.③ 09.① 10.①

11 **도로교통법령상 "개인형 이동장치" 에 대한 설명으로 틀린 것은?**

① 도로교통법령상 개인형 이동장치에 속하는 전기자전거와 자전거 이용 활성화에 관한 법령상 전기자전거는 그 의미가 다르다.
② 운전면허가 필요하므로 도로여부를 묻지 않고 어린이는 개인형 이동장치를 운전하면 아니된다.
③ 시속 25킬로미터 이상으로 운행 할 경우 전동기가 작동하지 않아야 한다.
④ 차체 중량이 30키로그램 미만이어야 한다.

해설 도로가 적용되고 원동기 면허 이상 필요.

12 **다음 중 교통사고처리 특례법 제3조 제2항 단서 각호에 규정된 것에 해당하지 않는 것은?**

① 중앙선 침범 운전
② 난폭운전 및 보복운전
③ 혈중알코올농도 0.04퍼센트 운전
④ 속도위반 운전(30km/h 초과)

해설 난폭운전 및 보복운전은 교특법에서 12개항사고에 해당 없음.

13 **다음 중 도로교통법령상 무면허 운전에 해당되지 않는 경우는?**

① 제1종 보통면허로 125cc 이하의 원동기장치자전거를 운전한 때
② 제2종 보통면허로 구난차를 운전한 때
③ 제1종 특수면허로 덤프트럭을 운전한 때
④ 제2종 소형면허로 승용자동차를 운전한 대

해설 125cc초과는 제2종 소형운전면허 필요

14 **특정범죄 가중처벌 등에 관한 법률 제5조의 11(위험운전 등 치사상)에 관한 설명으로 맞지 않는 것은?**

① 음주 또는 약물의 영향으로 정상적인 운전이 곤란한 상태에서 운전한 경우 적용한다.
② 이에 해당하는 교통사고가 발생하여 사람을 사망에 이르게 한 사람은 무기 또는 3년 이상의 징역에 처한다.
③ 일명 "윤창호법" 으로 불리우며 음주운전에 대한 경각심을 높이고 국민 법 감정에 부합하도록 최초 제정 당시보다 법정형이 상향되었다.
④ 자동차등(원동기장치자전거 포함)이 그 범위로 규정되어 있으므로 개인형 이동장치는 해당되지 않는다.

해설 "개인형 이동장치"란 원동기장치자전거 중 시속 25km 미만, 30kg 미만

15 **교통안전표지 중 노면표시이다. 이 노면표시의 뜻은?**

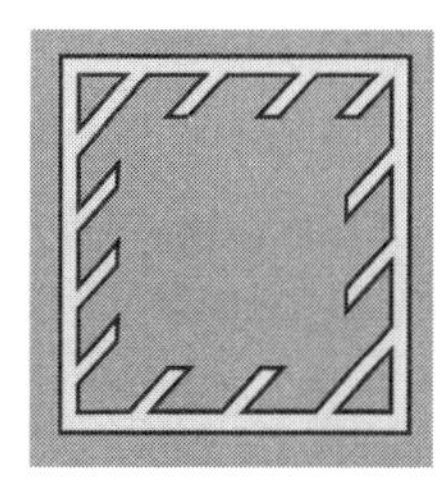

① 보행자가 안전하게 통행할 수 있는 안전지대 표시
② 도로상에 장애물이 있음을 나타내는 표시
③ 어린이보호구역 내에 설치된 횡단보도 예고표시
④ 광장이나 교차로 중앙지점 등에 설치된 구획 부분에 차가 들어가 정차하는 것을 금지하는 표시

해설 정차금지지대 표시

정답 11.② 12.② 13.① 14.④ 15.④

16 **교통사고처리특례법상 고속도로에서 운전 중 인적피해(3주 상해) 교통사고 야기 시 종합보험에 가입되었으면 형사처벌 할 수 없는 것은?**

① 횡단
② 유턴
③ 진로변경
④ 후진

해설 ①, ②, ④는 12대 중과실에 해당

17 **평일 오전 09시 30분경 제한속도 매시 30킬로미터인 어린이보호구역에서 매시 60킬로미터로 주행하다 도로를 횡단하는 어린이에게 2주 진단의 경상을 입힌 승용자동차 운전자에 대한 처리로 맞는 것은? (사고원인은 운전자 부주의 및 과속운전)**

① 종합보험에 가입되어 있으면 처벌받지 않는다.
② 피해자의 처벌의사에 따라 처리된다.
③ 피해자의 처벌의사 또는 합의여부에 관계없이 형사 입건된다.
④ 피해자와 합의하면 통고처분을 받는다.

해설 사망, 도주, 12대중과실 사고는 피해자 의사와 관계없이 형사입건

18 **도로교통법령상 승용자동차 운전자의 위반행위에 대한 벌점으로 틀린 것은?**

① 고속도로 · 자동차전용도 갓길통행 : 30점
② 속도위반(100km/h 초과) : 100점
③ 공동위험행위로 형사입건된 때 : 50점
④ 앞지르기 금지시기·장소위반 : 15점

해설 공동위험행위 40점

19 **도로교통법령상 다음 각 행위에 대한 범칙금으로 틀린 것은?**

① 개인형 이동장치 무면허 운전 : 범칙금 20만원
② 약물의 영향으로 정상적으로 운전하지 못할 우려가 있는 상태에서 자전거등 운전 : 범칙금 10만원
③ 승차정원을 초과하여 동승자를 태우고 개인형 이동장치 운전 : 범칙금 4만원
④ 술에 취한 상태에서 자전거 운전 : 범칙금 3만원

해설 무면허운전 범칙금 10만원

20 **도로교통법령상 특별교통안전 의무교육 중 음주운전 교육에 대한 설명으로 틀린 것은?**

① 최근 5년 동안 처음으로 음주운전을 한 사람은 6시간의 교육을 받아야 한다.
② 최근 5년 동안 2번 음주운전을 한 사람은 10시간의 교육을 받아야 한다.
③ 최근 5년 동안 3번 이상 음주운전을 한 사람은 16시간의 교육을 받아야 한다.
④ '최근 5년'은 해당 처분의 원인이 된 음주운전을 한 날을 기준으로 기산한다.

해설 5년 2번 음주 : 8시간

21 **도로교통법령상 긴급자동차에 대한 특례 사항 중 모든 긴급자동차에 대해 적용하는 것은?**

① 신호위반
② 중앙선침범
③ 앞지르기금지
④ 보도침범

해설 모든 긴급자동차 특례 : 속도제한, 앞지르기금지, 끼어들기금지

정답 16.③ 17.③ 18.③ 19.① 20.② 21.③

22 **무위반무사고 서약에 의한 벌점 공제에 대한 설명으로 틀린 것은?**

① 무위반무사고 서약을 하고 1년간 이를 실천하여야 한다.
② 매년 10점의 특혜점수를 부여한다.
③ 취소처분을 받게 될 경우 누산점수에서 특혜점수를 공제한다.
④ 사망사고·난폭운전·음주운전의 경우는 특혜점수를 이용하여 공제하지 아니한다.

해설 ③ → 해당없음

23 **운전자는 보행자보호의무위반으로 교통사고(보행자무과실)를 발생시켰고 보행자는 본 교통사고를 원인으로 치료 중 10일 후 사망하였으며 그 후 운전자는 유족과 합의하였다. 이에 대한 설명으로 맞는 것은?**

① 사고발생시로부터 72시간 이후에 사망하였으므로 교통사고처리특례법상 사망사고로 처리하지 않는다.
② 합의가 되었으므로 공소를 제기 할 수 없다.
③ 법규위반으로 교통사고를 야기한 경우이므로 위반행위 벌점 10점, 사고결과에 따른 벌점 15점이다.
④ 특정범죄 가중처벌 등에 관한 법률상 위험운전치사죄로 처리한다.

해설 ① 특례법상 사망사고,
② 12개항 사고는 공소제기,
④ 음주(약물)의 경우 위험운전치사죄 해당

24 **운전면허를 받은 사람이 자동차등을 이용하여 범죄행위를 한 때 운전면허를 취소할 수 있는 범죄가 아닌 것은?**

① 약취·유인 또는 감금
② 살인·사체유기 또는 방화
③ 강도·강간 또는 강제추행
④ 업무상횡령·배임

25 **어린이보호구역에서 평일 오전 10시경 승용자동차 운전 중 다음 위반사항에서 범칙금이 가중되는 것으로 맞는 것은 몇 개인가?**

가. 신호위반
나. 중앙선 침범
다. 횡단보도 보행자 횡단 방해
라. 속도위반(20km/h 이하)
마. 주·정차 위반
바. 앞지르기 방법 위반

① 1개
② 2개
③ 3개
④ 4개

해설 가, 다, 라, 마

정답 22.③ 23.③ 24.④ 25.④

01 다음 도로교통법령과 관련된 위법행위 중 특정범죄 가중처벌 등에 관한 법률에 규정되어 있지 않은 것은?

① 인피야기 도주차량 운전자의 가중처벌
② 술에 취한 상태에서 교통사고를 야기한 운전자의 가중처벌
③ 어린이보호구역에서의 어린이 치사상의 가중처벌
④ 보복운전 치사상의 가중처벌

해설 특가법상 가중처벌항목 : 도주차량 운전자 가중처벌, 운행중인 자동차 운전자에 대한 폭행 시 가중처벌, 위험운전(음주, 약물), 어린이 보호구역에서 어린이 치사상의 가중처벌

02 운전이 가족의 생계를 유지할 중요한 수단이 되는 사람이 음주운전으로 면허 정지처분을 받은 경우, 도로교통법상 다음에 해당하지 않아야 처분을 감경받을 수 있다. 다음의 내용 중 빈칸에 들어갈 것으로 맞는 것은?

㉠ 혈중알코올 농도가 (ⓐ) 퍼센트를 초과하여 운전한 경우
㉡ 음주운전 중 인적피해 교통사고를 일으킨 경우
㉢ 경찰관의 음주측정 요구에 불응하거나 도주한 때 또는 단속경찰관을 폭행한 경우
㉣ 과거 (ⓑ)년 이내에 (ⓒ)회 이상의 인적피해 교통사고의 전력이 있는 경우
㉤ 과거 (ⓓ)년 이내에 음주운전 전력이 있는 경우

① ⓐ : 0.08 ⓑ : 3 ⓒ : 2 ⓓ : 3
② ⓐ : 0.1 ⓑ : 5 ⓒ : 3 ⓓ : 5
③ ⓐ : 0.12 ⓑ : 5 ⓒ : 3 ⓓ : 5
④ ⓐ : 0.15 ⓑ : 3 ⓒ : 2 ⓓ : 3

해설 음주운전시 감경 제외사유 : 0.1% 초과, 과거 5년 이내에 3회 이상 인피, 과거 5년 이내에 음주운전 전력

03 도로교통법이 규정하고 있는 용어의 정의 또는 설명으로 맞는 것은 몇 개 인가?

㉠ 가변차로의 모든 황색점선은 중앙선이다.
㉡ 차마란 자동차와 우마를 말한다.
㉢ 보행자전용도로란 보행자만 다닐 수 있도록 안전표지나 그와 비슷한 인공구조물로 표시한 도로를 말한다.
㉣ 안전표지란 교통안전에 필요한 주의·규제·지시 등을 표시하는 표지판이나 도로의 바닥에 표시하는 기호·문자 또는 선 등을 말한다.
㉤ 도로교통법상 유아는 만 5세 미만자이다.
㉥ 차선이란 차로와 차로를 구분하기 위하여 그 경계지점을 안전표지로 표시한 선을 말한다.
㉦ 고속도로, 유료도로, 특별시도로도 도로에 속한다.

① 2개
② 3개
③ 4개
④ 5개

해설 ㉠ 가변차로는 진행허용 차로의 좌측 황색점선이 중앙선이다.
㉡ 차마란 차와 우마를 말한다.
㉤ 유아는 6세미만.

정답 01.④ 02.② 03.③

04 **다음 설명 중 맞는 것은? (판례 입장을 따름)**

① 차량이 교차로에 진입하기 전 황색등화로 바뀐 경우 물리적으로 정지선 전에 정지할 수 없는 상황이라면 운전자는 정지할 것인지 진행할 것인지 여부에 대해 선택할 수 있다.

② 전방 교차로 차량 신호등은 적색이고 교차로 전 횡단보도 보행등이 녹색인 상태에서 우회전을 하려고 주행하다가 횡단보도를 조금 벗어난 곳을 건너는 자전거 운전자를 충격하였다면 사고 차량 운전자는 신호위반의 책임을 진다.

③ 긴급한 상황에서 긴급자동차가 사이렌을 울리고 경광등을 켠 상태로 적색점멸신호의 교차로를 서행으로 주행하다가 교차로에서 상대차와 충격하였을 때 신호위반의 책임을 물을 수는 없다.

④ 차량이 정지선이나 횡단보도가 없는 신호교차로를 주행하는 상황에서 교차로에 진입하기 전에 교차로 신호가 황색등화로 바뀐 경우, 차량이 교차로 직전에 정지하지 않았다고 하여 신호위반의 책임을 물을 수는 없다.

해설 ① 황색신호에서는 교차로 진입 전 정지하여야 한다.
③ 긴급자동차의 특례는 속도제한, 앞지르기 금지, 끼어들기 금지, 신호위반, 중침 등이다.

05 **A는 승용차를 골목길에서 주행 중 실수로 주차되어 있는 차량의 운전석 문을 충격하여 파손시켰다. A는 이 교통사고에 대해 인식했지만 현장에서 연락처를 제공하거나 신고를 하는 등의 조치를 하지 않고 도주했다. 피해자의 신고에 의해 다음날 경찰관이 주변 CCTV를 분석하여 A를 검거하였을 때 A에게 최종적으로 부과하는 벌점은?**

① 15점　　② 25점
③ 10점　　④ 20점

해설 물건을 손괴한 경우 피해자에게 인적사항을 제공하지 않으면 20만원 이하의 벌금(25점 벌점)

06 **“대형사고”란 (ⓐ)명 이상이 사망(교통사고 발생일부터 (ⓑ)일 이내에 사망한 것을 말한다.) 하거나 (ⓒ)명 이상의 사상자가 발생한 사고를 말한다. ⓐ, ⓑ, ⓒ에 각각 맞는 것은?**

① ⓐ : 5　ⓑ : 30　ⓒ : 30
② ⓐ : 5　ⓑ : 20　ⓒ : 30
③ ⓐ : 3　ⓑ : 30　ⓒ : 20
④ ⓐ : 3　ⓑ : 20　ⓒ : 20

해설 대형교통사고란 3명 이상이 사망(30일 이내)하거나 20명 이상의 사상자가 발생한 사고

07 **도로교통법에서 규정하고 있는 “길가장자리구역”의 뜻은?**

① 보도와 차도가 구분되지 아니한 도로에서 보행자의 안전을 확보하기 위하여 안전표지 등으로 경계를 표시한 도로의 가장자리 부분
② 보행자가 도로를 횡단할 수 있도록 안전표지로 표시한 도로의 부분
③ 도로를 횡단하는 보행자나 통행하는 차마의 안전을 위하여 안전표지나 이와 비슷한 인공구조물로 표시한 도로의 부분
④ 도로를 보호하고 비상시에 이용하기 위하여 차도에 접속하여 설치하는 도로의 부분

해설 **길가장자리구역** : 보도와 차도가 구분되지 아니한 도로에서 보행자의 안전을 확보하기 위하여 안전표지 등으로 경계를 표시한 도로의 가장자리 부분(고속도로, 자동차전용도로에서는 갓길)

정답 04.② 05.② 06.③ 07.①

08 **도로교통법상 좌석안전띠를 매야 하는 경우는?**

① 승객을 태우고 운전 중인 택시운전자
② 경찰용 차량에 호위되거나 유도되고 있는 자동차의 운전자
③ 긴급자동차가 그 본래의 용도로 운행될 때
④ 자동차를 후진시켜 주차한 때

09 **교통사고처리특례법상 피해자의 처벌불원 의사표시가 있거나 종합보험에 가입되어 있어도 처벌 받는 사람은?**

① 제한속도를 매시 15킬로미터 초과하여 주행 중 앞차를 추돌하여 앞차 운전자에게 부상을 입힌 승용차 운전자
② 약물의 영향으로 인해 정상적으로 운전하지 못할 우려가 있는 상태에서 운전 중 옆 차로에 주행 중인 승용차 운전자에게 경상을 입힌 화물차 운전자
③ 보·차도 구분이 없는 곳에서 길가장자리구역을 침범하여 보행자에게 경상을 입힌 승합차 운전자
④ 곡선 도로에서 운전 부주의로 미끄러져 승객 3명에게 부상을 입힌 버스 운전자

해설 ① → 시속 20km 초과, ③ → 보도침범

10 **교통사고처리특례법상 우선 지급할 치료비외의 손해배상금의 범위에 대한 설명으로 틀린 것은?**

① 부상의 경우 보험약관 또는 공제약관에서 정한 지급기준에 의하여 산출한 위자료의 전액과 휴업손해액의 100분의 50에 해당하는 금액
② 후유장애의 경우 보험약관 또는 공제약관에서 정한 지급기준에 의하여 산출한 위자료의 전액과 상실수익액의 100분의 50에 해당하는 금액
③ 사망의 경우 보험약관 또는 공제약관에서 정한 지급기준에 의하여 산출한 위자료 및 상실수익액의 전액.
④ 대물손해의 경우 보험약관 또는 공제약관에서 정한 지급기준에 의하여 산출한 대물배상액의 100분의 50에 해당하는 금액

해설 부상 · 후유장애 · 대물손해 50%, 부상과 후유장해의 위자료가 중복되는 경우에는 보험약관 또는 공제약관이 정하는 바에 의하여 지급.

11 **교통사고처리특례법에 대한 설명 중 틀린 것은?**

① 형사처벌의 특례를 정함으로써 교통사고로 인한 피해의 신속한 회복을 촉진하기 위해 제정되었다.
② 교통사고란 차의 교통으로 인하여 사람을 사상하거나 물건을 손괴한 것을 말한다.
③ 교통사고 발생 시 업무상과실치사상죄를 범한 차의 운전자에 대하여 피해자의 명시적인 의사에 반하여 공소를 제기할 수 없다.
④ 신호위반으로 교통사고가 발생하였는데 피해자에게 중상해의 결과가 발생하였다면 사고를 낸 차의 운전자는 신호위반의 책임을 진다.

해설 ③ 사망 · 도주 · 특례단서 12개항 사고는 피해자의 의사에 관계없이 형사입건(5년 이하의 금고 또는 2천만원 이하의 벌금)

12 **특별한 교통안전교육을 의무적으로 받아야 할 사람이 아닌 것은?**

① 한 건의 교통사고로 인하여 50점의 행정처분을 받은 사람
② 혈중알코올농도가 0.03 퍼센트 이상의 상태에서 운전 하다가 단속된 사람
③ 면허를 취득한 지 2년이 경과하지 않은 상태에서 신호위반과 중앙선 침범 위반으로 인하여 면허가 정지된 사람
④ 사고 및 법규위반으로 인한 벌점이 40점 미만인 사람

해설 운전면허효력 정지 또는 운전면허 취소처분을 받은 사람.

정답 08.① 09.② 10.③ 11.③ 12.④

13 **교통사고처리특례법 제3조 제2항 단서 중 12개 중과실행위에 포함되지 않는 것은? (인적 피해 있다고 가정)**

① 보도를 침범하여 교통사고를 발생시킨 경우
② 혈중알코올농도 0.035 퍼센트의 상태로 운전 중 교통사고를 발생시킨 경우
③ 일반도로에서 횡단, 유턴, 후진 중 교통사고를 발생시킨 경우
④ 화물차가 주행 중 적재함에서 화물이 떨어져 교통사고를 발생시킨 경우

해설 고속도로나 자동차전용도로에서 횡단, 유턴, 후진 중 치상사고 야기하면 교통사고처리특례법 예외단서 제2호(중앙선침범과 도로교통법 제62조 횡단, 유턴 또는 후진한 경우)에 해당되어 형사입건 처리된다.

14 **도로교통법상 규제표지에 해당하는 것은 모두 몇 개인가?**

> ㉠ 진입금지 표지
> ㉡ 일방통행 표지
> ㉢ 차간거리확보 표지
> ㉣ 양보표지
> ㉤ 주차금지 표지
> ㉥ 차높이 제한 표지

① 5개
② 4개
③ 3개
④ 2개

해설 규제표지 : 진입금지, 양보, 주차금지, 차높이제한 표지, 차간거리확보 표지(일방통행은 지시표지)

15 **도로교통법상 신호의 뜻에 관한 설명 중 틀린 것은?**

① 녹색의 등화 : 비보호좌회전 표지가 있는 곳에서는 다른 교통에 방해되지 않도록 좌회전 할 수 있다. 다만 다른 교통에 방해가 된 때에는 신호위반으로 처리된다.
② 황색의 등화 : 이미 교차로에 차마의 일부라도 진입한 경우에는 신속히 교차로 밖으로 진행하여야 한다.
③ 적색등화의 점멸 : 차마는 정지선이나 횡단보도가 있을 때에는 그 직전이나 교차로의 직전에 일시정지한 후 다른 교통에 주의하면서 진행할 수 있다.
④ 황색등화의 점멸 : 차마는 다른 교통에 주의하면서 진행할 수 있다.

해설 ① 안전운전불이행으로 처리된다.

16 **도로교통법상 자동차운전면허를 취소시키는 경우에 해당하지 않는 경우는?**

① 혈중알코올농도 0.03 퍼센트 이상으로 운전하다가 사람이 다치는 교통사고를 발생시켰을 때
② 혈중알코올농도 0.08 퍼센트 이상인 상태에서 운전하다가 음주단속에 적발되었을 때
③ 도로에서 교통사고로 사람을 다치게 한 후 구호조치를 하지 않고 현장을 이탈한 때
④ 제한속도가 매시 60 킬로미터인 도로에서 매시 110 킬로미터로 주행 중 전방 주시 태만으로 보행자 1명이 사망하는 교통사고를 발생시켰을 때

해설 사망 1명 90점 + 시속 50km 과속 30점 = 120점

정답 13.③ 14.① 15.① 16.④

17 **도로교통법 제54조에 규정된 교통사고 신고의무와 관련된 내용 중 맞는 것은?**

① 사고 운전자의 신속한 처벌과 피해 보상을 위한 규정이다.
② 물적피해 교통사고로 위험방지와 원활한 소통을 위한 조치를 하였다면 신고하지 않아도 된다.
③ 교통사고의 피해 운전자에게는 신고의무가 없다.
④ 운전자만 해당하며, 조수나 안내원 등 그 밖의 승무원은 포함되지 않는다.

해설 제54조제2항 단서 : 다만, 차 또는 노면전차만 손괴된 것이 분명하고 도로에서의 위험방지와 원활한 소통을 위하여 필요한 조치를 한 경우에는 그러하지 아니하다

18 **교통사고처리특례법 제3조 제2항 단서 제6호의 횡단보도 보행자보호의무 위반 사고에서 "보행자"에 해당하는 사람은?**

① 교통정리를 하고 있는 사람
② 자전거를 타고 있는 사람
③ 술에 취해 도로에 누워있는 사람
④ 손수레를 끌고 가는 사람

19 **일방통행 도로를 역주행하던 차량이 걸어가던 보행자를 충격하여 다치게 하는 교통사고를 낸 경우, 운전자 처벌에 대한 설명으로 맞는 것은?**

① 진입금지를 위반하였기 때문에 신호위반의 책임을 진다.
② 피해자의 명시적인 의사에 반하여 공소를 제기할 수 없다.
③ 역주행을 하였기 때문에 중앙선침범을 적용하여 처벌한다.
④ 자동차종합보험에 가입되어 있으면 통고처분 대상이다.

해설 12대 중과실 신호지시위반으로 처리된다.

20 **도로교통법상 제1종 보통운전면허로 운전할 수 있는 차량이 아닌 것은?**

① 총중량 10톤의 견인차
② 적재중량 10톤의 화물자동차
③ 승차정원 12명의 긴급자동차
④ 승차정원 15명의 승합자동차

해설 총중량 10톤 이상의 견인차는 특수면허가 있어야 한다.

21 **도로교통법상 "안전지대"의 정의에 대한 설명으로 맞는 것은?**

① 교통약자의 휴식공간을 위하여 설치한 도로의 일부분을 말한다.
② 도로를 횡단하는 보행자나 통행하는 차마의 안전을 위하여 안전표지나 이와 비슷한 인공구조물로 표시한 도로의 부분을 말한다.
③ 차량충돌을 방지하기 위해 설치한 도로의 일부분을 말한다.
④ 고장차량의 안전 등을 위하여 설치한 도로의 일부분을 말한다.

22 **도로교통법상 운전면허 결격기간에 대한 설명 중 맞는 것은?**

① 원동기장치자전거를 이용하여 도로교통법 제 46조의 공동위험행위를 한 경우 6개월
② 자동차를 무면허 상태에서 운전하다가 5번째 적발된 경우 3년
③ 술에 취한 상태에서 사람을 다치게 하는 교통사고를 야기한 후 아무런 조치를 하지 아니하고 도주한 경우 4년
④ 술에 취한 상태에서 사람을 사망케 하는 교통사고를 발생시킨 경우 5년

해설 ① 공동위험 행위 1회 1년, 2회 2년,
② 무면허 3회 이상 2년
③ 음주 도주 5년

정답 07.② 18.④ 19.① 20.① 21.② 22.④

23 **특정범죄 가중처벌 등에 관한 법률 제5조의13 (어린이보호구역에서 어린이 치사상 가중처벌)에 대한 설명으로 틀린 것은?**

① 행위 주체는 자동차운전자이다.
② 어린이의 안전에 유의하면서 운전하여야 할 의무를 위반하여 어린이를 다치게 한 교통사고 발생시 처벌한다.
③ 어린이가 사망하는 교통사고 발생시 운전자는 무기 또는 3년 이상의 징역에 처한다.
④ 어린이에게 상해가 발생한 교통사고를 낸 운전자는 1년 이상 15년 이하의 징역 또는 500만원 이상 3천만원 이하의 벌금에 처한다.

해설 자동차등의 운전자이다.

24 **제1종 보통 운전면허를 소지한 운전자가 운전면허 정지기간 중 원동기장치자전거를 운전하다가 단속되었을 때 벌칙은?**

① 30만원 이하의 벌금이나 구류
② 6개월 이하의 징역이나 200만원 이하의 벌금
③ 1년 이하의 징역이나 300만원 이하의 벌금
④ 2년 이하의 징역이나 500만원 이하의 벌금

해설 자동차 무면허, 건설기계 무면허 → 1년이하의 징역 또는 300만원 이하의 벌금

25 **도로교통법상 "앞지르기"의 정의를 바르게 설명한 것은?**

① 차와 차가 차로를 달리하여 나란히 주행하는 것
② 차가 앞서가는 차의 후미를 일정한 거리를 두고 따라가는 것
③ 차가 앞서가는 다른 차를 보면서 운행하는 것
④ 차의 운전자가 앞서가는 다른 차의 옆을 지나서 그 차의 앞으로 나가는 것

해설 3단계가 이루어져야 앞지르기이다.

정답 23.① 24.① 25.④

01 도로교통법상 자동차를 이용하는 사람 또는 기관 등의 신청에 의하여 지방경찰청장이 지정한 긴급자동차(본래의 긴급한 용도로 사용될 때)로 분류되는 자동차는?

① 국내·외 요인에 대한 경호업무 수행에 공무로 사용되는 자동차
② 수사기관의 자동차 중 범죄수사를 위하여 사용되는 자동차
③ 보호관찰소에서 보호관찰 대상자의 호송·경비를 위하여 사용되는 자동차
④ 전신·전화의 수리공사 등 응급작업에 사용되는 자동차

해설 기관등의 신청에 의한 긴급자동차 : 민방위업무, 도로 응급작업, 전신전화수리, 우편물 운송, 전파감시업무에 사용되는 자동차

02 제1종 보통연습면허를 소지한 운전자가 운전할 수 없는 것은?

① 승용자동차
② 원동기장치자전거
③ 승차정원 15명 이하의 승합자동차
④ 적재중량 12톤 미만의 화물자동차

해설 제1,2종 보통연습면허를 소지한 운전자는 원동기장치자전거를 운전할 수 없다.

03 도로교통법상 인명보호장구(승차용안전모)의 기준에 해당되지 않는 것은?

① 좌우, 상하로 충분한 시야를 가질 것
② 청력에 현저하게 장애를 주지 아니할 것
③ 무게는 4킬로그램 이하일 것
④ 인체에 상처를 주지 아니하는 구조일 것

해설 무게 2kg 이하일 것

04 승용자동차 운전자가 면허정지 기간 내 도로외의 장소에서 운전하던 중 부주의로 경상(피해자)의 인적피해 교통사고를 일으켰고, 운전자는 피해자와 합의하였다. 이에 대한 설명으로 맞는 것은?

① 도로교통법상 무면허운전이 적용되고, 교통사고처리특례법상 무면허운전사고로 공소가 제기된다.
② 도로교통법상 무면허운전이 적용되고, 교통사고처리특례법상 공소권 없음으로 처리된다.
③ 도로교통법상 무면허운전이 적용되지 않으며, 교통사고처리특례법상 무면허운전사고로 공소가 제기된다.
④ 도로교통법상 무면허운전이 적용되지 않으며, 교통사고처리특례법상 공소권 없음으로 처리된다.

해설 도로외의 장소에서는 무면허 운전이 적용되지 않으나 인피사고를 일으켰으나 피해자와 합의되어 공소권 없는 사고로 처리된다.

05 운전자 "갑"은 신호등이 없는 횡단보도를 보행하던 "을"을 충격하여 8주 진단의 상해를 입혔다. 운전자 "갑"의 처벌에 대한 설명으로 맞는 것은?

① 보행자 "을"이 처벌을 원해야만 공소를 제기할 수 있다.
② 보행자 "을"이 처벌을 원치 않으면 공소를 제기할 수 없다.
③ 보행자 "을"의 처벌불원의사와 관계없이 공소를 제기할 수 없다.
④ 보행자 "을"의 처벌불원의사와 관계없이 공소를 제기할 수 있다.

해설 횡단보도 보행자 보호의무는 12대 중과실이다.

정답 01.④ 02.② 03.③ 04.④ 05.④

06 〈보기〉의 교통사고를 낸 제1종 보통면허를 가진 자전거 운전자에 대한 운전면허행정처분 벌점으로 맞는 것은?

> • 사고유형 : 자전거와보행자 충돌사고
> • 사고원인 : 보도 내 자전거 운전자의 부주의로 인한 사고
> • 사고결과 :
> 자전거 운전자 상해 3주 진단
> 자전거 동승자 1명 상해 2주 진단
> 보행자 1명 상해 3주 진단

① 벌점없음 ② 15점
③ 20점 ④ 30점

해설 자전거는 자동차 운전면허가 필요하지 않으므로 교통사고처리특례법 따라 형사입건하고, 운전면허를 소지하고 있어도 운전면허 행정처분은 하지 않는다.

07 교통규칙을 자발적으로 준수하는 운전자는 다른 사람도 교통규칙을 준수할 것이라고 신뢰하는 것으로, 다른 사람이 비이성적인 행동을 하거나 규칙을 위반하여 행동하는 것을 미리 예견하여 조치할 의무는 없다는 것과 관련된 것은?

① 신뢰의 원칙
② 의무의 충돌
③ 합리성의 원칙
④ 상당성의 원칙

해설 신뢰의 원칙이란 스스로 교통규칙을 준수한 운전자는 다른 교통관여자가 교통규칙을 준수할 것이라고 신뢰하면 족하고 다른 교통관여자가 교통규칙에 위반하여 비이성적으로 행동할 것까지 예견하여 이에 대한 방어조치까지 취할 의무는 없다는 것을 말한다. 의무의 충돌이란 여러 개의 의무를 동시에 이행할 수 없는 긴급상태에서 그중 어느 한 의무를 이행하고 다른 의무를 방치한 결과, 그 방치한 의무불이행이 구성요건에 해당하는 가벌적 행위가 되는 경우이다.

08 교통사고처리특례법상 우선 지급할 치료비에 관한 통상비용의 범위가 아닌 것은?

① 위자료 전액
② 진찰료
③ 처치, 투약, 수술 등 치료에 필요한 모든 비용
④ 통원에 필요한 비용

09 교통사고처리특례법 제3조제2항 단서 12개항이 아닌 것은?

① 승객추락방지의무위반 인적피해 발생 교통사고
② 보도침범 인적피해 발생 교통사고
③ 철길건널목 통과방법위반 인적피해 발생 교통사고
④ 교차로 통행방법 위반 인적피해 발생 교통사고

해설 교차로 통행방법위반은 일반적 사고이다.

10 보험회사, 공제조합 또는 공제조합의 사무를 처리하는 사람이 보험 또는 공제에 가입된 사실을 거짓으로 작성한 경우 벌칙은?

① 2년 이하의 징역 또는 1천만원 이하의 벌금
② 2년 이하의 징역 또는 2천만원 이하의 벌금
③ 3년 이하의 징역 또는 1천만원 이하의 벌금
④ 3년 이하의 징역 또는 3천만원 이하의 벌금

해설 보험회사, 공제조합 또는 공제사업자의 사무를 처리하는 사람이 제4조제3항의 서면을 거짓으로 작성한 경우에는 3년 이하의 징역 또는 1천만원 이하의 벌금에 처한다.

정답 06.① 07.① 08.① 09.④ 10.③

11 **자동차 운전 시 위반사실이 영상기록매체에 의하여 입증이 되는 등 도로교통법상 고용주등에게 과태료를 부과할 수 있는 조건을 충족할 때 고용주 등에게 과태료를 부과할 수 있는 법규위반은 〈보기〉중 몇 개인가?**

> 가. 지정차로통행위반(법 제14조제2항)
> 나. 교차로통행방법위반
> (법 제25조제1항·제2항·제5항)
> 다. 적재물추락방지위반
> (법 제39조제4항)
> 라. 운전중휴대용전화사용
> (법 제49조제1항제10호)
> 마. 보행자보호불이행(법 제27조제1항)
> 바. 앞지르기금지시기·장소위반
> (법 제22조)

① 5개 ② 4개
③ 3개 ④ 2개

해설 도로교통법 시행령 [별표 6]과태료의 부과기준에 의거 가, 나, 다, 마 4개항이 해당된다.

12 **도로교통법령상 "모범운전자"란 무사고운전자 또는 유공 운전자의 표시장을 받거나 ( ) 이상 사업용 자동차 운전에 종사하면서 교통사고를 일으킨 전력이 없는 사람으로서 경찰청장이 정하는 바에 따라 선발되어 교통안전 봉사활동에 종사하는 사람을 말한다. ( )에 맞는 것은?**

① 6개월
② 1년
③ 1년 6개월
④ 2년

해설 도로교통법 제2조 제33호 "모범운전자"란 제146조에 따라 무사고운전자 또는 유공운전자의 표시장을 받거나 2년 이상 사업용 자동차 운전에 종사하면서 교통사고를 일으킨 전력이 없는 사람으로서 경찰청장이 정하는 바에 따라 선발되어 교통안전 봉사활동에 종사하는 사람을 말한다.

13 **최초의 운전면허증 갱신기간 설명 중 틀린 것은?**

① 운전면허시험에 합격한 날부터 기산하여 10년이 되는 날이 속하는 해의 1월 1일부터 12월 31일까지
② 운전면허시험 합격일에 65세 이상 75세 미만인 사람은 5년이 되는 날이 속하는 해의 1월 1일부터 12월 31일 까지
③ 운전면허시험 합격일에 75세 이상인 사람은 3년이 되는 날이 속하는 해의 1월 1일부터 12월 31일까지
④ 운전면허시험 합격일에 한쪽 눈만 보지 못하는 사람으로서 제1종 운전면허 중 보통면허를 취득한 사람은 2년이 되는 날이 속하는 해의 1월 1일부터 12월 31일 까지

해설 ④ 한쪽 눈만 보지 못하는 사람으로서 제1종 운전면허 중 보통면허를 취득한 사람은 3년)이 되는 날이 속하는 해의 1월 1일부터 12월 31일 까지

14 **약물(마약, 대마 등)의 영향으로 정상적인 운전이 곤란한 상태에서 자동차를 운전하다 인적피해 교통사고(피해자 경상 1명)를 야기하였다. 이 사고 운전자의 처벌에 대한 설명으로 맞는 것은?**

① 안전운전불이행으로 범칙금 통고처분만 받으면 된다.
② 피해자와 합의하면 무죄이다.
③ 종합보험에 가입되어 있다고 하더라도 형사처벌 대상이 된다.
④ 운전자 의무불이행으로 과태료처분을 받는다.

해설 음주운전 인피는 형사처벌됨.

정답 11.② 12.④ 13.④ 14.③

15 **도로교통법상 밤에 도로에서 차를 운행하는 경우 "실내조명등"을 켜지 않아도 되는 것은?**

① 비사업용 승용자동차
② 승합자동차
③ 노면전차
④ 여객자동차운송사업용 승용자동차

해설 비사업용은 실내등을 켜지 않아도 된다.

16 **도로교통법상 음주운전으로 단속 할 수 없는 것은?**

① 노면전차
② 굴삭기
③ 자전거
④ 경운기

해설 농기계로 음주운전 대상이 아니다.

17 **도로교통법상 자동차등의 음주운전 처벌 규정(벌칙)에 대한 설명으로 틀린 것은?**

① 측정거부의 경우 1년 이상 5년 이하의 징역 또는 500만원 이상 2천만원 이하의 벌금
② 혈중알코올농도 0.2퍼센트 이상의 경우 2년 이상 5년 이하의 징역 또는 1천만원 이상 2천만원 이하의 벌금
③ 혈중알코올농도 0.08퍼센트 이상 0.2퍼센트 미만의 경우 1년 이상 2년 이하의 징역 또는 500만원 이상 1천만원 이하의 벌금
④ 혈중알코올농도 0.03퍼센트 이상 0.08퍼센트 미만의 경우 1년 이하의 징역 또는 300만원 이하의 벌금

해설 ④ 혈중알코올농도가 0.03퍼센트 이상 0.08퍼센트 미만인 사람은 1년 이하의 징역이나 500만원 이하의 벌금

18 **벌점 누산점수가 0점인 제2종 보통면허를 소지한 승용자동차 운전자가 신호위반 교통사고를 야기하였다. 교통사고를 야기한 운전자는 3주 상해를, 상대방 운전자는 사고발생 시부터 72시간 이내 사망하였다. 이 사고로 교통사고 야기 운전자에 대한 운전면허행정처분으로 맞는 것은?**

① 운전면허 90일 정지
② 운전면허 105일 정지
③ 운전면허 120일 정지
④ 운전면허 취소

해설 신호위반 15점 + 사망 1명 90점 = 105점.

19 **도로교통법상 특별교통안전 의무교육 중 음주운전교육에 대한 설명으로 틀린 것은?**

① 최근 5년 동안 처음으로 음주운전을 한 사람은 6시간의 교육을 받아야 한다.
② 최근 5년 동안 2번 음주운전을 한 사람은 10시간의 교육을 받아야 한다.
③ 최근 5년 동안 3번 이상 음주운전을 한 사람은 16시간의 교육을 받아야 한다.
④ "최근 5년"은 해당 처분의 원인이 된 음주운전을 한 날을 기준으로 기산한다.

해설 ②는 8시간의 교육을 받아야 한다.

20 **도로교통법상 노인보호구역을 지정하고 관리하여야 하는 주체는?**

① 경찰서장
② 시장등
③ 지방경찰청장
④ 교육감

정답 15.① 16.④ 17.④ 18.② 19.② 20.②

21 **음주운전으로 운전면허 취소처분을 받은 경우에 운전이 가족의 생계를 유지할 중요한 수단이 되는 때에는 이의신청 절차를 통하여 처분의 감경을 받을 수도 있다. 다음 중 감경사유(이의신청)의 대상이 되는 경우는?**

① 혈중알코올농도 0.12퍼센트로 운전한 경우
② 과거 5년 이내에 2회 인적피해 교통사고의 전력이 있는 경우
③ 음주운전 중 인적피해 교통사고를 일으킨 경우
④ 과거 5년 이내에 음주운전의 전력이 있는 경우

해설 ②는 감경사유(이의신청) 대상이다.

22 **도로교통법상 운전면허 취소사유가 아닌 것은?**

① 승용자동차를 운전하던 중 교통사고로 사람을 죽게 하거나 다치게 하고, 구호조치를 하지 아니한 때
② 승용자동차를 혈중알코올농도 0.08퍼센트 이상의 상태에서 운전한 때
③ 단속하는 경찰공무원등 및 시·군·구 공무원을 폭행하여 형사 입건된 때
④ 승용자동차를 운전하던 중 공동위험 행위로 형사 입건 된 때

해설 ④의 경우 공동위험 행위로 구속된 때 취소사유이고, 형사입건 된 때는 정지사유로 벌점 40점이다.

23 **도로교통법상 승용자동차 운전자의 위반행위에 대한 벌점으로 틀린 것은?**

① 고속도로·자동차전용도로 갓길 통행: 30점
② 제한속도 60km/h 초과 속도위반: 60점
③ 난폭운전으로 형사입건된 때: 50점
④ 앞지르기 금지시기·장소위반: 15점

해설 ③ 난폭운전 형사입건 벌점 40점.

24 **도로교통법상 주차 및 정차 금지구역에 대한 설명으로 맞는 것은?**

① 교차로의 가장자리나 도로의 모퉁이로부터 10미터 이내인 곳
② 안전지대가 설치된 도로에서는 그 안전지대의 사방으로부터 각각 5미터 이내인 곳
③ 소방기본법에 따른 소방용수시설 또는 비상소화장치가 설치된 곳으로부터 5미터 이내인 곳
④ 건널목의 가장자리 또는 횡단보도로부터 5미터 이내인 곳

해설 ①은 5미터 이내인 곳, ③은 10미터 이내인 곳, ④는 10미터 이내인 곳이다.

25 **도로교통법상 차로에 따른 통행차의 기준과 관련하여 다음 용어에 대한 설명 중 틀린 것은?**

① "왼쪽 차로"란 고속도로 외의 도로의 경우 차로를 반으로 나누어 1차로에 가까운 부분의 차로. 다만, 차로수가 홀수인 경우 가운데 차로는 제외한다.
② "오른쪽 차로"란 고속도로의 경우 1차로를 제외한 나머지 차로
③ "오른쪽 차로"란 고속도로 외 의 도로의 경 우 왼쪽 차로를 제외한 나머지 차로
④ "왼쪽 차로"란 고속도로의 경우 1차로를 제외한 차로를 반으로 나누어 그 중 1차로에 가까운 부분의 차로. 다만, 1차로를 제외한 차로의 수가 홀수인 경우 그 중 가운데 차로를 제외한다.

해설 ②의 경우 "오른쪽 차로"란 고속도로의 경우: 1차로와 왼쪽 차로를 제외한 나머지 차로

정답 21.② 22.④ 23.③ 24.③ 25.②

01 자동차 운전면허의 취소사유에 해당되는 항목으로 옳은 것은?

a. 자동차 등을 이용하여 형법상 특수상해(보복운전)로 구속된 때
b. 공동위험행위로 형사입건 된 때
c. 난폭운전으로 형사입건 된 때
d. 운전면허 정지기간 중 운전한 때
e. 자동차 등을 강도, 강간, 강제추행에 이용한 때
f. 운전자가 단속하는 경찰공무원 및 시, 군, 구 공무원을 폭행하여 형사입건 된 때

① a, b, c, d
② a, c, d, e
③ a, d, e, f
④ b, c, d, e

해설 b, c는 형사입건 된 경우 각각 벌점40점이고, 구속 된 경우 운전면허 취소

02 도로교통법상 운전면허증을 대신할 수 있는 것인 아닌 것은?

① 범칙금 납부 통고서
② 임시운전면허증
③ 운전면허 합격통지서
④ 출석고지서

해설 운전면허증 등을 갈음하는 증명서는 ①, ②, ④ 이외에 출석지시서가 있고, ③은 해당 없음

03 특정범죄 가중처벌 등에 관한 법률 제5조의3에 따른 각 유형별 가중처벌을 설명한 것이다. 옳은 것은 몇 개인가?

a. 사고운전자가 도주 후에 피해자가 사망한 경우에는 무기 또는 3년 이상의 징역에 처한다.
b. 사고운전자가 구호조치를 하지 않고 피해자를 상해에 이르게 한 경우에는 1년 이상의 유기징역 또는 500만원 이상 3000만원 이하의 벌금에 처한다.
c. 사고운전자가 피해자를 사고장소로부터 옮겨 유기한 후 피해자를 사망에 이르게 하고 도주한 경우에는 사형, 무기 또는 5년 이상의 징역에 처한다.
d. 사고운전자가 피해자를 상해에 이르게 한 후 사고장소로부터 옮겨 유기하고 도주한 경우에는 5년 이상의 유기징역에 처한다.

① 4개 ② 3개
③ 2개 ④ 1개

해설 특가법(도주차량 운전자의 가중처벌) 가중처벌에 대한 문제로 ⓐ항: 3년 이상 → 5년 이상, ⓓ항 : 5년 이상 → 3년 이상이고 ⓑ,ⓒ항은 옳은 설명이다.

04 도로교통법상 도로교통에 관하여 문자, 기호 또는 등화로써 진행, 정지, 방향전환, 주의 등의 신호를 표시하기 위하여 사람이나 전기의 힘에 의하여 조작되는 장치는?

① 안전표지 ② 신호기
③ 노면표시 ④ 도로안내표지

해설 도로교통법 제2조(정의) 제15호(신호기의 뜻)

정답 01.③ 02.③ 03.② 04.②

05 **도로교통법상 차마의 통행방법에 대한 설명 중 가장 옳지 않은 것은?**

① 도로가 일방통행인 경우에는 차마는 도로의 중앙이나 좌측부분을 통행할 수 있다.
② 차마의 운전자는 길가의 건물이나 주차장 등에서 도로에 들어갈 때에는 일단 정지한 후에 안전한지 확인하면서 서행하여야 한다.
③ 차마의 운전자는 차도와 보도가 구분된 도로에서 보도를 횡단하고자 할 때에는 서행하여 보행자의 통행을 방해하지 않도록 하여야 한다.
④ 차마는 중앙선이 설치되어 있는 경우는 중앙선으로부터 우측부분으로, 중앙선이 설치되어 있지 아니한 경우도 도로의 중앙으로부터 우측으로 통행하여야 한다.

해설 ③ → 일단정지

06 **평일 오전 09시30분경 어린이 보호구역에서 60km/h로 주행하다 어린이 1명에서 2주 진단의 경상을 입힌 사고에 대해 차량 운전자는 어떻게 처리되는가?**

① 보험에 가입되어 있으면 처벌받지 않는다.
② 피해자의 의사에 따라 처리된다.
③ 피해자의 처벌의사에 관계없이 형사입건된다.
④ 피해자와 합의하면 통고처분을 받는다.

해설 12개항 사고

07 **도로교통법상 차량승차정원의 110퍼센트까지 탑승할 수 있는 경우는?**

① 일반도로에서의 화물자동차
② 일반도로에서의 고속버스
③ 일반도로에서의 비사업용버스
④ 고속도로에서의 고속버스

08 **보기의 교통사고를 낸 운전자 A와 운전자 B의 운전면허 행정처분 벌점은?**

〈보기〉
A. 원인 - 신호위반
결과 - 가해자 본인 6주 진단
피해자 2명은 각각 4주 진단
다른 피해자 2명은 각각 1주 진단
B. 원인 - 안전운전의무 위반
결과 - 피해자 1명은 5일 후 사망

① A : 55점, B : 25점
② A : 70점, B : 100점
③ A : 55점, B : 100점
④ A : 70점, B : 25점

해설 신호위반 15점, 가해자 본인 ×,
2명 4주 진단 15점, 1주 진단 5점,
안전운전의무 위반 10점,
72시간 이내 사망 90점

09 **차의 운전자가 업무상 필요한 주의를 게을리하거나 중대한 과실로 다른 사람의 건조물이나 그밖의 재물은 손괴한 때 도로교통법상 형사처벌의 규정은?**

① 2년 이하의 금고나 500만원 이하의 벌금형
② 2년 이하의 금고나 1천만원 이하의 벌금형
③ 1년 이하의 금고나 500만원 이하의 벌금형
④ 1년 이하의 금고나 1천만원 이하의 벌금형

해설 차 또는 노면전차의 운전자가 업무상 필요한 주의를 게을리하거나 중대한 과실로 다른 사람의 건조물이나 그 밖의 재물을 손괴한 경우에는 2년 이하의 금고나 500만원 이하의 벌금에 처한다.

정답 05.③ 06.③ 07.③ 08.① 09.①

10 **긴급자동차가 신호등 없는 횡단보도에서 보행중이던 보행자를 충격하여 보행자가 다쳤다. 긴급자동차 운전자의 처벌에 대한 설명 중 가장 맞는 것은?**

① 피해자와 합의 및 보험 가입된 경우에 한하여 공소를 제기할 수 없다.
② 보행자 보호의무 위반에 해당하므로 공소를 제기해야 한다.
③ 도로교통법상 긴급자동차는 우선권 및 특례를 규정하고 있으므로 공소를 제기할 수 없다.
④ 피해자와 합의하면 과태료 처분을 받는다.

해설 긴급자동차의 운전자가 그 차를 본래의 긴급한 용도로 운행하는 중에 교통사고를 일으킨 경우에는 그 긴급활동의 시급성과 불가피성 등 정상을 참작하여 제151조 또는 「교통사고처리 특례법」 제3조제1항에 따른 형을 감경하거나 면제할 수 있다.

11 **도로교통법상 앞지르기가 금지된 곳이 아닌 것은?**

① 터널 안
② 편도 2차로 도로
③ 교차로
④ 다리 위

해설 앞지르기 금지장소 : 교차로, 터널 안, 다리 위, 도로의 구부러진 곳, 비탈길의 고갯마루 부근 또는 가파른 비탈길의 내리막 등 지방경찰청장이 도로에서의 위험을 방지하고 교통의 안전과 원활한 소통을 확보하기 위하여 필요하다고 인정하는 곳으로서 안전표지로 지정한 곳

12 **도로교통법 상 중앙선에 대한 설명이다. 틀린 것은?**

① 차마의 통행방향을 구분하기 위하여 도로에 표시한 황색점선은 중앙선이다.
② 가변차로가 설치된 경우에는 신호기가 지시하는 진행방향의 제일 왼쪽 황색실선이 중앙선이다.
③ 도로 중앙에 울타리가 설치되어 있으면 이 울타리는 중앙선이다.
④ 고속도로, 자동차전용도로에서의 중앙분리대는 중앙선이다.

해설 ② → 황색점선

13 **교통사고처리특례법상 교통사고로 볼 수 없는 것은?**

① 운행중인 화물차에 적재되어 있던 화물이 떨어져 뒤차 운전자가 다친 사고
② ATV(All Terrain Vehicle)의 일종인 LT-160을 운행하던 중 일어난 인피사고
③ 경운기를 운전해서 가다가 신호위반으로 사람을 다치게 한 사고
④ 신체장애인용 수동 휠체어를 타고 가다가 보도에서 걷던 보행자를 다치게 한 사고

해설 유모차, 보행보조용의자차는 차에서 제외.

14 **운전자 A는 경찰서에서 무위반, 무사고 서약을 하고 2년간 실천하여 특혜점수를 부여받았다. 그 후 난폭운전으로 형사입건 되었는데 이때 A의 행정처분은 어떻게 되는가?**

① 면허취소
② 벌점 80점
③ 벌점 40점
④ 벌점 20점

해설 난폭운전 형사입건 40점,
무사고 실천 1년에 10점.

정답 10.② 11.② 12.② 13.④ 14.③

15 **운전자가 자동차를 운전 중 골목길에 주차된 차량의 운전 문을 충격하여 움푹 들어갔다. 이런 상황에서 피해자에게 가해자의 성명, 전화번호, 주소 등을 알려주지 않았다면 사고 자동차의 운전자는 도로교통법상 어떤 처벌을 받는가?**

① 민사적 문제이기 때문에 형사처벌은 없음
② 범칙금 7만원의 통고처분
③ 20만원 이하의 벌금이나 구류 또는 과료
④ 30만원 이하의 과태료

해설 20만원 이하 벌금, 벌점 25점.

16 **다음 중 도로교통의 안전을 위하여 각종 제한, 금지 등의 규제를 하는 경우에 이를 도로사용자에게 알리는 표지는 무엇인가?**

① ②

③ 비보호

④

해설 ① 주의, ② 보조, ③ 지시

17 **음주운전자가 단순 음주운전 중 적발되었는데, 경찰공무원의 정당한 음주측정요구에 대해 응하지 않으면 받게 되는 도로교통법상 형사처벌과 운전면허 결격기간은?**

① 6개월 이상 1년 이하의 징역이나 300만원 이상 500만원 이하의 벌금, 면허결격 1년
② 6개월 이상 1년 이하의 징역이나 300만원 이상 500만원 이하의 벌금, 면허결격 2년
③ 1년 이상 5년 이하의 징역이나 500만원 이상 2천만원 이하의 벌금, 면허결격 1년
④ 1년 이상 3년 이하의 징역이나 500만원 이상 500만원 이하의 벌금, 면허결격 2년

18 **도로교통법상 승용자동차의 운행속도에 대한 설명 중 틀린 것은?**

① 편도 3차로 일반도로는 매시 80킬로미터 이내
② 편도 2차로 자동차전용도로의 최고속도는 매시 90킬로미터, 최저속도는 매시 30킬로미터
③ 편도 1차로 고속도로에서의 최고속도는 매시 80킬로미터, 최저속도는 매시 40킬로미터
④ 편도 4차로 고속도로에서의 최고속도는 매시 100킬로미터, 최조속도는 매시 50킬로미터

해설 ③ → 시속 50km

19 **도로교통법 규정에 자동차가 진로를 변경하고자 할 때에는 진로변경을 하려는 지점으로부터 일반도로에서는 (가) 이상, 고속도로에서는 (나) 이상의 지점에 이르렀을 때 신호를 한다고 되어 있다. 이에 맞는 것은?**

① 가 : 10미터, 나 : 50미터
② 가 : 30미터, 나 : 100미터
③ 가 : 10미터, 나 : 100미터
④ 가 : 30미터, 나 : 50미터

20 **도로교통법상 제1종 보통운전면허로 운전할 수 있는 차량이 아닌 것은?**

① 승차정원 12명의 긴급자동차
② 승차정원 15명의 승합자동차
③ 적재중량 10톤의 화물자동차
④ 총중량 10톤의 견인차

해설 ④ 대형면허

정답 15.③ 16.④ 17.③ 18.③ 19.② 20.④

21 **도로교통법상 반드시 일시정지 해야 하는 장소는?**

① 신호가 없는 교차로
② 도로가 구부러진 부근
③ 교통정리가 행하여지고 있지 아니하고 교통이 빈번한 교차로
④ 비탈길의 고갯마루 부근

해설 일시정지 하여야할 곳 : 교통정리를 하고 있지 아니하고 좌우를 확인할 수 없거나 교통이 빈번한 교차로.

22 **도로교통법 제54조 제1항의 규정에 의한 교통사고 발생시 조치를 하지 않은 사람에 대한 처벌 규정은?**

① 5년 이하의 징역이나 1천500만원 이하의 벌금에 처한다.
② 3년 이하의 징역이나 1천만원 이하의 벌금에 처한다.
③ 2년 이하의 징역이나 500만원 이하의 벌금에 처한다.
④ 1년 이하의 징역이나 300만원 이하의 벌금에 처한다.

해설 제148조(벌칙) 제54조제1항에 따른 교통사고 발생 시의 조치를 하지 아니한 사람(주 · 정차된 차만 손괴한 것이 분명한 경우에 제54조제1항제2호에 따라 피해자에게 인적 사항을 제공하지 아니한 사람은 제외한다)은 5년 이하의 징역이나 1천500만원 이하의 벌금에 처한다.

23 **비보호 좌회전이 허용되는 곳에서의 운행방법이다. 틀린 것은?**

① 전방 차량신호등이 녹색일 경우 좌회전할 수 있다.
② 전방 차량신호등이 녹색일 때 좌회전 중 맞은 편 정상 진행차와 충돌될 경우 좌회전 차량 운전자는 신호위반의 사고책임을 진다.
③ 전방의 차량 신호등이 적색일 경우 좌회전은 신호위반에 해당한다.
④ 비보호 좌회전은 비호보 좌회전 표지가 설치되어 있는 곳에서만 가능하다.

해설 신호위반이 아니고 안전운전의무 위반 또는 교차로통행방법 위반이다.

24 **도로교통법상 버스전용차로에 대한 설명이다. 틀린 것은?**

① 일반도로 버스전용차로에 24인승의 노선버스는 통행할 수 있다.
② 고속도로 버스전용차로는 긴급자동차를 제외한 다른 승용자동차가 통행할 수 없다.
③ 고속도로에 버스전용차로가 설치되어 운용되는 경우는 그 전용차로를 제외하고 차로를 계산한다.
④ 고속도로 버스전용차로에 15인승 승합자동차는 승차 인원과 상관없이 통행할 수 있다.

해설 9~12인승, 6명 탑승.

25 **편도 1차로를 진행하는 승용차량이 신호등 없는 횡단보도에 이르러 피해자를 충격, 경상을 입게 하였다. 가해차량 운전자가 피해자와 합의해도 형사처벌 받는 사고는?**

① 횡단보도를 이용하여 이륜차를 끌고 가는 사람을 충격한 사고
② 횡단보도를 이용하여 자전거를 타고 가는 사람을 충격한 사고
③ 횡단보도에서 3미터 벗어난 지점을 건너던 사람을 충격한 사고
④ 술에 취해 횡단보도와 보도에 걸쳐 누워있던 사람을 충격한 사고

해설 ①항의 이륜차를 끌고 가는 사람은 보행자로 본다.

정답 21.③ 22.① 23.② 24.② 25.①

PART 02

교통사고조사론

도로교통사고감정사

chapter 01

현장조사

section 1 교통사고 조사의 단계와 목적

01 교통사고 조사활동 5단계 분류

(1) 1단계 : 사고발생 보고단계(Reporting) → 소속기관 보고

o 내용

- 기초자료 수집
- 교통사고, 사람, 물건 및 화물, 차량이동 등을 확인, 분류
- 의견을 배제한 명백한 사실적 정보
- 체계화된 명백한 양식 사용
- 특별한 목적을 위해 사용하는 양식에 기록하기 위한 단순사실 자료입력
- 사고의 심각정도에 관계없이 모든 사고를 기록

(2) 2단계 : 현장조사단계(At scene investigation) → 확인

o 내용

- 사고를 조사하고 기록
- 추후 유용할 수 있는 추가적 정보수집
- 결론을 배제한 사실적 정보나열
- 사실같이 정밀하게 또는 측정한 도면처럼 기록
- 사고특성이 사고 피해정도와 함께 기록되고 조사됨

o 필요한 기술

- 도로상의 표시나 파편물을 기술하고 위치를 측정
- 차량과 사람의 최종위치 확인, 측정
- 도로 상의 타이어 마크와 타이어를 맞추어 상호 일치성 확인
- 교통통제시설이나 다른 도로시설 및 기능과 조건을 조사
- 차량의 램프나 타이어, 조향장치 등 차량장치에 대한 예비조사
- 차량 손상부위와 도로나 타 차량의 손상흔적을 비교해 확인
- 승차자 보호장구(안전벨트) 조사
- 알콜 및 약물 중독 등에 대한 예비조사
- 목격자 발견 및 확인

(3) 3단계 : 기술적 조사(Technical Follow Up) → 측정

o 내용

- 미루어진 자료수집과 재현 · 설명을 위한 구성
- 준비된 양식에 사실적 정보기록
- 주변 환경에 대한 기초적 결론
- 특별한 목적의 양식에 관찰내용 기록

o 필요한 기술

- 현장도면 작성을 위한 측정법
- 구배 · 시거, 시야장애물, 도로마찰 등 측정 · 기록
- 사고관련자와 목격자의 사고에 대한 진술기록
- 램프 · 타이어, 승차자 보호장치에 대한 세부조사
- 차량 손상에 대한 정밀조사 및 촬영
- 사고 후 상황도면 작성
- 사진을 통한 원 · 근격자법의 도면준비
- 기초적 도로 및 흔적 사진 측량
- 커브와 회전에 대한 임계속도 및 제한속도 결정 및 조사
- 스키드, 요, 추락, 비행(Flip)으로부터의 속도추정

(4) 4단계 : 사고재현(Reconstruction) → 감정

o 내용

- 손상부위와 힘의 주방향 확인
- 사고 직전 타이어의 손상여부
- 도로상의 위치, 시인성
- 법규 위반과 운전자 확인
- 특별한 목적을 위한 실험
- 충돌 시 전구의 점등여부 확인
- 속도 추정
- 운전전략과 회피전술
- 부상 또는 사망과정, 검시
- 사고 전 · 후 차량의 위치이동

o 필요한 기술

- 차량의 구조의 결함을 찾기 위한 차량분해
- 페인트나 유리의 분석
- 정지차량에서 에너지 손실과 운동량 변화계산
- 합성 운동량 계산
- 시간, 거리, 속도, 가속도값 산출
- 사진으로부터 상황도면 재현
- 운전자 판단력과 기술평가
- 가능한 운전전략, 전술과 실제 행동과의 비교
- 운전자나 보행자의 인지 · 지체시간 및 거리결정
- 운전자 결정
- 부상당한 경위 규명
- 운전자와 보행자 행동 비교분석
- 자동차 성능실험

(5) 제5단계 : 원인분석(Cause Analysis) → 보고서 작성

o 내용

- 사고와 부상, 차량손상 등에 영향을 준 도로나 차량결함
- 사고와 부상에 미치는 각종 특성
- 사고, 부상, 피해에 미칠 수 있는 도로, 차량, 일기조건들의 가능성
- 흥분 등 운전자의 일시적 조건과 사고영향
- 운전행동 실태가 사고에 미칠 수 있는 요인들의 가능한 모든 조합
- 운전행동이 다른 어떤 형태로 나타났을 때 사고예상 가능성

02 조사의 목적

○ 교통사고를 조사하는 궁극적인 목적은 부상자의 구호 및 시체의 처리와 교통사고의 원인을 정확히 규명하여 이에 대한 효율적인 교통사고 예방대책을 강구하고 사고확대 방지와 교통소통의 회복을 통하여 교통사고로부터 귀중한 생명과 재산을 보호하기 위함이다.

○ 또한 사고원인에 대한 형사책임의 소재를 명확히 하고, 기타 사고에 관한 각종 자료의 수집 등의 목적을 달성하기 위하여 실시되며, 이들에 관한 중요한 목적 3가지를 크게 구분하여 나타내면 아래와 같다.

(1) 법률 · 행정적 목적

- 교통사고에 대한 원인규명 및 책임소재 규명과 이를 위한 증거보존
- 관련 법제도의 개선
- 교통지도 · 단속의 효율화
- 재판의 공정성을 기하기 위한 과학적 법정증거 자료의 수집제공
- 교통사고로부터 국민의 인적, 물적 피해의 신속한 복구
- 민사상 책임의 분배

(2) 공학적 목적

- 과학적 사고분석으로 교통사고 원인규명 가능
- 교통사고의 정확한 원인규명으로 사고방지대책 강구
- 사고에 기여하는 요인을 찾아내어 교통안전대책수립을 위한 기초자료로 활용
- 차량과 도로의 안전설계, 교통관제 및 안전시설 등의 개선을 위한 자료 제공
- 교통사고 많은 장소를 선별, 투자의 우선순위 결정을 위한 기초자료로 활용

(3) 특정한 목적

- 교통사고에 관한 각종 자료의 수집
- 운전자 및 보행자의 교통안전의식 개선을 위한 교육 · 홍보 자료로 활용
- 각각의 단일사고를 집계하여 지역별, 도별, 시별, 도로별, 사고유형별 등 각종 통계수집
- 교통안전대책 수립을 위한 기본 통계자료로 활용
- 과속 및 법규위반 단속을 위한 각종 시설, 단속지점 위치선정 및 무인단속 시스템의 설치위치 타당성의 기본 자료로 활용

03 단계별 조사요령 및 절차

(1) 사고의 인지 시

① 사고접수 시 신고자에게 사고가 언제, 어디서 발생했고 사고의 중대성에 대한 내용과 신고자를 어디에서 만날 수 있는지 등을 파악한다.

② 도착 시까지 사고현장이 유지될 것인지, 조사자의 업무영역인지 및 상부에 보고하고 지휘를 받아야하는 사항인지를 판단하고 현장에 갈 것인지의 여부를 결정한다.
③ 사고현장의 교통 차단여부, 앰뷸런스, 견인차, 구조대 및 소방차의 지원여부를 결정하고 도움을 요청한다.
④ 현장을 향해 출발한다.
⑤ 목격자나 도주차량 운전자 등 사고와 관련된 차량으로 보이는 차량이 현장을 이탈하는 경우 차량번호를 기록한다.
⑥ 현장에 접근하면서 운전자가 접하는 환경조건 등을 관찰하고 접근차량에 대한 위험을 전파한다.

(2) 사고현장 도착 시

① 주차장소를 선택한다.
② 사고주변에서 운전자나 목격자 또는 도와주려는 지원자를 찾는다.
③ 차량화재나 전기적 위험을 조사하여 예방조치 및 교통정리하고, 구경꾼 등을 밖으로 이동시켜 통제한다.
④ 출혈을 멈추게 하고 부상자를 돕는 등 부상자에 대한 보호를 한다.
⑤ 물적증거를 찾아본다.
⑥ 운전자를 확보하여 뺑소니사고 가능성을 고려하고 필요시 본부에 연락하고 현장에서 목격자를 찾아낸다.
⑦ 사고위치가 표시될 때까지 차량의 현장이동을 방지한다.

(3) 응급 조치 후

① 운전자가 누구인지에 대한 질문을 실시한다.
② 뺑소니 사고의 경우에는 단서를 수집한다.
③ 다른 목격자들, 특히 현장을 떠날 우려가 있는 구경꾼들에 대한 질문을 실시한다. 추후 다시 찾기 어려울 것 같은 사람에게서는 진술에 대한 사인을 받아둔다.
④ 운전자에 대해 음주나 약물 복용상태 등을 조사하고 그에 관한 질문을 하거나 화학적 시험표본을 확보한다.
⑤ 운전자에 대해 운전면허와 등록상태를 조사하여 자료를 기록하고 주소와 인적사항을 확인한다.
⑥ 헤드라이트, 램프, 램프스위치, 기어위치, 타이어 등 차량상태를 관찰한다.
⑦ 차량위치와 타이어 흔적들을 촬영한다.
⑧ 도로상의 흔적위치를 측정하고 차량최종위치를 측정 · 기록한다.
⑨ 부상자와 손상된 차량이 어느 부위인지 또는 어디에 놓여 있었는지 기록한다.
⑩ 사고차량이 교통에 방해되면 최종위치 및 사진촬영을 신속히 종료한 후 사고차량을 도로바깥으로 이동하여 도로상을 잘 정리한다.

(4) 긴급자료 수집 후

① 필요시 스키드 테스트를 실시한다.
② 차량에 대한 조사를 끝낸다.
③ 추가적 사진을 촬영한다.
④ 운전자 및 목격자로부터 추가적 진술을 받는다.
⑤ 현장도면 작성을 위해 누락사항이 있으면 측정한다.
⑥ 조사장소를 잘 정리하여 마무리하고 필요사항이 있을 때 본부에 보고한다.

(5) 현장조사 작업 후

① 사망자나 부상자의 가족, 친척, 또는 차량 소유자에게 통보한다.
② 주의를 요하는 상태에 대해 다른 부서에 전달한다.
③ 사실적 자료를 보고서에 작성하고 보고한다.
④ 경찰의 경우 검사에게 사건에 대한 지휘를 받는다.

04 사고유형의 분류

(1) 대형교통사고 : 대형교통사고란 3명 이상이 사망(30일 이내)하거나 20명 이상의 사상자가 발생한 사고

(2) 중대한 교통사고

- 도로교통법 : 사망사고 또는 사람을 부상케 하고 도주한 사고
- 여객자동차운수사업법 : 사망 2명 이상, 사망 1인 및 중상 3명 이상, 중상 6명 이상 사고
- 화물자동차운수사업법 : 12개항에 해당하는 사고, 자동차 정비불량에 의한 사고, 전복, 추락 사고

(3) 사망사고 : 당해 교통사고가 주원인이 되어 72시간 내 사망(통계상 기준은 30일)한 사고

(4) 중상사고 : 의사의 진단결과 3주 이상의 치료를 요하는 부상을 입은 사고

(5) 경상사고 : 의사의 진단결과 5일 이상 3주미만의 치료를 요하는 부상을 입은 사고

(6) 부상사고 : 5일미만의 치료를 요하는 부상을 입은 사고

(7) 충돌사고 : 차가 측방 또는 반대방향에서 진입하여 차의 정면으로 다른 차의 정면 또는 측면을 충격한 사고

(8) 추돌사고 : 2대 이상의 자동차가 동일방향으로 주행 중 뒷차가 앞차의 후면을 충격한 사고

(9) 접촉사고 : 자동차가 추월, 교행 등을 하려다가 자동차의 좌 · 우측면을 서로 스친 사고

(10) 전도사고 : 자동차가 운행 중 도로상에 넘어져 차체의 측면이 지면에 접하고 있는 상태(좌로 넘어지면 좌전도, 우로 넘어지면 우전도)로 발생한 사고

(11) 전복사고 : 자동차가 운행 중 도로상 또는 도로 이외의 장소에 뒤집혀 엎어진 사고

(12) 추락사고 : 자동차가 도로의 절벽 등 높은 곳에서 떨어진 사고

section 2 도로의 구조

01 설계속도

○ 기상상태가 좋고 교통밀도가 낮은 경우에 평균적인 운전자가 안전하고도 쾌적성을 잃지 않고 유지할 수 있는 최고속도를 의미. 법정제한속도를 산정하는 기준

※ 설계기준 자동차

(1) 도로의 구분에 따른 설계기준 자동차

도로의 구분	설계기준 자동차
고속도로 및 주간선도로	세미 트레일러
보조간선도로 및 집산도로	세미 트레일러 또는 대형자동차
국지도로	대형자동차 또는 소형자동차

(2) 기하구조에 따른 설계기준 자동차

- **소형자동차** : 도로폭, 시거 등의 기준을 정하는 기준
- **대형자동차 및 세미트레일러** : 폭원, 곡선부 확폭, 교차로 설계

02 도로의 종류와 등급 (도로법 제10조)

(1) 고속국도(고속국도의 지선 포함)
(2) 일반국도(일반국도의 지선 포함)
(3) 특별시도(特別市道) · 광역시도(廣域市道)
(4) 지방도
(5) 시도
(6) 군도
(7) 구도

03 고속도로

○ 도로법 제12조의 규정에 의한 고속국도와 자동차에 한하여 이용이 가능한 도로로서 중앙분리대에 의하여 양방향이 분리되고 입체교차를 원칙으로 하며 설계속도가 시속 80킬로미터 이상인 도로

04 일반도로

○ 도로법에 의한 도로(고속도로를 제외한다)로서 그 기능에 따라 주간선도로, 보조간선도로, 집산

도로 및 국지도로로 구분되는 도로

※ 일반도로의 종류

구 분	도로의 종류
주간선도로	일반국도, 특별시도·광역시도
보조간선도로	일반국도, 특별시도·광역시도, 지방도, 시도
집산도로	지방도, 시도, 군도, 구도
국지도로	군도, 구도

- **간선도로** : 원줄기가 되는 주요한 도로(→ 주요도로, 중심도로)
- **집산도로** : 다른 도로로부터 모이는 도로
- **국지도로** : 도로를 기능적 체계로 구분할 때 맨 아래 체계. 주택지, 상업지 따위에서 직접 통행이 이루어지는 도로

05 도로의 횡단구성요소

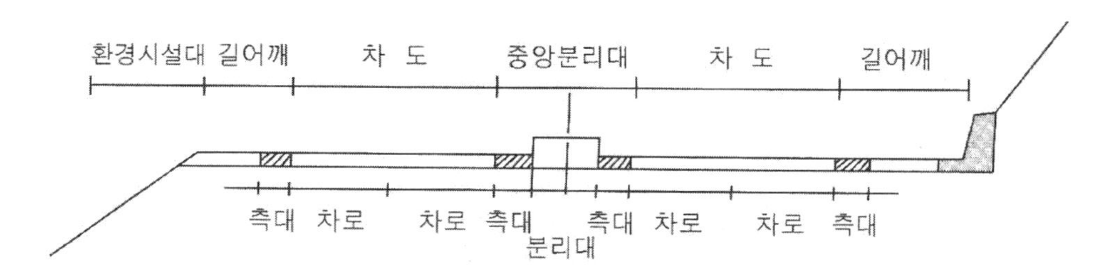

그림 도로의 횡단방향 구성요소

① **차로수** : 양방향 차로(오르막차로, 회전차로, 변속차로 및 양보차로는 제외)의 수를 합한 것
② **측대** : 운전자의 시선을 유도하고 옆부분의 여유를 확보하기 위하여 중앙분리대 또는 길어깨에 차도와 동일한 횡단경사와 구조로 차도에 접속하여 설치하는 부분
③ **길어깨** : 도로를 보호하고 비상시에 이용하기 위하여 차도에 접속하여 설치하는 도로의 부분

06 도로의 선형

① **곡선반경** : 자동차가 곡선부를 주행할 때에는 원심력에 의하여 차체는 곡선 바깥쪽으로 힘을 받게 되므로 주행의 안정성과 쾌적성을 확보하기 위해 곡선반경을 규정하고 있다. 곡선반경이 너무 작으면 사고의 위험성이 커진다.
② **곡선장** : 곡선의 시점부터 종점까지의 길이
③ **곡선부 길이** : 곡선부를 주행할 때 곡선의 길이가 짧으면 운전자가 핸들 조작에 곤란을 느끼게 될 뿐만 아니라 안전에도 좋지 않은 영향을 미치므로 곡선부의 최소길이를 보통 최소완화구간

의 2배로 하고 있다.

④ **편경사** : 자동차가 원심력에 저항할 수 있도록 하기 위하여 설치하는 횡단경사(6~8% 이하)

⑤ **완화곡선** : 직선부와 평면곡선 사이 또는 평면곡선과 평면곡선 사이에서 자동차의 원활한 주행을 위하여 설치하는 곡선으로서 곡선상의 위치에 따라 곡선반경이 변하는 곡선을 말한다. 즉 완화곡선은 주행궤적의 변화에 따라 운전자가 쉽게 적응할 수 있도록 변화를 완화한 구간인데 일반적으로 완화곡선의 길이는 도로의 설계속도에 비례하여 설치한다.

그림 주행시험장의 편경사 모습

⑥ **교각** : 직선부와 곡선부의 접선, 곡선부와 곡선부의 접선이 이루는 각.

⑦ **종단경사** : 오르막 또는 내리막을 말한다.

⑧ **시거** : 시야가 다른 교통으로 방해받지 않는 상태에서 승용차의 운전자가 차도상의 한 점으로부터 볼 수 있는 거리

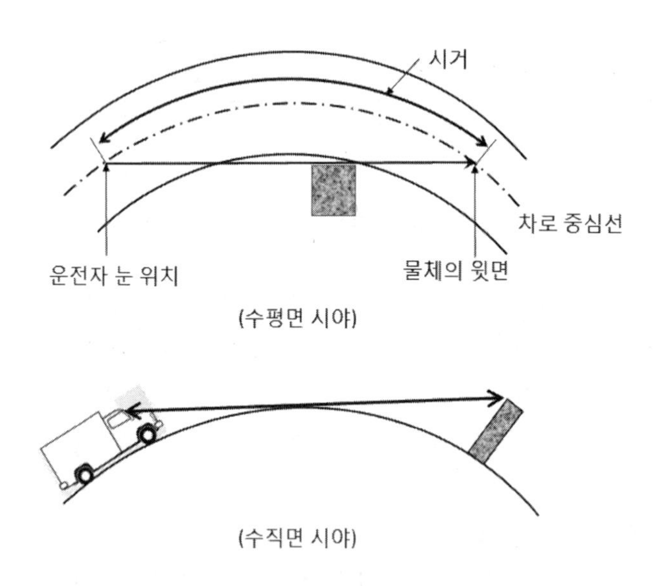

⑨ **정지시거** : 운전자가 같은 차로 상에 고장차 등의 장애물을 인지하고 안전하게 정지하기 위하여 필요한 거리로서 차로 중심선상 1m 높이에서 그 차로의 중심선에 있는 높이 15cm의 물체의 맨 윗부분을 볼 수 있는 거리를 그 차로의 중심선에 따라 측정한 거리

⑩ **안전 정지시거** : 운전자가 설계속도 혹은 그와 가까운 속도로 운행하는 동안 운행경로상의 어떤 물체를 발견하고 그 이전에 정지하기 위해서 필요로 하는 최소거리이며, 차량의 속도와

운전자의 능력에 따라 달라지나 설계목적상 2.5초를 사용하고 여기서 1.5초는 인지반응시간이고 1.0초는 근육반응 및 브레이크 반응시간으로 본다.

⑪ **앞지르기 시거** : 2차로 도로에서 저속자동차를 안전하게 앞지를 수 있는 거리로서 차로의 중심선상 1m의 높이에서 반대쪽 차로의 중심선에 있는 높이 1.2m의 반대쪽 자동차를 인지하고 앞차를 안전하게 앞지를 수 있는 거리를 도로 중심선에 따라 측정한 길이

⑫ **교통섬** : 자동차의 안전하고 원활한 교통처리나 보행자 도로횡단의 안전을 확보하기 위하여 교차로 또는 차도의 분기점 등에 설치하는 섬 모양의 시설

⑬ **연결로** : 입체도로에서 서로 교차하는 도로를 연결하거나 서로 높이 차이가 있는 도로를 연결하여 주는 도로

그림 교통섬

07 교통안전시설

① **시선유도시설** : 도로의 측방에 설치하여 도로 끝 및 도로 선형을 명시하여 운전자의 시선을 유도하는 시설물로서 특히 갈매기 표지의 경우 평면곡선반경이 작은 구간의 시거가 불량한 장소에 설치하여 도로의 선형 및 굴곡정도를 운전자에게 알려주는 역할을 한다.

그림 갈매기 표지판

② **표지병** : 악천후나 강우시 노면에 물이 고임으로써 노면 표시선 또는 중앙표시선이 보이지 않을 가능성이 있는 지역과 터널 등에는 운전자가 차로를 유지할 수 있도록 표지병을 설치한다.

그림 표지병

③ **도로 반사경** : 도로의 굴곡부, 시거가 불량교차로 또는 건널목 등에 다른 자동차 또는 보행자를 확인할 수 있도록 하기 위해 설치하는 거울

그림 도로반사경

section 3 노면 흔적

01 노면에 나타나는 흔적

- **최종정지위치** : 사고(충돌)직후 그 충격의 영향으로 충돌지점에서 다른 곳으로 옮겨진 후 정지한 지점을 말하며, 사고조사 시 측정해야 할 최종정지위치에는 사고 차량의 위치, 보행자 전도위치 및 현장유류물 등이 있다.
- 교통사고 현장에는 타이어흔적, 자동차와 도로의 충격흔적, 충돌에 의한 유리파편, 플라스틱, 페인트, 자동차부품, 바퀴의 토양, 냉각수, 오일, 브레이크액, 냉각수, 화물 등의 낙하물이 흩어지고 이러한 흔적들에 대한 정확한 기록과 사진 촬영은 충돌의 방향, 속도, 충돌지점을 판단하는데 중요한 근거가 된다.

02 타이어 흔적

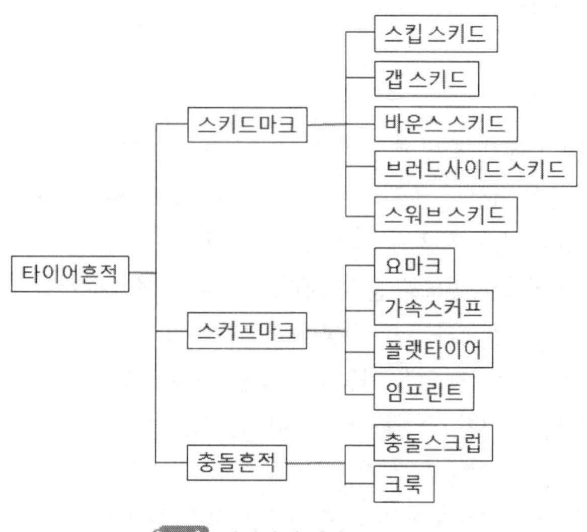

그림 타이어 흔적의 종류

- 타이어 흔적에서 스키드마크는 바퀴의 회전이 멈춘 상태에서 나타나는 타이어 흔적이고 스커프 마크는 바퀴가 회전하면서 나타나는 흔적이다. 노면에 나타나는 흔적 중 스키드 마크는 차량의 타이어가 미끄러진 흔적이므로 미끄러진 거리를 측정하면 속도를 추정할 수 있다. 패인 흔적은 두 차량이 충돌하는 순간 차체 하부구조물이 노면과 충돌되면서 발생한다. 그러므로 패인 흔적은 두 차량이 어느 지점에서 충돌하였는지를 알 수 있으며 타이어의 문질러진 흔적과 충돌에 따른 차량의 파편물의 분포를 통해 충돌지점을 판단할 수 있다.

노면에 나타난 흔적과 의미

종 류	특 징	중요성
미끄러진 흔적(skid marks)	긴 직선	자동차의 사고속도
문질러진 흔적(scrub marks)	불규칙한 곡선	충돌지점
미세한 흔적들	방향성, 연결 여부	자동차의 이동경로
패인 흔적(gouges)	도로 위 패임	충돌지점
긁힌 흔적(scraps)	도로 위 긁힘	자동차의 이동경로
가는 홈 (grooves)	도로 위 긁힘	자동차의 이동경로
차량의 파편	전조등, 범퍼조각, 흙, 유리, 페인트 등	충돌지점

(1) 스키드 마크

스키드 마크는 운전자가 충돌을 예견하고 멈추기 위하여 제동을 건 표시이다. 스키드 마크는 제동페달을 밟았다고 하여 순간적으로 발생하는 것은 아니고 제동페달을 작동하는 순간 기계적인 지연이 있으며 점차적으로 제동력이 높아지면서 최대마찰 상태가 되고 이때 노면에는 옅은 타이어 흔적인 섀도우 마크(shadow mark)가 나타나며 최종적으로 바퀴가 잠기면서 진한 스키드 마크가 발생된다. 스키드 마크는 급제동시 발생되므로 무게가 앞쪽으로 쏠리면서 앞 타이어에 의해 진하게 나타나고 뒷타이어는 약간 들려지므로 희미하게 나기도 하며 나타나지 않을 수도 있다.

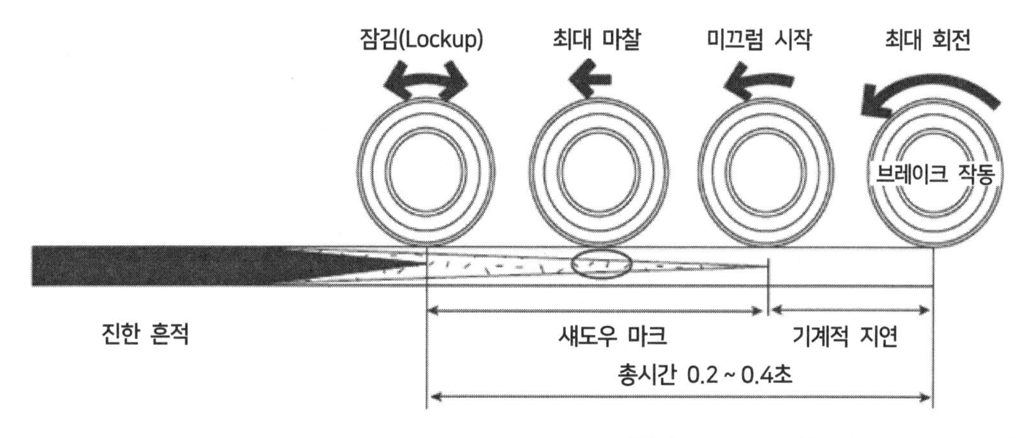

[출처 : 도로교통공단 교통사고조사 매뉴얼]

(2) 스킵스키드 마크

스킵스키드 마크는 스키드마크의 생성된 길이가 실선으로 이어지지 않고 점선과 같은 모습으로 끊어져서 나타나는 경우인데 다음의 경우에 발생할 수 있다.

① 충돌 스킵스키드 마크는 보행자나 자전거 운전자를 치었을 때 발생하며 스키드마크가 중간에 끊어진 부분이 나타난다.

② 스킵스키드 마크는 짐을 싣지 않은 경우 급제동 시 뒷부분이 들려진 다음 노면에 착지하면서 앞부분이 들려지는 등의 진동이 발생하여 스키드마크가 점선 형태로 나타나는 현상을 말한다.

③ 또한 스킵스키드 마크는 트레일러에서 제동이 걸렸을 때 트레일러가 노면과 마찰되면서 튕겨져 오르는 경우에도 발생할 수 있다.

그림 스킵스키드 마크(Skip skid mark)

(3) 갭스키드 마크

갭스키드 마크는 차량이 급제동 되면서 진행하다가 중간에 제동이 풀렸다가 다시 제동되면서 끊어진 형태의 스키드마크가 발생하는 경우이다. 갭 부분의 길이는 보통 3m 정도이거나 이보다 더 길수도 있다.

갭스키드 마크가 발생되는 원인은 아래와 같다.

① 급제동하였다가 잠시 브레이크 페달에서 발을 떼었다 다시 급제동하는 경우

② 브레이크를 펌프질 하듯 밟았다 떼었다 하는 경우

③ 급제동 중 브레이크 페달에서 발이 미끄러졌다가 다시 밟는 경우

그림 갭(Gap)스키드 마크

(4) 브러드사이드 마크(Broadside Mark)

Broadside Mark는 차체가 옆으로 미끄러지면서 타이어 흔적이 넓게 발생된다. 횡방향으로 미끄러지는 과정에 곡선 형태로 나타나기 쉬우며 차체의 거동을 고려하여 무게중심의 궤적을 다시 산출하며 대체로 무게중심 궤적은 직선이다.

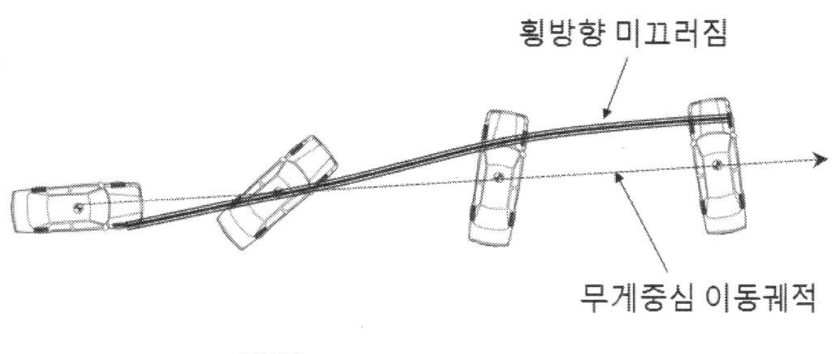

그림 브러드사이드 마크

(5) 스워브 스키드 마크(Swerve skid mark)

제동과 함께 운전자의 핸들조작, 노면의 경사, 편제동 등에 의해 차체가 회전되면서 휘어진 스키드 마크를 스워브 스키드 마크라고 한다.

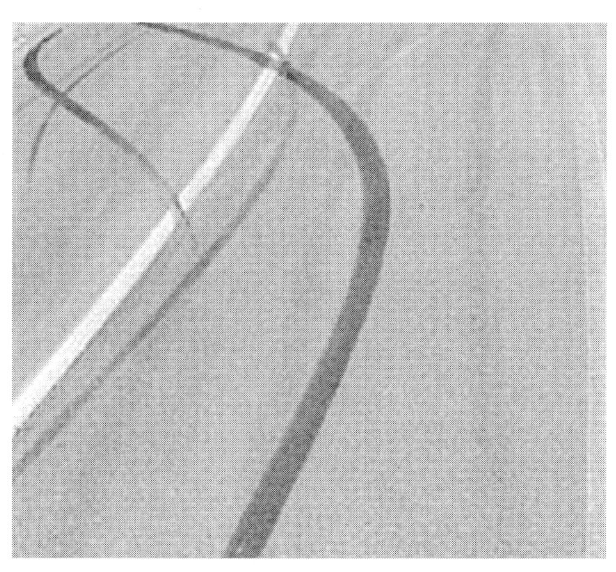

그림 스워브(Swerve) 스키드 마크

(6) 요 마크

요 마크(yaw-mark)는 타이어가 회전하면서 옆으로 미끄러질 때 나타나는 타이어자국이며, 충돌을 피하려고 급핸들 조작할 때나 급커브에 대비하지 못한 상태에서 커브 길을 따라 돌면서 발생된다. 아래 그림에서 좌측으로 진행하면서 반시계 방향으로 회전하여 B지점에서 우측 앞 타이어와 좌측 뒷타이어 흔적이 교차하며, C지점에서 좌우 타이어 흔적이 교차한다. C점에서서는 차체가 측면으로 진행하면서 타이어는 회전을 멈춘다.

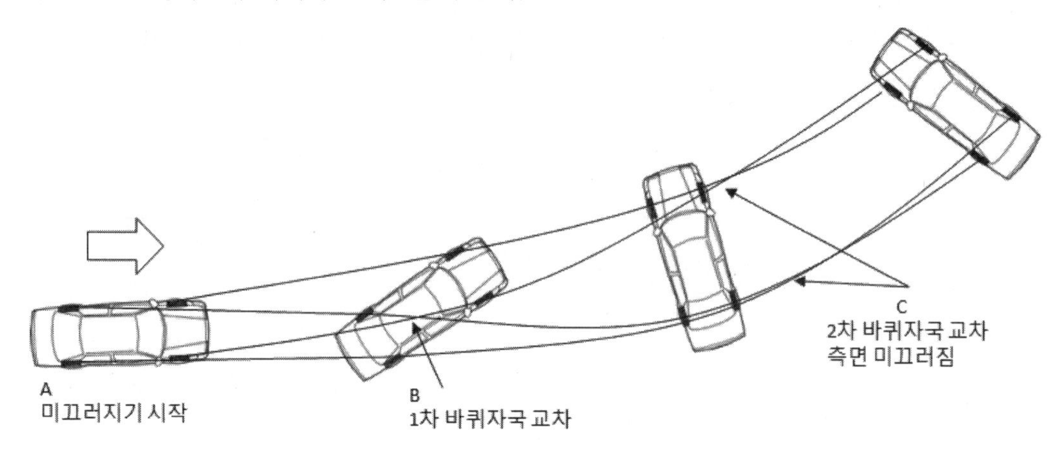

① 사고현장에서 발생된 요 마크를 조사할 때 조향에 의한 요 마크인지, 제동에 의한 스키드마크의 일종인 스워브(Swerve) 마크인지 또는 브로드사이드 마크인지 구분을 하여야 하며 전체 타이어 흔적이 곡선 형태로 휘어졌다고 하더라도 트레드 리브에 의해 줄무늬가 빗살무늬처럼 사선형태로 발생되었는지 확인해야 한다.

② 요마크 조사 시 흔적의 곡선반경을 측정하고 차량의 무게중심 궤적은 요마크 곡선반경에서 윤거의 반을 빼주면 구할 수 있다.

③ 차량은 커브의 원심력에 의해서 바깥쪽으로 무게 전이가 발생하여 바깥쪽 바퀴에 의한 요마크 자국이 진하게 발생되며, 커브길을 따라 진행하면서 뒷바퀴에 의해 더 많은 옆 미끄럼이 발생되므로 여러 개의 타이어 흔적 중 커브의 바깥쪽 뒷바퀴에 의한 궤적은 가장 외측에 위치한다.

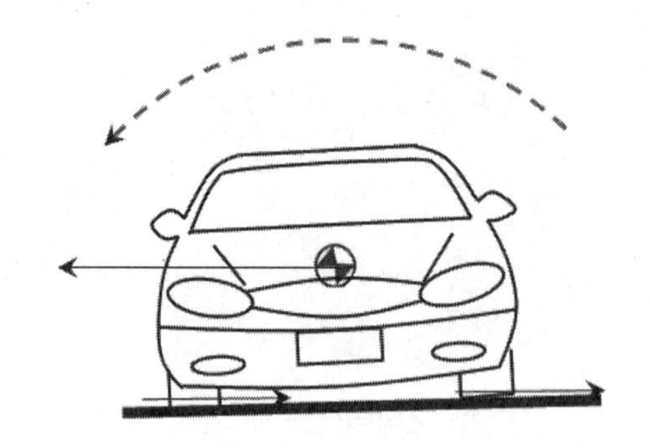

그림 선회 시 바깥쪽 타이어에 무게가 가중되는 현상

④ 요 마크는 보통 제동 스키드마크보다 희미한 자국이 발생되며, 같은 도로표면에서도 요마크는 스키드마크 만큼 진한 흔적이 남지 않는다.

⑤ 충돌전 요 마크는 제동페달을 밟아서 생기는 스키드마크와 대조적으로 핸들조작에 의해서 발생된다.

⑥ 노면상에 발생된 요 마크의 빗살무늬가 좌우 차축과 평행일 경우 정상 회전상태, 앞쪽으로 경사진 형태인 경우 감속상태이고 그 반대 방향으로 경사진 경우는 가속상태이다.

(7) 가속 스커프 타이어 자국

차량이 급가속, 급출발할 때 나타나는 흔적이며 구동바퀴에 강한 힘이 작용하여 노면에서 헛 돌면서 발생한 흔적이다. 시점에는 진한 형태로 나타나고 종점에서는 희미하게 나타난다.

(8) 플랫(flat)형 타이어자국

타이어의 공기압이 적거나 심한 하중에 눌려 타이어가 찌그러지면서 만들어지는 타이어자국이다. 주로 가장자리는 진한형태이고 중앙부는 희미한 형태로 나타난다.

(9) 임프린트(imprint)형 타이어자국

타이어가 미끄러지지 않고 굴러가면서 노면 위 특히 비포장도로 및 눈길 위에 타이어의 트레드 무늬를 남기는 것으로 차량의 진행방향을 추정하는 데 유용한 자료가 된다.

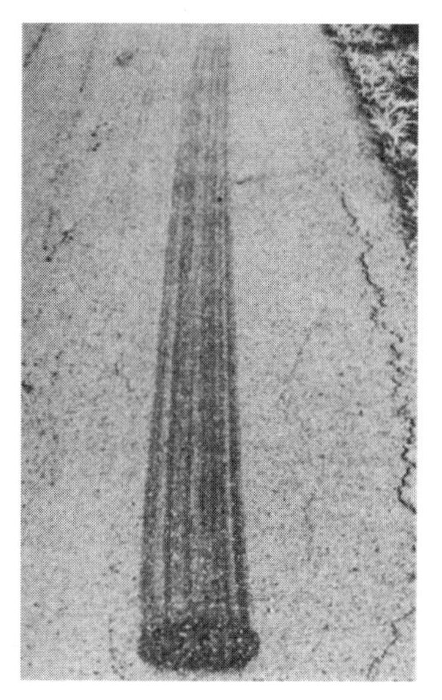

그림 가속 스커프 마크

(10) 충돌 스크럽

회전하던 바퀴가 사고 시 충돌의 힘에 의해 순간적으로 노면을 누르게 되면 문질러진 형태로 타이어 자국이 나타나는데 이것을 충돌 스크럽(collision scrub)이라고 한다. 충돌 스크럽은 충돌지점을 나타내므로 매우 중요한 흔적이다. 충돌 스크럽은 정면충돌인 경우 짧게 나타날 수도 있고 추돌인 경우에는 수 미터까지 길게 나타날 수도 있다.

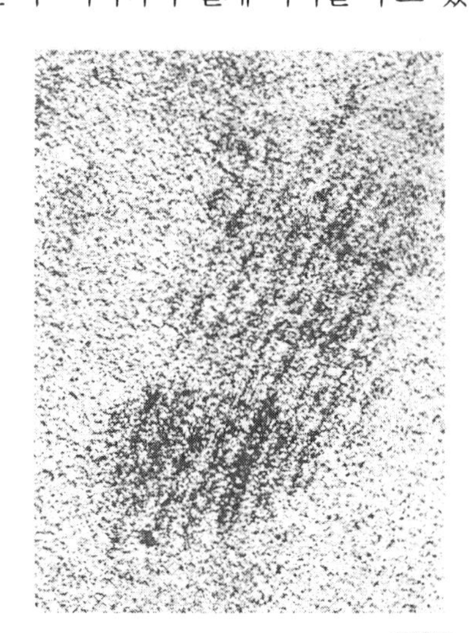

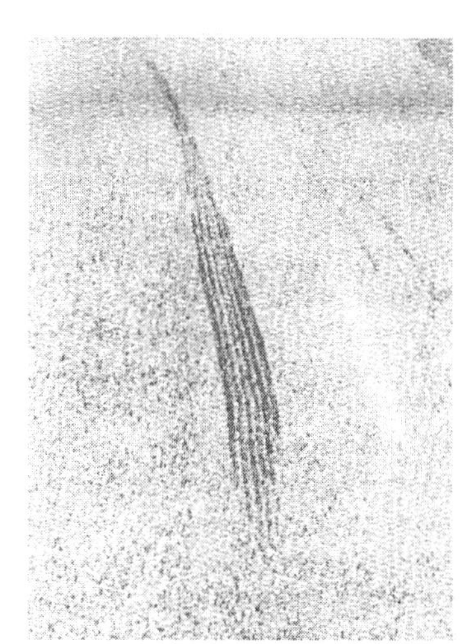

그림 충돌 스크럽

(11) 크룩(Crook)

크룩 흔적은 제동 중에 충돌함에 따라 스키드마크와 문질러진 흔적이 동시에 나타난다. 크룩은 충돌스크럽처럼 충돌 시 타이어의 위치를 나타내어 충돌이 일어난 지점을 알아내는데 중요한 자료이다.

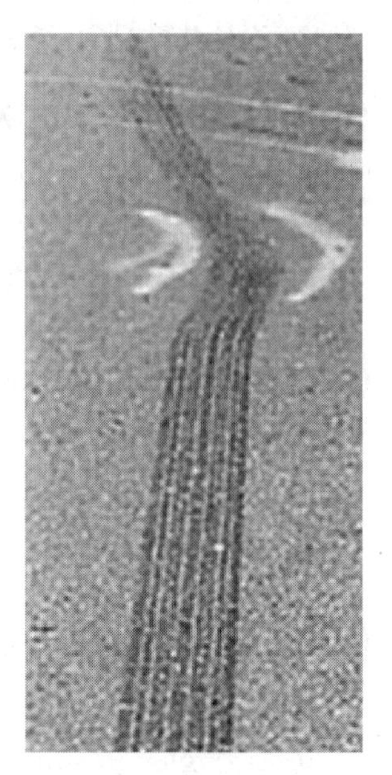

그림 크룩

(12) 비정상 형태의 스키드마크

① **곡선형의 스키드 마크** : 운전자가 충돌을 피하기 위하여 핸들을 조작하면서 급제동하거나 혹은 도로 형태에 따라 회전하면서 급제동할 때 휘어진 스키드마크가 발생한다.

② **희미하거나 가장자리가 뚜렷한 스키드마크** : 과도한 하중이 뒷바퀴에 집중된 상태에서 주행하던 차량이 급제동하게 되면 지나치게 타이어가 찌그러지면서 가장자리에 의한 흔적이 발생된다.

③ 스키드마크의 진행 궤적은 항상 차체의 진행궤적과 동일한 것은 아니다. 스키드마크의 흔적이 중앙선과 처음에는 나란히 진행하다가 끝부분에서 아래 그림에서와 같이 우측으로 휘어지는 경우에서 차체의 앞부분도 우측으로 진행한 것으로 판단하기 쉬우나 그림과 같이 스키드마크가 뒷바퀴에 의해 나타난 것이라면 차체의 앞부분이 좌측으로 진행하여 중앙선을 침범하여도 같은 상황이 발생할 수 있으므로 노면에 나타난 타이어 흔적이 어느 타이어인지를 명확히 해야 한다.

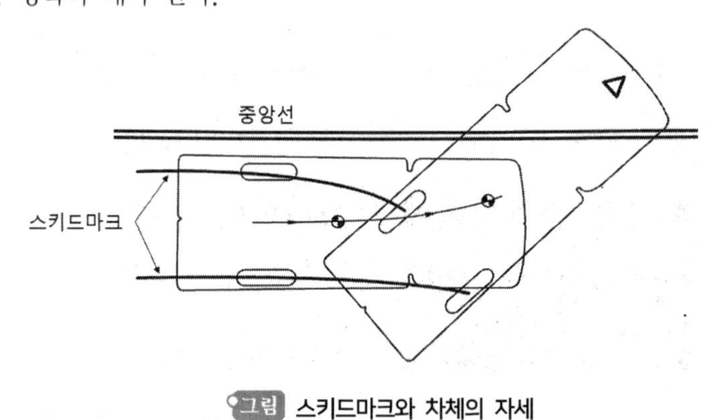

그림 스키드마크와 차체의 자세

④ **임팬딩(Impending) 스키드마크** : 제동에 의해서 속도를 떨어뜨리고 타이어가 완전히 멈춘 순간 이후부터 일정 시간 동안에 노면에 진한 스키드 흔적을 남기지 않는 구간이 있는데 이를 임팬딩 스키드마크라고 하고 약 0.2초의 시간동안 지속된다.

⑤ **견인 시 발생한 스키드 마크** : 사고에 의해 타이어가 잠긴 차량을 견인할 때 강제로 끌어당기면서 직선 또는 곡선형태의 끌린 흔적이 나타날 수 있고 길이가 상당히 긴 형태도 있어 사고에 의한 스키드마크과 혼동을 일으킬 수 있다.

⑥ **굴곡 스키드마크(꺾인 스키드마크)** : 스키드마크의 꺾이는 현상은 충돌 시 다른 차의 진행방향으

로 꺾이는 현상이다. 굴곡 스키드마크는 사고 직전 차량의 진행방향과 충돌 후 진행방향 및 충돌지점을 알 수 있다.

⑦ **충돌 후 스키드마크형 타이어자국** : 충돌의 결과로써 생긴 스키드마크로서 보통은 불규칙적인 형태를 나타낸다. 만약 보행자 또는 자전거를 충돌하였다면 흔적이 직선적으로 나타나지만 차량인 경우에는 충격 후 스키드마크는 새로운 방향으로 꺾이면서 나타난다.

⑧ **길이가 다른 스키드마크형 타이어 자국** : 자동차의 각 바퀴에 작용하는 제동력의 배분, 타이어의 트레드패턴 및 공기압의 상태, 노면의 상태, 온도, 무게배분 등에 따라 타이어자국의 길이는 서로 다르게 나타날 수 있다. 길이가 다른 원인은 4가지 정도로 요약된다.

그림 **굴곡 스키드마크**

- **온도** : 뜨거운 타이어고무 재질은 차가울 때 보다 미끄러지기 쉽고 진한 흔적이 나타난다.
- **무게** : 무거운 하중이 작용된 타이어는 그렇지 않은 타이어보다 지면을 많이 누르게 되므로 진한 흔적이 나타난다.
- **타이어 재질** : 부드러운 타이어 재질은 그렇지 못한 타이어보다 미끄러질 때 스키드마크를 쉽게 발생시킨다. 경주용 타이어는 높은 견인력이 필요하므로 부드러운 재질로 만들어 선명한 타이어흔적이 나타난다.
- **타이어 트레드 디자인** : 같은 노면과 공기압에서 일반 타이어는 스노우타이어보다 노면과 많은 면이 접지된다.

⑨ 제동시 무게전이에 의하여 차량의 노즈다운(Nose Down)현상이 일어난다. 앞바퀴 스프링은 전이된 무게에 의해 압축되고 차량 앞부분은 숙여진다. 뒷바퀴 스프링은 감소된 하중에 의해 올라간다. 제동시 앞쪽으로 전이된 무게에 의해서 앞타이어에 과도한 하중이 작용되고 이때 타이어는 눌려져서 타이어의 가장자리가 노면에 닿아 가운데보다 진한 흔적이 나타난다.

⑩ **노면 패인 흔적**(가우지 마크, Gouge marks) : 충돌지점에 차체의 하부 금속이 노면을 충격하면서 나타나는 흔적으로서 다음 3가지가 있다.

- Chip : 줄무늬 없이 좁고 깊게 파인 홈으로서 강하고 날카로우며 끝이 뾰족한 금속물체가 큰 압력으로 노면과 접촉할 때 생기는 자국으로서 최대 접촉시에 발생한다.
- Chop : 넓고 얕게 파인 홈으로서 차체의 금속과 노면이 접촉할 때 생기는 자국으로 최대 접촉시에 발생한다.
- Groove : 좁고 길게 파인 홈으로서 작고 강한 금속성 부분이 큰 압력으로 포장노면과 얼마간 거리를 접촉할 때 생기는 고랑자국과 같은 형태의 흔적이다. 최대접촉지점을 넘어서 연장되는 형상을 가지고 있다.

⑪ **긁힌 흔적**

- **스크레치**(Scratch) : 큰 압력 없이 미끄러진 금속물체에 의해 단단한 포장 노면에 가볍게 불규칙적으로 긁힌 흔적
- **스크레이프**(Scrape) : 단단한 노면위에 넓은 구역에 걸쳐 나타난 줄무늬로 된 여러 개의 스크레치 흔적

타이어흔적의 특징 정리

구 분	스키드마크	요 마크	가속 마크	플랫타이어	임프린트
바퀴의 움직임	미끄러짐, 구름없음	구름, 측방 미끄러짐	회전, 미끄러짐	구름, 미끄러짐 없음	구름, 미끄러짐 없음
운전자 조작	브레이크 작동	핸들 조향	가속페달 작동	없음	없음
좌우측 타이어 마모	동일하게 강함	바깥쪽이 강함	동일	동일	동일
앞· 뒤 타이어 마모	동일하게 강함	동일	구동 바퀴만	동일	동일
폭	직선이면 타이어와 동일	변화됨	타이어와 동일	타이어 가장자리 마크	타이어와 동일
시작	급작스러움	항상 희미함	강하거나 점진적	항상 희미함	항상 강함
끝	급작스러움	강함	희미함	강함	점진적
기타	외부 가장자리가 강함	측면리브가 나타남	외부 가장자리가 강함	외부 가장자리가 강함	트레드 문양이 나타남

03 현장 유류물

○ 사고의 잔재는 차량 충돌의 결과로 현장에 흩어진 것들이다. 차량의 파편조각은 충돌 전 차량과 같은 속도로 움직이고 있었으므로 관성의 법칙이 적용된다. 물론 차량이 운동하는 반대반향으로 튕겨져 나가는 잔재도 있다. 냉각수, 오일, 배터리 액과 같은 액체들은 충돌 순간과 충돌이후에 흘러나오며 혈액도 사고과정을 설명해주는 경우가 많다. 차량에 의한 유류물은 다음의 6가지 형태로 구분할 수 있다.

(1) **흩어짐**(spatter) 또는 **튀김** 흔적은 용기가 충돌로 인하여 파괴될 때 나타난다. 라디에이터의 경우 충돌 시 파손되는 경우가 많으며 특히 냉각수 탱크가 파손되는 경우는 비산되면서 흩어지므로 흩어짐의 시작점이 충돌지점을 향하게 된다.

(2) **적하**(dribble) 또는 **방울짐** 흔적은 차량에서 흘러나온 액체가 아래쪽으로 떨어져 노면에 남긴 흔적이다. 대개 최대충돌지점으로부터 최종위치까지의 경로를 나타낸다.

(3) **웅덩이**(puddle) 또는 **고임** 흔적은 차량이 정지한 상태에서 누설부분으로부터 액체가 흘러나오는 경우 노면에 액체가 고이는 현상이 발생한다. 만약 웅덩이 위치와 차량정지위치가 다른 경우 차량이 이동되었음을 알 수 있다. 이는 사망자가 있는 경우에도 적용된다. 피가 사망자로부터 흘러내려 고인 흔적이 발생하였다면 사망자가 이 지점에 한동안 머물러 있었다는 의미가 된다.

(4) **흘러내림**(run off) 흔적은 도로가 기울어져 있을 때 경사면을 따라 흘러내리는 현상이다.

(5) **스며듦**(soak in) 흔적은 액체가 흙이나 도로의 틈새로 흡수될 때 발생한다.

(6) **자국**(tracking)은 차량의 누설된 액체 위를 타이어로 밟고 지나갈 때 생긴다. 이 경우 차량은 사고와 관계없는 차량, 구급대 또는 레커 차량인 경우가 많으므로 사고 조사 시 이러한 차량의 흔적을 배제하는 것이 매우 중요하다.

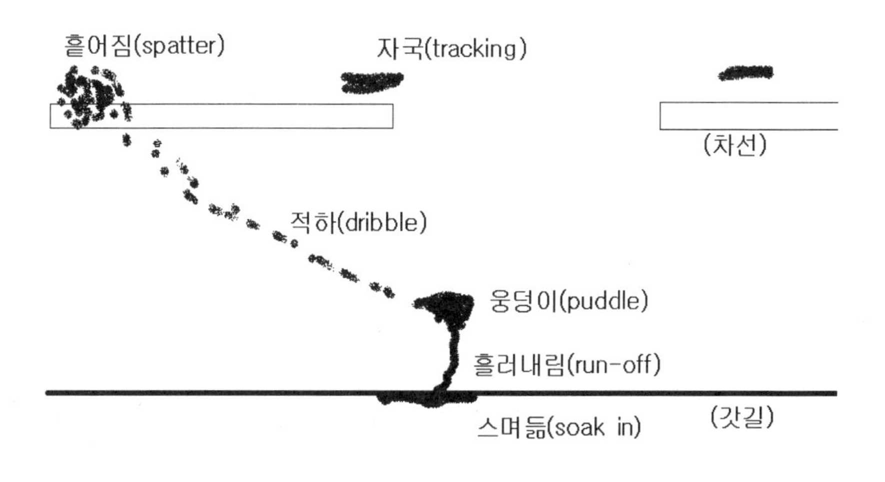

그림 사고현장에 유류된 액체 흔적

section **4** 사고현장의 측정

01 도로의 측정

(1) 곡선부 측정

① **단일 커브로의 곡선부** : 일반적으로 간단하게 커브로의 곡선반경이나 요마크의 곡선반경을 계산하기 위해서는 현(C)과 원의 중심에서부터 현까지 수직선을 그어 만난 지점에서부터 원호까지 연장선을 그어 만난 지점까지의 거리를 중앙종거(M)라고 하는데 이 현과 중앙종거 값을 측정하면 곡선반경을 구할 수 있다.

$$R = \frac{C^2}{8M} + \frac{M}{2}$$

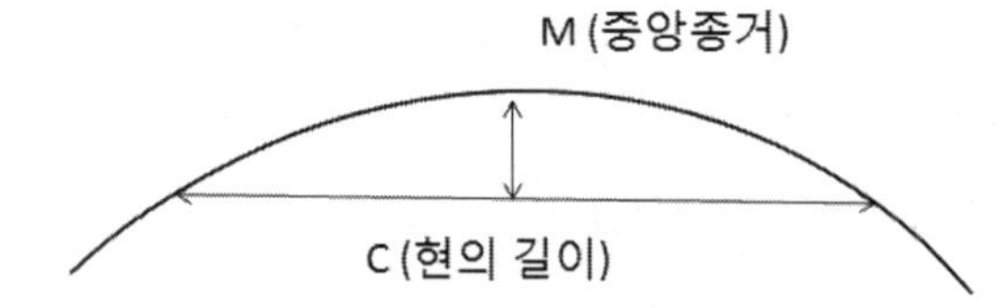

② **비정규 곡선구간 측정** : 단일 곡선이 아닌 경우 좌표법에 의해 측정하는 것이 용이하다. 기준선을 긋고 일정한 간격마다 곡선까지의 거리를 측정하여 복잡한 곡선을 측정할 수 있다. 옵셋 50m 간격으로 곡선까지의 거리를 측정하는 방법을 나타내었다. 단일 곡선인 경우에는 곡선반경이 모두 같다.

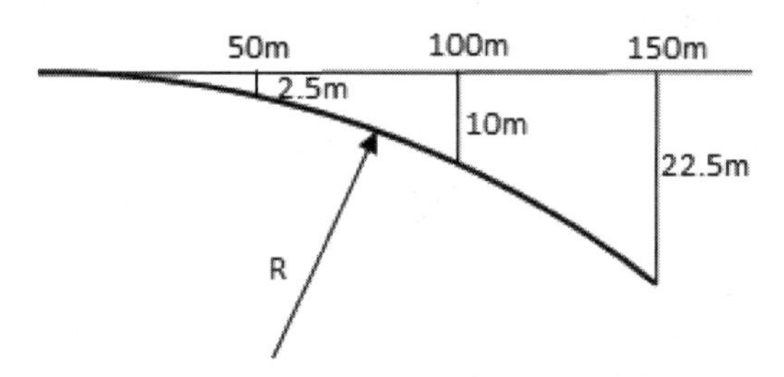

- **옵셋 방식을 이용한 곡선반경** : $R = \frac{x^2}{2y}$ (x : 옵셋, y : 기준선에서 곡선까지 거리)

$R_1 = \frac{50^2}{2 \times 2.5} = 500m$ (기준선 거리 50m와 곡선까지의 거리 2.5m 대입)

$R_2 = \frac{100^2}{2 \times 10} = 500m$ (기준선 거리 100m와 곡선까지의 거리 10m 대입)

$R_3 = \frac{150^2}{2 \times 22.5} = 500m$ (기준선 거리 150m와 곡선까지의 거리 22.5m 대입)

③ **구배(경사도) 측정** : 교통사고 조사에서 도로 또는 도로변의 구배측정에는 횡단구배, 종단구배, 편구배 및 법면(경사면) 등으로 나눌 수 있으나 측정방법은 차이가 없다. 구배(경사)는 가파른 정도를 나타내는 것으로 반드시 백분율(%)로 나타내며 수평거리분의 수직거리로 계산된다. 만약 각도(°)로 산출되었다면 이를 백분율(%)로 나타내야 하며 그 식은 다음과 같다.

$$경사도(\%) = \tan\theta \times 100$$

예제 30°를 % 경사로 나타내시오.

[풀 이] tan30° × 100 = 0.577 × 100 = 57.7%

02 사고결과물 측정

(1) 측점 수 설정

위치를 측정해야할 대상물이 선정된 후에는 동 대상물에 대한 위치 측정을 위해 측점의 수를 결정하여야 한다. 대상물의 종류 및 크기, 길이에 따라 다음과 같이 측정되어야 한다.

① **1점을 필요로 하는 대상**

- 사망자의 위치는 허리를 중심으로 측정
- 1m 이하 길이의 패인자국, 긁힌 자국, 타이어 흔적
- 도로 상 고정물체와의 작은 충돌 흔적, 가로수 및 수목 등에 생긴 자국
- 유류된 차량 부품

② **2점을 필요로 하는 대상**

- 사고 차량은 모서리 또는 바퀴를 기준으로 측정
- 직선으로 길게 나타난 타이어 자국은 시작점과 끝점
- 1m 이상 길게 나타난 노면상의 그루브(Groove)
- 길게 비벼지거나 파손된 가드레일
- 길게 뿌려진 파편흔적 및 차량용 액체자국

③ **3점 이상을 필요로 하는 대상**

- 곡선으로 나타난 타이어 흔적
- 직선으로 길게 나타나다가 마지막 부분에 휘어진 흔적
- 파편이 집중적으로 떨어진 지역

(2) 기준점 설정

측정을 위한 대상과 측점수가 선정되면 이들의 위치를 표시하기 위한 기준선과 기준점을 설정한다. 기준선과 기준점은 차후 사고현장에 갔을 때 누구나 확인할 수 있는 것이 선정되어야 하며, 기준선은 보통 도로 연석선으로 하며, 쉽게 변동되지 않는 것이 좋다.

① **고정기준점** : 이동 불가능한 고정도로 시설로서 도로 가장자리가 불규칙하게 설치되어 있거나 진흙이나 눈 등으로 덮여 판별할 수 없을 때 사용되며, 주로 삼각 측정법에서 기준점으로 많이 활용한다.

② **반(준)고정 기준점** : 도로 가장자리나 연석 또는 보도 위에 표시하거나 측구, 통풍구 등 기존의 영구시설과 관련하여 설정하는데 이들 지점에 스프레이 페인트, 분필 등으로 표시하여 특정지점을 나타낸다.

③ **비고정 기준점** : 이 점은 교차로의 모서리에서와 같이 둥글게 처리된 부분에서 2개의 차도 가장자리를 연장하여 서로 만나는 지점을 스프레이 페인트 또는 분필 등으로 표시하여 특정지점을 나타낸다.

(3) 위치측정법

① **좌표법** : 도로 경계석 선과 그 연장선 등이 기준선으로 활용되는데 이들 기준선으로부터 측점까지 최소거리를 측정하므로 줄자 한 개로 측정이 가능하다는 장점이 있다. 그러나 기준선에서 정확하게 직각으로 거리를 측정하기 어렵기 때문에 정확성이 떨어진다. 좌표법은 직각으로 만나는 두 개의 기준선이 필요하다.

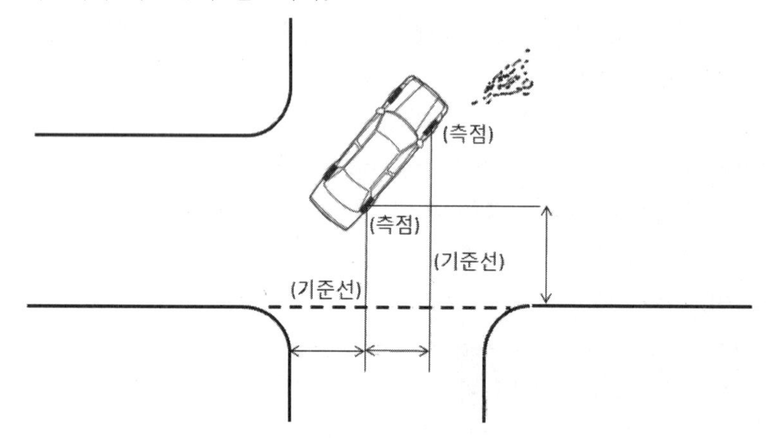

② **삼각법** : 좌표법보다 제약조건이 적어 어느 사고현장에서나 사용할 수 있으며 이 삼각법이 편리한 경우는 다음과 같다. 삼각법에서는 고정기준점을 주로 사용한다.

- 도로 연석선 및 도로 끝선이 명확하지 않은 경우
- 측점이 기준선 혹은 도로 끝선으로부터 10m 이상 벗어난 경우
- 회전식 교차로와 같이 교차로의 기하구조가 불규칙하여 직각선을 긋기 어려울 정도로 불규칙할 때
- 비포장도로이거나 도로가 눈 덮여 도로 끝선이 불분명할 때
- 측점이 높지나 숲속에 위치한 경우

㉠ 삼각법에서는 2개의 기준점을 이용하게 되는데 이 기준점이 되는 물체는 다음과 같다.

- 도로의 연석선 및 도로 끝점
- 신호등 및 각종 표지의 지주
- 교량 또는 건물의 모서리
- 배수구, 맨홀, 측구

㉡ 삼각법의 장점

- 기준선이 불필요
- 2개의 거리 측정은 각각 서로 직각으로 할 필요 없음
- 측정의 방향을 지정할 필요 없음

㉢ 오른쪽 그림은 삼각법에 의한 측정방법이다. 사고차량은 측점수가 2점이므로 두 개의 기준점과 두 개의 측점이 필요하다.

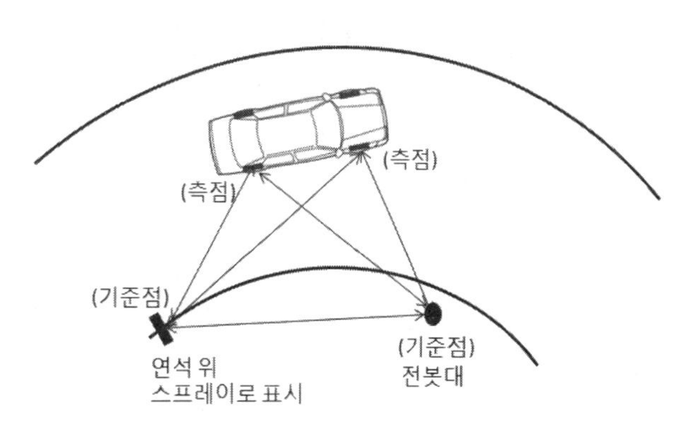

예제 **두 차량이 "가" 도로와 "나" 도로에서 진행해오다 교차로에서 충돌하였다. 충돌각도는 얼마인가?**

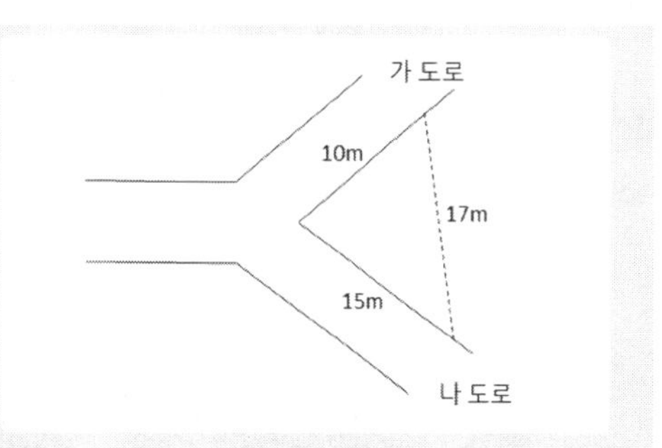

[풀 이] 도로의 연석을 기준으로 두 도로를 연결하는 임의의 선을 그으면 삼각형을 만들 수 있고 "가"도로 방향으로 10m, "나"도로 방향으로 15m, 두 도로를 연결하는 거리가 17m로 측정되었다면 제2코사인 법칙에 의하여,

$$17^2 = 10^2 + 15^2 - 2\times 10\times 15\times \cos A$$

$$\cos A = \frac{10^2 + 15^2 - 17^2}{2\times 10\times 15} = 0.12$$

$$A = \cos^{-1}(0.12) = 83.1^\circ$$

답 83.1°

제1코사인 법칙 $a = b\cos C + c\cos B$

제2코사인 법칙 $a^2 = b^2 + c^2 - 2bc\cos A$

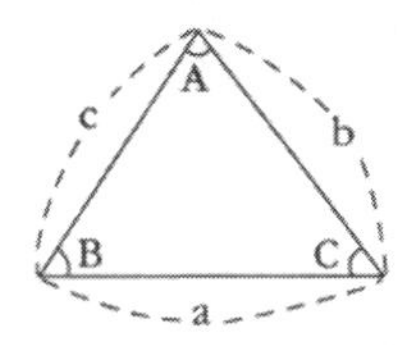

03 노면흔적의 측정방법

(1) 스키드마크 측정

사고현장에 2줄의 스키드마크가 발생되었을 경우 줄자로 윤거와 타이어 문양을 측정하고 사고차량의 트레드문양 및 윤거와 같은지 확인한다.

① 갭스키드 마크의 경우 전후의 각 바퀴 흔적의 시작점과 끝점을 찾아야 하고 각 타이어 흔적을 기록하고 첫 번째 미끄러진 흔적의 길이와 갭의 길이, 두 번째 미끄러진 흔적의 길이 및 갭의 길이를 순서대로 기록한다.

② 스킵스키드 마크를 측정함에 있어서 스킵은 없는 것으로 간주하고 측정한다.

(2) 요마크 측정

① 노면에 나타난 흔적의 빗살무늬 방향을 확인하여 감속상태의 요마크인지 가속상태의 요마크인지 구분한다.

② 측정된 요마크에서 무게중심에 따른 요마크 궤적의 현의 값과 중앙종거 값을 구한다음 곡선반경과 속도를 산출한다.

③ 요마크는 처음부분과 끝부분의 곡선반경이 달라지는 경우가 많다. 이는 측면으로 미끄러지면서 뒷바퀴가 바깥쪽으로 진행하는 현상 때문이다. 그러므로 바깥쪽 앞타이어와 뒷타이어의 궤적의 차이가 윤거의 반을 넘지 않는 곳까지 측정하여야 한다.

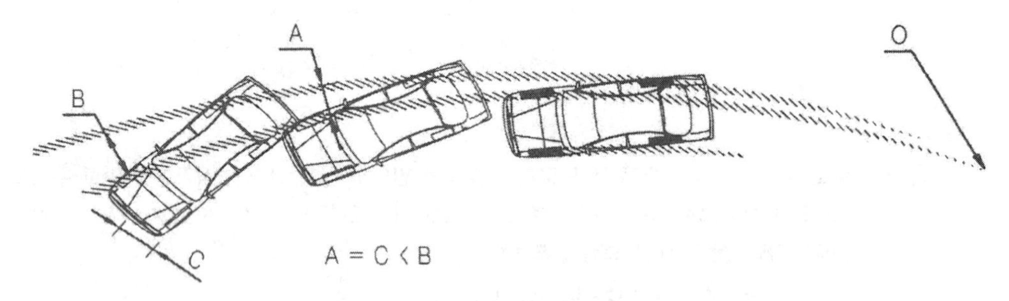

A, B : 바깥쪽 앞타이어 흔적과 뒷타이어 흔적의 간격, C : 윤거의 반

④ 요마크가 발생되었다면 현장의 흔적이 사고차량과 일치하는지를 흔적의 트레드문양 특히 리브의 문양이 실제차량의 타이어 트레드의 리브 문양과 동일한지 확인한다.

그림 요마크 리브 간격 확인 방법

⑤ 흔적이 스키드마크인지 요마크인지 구분하고 요마크인경우 제동요마크인지 가속요마크인지 구분한다.

section 5 사고현장 사진촬영법

01 사고현장 촬영요령

(1) 오래도록 보존되지 않는 흔적은 가급적 빨리 촬영한다.
- 눈 위 먼지나 흙 위에 나타난 타이어 흔적
- 사고차량의 낙하물(냉각수, 연료, 오일, 하부에 묻어있는 흙 등)
- 사상자의 최종위치 및 자세(사상자는 최우선으로 구호조치)

(2) 가능하면 도로와 수평으로 촬영

(3) 도로와 사고장소가 함께 나오도록 촬영하고 각종 흔적 및 차량의 최종정지위치와 연계할 수 있도록 촬영한다.

(4) 스키드마크 또는 각종흔적의 길이가 긴 경우에는 연결하는 특징점을 포함하여 연속적으로 촬영한다.

(5) 반드시 줄자를 놓고 촬영하여 사진촬영과 측정을 동시에 한다.

(6) 충격흔적 또는 액체낙하흔적 및 파편(산란물) 등의 위치는 도로와 가능하면 수직으로 촬영한다.

(7) 파손된 차량의 모서리부분을 바라보고 촬영하는 경우 후방으로 어느 정도 밀려들어갔는지를 알 수 없으므로 차량의 정면에서 촬영한 후 측면에서도 촬영한다.

(8) 사진 촬영시 향후 발생할 수 있는 쟁점을 고려하여 촬영한다.

02 사진의 중요성

(1) 사진으로 사실을 기록하고 법정에서 증거물로 제출되므로 신중하게 촬영하여야 한다.

(2) 글로서 대체할 수 없는 많은 정보를 담고 있어 기록하기 쉽고, 관찰한 내용을 담고 있을 뿐 아니라 타인에게 설명하기 쉽다.

(3) 충돌 전 차량 운행상태와 충돌지점과 충돌당시 차량의 자세 및 충돌 후 차량 이동상태 등에 대해 자세히 설명할 수 있게 해준다.

03 조사자의 유의사항

(1) 사진을 제반 측정에 대체하여서는 안 된다. 차량 정지위치 및 흔적을 측정하여 고정된 기점에서 거리를 측정하여야 하는 데 실측을 생략하고 사진으로 대체할 경우 사진은 거리까지 축적할 수 있는 기능을 하지 못한다.

(2) 서면기록을 뒷받침하는 보조수단으로 사용하여야 한다. 사진만으로 교통사고를 재현 분석한다는 것은 어려우므로 측정과 함께 사진을 활용하여야 한다.

chapter 02

인적조사

section 1 인터뷰 조사

01 인터뷰의 개념

(1) 인터뷰의 정의는 특정한 목적을 가지고 개인이나 집단을 만나 정보를 수입하고 이야기를 나누는 일이다. 면접은 지시적 면접과 비지시적 면접으로 나뉜다. 지시적 면접은 조사표에 쓰여진 질문 문항을 읽고 회답을 기록하는 형식과 질문 사항이 정해져 있고 질문의 방법은 면접자에게 맡겨진 형식 등이 있다. 비지시적면접은 상대나 상황에 따라 자유로이 질문내용을 바꾸면서 면접자가 필요한 정보를 얻는 방법으로 피면접자의 심리상태나 생활체험을 알 수 있다는 장점이 있으나 표준화하기가 어렵다.

(2) 교통사고에서 사람으로부터 수집할 수 있는 증거에는 진술의 허위 또는 왜곡의 문제가 있고 시간의 경과에 따른 기억의 소실 등도 문제가 된다.

(4) 그러므로 사고관련자들로 부터 얻는 정보는 모두가 유용한 정보일 수 없고 오히려 잘못된 정보로 인하여 조사에 혼선을 가져오는 경우도 많다.

02 조사의 방법

(1) 교통관련자의 특성

① 사실관계를 부인하거나 은폐하려고 하며, 자신의 주장에 대한 합리화에 치중한다.
② 중요한 부분에 대한 변명과 심할 경우 자신 또는 타인을 이용한 허위 또는 가공된 자료(진술)를 제시하기도 한다.
③ 진술한 내용을 유리한 방향으로 유도하기 위하여 번복하거나 무효화를 요구한다.
④ 교통사고의 발생빈도가 높은 경력자 등의 진술은 신뢰도가 떨어진다.
⑤ 자신이 사고유발의 원인임을 알고도 남의 탓으로 돌린다.
⑥ 운전자는 보행자의 인명을 경시하고, 보행자는 운전자에 대해 무리한 요구를 하는 경향이 있다.

(2) 조사방법

① 질문항목에 대한 요점을 미리 정리하여 순서를 정한다.
② 사고발생 경위는 사고당시를 기준으로 전, 후 등으로 구분하여 순차적으로 질문한다.
③ 진술내용을 경청하며 진술자의 인격을 존중한다.
④ 진술의 맥이 끊어지지 않도록 진술 중에는 가급적 질문을 삼가고 끝난 후 다시 질문하는 식으로 문답식 질문이 좋다.
⑤ 사고와 직접적으로 관련이 없는 진술내용도 놓치지 않는다.
⑥ 진술의 청취는 긍정적이고 편견 없는 중립적인 자세를 지킨다.
⑦ 불분명한 내용은 재질문으로 확인한다.
⑧ 난해한 전문용어의 사용보다는 쉬운 말로 질문하며, 답변에 대한 논쟁은 가급적 자제한다.
⑨ 현장 및 차량 등에 대한 조사를 먼저 실시한 후 질문에 당한다. 분명치 않은 부분은 현장 등의 재확인 후 다시 질문하는 식으로 반복하며, 반문은 확인된 증거에 의한다.
⑩ 중요한 부분은 반복 확인하며, 답변을 가용하지 말고 임의성을 존중한다.
⑪ 사고발생 경우의 질문시 정적인 개념에 빠지기 쉬우므로 항상 동적인 상황임을 명심한다. 즉, 충돌지점에서 해답을 찾으려 하지 말고 전, 후의 상황을 충분히 고려되어야 하므로 단계별 조사방법을 활용한다.

(3) 3단계 조사법

단계별	상황별	질문내용	
1	충돌 이전	• 위험상황 발견지점 • 제동이나 조향 등의 회피동작 • 주변의 교통상황	• 운행경위 • 주행속도 • 상대방의 동태
2	충돌 순간	• 충돌부위	• 1, 2차 충돌
3	충돌 이후	• 이동상태 • 사고 후의 주변 교통상황	• 최종 정지위치 및 정지자세 • 신고시간, 방법 등

(4) 질문방법의 유형

유형	내 용	장 점	단 점
전체응답법	총괄적 질문에 의한 자유로운 답변을 유도	질문자의 암시나 유도가 없으므로 정확한 답변의 기대 가능	답변의 요점정리 난해
일문일답법	하나의 문제를 묻고 답하는 식의 반복	문제별 명확한 답변과 정리가 용이	질문 이외의 답변 도출불가 (암시 또는 유도 염려)
선택응답법 (사지선다형)	의문점을 하나씩 질문하고 차례로 답변	문제의 요점 포착 용이 예) 그때가 오전 10시였나요 11시였나요?	질문자의 유추범위에 국한 (암시 또는 유도 염려)
자유응답법	막연한 질문에 의한 자발적 답변의 유도	암시 또는 유도의 염려 없고, 예상외의 자료포착 가능	답변회피 또는 묵비의 염려 및 조사시간의 허비염려

section 2 상해 조사

01 부상자에 대한 조사

사고관련자의 상해부분과 피해정도를 파악한다. 상해는 진단명, 상해부위, 진단 기간, 후유증, 장해여부, 치료비 등을 조사하고 사망의 경우에는 시체의 손상부위, 손상상태, 입고 있던 옷, 소지품 등에 대하여 조사한다.

02 법의학 용어

- **역과손상**(轢過損傷, 차깔림 손상, runover injury) : 차량의 바퀴가 인체 위를 깔고 넘어감으로써 발생한 손상을 말하는데 바퀴의 회전력과 중량에 의한 압력에 의해 생긴 손상.
- **찰과상**(擦過傷, 개갠 상처, abrasion) : 피부가 거친 둔체에 의하여 한쪽 방향으로 마찰되어 생기는 것으로 뒤집히거나 추락시 지면에 밀리면서 형성됨.
- **절창**(切創, 벤 상처, cut wound) : 칼의 날 또는 날처럼 예리한 부분이 있는 물체에 베어 피부의 연속성이 끊어진 상처.
- **열창**(裂創, 찢긴 상처, lacerated wound) : 둔체에 의한 외력이 하방의 골격에 직접 전달되지 않으면서 피부의 탄력 한계를 넘어설 정도로 강하면 피부가 찢어지는 상처.
- **좌창**(挫創, 찧은 상처, Contused wound) : 피부 하방의 연조직층 두께가 비교적 얇고 그 직하방에 단단한 골격이 있는 부위에 면을 가진 둔기가 직각 또는 이와 거의 같은 방향으로 가격되어 발생하는 상처.
- **자창**(刺創, stab wound, 찔린 상처) : 칼이나 송곳 등의 끝에 찔려 피부의 연속성이 끊어진 상처
- **타박상**(打撲傷, bruise, 멍) : 멍은 거의 대부분 타격에 의하기 때문에 타박상이라고 함.
- **염좌**(捻挫, distortion, 삠) : 염좌는 관절을 지지해주는 인대 또는 외부 충격 등에 의해서 늘어나거나 일부 찢어지는 경우를 말하며 인대의 경우 sprain이라고 하고 근육의 경우 strain 이라고도 구분함.
- **편타손상**(鞭打損傷, whiplash injury, 채찍질 손상) : 가죽 채찍으로 때릴 때 흔들리는 것과 같은 모양으로 목이 흔들려 생기는 상해.

03 인체골격의 명칭

○ 성인의 골격은 총 205개로 되어 있다. 체간 골격에는 척추 26개, 두개 22개, 설골 1개, 늑골 및 흉골 25개 등 74개로 구분되고, 체지골격에는 상지골 64개, 하지골 62개 등 총 126개로 형성되며 이소골에는 6개로 구분된다.

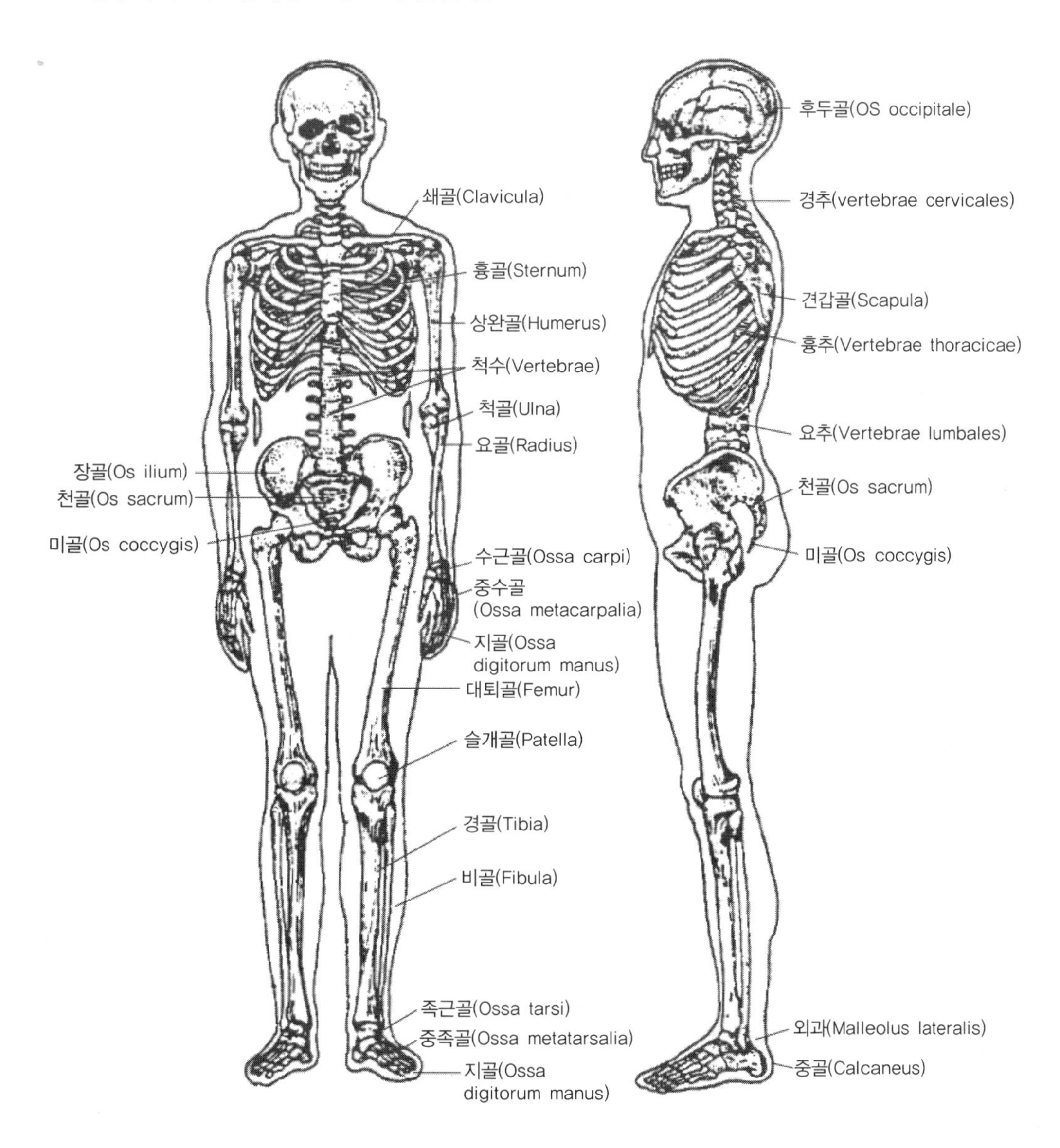

04 인체 부위의 명칭

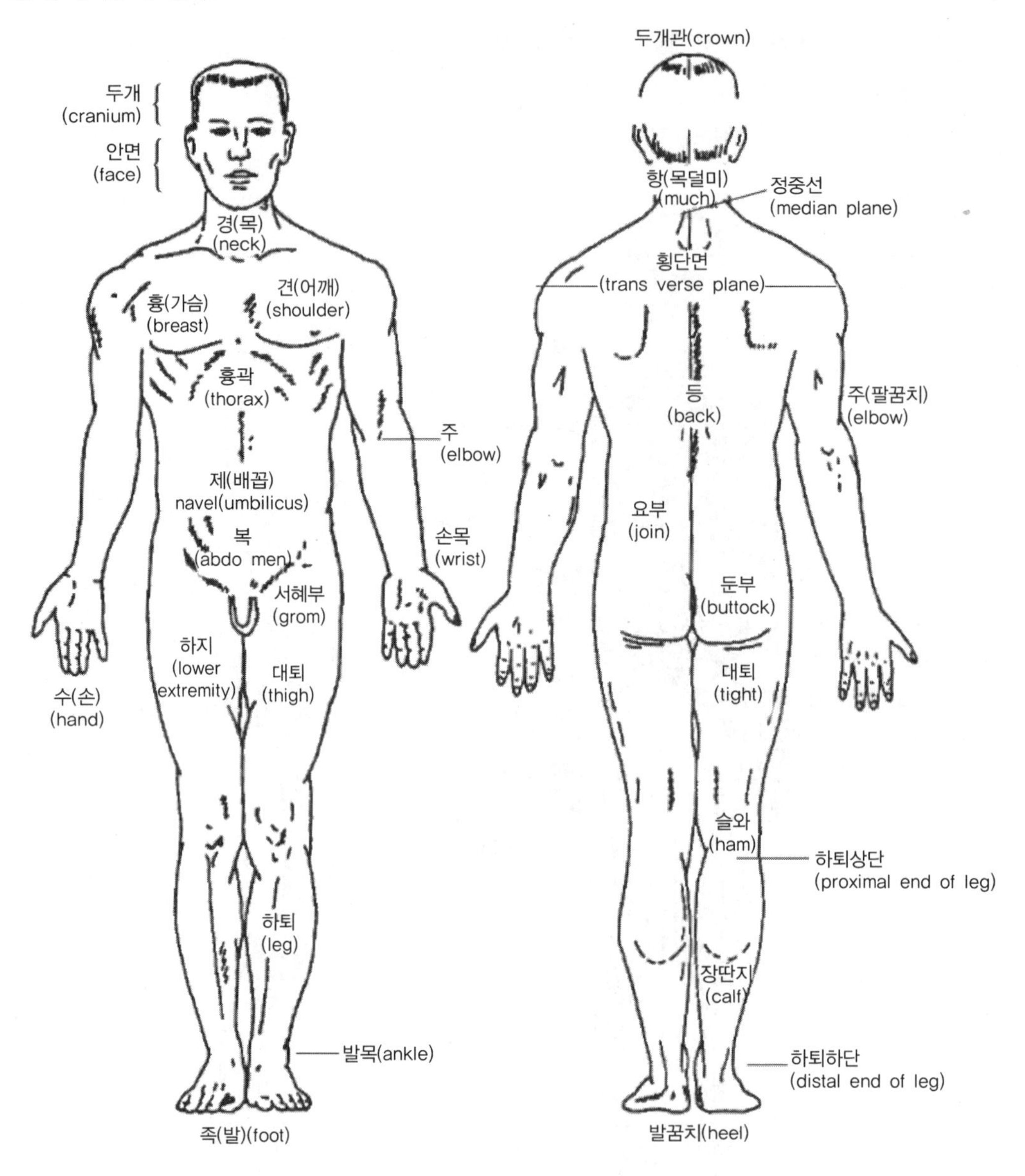
두개
(cranium)
안면
(face)
경(목)
(neck)
흉(가슴)
(breast)
견(어깨)
(shoulder)
흉곽
(thorax)
주
(elbow)
제(배꼽)
navel(umbilicus)
복
(abdo men)
손목
(wrist)
서혜부
(grom)
하지
(lower
extremity)
대퇴
(thigh)
수(손)
(hand)
하퇴
(leg)
발목(ankle)
족(발)(foot)
두개관(crown)
항(목덜미)
(much)
정중선
(median plane)
횡단면
(trans verse plane)
등
(back)
주(팔꿈치)
(elbow)
요부
(join)
둔부
(buttock)
대퇴
(tight)
슬와
(ham)
하퇴상단
(proximal end of leg)
장딴지
(calf)
하퇴하단
(distal end of leg)
발꿈치(heel)

05 충격과 인체손상

(1) 1차 충격손상

- 보행자가 직립상태에서 자동차에 충격되는 경우 범퍼에 의해 1차적으로 충격을 받게 된다. 이를 범퍼손상(bumper injury)라고 한다. 성인의 경우 대퇴부, 하퇴부 등 하지에 주로 발생하지만 어린이의 경우는 상반신 때로는 목이나 머리에서 손상이 발생할 수 있다. 옷을 많이 입은 경우 충격이 흡수되는 효과가 있다. 인체의 손상정도를 미루어 충돌속도와 방향을 추정할 수 있다. 범퍼에 의한 인체손상 부위는 범퍼의 지상고를 의미하므로 차량의 종류를 추정할 수 있다. 이 경우 인체에서 신발을 포함한 위치를 측정하여야 한다. 승용차의 범퍼는 지면으로부터 30cm 높이에서 시작하여 60cm 정도이다. 그러나 보행자가 걷는 경우에는 자세에 따라 위치가 가변적이기 때문에 신중하게 고려하여야 한다. 또한 제동에 의해서 앞범퍼는 7~8 cm 가량 쉽게 내려갈 수 있기 때문에 이 또한 고려되어야 한다.
- 자동차는 대체로 소형승용차가 40km/h 이상으로 보행자의 전방 또는 측변을 충격하면 다리에 골절이 일어난다. 후방에서 충격하면 무릎관절이 구부러지고 비교적 두꺼운 근육층에 의하여 충격이 흡수되기 때문에 골절이 일어나기 위하여는 70~80km/h의 속도가 필요하다.
- 인체 손상에 대한 정보로 추정해 볼 수 있는 사고 상황을 보면, 좌우측 다리의 전면 또는 뒷면에 같은 높이의 손상이 형성되어 있으면 서있는 자세에서 충격하였다는 것을 의미할 수 있고 측면에 있으면 인체의 측면에 충격이 가하여 졌다고 추정할 수 있다. 전면부, 측면부 또는 후면부에 나타난 손상흔적의 높이가 서로 다르면 보행 중이었다는 것을 의미할 수 있고 이때에는 대개 높은 쪽이 지면에 닿아 체중이 실린 다리가 된다.
- 기타 범퍼에 충격되는 것과 동시에 라디에이터 그릴(radiator grill), 전조등, 엔진후드(engine hood) 및 펜더(fender)에 의해서도 1차 충격이 발생할 수 있다. 보닛과 펜더에 의한 손상은 대퇴부 상단, 둔부 등에 형성되는 데 이러한 부위는 연조직이 풍부하여 충격이 잘 흡수되므로 외표 손상은 없거나 경미한 표피박탈 또는 피하출혈을 보는 경우도 많다. 그러나 절개하여 보면 혈액과 좌멸된 지방조직을 함유하는 박피손상이 관찰되는 경우가 많다.

(2) 2차 충격손상

승용차의 전면부는 성인의 무게중심보다 낮다. 40~50km/h의 충돌속도에서 보행자는 보닛 위로 올라가 상면이나 전면유리창 또는 와이퍼, 후사경 등에 의해 팔꿈치, 어깨, 머리를 비롯하여 흉부 및 안면부가 충격된다. 차량의 속도가 70km/h이상 되면 보행자는 차체의 위쪽으로 뜨게 되며 차량의 지붕이나 트렁크 또는 차량 뒤쪽 노면에 떨어진다. 만약 30km/h 이하의 속도에서는 인체가 뜨기 보다는 차량의 전면이나 측면으로 직접 전도되어 차량과 재차 충격되지 않는다. 만약 운전자가 정지하지 않고 계속 주행해버리면 역과로 이어질 수 있다. 화물차나 버스와 같은 차종은 전면이 높고 수직이기 때문에 인체는 1차로 충격된 후 차량의 전면이나 측면으로 직접 전도되어 2차 충격손상이 발생하지 않으며 역과 되기 쉽다.

(3) 전도손상(顚倒損傷)

자동차에 충격된 후 지상에 쓰러지거나 떨어져 지면이나 지상구조물에 의하여 형성되는 손상으로 전도손상이라고도 한다. 노면에 떨어지면서 머리가 충격되어 두개골 골절이나 뇌손상이 일어나 사인이 되기도 한다. 둔부로 떨어지면 특히 노인에서 천장관절이 잘 골절된다.

(4) 역과 손상(轢過損傷)

지상에 전도된 후 충격을 가한 차량이나 뒤따르던 차량에 의해 역과될 수 있다. 역과손상은 바퀴와 차량의 하부구조에 의한다. 바퀴에 의하여 역과되었을 때 신체에는 심각한 손상이 발생한다. 바퀴와 접촉된 부분에는 타이어 문양이 나타나고 그 아래쪽에 골격 또는 실질장기는 차량의 무게에 의한 손상이 발생하며 지면에 닿아있는 피부에서는 지면과 마찰된 손상이 발생하게 된다. 어린이의 경우 골격의 탄력성이 크기 때문에 골절이 일어나지 않을 수 있고 외견상 골절이 일어나지 않은 것처럼 보이는 경우도 있다.

역과와 같은 거대한 외력이 작용하면 외력이 작용한 부위에서 떨어진 피부가 신전력에 의하여 피부할선을 따라 찢어지는데 이를 신전손상이라고 한다. 신전손상은 대개 얕고 짧으며 서로 평행한 표피열창이 무리를 이루어 나타나고 외력이 더욱 거대하면 열창의 형태로 나타난다.

신전손상(伸展損傷)은 역과사고에서 가장 많이 나타나며 엉덩이 부분을 역과하는 경우 반대편 피부가 장력을 받아 하복부 또는 사타구니에서도 생긴다.

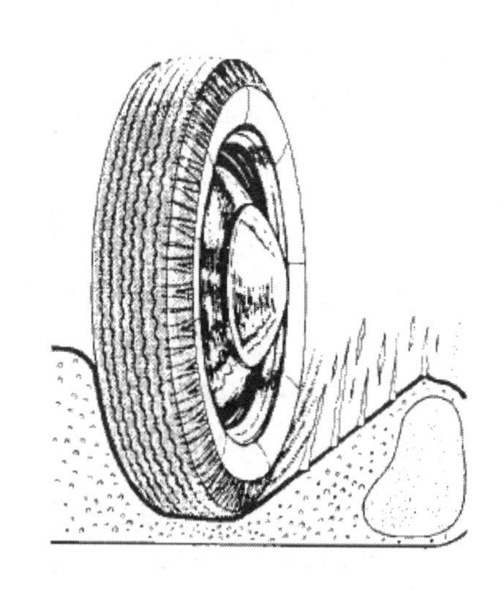

그림 신전손상 발생기전

(5) 탑승자 손상

탑승하고 있는 차량이 움직이는 다른 차량 또는 고정된 물체와 충돌하거나 급제동하면 탑승자는 차내 구조물에 의하여 손상을 받는다. 탑승자가 전면유리창에 부딪히는 경우 유리가 파손되면서 얼굴에 다발성으로 베인 상처가 발생하게 되는 데 이를 **주사위 손상**(Dicing Injury)이라고 한다. 운전자는 조향핸들(Steering wheel)에 의하여 흉부 및 복부에 발생한다. 대쉬보드는 탑승자의 무릎부분과 가까워 이 부분에 손상이 주로 나타나는데 무릎에서 좌상, 표피박탈과 같은 손상이 주로 나타난다. 때로는 무릎에 가하여진 충격으로 대퇴골두가 탈구될 수도 있다. 앞좌석 탑승자의 무릎에서 이러한 손상이 나타나면 이는 정면충돌이라는 것을 의미한다. 또한 정강이에 표피박탈이나 좌열창을 일으키는 경우도 있으며 경골 및 비골이 골절되기도 한다.

2점식 안전벨트 고속버스의 승객용 의자에 적용되며 충돌시 하복부에 표피박탈 및 좌상을 일으키는 점 외에도 상체를 효과적으로 고정시키지 못하기 때문에 간, 췌장, 비장, 방광 등의 복부장기가 띠와 척추 사이에 끼어 파열될 수 있다. 또한 골반 및 요추에 골절을 일으킬 수도 있다. 경부3점식 안전벨트는 승용차에 주로 적용되며 충돌시 흉부좌상, 쇄골 및 늑골의 골절, 상행 대동맥 및 간의 파열이 발생된다. 척추 및 흉골 골절과 복강내 및 골반강내 장기의 파열도 초래할 수 있다.

편타손상(whiplash)은 원래 가죽 채찍으로 때릴 때 채찍이 흔들리는 모습과 같이 경부가 흔들려 생기는 손상이다. 추돌 시 머리 부분이 심하게 앞뒤로 움직여 경추가 과신전 및 과굴곡되어 손상이 일어난다. 주로 경추의 아래쪽인 6번 및 7번 경추가 손상을 받는다. 편타 손상은 머리받침대를 적절히 사용하는 경우 상해가능성을 크게 낮출 수 있다.

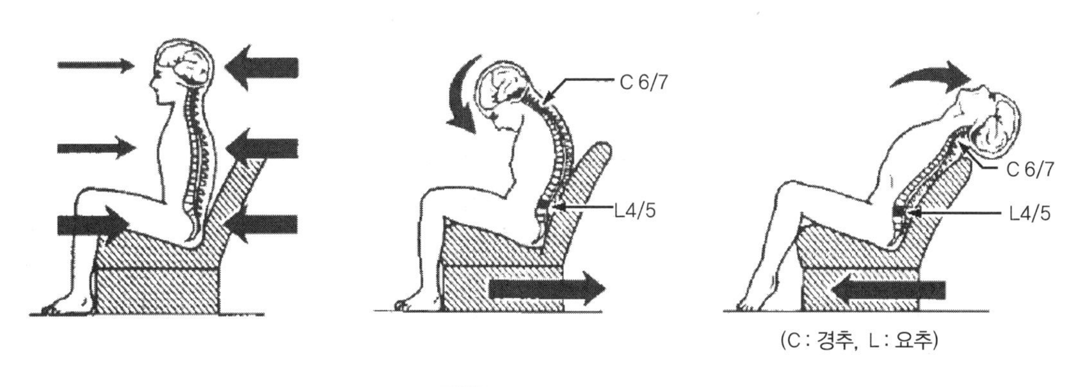

그림 **편타손상 발생기전**

06 상해분류 구획

간략화 상해기준(AIS)의 주요 특징 중의 하나는 인체를 크게 외피, 두부, 경부, 흉부, 복부, 골반장기, 척추, 사지의 7가지 구획으로 나눈다. 골반골은 사지에 속하고 골반장기는 복부에 속하며 그 외 세부 부위는 다음과 같다.

구획	인체 부위	세부 부위
1	외피	전신의 표피
2	두부	두개골, 뇌, 안면, 이목
3	경부	경부, 인후부
4	흉부	흉부장기, 흉곽(늑골)
5	복부	복부, 골반장기
6	척추	척추, 척수
7	사지	상·하지, 골반골

07 상해도 단계

(1) 각 손상의 정도는 개개의 AIS 코드로 표현되는데, 표에서 보는 바와 같이 1~6 및 9의 숫자로 표시된다.

상해등급(AIS)		머 리	흉 부	머리상해지수(HIC)
1	경상(Minor)	두통 또는 현기증	늑골 1개 골절	328
2	중상 (Moderate)	의식불명(1시간 미만), 선형골절	늑골 2~3개 골절, 흉부골절	656
3	중상 (Serious)	의식불명(1~6시간 미만), 함몰골절	심장 타박상, 늑골 2~3개 골절 (혈 또는 기흉 존재)	922
4	중태 (Severe)	의식불명(6~24시간 미만), 함몰골절	늑골 양쪽 3개 이상 골절, 소혈종	1187
5	빈사 (Critical)	의식불명(24시간 이상), 대혈종	대동맥의 심한 열상	1391
		생존불확실		
6	최대부상 (Maximum Injury)	사망		1675
9	불상 (Unknown)			

(2) 상해도 단계

- **상해도1** : 상해가 가볍고 그 상해를 위한 특별한 대책이 필요없는 것으로 생명의 위험도가 1~10%인 것
- **상해도2** : 생명에 지장은 없으나 어느 정도 충분한 치료를 필요로 하는 것으로 생명의 위험도가 11~30%인 것
- **상해도3** : 생명의 위험은 적지만 상해자체가 충분한 치료를 필요로 하는 것으로 생명의 위험도가 31~70%인 것
- **상해도4** : 상해에 의한 생명의 위험은 있으나 현재 의학적으로 적절한 치료가 이루어지면 구명의 가능성이 있는 것으로 생명의 위험도가 71~90%인 것
- **상해도5** : 의학적 치료의 범위를 넘어서 구명의 가능성이 불확실한 것으로 생명의 위험도가 91~100%인 것
- **상해도9** : 원인 및 증상을 자세히 알 수가 없어서 분류가 불가능한 것

section 3 **자동차 운전과 인간특성**

01 운전의 행태

(1) **운전자의 예측** : 예측이 어긋날 경우에는 잘못된 결정을 하거나 반응시간이 오래 걸린다.

① **연속적 예측** : 바로 전 과거의 사건이 계속 진행될 것이라는 기대이다.
예를 들어 운전자들은 앞차들이 갑작스럽게 속도가 변화하지 않으리라는 예측을 한다.

② **상황 예측** : 과거 반복적으로 경험했던 상황으로 같은 상황이 발생할 것이라는 예측이다.

③ **시간적 기대** : 지금쯤 신호등이 바뀔 것이라는 예측이다.

(2) **운전전술** : 위험한 상황을 회피하기 위해 취해지는 행동이며 충돌이나 다른 사고를 회피하기 위한 조향, 제동, 가속행위 등이다.

(3) **운전전략** : 자동차와 도로, 교통상황의 전반적인 인지와 가능한 위험이나 위기의 감지 그리고 위험의 최소화를 위하여 운전자가 미리 어떤 행동을 취하는 일련의 모든 행위를 말한다.

(4) **제동동작** : 자동차를 주행하는 상태에서 운전자가 위험을 인지하여 브레이크 페달을 밟아 정지할 때까지의 제동에 관한 동작을 분석하면 공주상태와 제동상태로 분류된다. **공주상태**란 운전자가 위험을 인지하여 가속페달에서 발을 떼어 브레이크 페달로 옮겨 밟기 시작하는 상태로서 옮겨 밟는 시간을 **공주시간**, 옮겨 밟는 동안 자동차가 주행한 거리를 **공주거리**라고 한다. 공주시간은 최소 0.7초에서 보통 1.0초로서 동작이 느린 사람이나 노인 또는 술에 취한 상태에서는 더욱 길어진다.

(5) **제동상태** : 브레이크 페달을 밟아 브레이크 라이닝이 드럼에 압착되거나 디스크에 압착되어 제동이 걸리기 시작하면서부터 자동차가 정지할 때까지의 주행한 거리로서 이때의 시간을 제동시간, 이때의 거리를 제동거리라고 한다.

(6) 공주시간과 제동시간을 합한 것을 **정지시간**이라고 하며 공주거리와 제동거리를 합한 것을 **정지거리**하고 한다. 이와 같이 위험을 인지하고 판단, 반응하여 급제동하고 정지할 때까지의 과정을 세분하면 다음과 같다.

- **운전자의 위험상황 인지시간** : 0.2~0.3초
- **인지에 따른 판단시간** : 0.2~0.3초
- **가속페달에서 브레이크 페달로 바꿔 밟는 시간** : 0.3~0.4초
- **제동이 걸리기 시작하여 바퀴의 구름이 정지하는 시간** : 승용차 약 0.1~0.2초,
  버스 및 대형트럭 약 0.3~0.4초 내외

02 인간특성

(1) 인지 및 반응과정

① **인지**(Perception) : 시각적으로 신호를 인식

② **확인**(Identification) : 신호를 식별하고 자극을 이해

③ **판단**(Discrimination) : 운전자가 자극에 대한 반응으로 취할 행동을 결정

④ **반응**(Reaction) : 결정된 행동을 실행

- 반사적 반응(Reflex Reaction) : 본능적, 가장 짧은 반응시간
- 단순한 반응(Simple Reaction) : 가장 일반적 반응, 습관
- 복잡한 반응(Complex Reaction) : 선택적 반응
- 분별적 반응(Discriminative Reaction) : 가장 긴 반응시간

03 시각

(1) 운전을 위한 전체 정보의 80~90% 가량은 시각적으로 감지되고 나머지 10~20%는 청각, 느낌, 밸런스, 냄새 등이다.

(2) 사람의 눈은 빛의 밝기에 따라 조절되지만 이렇게 적응하는 데는 일정한 시간이 필요하다. 명순응은 밝은 장소로 이동할 때이고 암순응은 어두운 장소로 이동할 때이다.

- **명순응** : 밝은 장소로 이동하면서 잠깐 동안 보이지 않는 현상
- **암순응** : 어두운 장소로 이동할 때 잠깐 동안 보이지 않는 현상
- **현혹** : 야간에 마주 오는 차량의 불빛을 직접 받는 경우(상향등) 일시적으로 보이지 않는 현상

(3) **시야** : 시야란 눈의 위치를 바꾸지 않고 볼 수 있는 범위를 말하며, 일반적으로 교통과 관련된 운전자의 시야특성은 다음과 같다.

- 시거선에서 10~12°의 범위는 운전자가 감지하고 이해 가능하다.
- 주변을 감지할 정도의 시야는 좌우 90°, 위로 50°, 아래 80° 정도이다.
- 주행속도가 빨라지면 시인할 수 있는 각도가 감소한다.
- 좌우 약 180° 정도 가시 범위이며 30km/h 주행하는 경우 100°, 100km/h인 경우 40° 정도로 시야는 감소한다.
- 읽는 목적으로서의 시야는 3~10°까지이다.
- 눈에서 영상을 맺는 비율은 보통 4 상/초, 운전 중에는 1.0~1.5 상/초이다. 100km/h로 주행할 경우 1.0~1.5 상/초로 20~28m에 1개의 신호를 인식할 수 있다. 운전자는 전방을 매우 멀리 보는 경향이 있으나 100m 이상 떨어진 신호등은 인식하기 어렵다.

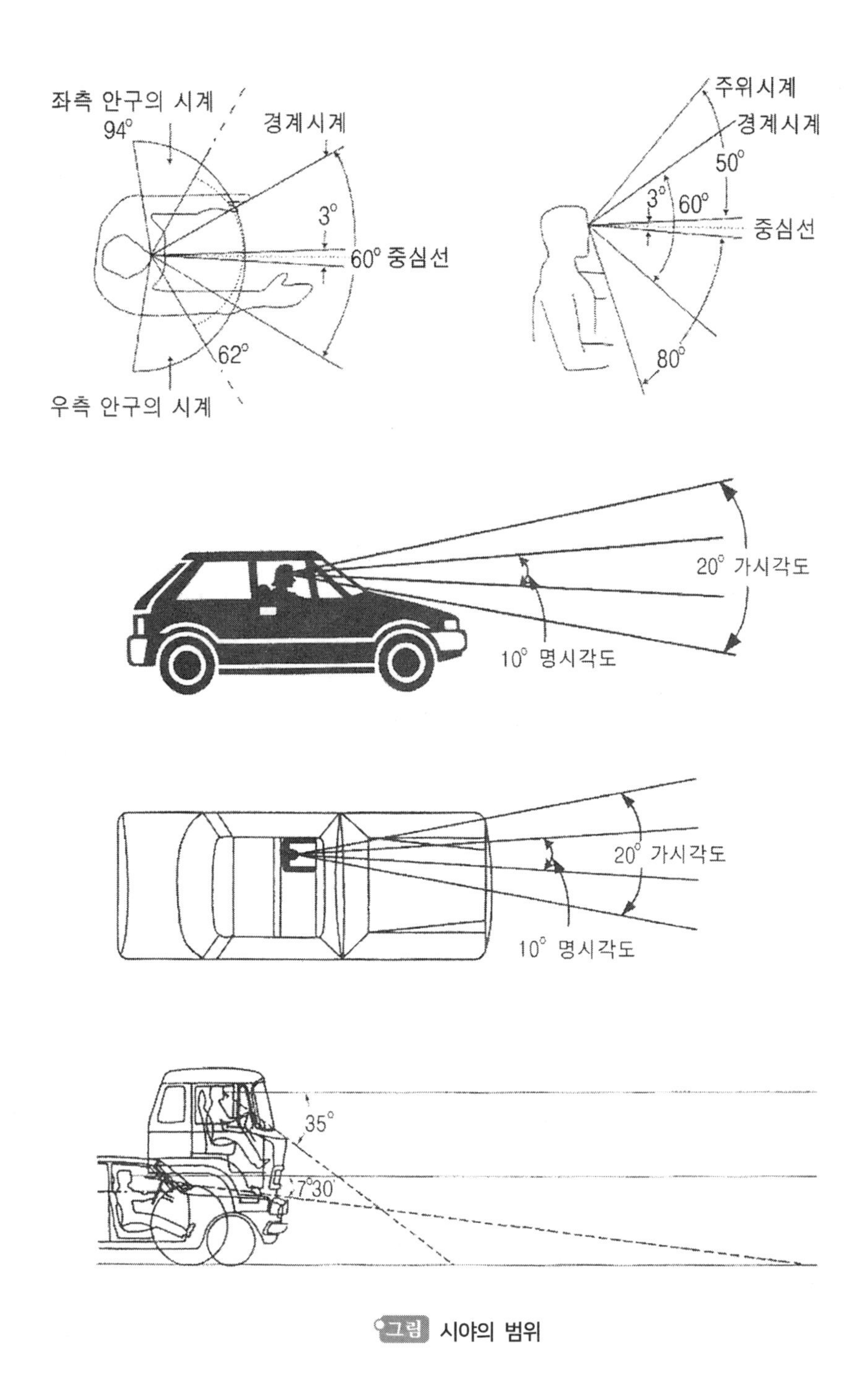

그림 시야의 범위

[출처 : 도로교통공단 교통사고조사 매뉴얼]

04 기억

(1) 지각기억 : 일반적으로 1~2초로서 순간적이고 감각적이다.

(2) 단기기억 : 요구되는 처리가 일시적으로 저장되는 정보의 공간으로 일반적으로 30초 정도이다.

(3) 장기기억 : 존속하는 정보이고 사건을 처리한 후 다시 불러올 수 있는 기억이다. 운전 중에는 단기기억을 주로 이용하므로 이를 위하여 다음 3가지가 요구된다.

① 경고는 즉각적인 반응이 요구됨

② 운전자는 도로에 관련된 정보를 자주 접해야 됨

③ 정보는 한 번에 하나씩 처리되도록 제공되어야 함

05 보행자의 속도

보행자의 속도는 대략 0.76~1.83m/s로 평균 1.22m/s 정도이다. 교차로와 교차로 이외의 일반도로, 여성과 남성이 서로 보행하는 속도는 각각 다르고 나이가 많은 사람의 보행속도는 0.91m/s 정도이다.

차량조사

section 1 자동차 구조 및 특성

01 자동차의 명칭

(1) 자동차의 운동방향은 앞뒤방향을 x방향이라고 하고 좌우방향을 y방향 그리고 상하방향을 z방향이라고 하고 이 방향으로 움직이는 운동을 **병진운동**이라고 한다. 그리고 앞뒤방향을 축으로 회전하는 방향을 **롤**(Roll)이라고 하고 좌우방향을 축으로 회전하는 것을 **피치**(Pitch)라고 하며 상하방향을 축으로 하여 회전하는 것을 **요**(Yaw)라고 한다.

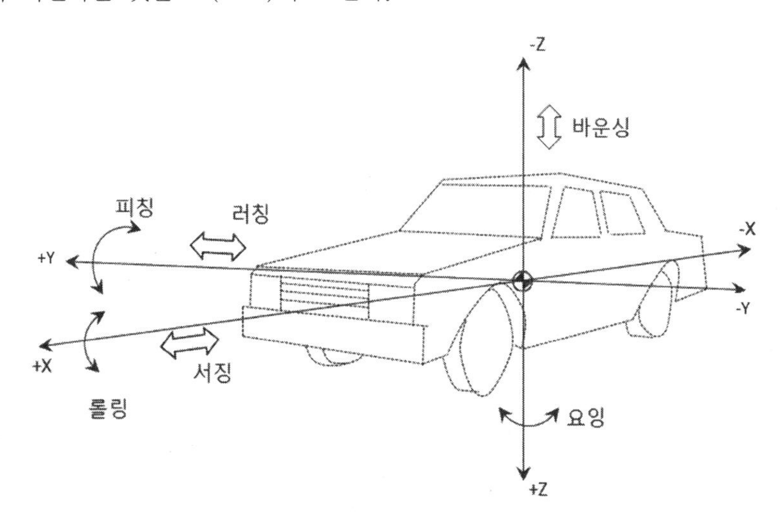

(2) 자동차의 주요부분은 크게 나누어 차체(Body)와 섀시(Chassis)로 구분하며 **차체**(Body)는 사람이나 화물을 싣는 부분으로 주로 외형과 실내부분이다. **섀시**는 엔진, 동력전달장치, 조향장치, 현가장치, 제동장치 등의 부분을 말한다.

02 자동차의 구조

(1) 자동차 차체의 명칭

① **바디(차체)** : 외판과 사람이 승차할 수 있는 객실 및 화물을 적재할 수 있는 적재함

② **프레임** : 엔진 및 섀시 부품을 장착할 수 있는 뼈대

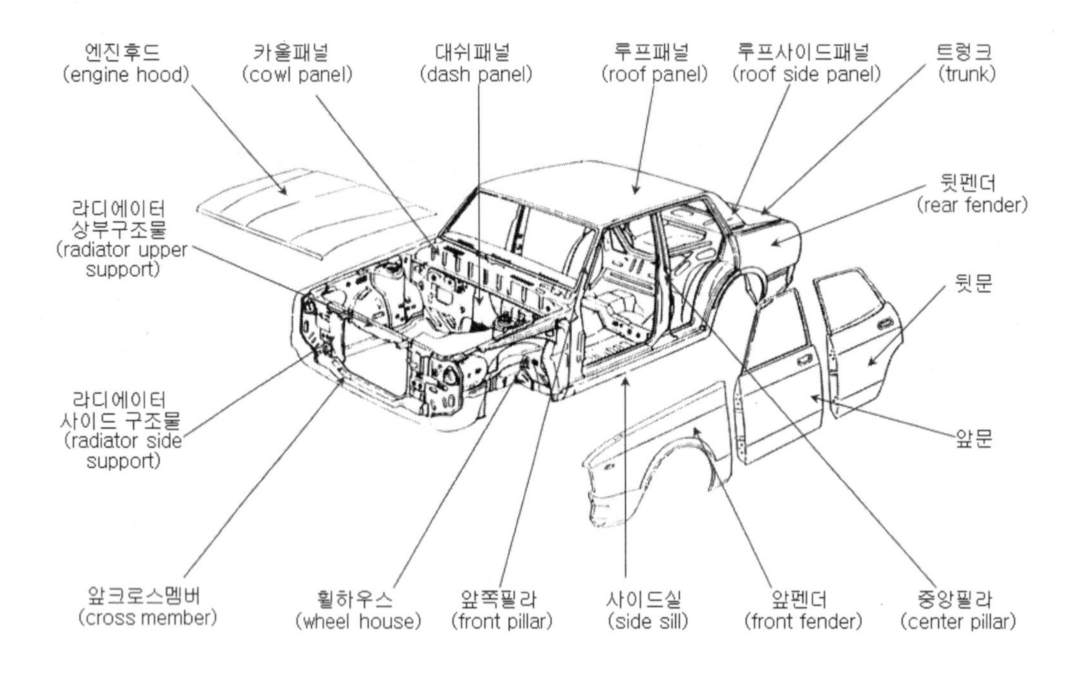

(2) 섀시(chassis)의 기본 구조

섀시의 기본 구조는 그림과 같다. 엔진이 자동차 앞쪽에 위치하고 4바퀴에서 진동을 흡수하는 부분을 현가장치라고 하며 머플러는 뒤쪽에 위치하는 메인머플러와 중간머플러 그리고 촉매변환장치가 차량 하부에 위치하고 있다. 엔진이 위치하는 부분을 **엔진룸**이라고 한다.

승용차의 경우 엔진의 동력을 미션과 추진축을 통하여 양쪽 앞바퀴에 전달되는 구조가 일반적인데, 트럭의 경우는 엔진은 앞쪽에 위치하는 반면 구동바퀴가 뒤쪽에 위치하기 때문에 차량 앞쪽에서 뒤쪽까지 길게 추진축으로 연결되어 있다.

① **엔진** : 자동차를 구동하기 위한 출력을 발생시키는 장치이다. 엔진의 구성요소는 실린더블록, 실린더헤드, 윤활장치, 냉각장치, 연료장치, 점화장치 등으로 구성되어 있다. 사용연료의 종류에 따라 가솔린엔진, 디젤엔진, LPG엔진 등이 있다.

② **동력전달장치** : 엔진의 출력을 구동바퀴까지 전달하는 부품이다. 클러치, 변속기, 추진축, 종감속장치, 차동장치, 차축, 바퀴로 구성된다.

㉠ **클러치** : 클러치는 엔진과 변속기 사이에 설치되어 엔진의 회전력을 차단하는 장치이다. 자동차가 정지상태에서 엔진을 회전시키기 위해서 또는 신호대기 중에 바퀴는 정지상태이므

로 엔진을 계속 회전시키고자 할 때 동력을 차단할 필요가 있다.

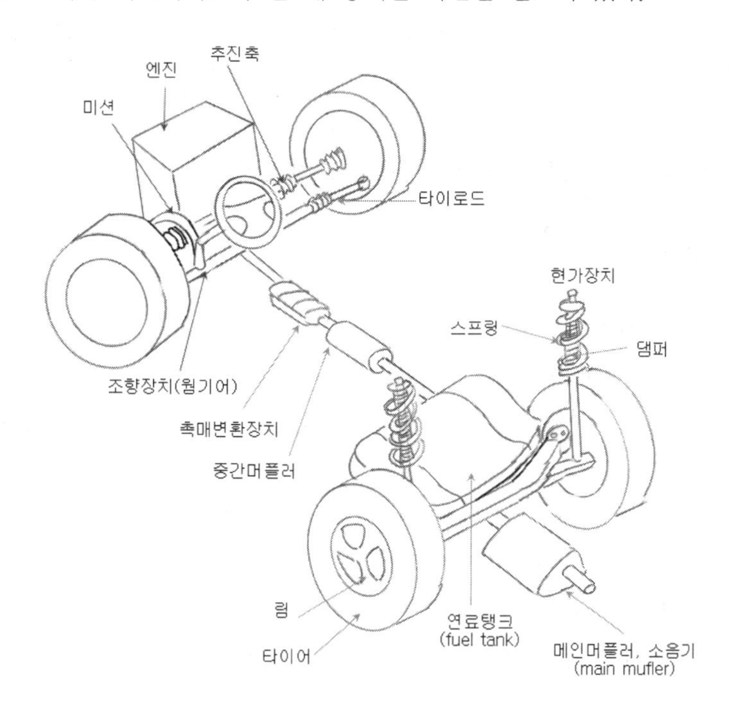

㉡ **클러치의 종류**

- 마찰클러치 : 플라이휠과 클러치판과의 마찰력에 의해 동력을 전달하는 클러치
- 자동클러치 : 엔진의 동력을 오일의 속도에너지를 이용하여 전달하는 방식으로 유체클러치와 전자석을 이용하는 전자식 클러치가 있다.

㉢ **변속기**

엔진의 출력은 일정하지만 출발 또는 오르막을 올라갈 때는 큰 출력이 필요하고 내리막에서는 거의 출력이 필요 없다. 즉 엔진출력은 일정하게 유지하면서 다양한 출력에 맞추기 위해서 변속기가 필요하다.

변속기는 저속에서 큰 회전력이 필요한 경우 저단기어를 사용하고 고속주행이 필요한경우 고단기어를 사용한다. 주행 중 급가속이 필요한 경우에는 가속페달을 깊게 밟으면 저단기어로 내려가(킥다운) 고출력상태가 된다.

자동변속기는 클러치페달이 없고 변속조작이 없어 편리한 운전을 할 수 있도록 해준다. 수동변속기는 운전자가 조작함으로 인하여 충격이 있으나 자동변속기는 변속과정에 충격이 거의 없어 부품의 수명이 길다. 그러나 복잡한 구조로 인하여 부품가격이 고가이며 고장발생시 수동변속기는 간단한 수리가 가능하지만 자동변속기는 전체를 교체하는 방법으로 수리가 된다. 또한 연료소비율도 수동변속기에 비해 약 10%정도 높다.

㉣ **추진축** : 변속기로부터 최종감속기어까지 동력을 전달하는 축이다. 비틀림 하중을 전달하면서 고속회전하며 두께가 얇은 강판의 원형파이프가 사용되고 있다.

ⓜ 뒤차축 어셈블리

- 종감속기어 : 변속기 및 추진축의 회전력을 직각 또는 직각에 가까운 각도로 바꾸어 앞차축 및 뒤차축에 전달하고 동시에 감속하는 작용을 한다.
- 차동기어장치 : 커브의 안쪽 바퀴의 회전수는 적게 하고 바깥쪽 바퀴의 회전수를 많이 하게 하여 커브길을 원활하게 회전하도록 하는 장치이다.

03 자동차의 분류

(1) 구동방식에 의한 분류

보통 중소형 승용차는 앞바퀴 구동방식을 선택하고 있다. 차량에서 앞부분이 먼저 끌러주는 효과가 있기 때문에 조향성능이 우수하지만 급출발에서 차량의 무게가 뒤쪽으로 전이되는 효과 때문에 앞바퀴가 노면과 슬립되는 현상이 발행한다. 반면 뒷바퀴 구동방식은 출발시 또는 짐을 싣고 오르막을 올라가는 경우 뒷바퀴와 노면이 강하게 밀착되는 효과가 있기 때문에 높은 출력을 발휘할 수 있다.

① 앞바퀴 구동방식 : 중소형 승용차

② 뒷바퀴 구동방식 : 대형승용차, 트럭

③ 4륜 구동방식 : SUV, 지프형 승용차 등

(2) 엔진위치 및 구동방식에 의한 분류

엔진의 위치와 구동바퀴의 위치에 따라 분류할 수 있다. 엔진이 앞쪽에 있는 경우는 엔진을 포함한 여러 장치들이 정면 충돌에서 운전자를 보호해주는 효과가 있다. 엔진이 앞쪽에 있고 구동바퀴가 뒷바퀴인 경우에는 객실을 지나는 추진축으로 인하여 승차공간이 줄어드는 단점이 있다.

① 앞엔진앞구동방식(Front Engine – Front Drive)

② 앞엔진뒷구동방식(FE–RD)

③ 뒷엔진앞구동방식(RE–FD)

④ 뒷엔진뒷구동방식(RE–RD)

04 자동차의 제원

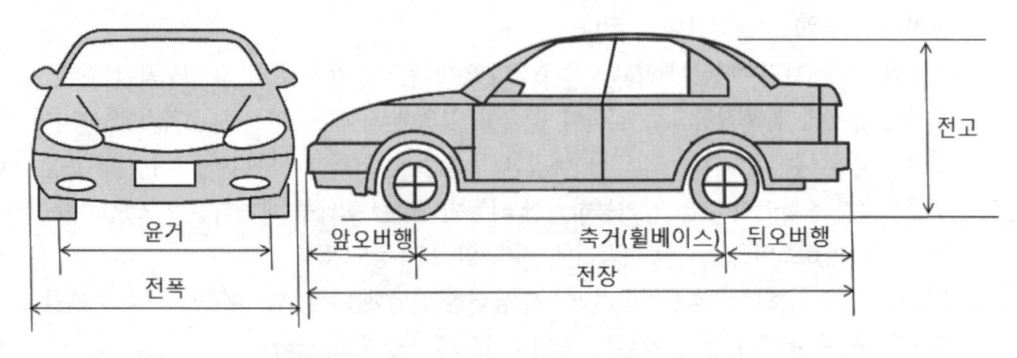

(1) 전장 : 자동차의 길이를 자동차의 중심면과 접지면에 평행하게 측정했을 때 범퍼, 후미등을 포함한 최대 길이

(2) 전폭 : 자동차의 너비를 자동차의 중심면과 직각으로 측정했을 때의 부속물을 포함한 최대 너비(후사경 제외)

(3) 전고 : 접지면에서 가장 높은 부분까지의 높이. 최대 적재상태일경우 이를 명시(오토바이의 전고는 후사경의 높이가 아니고 핸들상단의 높이)

(4) 축거 : 앞뒤 차축의 중심에서 중심까지의 수평거리.

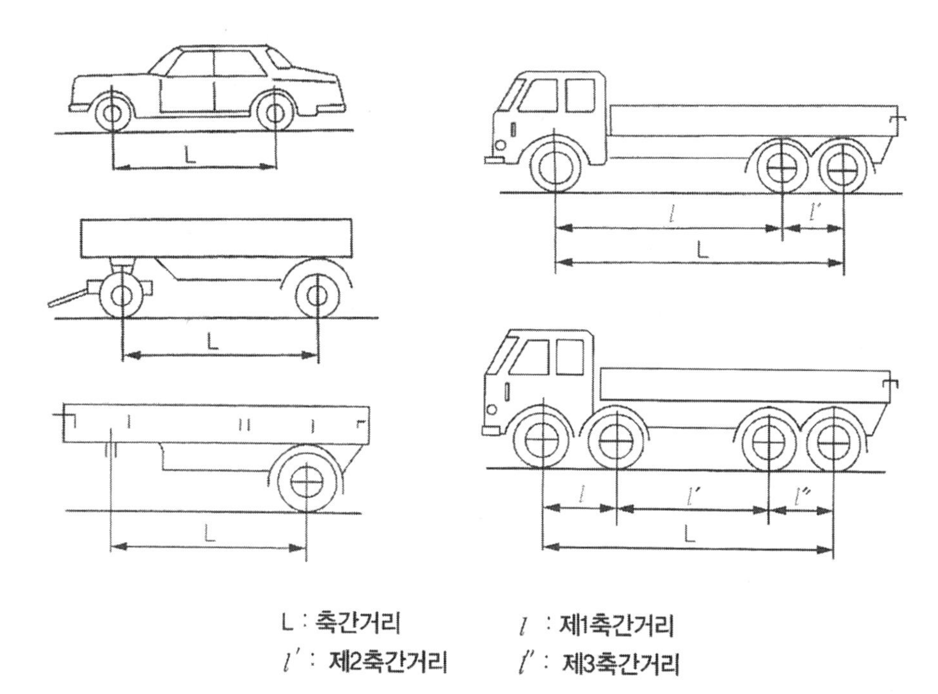

(5) 윤거 : 좌우 타이어의 접촉면의 중심에서 중심까지의 거리. 복륜인 경우는 복륜 간격의 중심에서 중심까지의 거리.

(6) 중심높이 : 접지면에서 자동차의 중심까지의 높이(공차상태와 적재상태 구분)

(7) 바닥 높이 : 접지면에서 바닥면의 특정한 장소(버스의 승강구의 위치 또는 트럭의 맨뒷부분)까지의 높이.

(8) 프레임 높이 : 축거의 중앙에서 측정한 접지면에서 프레임 윗면까지의 높이이다.

(9) 최저지상고 : 접지면인 노면에서 자동차의 가장 낮은 부분까지의 높이다.

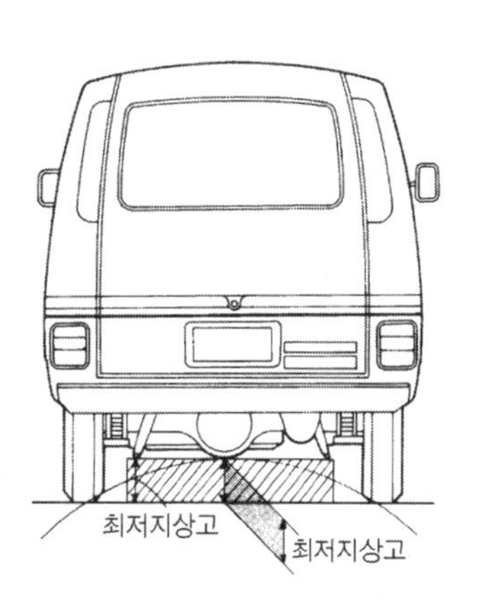

그림 자동차의 최저 지상고

(10) 적하대 오프셋 : 뒷차축의 중심(뒷차축이 2개일 때는 2차축 중앙)과 적하대 바닥면의 중심과의 수평거리이다.

(11) 앞오버행(앞내민길이), 뒷오버행(뒷내민길이) : 앞바퀴의 중심을 지나는 수직면에서 자동차의 맨 앞부분까지의 수평거리를 앞오버행이라고 한다. 맨 뒷바퀴의 중심을 지나는 수직면에서 자동차의 맨 뒷부분까지의 수평거리를 뒤 오버행이라고 한다. 견인장치, 범퍼 등 자동차에 부착된 것은 모두 포함된다.

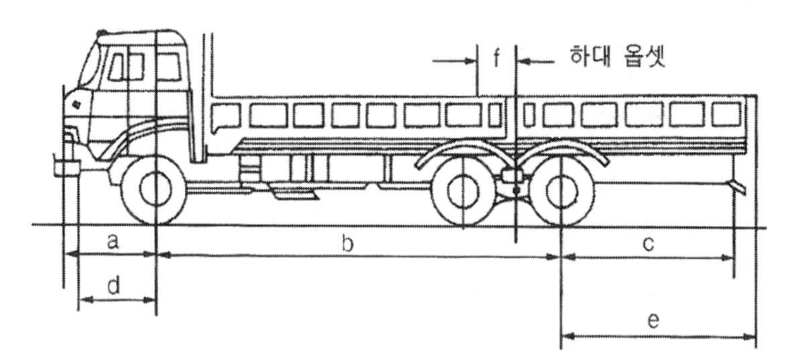

a : 앞 차체 오버행　　b : 축간거리(제1축간거리 + 제2축간거리)
c : 뒤 차대 오버행　　d : 앞 차대 오버행
e : 뒤 차체 오버행　　f : 하대 옵셋량

(12) 조향각 : 자동차가 방향을 바꿀 때 조향바퀴가 선회하는 각도이다.

(13) 최소회전반경 : 자동차가 최대 조향각으로 저속 회전할 때 바깥쪽 바퀴의 접지면 중심이 그리는 원의 반지름을 말한다.

(14) 축중 : 자동차가 수평상태에 있을 때에 1개의 차축에 연결된 모든 바퀴의 윤중을 합한 것

(15) 윤중 : 자동차가 수평상태에 있을 때에 1개의 바퀴가 수직으로 지면을 누르는 중량

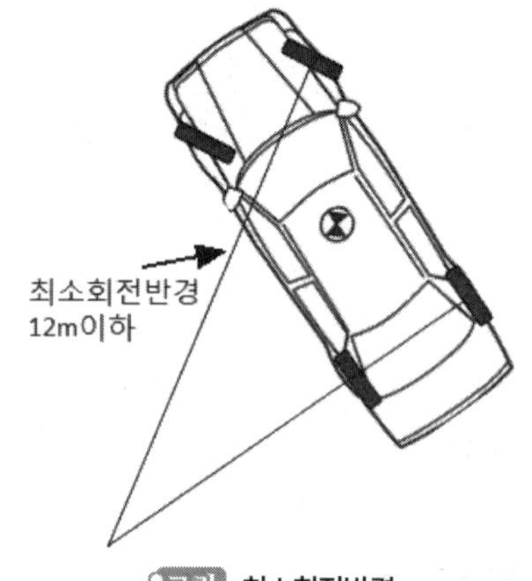

그림 최소회전반경

(16) 차량무게 : 빈차 상태(공차)의 차량의 무게를 말하며 공차무게라고도 한다. 공차상태란 사람이나 짐을 싣지 않고 연료, 냉각수, 윤활유, 예비타이어 등 규정량을 넣고 운행에 필요한 장비를 갖춘 상태이며, 특별히 지정하지 않을 때는 운전사, 예비부품, 공구, 기타 휴대품은 제외한다.

(17) 차량총무게 : 최대적재상태에 있는 자동차의 무게를 말한다. 최대 적재상태란 빈차상태의 자동차에 승무원과 승차정원(1인 65kg) 또는 최대적재량의 화물을 균등하게 적재한 상태이다.

(18) 배분무게 : 최대적재상태에서 자동차의 각 차축에 배분된 무게를 말하며 이를 축중비라고 한다. 축중을 바퀴수로 나누면 윤하중이 된다.

(19) 무게 배분비 : 각 차축의 배분무게(축중)의 백분비(%)

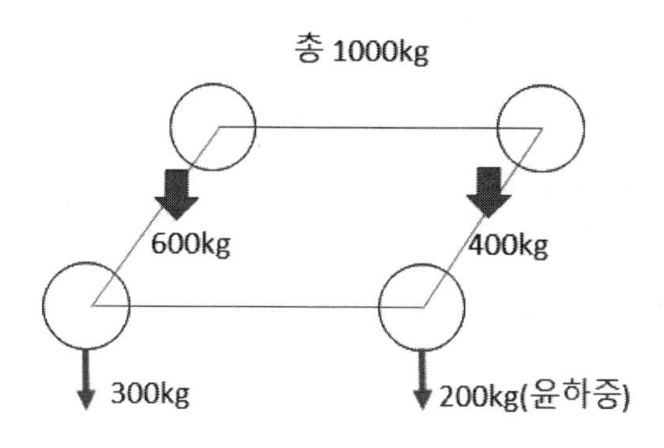

그림 무게 배분비 60% : 40%

section 2 자동차의 성능

01 제동시스템

(1) 주제동브레이크

① **기계식 브레이크** : 브레이크 페달의 힘을 로드나 와이어를 통하여 제동기구에 전달하는 브레이크 방식이다.

② **유압식 브레이크** : 브레이크 페달의 힘을 유압으로 바꾸어 각 바퀴에 전달하고 이 유압을 사용하여 각 바퀴의 드럼 또는 디스크를 구속하는 방식이다.

③ **배력식 브레이크** : 엔진의 흡입 부압을 사용하여 진공부스터에서 진공배력을 형성하여 브레이크 답력을 도와주는 방식이다.

④ **공기 브레이크** : 압축공기의 압력을 이용하여 브레이크 슈를 드럼에 압착시키는 방식이다.

(2) 제동과정

① **반응시간** : 위험을 인지하고 가속페달에서 오른발을 떼기 시작할 때까지의 시간

② **이동시간** : 오른발을 가속페달에서 떼어 브레이크 페달에 올려놓을 때까지의 시간

③ **밟는 시간** : 브레이크 페달을 밟기 시작해서 제동력이 발휘되기 시작할 때까지의 시간

④ **제동거리** : 자동차가 감속을 시작하여 완전히 정지할 때까지의 주행거리

⑤ **노즈다운 또는 노즈다이브** : 급제동 시 전방 모멘트에 의해 앞숙임 현상 발생

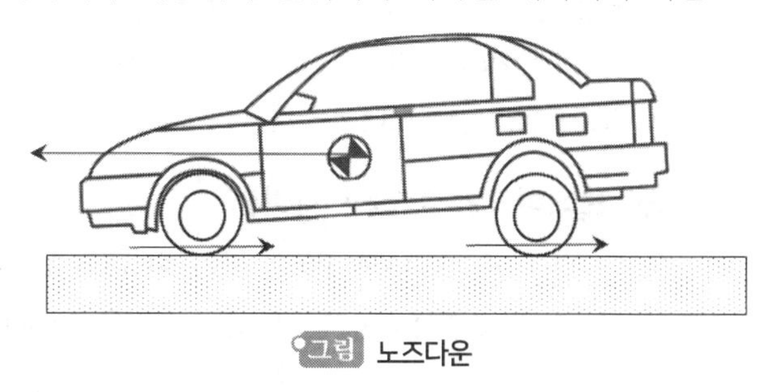

그림 노즈다운

⑥ **제동시의 주행안정성** : 차량의 주행 안정성을 확보하기 위해서는 일반적으로 전륜이 먼저 잠기도록 설계해야 하며 이를 구현하기 위해 프로포셔닝 밸브가 적용된다.

- **전륜이 먼저 잠기는 경우** : 차량 제동시 앞바퀴가 먼저 잠기게 되면 전륜의 코너링 포스가 없어져서 조향조작이 불가능해지지만 안정된 제동이 가능해진다.
- **후륜이 먼저 잠기는 경우** : 뒷바퀴가 먼저 잠기면 조향조작이 가능하게 되지만 후미의 흔들림이 발생하여 차체가 회전할 수 있다.

⑦ **브레이크 장치의 결함요소**

- **페이드 현상** : 반복적인 제동현상에 의하여 브레이크 마찰재 표면이 경화되어 마찰계수가 저하되는 현상
- **베이퍼 록** : 브레이크액이 고온이 되어 비등점 이상에서 기화하여 실린더, 배관 등에서 기포가 발생하여 제동력이 전달되지 않는 현상
- **워터페이드** : 브레이크 마찰면이 물에 젖어 마찰계수가 감소하는 현상
- **모닝 효과** : 제동 마찰면이 밤이슬 등으로 가볍게 녹이 슬어 아침 초기 제동 시 순간적으로 소음과 함께 과도한 제동반응이 일어나는 현상

02 제동장치

(1) 제동장치 · 브레이크장치라고도 부른다. 브레이크는 자동차 · 전동차 · 엘리베이터 따위와 같이 운동하고 있는 기계의 속도를 감속하거나 정지시키는 장치를 통틀어 일컫는다. 자동차 브레이크도 달리고 있는 차량의 속도를 줄이거나 정지시키는 기능을 하는 장치를 말한다.

(2) 브레이크는 보통 운전자의 조작력 또는 보조동력으로 발생한 마찰력을 이용해 자동차의 운동에너지를 마찰에너지 등으로 바꾸어 제동작용을 일으키는 방식이다. 승용차에는 대부분 마찰식 가운데서도 유압식이 많이 사용되는데, 운전자가 페달을 밟는 힘이 중간 매체인 유압을 거쳐 바퀴에 전달된다. 버스나 트럭 등 대형 차량에는 공기 브레이크가 적용된다.

(3) 주차브레이크는 주차 또는 정차 상태를 유지하거나 비탈길에서 주정차한 자동차가 미끄러지지 않도록 하는 기능을 한다.

(4) 주제동장치 구조

주행중인 자동차의 속도를 감속 또는 정지시키거나 정지중인 자동차의 자유이동을 방지하는 장치로서 풋 브레이크와 핸드브레이크, 감속브레이크로 구분되며 마스터실린더, 휠실린더, 브레이크 드럼(또는 캘리퍼), 브레이크 슈, 브레이크 파이프로 구성되어 있다.

(5) 일반 브레이크와 ABS의 차이점

ABS는 잠긴 상태를 반복적으로 약간 씩 풀어줌으로써 제동 중 조향이 가능하여 주행 안정성을 높일 수 있고 마찰계수가 높아 제동력이 우수하다.

일반차량은 급제동시 뒷바퀴가 들려지면서 뒷바퀴가 먼저 잠기게 되고 스핀(회전)하는 현상이 잘 생기지만 ABS차량은 각 바퀴의 제동력을 독립적으로 제어할 수 있으므로 운전자의 의지대로 주행이 가능하다. 전방에 돌발상황이 나타나 급조향을 할 경우에도 스핀되지 않고 안정된 주행을 할 수 있다.

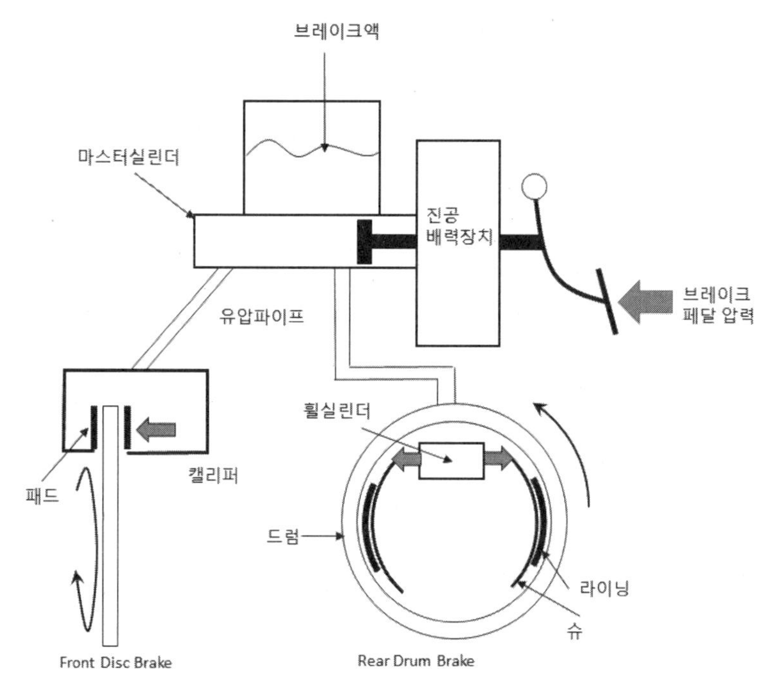

그림 주제동장치 구조

03 조향장치

(1) 자동차의 진행방향을 바꾸는 장치를 조향장치라고 한다. 조향핸들의 회전운동을 좌우방향의 직선운동을 바꾸어 조향바퀴의 방향을 바꾼다.

랙피니언식은 조향휠의 회전운동을 좌우 왕복운동으로 전환하는 기능을 한다. 피니언 기어에 의해 좌우 왕복운동을 하는 랙기어가 타이로드를 밀고 너클암을 밀어 조향을 하는 방식이다.

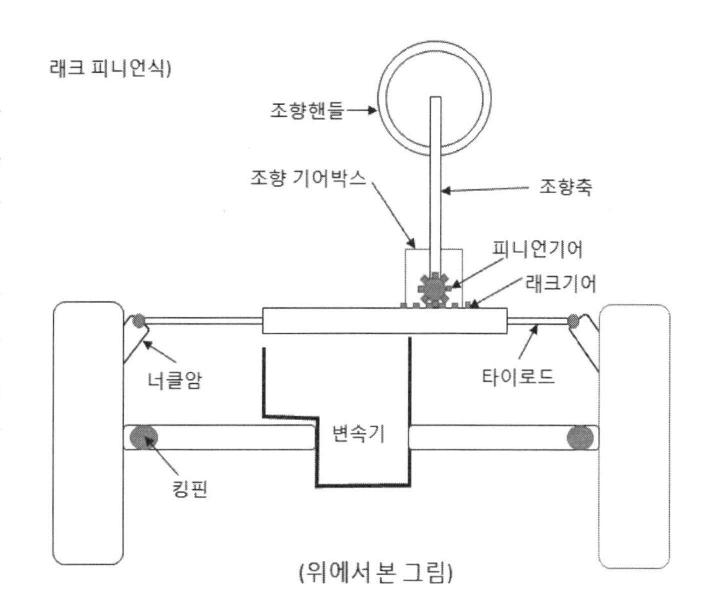

(2) 웜섹터방식은 조향휠의 회전운동을 조향기어박스 내부에 있는 섹터기어가 회전축이 바뀐 회전운동으로 바꾸어준 다음 피트먼암이 앞뒤방향으로 움직여 너클암을 통해 바퀴를 조향하는 방식이다.

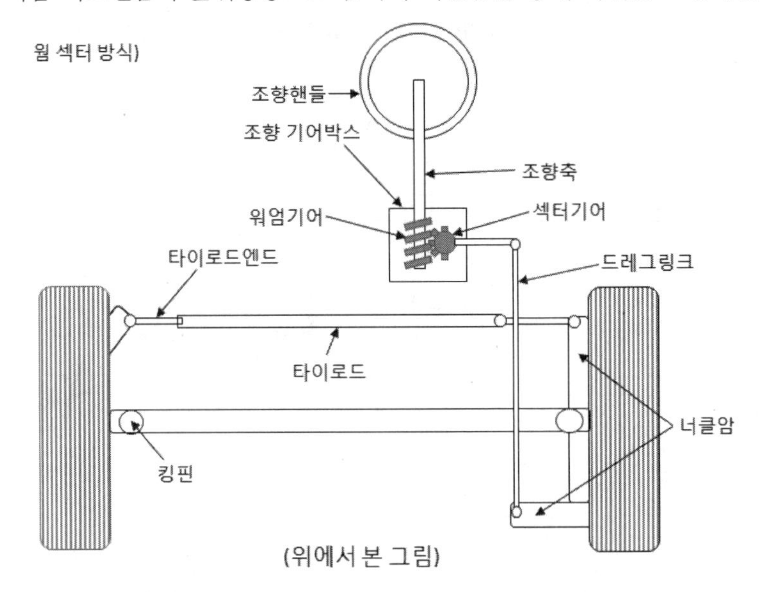

(위에서 본 그림)

(3) **조향기어비** : 조향핸들의 회전각 / 앞바퀴의 회전각. 조향기어비를 크게 하면 핸들의 조작력은 적어지고 전달속도는 늦게 된다.

(4) **최소회전반경** : 최소회전반경은 조향각도를 최대로 하고 선회하였을 때 그려지는 동심원 중에서 가장 바깥쪽 바퀴가 그리는 원의 반지름을 말한다.

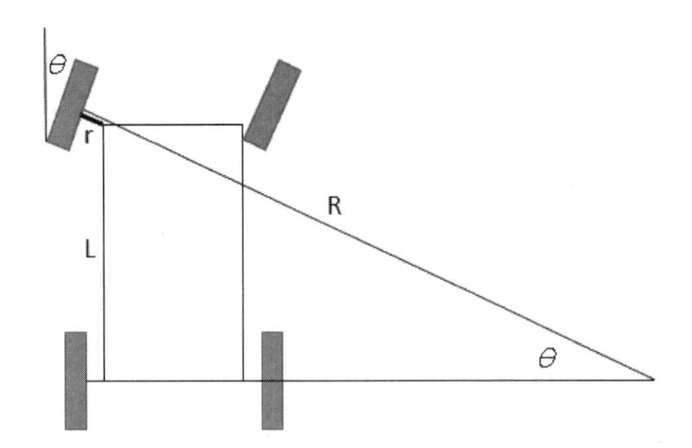

$$R = \frac{L}{\sin\theta} + r$$

R : 최소회전반경, L : 축간거리, θ : 바깥쪽 앞바퀴 조향각,

r : 바퀴의 접지면 중심과 킹핀과의 거리

04 현가장치

① 최근 많은 차량에 적용되고 있는 형식은 맥퍼슨 독립현가장치이다. 좌우 바퀴의 현가장치가 서로 독립적으로 움직이기 때문에 한쪽바퀴가 심하게 상하로 움직이더라도 다른쪽 바퀴에 영향이 거의 없으므로 차체가 안정적으로 주행할 수 있다.

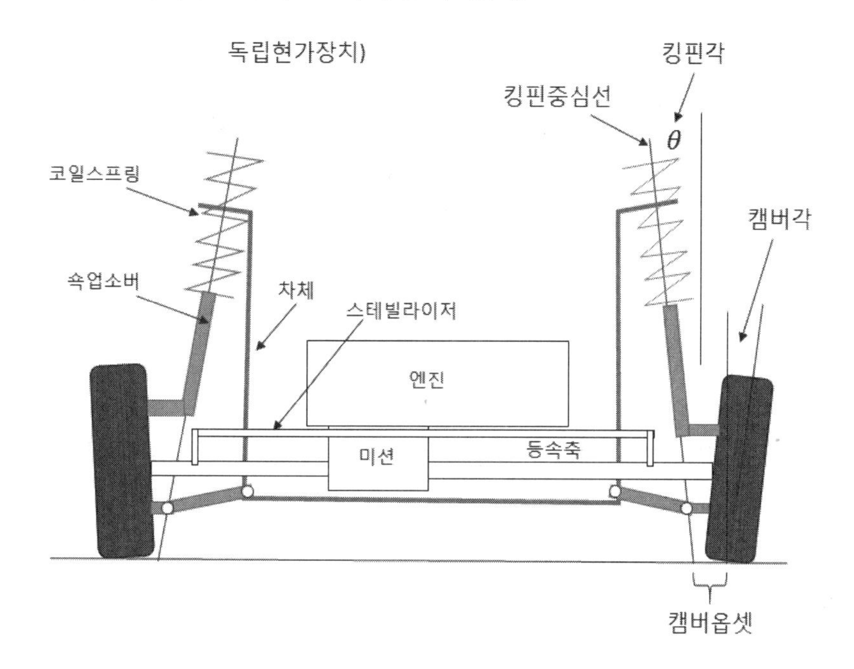

② 현가장치는 주행 중 노면에서 받은 충격이나 진동을 완화하여 승차감과 자동차의 안정성을 향상하며 차축과 프레임을 연결하는 기구이다. 스프링, 쇽업소버 및 자동차의 롤링을 방지하여 평형을 유지하는 스태빌라이저로 구성되어 있다.

05 휠 얼라인먼트

자동차에 장착되어 있는 바퀴의 위치, 방향 및 상호관련성을 올바르게 유지하는 정렬상태를 말한다. 기본적으로 캠버각, 킹핀경사각, 토우인 및 캐스터 4가지가 있다.

(1) 캠버 : 앞바퀴를 앞에서 보면 아래보다 위쪽이 바깥쪽으로 비스듬하게 장착되어 있는데 이때 바퀴 중심선과 노면에 대한 수직선이 만드는 각도를 캠버라고 한다.

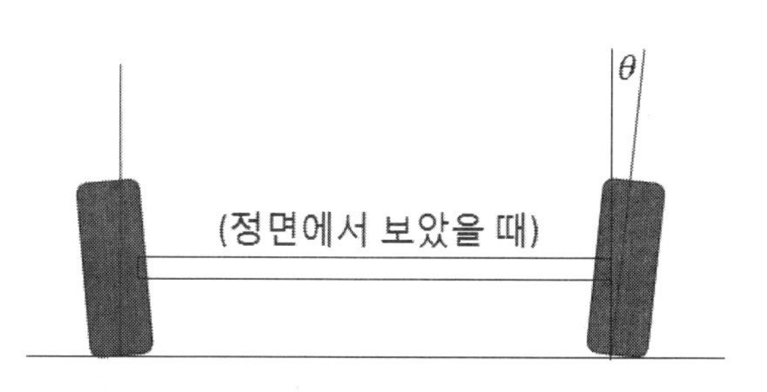

캠버의 목적은

- 앞바퀴가 하중에 의해 아래로 벌어지는 것을 방지한다.
- 주행 중에 바퀴가 빠져나가는 것을 방지한다.

• 킹핀 경사각과 함께 오프셋량을 작게 하여 핸들조작을 쉽게 한다.

(2) 킹핀 경사각 : 앞바퀴를 전방에서 보았을 때, 킹핀 상부가 안쪽으로 비스듬히 장착되어 있는데, 이때 킹핀과 노면에 대한 수직선이 이루는 각도를 킹핀 경사각이라고 한다.

(3) 토 인 : 앞바퀴를 위에서 내려다보면 앞쪽이 뒤쪽보다 좁게 되어 있는데 이 상태를 **토 인**(Toe-in)이라고 한다. 이와 반대로 앞쪽이 뒤쪽보다 넓은 경우를 **토 아웃**(Toe-out)이라고 한다.

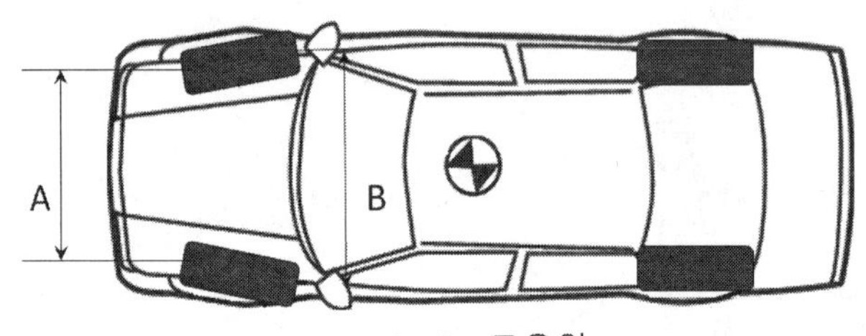

(4) 캐스터 : 앞바퀴를 옆에서 보았을 때 킹핀의 중심선이 노면에 대한 수직선과 이루는 각도를 캐스터라고 한다. 직진 복원성을 준다. 자전거에도 앞바퀴에 캐스터가 있으며 캐스터 때문에 달리면서 손을 놓고 자전거를 타는 것이 가능하다.

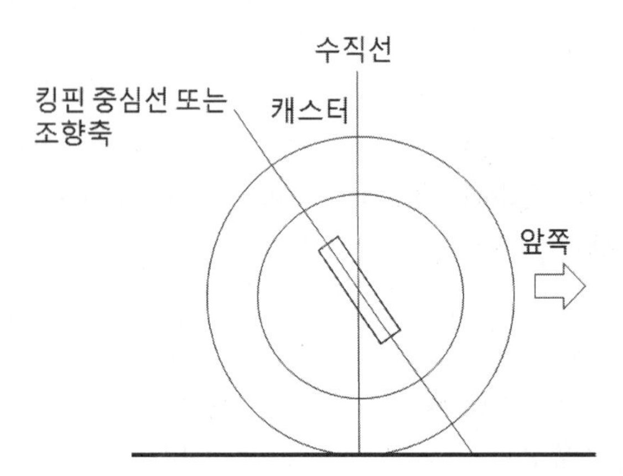

06 조향특성

보통 조향 핸들의 오른쪽 끝에서 왼쪽 끝까지의 회전수는 4회전 이상이다. 차량이 주행하던 도중 급격히 조향하는 경우 최소 회전반경보다 크게 회전하는 경우가 발생하는 데 이 현상을 **언더스티어**(understeer)라고 한다. 주로 고속 주행 시 조향을 하는 경우 즉시 방향을 바꾸지 못하고 관성으로 인하여 밀려나가면서 원하는 곡률반경보다 더 크게 회전하는 현상이다.

정상적인 회전반경보다 더 좁은 영역에서 회전하는 경우를 **오버스티어**(oversteer)라고 한다. 오버스티어 현상은 조향 시 뒷바퀴가 미끄러지는 경우 선회과정 후반부에서 흔히 나타난다.

일반적으로 전륜구동방식에서는 언더스티어 특성을 나타내고 후륜구동방식에서는 오버스티어 특성을 나타낸다.

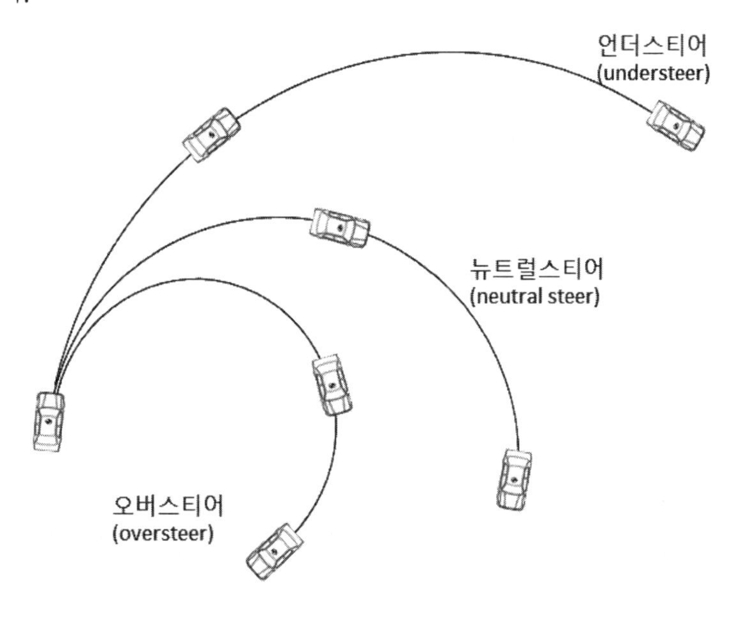

07 제동효율

주행 중인 자동차의 속도를 감속하거나 정지시키는 장치로 가장 일반적인 것은 드럼 브레이크와 디스크 브레이크이다. 드럼 브레이크를 반복 사용하면 마찰열 때문에 드럼이 팽창하는 결함이 있는데 이를 보완하기 위해서는 바퀴와 함께 회전하는 디스크를 양쪽에서 패드로 압착하여 마찰을 일으키게 되어 있는 디스크 브레이크를 사용한다.

디스크 브레이크는 디스크가 공기 중을 회전하여 열을 발산하므로 여러 번 사용해도 기능이 떨어지지 않는 장점은 있으나 주차 브레이크로서의 기능이 약하기 때문에 특히 중요한 앞바퀴만을 디스크로 하고 뒷바퀴는 드럼으로 한 차가 많다.

운전자가 급제동 하거나 또는 노면이 미끄러울 경우 타이어가 미끄러지지 않도록 제동작용을 자동 조절하는 ABS(Anti-lock Brake System)를 장착한 차량이 증가하고 있다. 이 장치를 설치하고 있지 않은 종래의 자동차에서는 급제동을 하게 되면 타이어는 노면 위를 미끄러지게 되고 이 경우 조향장치를 조작 할 수 없어 차량은 거의 직선으로만 진행한 다음 정지한다. 또한 도로의 한 쪽이 젖은 상태에서는 오른쪽 바퀴와 왼쪽 바퀴 노면의 마찰계수가 다르게 되어 차체가 회전할 수 있고 얼음이 언 노면에서도 마찬가지 현상이 발생한다. ABS는 제동 중에도 타이어가 약간씩 회전하도록 만들어 주어 노면과의 마찰력을 높이면서 조향이 가능한 상태를 만들어 준다.

하나의 물체가 노면에서 미끄러진다면 물체의 밑면과 노면사이에 작용되는 마찰은 하나로 나타낼 수 있겠지만 자동차의 경우는 다르다. 무게 중심이 높게 위치하므로 제동 시에 하중이 앞쪽바퀴로 쏠리게 되고 뒷바퀴는 약간 위쪽으로 뜨게 된다. 그러므로 뒷바퀴는 노면과 접촉력이 떨어지게 되어 전륜 구동의 승용차의 경우 앞바퀴가 제동효율이 70%가 되고 뒷바퀴는 30%에 불과하다. 보통 뒷바퀴 라이닝은 앞바퀴 라이닝을 두 번 교환할 때 한 번만 교환하게 되는 데 그 이유는 앞바퀴 라이닝이 제동력을 뒷바퀴에 비해 2배 이상 부담하기 때문이다.

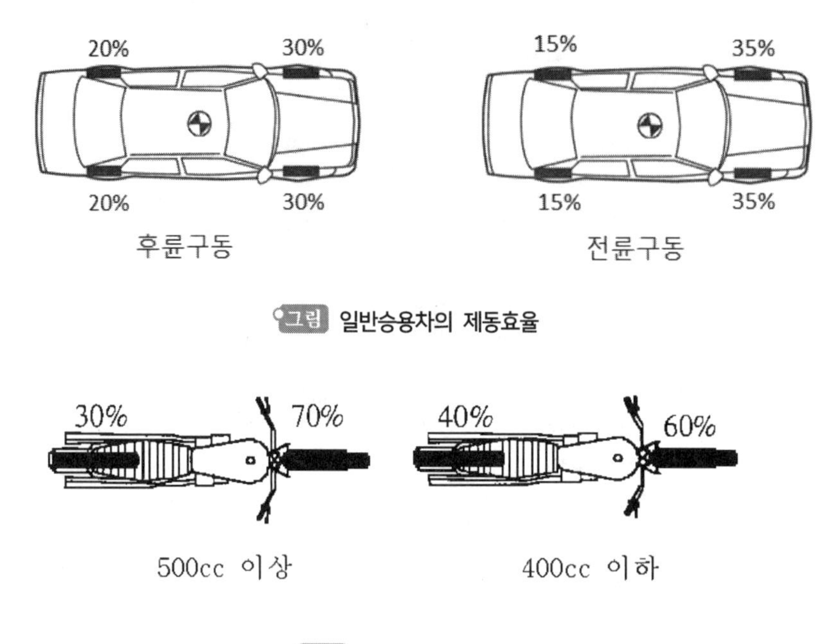

그림 일반승용차의 제동효율

그림 이륜차의 제동효율

section 3 자동차 기능부품

01 범퍼

범퍼에 관한 규정을 보면 Euro NCAP에서 범퍼의 손상한계를 규정하고 있다. 즉 제시된 속도에서 범퍼는 거의 완전하게 복원되도록 규정하고 있는데 거꾸로 말하면 범퍼에 거의 손상이 없는 경우 그 충돌로 인한 유효충돌속도는 규정에 의한 실험속도보다 낮은 것으로 추론할 수 있다.

범퍼 성능 시험 규정

국가, 경제권		미국	유럽
법규		PART 581	Euro NCAP
차체시험의 충돌속도	전후방향 모서리	2.5mph(4km/h) 1.5mph(2.5km/h)	4km/h 2.5km/h
장벽충돌시험의 충돌속도		2.5mph(4km/h)	-

02 타이어 구조

(1) 타이어 명칭

타이어는 차량의 중량을 지탱하고 제동력을 노면에 전달하며 충격을 흡수하고 방향을 전환하는 역할을 한다. 타이어의 기본적인 명칭은 노면과 접하는 부분을 트레드라고 하고 타이어 측면을 **사이드월**(side wall)부라고 하며 트레드부와 사이드월부 사이를 **숄더**(shoulder)라고 한다.

타이어는 트레드 패턴의 차이에 따라 4가지로 분류된다.

리브(Rib)형은 타이어의 세로 방향으로 홈이 있는 형으로 회전이 부드럽고 옆미끄럼이 적으며 방향 유지성이 좋아 일반 승용차에 주로 사용되며, **러그(Lug)형**은 가로 방향의 홈이 있고 구동력이나 견인 성능이 우수하여 트럭과 버스에 사용되고 건설차량 및 산업차량용 타이어는 거의 러그형이다. 리브와 러그의 혼합형인 **리브러그형**은 포장 및 비포장도로에 사용가능하고 트럭, 버스용에 많이 사용된다. **블록형**은 구동력과 제동력이 뛰어나고 눈 위, 진흙에서의 제동성, 조종성, 안정성이 좋아 스노우타이어 또는 트럭에 사용된다. 타이어 문양은 보행자가 차량에 역과되는 경우 피부 또는 의류에 많이 나타나므로 증거물에 나타난 문양을 분석하는 것이 매우 중요하다.

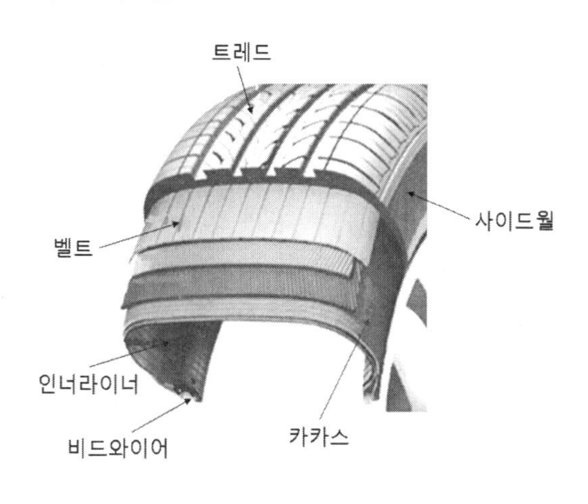

그림 타이어 트레드 패턴

(2) 타이어 규격

타이어의 측면에는 타이어의 규격과 제조시점을 알 수 있는 표시가 있다. 아래의 그림에서 **185**는 **타이어 폭**(mm)를 나타내고 **70**은 **편평비**를 나타낸다. 타이어를 단면으로 보았을 때 폭에 대한 높이를 편평비라고 한다. 만약 편평비가 30이라면 거의 납작한 타이어를 의미한다. **R**은 **레이디얼타이어**이고 **13**은 **림의 직경**이며 **84**는 타이어 한 개당 최대 500kg까지 담당한다는 하중의 표시이다. 그리고 **H**는 210km/h까지 사용할 수 있는 타이어라는 의미이다.

185/70 R 13 84H

아래 표시는 타이어 측면에 각인되어 있는데 이 기호로 타이어의 제조시점을 알 수 있다. **DOT**는 **미국 교통국**(Department Of Transportation)의 약어이고 **H2 A7 YHB**는 **타이어 규격 및 상표**를 나타내는데 사고조사에서는 필요 없는 부분이며 **3203**은 **제조시기**를 나타내는데 32는 32번째 주를 의미하고 03은 2003년도를 의미한다.

DOT H2 A7 YHB 3203

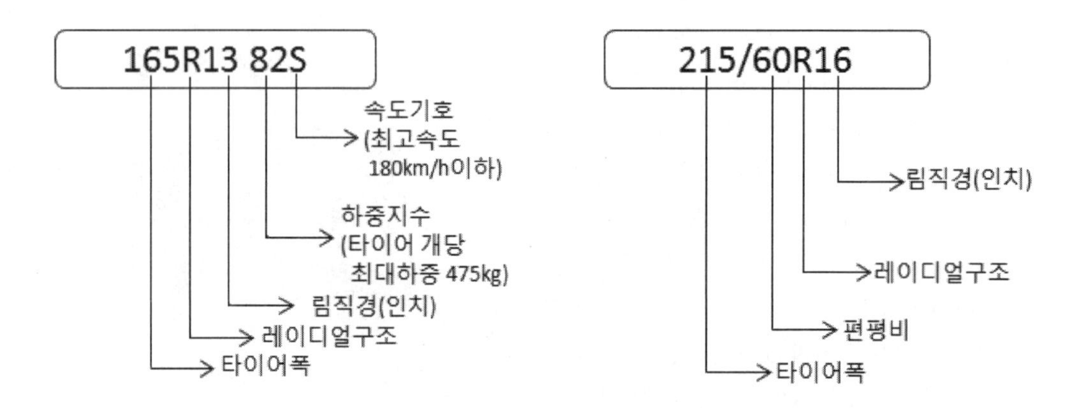

03 타이어 특성

(1) 타이어의 종류

① **스노우타이어** : 눈길에서 미끄러지지 않도록 트레드 폭을 10~20% 크게 하여 접지면적을 늘리고 리브 홈을 깊게 판 타이어로서 눈길에서 방향성과 견인성이 좋다.

② **튜브리스 타이어** : 타이어의 비드부와 림과의 기밀을 좋게 하여 튜브를 사용하지 않고 타이어 내면에 기밀성이 좋은 고무 라이너를 밀착시킨 것이다.

③ **레이디얼타이어** : 바이어스 타이어가 카카스와 코드를 사선으로 배열하는데 비해 레이디얼타이

어는 카카스 코드를 반지름방향으로 배열하고 브레이커코드는 원둘레방향으로 구성한다. 레이디얼 타이어는 최근 거의 모든 타이어에 적용되며 특징은 아래와 같다.

- 타이어 단면의 편평률을 크게 할 수 있다.
- 브레이커(보강벨트)로 인하여 접지면적이 크다.
- 브레이커에 튼튼한 합성섬유 또는 강선코드를 사용하여 하중에 따른 변형이 적다.
- 선회시 측면으로의 변형이 작아 안정적이다.

(2) 타이어의 평형

① **정적평형** : 타이어의 한 부분이 다른 부분보다 무거우면 무거운 부분에 원심력이 작용하여 고속으로 회전할 때 휠이 상하로 진동하며 핸들도 떨리게 된다. 이 현상을 트램핑(tramping) 현상이라고 한다.

② **동적평형** : 바퀴를 위에서 보았을 때 바퀴가 좌우로 흔들이는 현상이다. 시미(shimmy)현상이라고도 한다.

※ shimmy : 히프와 어깨를 흔들며 춤추다.

(3) 주행특성

① **스탠딩웨이브** : 차량 고속 주행중 타이어 트레드가 받는 원심력과 타이어의 내부공기압에 의해 타이어에서 파형 형태로 변형이 발생한 후 파열되는 현상

② **하이드로플레닝** : 물이 고인 도로를 고속으로 지나갈 때 타이어 트레드가 물을 완전히 배출하지 못하고 물 위를 미끄러지는 현상이다. 트레드 홈은 물이 신속히 배수될 수 있도록 기능을 한다. 그러나 속도가 빠른 경우에는 타이어 앞쪽에 몰린 물을 옆으로 또는 타이어 홈으로 배출하지 못하고 올라타는 현상이 발생한다. 수막현상이 발생하는 물의 깊이는 2.5mm~10.0mm 정도이며 5.08~7.62mm 사이에서 많이 발생된다..

04 가속성능 및 발진성능

(1) 가속성능은 최고속도 이하에서 이루어지며 이것은 여유구동력의 크기에 따라 결정된다. 즉, 가속도는 여유구동력이 가속저항을 이겨야만 그 효력을 나타내며 저속기어일때 가장 크고 고단기어일 때 가장 작은 값을 나타낸다. 그러나 여유구동력이 크다고 하더라도 타이어가 슬립을 하면 가속을 할 수 없으므로 자동차가 발휘할 수 있는 최대 가속도는 타이어와 노면사이의 마찰력에 영향을 받게 된다.

(2) 자동차가 정지상태에서 출발하는 발진가속도를 중력가속도의 크기로 나타내면 대략 약 0.15g ~0.2g 정도가 되는데 중량이 상대적으로 큰 차량은 발진가속도가 상대적으로 낮고 상대적으로 중량이 작은 오토바이는 발진가속도가 크다. 국내 차량의 최대발진가속도는 약 0.6g로 알려져 있다.

(3) 교차로에서 신호를 받고 서서히 출발하는 상태인 교차로 발진가속도는 0.10~0.15g이고 인지반응시간은 약 2초이다.

05 자동차용 안전유리

주행 중인 자동차가 급정지하거나 충돌하면 운전자와 탑승자는 관성에 의해 앞으로 운동하게 되어 앞 유리와 충돌하게 된다. 또한 자동차와 보행자의 충돌시는 보행자가 2차 혹은 3차 충돌로 몸체와 앞 유리가 충돌하는 현상이 나타나고 전면유리에는 거미줄 모양의 파손흔적이 나타나게 된다.

자동차용 안전유리는 2장 이상의 판유리를 플라스틱을 중간 막으로 하여 접착한 것으로서 외력의 작용에 의해 파손 시 중간 막에 의하여 파편의 대부분이 비산하지 않아 운전자를 보호하고 있다. 또한 전면유리는 충격에 의해 전체가 작은 조각으로 파손되는 경우 시야확보가 되지 않기 때문에 부분 파손되고 그 외는 큰 조각으로 파손되며 중간 필름으로 인하여 이탈되지 않고 붙어있게 된다. 그림에 안전유리에 대한 표기를 나타내었다. 표기에 대한 각 의미는 표에 나타난 바와 같다.

그림 유리규격 및 규격코드

각 기호별 설명

기 호	기호 설명
KCC	(주)금강/고려화학 로고
KS	한국산업규격(KS) 표시허가 마크
SAFETY FLOAT	플로트 공법으로 제조된 안전유리
KEUMKANG LAMINATED KEUMKANG TEMPERED	(주)금강 제조 접합유리 (주)금강 제조 강화유리
43R-001236	유럽인증 번호
E2	유럽지역 품질인증 마크
DOT 398	미국 운수성 등록번호 DOT: Department Of Transportation(운수성)
M42 AS-1	M : 두께 표시 M5 : 두께 4mm AS-1 : 전면유리 AS-2 : 측면·후면유리
CIB	중국인증마크
···· 4 ····	제조년월일 표시 1994년 제조
TRANSPARENCIA 75% MIN	가시광선 투과율 75% 이상

section 4 **차량사고조사**

01 사고기록장치

(1) 사고당시 자동차의 주행정보와 운전자의 조작정보를 저장하는 장치는 크게 3가지 유형으로 구분된다. **사고기록장치**(EDR, Event Data Recorder), **운행기록장치**(Digital Tachograph), **영상기록장치(블랙박스)** 공통적으로 장치에 자체적으로 내장된 가속도 센서로 충돌을 감지한다. 속도/가속도/RPM/구동이력/제동이력 테이블과 그래프 분석, 운동패턴 분석을 통해 급발진 또는 오조작에 대한 정보(가속페달 또는 제동페달 이력 등)를 얻을 수 있다.

(2) **사고기록장치**는 통상 ACU(에어백 제어 컴퓨터)의 부가기능으로 장착되기도 한다. 내장된 가속도 센서로 충돌을 감지하며(ACU와 가속도 센서 공유), 충돌 전 5초 동안의 차량속도, 엔진회전수(RPM), 제동페달/가속페달 조작 등이 0.5초 단위로 기록된다.

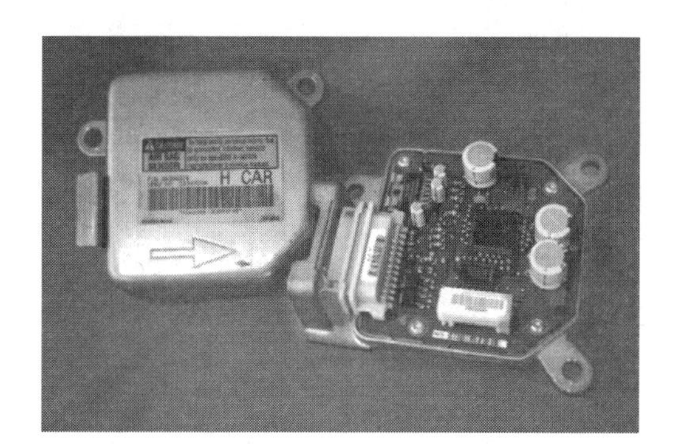

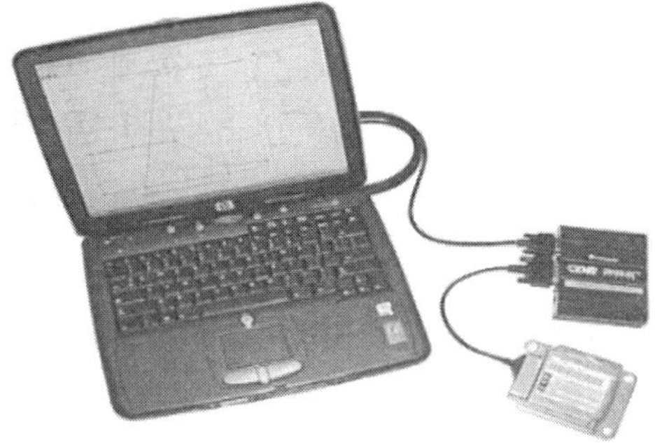

그림 EDR 및 리더기

실제사고의 EDR 데이터

시간 (sec)	속도 (kph)	엔진회전수 (rpm)	엔진스로틀 열림량(%)	가속페달 변위량(%)	제동페달작동 (on/off)	조향핸들각도 (degree)
-5.0	1	2200	99	99	OFF	0
-4.5	4	2100	99	99	OFF	0
-4.0	6	1800	47	92	OFF	5
-3.5	5	2400	100	99	OFF	5
-3.0	6	2800	34	99	OFF	10
-2.5	10	1600	18	99	OFF	10
-2.0	12	1500	16	99	OFF	25
-1.5	14	1700	17	99	OFF	40
-1.0	16	2100	20	99	OFF	35
-0.5	19	2400	22	99	OFF	10
0.0	10	2700	23	99	OFF	0

(3) **운행기록장치**는 사업용 차량에 의무적으로 장착하도록 규정되어 있다. 교통안전법 시행규칙에서는 차량속도, 엔진회전수(RPM), 브레이크 등의 정보를 1초 단위로 기록하도록 규정하고 있다.

(4) **영상기록장치**는 일명 블랙박스라고도 하며 통상 1/8~1/30초(프레임 레이트 : 8~30프레임/초) 단위로 영상 정보가 정장된다. KS R5076(자동차용 사고기록장치)에서는 전방 카메라 영상 정보를 선택 정보로 규정하고 있다.

02 운행기록계

(1) 최근에는 거의 모든 사업용 차량에는 디지털 운행기록계가 장착되어 있다. 물론 운행기록계는 사업주가 차량을 관리할 목적 또는 교통 정책수립에 필요한 이유도 있겠지만 급차선 변경에서 부터 급발진 감정까지 다양하게 적용된다. 디지털 운행기록계의 기능은 차량속도 검출, 엔진 회전수, 브레이크 신호 감지, GPS를 통한 위치 추적, 입력신호 데이터 저장, 가속도 센서를 이용한 충격감지 등이다.

(2) 택시의 운행기록장치에 저장된 데이터 일부를 출력한 그림이다. 이 사고는 주차장에서 갑자기 급발진하여 전방의 건물과 충돌되면서 발생하였다. 정보발생일시에는 날짜와 1초 단위까지 기록되어 있음을 알 수 있다. 19분 3초까지 차량속도는 0이고 엔진회전수는 아이들 rpm으로 보인다. 그 뒤로 엔진회전수가 비정상적인 부분이 몇 초간 나타나며 20분 35초에 엔진회전수 5010rpm까지 상승하는 모습이 관찰된다. 20분 43초에 차량속도는 다시 0으로 되고 곧 엔진회전수도 0으로 되므로 이때 충돌이 발생한 것으로 판단할 수 있다. 특이한 점은 엔진회전수가 급상승하여 유지되는 구간에 브레이크 신호가 3회 발생하였다는 점이다. 데이터 저장 주기가 1초 간격이므로 브레이크 신호가 발생하였다고 해서 1초간 유지되었다고는 볼 수 없으므로 비록 브레이크 신호가 발생하였으나 충분한 제동상태였다고 보기 어렵다.

정보발생일시	차량속도	RPM	브레이크신호
14-01-16 10:18:54000	000	0660	1
14-01-16 10:18:55000	000	0630	1
14-01-16 10:18:56000	000	0660	1
14-01-16 10:18:57000	000	0720	1
14-01-16 10:18:58000	000	0810	0
14-01-16 10:18:59000	001	1050	1
14-01-16 10:19:00000	001	0750	1
14-01-16 10:19:01000	000	0630	1
14-01-16 10:19:02000	000	0660	1
14-01-16 10:19:03000	000	0630	1
14-01-16 10:19:04000	000	0270	1
14-01-16 10:19:08000	000	0030	0
14-01-16 10:19:41000	000	0030	0
14-01-16 10:20:03000	001	0060	0
14-01-16 10:20:08000	001	0030	0
14-01-16 10:20:27000	000	0030	0
14-01-16 10:20:30000	000	0720	0
14-01-16 10:20:31000	001	2010	0
14-01-16 10:20:32000	009	2250	0
14-01-16 10:20:33002	020	2730	0
14-01-16 10:20:34003	035	3660	1
14-01-16 10:20:35005	056	5010	0
14-01-16 10:20:36001	012	2520	0
14-01-16 10:20:37001	019	2610	0
14-01-16 10:20:38002	022	2790	0
14-01-16 10:20:39004	041	4260	0
14-01-16 10:20:40004	048	4560	1
14-01-16 10:20:41004	047	3150	0
14-01-16 10:20:42001	011	2940	1
14-01-16 10:20:43000	000	1440	0
14-01-16 10:20:44000	000	0390	0
14-01-16 10:20:48000	000	0030	0
14-01-16 10:46:03000	000	0000	0

그림 운행기록장치 데이터

03 영상기록장치 속도계산

블랙박스 동영상으로 차량의 주행속도를 계산할 수 있다. 아래의 경우는 편도 1차로 도로를 주행하던 중 전방의 오토바이를 충돌한 사고를 나타내고 있는데 시작화면을 임의로 선택하였을 때의 영상이 12초대 첫 번째 프레임이고 이후 피해자를 충돌한 시각이 26초대 첫 번째 프레임이라면 두 지점 간에 소요된 시간은 14초가 된다.

그림 시작 시점

그림 충돌 시점

두 지점간의 거리는 위성지도에 의해 330m로 측정할 수 있으므로 소요된 시간인 14초로 나누면 간단히 두 지점 간의 평균 주행속도 23.57m/s를 구할 수 있고 여기에 3.6을 곱하면 해당 구간의 평균 주행속도를 85km/h로 구할 수 있다.

사고기록장치, 운행기록장치, 영상기록장치의 비교

구분 항목	사고기록장치	운행기록장치	영상기록장치
일 명	EDR(Event Data Recorder)	타코그래프(Tachograph)	영상 블랙박스
주요목적	사고원인 규명	사업용 차량관리 및 사고예방	사고예방 및 사고원인 규명
충돌감지	가속도 센서(G센서)	가속도 센서(G센서)	가속도 센서(G센서)
기록단위	0.5초 (KS R 5076 규정)	1초 (「교통안전법 시행규칙」 제30조)	1/8~1/30초 (8~30프레임/초)
기록범위	5초	6개월 이상	30초~1분 (7~30일, 메모리 가변)
주요기록	필수저장 • 차량속도, 스로틀(TPS) • 브레이크, 안전벨트 착용 선택저장 • RPM, 가속도 • 롤/요각도, GPS 위치	• 차량속도 테이블/그래프 • 가속도 테이블/그래프 • RPM 테이블/그래프 • 브레이크 테이블/그래프 • 주행거리 테이블/그래프 • 영상정보 등	• 사고상황 영상 저장 • 속도 테이블/그래프 • 가속도 테이블/그래프 • GPS 위치정보
관련표준	KS R 5076 자동차용 사고기록장치	KS R 5072 자동차용 전자식 운행기록계	KS R 5076의 선택 규정 자동차용 사고기록장치
비고	※ 운행기록장치 관련 규정 「교통안전법」 제55조, 「교통안전법시행령」 제45조, 「교통안전법시행규칙」 제30조 국토해양부고시 제2008-516호, 「자동차안전기준에 관한 규칙」 제56조		

04 자동차의 손상특성

(1) 직접손상(Contact Damage)

① 직접손상은 물체와 직접적인 충돌에 의해서 발생된 손상이다. 직접 손상은 페인트의 벗겨짐, 타이어의 떨어져 나감, 도로상의 물체, 나무껍질, 보행인의 옷이나 신체조직의 일부분, 헤드라이트케이스, 바퀴의 테, 범퍼, 도어 손잡이 등이 떨어져 나간 모양이나 긁히고 찌그러진 형태로 나타난다.

② **임프린트** : 임프린트(Imprint)라 함은 강한 충격력으로 인해 차체가 움푹 들어가서 충돌대상의 형상이 새겨지는 충돌부위를 말한다. 고정물체인 전신주나 나무, 신호등 등과 충돌할 때 충돌자국이 보다 선명하게 나타나는 경우가 많고 또한 상대차량의 범퍼, 번호판, 차륜림, 전조등 등의 형상이 찍히는 경우도 많다. 임프린트(Imprint) 부위의 지상고를 측정하고 상대차량의 같은 부위를 측정하여 지상고 차이가 발생한 경우 제동여부 또는 차량 상호간의 위치를 파악할 수 있다.

③ **러브오프(Rub-off)** : 러브오프 흔적은 스쳐지나가면서 나타나는 긁힌 흔적이다. 측면 접촉사고 시 발생되는 전형적인 모습으로 차량의 측면이 서로 스치면서 문질러진 자국으로 직접손상 부위에 묻어있는 상대차량의 페인트가 대부분이나 간혹 타이어 자국, 보행자의 옷 조각, 피부조직, 머리카락, 혈흔, 나무껍질, 진흙 및 기타 이물질이 묻어 있는 경우도 발생된다. 이 문질러진 흔적을 보면 시작부위와 끝 부위를 구분할 수 있으므로 충격한 차량의 진행방향을 알 수 있다.

④ 러브오프(Rub-off) 흔적은 충돌 순간 제동을 하였는지 가속페달을 밟았는지를 알 수 있다.

러브오프 흔적형태와 차량상태 (진행방향 : 좌측에서 우측)

충격 상황	흔적 형상	충격 상황	흔적 형상
제동없이 주행		급제동 및 정지	
가속			
제동		제동 해제	

⑤ **전륜과 조향휠 파손** : 사고차량 전륜의 한쪽 바퀴는 정상상태인데 반하여 다른 쪽 바퀴가 조향된 상태를 보이는 경우 대부분 사고차량이 충돌 시 조향링크 부분의 파손으로 인하여 회전되는 경우가 많다. 사고로 인하여 조향핸들이 파손된 경우의 회전된 각도는 충돌 시 조향각

도로 판단할 수 있으나 조향핸들이 자유롭게 회전될 수 있는 경우는 충돌에 의해 조향핸들이 역으로 회전될 수 있으므로 조향핸들 각도는 신뢰할 수 없다.

⑥ **충돌 후 이동과정 중 손상** : 차체가 땅으로 끌리면서 발생된 금속상흔과 흙, 수목 등을 찾아보고 각 흔적들을 확인하면 시작 지점에서 마지막 지점까지 차량의 정확한 경로를 밝힐 수 있고 차량의 측면과 윗면에 긁힌 자국의 방향은 차량이 어떻게 움직였는지를 결정하는 데 큰 도움이 된다. 지붕이나 창틀, 트렁크 뚜껑이 아래 혹은 옆으로 찌그러진 것은 차의 전복을 나타낸다.

⑦ **피해자 의류흔적** : 차대 보행자사고, 자전거사고, 오토바이사고, 역과사고, 뺑소니사고 등에 있어 매우 중요한 단서로 활용되고 있는 피해자 의복 및 신발 관찰이 필수적이다. 섬유의 신축성과 복원력이 뛰어나 어느 한계치 이하의 충격에서는 충격흔이 잘 검출되지 않으나, 일반적으로 충격시 생성되는 열변형을 동반한 압착흔, 장력에 의한 섬유올의 끊김 현상 등이 나타난다. 보행상태의 보행자를 전면으로 충돌 시 앞범버, 후드판넬(본넷), 좌우측 펜더 및 전조등, 방향지시등, 후사경(사이드 미러), 윈드시일드(전면유리) 등의 부분이 파손 또는 일부는 유실되며, 충격부분에 보행자가 착용하고 있던 의류의 섬유올이 부착되어 있거나, 섬유의 직조흔(결 방향) 또는 신체살점, 혈흔 등이 현출되어 있는지를 정밀하게 파악해야 한다.

⑧ **전면유리 손상** : 차대 보행자, 오토바이, 자전거 사고 시 인체와 차량의 전면유리가 직접 충돌되면 방사선(거미줄) 모양으로 갈라지며 안으로 움푹 들어간 모습이 되며, 손상된(금이 간) 중심에는 구멍이 나있는 경우도 있고 실내의 탑승자 신체(머리)가 전면유리에 충돌하게 되면 밖으로 볼록한 형태를 이룬다. 전면유리 중에서 볼록하게 튀어나온 부분이 탑승자의 위치에서 좌 · 우측으로 어느 정도 떨어진 지점에 발생하였는가를 조사하면 충돌후 차량의 회전 및 이동방향을 알 수 있다. 볼록하게 튀어나오는 현상은 조수석 에어백에 의해 튀어나오는 경우도 많으므로 탑승자에 의한 것인지 에어백에 의한 것인지를 구별하여야 한다.

⑨ **차량페인트 긁힌 자국** : 차량의 초벌페인트는 차체에 1차적으로 칠하는 도포제이며 화물차량은 적색계통의 방청페인트로, 승용차량은 회색계통의 퍼티를 도장하며 그 위에 실제 차량의 색으로 도장을 한다. 차체(외관)도장이 다른 물체와 혼동될 수 있는데 이런 경우는 각 차량의 페인트를 긁어보거나 페인트 조각을 떼어 조사하여야 한다. 페인트를 채취하는 경우에는 충격을 직접 받은 부위에서 채취해야 한다. 다른 부분은 성분이 다를 수도 있기 때문이다.

(2) 간접손상

① 간접손상이란 차가 충돌 시 그 충격으로 인하여 동일차량의 다른 부위에 나타나는 손상이다. 정면충돌에서 차량의 중앙 또는 뒤쪽에 위치하는 종감속장치, 추진축 등의 손상은 간접 손상이다. 충돌 시 차의 갑작스런 감속 또는 가속으로 인하여 차내의 부품장치나 의자 등이 관성의 법칙에 의해 고정된 부분에서 떨어져 나갈 수도 있는데 이것도 간접손상으로 볼 수 있다.

② 일반적으로 정면충돌에서 중간부분 또는 뒷부분의 손상, 우측면 충돌에서 좌측면의 손상 등은 간접손상으로 볼 수 있고 당해 사고와 관계없는 기존의 손상으로 볼 수 있다.

(3) 각종 계기

만약 사고차량이 등속주행 중 정면충돌 사고로 인하여 계기판이 직접충격을 받아 계기판의 엔진속도가 특정 RPM을 가리키는 경우 사고차량의 충돌당시의 속도를 아래와 같이 계산할 수 있다.

예제 **사고 차량의 계기판에서 엔진회전수가 2500을 가리키는 경우 충돌 속도를 구하라.**
(단, 타이어제원 : 195/70R14, 변속기 기어비 : 0.756, 종감속 기어비 : 3.455)

[풀 이] **충돌속도 산출공식**

$$V=\frac{RPM\times\pi\times \text{타이어직경}(m)}{\text{변속기기어비}\times\text{종감속기어비}\times 60}$$

타이어직경 = 19.5cm × 0.7 × 2 + 14inch × 2.54cm = 62.86cm = 0.63m

$$\therefore\ V=\frac{2500\times\pi\times 0.63}{0.756\times 3.455\times 60}=31.57\text{m/s}=113.66\text{km/h}$$

(4) 타이어 손상 흔적

① **분리**(Separation) : 고속, 과하중 또는 공기압이 부족한 주행조건, 즉 비정상적인 주행조건에서 사이드월 부위의 굴신이 커지면서 발열량이 급격히 증가하여, 가장 방열효과가 나쁜 숄더부위에 응력이 집중되고 이 부분의 접착력이 저하되어 분리가 되는 현상이다. 타이어 트레드부의 고무와 코드(Cord)가 박리되는 현상으로 트레드 분리(Tread Separation), 플라이 분리(Ply Separation), 비드분리(Bead Separation) 등으로 나눌 수 있다.

② **파열** : 타이어 내 · 외부의 충격으로 트레드가 'X', 'Y', 'L' 형태로 터지는 현상이다. 공기압이 너무 높은 상태에서 짐을 많이 실은 경우 또는 고속으로 주행하거나 비포장길을 주행하는 경우 이와 같이 터져나갈 수 있다.

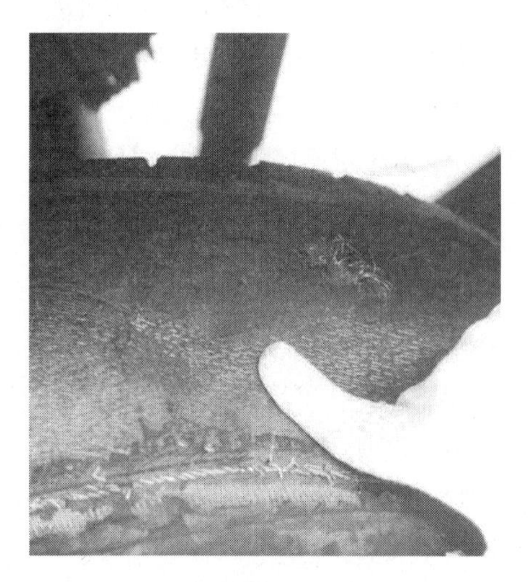

그림 분리

그림 파열

③ **코드의 끊어짐** : 타이어의 내부의 골격인 플라이 코드(Ply Cord : 섬유 또는 Steel)가 충격에 의하여 부분적 또는 전주에 걸쳐서 타이어 원주방향이나 경사방향으로 절단된 손상을 말한다.

④ **크랙** : 트레드, 사이드 월의 고무에 금이 가는 현상이다.

⑤ **관통** : 날카로운 돌기물에 의한 구멍이 뚫리는 현상이다.

그림 코드의 끊어짐

⑥ **비드와이어(Bead Wire) 절단** : 비드와이어는 림과 타이어의 기밀을 유지하는 와이어이다. 주로 충돌에 의해 손상이 되며 자체적인 결함에 의해 절단되는 경우는 거의 없다.

⑦ **비드 파열**(Burst) : 타이어 비드부가 터져나가는 현상으로 비드부 표면의 고무에 림(Rim)이 마찰된 후 터지는 경우가 발생한다. 림의 표면이 불량할 경우에 고무가 손상을 받아 발생한다.

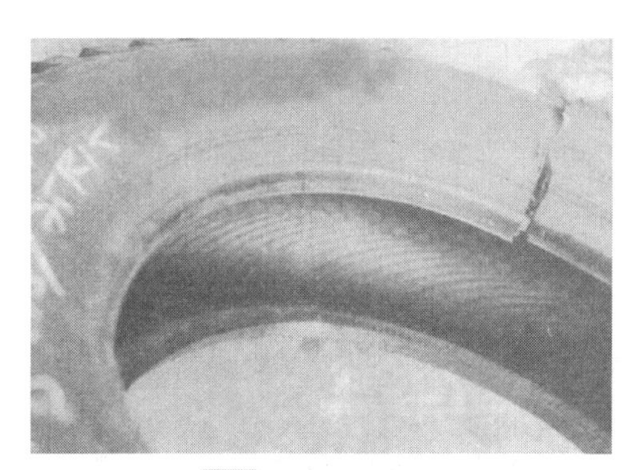

그림 비드와이어 절단

그림 비드 파열

⑧ **절단**(Cut) : 주행 중 노면의 돌출물이나 노면상의 예리한 물체에 의해 타이어가 손상받는 현상을 말한다.

그림 절단

⑨ **치핑**(Chipping) : 타이어의 트레드 고무가 부분적으로 비늘모양으로 박리되는 현상이다. 주로 비포장도로의 주행이 많은 경우 발생된다.

⑩ **청킹**(Chunking) : 타이어 트레드의 고무가 고무편 형태로 박리되고 고속주행에 의한 원심력에 의해 트레드 고무가 계승되는 현상이다.

그림 치핑

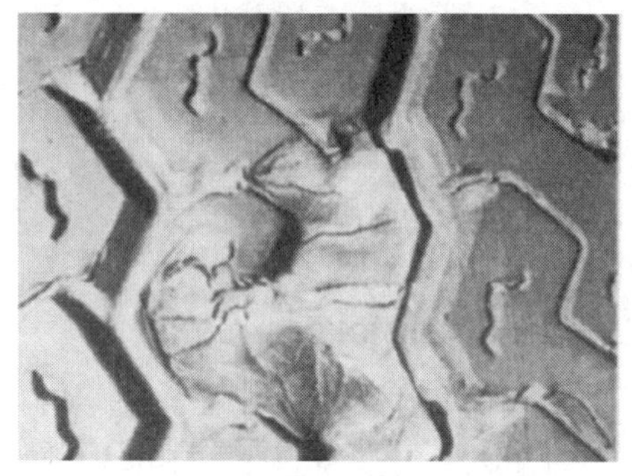

그림 청킹

(5) 전구 및 필라멘트 손상

① 필라멘트의 변형

- **소등충격**(Cold shock) : 충돌 시 비점등 상태에서 전구는 깨어지지 않고 필라멘트만이 충격으로 파손된 경우로서 필라멘트의 끊어진 부위가 날카롭고 필라멘트 차체가 은빛으로 빛난다.

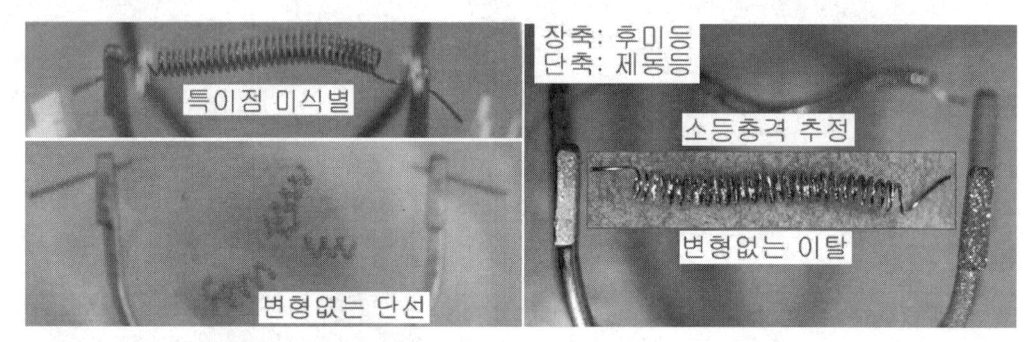

그림 소등충격 추정-특이점 미식별, 변형 없는 단선과 이탈

- **소등 깨짐**(Cold break) : 비점등 상태에서 전구가 깨진 경우이며 필라멘트가 그대로 남아있는 경우도 있고 파손된 경우도 있다. 이 때 필라멘트의 색깔은 소등충격의 경우와 마찬가지로 은빛을 띤 상태이다.
- **점등 충격**(Hot Shock) : 점등된 상태에서 충격을 받아 필라멘트가 엉키거나 휘어졌으나 전구가 깨지지 않은 상태. 사고의 충격으로 전구 유리가 파손되지 않은 경우에도 점등된 필라멘트는 열에 의해 약해진 상태이므로 충격에 약해지게 된다. 이 때 차량의 큰 속도 변화에 의하여 필라멘트는 관성을 이기지 못하고 튕겨 나가게 되며 약해진 필라멘트는 이

힘에 의해 원상태로 복원되지 못하고 늘어나며 펴지거나 늘어진 상태로 끊어지게 된다. 이와 같은 코일 부분이 불규칙하게 늘어난 필라멘트는 사고당시 점등사태였다는 증거자료가 될 수 있으며, 반대로 심하게 파손된 부분에 있는 전구에서 고온충격 특징의 흔적이 발견되지 않을 경우 사고당시 전구가 점등되지 않았다는 증거자료가 될 수 있다.

- **점등 깨짐**(Hot Break) : 점등된 상태에서 충격으로 전구가 깨어지게 되면 필라멘트가 산화한다. 전구에 금만 났을 경우에는 필라멘트가 서서히 산화되므로 필라멘트의 일부가 남아있기도 하나 전구가 완전히 파손된 경우에는 산화된 텅스텐 가루만이 남아있는 것이 보통이다.

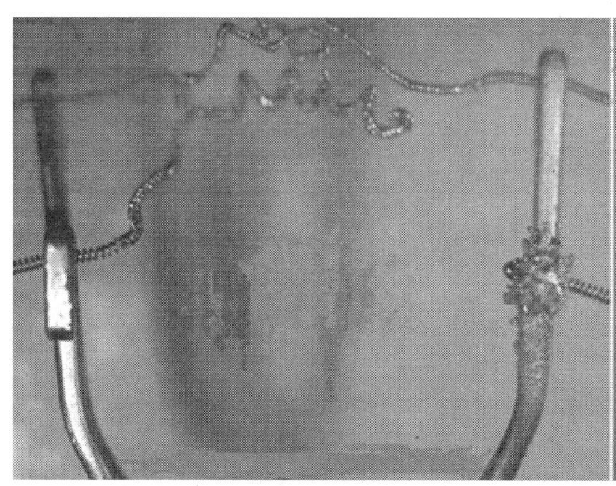

그림 점등 충격

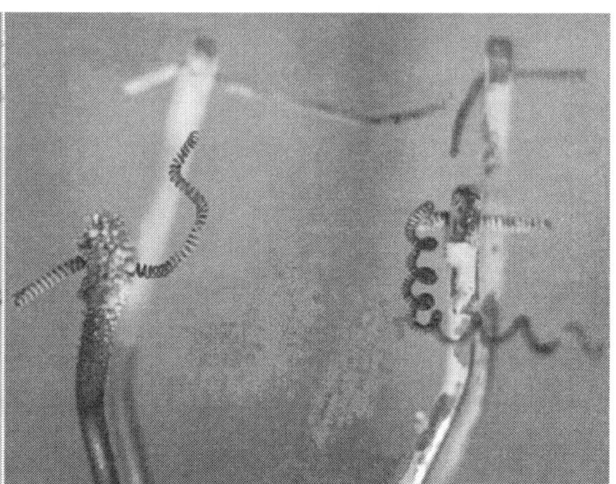

그림 점등 깨짐

② 이상전구의 판단

㉠ **흑화현상** : 코일의 텅스텐이 증발하여 유리내벽에 증착할 때 일어나는 현상으로 전구내부의 소위 할로겐사이클이 비정상적으로 작동할 때 일어난다.

※ 할로겐사이클 : 텅스텐이 할로겐과의 화합물을 만든 후 다시 분해되어 코일에 증착하는 반복과정

㉡ **백화현상** : 전구의 리크나 균열로 인하여 산소가 내부로 들어갔거나 전구 내부 오염에 의하여(산소유입) 내부 가스 성분의 연소로 발생하며 전구 내에 미량의 수분이 유입되었을 경우 청화가 발생하나 시간의 경과에 따라 연소에 의한 백화로 진전될 수 있음

㉢ **청화현상** : 수분의 발광색으로 전구 내부에 수분이 있을 때 발생한다. 필라멘트가 산화하였을 경우 산화막의 산소와 할로겐 가스의 수소성분이 결합하여 물이 생성되어 청화가 발생될 수도 있으며 청화현상은 두 가지로 구분된다.

- 청색 : 수분이 유입되었을 경우
- 백화막을 수반한 청화 : 오염 및 수분이 유입된 경우

㉣ **황화현상** : 할로겐 분자의 색으로 전구 내부에 할로겐 가스가 너무 많을 경우 분리되어 유리벽에 증착할 때 일어난다.

암기가 필요한 포인트

1. 도로의 구조·시설 기준에 관한 규칙 요약

□ **도로는 고속도로 및 일반도로로 구분한다.**

○ 일반도로의 기능별 구분

일반도로	도로의 종류
주간선도로	일반국도, 특별시도·광역시도
보조간선도로	일반국도, 특별시도·광역시도, 지방도, 시도
집산도로	지방도, 시도, 군도, 구도
국지도로	군도, 구도

□ **설계기준 자동차**

도로의 구분	설계기준 자동차
고속도로 및 주간선도로	세미트레일러
보조간선도로 및 집산도로	세미트레일러 또는 대형자동차
국지도로	대형자동차 또는 승용자동차

□ **설계속도**

도로의 기능별 구분		설계속도(km/h)			
		지방지역			도시지역
		평지	구릉지	산지	
고속도로		120	110	100	100
일반도로	주간선도로	80	70	60	80
	보조간선도로	70	60	50	60
	집산도로	60	50	40	50
	국지도로	50	40	40	40

※ 자동차 전용도로의 설계속도는 시속 80킬로미터 이상으로 한다. 다만, 자동차 전용도로가 도시지역에 있거나 소형차도로일 경우에는 시속 60킬로미터 이상으로 할 수 있다.

□ **차로의 폭**

도로의 구분			차로의 최소 폭(m)		
			지방지역	도시지역	소형차도로
고속도로			3.50	3.50	3.25
일반도로	설계속도 (km/h)	80이상	3.50	3.25	3.25
		70이상	3.25	3.25	3.00
		60이상	3.25	3.00	3.00
		60이상	3.00	3.00	3.00

※ 통행하는 자동차의 종류·교통량, 그 밖의 교통 특성과 지역 여건 등에 따라 필요한 경우 회전차로의 폭과 설계속도가 시속 40킬로미터 이하인 도시지역 차로의 폭은 2.75미터 이상으로 할 수 있다.

※ 도로에는 「도로교통법」 제15조에 따라 자동차의 종류 등에 따른 전용차로를 설치할 수 있다. 이 경우 간선급행버스체계 전용차로의 차로폭은 3.25미터 이상으로 하되, 정류장의 추월차로 등 부득이한 경우에는 3미터 이상으로 할 수 있다.

□ **차로의 분리**

○ 4차로 이상인 도로에 필요한 경우 중앙분리대를 설치

○ 중앙분리대 폭

도로의 구분	중앙분리대의 최소 폭(m)		
	지방지역	도시지역	소형차도로
고속도로	3.0	2.0	2.0
일반도로	1.5	1.0	1.0

※ 1. 자동차 전용도로의 경우는 2미터 이상

2. 중앙분리대에는 측대를 설치하여야 한다. 이 경우 측대의 폭은 설계속도가 시속 80킬로미터 이상인 경우는 0.5미터 이상으로 하고, 시속 80킬로미터 미만인 경우는 0.25미터 이상으로 한다.

3. 차로를 왕복 방향별로 분리하기 위하여 중앙선을 두 줄로 표시하는 경우 각 중앙선의 중심 사이의 간격은 0.5미터 이상으로 한다.

□ **평면곡선부의 편경사**

구 분		최대 편경사(퍼센트)
지방지역	적설·한랭지역	6
	그 밖의 지역	8
도시지역		6
연 결 로		8

□ **세미트레일러** : 앞차축이 없는 피견인차와 견인차의 결합체로서 피견인차와 적재물 중량의 상당한 부분이 견인차에 의하여 지지되도록 연결되어 있는 자동차

□ 사고현장 도착 후 가장 우선해야 할 일은 부상자의 응급조치

□ 고속도로 설계시 기준이 되는 설계기준 자동차는 세미트레일러

□ 정지거리 = 공주거리 + 제동거리

□ 설계속도는 최고속도이며 법정제한속도 제정시 근거가 된다.

□ 1차로 폭은 3.23~3.75m, 평균을 취하면 3.5m

□ 합성구배 : 오르막과 편경사 등 여러 기울기가 복합적으로 이루어진 도로

□ 평면선형, 종단선형

• 평면선형(도로 위에서 보았을 때)

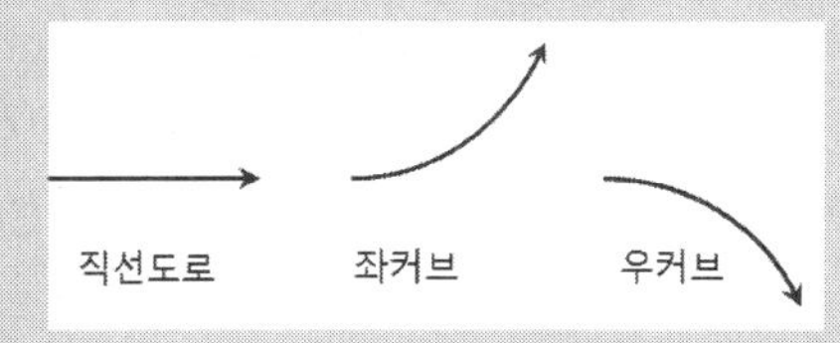

• 종단선형(도로 옆에서 보았을 때)

• 횡단선형 : 도로의 가로방향으로의 선형

□ **배향곡선** : 위에서 보았을 때 S자 형태의 곡선 도로, 방향이 다른 두개의 원곡선이 접속하는 곡선

□ **완화곡선** : 직선과 원곡선 또는 곡률이 다른 두 원곡선도로 만나는 곳에서 차량이 안전하고 원활하게 주행하기 위해 완화구간을 설치한다. 완화구간에는 클로소이드, 램니스케이트, 3차포물선이 있다. 주로 클로소이드곡선을 사용한다.

□ **요형곡선** : 휘어진 도로로서 야간에 전조등에 의해서 보이지 않는 구간이 발생

□ **종단경사** : 내리막 또는 오르막

□ **횡단경사** : 배수 목적으로 도로의 바깥쪽을 낮게 시공

□ **편구배** : 원심력을 이기기 위한 각도로서 커브 바깥쪽을 높게 시공

chapter 04

기출문제 분석

2021년 기출 교통사고조사론

01 **차량이 3° 오르막 도로를 진행하다 제동하여 18m의 스키드 마크를 발생시킨 후 정지하였다. 마찰계수가 0.7인 도로에서 차량의 제동 전 속도를 산출하기 위해 적용해야 할 감속도는? (중력가속도 : 9.8m/s²)**

① 약 $6.6m/s^2$
② 약 $7.2m/s^2$
③ 약 $7.4m/s^2$
④ 약 $6.4m/s^2$

해설 $a = \mu' g = (0.7 + \tan 3) \times 9.8$

02 **승용차가 급제동하며 타이어 흔적을 발생시킬 때 통상적으로 전륜 타이어 흔적이 쉽게 발생되는 이유로 가장 적절한 것은?**

① 승용차의 제동장치는 유압식이 아닌 에어식이기 때문
② 승용차의 무게중심은 차체 길이의 중간에 위치하기 때문
③ 무게중심이 앞쪽으로 이동하는 노즈다운 현상 때문
④ 타이어 트레드 무늬가 대형트럭과 상이하기 때문

해설 무게중심이 전방으로 쏠리기 때문

03 **자동차의 기본구조를 가장 바르게 설명한 것은?**

① 자동차는 크게 나누어 엔진과 자동차 실내로 분류할 수 있다.
② 자동차는 크게 나누어 차체와 섀시로 분류할 수 있다.
③ 자동차는 크게 나누어 제동장치와 현가장치로 분류할 수 있다.
④ 자동차는 크게 나누어 타이어와 섀시로 분류할 수 있다.

해설 섀시는 엔진, 동력전달장치, 제동장치 등을 의미, 차체는 외관을 구성하는 부분

04 **다음 중 요 마크 반경 측정과 관련된 내용 중 잘못된 것은?**

① 현의 길이 측정구간에서 차량 앞·뒤 바퀴에 의해 발생된 흔적의 간격(Offset)은 윤거의 반을 넘어야 한다.
② 요 마크 시작점부터 곡선반경(R)이 일정한 구간에서 요 마크 궤적 현의 길이(C)와 중앙종거(M)를 정확히 측정한다.
③ 요 마크 측정지점들의 위치를 기준점으로부터 삼각법으로 정확히 측정한다.
④ 요 마크 2줄 이상 발생 시 요마크 간의 간격과 교차점 등을 측정한다.

해설 윤거의 반을 넘으면 오차가 커진다.

정답 01.③ 02. ③ 03.② 04.①

05 면도칼, 칼, 유리파편과 같은 예리한 물체에 의해 피부조직의 연결이 끊어진 손상은?

① 열창(Lacerated Wound)
② 절창(Cut Wound)
③ 좌창(Contused Wound)
④ 골절(Abrasion)

06 편제동에 의해 차량 타이어 흔적 길이가 아래와 같을 때 이 차량의 속도 산출에 필요한 거리는?

좌축륜 : 5.1m　우축륜 : 5.7m

① 5.1m　② 5.3m
③ 5.4m　④ 5.7m

해설 편제동에서는 평균을 취한다.

07 다음 일반적인 인터뷰 조사방법 중 가장 잘못된 것은?

① 알맞은 용어를 사용하고, 의미가 같더라도 부드럽고 점잖은 느낌이 가도록 조사한다.
② 진술자의 기억능력과 관계없이 조사관의 확신에 따라 다발적으로 조사한다.
③ 조사관이 중요하게 조사하고자 하는 점을 상대방에게 감지되지 않도록 한다.
④ 여러 가지를 반복 진술케 하여 불합리한 점 또는 모순된 점을 포착한다.

해설 조사관이 선입견을 가져서는 안된다.

08 역과와 같은 거대한 외력이 작용하면 외력이 작용한 부위에서 떨어진 피부가 피부할선을 따라 찢어지는 손상을 무엇이라 하는가?

① 박피손상(剝皮損傷)
② 편타손상(鞭打損傷)
③ 전도손상(轉到損傷)
④ 신전손상(伸展損傷)

해설 편타손상 : 목 기준으로 머리가 앞뒤로 흔들려 발생하는 손상

09 다음 중 스키드마크 길이를 통해 제동직전의 속도를 추정할 수 있는 공식으로 맞는 것은?

f : 견인계수
g : 중력가속도
v : 제동직전 속도
d : 스키드마크 길이

① $v = \sqrt{2fgd}$
② $v = \sqrt{0.5fgd}$
③ $v = \sqrt{2fd}$
④ $v = \sqrt{0.5fd}$

10 뉴튼의 운동법칙에서 장용과 반작용에 관한 내용 중 가장 옳지 않은 것은?

① 작용과 반작용은 물체가 정지하고 있거나 운동하고 있는 경우에도 성립한다.
② 작용과 반작용은 모든 힘에 대하여 성립하며 언제나 한 쌍으로 존재한다.
③ 작용과 반작용 관계에 있는 두 힘의 방향은 반대 방향이다.
④ 작용과 반작용에 의해 생기는 가속도나 움직인 거리는 질량에 비례한다.

해설 $F = ma$에서 질량과 가속도는 반비례 관계

11 노면에 나타나는 아래의 흔적 중 핸들의 조작과 가장 관련이 있는 것은?

① 요 마크(Yaw Mark)
② 가속 스카프(Acceleration Scuff)
③ 플랫 타이어 마크(Flat Tire Mark)
④ 크룩(Crook)

정답 05.② 06.③ 07.② 08.④ 09.① 10.④ 11.①

12 **간략화 상해기준(Abbreviated Injury Scale)에 대한 설명으로 틀린 것은?**

① AIS는 교통사고로 인해 상해가 발생한 각 신체부위에 대한 생명의 위험도를 분류하여 상헤도로 표시한 것이다.
② AIS는 1~6 및 9의 숫자로 표시되며, 생존불능의 경우를 AIS 1로 표현한다.
③ AIS 9는 원인 및 증상을 자세히 알 수가 없어서 분류가 불가능한 경우를 의미한다.
④ AIS는 인체를 외피, 두부, 경부, 흉부, 복부, 척추, 사지의 7가지 부위로 나누어 적용한다.

해설 생존불능은 AIS 9

13 **사고분석 시 충격력의 주된 작용방향(PDOF)에 대한 설명으로 틀린 것은?**

① 충돌 시 양 차량 간에 작용하는 충격력의 방향은 동일방향으로 작용한다.
② 양 차량 간의 충격력 작용 지점은 동일한 1개의 지점이다.
③ 충돌 시양 차량 간에 작용하는 충격력의 크기는 서로 같다.
④ PDOF는 사고차량들의 파손형태와 모습, 파손량 등을 통하여 판단된다.

해설 충격력의 방향은 반대방향이다.

14 **보행자와 차량간 충돌사고 시 보행자의 상해 심각도(Injury Severity)에 영향을 미치는 요인 중 가장 거리가 먼 것은?**

① 차량 전면부의 형태
② 보행자 신체조건
③ 충돌속도
④ 안전띠 착용여부

해설 안전띠는 보행자와 관계없음.

15 **보행자가 자동차에 충격된 후 지면에 떨어져서 나타나는 손상은?**

① 편타손상(鞭打損傷)
② 신전손상(伸展損傷)
③ 전도손상(轉到損傷)
④ 역과손상(轢過損傷)

16 **다음 중 용어 정의가 적절하지 않은 것은?**

① 브레이크 페이드(Brake Fade) : 브레이크 장치 유압회로내에 생기는 것으로 브레이크를 연속적으로 사용할 경우 사용액체가 증발되어 정상제동이 되지 않는 현상
② 잭 나이프(Jack Knife) : 제동시 안정성을 잃고 트랙터와 트레일러가 접혀지는 현상
③ 하이드로플래닝(Hydroplaning) : 노면과 타이어 사이에 수막이 형성되어 차량이 마치 수상스키를 타듯이 물 위를 활주하는 현상
④ 뱅킹(Banking) : 오타바이 운전자가 커브길을 돌 때 직선도로와 달리 차체를 안쪽으로 기울이면서 주행하는 현상

해설 ①은 베이퍼록에 대한 설명

17 **사고기록장치(Event Data Recorder)의 저장 기록과 가장 관련이 없는 차량 부품은?**

① 방향지시등
② 조향핸들
③ 에어백
④ 안전띠

정답 12.② 13.① 14.④ 15.③ 16.① 17.①

18 차량 전면에서 앞바퀴를 보았을 때 휠의 중심선과 노면에 대한 수직선이 이루는 각도를 무엇이라고 하는가?

① 캠버(Camber)
② 캐스터(Caster)
③ 토우-인(Toe-in)
④ 킹핀 경사각(Kingpin inclination)

해설 본문 설명 참조

19 다음 그림에서 백터(Vector) 합성에 대해 잘못 표현된 그림은?

①
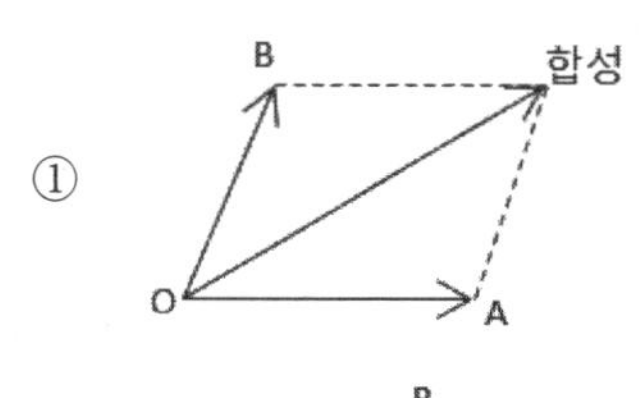

②
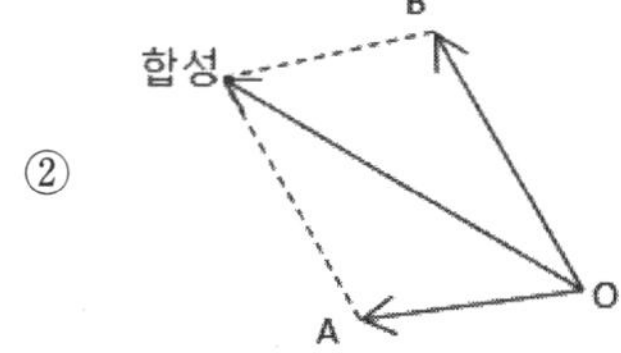

③
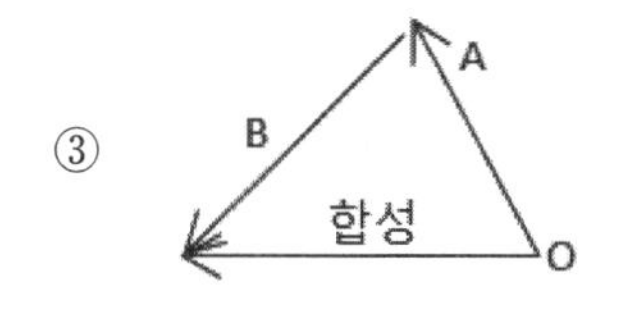

④
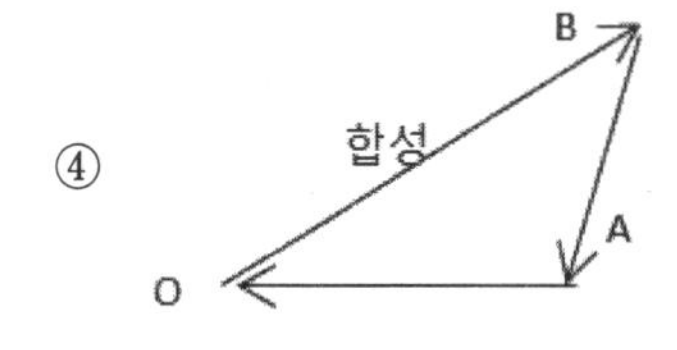

해설 방향이 반대(A → B)

20 차량 내·외부의 손상형태 및 손상정도를 통해 규명하기 어려운 것은?

① 신호위반
② 탑승자의 손상정도 및 이동방향
③ 개략적인 충돌속도
④ 차량의 회전방향 및 이동거리

해설 신호위반은 블랙박스 영상, CCTV영상, 스키드마크, 주행속도 등으로 판단할 수 있다.

21 도로의 곡선부 측정방법과 가장 거리가 먼 것은?

① 삼각법　　② 호도법
③ 혼합법　　④ 좌표법

해설 호도법 : 라디안으로 각도를 표시하는 방법

22 교통사고 조사과정은 일반적으로 5단계로 구분된다. 2단계인 현장조사단계에 대한 설명과 가장 거리가 먼 것은?

① 승차자 보호장구 조사
② 차량과 사람의 최종위치 확인 및 측정
③ 타이어흔적, 추락, 비행 등으로부터 속도 분석
④ 목격자 발견 및 확인

해설 ③은 4단계에 해당

23 교통사고 현장조사에서 전신주, 소화전, 가로등, 신호등, 안내표지판 등과 같은 대상을 기준으로 측정할 때 이 기준점의 명칭은?

① 비고정 기준점
② 고정 기준점
③ 반(준)고정 기준점
④ 기준점의 종류와 관계없음

해설 비고정 : 움직이거나 없어질 수 있는 곳, 반고정 : 연석 등 긴 형태의 시설

정답 18.① 19.④ 20.① 21.② 22.③ 23.②

24 다음 그림과 같은 가각부에서 곡선반경(R) 값은?

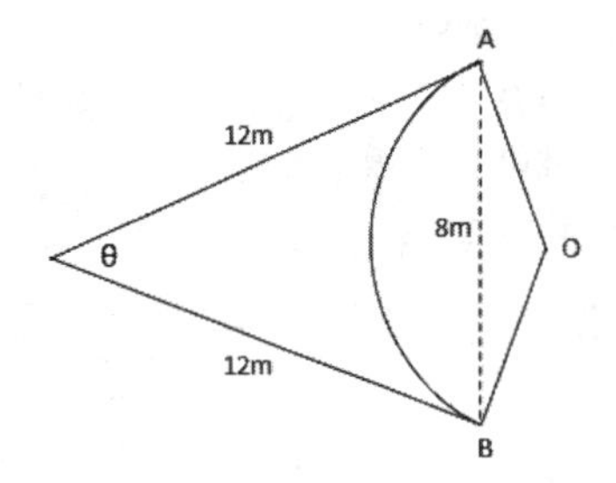

① 5.12m
② 4.94m
③ 4.24m
④ 4.00m

해설 제2코사인법칙에 의해

$$\cos\theta = \frac{12^2 + 12^2 - 8^2}{2 \times 12 \times 12},\ \theta = 38.94^\circ,$$

$$\tan\left(\frac{38.94}{2}\right) = \frac{R}{12}$$

25 다음 내용에 대한 설명으로 가장 알맞은 것은?

> 자동차가 코너링 할 때 목표 보다 바깥쪽으로 향하려는 현상

① 오버 스티어링(Over Steering)
② 언더 스티어링(Under Steering)
③ 뉴트럴 스티어링(Neutral Steering)
④ 리버스 스티어링(Reverse Steering)

정답 24.③ 25.②

2020년 기출 교통사고조사론

01 차량 속도와 타이어 회전속도간의 관계를 나타내는 것은?

① 슬립률(Slip Ratio)
② 토크(Torque)
③ 횡방향 마찰계수
④ 최대출력

해설 슬립률이 1이면 바퀴가 고정되어 미끄러지는 것이고 슬립률이 0이면 바퀴가 굴러가는 경우이다.

02 자동차의 추락속도를 분석하기 위해 필요한 조사 자료가 아닌 것은?

① 추락 후 착지까지 수직높이
② 추락 후 착지까지 수평이동 거리
③ 자동차 질량
④ 도로이탈지점 기울기

해설 $v=d\sqrt{\frac{g}{2(d\tan\theta-h)}}$

03 다음 설명 중 틀린 것은?

① 충돌 시 운동에너지가 보존되는 충돌을 탄성충돌이라 한다.
② 비탄성충돌의 경우 운동에너지는 차체변형 등과 같이 다른 형태의 에너지로 전환되나 운동량은 보존된다.
③ 반발계수는 0 과 1 사이의 값을 갖는다.
④ 두 물체가 충돌하여 반발되는 것은 물체의 질량에 의한다.

해설 반발계수는 충돌 전후의 속도차이에 의한다.

04 위치 측정법 중 주로 코드법(Code)으로 측정하는 경우는?

① 도로연석선 빛 도로끝선이 명확하지 않은 경우
② 비정규 차륜흔적에 대한 조사가 필요한 경우
③ 측점이 기준선 혹은 도로끝선으로부터 10m 이상 벗어난 경우
④ 측점이 늪지나 숲속에 위치한 경우

05 다음 중 차량의 속도를 계산하기 위해 마찰계수를 조사하지 않아도 되는 경우는?

① 차량이 전도된 상태로 노면을 미끄러졌을 때
② 차량이 추락하였을 때
③ 요 마크(Yaw Mark) 흔적이 발생하였을 때
④ 차량이 측면방향(횡방향)으로 미끄러졌을 때

해설 추락하는 경우에는 노면과의 마찰이 없다.

06 좌로 굽은 도로에서 차량들이 안전하게 선회하지 못하고 도로를 이탈하여 우측의 가로수와 충돌이 계속 발생되는 사고 현장을 조사 시 다음 중 가장 중요한 조사 항목은?

① 편경사
② 중앙분리대 설치여부
③ 종단경사
④ 차로폭

해설 원심력과 관련된 사항으로 편경사, 도로의 곡선반경 등을 조사하여야 한다.

정답 01.① 02.③ 03.④ 04.② 05.② 06.①

07 **동일차량에서 스키드 마크(Skid Mark) 발생시 다음 설명 중 틀린 것은?**

① 차가운 타이어고무와 역청재질은 뜨거울 때 보다 미끄러지기 쉽다. 이때 진한 흔적이 발생된다.
② 무거운 하중이 작용된 타이어는 그렇지 않은 타이어보다 지면을 많이 누른다. 따라서 무거운 하중이 작용된 타이어는 진한 흔적을 만든다.
③ 부드러운 타이어 재질은 그렇지 못한 타이어보다 미끄러질 때 스키드 마크를 쉽게 발생시킨다.
④ 같은 노면과 공기압에서 좁은 홈의 타이어는 넓은 홈의 타이어보다 노면과 많은 면이 접지된다.

해설 아스팔트가 뜨거울 때 마찰이 심하고 진한흔적이 발생한다. 마찰이 심하므로 덜 미끄럽다.

08 **타이어의 특성에 관한 설명 중 틀린 것은?**

① 타이어를 평판 위에 놓고 수직하중을 걸면 노면에 일정한 접지 형상을 얻을 수 있고, 이때 세로방향의 길이를 접지 길이(Contact Length)라 한다.
② 접지면의 면적을 접지면적 또는 총 접지면적(Gross Contact Area)이라 하며, 실제 접지부분의 면적 즉 접지면적에서 그루브(Groove) 부분을 뺀 것을 실접지면적 또는 유효접지면적(Actual Contact Area)이라 한다.
③ 접지부의 단위면적 당 걸리는 하중을 접지압이라 하고, 그 중에서 접지압을 단위면적으로 나눈 값을 일반접지압이라 한다.
④ 보통 수직하중을 세로축에 접지길이 혹은 접지폭을 가로축으로 잡아 공기압을 변화시키면 접지폭은 어느 시점에서 더 이상 증가하지 않고 멈추게 되며, 접지길이만 증가하는 경향을 나타낸다.

해설 ③접지부의 단위면적당 작용하고 있는 수직력을 접지압이라고 하고 총하중을 접지면적으로 나눈 값을 평균접지압이라고 한다.

09 **기준점과 기준선에 대한 설명으로 틀린 것은?**

① 기준선과 기준점은 차후 사고현장에 갔을 때 누구나 확인할 수 있는 것이어야 한다.
② 고정기준점은 삼각측정법에 적합하다.
③ 기준선은 보통 도로연석선으로 한다.
④ 신호등지주, 소화전, 교량과 고가도로 등은 비고정 기준점이다.

해설 신호등지주는 움직일 수 없는 기준이므로 고정기준점이다.

10 **교통사고 현장에서 실시하는 조사 작업이 아닌 것은?**

① 현장 스케치를 바탕으로 한 사고현장 도면의 컴퓨터 CAD 작업
② 차량의 최종 정지위치 파악
③ 노면흔적 조사
④ 낙하물 촬영

해설 컴퓨터 CAD작업은 현장에서 하기 어렵다.

11 **사고차량의 조사 항목이 아닌 것은?**

① 차량제원
② 차량파손상태
③ 차량가격
④ 화물적재량

해설 차량가격은 손해배상 소송 단계에서 조사된다.

정답 07.① 08.③ 09.④ 10.① 11.③

12 **다음 중 보행자 사고 조사로 틀린 것은?**

① 자동차의 전면유리 파손부위를 조사한다.
② 보행자의 최종 정지위치는 조사할 필요가 없다.
③ 보행자와 자동차의 충돌부위를 조사한다.
④ 차체에 묻어있는 보행자의 흔적을 조사한다.

해설 최종정지위치를 기반으로 충돌속도 또는 최초 충격위치를 분석할 수 있다.

13 **다음 중 타이어 트레드(Tread) 마모 설명 중 틀린 것은?**

① 공기압이 높을 때 보다 낮을 때 타이어 트레드 마모가 크다.
② 차량 속도가 높을 때 보다 낮을 때 타이어 트레드 마모가 크다.
③ 타이어에 걸리는 하중이 적을 때 보다 높을 때 타이어 트레드 마모가 크다.
④ 겨울철에 비해 여름철의 타이어 트레드 마모가 크다.

해설 차량 속도가 높을 때 트레드의 마모가 크다.

14 **도로면 마찰의 기본특성을 설명한 것 중 틀린 것은?**

① 동일 물체의 경우 수평도로면에서의 마찰력은 중량에 비례한다.
② 동적마찰력은 정적(정지)마찰력보다 크기가 작다.
③ 마찰력은 물체와 노면의 접촉면 크기에 비례한다.
④ 마찰력은 차량속도에 영향을 받지 않는다.

해설 $F = \mu mg$ 마찰력은 마찰계수와 무게에 의한다.

15 **넓은 구역에 걸쳐 나타난 줄무늬가 있는 스크래치 흔적으로 폭이 다소 넓고 최대접촉지점을 파악하는데 도움을 주는 이 흔적을 무엇이라 하는가?**

① 칩(Chip)
② 스크레이프(Scrape)
③ 견인 시 긁힌 흔적(Towing Scratch)
④ 그루브(Groove)

16 **타이어흔적의 설명 중 틀린 것은?**

① 스키드 마크(Skid Mark)는 타이어가 구르며 진행될 때 발생된다.
② 요 마크(Yaw Mark)는 주로 핸들조향에 의해 발생된다.
③ 가속 스커프(Acceleration Scuff)는 타이어가 회전하면서 미끄러져 발생하는 것으로 오직 구동바퀴에서 발생된다.
④ 임프린트(Imprint)는 타이어가 구르는 상태에서 노면에 새겨지면서 발생된다.

해설 스키드마크는 바퀴가 정지된 상태에서 발생한다.

17 **자동차 전구의 균열로 인하여 산소가 내부로 들어갔거나 전구내부의 오염에 의하여 내부가스 성분의 연소로 발생되는 현상은?**

① 흑화현상
② 백화현상
③ 청화현상
④ 황화현상

해설
- **흑화** : 텅스텐이 증발하여 유리내벽에 증착
- **백화** : 내부 오염원이 산소가 유입되어 연소
- **청화** : 수분 유입
- **황화** : 할로겐 가스나 유리벽에 증착

정답 12.② 13.② 14.③ 15.② 16.① 17.②

18 **사고 차량 정밀조사 사항 중 틀린 것은?**

① 상대차의 범퍼, 번호판, 전조등 등의 형상이 임프린트(Imprint) 되었나를 확인한다.
② 타이어의 접지면(Tread)이나 옆벽(Sidewall)에 나타난 흔적이 있는가를 확인한다.
③ 차량내부의 의자, 안전벨트 변형상태와 차량기기 조작 여부를 확인한다.
④ 직접손상 부위와 간접손상 부위는 구분하지 않는다.

해설 직접손상부를 구분하여야 충돌과정에 관한 해석을 할 수 있다.

19 **주행중인 대형 화물차의 바퀴가 회전을 멈춘 상태에서 비어있는 화물적재함 등이 상하운동을 할 때 나타나는 타이어흔적은?**

① 충돌 스크럽(Collision Scrub)
② 크룩(Crook)
③ 갭 스키드 마크(Gap Skid Mark)
④ 스킵 스키드 마크(Skip Skid Mark)

해설 충돌스크럽은 굴러가던 바퀴가 충돌에 의해서 눌려지면서 나타나는 자국이고 크룩은 제동 중이던 바퀴가 충돌에 의해 흔들리면서 나타나는 자국이다.

20 **자동차의 제원을 나타내는 정의 중 틀린 것은?**

① 윤거 : 좌·우 타이어 접촉면의 중심에서 중심까지의 거리로 복륜은 복륜간격의 중심간 거리
② 최소회전반경 : 자동차가 최대 조향각으로 저속회전할 때 가장 바깥쪽 바퀴의 접지면 중심이 그리는 원의 반지름
③ 램프각(Ramp Angle) : 축거의 중심점을 포함한 차체 중심면과 수직면의 가장 낮은 점에서 앞바퀴와 뒷바퀴 타이어의 바깥 둘레를 그은 선이 이루는 각도
④ 조향각 : 자동차가 방향을 바꿀 때 조향바퀴의 스핀들이 선회 이동하는 각도로 보통 최소값으로 나타냄

해설 조향각은 최대값으로 나타낸다.

21 **상해에 대한 설명 중 틀린 것은?**

① 탈구란 관절의 완전한 파열이나 붕괴가 일어나 관절연골면의 접촉이 완전히 소실된 상태
② 역과창이란 자동차 등이 신체의 일부를 역과하여 발생하는데 경할 때는 피하출혈만 발생하나 중할 때는 심한 좌창 또는 사지나 두부의 절단, 골절 등을 일으키는 경우도 있다.
③ 결손창이란 외부 및 연부조직의 일부가 떨어져 나간 상태
④ 좌창이란 둔한 날을 가진 기물에 의해 생기며 그 작용이 피부의 탄력이 정도를 넘었을 때 생긴다.

해설 ④ 좌열창에 대한 설명이다.

22 **선회하는 자동차의 운동특성에 대한 설명 중 옳은 것은?**

① 원심력은 속도와 관련 없다.
② 한계선회속도를 구하기 위한 마찰계수는 횡미끄럼마찰계수를 적용한다.
③ 안전하게 선회주행하기 위해서는 횡방향 마찰력이 원심력보다 작아야 한다.
④ 차량의 한계선회속도는 곡선반경이 클수록 낮아진다.

해설 원심력 $F = m\frac{v^2}{r}$, 마찰력이 원심력보다 커야 선회할 수 있다. 곡선반경은 클수록 완만한 곡선이다.

정답 18.④ 19.④ 20.④ 21.④ 22.②

23 **차량이 미끄러지면서 S_1길이만큼 활주흔을 남기다 D_1거리만큼 끊어진 후 다시 S_2길이만큼 활주한 갭 스키드 마크(Gap Skid Mark)를 발생시키고 정지했다면 속도 분석을 위해 측정할 거리는?**

① $S_1 + D_1 + S_2$
② $D_1 + S_2$
③ $S_1 + S_2$
④ $S_1 + S_2 - D_1$

해설 갭 스키드 마크에서 떨어진 거리는 속도계산에서 제외한다.

24 **오르막 도로의 정밀 도면을 보니 수평거리 1000m에 수직 높이가 70m 이었다. 이때 종단경사는?**

① 1 %
② 3 %
③ 5 %
④ 7 %

해설 %경사는 직각삼각형의 밑변이 100일 때 높이를 의미한다.

25 **다음 중 사고차량 사진촬영 방법으로 틀린 것은?**

① 사진 한 장에 차량전면이 나오도록 촬영한다.
② 사진 촬영 시 직접충돌 부분만 강조하여 촬영한다.
③ 차량전체 파손모습을 촬영한다.
④ 대상이 렌즈의 초점거리 이내에서 명확히 촬영되지 않을 경우는 접사렌즈나 접사필터를 사용한다.

해설 직접충돌 및 간접충돌 부분 등 사고관련부분을 자세하게 촬영한다.

정답 23.③ 24.④ 25.②

01 도로측정을 위한 기준점의 설명으로 틀린 것은?

① 고정기준점이라 함은 기존의 표지물로서 손쉽게 접근할 수 있으며, 주로 삼각측정법에서 기준점으로 많이 활용한다.
② 비고정 기준점 활용대상은 가로등, 전신주, 안내표지판, 신호등의 지주, 소화전이다.
③ 고정기준점은 이동 불가능한 고정도로시설로서 도로 가장자리가 불규칙하거나 진흙이나 눈 등으로 덮혀 길가장자리 구역선이 불분명할 때 사용된다.
④ 비고정기준점은 대부분 교차로의 모서리에서와 같이 2개의 길가장자리구역선을 연장하여 서로 교차하는 점을 선택하여 도로상에 표시한다.

해설 가로등, 전신주, 안내표지판은 이동될 수 없는 것으로 고정기준점으로 활용한다.

02 다음 중 크기와 방향의 성질을 모두 갖는 물리량이 아닌 것은?

① 속력 ② 운동량
③ 속도 ④ 가속도

해설 속력은 스칼라이고 속도는 벡터이다.

03 자동차가 주행할 때 노면에서 받는 진동이나 충격을 흡수하기 위해 설치된 장치는?

① 동력전달장치
② 조향장치
③ 현가장치
④ 제동장치

해설 동력전달장치는 엔진의 동력을 바퀴까지 전달하는 장치로서 클러치, 추진축, 차동장치 등이 속한다.

04 노면에서 관찰되는 차량 액체 흔적에 대한 설명으로 틀린 것은?

① 냉각수 흔적은 오랫동안 남게되므로 시일이 경과하여도 확인이 가능하다.
② 차량 액체흔적은 차량 최종정지위치를 확인하는데 유용한 자료가 되기도 한다.
③ 충돌 시 파손된 라디에이터에서 나온 액체는 큰 압력으로 분출되어 쏟아지므로 충돌지점을 나타내는 자료가 될 수 있다.
④ 냉각수, 각종 오일, 배터리 액 등이 노면에 쏟아지거나 흘러내린 흔적을 말한다.

해설 냉각수의 주성분은 물이므로 그 흔적은 하루를 넘기기 힘들다.

05 사고조사시 사진촬영방법으로 틀린 것은?

① 사고현장의 특성이 잘 나타나도록 촬영하는 것이 효과적이다.
② 흔적 및 물체에 대해 사진을 찍을 때는 가까이와 멀리서 모두 촬영한다.
③ 사고차량 촬영시 손상이 발생한 한쪽 부분만 촬영한다.
④ 사고현장이나 물체 등은 일방향이 아닌 여러 방향에서 촬영하여야 유용하다.

해설 손상이 발생한 부분만 촬영하는 경우 손상부에 대한 형상은 알 수 있으나 그 손상이 어떤 과정을 거쳐 손상되었는지는 알 수 없으므로 전체를 촬영한 후 부분을 촬영하여야 한다.

정답 01.② 02.① 03.③ 04.① 05.③

06 **사고차량 타이어의 사이드월(Sidewall)에 표기된 DOT는 아래와 같다. 타이어의 제작년월은?**

DOT E330 872B **0703**

① 2007년 1월
② 2007년 3월
③ 2003년 7월
④ 2003년 2월

해설 07은 주번호(Week Number)이고 03은 년도이다.

07 **다음 중 타이어의 구조에서 틀린 것은?**

① 숄더(Shoulder) : 트레드와 사이드월 사이에 위치하고 구조상 고무의 두께가 가장 두껍기 때문에 주행 중 내부에서 발생하는 열을 쉽게 발산할 수 있도록 설계되어 있다.
② 사이드월(Sidewall) : 일부 승용차용 레디알 타이어의 벨트에 위치한 특수 코드지로 주행시 벨트의 움직임을 최소화 시킨다.
③ 비드(Bead) : 스틸 와이어에 고무를 피복한 사각 또는 육각형태의 와이어 번들로 타이어를 림에 안착하고 고정시키는 역할을 한다.
④ 이너라이너(Inner Liner) : 튜브 대신 타이어의 안쪽에 위치하고 있는 것으로 공기의 누출을 방지한다.

해설 ②은 카카스에 대한 설명이다.

08 **다음 중 튜브리스 타이어(Tubeless Tire)의 장점이 아닌 것은?**

① 공기압 유지가 좋다.
② 못 등에 찔려도 급속한 공기누출이 없다.
③ 타이어 내부의 공기가 직접 림에 접촉되고 있기 때문에 주행 중의 열발산이 좋다.
④ 타이어의 내측과 비드부의 흠이 생기면 분리현상이 일어난다.

해설 ④은 단점에 대한 설명이며 비드분리(Bead Separation)이라고 한다.

09 **차량이 유압브레이크를 과도하게 사용하며 긴 내리막길을 주행하던 중 브레이크 장치 유압회로 내에 브레이크 액이 온도 상승으로 인해 기화되어 압력전달이 원활하게 이루어지지 않아 제동기능이 저하되는 현상은?**

① 페이드(Fade)
② 스탠딩웨이브(Standing Wave)
③ 베이퍼 록(Vapor Lock)
④ 파열(Burst)

해설 페이드는 반복적인 제동에 의해 마찰표면이 경화되어 제동력이 저하되는 현상이고, 스탠딩웨이브는 고속에서 사이드월에 물결무늬가 발생하면서 터지는 현상이다.

10 **다음 중 설명이 틀린 것은?**

① 요마크(Yaw Mark) : 차축과 직각으로 미끄러지면서 타이어가 구를 때 만들어지는 스커프마크
② 가속 스커프(Acceleration Scuff) : 충분한 동력이 바퀴에 전달되어 바퀴가 급격히 도로 표면에서 회전할 때 만들어지는 흔적
③ 플랫타이어 마크(Flat Tire Mark) : 타이어의 현저히 적은 공기압에 의해 타이어가 과편향되어 만들어진 스커프마크
④ 임프린트(Imprint) : 도로 혹은 노면에 타이어가 미끄러짐이 없이 구름 또는 회전하면서 밟고 지나간 흔적으로서 접지면의 타이어의 트레드 형상이 그대로 찍혀 나타나는 흔적

해설 요마크는 선회시 원심력에 의해 차축과 평행한 방향으로 일부 미끄러지면서 나타나는 흔적이다.

정답 06.④ 07.② 08.④ 09.③ 10.①

11 **도로설계시 기초가 되는 설계기준 자동차의 최소회전반지름으로 맞는 것은?**

① 승용자동차 : 5.0m
② 소형자동차 : 7.0m
③ 대형자동차 : 11.0m
④ 세미트레일러 : 13.0m

해설 승용자동차 6m, 대형자동차 및 세미트레일러 12m

12 **승용차의 스키드마크에 관한 일반적인 사항 중 가장 맞는 것은?**

① 브레이크가 작동하자마자 노면에 나타난다.
② 스키드마크는 끝부분보다 시작부분이 더 진하게 나타난다.
③ 앞바퀴 보다 뒷바퀴에 의한 자국이 더 선명하다.
④ 스키드마크의 폭은 타이어 트레드 폭과 같다.

해설 스키드마크 자국은 제동시작점에서 서서히 나타나며, 노즈다운 현상으로 앞바퀴가 진하게 나타난다.

13 **갈고리모양으로 구부러진 타이어 흔적을 말하며, 일반적으로 충돌 전 타이어 흔적을 발생시키다 충돌로 방향이 크게 변할 때 발생되는 타이어 흔적은?**

① 그루브(Groove)
② 브러드사이드 마크(Broadside Mark)
③ 크룩(Crook)
④ 충돌스크럽(Collision Scrub)

해설 그루브는 노면 패인흔적인 가우지마크의 일종으로 좁고 길게 패인 흔적이다. 브러드사이드마크는 횡방향으로 미끄러질 때 나타나는 흔적이고, 충돌 스크럽은 제동 없는 상태에서 충돌로 인하여 노면을 강하게 누르면서 나타나는 흔적이다.

14 **위치측정법 중 좌표법에 대한 설명으로 가장 틀린 것은?**

① 삼각법에 비해 소요 시간이 적게 든다.
② 삼각법에 비해 교통의 소통장애를 줄일 수 있다.
③ 기준선으로부터 직각 거리를 측정하는 방법이다.
④ 로타리형 교차로와 같이 교차로의 기하구조가 불규칙한 경우에 편리하다.

해설 기하구조가 불규칙한 경우에 편리한 측정방법은 삼각법이다.

15 **다음 중 자동차의 제원에 대한 설명으로 틀린 것은?**

① 전장 : 자동차의 최대길이
② 전폭 : 자동차의 최대 높이
③ 축거 : 앞 차축의 중심에서 뒷 차축의 중심까지의 수평거리
④ 윤거 : 좌우 타이어 접촉면의 중심에서 중심까지 거리

해설 자동차의 최대 높이를 전고라고 한다.

16 **내륜차와 관련된 설명 중 맞는 것은?**

① 선회 내측 앞바퀴와 뒷바퀴의 궤적이 같게 나타나는 특성이 있다.
② 대형 트럭의 전륜과 후륜 간의 측면 보호대를 부착하는 것과 관련이 있다.
③ 선회 시 뒷바퀴의 선회반경이 앞바퀴의 선회반경보다 크기 때문에 나타난다.
④ 축거가 긴 대형 차량일수록 내륜차는 작다.

해설 선회시 전륜의 궤적보다 후륜의 궤적이 안쪽으로 들어오는 현상이며 트럭의 경우 측면에 의해 보행자가 충돌되거나 후륜에 역과되는 사고가 발생하므로 측면 보호대를 장착한다.

정답 11.② 12.④ 13.③ 14.④ 15.② 16.②

17 **차량의 주행특성에 관한 설명 중 틀린 것은?**

① 언더스티어링(Under Steering)은 전륜의 조향각에 의한 선회반경보다 실제 선회반경이 커지는 현상을 말하고 이 경우는 전륜의 횡활각이 후륜의 횡활각보다 크다.
② 언더스티어링(Under Steering)은 후륜에서 발생한 선회력이 큰 경우이다.
③ 오버스티어링(Over Steering)은 전륜의 조향각에 의한 선회반경보다 실제 선회반경이 커지는 경우를 말하고 이 경우는 후륜의 횡활각이 전륜의 횡활각보다 크다.
④ 오버스티어링(Over Steering)은 전륜에서 발생하는 선회력이 큰 경우이다.

해설 오버스티어링은 전륜의 조향각보다 실제 회전반경이 작아지는 현상을 말한다.

18 **차륜 제동 흔적이 직선(실선)으로 연결되지 않고 흔적의 간격이 띄엄띄엄 일정하게 서로 번갈아 가며 진한부분과 연한부분이 주기적으로 나타나는 흔적은?**

① 스킵스키드마크(Skip Skid Mark)
② 임펜딩 스키드마크(Impending Skid Mark)
③ 갭스키드마크(Gap Skid Mark)
④ 스워브 스키드마크(Swerve Skid Mark)

해설 스킵스키드마크는 짧은 점선형태로 나타나며 스키드마크에 의한 속도계산시 흔적의 길이 전체를 계산에 반영한다.

19 **급제동시 차량의 앞부분이 지면방향으로 숙여지는 현상인 노즈다이브(Nose Dive)와 관계없는 것은?**

① 자동차의 현가장치
② 자동차의 무게중심
③ 요마크
④ 관성력

해설 요마크는 선회시 원심력에 의해 횡방향으로 미끄러지면서 나타나는 흔적이므로 노즈다이브와는 관계없다.

20 **사고발생 전 승용차량은 3°내리막 도로를 진행하다가 21m의 스키드마크를 발생시킨 후 도로변 하천으로 추락하였다. 마찰계수가 0.8인 도로에서 사고차량의 제동전 속도를 산출하기 위해 적용해야할 견인계수는?**

① 약 0.83
② 약 0.85
③ 약 0.75
④ 약 0.77

해설 $f = 0.8 - \tan 3^{\circ} = 0.75$

21 **슬립률은 제동시 차량의 속도와 타이어 회전속도와의 관계를 나타내는 것으로 타이어와 노면 사이의 마찰력은 슬립률에 따라 변한다. 슬립률 계산식은?**

① $\dfrac{\text{휠속}(rw) - \text{차속}(v)}{\text{차속}(v)} \times 100$
② $\dfrac{\text{차속}(v) - \text{휠속}(rw)}{\text{차속}(v)} \times 100$
③ $\dfrac{\text{차속}(v) - \text{슬립각}(\alpha)}{\text{휠속}(rw)} \times 100$
④ $\dfrac{\text{차속}(v) - \text{휠속}(rw)}{\text{슬립각}(\alpha)} \times 100$

22 **차량의 손상부위 조사로는 파악할 수 없는 것은?**

① 충격력의 작용방향
② 충돌지점
③ 충돌자세
④ 충돌 후 차량의 회전방향

해설 손상부위로 어디에서 충돌하였는지는 알 수 없다.

정답 17.③ 18.① 19.③ 20.③ 21.② 22.②

23 **전구의 흑화현상에 대한 설명 중 틀린 것은?**

① 전구 내부에 수분이 존재할 때 흑화가 자주 발생
② 할로겐 가스의 양이 필라멘트 발열량에 비하여 적을 때 온도가 높은 쪽에서 국부적으로 흑화가 발생
③ 제조공정에서 점등전압이 너무 높은 경우에 엷고 넓은 부위에 걸쳐 흑화가 발생
④ 필라멘트가 오염되었을 경우 흑화가 발생

해설 전구 내부에 수분이 있는 경우 청화현상이 발생된다.

24 **금속물체에 의해 생성된 노면 흔적에 대한 설명으로 가장 맞는 것은?**

① 스크래치(Scratch)는 대부분 큰 중량의 금속성분이 도로 상에 이동하면서 나타낸 흔적이다.
② 스크래치(Scratch)는 폭이 좁게 형성되고 충돌 후 차량의 회전이나 이동경로를 판단하는데 유용하다.
③ 칩(Chips)은 길고 폭이 넓은 상태로 생성된다.
④ 촙(Chop)은 스크레이프(Scrape) 보다 폭이 좁다.

해설 스크래치는 중량의 금속성분에 의한 것이 아니고 이동하면서 노면을 긁어서 나타나는 흔적이고, 칩은 폭이 좁은 흔적이며, 촙의 폭은 스크레이프 보다 넓다.

25 **교통사고 현장에 흩뿌려진 잔존물이라고 볼 수 없는 것은?**

① 자동차의 파손부품
② 보행자의 소지품
③ 오일, 냉각수 등 액체 흔적
④ 타이어 흔적 및 노면의 패인흔적

해설 타이어 흔적 및 노면의 패인흔적은 노면에 현출된 흔적이고 낙하된 잔존물이 아니다.

정답 23.① 24.② 25.④

01 사고기록장치(Event Data Recorder)의 저장 기록과 가장 관련이 없는 차량부품은?

① 방향지시등
② 속도계
③ 에어백
④ 시트벨트

해설 사고기록장치에는 속도, 엔진회전수, 가속페달, 제동페달, 조향각, 에어벡 전개, 시트벨트 체결 등에 대한 기록이 저장된다. 주로 사고해석에 필요한 중요정보가 저장되며 방향지시등의 작동여부를 기록되지 않는다.

02 "두 물체 사이에서 작용과 반작용의 크기는 같고 방향이 반대이며, 직선상의 서로 다른 힘이 동시에 작용한다." 이것은 어느 법칙에 대한 설명인가?

① 관성의 법칙
② 작용 반작용의 법칙
③ 운동량 보존의 법칙
④ 에너지 보존의 법칙

해설 뉴턴의 3법칙인 작용·반작용에 대한 설명이다.

03 수직축을 따라 차체가 전체적으로 상하운동하는 진동현상은?

① 롤링
② 피칭
③ 요잉
④ 바운싱

해설 상하방향 운동은 바운싱, 앞뒤방향은 서징, 좌우방향은 러칭이다. 앞뒤축을 기준으로 회전하는 운동은 롤링, 좌우축을 기준으로 회전하는 운동은 피칭, 상하축을 기준으로 회전하는 운동은 요잉이라고 한다.

04 사고차량을 사진촬영하는 방법으로 옳지 않은 것은?

① 차량 손상이 한 부분에만 나타나더라도 차량의 전후좌우 모두를 촬영하는 것이 좋다.
② 높은 지점에서 수직으로 촬영하면 차량의 변형이나 충격방향을 확인하는데 도움이 된다.
③ 플래시를 이용하여 차량 외부를 촬영하면 빛이 반사되므로 주의해야 한다.
④ 차량내부는 사진촬영 할 필요가 없다.

해설 사고차량을 사진촬영시에 수평 및 수직으로 촬영하여야 차체의 변형정도를 알 수 있으며 차량내부는 탑승자의 거동 해석에 매우 중요하므로 반드시 촬영하여야 한다.

05 도로의 구조 및 시설에 관한 규칙 상 보도에 대한 설명으로 가장 거리가 먼 것은?

① 보행자의 안전과 자동차 등의 원활한 통행을 위하여 필요하다고 인정되는 경우에는 도로에 보도를 설치하여야 한다.
② 보도는 연석이나 방호울타리 등의 시설물을 이용하여 차도와 분리하여야 한다.
③ 필요하다고 인정되는 지역에는 "교통안전법"에 따른 이동편의시설을 설치하여야 한다.
④ 지방지역의 도로에서 불가피하다고 인정되는 경우에는 보도의 유효폭은 1.5m 이상으로 할 수 있다.

해설 이동편의시설은 『교통약자의 이동편의 증진법』에 따른다.

정답 01.① 02.② 03.④ 04.④ 05.③

06 **다음 중 공기압 과다 또는 과하중 상태로 운전하다가 장애물과 충돌하여 트레드가 X, Y, L형태로 찢어지는 타이어 손상은?**

① 코드(cord) 절단
② 비드와이어(bead wire) 절단
③ 비드파열(burst)
④ 파열(rupture)

해설 타이어의 내외부 충격으로 X, Y, L 형상으로 터지는 것을 파열이라고 한다.

07 **타이어 트레드의 가운데보다 가장자리의 압력이 더 크거나 과적 또는 공기가 적게 주입된 타이어의 상태는?**

① 오버스티어(oversteer)
② 언더스티어(understeer)
③ 오버디프렉티드(overdeflected)
④ 코드홀딩(roadholding)

해설 언더스티어는 정상적인 조향궤적보다 크게 회전하는 것이고 오버스티어는 정상적인 궤적 안쪽으로 들어오는 현상이다. 오버드프렉티드는 과도하게 타이어가 변형되었다는 의미이므로 공기압이 적거나 과도한 하중으로 인하여 발생한다.

08 **승용차의 제동흔적의 특성을 설명한 것이다. 가장 거리가 먼 것은?**

① 대부분은 전륜에 의해서 발생한다.
② 대부분은 직선형태지만, 드물게 곡선형태로 나타난다.
③ 전륜제동흔적보다 후륜제동흔적이 대체로 더 선명하다.
④ 제동흔적의 폭은 타이어 접지면의 폭과 대체로 비슷하다.

해설 앞숙임으로 인하여 앞바퀴 타이어에 의한 흔적이 진하게 나타난다.

09 **곡선부 측정방법과 가장 거리가 먼 것은?**

① 삼각함수를 이용하는 방법
② 호도법
③ 광파측량기에 의한 실측방법
④ 좌표법

해설 호도법은 특정지점을 반지름과 기준선에 대한 각도로 나타내는 방법이다. 일반적인 사고현장 조사에서 잘 활용되지 않는다.

10 **사고현장 도면 작성 시 위치측정을 위한 비고정 기준점은?**

① 교차로 모서리의 가상교차점
② 건물의 모서리
③ 각종 표지판의 지주
④ 신호등의 지주

해설 비고정기준점은 특정부위에 기준점이 없어 주위 시설물에서 가상의 연장선을 그어 만든 교차점이다.

11 **교통사고 발생과정에서 자동차의 차체하부 구조물이 노면에 닿아 넓게 발생하는 긁힌 흔적 중 여러 개의 줄무늬로 나타나는 자국은?**

① 칩(Chip)
② 찹(Chop)
③ 스크레이프(Scrape)
④ 그루브(Groove)

해설 패인흔적 중 칩은 좁고 깊게 패인 홈, 찹은 넓고 얕게 패인 홈, 그루브는 좁고 길게 패인 홈이다.

12 **도로의 구분에 따른 설계기준 자동차이다. 틀린 것은?**

① 고속도로 및 주간선도로 – 세미트레일러
② 국지도로 – 세미트레일러
③ 보조간선도로 – 세미트레일러 또는 대형자동차
④ 집산도로 – 세미트레일러 또는 대형자동차

정답 06.④ 07.③ 08.③ 09.② 10.① 11.③ 12.②

13 **자동차 4개 바퀴에 개별적으로 회전제동력을 발생시켜 자동차의 자세를 유지시켜주는 장치는?**

① 자동차안전성제어장치
② 타이어공기압경고장치
③ 비상자동제동장치
④ 차로이탈경고장치

해설 ESP(Electronic Stability Program, 자세제어장치) 또는 DSC, VDC, PSM이라고도 한다. 각 바퀴를 제어하여 미끄러지는 것을 방지하거나 미끄러진 차량을 안정화 시키는 기능을 한다.

14 **노면흔적 측정시 3점 이상의 측점을 필요로 하는 대상이 아닌 것은?**

① 곡선으로 나타난 타이어 흔적
② 노면상의 패인흔적
③ 직선으로 길게 발생하다가 마지막 부분에 휘어지거나 변형이 있는 타이어 흔적
④ 직선으로 발생한 갭스키드마크

해설 노면 상의 패인흔적의 길이는 짧기 때문에 1점으로 측정한다.

15 **도로의 구조시설에 관한 규칙에 의하면 앞지르기 시거는 2차로 도로에서 저속자동차를 안전하게 앞지를 수 있는 거리로서 차로 중심선 위의 (가) 높이에서 반대쪽 차로의 중심선에 있는 높이 (나)의 반대쪽 자동차를 인지하고 앞차를 안전하게 앞지를 수 있는 거리를 말한다. 여기에서 (가)와 (나)에 들어갈 것은?**

① 가 : 1.0m, 나 : 1.2m
② 가 : 1.2m, 나 : 1.0m
③ 가 : 1.2m, 나 : 1.25m
④ 가 : 1.25m, 나 : 1.2m

해설 국지도로 : 대형자동차 또는 승용자동차

16 **차로 폭에 대한 설명으로 틀린 것은?**

① 차로 폭은 차선의 중심선에서 인접한 차선의 중심선까지이다.
② 지방지역 일반도로의 설계속도는 80km/h 이상일 때 차로의 최소 폭이 3.0m이다.
③ 회전차로 폭은 필요한 경우에는 2.75m 이상으로 할 수 있다.
④ 도시지역 고속도로의 최소폭은 3.5m이다.

해설 지방지역에서 설계속도가 80km/h 이상인 경우의 차로 폭은 3.5m 이상이다.

17 **사고차량 운전자를 인터뷰 조사할 때 바람직하지 않은 질문 방법은?**

① 객관적으로 질문한다.
② 추상적으로 질문한다.
③ 구체적으로 질문한다.
④ 사고전후 상황에 대한 질문을 한다.

해설 추상적인 질문에 대해 명확한 답변은 듣기 어렵다.

18 **윤활유의 주된 기능이 아닌 것은?**

① 방청작용
② 흡수작용
③ 청정작용
④ 완충작용

해설 윤활유는 마찰표면의 윤활작용 뿐만아니라 윤활유가 구석구석 지나가기 때문에 냉각작용을 하고 필터에서 지속적으로 걸러줌으로써 청정작용을 한다. 윤활유는 점성이 있기 때문에 미세한 틈새를 막는 밀봉효과도 있으며 유막을 형성하여 일시적인 충격을 완화하는 완충작용도 한다.

정답 13.① 14.② 15.① 16.② 17.② 18.②

19 **곡선형태의 스키드마크(swerve)에 대한 설명 중 맞지 않는 것은?**

① 운전자가 핸들을 조작하면서 제동을 했을 때 나타날 수 있다.
② 횡단경사 또는 편경사에 의해 나타날 수 있다.
③ 순간적으로 제동을 풀었다가 다시 제동했을 때 나타날 수 있다.
④ 양쪽 바퀴에 작용하는 마찰력이 다를 때 발생할 수 있다.

해설 제동을 일시적으로 풀었다가 다시 제동하는 경우에 발생하는 타이어 흔적은 갭 스키드마크이다.

20 **패이드(fade)현상을 방지하는 방법으로 가장 옳은 것은?**

① 마찰력이 작은 라이닝을 사용할 것
② 엔진브레이크를 가급적 사용하지 않을 것
③ 브레이크 드럼의 방열성을 높일 것
④ 열팽창에 의한 변형이 큰 라이닝을 사용할 것

해설 패이드현상은 마찰면에서 과열이 발생하며 표면이 단단해지는 현상으로 드럼의 방열성이 요구된다.

21 **다음 인체골격 중 하지골에 해당되지 않는 것은?**

① 흉골　② 비골
③ 대퇴골　④ 경골

22 **가속스커프에 대한 설명 중 맞는 것은?**

① 차량이 정지된 상태에서 급가속, 급출발 시 타이어가 노면에 대해 슬립(slip)하면서 헛바퀴 돌 때 나타난다.
② 자갈 위 또는 진흙, 눈 위에서는 잘 발생되지 않는다.
③ 차량이 가속되면 무게중심이 앞으로 이동하여 타이어 가장자리 흔적을 남긴다.
④ 보통의 차들은 저속에서 엔진이 천천히 돌아가고 있는 동안 순간적으로 감속할 때 나타난다.

23 **도로의 직선부와 곡선부 사이 또는 곡선부의 큰 곡선부분에서 작은 곡선부분 사이에 설치하여 자동차가 안전하게 주행하기 위해 설치하는 것은?**

① 종단경사　② 측대
③ 완화구간　④ 가속구간

해설 종단경사는 오르막과 내리막을 의미하며 측대는 중앙분리대 또는 도로 길어깨에 설치하여 운전자의 시선을 유도한다.

24 **보행자가 자동차에 충격된 후 지면에 떨어져서 나타나는 손상은?**

① 박피손상
② 신전손상
③ 전도손상
④ 역과손상

해설 박피손상은 피부가 벗겨지는 손상이고, 신전손상은 피부가 심한 장력을 받아 찢어지는 손상으로서 역과시에 자주 나타나는 손상이다.

25 **차량의 속도를 계산할 때 마찰계수가 적용되지 않는 것은?**

① 차량이 전도된 상태로 노면을 미끄러졌을 때
② 차량이 추락하였을 때
③ 요마크 흔적이 발생되었을 때
④ 차량이 측면방향(횡방향)으로 운동하였을 때

해설 추락하는 동안에는 노면의 영향을 받지 않으므로 추락시에는 마찰계수의 적용이 없다.

정답 19.③ 20.③ 21.① 22.① 23.③ 24.③ 25.②

01 충돌로 인한 액체흔적이 아닌 것은?

① 튀김 ② 방울짐
③ 스크래치 ④ 고임

해설 스크래치는 액체흔적이 아니고 충돌에 의해 차량 하부가 변형된 후 노면을 긁으면서 발생되는 흔적이다.

02 제동시에 바퀴를 연속적으로 락(Lock)시키지 않음으로써 조향능력이 상실되지 않도록 하는 안전장치는?

① 주차브레이크
② ABS브레이크
③ 핸드브레이크
④ EDR브레이크

해설 바퀴가 완전 제동상태에서는 회전을 하지 않게 되고 노면 위를 미끄러져 가기 때문에 조향이 불가하다. ABS는 잠김상태를 약간씩 풀어 조향이 어느 정도 가능하며 노면과의 마찰력은 더 높이는 기능을 한다.

03 보행자와 차량 간 충돌사고 시 보행자의 상해 심각도에 영향을 미치는 요인 중 가장 거리가 먼 것은?

① 차량범퍼의 높이
② 보행자의 연령
③ 충돌속도
④ 운전자의 고속도로 운전경험

해설 범퍼의 높이에 따라 보행자의 충격부위가 달라지므로 상해의 심각도에 차이가 발생하고 보행자가 나이가 많을수록 가벼운 충격에도 심각한 손상이 발생한다.

04 도로를 횡단하던 신장 170cm의 보행자가 60km/h로 주행 중이던 승용차의 전면 범퍼에 충격이후 와이퍼와 재차 충돌하여 안면부에 부상을 입었다면 어떤 손상인가?

① 범퍼손상
② 제2차 충격손상
③ 전도손상
④ 역과손상

해설 범퍼 충격을 1차 충격이라고 하고 전면유리 하단에 충격되는 것을 2차 충격이라고 한다.

05 차량이 65km/h로 경사가 없는 도로를 주행하다가 급정지하여 25m의 미끄럼 흔적을 남겼을 때 이 도로의 노면의 마찰계수는?

① 약 0.45 ② 약 0.56
③ 약 0.67 ④ 약 0.78

해설 $v = \sqrt{2\mu g d}$, $\left(\frac{65}{3.6}\right) = \sqrt{2 \times \mu \times 9.8 \times 25}$ 에서 마찰계수는 0.67

06 요마크의 설명 중 가장 옳은 것은?

① 원심력이 타이어와 노면 간 마찰력 보다 작을 때 발생한다.
② 바퀴가 순간적으로 플랫되면서 나타난다.
③ 요마크 흔적으로 감속상태인지 가속상태인지 판단하는 것은 불가능 하다.
④ 시작점에서 외측 전륜궤적은 외측 후륜궤적보다 안쪽에서 발생한다.

해설 원심력이 마찰력보다 큰 경우는 전복현상이 발생하고 요마크는 발생하지 않는다. 요마크는 앞바퀴가 먼저 조향하면서 발생되므로 커브길의 바깥쪽 뒷바퀴의 궤적은 최외곽에 위치한다.

정답 01.③ 02.② 03.④ 04.④ 05.③ 06.④

07 **할로겐 분자의 색으로 전구 내부에 할로겐 가스가 너무 많을 경우 분리되어 유리벽에 증착할 때 일어나는 현상은?**

① 황화현상　② 백화현상
③ 흑화현상　④ 청화현상

해설 텅스텐이 유리벽에 증착하는 경우 흑화현상, 전구에 산소가 유입된 경우 백화현상, 수분이 유입된 경우 최초에는 청화현상이고 시간이 경과하면 백화현상, 할로겐 가스가 유리벽에 증착하는 경우 황화현상

08 **노면에 나타나는 다음의 흔적 중 핸들의 조작과 연관성이 가장 높은 것은?**

① 크룩　② 가속스커프
③ 플랫타이어마크　④ 요마크

해설 요마크는 강한 제동없이 급조향으로 측방으로 약간씩 미끄러지면서 발생한다.

09 **다음 인체 골격 중 흉부에 해당되지 않는 것은?**

① 관골　② 복장뼈
③ 흉골　④ 늑골

해설 관골을 광대뼈 또는 협골이라고도 한다.

10 **승용차가 급제동하며 타이어 흔적을 발생시킬 때 통상적으로 전륜 타이어 흔적이 쉽게 발생되는 이유로 적절한 것은?**

① 무게중심이 앞쪽으로 이동하는 노즈 다운 현상 때문
② 승용차의 무게 중심은 차체길이의 중간에 위치하기 때문
③ 승용차의 제동장치는 유압식이 아닌 에어식이기 때문
④ 타이어 트레드 무늬가 대형트럭과 상이하기 때문

해설 급제동하는 경우 앞쪽으로 무게전이가 발생하여 앞타이어에 의해 진한 스키드마크가 발생한다.

11 **승용차량에서 한쪽 타이어 접지면 중심으로부터 동일 축 반대쪽 타이어 접지면 중심까지의 거리를 나타내는 차량용어는?**

① 전폭　② 윤거
③ 축거　④ 전고

12 **차 대 보행자 사고에서 설명 내용이 틀린 것은?**

① 보행자는 차체의 외부구조에 1차적으로 충격을 받는다.
② 처음 충격 후 보행자의 신체가 차의 외부구조에 다시 부딪히는 것을 2차 충격이라 한다.
③ 차량 충격 후 지면에 부딪히면 전도손상이 발생한다.
④ 차량에 역과되면 전복손상이 생긴다.

해설 차량에 역과되는 경우 역과손상이 생기며 특히 피부에서 신전손상이 발생한다.

13 **교통사고발생시 사고현장에서 발견되는 흔적들에 대한 설명이다. 적절한 설명이 아닌 것은?**

① 자동차의 하체 잔존물만으로도 정확한 충돌지점의 추정이 가능하다.
② 충격에 의한 심한 진동으로 하체부의 진흙 또는 흙먼지가 떨어질 수 있다.
③ 사고차량의 잔존물이 외력이 발생하지 않는 한 그 잔존물은 사고차량이 움직이는 방향으로 움직이게 된다.
④ 사고 후 시간이 경과하면 없어지는 하체 잔존물도 있다.

해설 자동차의 하체 잔존물은 관성에 의해 충돌 직전의 속도와 방향으로 움직일려는 성질이 있어 노면에 유류된 잔존물로는 충돌지점을 알 수 없고 충돌지점이 어느 방향인가는 판단이 가능하다.

정답 07.① 08.④ 09.① 10.① 11.② 12.④ 13.①

14 **대형차량 스키드마크가 다음과 같이 도로상에 현출되었을 때 속도계산에 적용할 길이 측정부분으로 가장 적절한 것은?(단 1, 2축은 단륜, 3, 4축은 복륜)**

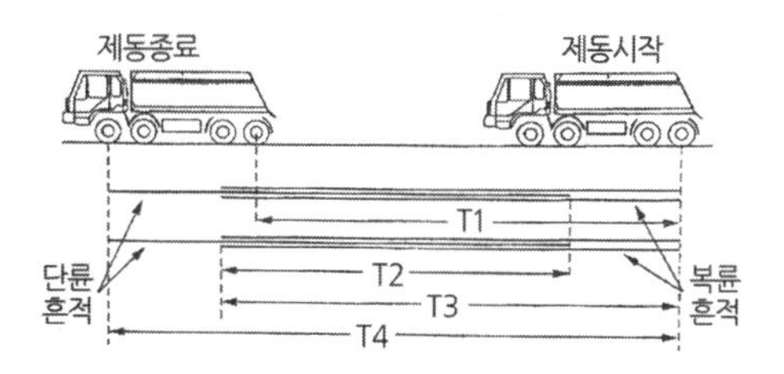

① T1　　② T2
③ T3　　④ T4

해설 미끄러진 거리는 차량의 같은 부위가 어느 정도 진행하였는지를 측정하여야 한다.

15 **사고차량의타이어 사이드월(옆면)에 DOT 표기가 다음과 같았다. 마지막 아라비아 숫자 네 개를 통한 제작년월은?**

DOT A181 357B 1106

① 2011년 3월
② 2011년 6월
③ 2006년 3월
④ 2006년 11월

해설 1106은 2006년 11주이고 한 달은 4주이므로 11주는 3월에 해당된다.

16 **면도칼, 칼, 도자기나 유리파편과 같은 예리한 물체에 의해 피부조직의 연결이 끊어진 손상은?**

① 열창　　② 골절
③ 좌창　　④ 절창

해설 열창은 찢긴 상처, 좌창은 찧은 상처, 절창은 베인 상처이다. 칼로 베는 경우 피부아래쪽의 연결조직(가교상조직)들이 잘리는 특징이 있다.

17 **사고당시 운전자 규명을 위해 조사해야할 항목으로 관련이 적은 것은?**

① 차량의 충돌 전후 회전 및 진행방향
② 전조등의 손상상태
③ 탑승자들의 신체상해 부위
④ 차량 실내 충격부위

해설 운전자 규명은 차량에서 충격력이 작용방향과, 탑승자가 실내의 어느 부위에 충격되었는지 그리고 탑승자의 신체상해부위를 조사해야 한다.

18 **교통사고조사와 관련된 도로부문 사항이 아닌 것은?**

① 도로 소성변형
② 도로 시설물 파손
③ 도로 노면상태
④ 도로 통행료 영수증

해설 통행료영수증은 수사에 관한 사항이다. 교통사고조사의 범위에서 벗어난다.

19 **다음 중 차대 보행자 충돌사고에서 보행자의 역과손상에 대한 설명으로 맞는 것은?**

① 보행 중인 보행자를 차체 전면부에 최초 충격되어 생긴 손상을 말한다.
② 신체가 차체의 외부구조에 다시 부딪혀 생긴 손상을 말한다.
③ 지상에 전도된 후 바퀴나 차량의 하부구조에 의해 생긴 손상을 말한다.
④ 자동차에 충격된 후 지면이나 지상구조물에 의해서 생긴 손상을 말한다.

해설 역과손상은 전도손상을 의미한다.

정답 14.① 15.③ 16.④ 17.② 18.② 19.③

20 다음 중 교통사고 현장의 도로를 측정한 결과 그림과 같은 결과를 얻었다. 이 도로의 곡선반경은?

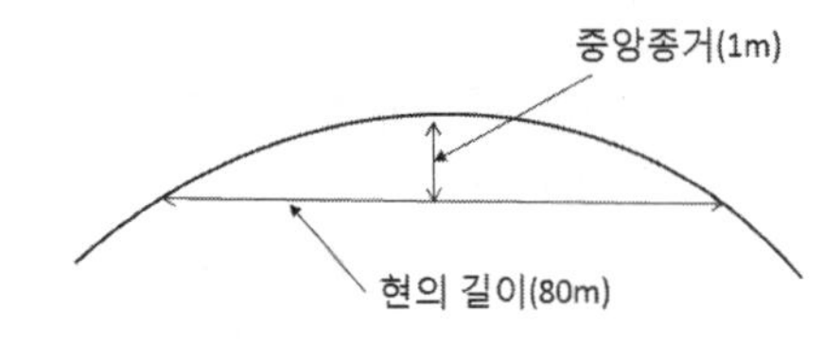

① 약 201m ② 약 396m
③ 약 801m ④ 약 996m

해설 $R=\frac{C^2}{8M}+\frac{M}{2}$

21 우리나라 자동차 사고로 인한 상해정도를 구분하기 위해 AIS Code를 사용하고 있는데 상해도 9는 무엇을 의미하나?

① 상해가 가볍고 그 상해를 위한 특별한 대책이 필요 없을 때
② 생명의 위험은 적지만 상해 자체가 충분한 치료를 필요로 할 때
③ 의학적 치료의 범위를 넘어서 구명의 가능성이 불확실할 때
④ 원인 및 증상을 자세히 알 수 없어 분류가 불가능할 때

해설 ① : 상해도 1, ② : 상해도 3,
③ : 상해도 4

22 오토캐드(Auto Cad)를 이용하여 현장상황도를 작성하려 한다. 교차로에서 연석선을 표현하기 위해 직선을 긋고 가각부를 표시하기 위해 일정한 곡선반경을 갖는 호를 그리기 위한 명령어는?

① FILLET ② CHAMPER
③ TRIM ④ OFFSET

해설 CHAMPER : 모따기,
TRIM : 선을 줄이거나 늘릴 때,
OFFSET : 일정한 간격으로 복사할 때

23 차량 타이어 트레드면의 형태가 아닌 것은?

① 코인형(Coin Type)
② 블럭형(Block Type)
③ 리브형(Rib Type)
④ 러그형(Rug Type)

24 다음과 같은 사고 잦은 지역에서 사고감소를 위해 도로 구조상 우선 고려 대상으로 가장 알맞은 것은?

> 좌로 굽은 도로에서 안전하게 선회하지 못하고 차량들이 도로를 이탈하여 우측의 가로수를 충돌하는 사고가 잦은 지역

① 종단경사 설치
② 중앙분리대 설치
③ 편경사 설치
④ 차광막 설치

해설 도로의 이탈을 막기 위해서는 편경사 또는 가드레일(방호울타리) 등이 필요하다.

25 다음 중 용어 정의가 적절하지 않은 것은?

① 브레이크 페이드(Brake Fade) : 브레이크 장치 유압회로 내에 생기는 것으로 브레이크를 연속적으로 사용할 경우 사용액체가 증발되어 정상제동이 되지 않는 현상
② 잭나이프(Jack Knife): 트랙터-트레일러 차량이 제동시 안전성을 잃고 트렉터와 트레일러가 접혀지는 현상
③ 하이드로플래닝(Hydroplanning) : 노면과 타이어 사이에 수막이 형성되어 차량이 마치 수상스키를 타듯이 물 위를 활주하는 현상
④ 뱅킹(Banking) : 오토바이 운전자가 커브길을 돌 때 직선도로와 달리 차체를 안쪽으로 기울이면서 주행하는 현상

해설 베이퍼록(Vapor Lock)에 대한 설명이다.

정답 20.③ 21.④ 22.① 23.① 24.③ 25.①

01 **도로의 기하구조 중 곡선반경(R)을 구하는 공식으로 맞는 것은?(단, C : 현의 길이, M : 중앙종거)**

① $R = \frac{C^2}{8M} + \frac{C}{2}$

② $R = \frac{C}{8M} + \frac{M}{2}$

③ $R = \frac{C^2}{8M} + \frac{M}{2}$

④ $R = \frac{M^2}{8C} + \frac{C}{2}$

02 **차량손상은 직접손상과 간접손상으로 구분된다. 다음 중 직접손상에 해당되지 않는 것은?**

① 전면범퍼에 각인된 상대차량의 번호판 형상
② 휀더 패널에 발생된 상대차량의 타이어 흔적
③ 전륜의 후방 밀림으로 인한 도어패널의 어긋남
④ 보행자 충돌 시 차량 전면유리에 발생한 방사형 파손

해설 간접손상은 충돌부위가 아닌 곳에서 간접적인 영향으로 손상이 나타나는 현상이다.

03 **요마크를 조사하는 요령으로 적절하지 않은 것은?**

① 요마크가 3줄이 발생되었으면 3줄 모두 측정해야한다.
② 타이어 흔적의 빗살무늬 각도 및 방향을 조사해야한다.
③ 차량 무게중심 이동궤적을 재현해 낼 수 있게 측정해야 한다.
④ 시작 위치만 정확하게 측정하면 된다.

해설 요마크는 시작위치 뿐만 아니라 속도계산을 위해 현의길이 중앙종거를 측정해야 한다.

04 **타이어의 회전방향을 따라 접지면에 여러 개의 홈을 파 놓은 것으로 옆으로 잘 미끄러지지 않고 조종성 및 안정성이 우수하여 고속주행에 적합한 타이어 트레드 패턴은?**

① 러그형
② 블록형
③ 리브형
④ 스노우 패턴

해설 리브형은 고속주행에 적합하여 승용차에 주로 적용하고, 러그형 또는 블록형은 견인력이 우수하여 트럭 또는 농기계 타이어에 적용된다.

05 **차량 내 안전장치 중 편타손상을 줄이기 위한 것은?**

① 전면 에어백　② 측면 에어백
③ 안전띠　④ 머리받침

06 **차량 내 스티어링휠에 의해 상해를 입을 가능성이 가장 낮은 것은?**

① 인체의 두부에 좌상이나 표피박탈이 나타난다.
② 인체의 흉부에서 피하출혈이 나타난다.
③ 인체의 무릎에서 좌상이나 표피박탈이 나타난다.
④ 인체의 안면부에서 좌상이나 표피박탈이 나타난다.

해설 스티어링휠은 조향핸들과 같은 말이며 정면 충돌에서 무릎과는 충격될 수 없다.

정답 01.③ 02.③ 03.④ 04.③ 05.④ 06.③

07 다음은 무엇에 대한 설명인가?

> 평면곡선부를 주행하는 차량은 원심력을 받기 때문에 원심력의 영향을 적게 하기 위하여 곡선부의 횡단면에는 곡선의 안쪽으로 하향경사를 둔다.

① 평면곡선반경
② 편경사
③ 완화곡선
④ 평면곡선부의 화폭

해설 편경사는 원심력에 대한 저항을 높이기 위해 도로의 바깥쪽을 높게, 도로의 안쪽을 낮게 시공하는 것이다.

08 아래 그림에서 차량의 축간거리는?

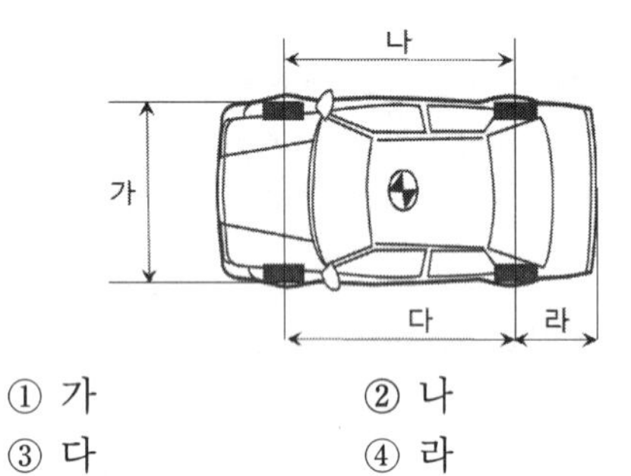

① 가 ② 나
③ 다 ④ 라

해설 축간거리를 축거라고도 한다.

09 사고차량 제동등을 조사한 결과 전구의 필라멘트가 끊어지지는 않고 길게 늘어져 있었다. 이것으로 유추할 수 있는 것은?

① 사고 당시 제동등이 점등되어 있을 것이다.
② 사고 당시 제동등이 소등되어 있을 것이다.
③ 필라멘트의 수명이 다해서 길게 늘어졌을 것이다.
④ 사고 당시의 제동등의 점등여부를 알 수 없다.

해설 제동등이 점등시 필라멘트에서 높은 열이 발생하고 약한 상태가 되므로 이때 충격을 받을 경우 쉽게 늘어날 수 있다.

10 차량의 뒤쪽을 들어 올려 무게중심 위치를 파악하고자 한다. 이 때 필요 없는 사항은?

① 전륜타이어의 반경
② 수평상태에서 전륜에만 실리는 중량
③ 뒷면을 올린 상태에서 후륜축의 높이
④ 전륜 좌 우 바퀴 사이의 간격

해설 차량의 뒤쪽을 들어 무게중심을 측정하는 방법에는 차량의 좌우에 대한 정보는 필요 없고, 마찬가지로 차량의 한쪽 측면을 들어 무게중심을 측정하는 방법에는 차량의 앞뒤에 대한 정보는 필요 없다.

11 차량 충돌 시 용기가 터지거나 넘쳐서 안에 있는 액체가 흐르는 게 아니라 큰 압력으로 분출되어 쏟아지면서 발생된 흔적으로 충돌지점을 나타내는 것은?

① 튀김
② 방울짐
③ 흘러내림
④ 고임

해설 Spatter라고도 하며 충돌지점을 알 수 있다.

12 차량의 견인계수 0.6인 도로에서 25m의 스키드마크를 남기고 정지하였다면 이 차량의 제동 전 속도는?

① 55.1km/h
② 57.3km/h
③ 59.5km/h
④ 61.7km/h

해설 $v = \sqrt{2\mu g d}$,

$\left(\frac{V}{3.6}\right) = \sqrt{2 \times 0.6 \times 9.8 \times 25}$ 에서

$V = 61.7km/h$

정답 07.② 08.② 09.① 10.④ 11.① 12.④

13 교통사고 관련 사진촬영의 필요성에 대한 설명으로 틀린 것은?

① 교통사고 분석 시 사고현장 기억의 단서가 된다.
② 법적 증거자료는 되지 않는다.
③ 항구적 보관능력과 증거불변성이 있다.
④ 교통사고 분석이 기본 자료로 활용된다.

14 자동차가 급제동하게 되면 관성력으로 인해 피칭운동 하여, 차체가 전방으로 쏠리면서 발생하는 현상?

① 베이퍼 록 현상
② 노즈다이브 현상
③ 페이드 현상
④ 바운싱 현상

해설 노즈다운(Nose down)이라고도 한다.

15 자동차 운전 중 어두운 터널에 진입하면서 갑자기 앞이 잘 보이지 않아 사고가 발생하였다. 어떠한 현상에 의한 것인가?

① 증발현상
② 현혹현상
③ 명순응
④ 암순응

해설 밝은 곳을 가면서 안보이는 현상 : 명순응, 어두운 곳으로 가면서 안보이는 현상 : 암순응.

16 위치 측정법 중 각도와 거리를 이용하여 측정하는 방법은?

① 삼각법
② 좌표법
③ 코드법
④ 호도법

해설 호도법은 기준선에 대한 각도와 기준점에서부터의 거리로 위치를 나타낸다.

17 차량의 주행특성 중 전륜의 조향각에 의한 선회반경보다 실제 선회반경이 커지는 현상을 지칭하는 용어는?

① 오버스티어링　② 캠버
③ 토우인　④ 언더스티어링

해설 언더스티어링은 조향각에 의한 선회반경보다 크게 선회하는 현상이다.

18 차량의 앞바퀴를 위에서 보았을 때, 앞쪽이 뒤쪽보다 좁게 되어 있는 것은?

① 캐스터　② 토우인
③ 캠버　④ 오프셋

해설 캐스터는 옆에서 보았을 때 바퀴를 고정하는 축이 기울어져 있는 것이고, 캠버는 바퀴를 앞에서 보았을 때 바퀴 밑부분이 안쪽으로 모여 있는 것이다.

19 위치측정 방법 중 삼각법과 좌표법 비교시 삼각법의 설명으로 틀린 것은?

① 도로경계석과 그 연장선을 기준선으로 활용한다.
② 2개의 거리측정은 각각 서로 직각으로 할 필요가 없다.
③ 기준선이 불필요하다.
④ 측점의 방향을 지정할 필요가 없다.

해설 좌표법에서 직각으로 만나는 두 개의 기준선이 필요하다.

20 차량이 60km/h 주행하다 급정지하여 미끄러진 거리가 20m일 때 이 차량의 감속도는?

① $4.7m/s^2$　② $5.8m/s^2$
③ $6.9m/s^2$　④ $8.0m/s^2$

해설 $v=\sqrt{2\mu gd}=\sqrt{2ad}$ 에서

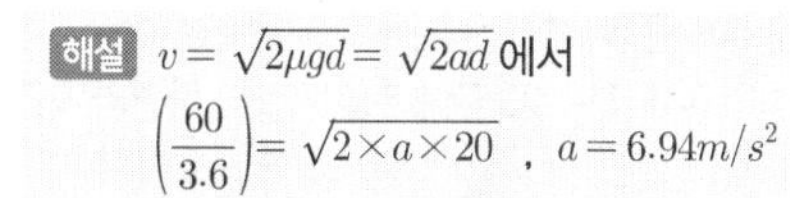

$\left(\frac{60}{3.6}\right)=\sqrt{2\times a\times 20}$, $a=6.94m/s^2$

정답 13.② 14.② 15.④ 16.④ 17.④ 18.② 19.① 20.③

21 **다음은 무엇에 대한 설명인가?**

> 차량이 저속으로 우회전할 때, 전륜에 비해 우측 후륜의 선회반경이 작아진다.

① 내륜차
② 최소회전반경
③ 외륜차
④ 조향기어비차

해설 저속으로 선회할 때 앞바퀴와 뒷바퀴의 궤적 차이를 내륜차라고 한다.

22 **용어의 설명으로 틀린 것은?**

① 앞내민길이 - 차량의 전단부로부터 앞바퀴 차축의 중심 까지 거리
② 축간거리 - 뒷바퀴 차축의 중심으로부터 차량의 후단부까지의 거리
③ 도로횡단면의 구성 - 차로, 중앙분리대, 길어깨, 주정차대, 자전거도로, 보도
④ 차선의 중심선에서 인접한 차선의 중심선까지 거리

해설 뒷바퀴 차축의 중심으로부터 차량의 후단부까지의 거리를 뒷오버행 또는 뒷내민길이라고 한다.

23 **'슬립율 0%'가 의미하는 것은?**

① 바퀴가 잠겨 전혀 회전하지 않는 상태
② 바퀴가 노면에 미끄럼 없이 회전하는 상태
③ 출발 시 차량의 앞부분이 들릴 확률이 0%인 경우
④ 교통사고 발생확률이 0%인 경우

해설 슬립은 미끄러진다는 의미이므로 0%는 전혀 미끄러지지 않는다는 뜻이다. 즉 바퀴가 회전하면서 노면과 미끄럼이 없다는 뜻이다.

24 **다음 중 스커프마크에 해당하지 않는 것은?**

① 요마크
② 스킵 스키드마크
③ 플랫 타이어마크
④ 임프린트

해설 스커프마크는 바퀴가 회전하면서 생기는 흔적이고 스키드마크는 바퀴가 회전을 멈춘 상태에서 발생하는 타이어 흔적이다.

25 **둔한 날을 가진 기물에 의하여 생기며, 그 작용이 피부 탄력정도를 넘었을 때 생기는 신체상상해는?**

① 절창
② 염좌
③ 열창
④ 자창

해설 절창은 베인 상처이고, 염좌는 멍이 든 상처 그리고 자창은 찔린 상처이다.

정답 21.① 22.② 23.② 24.② 25.③

PART 03

교통사고재현론

도로교통사고감정사

탑승자 및 보행자 거동분석

section 1 교통사고 재현의 순서

01 문제의 유추

교통사고의 재현은 사고에 의해 발생된 정보를 바탕으로 재구성하는 절차이나 잘못된 정보를 반영하거나 중요한 정보가 누락된 경우 잘못된 사고재현을 진행할 수밖에 없다. 자료 수집에서 몇 개의 정보가 빠져있게 되면 사고재현도 알 수 없는 부분이 발생된다.

02 문제의 접근

(1) 문제점을 제기한다.

중앙선침범, 과속 등 어떤 부분이 쟁점이 될 것인지 예측을 한다. 예측하지 못하면 현장조사에서 필요한 정보를 수집하는데 어려울 수 있다.

(2) 이용할 수 있는 자료를 예측한다.

쟁점을 파악하였으면 어떠한 자료가 필수적인지 예측한다.

(3) 자료에 대한 추가 조사 및 입수할 필요가 있는지 판단한다.

(4) 현장약도에 의한 상대적 위치 점검을 한다.

사고현장에 대한 정확한 측정이 필요하다.

(5) 반대로 검토한다.

사고의 재현은 현재 나타난 결과물을 바탕으로 과거로 가면서 추론해가는 과정이다. 스키드마크라는 결과물을 조사하여 스키드마크 발생 직전의 주행속도를 구하는 것과 같다.

(6) 가설을 검증한다.

주행속도, 가속여부, 보행자 충돌직전의 자세 등 여러 가지 변수에 대해 가설을 세우고 검증한다.

(7) 분석의 결과를 명확히 하고 있는가를 판단한다.

현장조사 시 배제한 정보에 대해 충분히 설명할 수 있는 논리가 있어야 한다.

(8) 결론을 검증한다.

다른 조사자 또는 감정인의 의견을 들어보아야 한다. 결론이 서로 다를 수가 있으며 왜 다른지에 대한 논리적 의견 일치가 필요하다.

03 실수하기 쉬운 함정

(1) 자료수집 단계(현장조사)에서 사고원인에 대해 예단을 하지 말 것

쟁점을 예측하는 것과 사고의 원인을 예측하는 것은 다르다. 현장조사에서 사고의 원인에 대해 예단하는 경우 예단한 원인에 부합하는 정보만 수집하여 원인분석에 실패하는 경우가 있다.

(2) 사실(fact)과 의견(opinion)을 구별할 것

현장조사에서 사실과 의견을 구분하여야 한다. 사실은 움직일 수 없는 물리적인 결과물이고 의견은 목격자 등에 의한 진술이 대표적이다.

(3) 목격자 등의 진술에 너무 의존하지 말 것

사고 조사자는 사고관련자에 대한 질문 시 답변을 유도하려고 하는 경우 왜곡된 답변이 나타날 수 있다. 교통사고에서 충돌현상은 매우 짧은 시간에 끝나므로 사고관련자의 진술이 틀린 경우가 많다.

(4) 일반적인 유형에 대해 스스로 구속되지 말아야 한다.

- 오토바이 운전자 식별에 있어서 멀리 비행한 사람이 뒤에 탑승하였던 사람이라고 단정할 수 없다. 오토바이 운전자와 탑승자의 상해부위를 조사하여 충돌직후의 움직임을 분석하여야 한다.
- 오토바이 충돌사고에서 '운전자는 충돌직전 주행하던 방향으로 충돌 후에 계속 비행한다' 라고 단정할 수 없다. 충돌 시 운전자가 오토바이를 얼마나 강하게 잡고 있느냐에 따라 비행하는 방향이 달라질 수 있다.
- 차체에서 '흙이 낙하된 지점이 충돌지점이다' 라고 단정할 수 없다. 불규칙한 노면으로 인하여 차체가 충격을 받아 부착된 흙 등이 떨어질 수 있다.
- '타이어 흔적이 두 줄인 것은 트럭의 후륜(복륜)에 의해 발생된 흔적이다' 라고 단정할 수 없다. 타이어에 공기압이 빠진 경우 타이어의 가장자리에 의해 흔적이 나타나면서 두 줄의 타이어흔적이 발생이 되는 경우가 있다.
- '노면에 뿌려진 낙하물이 많이 있는 지점이 충돌지점이다' 라고 단정할 수 없다. 낙하물의 분포 및 방향성을 보면 충돌위치의 방향을 알 수 있으나 충돌지점을 특정하는 것은 아니다.
- ' 최종정지 위치에서 바퀴의 방향이 충돌 전 핸들을 조향한 것과 같다' 라고 단정할 수 없다. 핸들은 타이어가 충격을 받는 경우 거꾸로 핸들이 틀어질 수 있다.

section 2 탑승자 거동분석

01 차량과 탑승자의 이동 방향

관성의 법칙은 뉴턴의 1법칙으로서 '정지한 물체는 계속 정지상태를 유지하려고 하고 운동하던 물체는 계속 같은 방향으로 운동하려고 한다' 라고 정의된다. 탑승자는 충돌 직전에는 차량과 함께 운동하지만 충돌하는 경우 차체는 방향은 순간적으로 바뀌게 되고 탑승자는 관성으로 인하여 즉시 방향이 바뀌지 않아 운전실 내부와 충돌하게 된다. 탑승자가 운전실 내부와 충돌하면서 남긴 흔적은 운전자식별 감정에 결정적인 도움을 준다. 운전자 식별을 위한 조사단계는 다음과 같다.

(1) 1단계 : 차량 내부손상과 안전벨트 착용여부를 조사한다. 탑승자가 실내와 충돌하면서 흔적을 혈흔 및 인체조직 등 흔적을 남기게 된다.

(2) 2단계 : 차량 외부의 손상을 조사하여 차량에 작용한 충격력의 방향을 분석하고 이때 탑승자의 운동방향을 예측한다.

(3) 3단계 : 사고당시 착석했던 위치의 조사와 사고 후 현장의 탑승자 최종위치를 확인한다.

(4) 4단계 : 차량의 움직임과 탑승자의 움직임을 예측한다.

(5) 5단계 : 탑승자의 상해부위와 차량 내부의 파손부위 및 진단서를 상호 비교하고 인체조직류의 조사를 통해 탑승자의 탑승위치를 추정한다.

02 충돌시 탑승자 거동

(1) 정면충돌

충격력의 작용방향이 무게중심을 향하고 있으므로 차체는 회전이 발생하지 않는다. 차량과 함께 진행하던 탑승자는 정면충돌시 관성에 의해 진행하던 방향으로 계속 진행하여 실내에 충돌하게 된다. 운전자는 조향핸들에 부딪히고 조수석 탑승자는 앞쪽 대쉬보드에 충돌할 것이다.

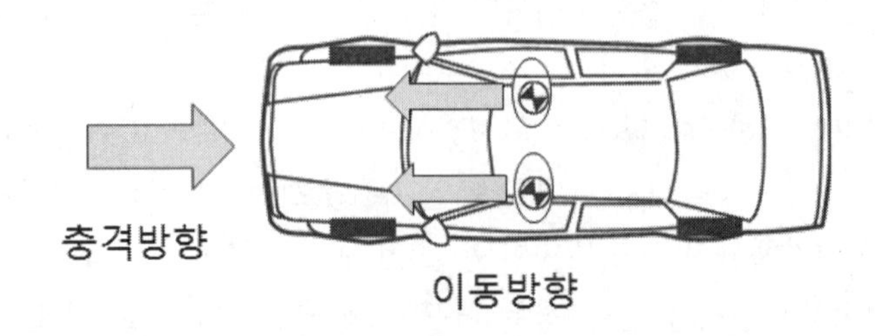

(2) 측면충돌

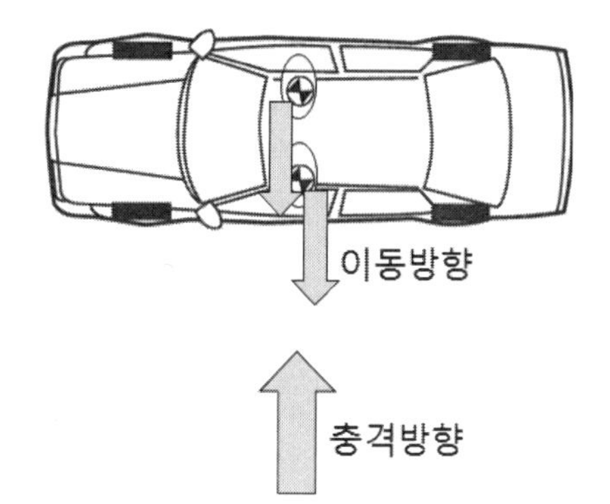

차량이 횡방향으로 미끄러지면서 고정된 물체와 충돌하거나 상대차량이 좌측면에서 충돌하는 경우 탑승자는 관성의 법칙에 의해 계속 그 위치에 있으려고 하나 차량이 충격으로 인하여 상대적으로 우측으로 움직이기 때문에 탑승자는 실내 좌측으로 이동되면서 실내와 충돌하게 된다.

좌측에서 충격력이 가해지는 경우 조수석 탑승자보다는 운전자가 심각한 상해를 입게 된다. 조수석 탑승자는 좌측으로 이동하는 도중 차량이 우측으로 이동하는 속도에 근접 될 여유가 있으나 운전자는 그러한 공간이 없어 그대로 실내의 좌측면에 충돌하게 된다.

(3) 추돌

차량의 뒷부분에 충격력이 작용되었을 때 차량이 상대적으로 전방으로 급격히 이동되지만 탑승자는 관성에 의해 그 위치에 머물러 있음으로 인하여 탑승자는 차량에 대해 상대적으로 뒤쪽으로 이동된다.

(4) 편심 충돌

편심충돌에서도 마찬가지로 설명할 수 있다. 충격력이 편심으로 작용함으로 인하여 차체는 회전을 하게 되나 탑승자는 그 위치에 머물러 있으려고 하여 실내와 부딪히게 된다. B의 경우는 차량의 전면부가 좌측으로 이동하면서 운전자는 차량에 대하여 상대적으로 우측으로 이동되어 부딪힐 것이고, A의 경우는 차체가 우측으로 이동되면서 운전자는 차량에 대하여 상대적으로 좌측으로 이동되어 실내와 부딪히게 된다.

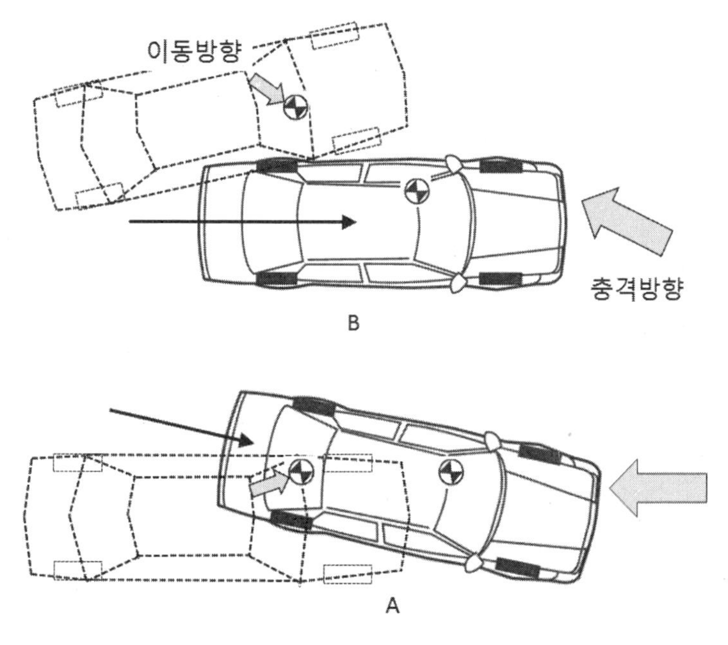

같은 방향으로 진행하면서 각도를 가지고 충돌하는 경우 A차는 반시계방향으로 회전하고 B차는 시계방향으로 회전된다. 이로 인하여 A차량의 운전자는 우측으로 움직일 것이고 B차량 운전자는 좌측으로 이동되면서 실내와 부딪히게 된다.

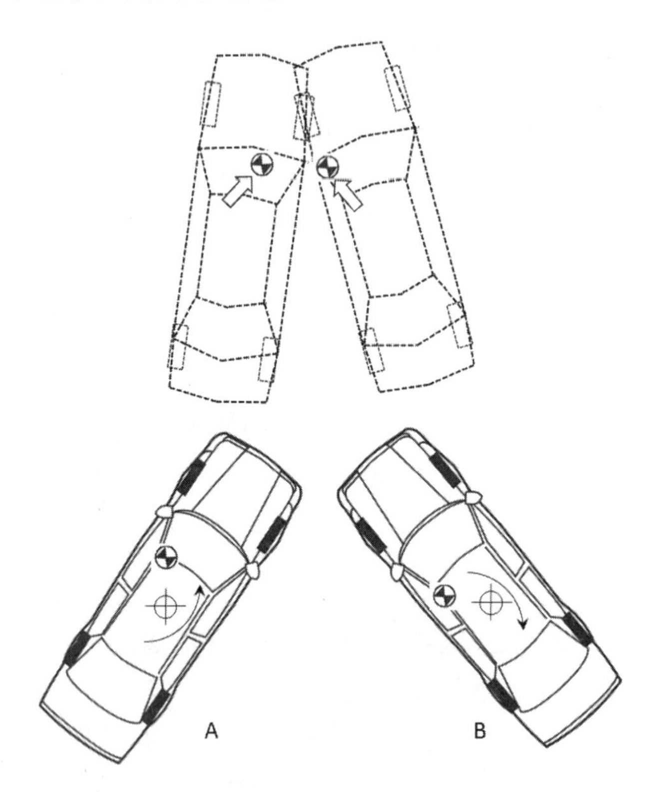

03 이탈시 탑승자 거동

사고로 인하여 탑승자가 이탈되는 경우 탑승자가 차량에서 빠져나오면서 남기는 흔적을 먼저 조사해야한다. 충돌 시 탑승자의 거동을 판단할 수 있다면 그 방향으로 이탈될 수 있는 공간의 유무를 추가적으로 판단한다. 일반적으로 이탈하게 되는 과정은 차체가 회전하면서 원심력에 의해 이탈되는 경우가 많다. 이 경우 차체의 회전 거동을 명확히 분석해야 이탈 시점과 방향을 판단할 수 있다.

탑승자가 차량에서 이탈될 수 있는 공간은 깨진 창문, 이탈된 전면유리, 후면유리, 썬루프, 개방된 문짝 등이다.

section 3 보행자 사고재현

01 충돌시 보행자 운동

① 보행자 사고에서 차량의 접촉부위, 보행자의 상해정도, 보행자의 최초 낙하지점 및 최종위치, 차량의 최종위치 및 파손상태 등은 반드시 조사되어야 할 항목이다. 이를 통하여 보행자의 최초 충돌위치 및 차량의 충돌속도 등을 계산할 수 있다. 최초 충돌위치를 판단하기 위해서는 보행자의 유류물(가방, 안경, 신발 등)의 위치, 노면에 신발이 쓸린(Shoe Mark) 지점 등은 매우 유력한 증거물이 된다. 또한 노면 상에 보행자의 머리카락, 의류 또는 인체조직이 쓸려 묻었다면 역과지점을 판단할 수 있다.

보행자의 충돌거동은 앞범퍼와 무릎부근이 접촉하면서 시작된다. 약 42km/h의 충돌속도에서는 보행자의 머리가 전면유리 아래쪽에 충돌하게 된다. 56km/h에서 보행자 충돌거동을 보면 지붕위로 올라간 후 떨어지게 된다. 이때 제동하는 경우 보행자는 차량 앞쪽에 떨어지며 그대로 진행하는 경우 차량의 뒤쪽에 떨어지기도 한다. 보행자 충돌에서도 차대차 충돌과 같이 충돌시간은 약 0.2초 정도이다. 매우 짧은 시간이므로 사고관련자의 진술의 신뢰성에 신중을 기하여야 한다.

② 직립상태의 보행자는 대체로 배꼽부위에 무게중심이 있다.

그림에서 F는 자동차의 앞 범퍼를 나타낸다. 왼쪽 그림은 무게중심의 아래쪽을 앞범퍼로 충격하게 되면 보행자는 전체적으로 차량의 이동방향과 같은 방향으로 이동되지만 상체는 충격한 차량 쪽으로 움직이면서 회전하게 된다. 가운데 그림은 트럭이나 승합차의 경우에 보행자의 무게중심 부분을 충격할 수 있고 이 경우 보행자는 회전 운동 없이 순간적으로 차량의 속도와 같아지면서 전방으로 비행하게 된다. 오른쪽 그림은 대형트럭이나 보행자의 키가 작은 경우에서 무게중심보다 위쪽에 충격되는 경우가 있고 이 경우 보행자는 전체적으로 차량의 이동방향과 같은 방향으로 이동되면서 상체는 차량과 멀어지는 방향으로 회전하게 된다. 오른쪽의 경우 차량이 신속하게 제동하지 않으면 보행자가 차량하부로 들어가 역과로 이어진다.

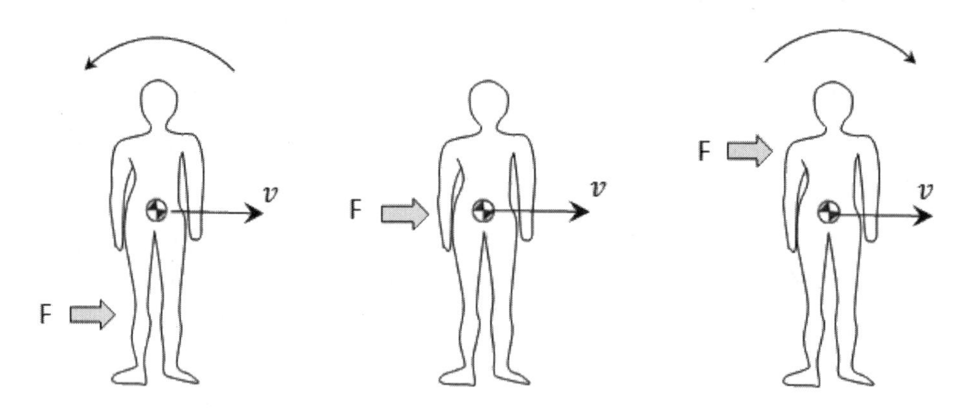

③ 보행자의 충돌거동은 차량의 전면부위와 충격되면서 차량의 앞부분 곡면과 일치하도록 밀착이 된다. 그 이후 차량의 앞부분 형상에 따라 이탈각도(앙각)가 발생하는데 승용차의 경우 위쪽으로 이동하게 되며 버스나 트럭의 경우에는 전방으로 수평 비행한다. 이후 노면에 전도되고 미끄러진 후 최종 정지하게 된다. 보행자의 전도거리를 계산하기 위해서는 이탈각도를 알아야 하지만 사고 이후 명확하게 이탈각도를 알 수 없고 현실적으로 이탈각도를 고려하지 않아도 전도거리에는 큰 차이가 없어 실무에서는 잘 고려하지 않는다.

④ 보행자가 승용차에 충격되는 경우 속도가 빠르다면 공중으로 비행하지만 40km/h 정도에서는 머리 또는 상체부분이 전면유리 하단에 부딪히게 되고 이때 급제동이 이루어지는 경우 엔진후드 상면을 따라 앞쪽을 미끄러져 내려간 다음 노면에서 미끄러지는데 인체와 노면의 마찰계수는 건조한 아스팔트의 경우 약 0.5~0.6이고, 인체와 엔진후드 사이의 마찰계수는 약 0.3이다.

⑤ 보행자가 승용차에 충돌되거나 승합차에 충돌되는 경우 충돌위치가 프레임이나 앞쪽 필라에 충돌될 때 심각한 상해가 발생한다. 최근에는 엔진후드에 보행자의 머리가 충격될 경우 상해를 경감시키기 위해 엔진후드의 강성을 낮추어 제작되고 있으나 여전히 엔진후드와 펜더가 만나는 부분은 설계의 제약으로 인하여 강성이 높고 이 부분에 머리가 충격될 경우 심각한 상해가 발생한다. 보닛타입의 승용차량에 40km/h의 속도로 보행자가 충돌될 경우 보닛 중앙부분에 머리가 부딪히면 AIS 3 의 상해가 발생하고 전면유리 중앙부분에 충돌되는 경우 AIS 1급의

상해가 발생한다.

다음의 그림은 40km/h 속도로 전면유리에 헤드폼을 충돌시켜 HIC(머리상해지수, Head Injury Criteria)값을 산출한 결과이다. EU신차 승인 시험에서 머리 상해 한계는 HIC 1000이며 엔진후드 가장자리와 후드힌지부분, 전면유리 프레임부분과 필라 밑부분이 5000이상으로 가장 높다. HIC 1000의 경우 AIS 3의 증상을 보이는 확률이 50~60% 나타남을 의미하고 HIC 1500의 경우 AIS 5의 증상을 보이는 확률이 50~60%임을 의미한다.

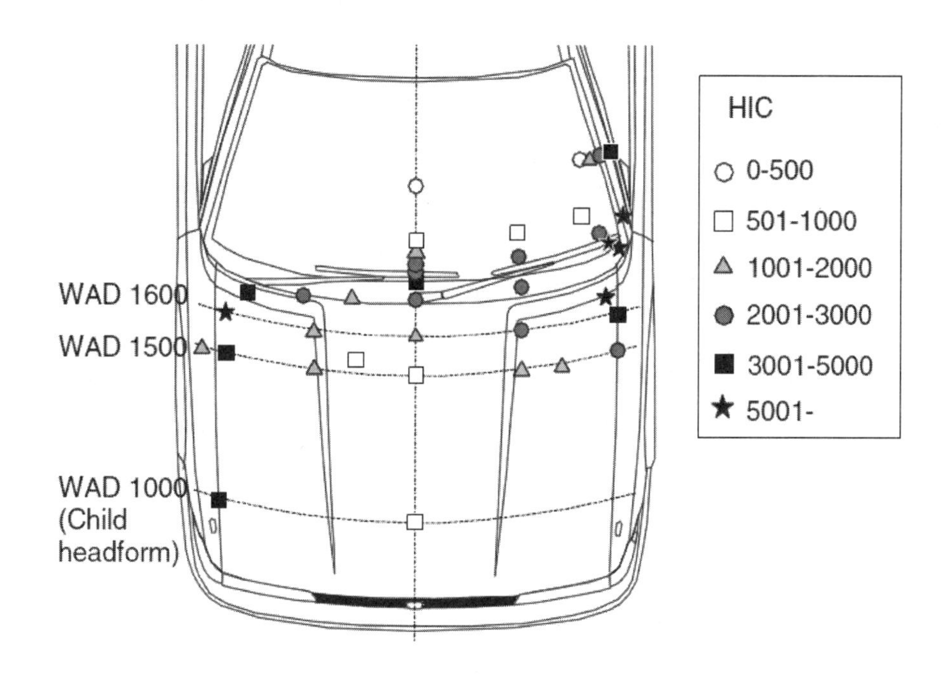

02 보행자 충돌 유형

- **감싸안기**(Wrap Trajectory) : 보행자가 차량 앞부분을 감싸며 충돌하는 형태
- **전방사출**(Forward Projection) : 보행자가 전방으로 날아가는 형태
- **펜더넘기**(Fender Vault) : 보행자가 펜더 옆으로 넘어가는 형태
- **지붕넘기**(Roof Vault) : 보행자가 차량 지붕 위로 올라가는 형태
- **공중돌기**(Somersault) : 보행자가 차량 전방에서 공중회전(공중제비, 재주넘기) 하는 형태

(1) Wrap Trajectory

① wrap은 감싸다의 뜻을 가진 영어이다. 이 충돌 유형은 차량 앞 범퍼로 보행자의 하지부분을 충격하는 경우 보행자의 상체가 엔진 후드 위로 올라타면서 차량을 감싸는 형태를 취하기 때문에 붙여진 이름이다. 약 40km/h에서 보행자의 머리 또는 상체부분이 전면유리 하단 또는 와이퍼블레이드 부분에 충격되는 경우가 많으나 차량의 크기 또는 보행자의 키에 따라 상체의

충격부위는 달라질 수 있다.

② 이 충돌 유형은 보행자의 다리 부분에 충격력이 가해져야 하므로 성인이 승용차에 충돌되는 경우에 발생하는 유형이다.

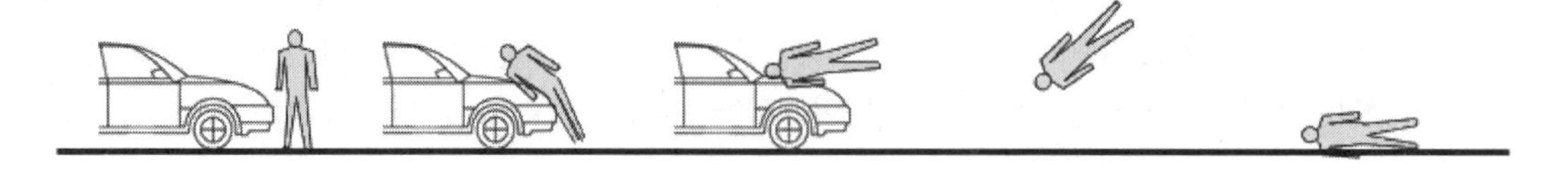

(2) Forward Projection

① 이 유형은 단어의 뜻과 같이 보행자를 전방으로 투사하는 유형이다. 무게중심이 낮은 어린이가 차량에 충돌되거나 성인의 경우는 승합차, 버스 또는 트럭에 충돌되는 경우에 나타나는 유형이다. 충돌 순간 인체는 차량의 전면부 형상에 밀착한 후 차량의 속도와 동일한 속도로 급격히 가속된 다음 전방으로 거의 수평 비행한 다음 중력에 의해 포물선 운동을 하고 노면에 떨어진 후 일정거리 미끄러져가는 형태이다.

② 보행자의 충격위치가 보행자 무게중심과 같거나 위로 작용하는 경우가 많으며 이 경우 보행자는 즉시 전도가 되며 충돌 직후 운전자가 제동을 하지 않는 경우 하부구조물 및 타이어에 의해 충격 및 역과되어 심각한 손상이 발생된다.

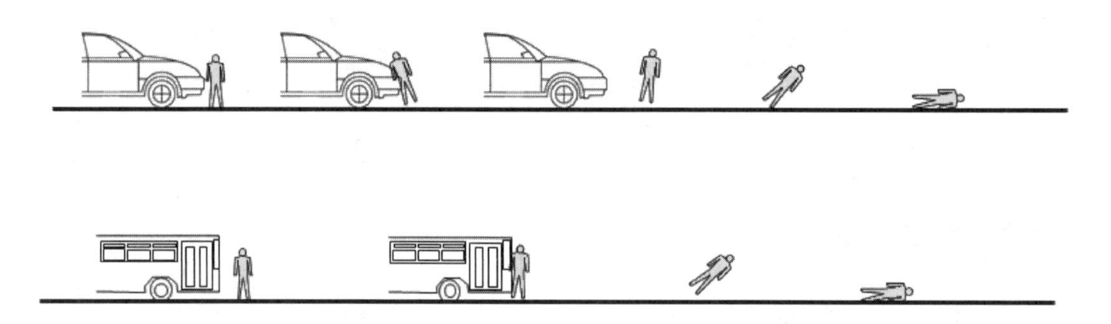

(3) Fender Vault

① Fender(펜더 또는 휀더)는 차량의 바퀴 인근의 외판을 의미하고 Vault는 넘어가는 이라는 뜻이다. 그러므로 보행자가 차량 전면 모서리에 충돌되면서 측면으로 스치듯 충돌되는 형태이다. 전조등 또는 방향지시등부터 충돌되어 펜더와 충돌되는 경우가 많으며 후사경이 파손되기도 한다.

② 이런 유형의 충돌속도는 약 40km/h에서 발생되지만 그 이상의 속도도 충분히 가능하다.

③ 이 충돌 유형의 특징은 스치듯 충돌함으로 인하여 충돌지점에서 보행자의 전도거리가 멀지 않다는 것이다. 차량의 가운데 부분에 충돌되는 경우는 공식에 의해서 전도거리를 측정하는 경우 차량의 충돌속도를 계산할 수 있으나 Fender Vault의 경우에는 충돌지점에서 전도거리

의 상관관계가 낮다. 그러므로 이 유형의 사고에서는 충돌지점을 특정하기가 어려워 보행자가 횡단보도를 걷고 있었는지 무단횡단을 하였는지 구분하기가 어렵다.

(4) Roof Vault

① 이 유형은 단어 뜻과 마찬가지로 지붕위로 넘어가는 형태이다. 충돌속도 약 60km/h 이상에서 발생된다. 보행자는 차량의 지붕 위를 지나서 차량 뒤에 최종 전도된다. 보행자가 지붕 위로 올라갔을 때 급제동하는 경우에는 차량의 앞쪽으로 떨어지게 된다.

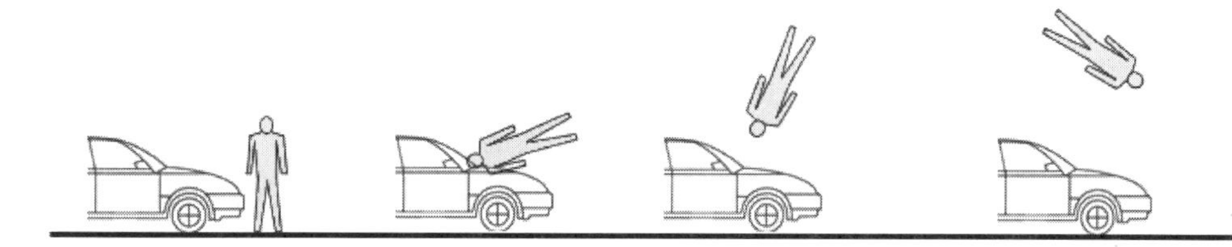

(5) Somersault

① 공중제비라고도 한다. 보행자가 차량 전면에 충돌할 때의 순간은 감싸는 형태이므로 Wrap Trajectory 유형과 유사하지만 충돌 이후 전면부에서 이탈하면서 차량 앞쪽 위에서 공중회전하게 되는 점이 다르다. 충돌속도는 약 60km/h 이상에서 발생된다.

② 충격위치는 차량의 앞범퍼가 보행자의 무게중심보다 낮은 위치가 되며, 자동차는 충돌직후 급제동되면서 보행자의 회전현상이 나타나게 된다.

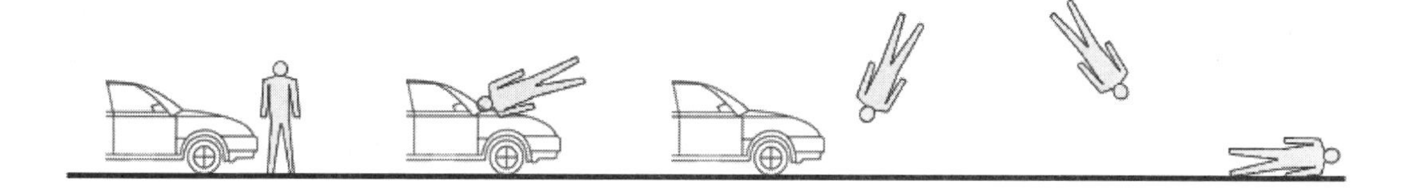

section 4 보행자 충돌속도 계산

01 보행자 전도거리

① 보행자가 차량에 충돌되는 경우 위쪽으로 상승한 다음 떨어지거나 수평방향으로 내던져지는 등 이탈각도는 다양하다. 그러나 수평방향으로 내던져지는 Forward Projection으로 가정하여도 실무적으로 큰 오차가 없기 때문에 이 유형으로 가정하고 계산한다.

② 보행자는 충돌 순간 차량과 같은 속도로 순간적으로 가속된다. 인체는 반발계수가 거의 없기 때문에 차량이 감속하지 않으면 차량과 거의 같은 속도로 비행할 것이다.

③ 충돌 이후 대부분 차량은 제동상태에 돌입하고 타이어와 노면간의 마찰계수는 건조한 아스팔트의 경우 약 0.8인데 반해 인체와 노면간의 마찰계수는 같은 조건하에서 0.5~0.6으로 낮기 때문에 최종 정지상태에서 차량 앞쪽에 보행자는 전도하게 된다.

④ 이 과정을 그림으로 나타내면 다음 그림과 같다. 충돌점은 보행자의 무게중심 높이이다. 수평으로 비행한다고 가정하고 중력가속도에 의해 포물선운동을 하면서 노면에 떨어지게 된다. 충돌지점에서 노면에 떨어진 위치까지의 거리를 x1이라고 하고 미끄러진 후 최종 정지위치까지의 거리를 x_2라고 한다.

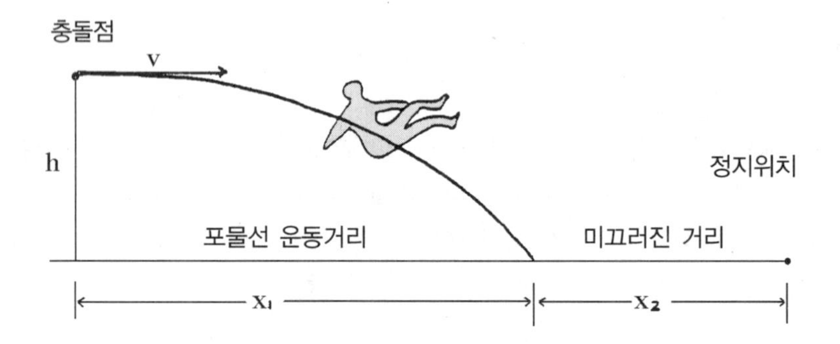

보행자의 충돌 이후 전도거리는 포물선운동거리와 미끄러진 거리이며 다음의 식으로 나타낼 수 있다.

$$x = x_1 + x_2 = v\sqrt{\frac{2h}{g}} + \frac{v^2}{2g\mu}$$

(충돌속도, h : 보행자무게중심 높이, g : 중력가속도, μ : 인체-노면 마찰계수)

이 식을 v에 대해서 정리하면 충돌지점부터 최종 정지위치까지의 전도거리를 아는 경우 충돌속도를 계산할 수 있다.

$$v = \mu\sqrt{2g}\left(\sqrt{h + \frac{x}{\mu}} - \sqrt{h}\right)(\mathrm{m/s})$$

林洋은 실험적으로 차량 충돌속도와 보행자 전도거리에 관한 실험실을 제안하였다. 실험차를 3종류로 구분하여 보행자 대용물을 속도를 달리하여 충돌한 후 전도거리를 측정하였다. 실험식을 그래프화 시켜 전도거리를 아는 경우 충돌속도를 구할 수 있고 충돌속도를 아는 경우에는 전도거리를 구할 수 있다.

$x = 0.079v + 0.0049v^2$ (단, v의 단위는 km/h, x의 단위는 m)

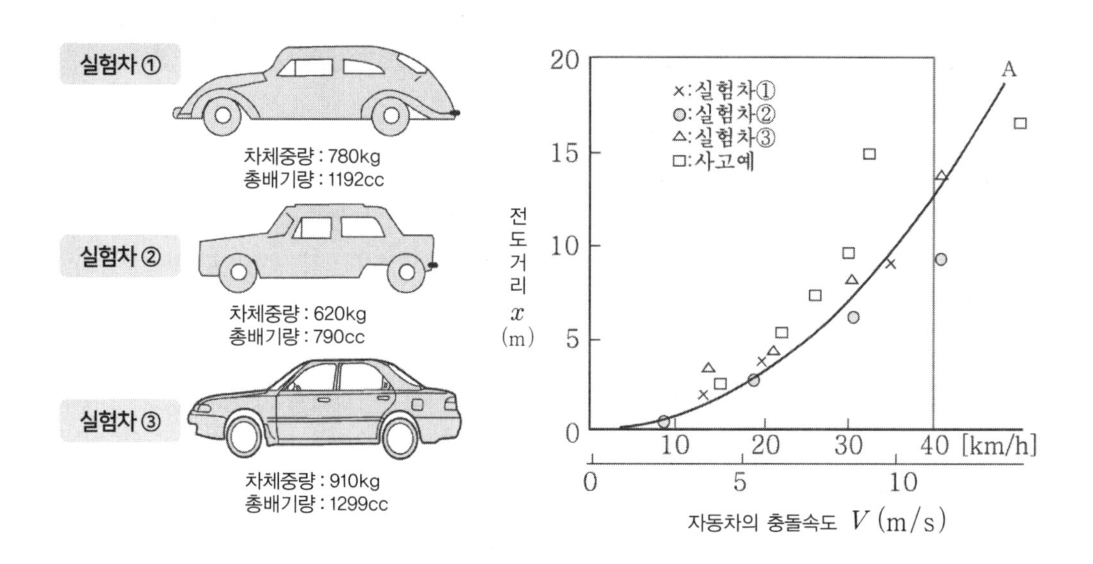

차량의 운동특성 및 속도

section 1 차량의 운동특성

01 차체의 운동

자동차는 도로를 주행하면서 다양한 거동이 3차원적으로 나타난다. 차체의 무게중심을 기준으로 하여 앞뒤방향을 x축, 좌우방향을 y축, 상하방향을 z축으로 한다. 각 방향별로 병진운동과 회전운동의 명칭은 아래와 같다.

- **서징** (Surging) : 차체의 전체가 x축을 따라 전후방향으로 병진운동
- **러칭** (Lurching) : 차체의 전체가 y축을 따라 좌우방향으로 병진운동
- **바운싱** (Bouncing) : 차체의 전체가 z축을 따라 상하방향의 병진운동
- **롤링** (Rolling) : 차체가 x축을 중심으로 하는 회전운동
- **피칭** (Pitching) : 차체가 y축을 중심으로 하는 회전운동
- **요잉** (Yawing) : 차체가 z축을 중심으로 하는 회전운동
- **시밍** (Shimming) : 앞바퀴가 좌우로 흔들리는 진동
- **트램핑** (Tramping) : x축과 평행한 이동된 축을 중심으로 회전하는 진동

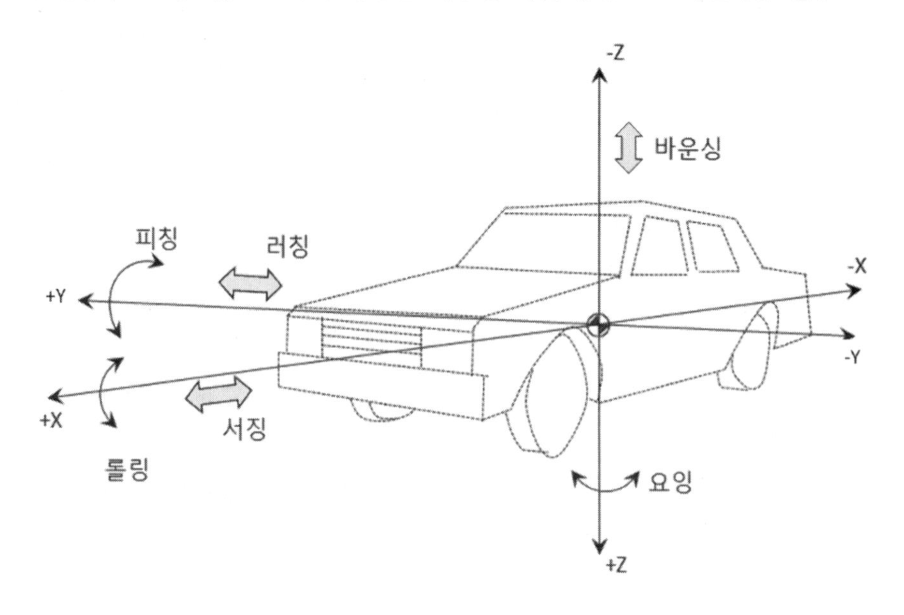

02 차량의 주행특성

(1) 내륜차

조향 핸들을 우측으로 돌리고 진행하는 경우 우측 앞바퀴와 우측 뒷바퀴가 그리는 궤적은 다르다. 우측 뒷바퀴는 우측 앞바퀴보다 더 안쪽으로 들어와서 궤적을 그리는데 이 궤적 차이를 내륜차라고 한다. 반대로 바깥쪽 타이어가 그리는 궤적의 차이는 외륜차가 된다. 이 현상으로 인하여 우회전으로 진행할 때 차량 우측면에 보행자가 가까이 서 있는 경우 우측 앞바퀴는 이상 없이 지나더라도 우측 뒷바퀴에 의해 역과되는 경우가 흔히 발생한다.

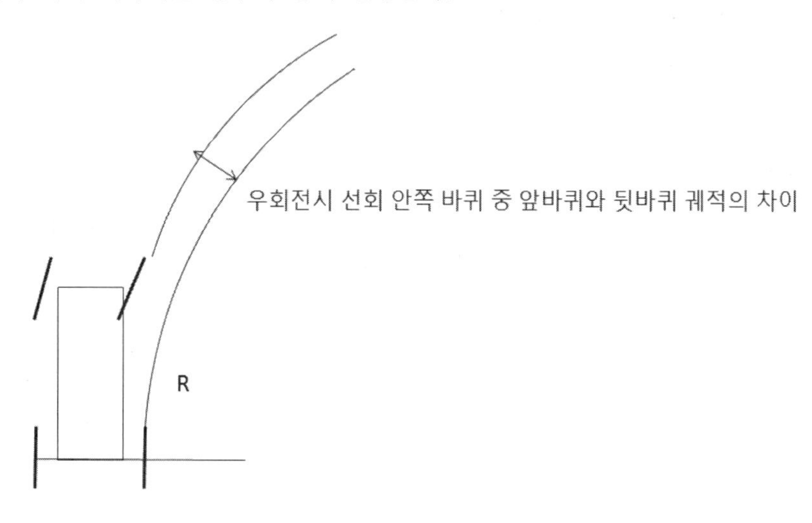

(2) 선회력(코너링 포스, Cornering Force)

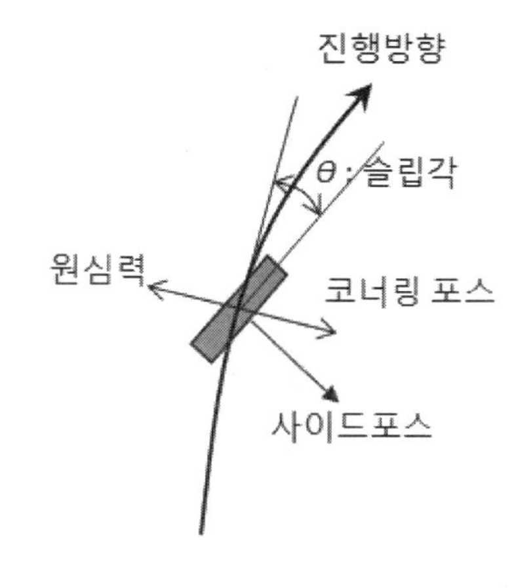

자동차가 선회하는 과정에서 원심력은 선회의 바깥 방향으로 향한다. 코너링 포스는 원심력에 대항하는 타이어와 노면상의 마찰력이다. 그러므로 원심력과 코너링 포스의 방향은 서로 반대이다. 선회속도가 높아짐에 따라 원심력이 크게 작용되고 이에 따라 코너링포스가 한계점에 도달하게 되면 측방향의 슬립이 발생한다.

바퀴에 의한 조향각과 실제 자동차의 진행방향과의 차이각을 슬립각이라고 한다. 사이드포스는 타이어의 측면에서 직각방향으로 작용되는 힘이다. 최대 슬립각은 약 18도이다.

슬립률이 0이라는 의미는 타이어와 노면사이의 미끄러짐이 전혀 없다는 의미이므로 타이어와 노면이 밀착된 상태에서 타이어가 굴러가는 상황이고 슬립률이 1이라는 의미는 바퀴가 고착된 상태에서 노면에 대해 상대적으로 미끄러지는 경우이다.

(3) 수막현상(Hydro-planning)

도로에 물이 고여 있는 경우 타이어가 저속으로 지나가면 타이어 트레드 홈 사이로 물이 배수가 되지만 고속으로 주행하다가 타이어가 도로 위의 물과 충돌되면 타이어 앞쪽에 밀려나간 물이 신속하게 배수되지 못하게 되고 타이어가 물위로 올라타는 현상이 발생한다. 이때 타이어는 노면과 마찰이 없는 상태가 되는데 이를 수막현상이라고 한다. 수막현상이 발생하는 최저 물깊이는 2.5mm~10mm 정도이다.

(4) 스탠딩웨이브(Standing Wave)

자동차가 200km/h로 주행하는 경우 타이어가 고속으로 회전하게 되고 측면에 물결무늬가 생기면서 파열된다. 이 현상을 스탠딩웨이브라고 하며 타이어 공기압이 부족한 경우이고 고속으로 주행하는 경우 발생한다.

(5) 선회특성

곡선구간의 도로를 주행하게 되면 속도를 제한하게 된다. 원심력으로 인하여 더 이상 빠르게 선회하는 경우에는 도로를 벗어나기 때문이다. 이 속도를 한계선회속도라고 한다. 도로의 곡선반경이 r인 경우에 선회하면서 바깥쪽으로 작용하는 힘을 원심력이라고 하고 이 원심력에 대한 저항을 마찰력이라고 하며 두 힘이 평형을 이룬다고 할 때 한계선회속도를 구할 수 있다.

원심력= 마찰력

$$m\frac{v^2}{r} = \mu mg \ , \ v = \sqrt{\mu gr}\,(m/s)$$

커브 도로의 바깥쪽이 경사가 높은 편경사로 되어 있는 경우 원심력에 대해 마찰력뿐만 아니라 편경사도 대항하므로 한계선회속도가 높아진다.

$$v = \sqrt{gr\frac{\mu + \tan\theta}{1 - \mu\tan\theta}} \quad (\theta \text{는 편경사 각도})$$

(6) 크리프(Creep) 현상

자동변속기 차량에서 신호대기와 같이 변속기를 D로 두고 있다가 제동페달에서 발을 떼면 서서히 진행하는 현상을 크리프 현상이라고 하고 이때의 속도를 크리프속도라고 한다.

(7) 무게중심 계산

① 앞차축에서 무게중심까지의 수평거리

$$mg \times x = W_2 \times L, \ x = \frac{W_2 \times L}{mg}$$

② 뒷차축에서 무게중심까지의 수평거리

$$mg \times y = W_1 \times L,\ y = \frac{W_1 \times L}{mg}$$

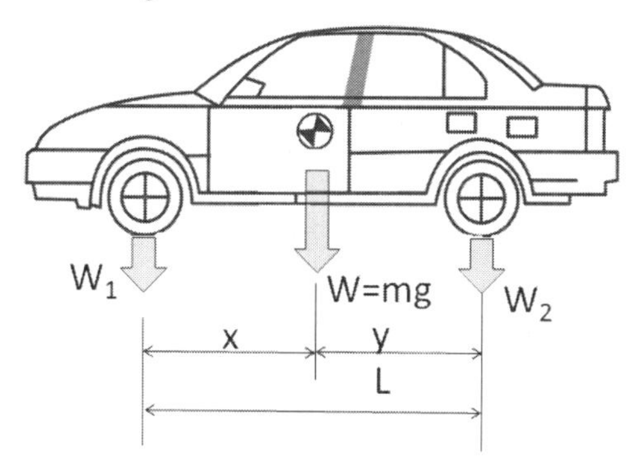

03 제동특성

(1) 정지거리

정지거리는 공주거리와 제동거리를 더하여 구할 수 있다. 운전자가 위험을 인지하고 제동하기 직전까지의 시간인 공주시간 동안 진행한 거리를 공주거리라고 하고 자동차에 제동력이 발생되어 제동할 동안 진행한 거리를 제동거리라고 한다.

∴ 정지거리 = 공주거리 + 제동거리

$$d = d_1 + d_2 = vt + \frac{v^2}{2\mu g}$$

(2) 엔진브레이크

주행 중 가속페달을 밟지 않으면 엔진회전수가 떨어진다. 또한 기어를 저단기어로 설정하는 경우는 엔진회전수가 일시적으로 상승하지만 천천히 떨어지면서 주행속도를 크게 낮출 수 있다. 이렇게 감속하는 방법을 엔진브레이크라고 한다. 긴 내리막을 내려올 때 브레이크의 과열을 막기 위해 엔진브레이크를 사용한다.

(3) 잭나이프 현상

트랙터&트레일러는 연결핀에 의해 자유로운 회전이 가능하도록 되어 있다. 핸들의 조향과 동시에 급제동을 하게 되면 잭나이프를 접는 것과 같은 현상이 발생될 수 있다.

(4) 베이퍼록

더운 날 내리막길 등을 풋브레이크를 계속하여 사용하면 브레이크의 드럼과 라이닝이 과열되고 이 열은 브레이크 오일을 가열시켜 기포가 생기게 된다. 이 기포가 스펀지 같은 역할을 하여 브레이크 페달을 밟아도 유압이 전달되지 않아 브레이크가 작동되지 않는 현상이 생긴다.

(5) 페이드(Fade)

고속주행 중 또는 내리막길 등에서 짧은 시간 동안 풋브레이크를 많이 사용하면 브레이크 슈와 드럼이 과열되어 마찰계수가 작아져 브레이크가 잘 작동되지 않는 현상이다.

(6) 워터페이드

브레이크 라이닝과 드럼 또는 브레이크 패드와 디스크 사이에 물이 묻어 마찰계수가 작아지고 브레이크의 제동력이 저하되는 현상이다.

section 2 오토바이 운동특성

01 오토바이의 제원

- **전폭** : 이륜차의 제일 넓은 곳의 폭을 잰 것이고 백미러는 전폭에 포함시키지 않는다.
  ※ 클러치레버, 브레이크 레버의 좌우 길이가 일반적인 전폭이 된다.
- **전고** : 타이어의 접지면으로부터 최고부까지의 높이이다. 후사경은 전고에 포함시키지 않는다.
  ※ 카울링(스크린)부, 리저버 탱크부, 계기판 상단부가 일반적인 전고이다.
- **최저 지상고** : 차량의 제일 낮은 부분과 노면과의 수직거리로, 로드 클리어런스(노면간격) 라고도 한다.
  ※ 휠 이외의 제일 낮은 부분으로, 카울링 하부, 스탠드부가 일반적인 최저지상고이다.
- **오버행** : 바퀴 축의 중심부터 앞뒤쪽 끝단까지의 길이이다.

02 오토바이 주행 특성

(1) 충돌직후 운동특성

충돌 시 핸들의 우측 부분이 뒤쪽 방향으로 충격을 받거나 핸들의 좌측 부분이 앞쪽 방향으로 충격을 받으면 앞바퀴가 우측으로 돌아가 버리고 무게중심에 의한 관성에 의해 오토바이는 좌측으로 전복된다. 그 반대는 우측으로 전복된다.

(2) 오토바이 뱅크각

오토바이는 자전거와 마찬가지로 무게중심을 먼저 이동시키고 조향하여야만 선회할 수 있다. 무게중심을 이동시키고 선회하는 과정에서 오토바이를 기울이는 것을 **뱅킹**(banking)이라고 한다. 뱅크각은 숙련된 선수의 경우 30~40° 까지 기울이는 경우가 있으나 더 이상 기울이는 경우 오토바이 측면 부품이 노면에 닿을 수 있다.

자동차와 마찬가지로 선회시 속도가 빠른 경우에는 원심력이 크게 작용하여 도로를 이탈하게 된다. 한계선회속도는 자동차의 경우와 같고 원심력과 마찰력을 같게 두고 구할 수 있다.

$v = \sqrt{\mu g r}\,(\mathrm{m/s})$ 또는 $v = \sqrt{\mu \times 9.8 \times r} \times 3.6\,(km/h) = 11.27\sqrt{\mu r}$

오토바이는 선회시 무게중심을 이동하면서 선회하여야 원심력에 대항할 수 있다. 이때 뱅킹각은 아래와 같이 구할 수 있다.

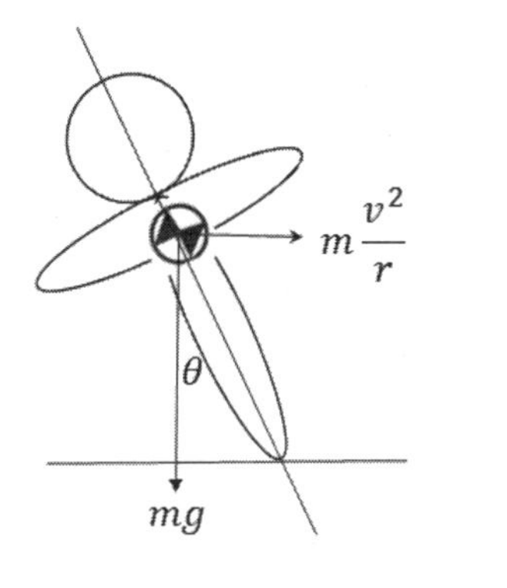

$$\theta = \tan^{-1}\left(\frac{mg}{m\frac{v^2}{r}}\right) = \tan^{-1}\left(\frac{rg}{v^2}\right)$$

(3) 오버스티어링(Over steering) 특성

앞바퀴의 조향각에 의한 선회반경보다 더 크게 선회하는 것을 **언더스티어**(understeer)라고 하고 그 반대로 선회반경이 작아지는 것을 **오버스티어**(oversteer)라고 한다. 일반적으로 고속인 경우에 조향을 하더라도 초기에는 조향각보다 더 크게 진행하는 언더스키어 경향이 크고 이후 속도가 줄고 뒷바퀴가 바깥쪽으로 나가는 방향으로 차체가 선회하면서 오버스티어로 바뀐다. 이 현상을 **리버스스티어**(reverse steer)라고 한다.

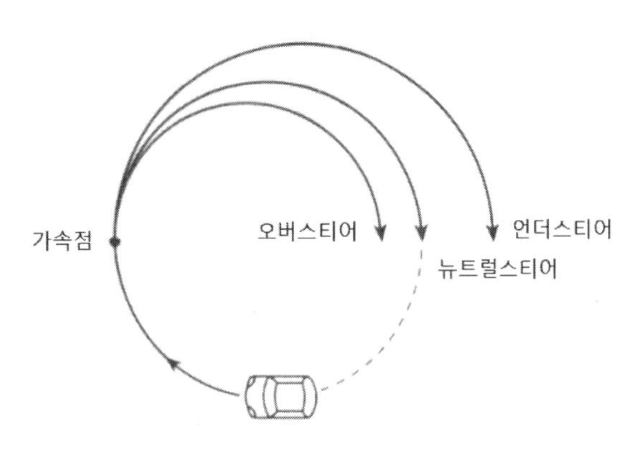

트럭의 뒷부분에 짐을 실은 경우에도 뒷바퀴가 선회하면서 바깥쪽으로 이동하여 차체가 회전하기 때문에 오버스티어 경향이 커진다.

오토바이 뒷좌석에 동승자를 태우는 경우에도 무게중심이 뒤쪽으로 이동하는 효과가 있어 선회시 뒷바퀴가 먼저 선회의 바깥쪽으로 이동하여 조향특성이 오버스티어로 전환된다.

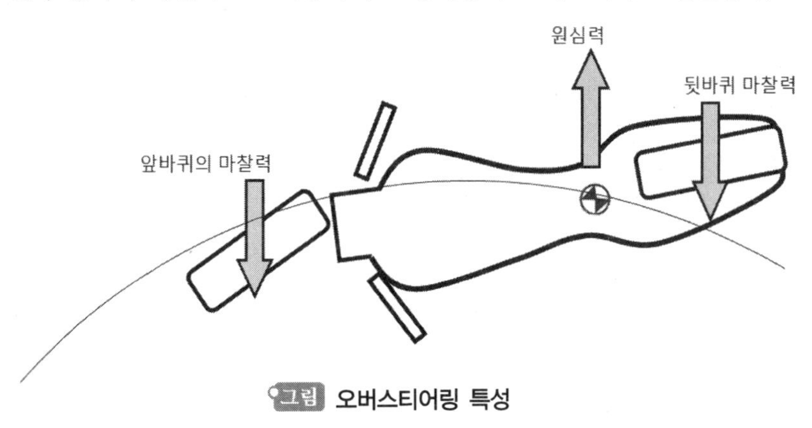

그림 오버스티어링 특성

03 오토바이 제동 흔적

① **갈고리 모양의 굽은 스키드 (Hooked Skid)** : 급제동시 뒷바퀴 브레이크가 작동되어 후륜이 잠기면 오토바이 뒷부분이 좌측 또는 우측으로 틀어지면서 안정성을 상실하게 되는데 운전자가 뒷바퀴 브레이크를 풀어서 차체를 안정시키는 경우에 나타나는 갈고리형태의 스키드마크이다.

② **뒤 타이어의 누빈 스키드 (Weaved Skid)** : 뒷바퀴가 잠기었으나 운전자가 핸들링과 무게중심을 적절하게 잘 사용하여 지그재그 형태로 진행하면서 넘어지지 않은 경우 나타나는 흔적이다.

③ **곧은 스키드 (Straight Skid)** : 앞·뒤 브레이크가 동시에 제동되고 앞바퀴 제동력이 80~90%, 뒷바퀴의 제동력이 100%로 이상적으로 제동되었을 때 곧은 스키드 마크가 나타난다.

④ **앞 타이어 제동에 의한 스키드** : 앞바퀴 브레이크가 작동되는 동안 무게가 앞으로 쏠리기 때문에 진하게 생성된다. 이 경우 오토바이가 넘어지는 경우가 많아 전도된 지점에 넓고 굵은 타이어흔적이 관찰된다.

04 오토바이 전도

① 오토바이가 전도되는 경우는 수평운동 이후 노면에 떨어지는 과정과 동일하다. 오토바이 뿐만 아니라 자전거, 차량에서 불상의 물체가 떨어지는 경우도 모두 동일하다. 여기서 h는 무게중심 또는 물체의 높이이고 d는 노면에 처음 떨어지는 지점까지의 거리이다.

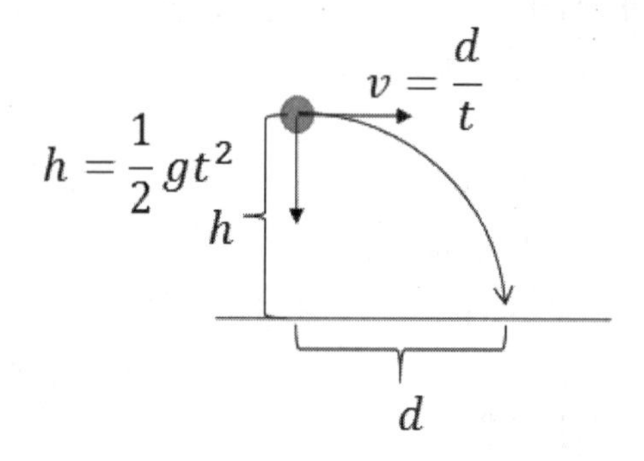

$h = \frac{1}{2}gt^2$ 에서 t에 대해 정리하면, $t = \sqrt{\frac{2h}{g}}$ 가 노면에 부딪힐 때까지의 시간을 구할 수 있고 $v = \frac{d}{t}$에 대입하면 $v = d\sqrt{\frac{g}{2h}}$ 로 수평거리와 속도의 관계식을 얻을 수 있다.

② 오토바이의 무게중심은 대략 0.5m에 위치하고 있다. 상기 h에 0.5를 대입하면 넘어지는 과정에 주행한 거리를 측정하는 경우 오토바이의 주행속도를 계산할 수 있다.

chapter 03

충돌현상의 이해

section 1 충돌의 개념 및 충돌과정 이해

01 충격력 방향 및 차량의 거동

(1) 충돌의 개념

사고해석에 있어서 충격력의 작용방향은 매우 중요하다. 어느 방향에서 충격력이 작용하였는가에 따라 충돌이후의 거동이 달라진다. 또한 충격력의 방향에 따라 운전자 등 탑승자의 거동이 달라지기 때문이다. 충격부분이 변형되었다고 하여 그 부분의 수직방향으로 충격력이 작용하였다고 판단할 수 없다. 전체적으로 변형된 부분의 범위와 국부적으로 판넬부분이 어느 방향으로 휘었는지를 같이 판단하여야 정확한 충격력의 방향을 판단할 수 있다.

차 대 차 충돌현상에서 그 특성을 요약하면 다음과 같다.

① 충돌은 운동량을 서로 교환하는 현상이다. 운동량은 질량과 속도를 곱한 물리량이다. 충돌시 질량은 거의 같게 유지가 되지만 속도가 변하여 운동량을 교환한다.

② 충돌은 반발현상을 수반한다. 차 대 차 충돌사고 반발계수는 작으나 반발계수를 고려한 계산이 이루어진다. 반발현상이 없는 것은 아니다.

③ 충돌은 운동에너지의 일부를 소성변형에너지로 소모하는 현상이다. 충돌 시 속도에 의한 운동에너지는 속도가 급격히 감소함으로 인하여 운동에너지는 줄어들지만 차체 변형으로 전환되어 변형에너지로 바뀐다.

④ 충돌시 작용하는 힘은 미는 힘과 마찰력의 합력이다. 충돌과정에서 미는 힘은 작용되지만 당기는 힘은 작용되지 않는다. 미는 과정에서 마찰면에 의하여 마찰력이 작용하게 된다.

⑤ 충격력은 상대 충돌속도 방향으로 작용한다. 충격력은 상대 차량의 충돌속도와 같은 방향이다.

⑥ 무게중심에서 벗어난 편심충돌은 운동량 교환과 함께 운동량이 각 운동량으로 변한다. 편심충돌은 회전을 발생시킨다. 다음 그림의 (a)는 우측 차량이 좌측 차량의 측면을 충격하였는데 그 중심을 충격함으로써 좌측 차량이 회전하지 않고 측면으로만 이동하는 병진운동을 하는 향심충돌이다. (b)그림은 중심에서 벗어난 충격력으로 인하여 좌측 차량이 병진운동보다는 회전운동이 심하게 생기는 편심충돌이다. 충격 지점이 무게 중심을 벗어날수록 회전운동은

크게 발생된다. 향심충돌의 경우 상대차량의 이동거리는 멀다. 반면 편심충돌의 경우는 상대차량의 이동거리는 멀지 않고 회전운동이 크게 나타난다.

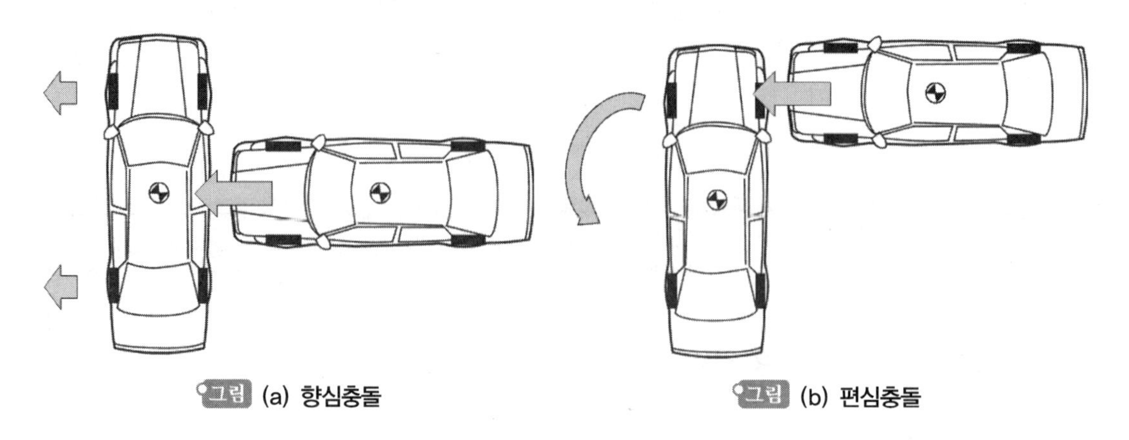

그림 (a) 향심충돌 그림 (b) 편심충돌

(2) 충돌의 단계 및 종류

① **최초 접촉** : 충돌이 최초 시작단계로서 차체의 일부분이 접촉되는 단계이다. 이 단계의 자세가 가장 중요하다. 충돌 자세를 알아야 어떻게 두 차량이 충돌하였는지 알 수 있고 누구의 과실에 의해 사고가 발생하였는지 알 수 있기 때문이다.

② **최대 맞물림(Maximum Engagement)** : 최대 맞물림단계는 두 차량이 최대로 파손되면서 변형된 상태이다. 고정된 물체를 충돌하는 경우 최대맞물림 상태에서는 속도가 0이 된다. 이 순간 차체의 소성변형은 최대가 되며 탄성의 범위는 작다. 두 차량이 최대 맞물림 상태에서 분리되더라도 이때의 변형은 유지가 된다. 그러므로 사고현장에서 두 차량의 변형상태를 조사하면 최대맞물림의 자세를 알 수 있다. 최대맞물림의 자세가 정해졌으면 최초 접촉하였을 때의 자세를 판단할 수 있고 누구의 과실로 사고가 발생하였는지 분석이 가능해진다.

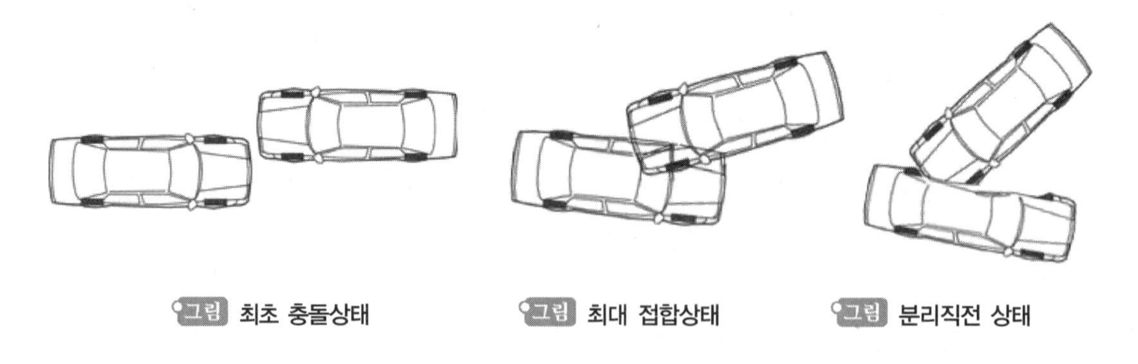

그림 최초 충돌상태 그림 최대 접합상태 그림 분리직전 상태

③ **분리 및 정지** : 최대맞물림 상태에서 두 차량이 분리된 후 충돌 후 각자의 속도로 진행한 다음 최종 정지하게 된다. 다음 그림은 기둥을 충돌하는 경우의 3단계 충돌과정을 나타내었는데 분리된 이후에도 최대접합(최대맞물림) 시 변형된 모양을 유지하고 있다.

충격력이 차량의 무게중심 방향으로 작용될 때에는 차량에 회전이 발생하지 않으나 다음 그림과 같이 편심으로 작용될 때에는 최대맞물림 상태를 거쳐 분리된 이후에도 회전을 하게 되어 새로운 진행방향과 회전거동이 생기게 된다.

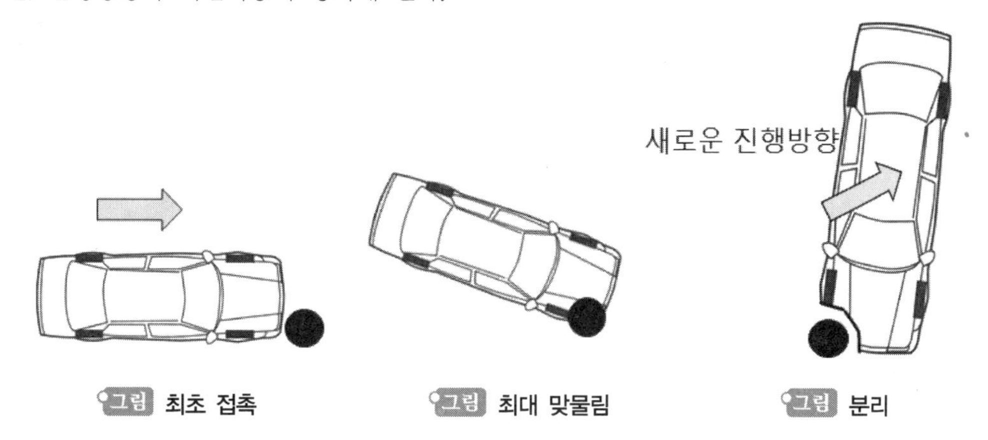

그림 최초 접촉 　 그림 최대 맞물림 　 그림 분리

02 충돌의 종류

(1) 완전충돌

두 차량이 충돌하면서 공통속도에 도달하면서 일시적으로 멈추게 되고 서로 운동에너지를 교환하는 등의 충분한 충돌이 이루어지는 경우이다.

① **정면충돌** : 운동량이 동일한 차량이 정면으로 충돌하는 경우는 충돌지점에서 정지할 것이다. 운동량이 큰 차량과 작은 차량이 충돌하는 경우에는 작은 차량은 충돌과정에서 속도가 0 이 된 이후 뒤로 밀릴 것이며 운동량이 큰 차량의 속도와 같은 속도가 될 때까지 가속된다. 두 차량의 차폭이 일치하면서 정면충돌하는 경우를 100% 오버랩(겹침)이라고 하고 겹치는 정도가 차폭의 40%인 경우는 40%오버랩 정면충돌이라고 한다.

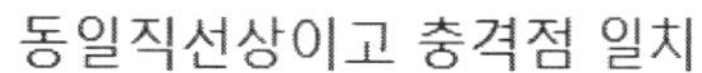

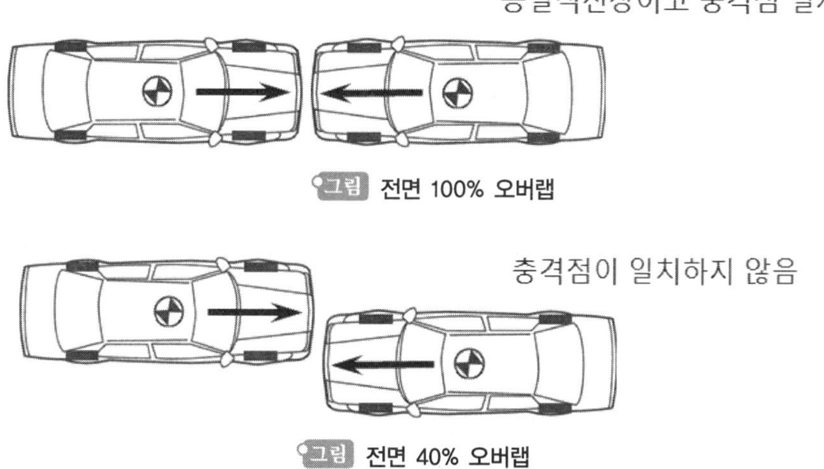

그림 전면 100% 오버랩

그림 전면 40% 오버랩

② **추돌** : 속도가 느리거나 정지된 차량인 피추돌차를 속도가 빠른 차량인 추돌 차량이 피추돌차의 후방을 충돌하는 경우를 추돌이라고 한다. 피추돌차는 가속될 것이고 추돌차는 감속이 되면서 충돌과정 중 공통속도에 도달된다.

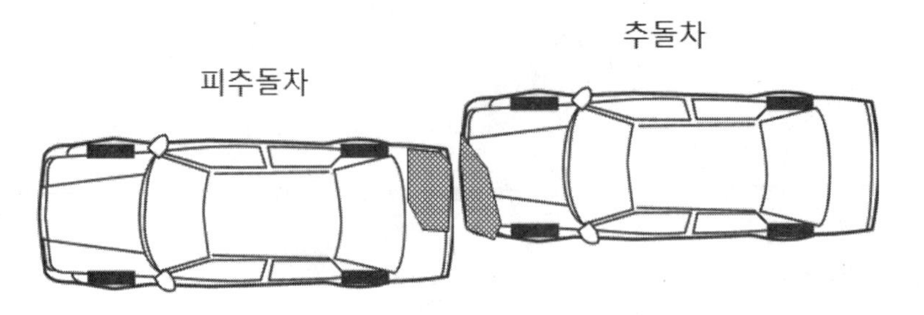

(2) 부분충돌

충돌하는 과정에서 서로 같은 속도인 공통속도에 도달하지 못하는 경우이다. 차량이 측면으로 기둥을 스치듯 충돌하는 경우 감속은 되지만 기둥과 같은 속도인 정지상태까지 감속되지는 않는다. 차 대 차의 경우도 마찬가지이다. 스치듯 충돌하는 경우에는 두 차량에서 속도가 줄어드는 현상은 나타나지만 두 차량이 공통속도에 도달하지는 못하는 경우를 부분충돌이라고 한다.

그림 최초 충돌　　그림 최대 접합　　그림 최종 정지

(3) 비탄성 충돌

탄성충돌은 당구공과 같이 충돌 직전과 충돌 직후의 운동량이 보존되는 경우의 충돌을 말한다. 대부분의 충돌에서는 충돌되는 부분에서 변형에너지 또는 열에너지 등으로 전환되어 운동에너지가 감소하는 효과가 발생한다. 이 경우를 비탄성충돌이라고 한다.

무른 재질의 물체를 바닥에 떨어뜨리면 거의 튀어 오르지 않는다. 이는 운동에너지가 변형에너지로 전환되어 충돌이후의 운동에너지가 거의 없기 때문에 이후의 속도가 없어지기 때문이다.

반발계수는 충돌 전후의 속도차이로 정의된다. 반발계수가 1인 경우 운동에너지는 보존이 되므로 탄성충돌이며 $0<e<1$인 경우는 비탄성충돌이다. $e=0$인 경우는 완전 비탄성 충돌이다.

$$e = \frac{\text{충돌 후 속도차이(상대속도)}}{\text{충돌 전 속도차이(상대속도)}}$$

03 유효충돌속도와 상대속도

(1) 유효충돌속도

충돌물체에 생기는 순간적인 속도 변화를 유효충돌속도라고 한다. 질량이 m_1 인 차량이 속도 v_{1i} 으로 달려와서 전방의 차량을 추돌하였다고 하면 충돌전후의 속도 변화는 그림과 같다. 충돌 시작점에서 추돌차의 속도는 피추돌차의 속도보다 높고 충돌 종료상태에서는 피추돌 차량은 추돌 차량에 의해 앞쪽으로 튕겨져 나가게 되므로 피추돌차량의 속도가 높다. 그러므로 충돌시작과 충돌종료 사이에는 양 차량의 속도가 같아지는 시점이 존재한다. 이 공통속도를 v_c 라고 하고 각 차량의 최초 속도와 공통속도의 차이를 유효충돌속도라고 한다. 이 시점을 지나면 반발계수가 큰 경우 피추돌차의 속도가 빨라질 것이다.

유효충돌속도는 각 차량의 충돌직전 속도와 공통속도의 차이를 말한다.

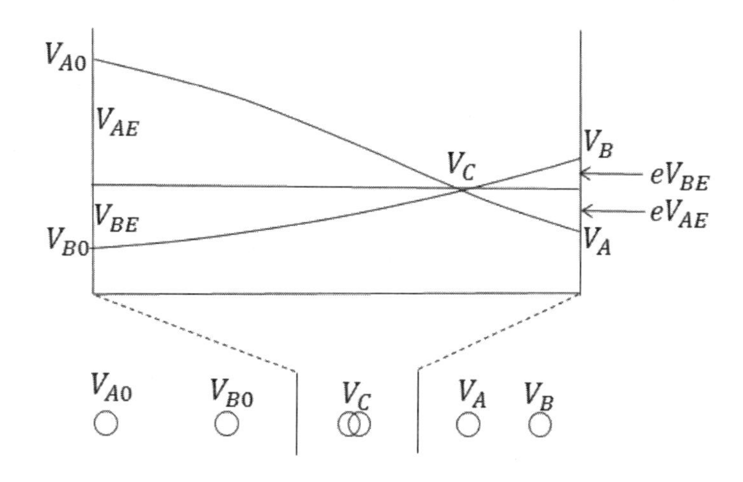

- 추돌차의 유효충돌속도는 $V_{AE} = V_{A0} - V_C$
- 피추돌차의 유효충돌속도는 $V_{BE} = V_C - V_{B0}$

운동량 보존법칙에서 공통의 속도 v_c에 대해 정리한 후 상기 유효충돌속도에 대입하면 각 차량의 유효충돌속도를 구할 수 있다.

$$m_A v_A + m_B v_B = m_A v'_A + m_B v'_B = (m_A + m_B) v_C$$

$$v_C = \frac{m_A v_A + m_B v_B}{m_A + m_B}$$

예제 중량이 2000kg이고 속도가 50km/h인 A차량과 중량이 1500kg이고 속도가 −50km/h인 B차량이 정면충돌 하였을 때 양 차량의 유효충돌속도를 구하라.

[풀 이] · A차의 운동량 : 2000kg × 50km/h = 100,000kg·km/h

· B차의 운동량 : 1500kg × (−50km/h) = −75,000kg·km/h

$$v_c = \frac{100,000 - 75,000}{2000 + 1500} = 7.14\text{km/h}$$

· A차량 유효충돌속도 : 50 − 7.14 = 42.86km/h

· B차량 유효충돌속도 : 7.14 − (−50km/h) = 57.14km/h

(2) 유효충돌속도와 장벽충돌 환산속도

같은 운동량을 가진 차량과 정면충돌하는 현상과 고정벽과 충돌하는 현상은 동일하다. 두 차량이 정면충돌하는 경우 충돌위치에서 정지하는 것과 고정벽에 충돌하는 경우 충돌지점에 정지하는 현상이 같은 점을 고려하면 쉽게 이해할 수 있다.

(3) 상대속도

상대속도는 "어떤 물체에서 본 다른 물체의 상대적인 속도" 라고 정의된다. 예를 들면 마주보고 진행하던 두 차량의 속도가 각각 50km/h인 경우 충돌속도(상대속도)는 100km/h가 된다.

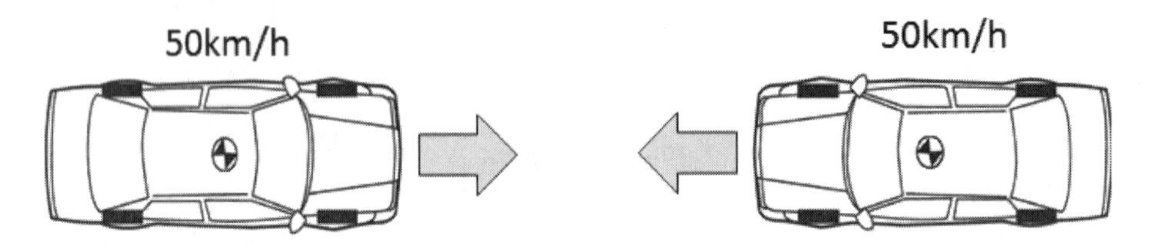

같은 방향으로 달리는 차량의 속도가 70km/h인 경우 100km/h로 추돌한다면 충돌속도(상대속도)는 30km/h가 된다.

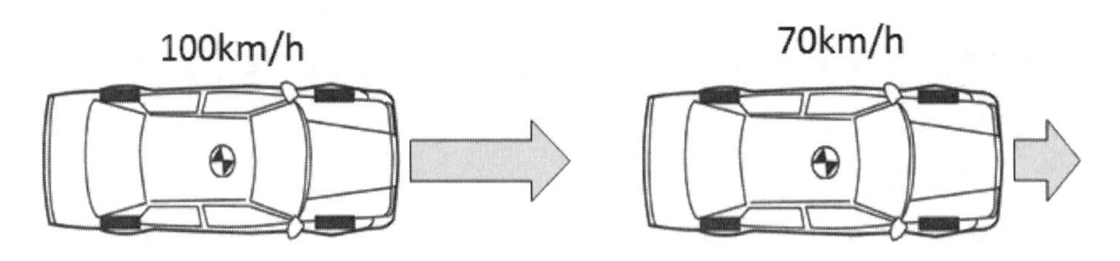

04 충격력의 방향(P.D.O.F.)

(1) PDOF 개념

PDOF는 충격력이 작용한 방향(Principal Direction of Force)을 뜻한다. 충격력이 작용한 방향을 판단하기 위해서는 최대맞물림 상태의 형상과 차량 패널이 변형된 방향을 분석해야 한다.

(2) PDOF의 기본원칙

㉠ 최대맞물림 상태에서 충격력의 방향은 반드시 일직선이다.

㉡ 충격력의 크기는 서로 같고 한 점에서 작용하며 방향은 반대이다.

㉢ PDOF는 최대 접합시 충격력의 방향이다. 최초 접촉시 충격력의 방향과 다르다.

㉣ PDOF는 사고차량들의 파손형태와 모습, 파손량 등을 통하여 판단할 수 있다.

(3) 방향표시

① **각도법** : 차량의 앞부분을 0도로 하고 시계방향으로 표기한다. 우측은 90도, 뒤쪽은 180도, 좌측은 270도가 된다.

② **시계눈금법** : 차량의 앞부분을 12시로 하고 시계방향으로 1시방향, 2시방향 등으로 표시한다. 우측은 3시방향, 뒤쪽은 6시방향, 좌측은 9시방향이 된다.

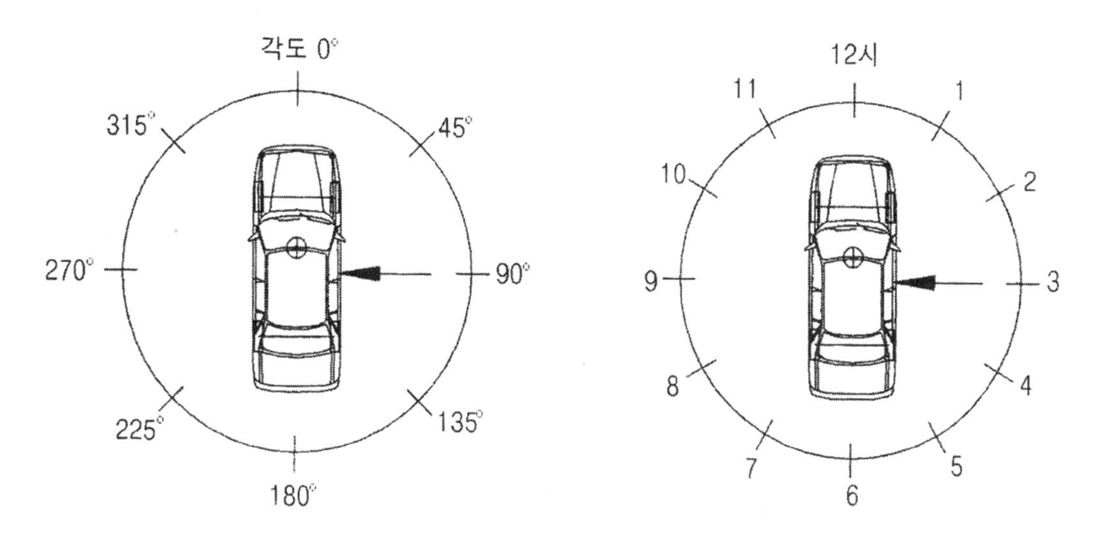

(4) 충돌거동 분석

① **직각 충돌 거동**

두 차량의 진행방향이 직각으로 접근한 후 모서리부분이 서로 충돌한 경우를 보면, A차량 기준으로 우측 앞부분에 B차량이 충격력을 편심으로 가하여 반시계방향으로 회전하는 모습이다. 충돌 이전 A차량의 진행방향이 충돌 이후 좌측으로 바뀌면서 반시계방향의 회전이 발생하였다.

B차량 기준에서 보면 좌측 앞부분에 우측으로 편심 충격력이 가하여져 시계방향으로 회전하는 모습이다.

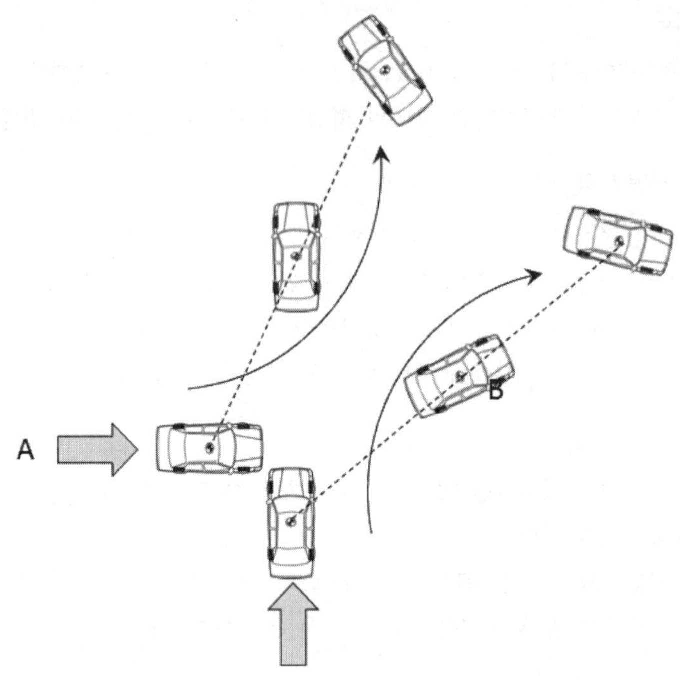

② **옵셋 정면충돌**

옵셋 정면충돌은 차폭이 일치하지 않도록 엇갈리게 충돌하는 형태이다. 차 대 차 충돌에서는 일반적인 물체와는 달리 충돌하는 부분이 서로 맞물리게 된다. 그림에서 A차량의 좌측 앞부분과 B차량의 좌측 앞부분이 서로 충돌하게 되면 두 부분이 마치 자석이 붙어버리는 것처럼 맞물리게 되고 그 부분을 기준으로 서로 회전하게 된다. 그러므로 그림에서 A차량은 반시계방향으로 회전하게 되고 B차량도 반시계 방향으로 회전한다.

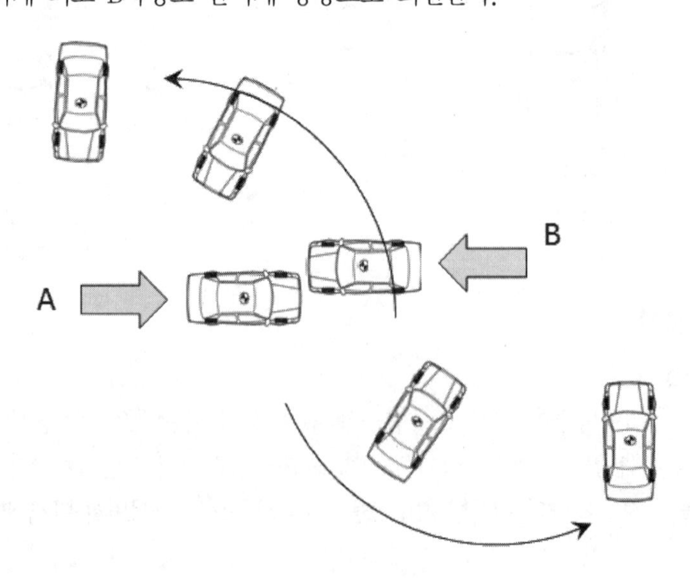

③ 엇갈림 추돌

다음 그림은 같은 방향으로 진행하던 B차량의 좌측 뒷부분을 A차량 우측 앞부분으로 추돌하는 모습이다. A차량 기준으로 보면 B차량이 우측 앞부분을 후방으로 편심 충돌한 것이므로 충돌 이후 시계방향으로 회전하며, B차량 기준으로 보면 A차량이 좌측 뒷부분을 전방으로 편심충돌 한 것이므로 B차량도 충돌 이후 시계방향으로 회전한다.

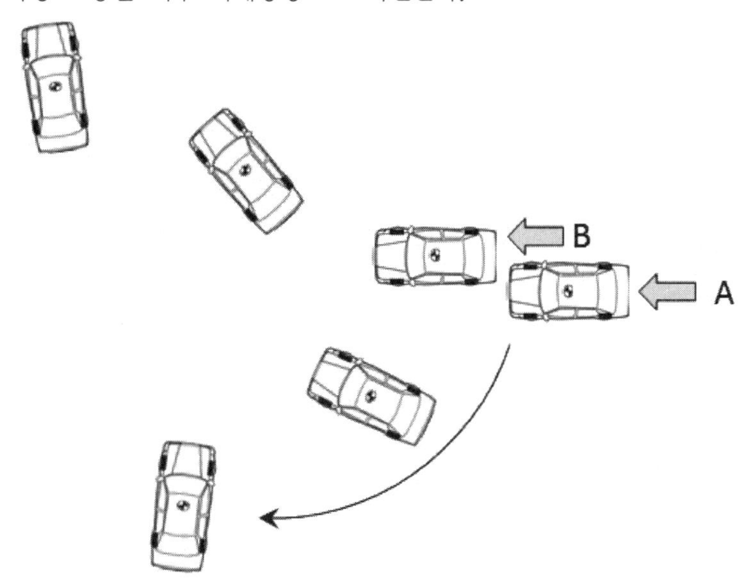

④ 정지상태의 차량 충돌

㉠ 정지상태의 차량을 직각 충돌하는 경우의 거동을 보면, 다음 그림은 B차량이 정지상태에서 A차량이 직각으로 충돌한 경우이다. A차량과 B차량이 충돌한 부위에 PDOF를 도시하였다. B차량이 정지상태이므로 충격력의 방향은 A차량의 진행방향과 평행하고 A차량 무게중심 기준 우측으로 충격력이 작용한다. 그러므로 A차량은 시계방향으로 회전하게 된다. B차량을 보면 정지된 상태에서 A차량이 직각으로 진행하면서 좌측 앞부분을 편심 충돌하였으므로 시계방향으로 회전하게 된다. 도시한 PDOF를 보면 크기는 같고 한 점에서 작용하며 그 방향은 반대인 점을 알 수 있다.

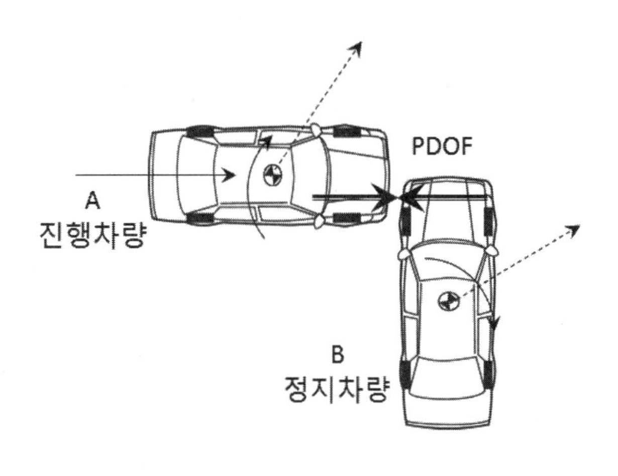

다음 그림을 보면, B차량이 정지하고 있는 상태에서 A차량이 충돌한 상황이다. A차량 기준으로 보면 정지된 B차량에 의해 좌측 앞부분이 후방으로 충격 받았고 무게중심에서 좌측으로 편심 충격력을 받았으므로 반시계방향으로 회전하면서 우측 상방향으로 진행할 것이다. 빠른 차량과 느린 차량의 충돌의 경우에는 느린 차량을 정지차량이라고 생각하면 쉽게 해석할 수 있다.

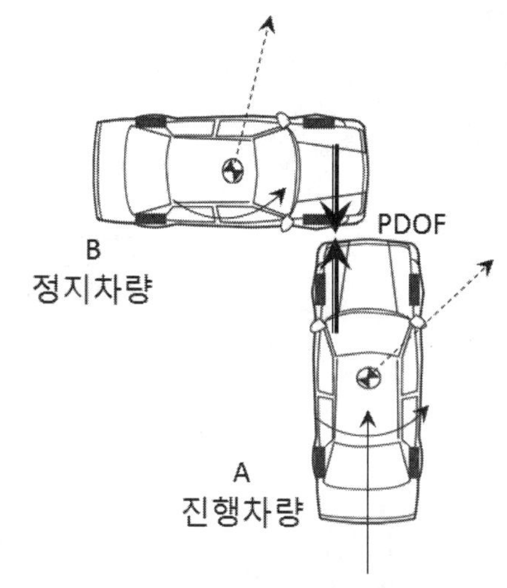

⑤ **진행 중인 두 차량의 충돌**

다음 그림은 진행 중인 두 차량이 직각으로 충돌하는 상황이다. PDOF에서 A차량 기준으로 보면 B차량에 의해서 충격력의 방향이 무게중심에서 좌측으로 충격을 받으므로 A차량은 반시계방향으로 회전하게 된다. B차량을 보면 PDOF에서 A차량에 의해 무게중심 우측으로 편심 충격력이 작용하게 되어 시계방향으로 회전하게 된다. 충돌 이후 앞부분이 서로 멀어지면서 뒷부분이 재차 충돌하게 된다. 그림에서 보는 바와 같이 충격력의 방향인 PDOF와 두 차량의 진행방향은 같지 않다. 또한 두 차량 중에 빠르고 무거운 차량에 의한 영향이 더 크게 나타난다.

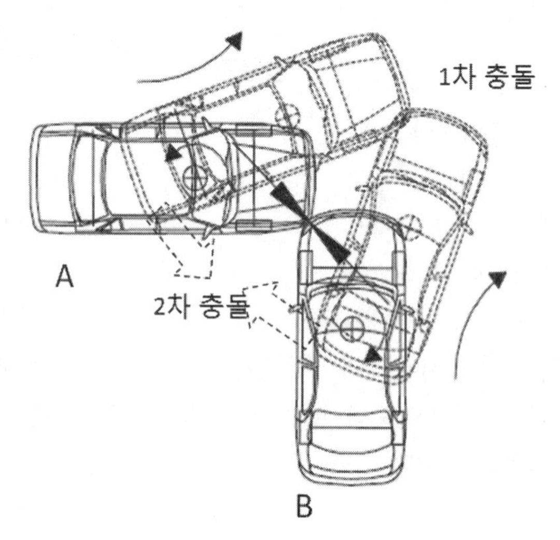

section 2 사고유형별 차량의 속도

01 추락

① **수평추락**

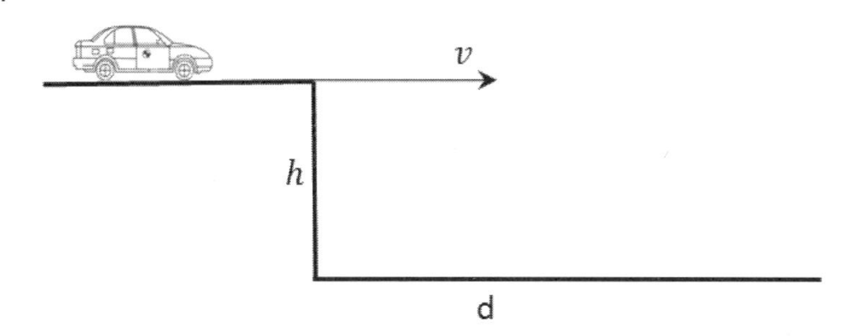

$$v = d\sqrt{\frac{g}{2h}} \ \ (\mathrm{m/s})$$

② **경사면 추락** : 경사면에 추락하여 수평거리와 추락높이를 구하기 어려운 경우에는 추락위치까지의 길이와 각도를 측정하여 수평거리와 추락높이를 구할 수 있다.

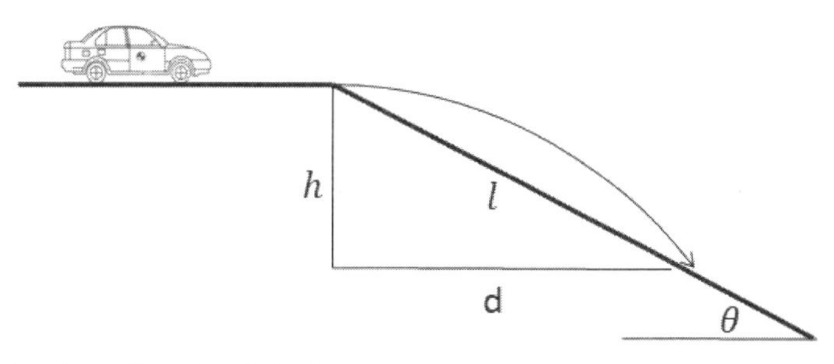

$$d = l\cos\theta \ , \ h = l\sin\theta$$

③ **각도 고려한 추락** : 이륙지점에 상향 또는 하향의 기울기가 형성되어 있을 경우 이탈속도가 동일하더라도 수평이동거리는 달라진다.

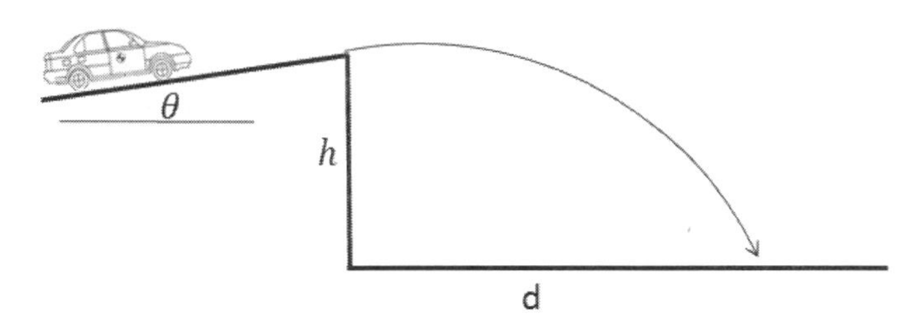

$$v = d\sqrt{\frac{g}{2(d \cdot \tan\theta - h)}}$$

※ h는 아래쪽 5m 추락인 경우 −5를 대입

02 플립 (Flip)

차량이 측면방향으로 진행하다가 연석과 같은 물체에 걸리면서 측면으로 튕겨져 오른 다음 떨어지는 현상을 플립이라고 한다. 수평도로에서 플립현상이 발생하는 경우는 h=0이 된다.

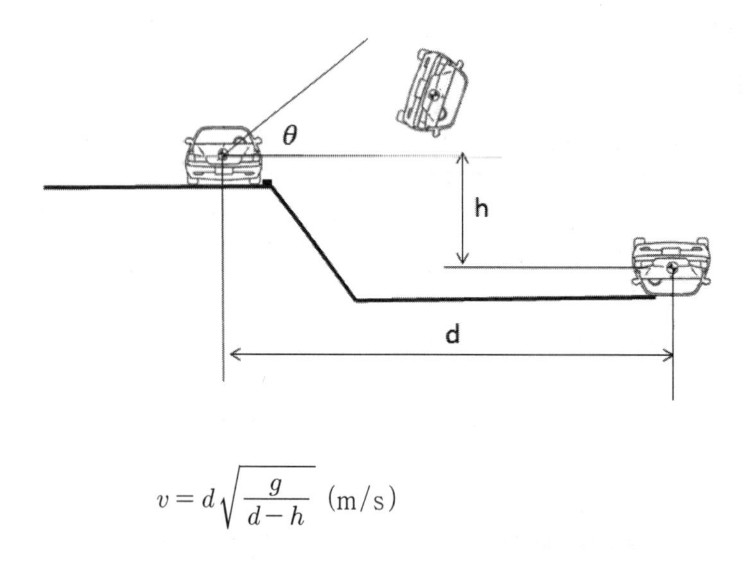

$$v = d\sqrt{\frac{g}{d-h}}\ (\mathrm{m/s})$$

03 볼트 (Vault)

플립은 횡방향으로 튕겨져 오르는 현상이고 볼트는 종방향으로 튕겨져 오르는 현상이다. 종향향 플립이라고도 한다. 튕겨져 오르는 각도를 실제 사고에서는 알 수 없으므로 45° 가정하여 아래의 식으로 계산한다. 볼트 공식 또는 플립 공식에 의해 구한 속도는 최소속도이다.

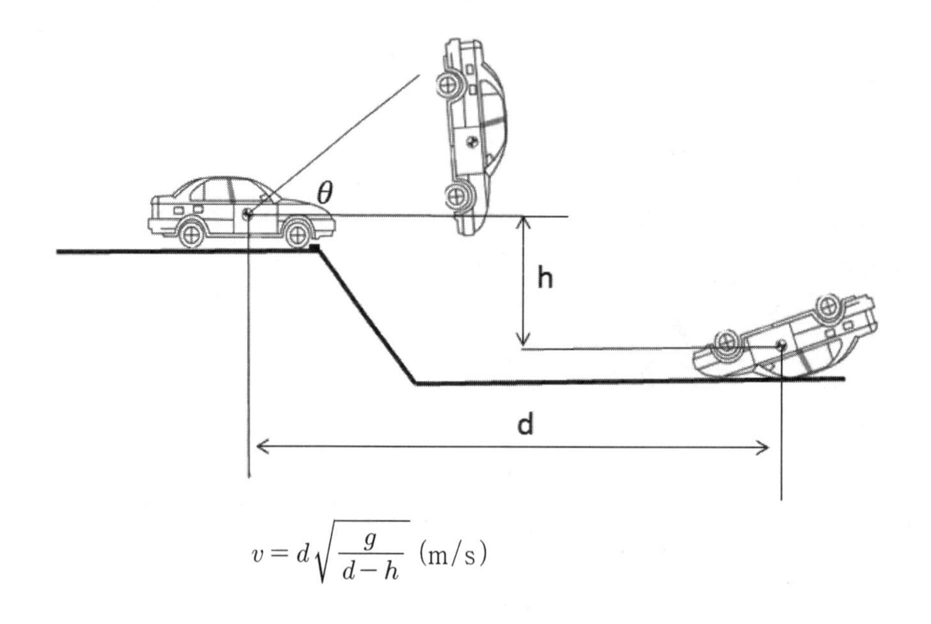

$$v = d\sqrt{\frac{g}{d-h}}\ (\mathrm{m/s})$$

04 전복(wheel lift)

차량이 회전된 후 옆으로 넘어져 구르는 운동을 전복이라 한다. 급커브에서 과속으로 진행하는 경우 원심력이 커지면서 선회의 안쪽 바퀴가 들려지면서 전도가 된다. 계속 진행이 되면 전복상태가 된다.

좌커브를 선회하던 중 우측 타이어를 기준으로 전복되는 경우 무게중심을 기준으로 우측으로 전복시키려는 모멘트와 중력에 의해 대항하는 모멘트를 같다고 놓으면 아래와 같이 정리할 수 있다.

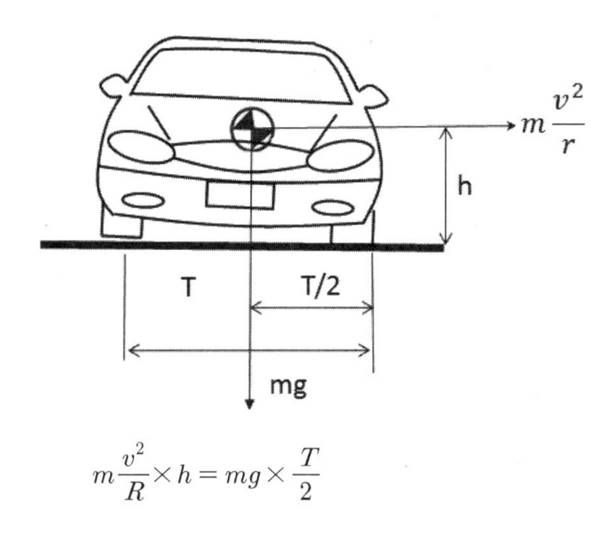

$$m\frac{v^2}{R}\times h = mg\times\frac{T}{2}$$

속도에 대해 정리하면, 다음과 같다. 선회반경, 무게중심 및 윤거를 아는 경우 한계속도를 구할 수 있다.

$$v = \sqrt{\frac{gTR}{2h}}\ (m/s)$$

section 3 타이어 흔적에 의한 속도계산

01 스키드마크

① 정상적인 스키드마크

급제동시 양쪽 앞타이어에 의해 2줄의 스키드마크가 발생되었을 때 그 길이를 반영한다. 4개의 타이어에 의해 4줄의 타이어 흔적이 현출되었을 때는 앞바퀴와 뒷바퀴 사이의 축거만큼 길게 나타나므로 축거 길이를 빼주어야 한다.

예제 직선 형태의 스키드마크가 좌우 20m인 경우 제동직전 주행속도는?
(단, 노면마찰계수는 0.8)

[풀 이] $v = \sqrt{2\mu gd} = \sqrt{2 \times 0.8 \times 9.8 \times 20} = 17.71\text{m/s} = 63.75\text{km/h}$

② 편심 또는 롤링에 의해 길이가 다를 때 긴 쪽을 선택

적재함에 화물을 한쪽으로 실은 경우 또는 도로의 편경사로 인하여 무게가 한쪽으로 쏠리면서 좌우 타이어 흔적의 길이가 다른 경우에는 긴 쪽을 선택한다. 스키드마크는 발생되지 않았지만 제동장치에는 문제가 없기 때문이다.

예제 스키드마크가 좌측은 20m, 우측은 30m 발생되었고 차량의 제동장치에는 이상이 없었다. 제동직전 주행속도는?(단, 노면마찰계수는 0.8)

[풀 이] $v = \sqrt{2\mu gd} = \sqrt{2 \times 0.8 \times 9.8 \times 30} = 21.69\text{m/s} = 78.08\text{km/h}$

③ 길이가 다를 때 평균으로 계산

길이가 다른 이유가 편제동과 같이 제동장치의 고장으로 인하여 한쪽 바퀴가 뒤늦게 제동이 되는 경우에는 스키드마크 길이의 평균을 취한다.

예제 스키드마크의 길이가 좌측은 20m, 우측은 30m로 발생되었다. 사고차량으로 사고장소에서 재현실험 하여본 결과, 편제동에 의해 스키드마크의 길이가 다르게 나타났다. 제동직전 주행속도는?(단, 노면마찰계수는 0.8)

[풀 이] $v = \sqrt{2\mu gd} = \sqrt{2 \times 0.8 \times 9.8 \times 25} = 19.80\text{m/s} = 71.28\text{km/h}$

④ 갭스키드마크

제동페달에서 발을 뗀 다음 다시 밟는 경우에는 스키드마크의 길이가 일시적으로 끊어지게 된다. 이 구간은 제동자체가 되지 않은 구간이므로 스키드마크 길이에서 빼주어야 한다.

예제 스키드마크가 좌우 같이 30m 발생되었다. 가운데 일시적으로 5m 구간에서 끊어진 부분이 나타났다. 사고차량의 제동직전 주행속도는?(단, 노면마찰계수는 0.8)

[풀 이] 스키드마크 길이 : 30−5=25m
$v = \sqrt{2\mu gd} = \sqrt{2 \times 0.8 \times 9.8 \times 25} = 19.80\text{m/s} = 71.28\text{km/h}$

⑤ 스킵스키드마크

스킵스키드마크의 경우는 불규칙한 노면에 의해 차체가 진동하여 진한 흔적과 옅은 흔적이 반복적으로 나타난 것이지 제동 장치에 문제가 있었다거나 운전자가 제동페달에서 발을 뗀 경우가 아니다. 그러므로 전체 길이를 계산한다.

예제 **정상적인 스키드마크가 10m 발생하고 이후 1m간격으로 스킵스키드 마크가 20m 발생된 경우 제동직전 주행속도는?(단, 노면마찰계수는 0.8)**

[풀 이] $v = \sqrt{2\mu gd} = \sqrt{2 \times 0.8 \times 9.8 \times 30} = 21.69\text{m/s} = 78.08\text{km/h}$

⑥ 편제동으로 한 줄이 발생

제동된 바퀴수를 조사하여 견인계수를 구해서 적용한다.

예제 **편제동에 의해 우측 앞타이어만 30m의 휘어진 스키드마크가 나타났다. 차량 검사결과 다른 쪽 타이어는 제동장치에 문제가 있었다. 제동직전 주행속도는?(단, 노면마찰계수는 0.8)**

[풀 이] 견인계수 = 마찰계수 × 잠긴바퀴수 /총바퀴수 $= 0.8 \times \frac{1}{4} = 0.2$

$v = \sqrt{2fgd} = \sqrt{2 \times 0.2 \times 9.8 \times 30} = 10.84\text{m/s} = 39.04\text{km/h}$

⑦ 경사도로에서 제동시

오르막 경사가 %경사로 주어지는 경우 소수로 환산하여 마찰계수에 더하면 되고 내리막 경사인 경우에는 빼주면 된다. 경사가 각도로 주어지는 경우 $\tan\theta$로 계산한다.

예제 **스키드마크의 길이는 편심에 의해 좌측이 20m, 우측이 30m 발생되었다. 사고장소 도로는 오르막 구배 10% 도로이다. 제동직전 주행속도는?(단, 노면마찰계수는 0.8)**

[풀 이] 10% 오르막경사 → G = +0.1

$v = \sqrt{2(\mu + G)gd} = \sqrt{2 \times (0.8 + 0.1) \times 9.8 \times 30} = 23.00\text{m/s} = 82.82\text{km/h}$

예제 **스키드마크의 길이는 편심에 의해 좌측이 20m, 우측이 30m 발생되었다. 사고장소 도로는 내리막 15°이다. 제동직전 주행속도는?(단, 노면마찰계수는 0.8)**

[풀 이] 8°내리막경사 → G = $-\tan\theta = -\tan 8^\circ = -0.14$

$v = \sqrt{2(\mu - G)gd} = \sqrt{2 \times (0.8 - 0.14) \times 9.8 \times 30} = 19.70\text{m/s} = 70.92\text{km/h}$

02 요마크

(1) 요마크의 해석

① 빗살무늬가 차축과 평행한 경우는 커브길을 따라 선회하면서 자연스럽게 측방으로 약간씩 미끄러지면서 발생하는 경우이다. 측방으로 미끄러지는 빗살무늬의 각도는 차축과 평행하다.

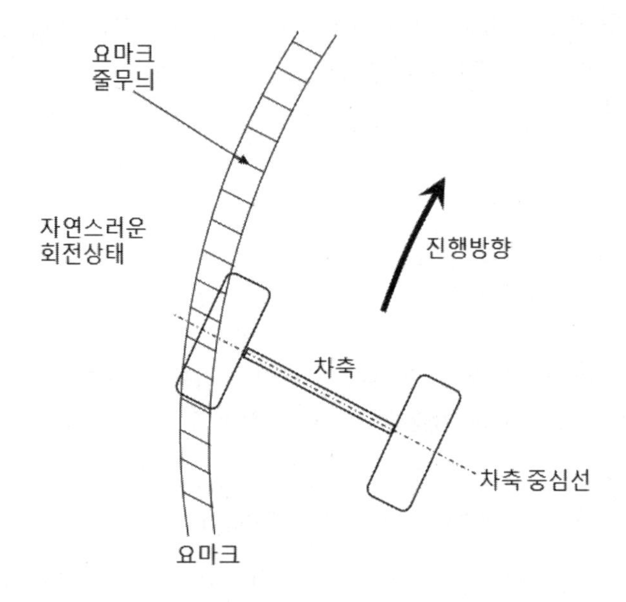

② 빗살무늬가 전방으로 사선으로 나타난 경우는 측방으로 약간씩 미끄러지면서 제동이 어느 정도 되면서 속도가 줄어드는 경우이다. 일반적으로 급커브를 선회할 때 운전자는 속도를 줄이려고 제동페달을 밟으면서 조향하므로 이 경우가 가장 빈번하게 발생하는 요마크이다. **제동 요마크**라고 한다.

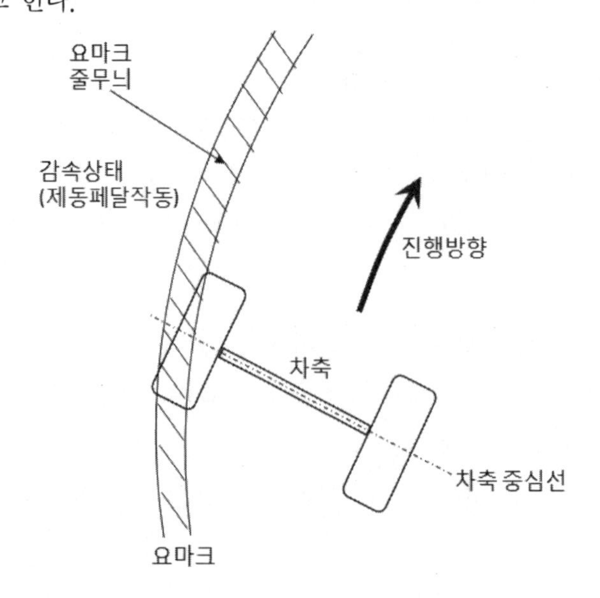

③ 빗살무늬가 후방으로 사선으로 나타난 경우는 선회하면서 측방으로 약간씩 미끄러지면서 가속 페달을 밟는 경우이다. **가속 요마크**라고 한다.

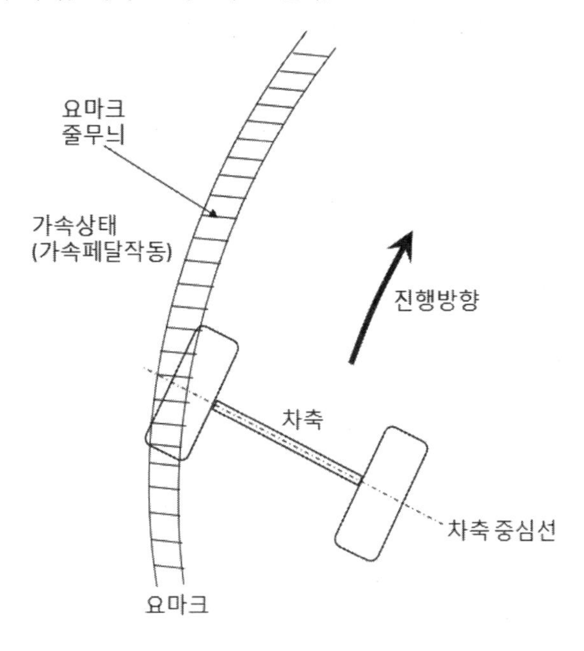

(2) 속도 계산

요마크의 속도계산은 곡선의 반경을 측정하여 요마크 발생 초기의 속도를 계산하는 방법이므로 요마크 이후의 상황은 고려할 필요가 없다. 요마크 발생 후에 스키드마크가 발생하였다든지 또는 요마크 후에 추락이 있는 경우에는 추락과 스키드마크는 고려할 필요가 없다.

① 횡단경사가 없는 경우

$$v = \sqrt{\mu g r}\ (m/s)$$

② 횡단경사가 있는 경우

$$v = \sqrt{gr\frac{\mu + \tan\theta}{1 - \mu\tan\theta}}\ (m/s)$$ (바깥쪽이 높은 경우)

$$v = \sqrt{gr\frac{\mu - \tan\theta}{1 + \mu\tan\theta}}\ (m/s)$$ (바깥쪽이 낮은 경우)

③ 곡선반경 : $r = \frac{C^2}{8M} + \frac{M}{2}$ (M : 중앙종거, C : 현의 길이)

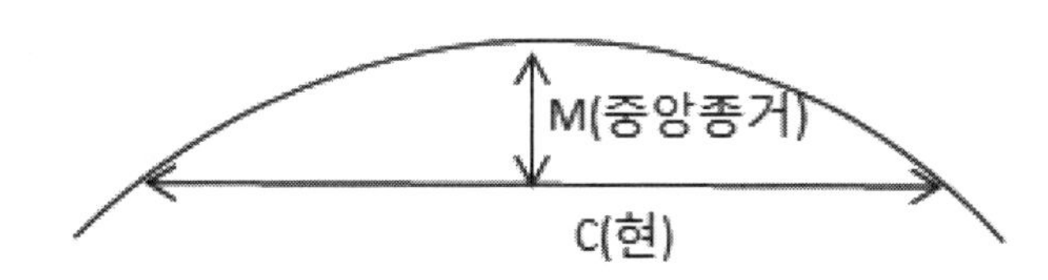

예제 요마크의 현의 길이가 10m이고 중앙종거가 0.25m인 경우 주행속도는?(단, 횡방향 마찰계수는 0.8, 횡단경사는 +2.0%)

[풀 이] 곡선반경 $r=\dfrac{C^2}{8M}+\dfrac{M}{2}=\dfrac{10^2}{8\times0.2}+\dfrac{0.2}{2}=62.6m$

2%경사를 소수로 고쳐서 대입한다. $G=\tan\theta=0.02$

$$v=\sqrt{gr\frac{\mu+\tan\theta}{1-\mu\tan\theta}}=\sqrt{9.8\times62.6\times\frac{0.8+0.02}{1-0.8\times0.02}}=22.61m/s$$

section 4 오토바이 충돌역학

01 오토바이 충돌속도

오토바이의 경우 충돌 시 충돌속도에 따라 축거 감소가 뚜렷하게 일어난다. 오토바이가 승용차에 충돌했을 경우 오토바이의 소성변형량과 충돌속도와의 관계가 실험적으로 확인되었다. 그림은 Severy가 오토바이에 운전자 인체모형을 태우고 승용차의 측면에 직각으로 충격시켰을 때의 소성변형량과 충돌속도와의 관계를 조사한 실험결과이다. 그래프에서 축거 감소량이 25cm인 경우 충돌속도가 약 50km/h로 확인할 수 있다. 실험식을 이용하는 경우 축거감소량(cm)을 대입하면 충돌속도(km/h)를 계산할 수 있다.

$$V=1.5D+12\ \ (\text{km/h})$$

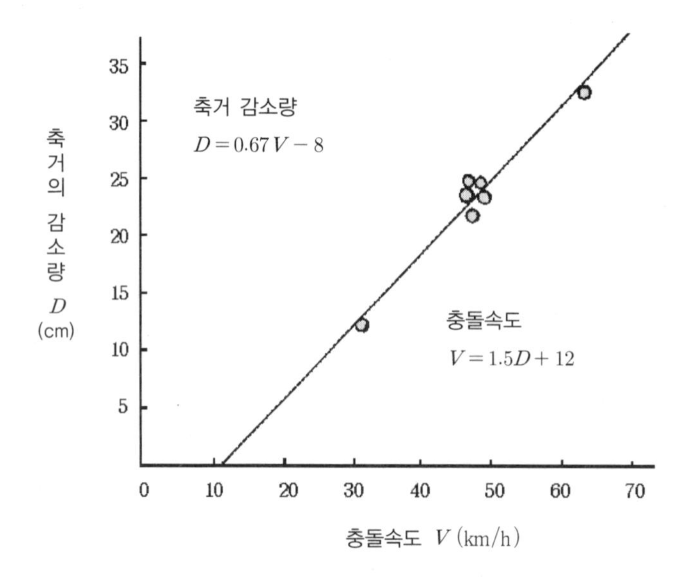

02 오토바이 운전특성

오토바이는 운전자의 무게를 이용하여 주행하는 차량이다. 그러므로 무게중심을 변화시킬 수 있다. 커브길을 선회하면서 오토바이와 같이 자연스럽게 커브 안쪽으로 기울이는 자세가 린위드(중심선 맞춰 돌기)이고, 몸을 커브의 안쪽으로 많이 기울이는 것인 린인(중심선 안쪽 돌기), 오히려 커브의 바깥쪽으로 기울이는 방법이 린아웃(중심선 바깥 돌기)이 된다.

section 5 신호체계

01 용어

(1) **주기** : 신호등의 점등 순서가 처음으로 되돌아오는 시간
(2) **현시** : 각 신호에 해당되는 구간
(3) **옵셋** : 어떤 기준 값으로부터 녹색등화가 켜질 때까지의 시간차를 초 또는 %로 나타낸 값으로 연동신호교차로간의 녹색등화가 켜지기까지의 시차
(4) **시간분할** : 하나의 주기 내에서 한 현시가 차지하는 비율
(5) **전 적색시간** : 교차로의 모든 유입방향에 대하여 동시에 적색등화를 켜는 상태
(6) **차두시간** : 두 차량이 진행하는 경우 한 지점을 선행차량의 앞부분이 통과한 순간부터 후행차량의 앞부분이 통과할 때까지의 시간을 의미한다. 신호대기 후 교차로를 통과하는 경우 최전방의 차량과 바로 뒷차량의 차두시간보다 후방에 위치한 차량의 차두시간이 짧아진다.

02 신호체계의 종류

(1) **정주기 방식** : 미리 고정된 신호 방식 계획에 따라 신호 등화가 규칙적으로 바뀌는 방식
(2) **시간제어 방식** : 시간대 별로 발생 예상되는 교통형태에 따라 신호주기, 현시 분할, 오프셋을 정하여 운영하는 방식
(3) **교통대응 방식** : 검지기로부터 수집된 교통량과 점유율을 기반으로 준비된 다수의 교통신호 계획표에서 최적의 것을 선택하여 신호를 제어하는 방식
(4) **교통감응 방식** : 교차로 검지기를 사용하여 유입하는 교통량에 따라 녹색 신호시간을 자율적으로 조절하는 방식
(5) **전 감응식** : 모든 교차로의 모든 유입부에 검지기를 설치하여 수집된 교통량의 변화에 따라 모든 방향의 녹색시간이 변하도록 하는 방법
(6) **반 감응식** : 검지기를 부도로에만 설치하여 부도로의 교통수요가 일정한도에 이르면 주도로에 부여했던 진행우선권을 부도로로 변환케 하여 부도로의 요구를 충족시킨 이후 다시 주도로에 우선권을 부여하는 방식

예제 갑 교차로 내에서 두 차량이 충돌하였고 충돌 후 한 덩어리가 되어 약 11.5m 이동 후 정지하였다. A차량은 정지선에서 출발하였고 B차량은 을 교차로에서 신호대기후 녹색 신호에 출발하였다. B차량 운전자가 출발한 시점은 어떤 신호 점등 후 몇 초 뒤인가?

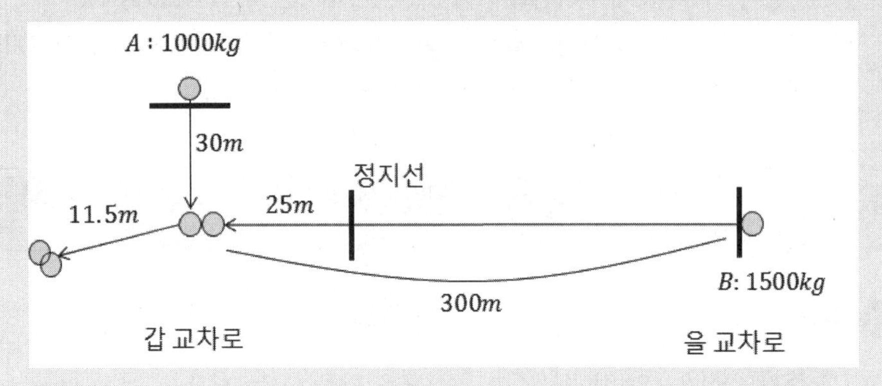

[조건]

1. 갑 교차로와 을 교차로는 서로 연동되고 옵셋은 10초이며 갑 교차로 B차량의 진행 현시는 30초이다. 을 교차로 정지선에서 충돌지점까지는 300m이다.
2. 충돌 후 타이어 흔적이 발생하였고 양 차량 바퀴는 모두 잠긴 것으로 가정한다.
3. A차량의 중량은 1000kg, B차량의 중량은 1500kg이다.
4. A, B 차량의 교차로 발진가속도는 0.1g로 가정한다.
5. A, B 차량이 충돌 후 한덩어리가 되어 A 차량 진행방향에서 20도 좌측 방향으로 진행하였고 충돌 후 견인계수는 0.8이다.

[풀 이] 충돌직후 속도 : $v' = \sqrt{2\times 0.8\times 9.8\times 11.5} = 13.43m/s$

운동량보존법칙에 의해 B차량의 충돌직전 속도 :

x성분) $1500\times v_b + 1000\times 0 = (1500+1000)\times 13.43\cos 20$

$v_b = 21m/s$

B차량의 충돌까지 소요시간

21m/s까지 가속구간 시간 : $t_{B1} = \dfrac{\triangle v}{a} = \dfrac{21-0}{0.1\times 9.8} = 21.43s$

21m/s까지 가속구간 거리 : $d_{B1} = \dfrac{1}{2}\times 0.1\times 9.8\times 21.43^2 = 225m$

등속구간 거리 : 300m - 225m = 75m

등속구간 시간 : $t_{B2} = \dfrac{75m}{21m/s} = 3.57s$

$\therefore 21.43 + 3.57 = 25s$

A차량의 충돌까지 소요시간

정지선에서 가속구간 시간 : $30=\frac{1}{2}\times 0.1\times 9.8\times t_A^2$, $t_A=7.82s$

아래의 신호체계 분석도에서 B 차량이 출발 후 10초 옵셋시간이 지난 후 갑 교차로에서 녹색신호가 점등되었고 15초 후에 충돌이 발생하였다. B차량이 출발 후 충돌까지는 7.82s가 소요되므로 현시가 시작된 후 15초 후에 충돌하였으므로 B차량은 적색신호 점등 7.18초 후에 출발한 것으로 판단된다.

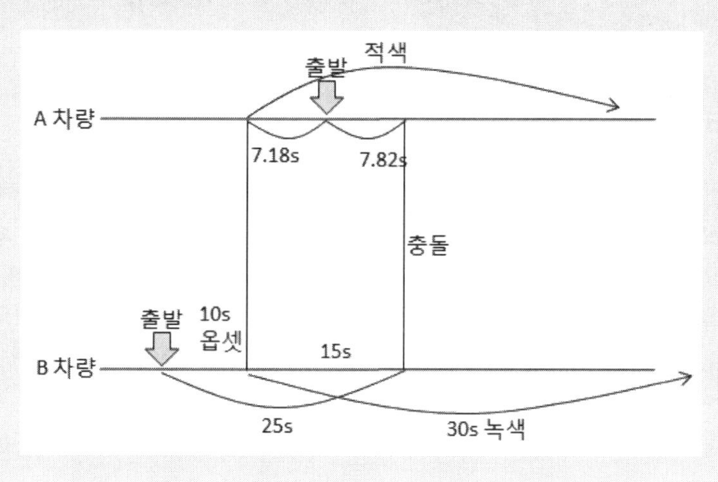

chapter 04

기출문제 분석

2021년 기출 교통사고재현론

01 요 마크 줄무늬 모양이 차축과 평행하지 않고 상당한 예각을 이루며, 우커브 경우 좌측 상향 형태를, 좌커브 경우 우측 상향 형태를 이루는 요 마크 발생 시 차량의 운동상태는?

① 등속 상태　② 감속 상태
③ 가속 상태　④ 알 수 없음

해설 비스듬하게 상향으로 요마크가 발생되는 경우는 제동에 의한 현상

02 승용차가 앞으로 진행할 때 전방의 보행자를 충격한 경우 일반적으로 가장 먼저 발생하는 보행자의 부상은?

① 전면 범퍼에 의한 부상
② 앞 유리창에 의한 부상
③ 전도상해
④ 역과손상

해설 범퍼에 의해 다리부분이 먼저 충격된다.

03 차량 운동상태와 탑승자 거동분석에 관한 다음의 내용 중 적절치 않은 것은?

① 최초충돌 후 차량이 어떻게 움직였는가 하는 점은 충돌 전 속도와 방향 그리고 충돌과정에 가해지는 충격력에 좌우된다.
② 머리받침대는 탑승자와의 충돌로 손상될 수 없으며, 의복에 의해 가려진 탑승자의 부상이나 충돌부위의 혈흔 등을 반드시 살펴보아야 한다.
③ 차량에 작용하는 충격력이 중심에서 편심되면 차량은 회전을 하게 되며, 탑승자는 차체의 회전과는 무관하게 충돌 전 진행방향으로 관성에 의해 이동한다.
④ 충돌로 인한 차량의 회전으로 운전자나 탑승자가 이동되면서 변속레버를 충격할 수 있다.

해설 머리받침대는 뒷자리의 탑승자에 의해 충격될 수 있다.

04 A차량 운전자가 전방에 사고로 정지하고 있는 B차량을 발견하고 제동하여 B차량과 충돌하지 않았다. A차량 운전자는 B차량을 최소 몇 미터 전에 발견하였는가?

> A차량 속도 : 108km/h
> 중력가속도 : 9.8m/s²
> 견인계수 : 0.8
> 인지반응시간 : 1초
> 차량의 길이는 고려하지 않음

① 68.3m
② 75.9m
③ 87.4m
④ 106.5m

해설 $d=\left(\frac{108}{3.6}\right)\times 1+\frac{\left(\frac{108}{3.6}\right)}{2\times 0.8\times 9.8}$

정답 01.② 02.① 03.② 04.③

05 **차량이 72km/h 속도에서 4초 동안 감축하여 정지하였다. 이때 차량이 이동한 거리는?**

① 40m
② 45m
③ 50m
④ 55m

해설 평균속도 문제 : $\frac{\left(\frac{72}{3.6}\right)+0}{2}=\frac{d}{4}$

06 **차량충돌 시 탑승자가 차내에서 방출된 여부를 판정하기 위해 필요한 조사항목과 가장 거리가 먼 것은?**

① 안전띠 착용여부
② 타이어 파손여부
③ 유리창 파손여부
④ 선루프 파손여부

해설 타이어는 운전실 외부에 위치한다.

07 **보행자가 충돌차량의 충돌속도까지 가속되는 경우로 보기 가장 어려운 것은?**

① 보행자가 차량의 앞쪽 모서리 부분에 충격된 경우
② 보행자가 승용차의 앞쪽 중심에 충격된 경우
③ 승용차에 충격된 보행자가 보닛 위에 올려져 차량을 감싸며 전방으로 낙하한 경우
④ 전면이 편평한 차량 전면부에 충격된 보행자 신체가 접혀진 형태를 취하면서 전방으로 날아간 경우

해설 펜더벌트(Fender Vault)의 경우 보행자가 모서리로 스쳐지나가기 때문에 차량속도까지 가속되지 않는다.

08 **교통사고 분석을 위한 컴퓨터 시뮬레이션 작업 순서로 맞는 것은?**

① 프로그램구동 □ 기초자료입력 □ 변동자료입력 □ 결과출력
② 프로그램구동 □ 변동자료입력 □ 기초자료입력 □ 결과출력
③ 기초자료입력 □ 프로그램구동 □ 변동자료입력 □ 결과출력
④ 변동자료입력 □ 기초자료입력 □ 프로그램구동 □ 결과출력

09 **보행자가 자동차에 충돌하여 포물선 운동을 하며 노면에 낙하하여 미끄러지다 최종 정지하였다. 이때 보행자의 전체 이동거리를 산출하는 공식은?**

v : 자동차의 충돌속도
h : 포물선 운동 시작 높이
f : 보행자의 노면 견인계수
g : 중력가속도

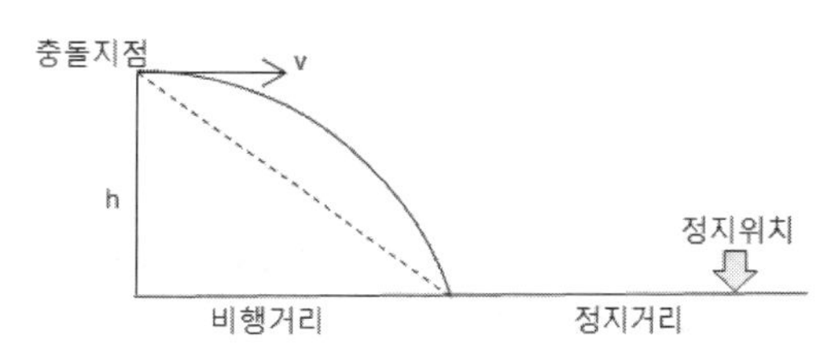

① $v\times\sqrt{\frac{2h}{g}}+\frac{v}{2gf}$

② $v\times\sqrt{\frac{2h}{g}}+\frac{v^2}{2gf}$

③ $v\times\sqrt{\frac{h}{g}}+\frac{v^2}{2gf}$

④ $v\times\sqrt{\frac{2h}{g}}+\frac{f\times v^2}{2g}$

정답 05.① 06.② 07.① 08.① 09.②

10 차량이 5초 동안 1.2m/s²으로 가속하여 12m/s가 되었다면 가속 전 속도는 몇 km/h인가?

① 18.9 km/h
② 20.4 km/h
③ 21.6 km/h
④ 25.5 km/h

해설 $12 = v_0 + 1.2 \times 5$

11 섀도우 스키드 마크(Shadow Skid Mark)에 대한 다음 설명 중 가장 적절하지 않은 것은?

① 거의 직선으로 발생하고 시작점 부근에서 희미하게 발생한다.
② 대형버스나 대형트럭은 타이어 임프린트(Imprint)가 발생하는 경우가 많다.
③ 섀도우 스키드 마크는 차량이 급제동시 차량의 제동률에 영향을 받는다.
④ 엷게 나타난 타이어 흔적은 모두 섀도우 스키드 마크다.

12 차량 A-필라가 구부러지면서 간접 충격에 의해 전면유리도 함께 손상되었다. 전면유리에서 볼 수 있는 가장 전형적인 파손형태는?

① 일정한 형태를 띠지 않음
② 나선상 균열
③ 거미줄 모양의 방사상 균열
④ 평행 또는 바둑판 모양의 사선상 균열

해설 방사성 균열은 보행자와의 충돌에 의해 나타날 수 있다.

13 차량이 제동하지 않은 상태에서 보행자와 충돌하였다. 충격점이 보행자의 무게 중심보다 높고 속도가 빠르지 않을 경우 보행자의 충돌 후 이동 위치는?

① 차량하부
② 후드
③ 전면범퍼
④ 전면유리

해설 성인이 버스 또는 충돌될 경우나 어린이가 차량의 전면부에 충돌될 경우 차량 하부로 들어간 후 역과될 가능성이 높다.

14 차체의 회전 및 이동방향, 충돌 전·후 충돌각도 등을 분석하는데 영향이 가장 큰 항목은?

① 충돌시 반발력
② 충돌시 차량의 속도
③ 충돌시 운동에너지
④ 충격력의 방향과 크기

15 곡선반경이 102m인 커브길을 윤거 1.6m이고 무게중심이 0.5m인 차량이 선회하려 한다. 휠리프트가 발생할 수 있는 최저 속도는? (견인계수 : 0.8, 중력가속도 : 9.8m/s²)

① 약 134km/h
② 약 144km/h
③ 약 154km/h
④ 약 164km/h

해설 $\frac{v^2}{r} \times h = g \times \frac{T}{2}$,

$\frac{v^2}{102} \times 0.5 = 9.8 \times \frac{1.6}{2}$

정답 10.③ 11.④ 12.④ 13.① 14.④ 15.②

16 **고정장벽 충돌에 의해 파손된 차량의 소성변형량에 대해 바르게 설명한 것은?**

① 소성변형량은 유효충돌속도에 비례한다.
② 소성변형량은 충돌속도에 반비례한다.
③ 소성변형량은 탄성변형량과 같다.
④ 소성변형량은 간접손상의 정도이다.

해설 유효충돌속도는 충격의 정도와 비례한다.

17 **디지털운행기록계(Digital Tacho Graph)에 대한 설명 중 틀린 것은?**

① 차량의 고장코드(Diagnostic Trouble Code)가 기록된다.
② 6개월 이상 1초 단위 데이터를 기록·저장할 수 있는 기억장치이다.
③ 버스, 택시, 화물 등 사업용 차량에 표준화된 디지털 운행기록계 장착이 의무화 되었다.
④ 운행기록장치 내부 데이터가 인위적으로 변경되거나 삭제되지 않도록 되어 있다.

해설 고장코드는 자동차진단기(Scanner)로 확인할 수 있다.

18 **차량이 경사 없는 도로를 진행 중 수직으로 4m 수평으로 12m 지점 아래로 추락하였다. 추락직전 속도는 얼마인가?**

① 33.2km/h
② 47.8km/h
③ 53.6km/h
④ 73.4km/h

해설 $v = d\sqrt{\frac{g}{2\times h}} = 12\sqrt{\frac{9.8}{2\times 4}}$

19 **차량 속도 추정에 필요한 자료에 해당되지 않는 것은?**

① 제동거리
② 신체 손상부위
③ 차량 손상깊이
④ 차량 무게중심의 이동경로

20 **주행 중인 A차량(질량 2000kg)이 정지해 있던 B차량(질량 1500kg)을 완전비탄성충돌 하였다. 이후 두 차량은 붙어서 10m를 미끄러져 정지하였다. A차량의 충돌 시 속도는? (충돌 후 견인계수 : 0.4, 중력가속도 : 9.8m/s²)**

① 약 24km/h
② 약 32km/h
③ 약 40km/h
④ 약 56km/h

해설 $v_c = \sqrt{2\times 0.4\times 9.8\times 10} = 8.85$,
$2000\times v_A + 1500\times 0 = (2000+1500)\times 8.85$

21 **차량 운동특성 중 내륜차에 대한 설명으로 옳지 않은 것은?**

① 교차로 안쪽 모서리 부분에 서있던 보행자가 회전하는 대형차의 측면에 충돌하여 뒷바퀴에 역과되는 사고가 좋은 예이다.
② 차량이 회전 시, 안쪽 앞바퀴와 뒷바퀴 선회궤적의 간격을 말한다.
③ 축간거리가 클수록 내륜차도 커진다.
④ 조향핸들을 많이 돌릴수록 내륜차는 작아진다.

해설 핸들을 많이 돌릴수록 앞바퀴와 뒷바퀴의 궤적은 벌어진다.

정답 16.① 17.① 18.② 19.② 20.④ 21.④

22 다음 중 차량이 충돌한 후 최종 정지할 때까지 차량의 궤적을 추적하는 데 가장 유용한 자료는?

① 차량 내부 파손상태
② 충돌 후 탑승자의 이동상황
③ 냉각수 흘린 흔적
④ 탑승자의 부상정도

23 트랙터-트레일러의 감속과정에서 발생될 수 있는 현상이라고 볼 수 없는 것은?

① 트랙터의 앞바퀴만 제동되었을 경우 트랙터와트레일러는 일반적으로 직선방향으로 미끄러진다.
② 트랙터의 뒷바퀴만 제동되었을 경우 트랙터가 트레일러 쪽으로 접혀지는 현상이 발생된다.
③ 트레일러의 바퀴만 제동되었을 경우 트레일러 커플링을 중심으로 스핀을 하게 되는데 이것이 계속 진행되면 잭 나이프(Jack Knife)현상으로 발전할 수 있다.
④ 트랙터와 트레일러는 커플링에 의해 트레일러의 회전이 억압되어 잭 나이프(Jack Knife)현상이 발생되지 않는다.

해설 핀형태의 커플링이 장착되어 있어 잭나이프현상이 발생하기 쉽다.

24 전륜 축으로부터 차량 무게중심까지 수평거리를 구하는 공식은?

W : 차량 총중량
W_1 : 전륜축 하중
W_2 : 후륜축 하중
L : 축간거리

① $\frac{W_1 \times W}{L}$
② $\frac{W_2 \times W}{L}$
③ $\frac{W_1 \times L}{W}$
④ $\frac{W_2 \times L}{W}$

25 차량이 15km/h로 정지 상태의 보행자를 충돌한 A 경우와 보행자가 15km/h로 정차 상태의 차량을 충돌한 B 경우, 보행자의 운동량 변화량에 대해 바르게 설명한 것은?

차량질량 : 2000kg,
보행자질량 : 100kg
보행자와 차량의 충돌은 완전 비탄성충돌

① A 경우가 1.5배 높다.
② A 경우가 2배 높다.
③ B 경우가 2배 높다.
④ A, B 경우가 같다.

해설 두 경우 모두 속도 변화를 일으키는 것은 보행자로 동일하다.

정답 22.③ 23.④ 24.④ 25.④

01 충돌 시 탑승자 거동분석을 위한 차량조사 항목이 아닌 것은?

① 핸들
② 필라 및 유리창
③ 계기판 및 대시보드
④ 견인고리

해설 견인고리는 차량 외부의 부품이다.

02 견인계수 0.8의 평탄한 노면에서 보행자를 충돌하기 직전 차량의 스키드마크(Skid Mark) 길이는 20m이고, 보행자를 충돌하고 15m를 활주한 후 정지하였다. 보행자 충돌 시 사고차량의 속도는? (보행자 충돌로 인한 감속은 무시함)

① 12.53m/s
② 15.34m/s
③ 18.42m/s
④ 21.35m/s

해설 $v = \sqrt{2\mu g d} = \sqrt{2 \times 0.8 \times 9.8 \times 15} = 15.34m/s$

03 승용차 운전자가 50 km/h 속도로 주행 중 전방의 보행자를 인지하고 제동하여 사고를 회피하기 위한 최소 정지거리는? (단, 인지반응시간 1초, 마찰계수 0.8, 중력가속도 9.8 m/s²)

① 약 19.0m
② 약 26.2m
③ 약 34.4m
④ 약 43.6m

해설 $d = v_0 t + \frac{v_0^2}{2\mu g}$

$$= \frac{50}{3.6} \times 1 + \frac{\left(\frac{50}{3.6}\right)^2}{2 \times 0.8 \times 9.8} = 26.2m$$

04 차량충돌의 과정이 맞게 나열된 것은?

① 최초접촉 - 최대접촉 - 정지 - 분리
② 최초접촉 - 정지 - 최대접촉 - 분리
③ 최초접촉 - 분리 - 최대접촉 - 정지
④ 최초접촉 - 최대접촉 - 분리 - 정지

05 승용차가 좌선회 중 요 마크(Yaw Mark) 흔적을 발생하였다. 요 마크(Yaw Mark) 흔적 발생당시 주행속도는? (현의 길이 30m, 중앙종거 3.5m, 중력가속도 9.8m/s², 횡방향 견인계수 0.84를 적용)

① 약 50 km/h
② 약 60 km/h
③ 약 70 km/h
④ 약 80 km/h

해설 $r = \frac{C^2}{8M} + \frac{M}{2} = \frac{30^2}{8 \times 3.5} + \frac{3.5}{2} = 33.89m$,

$v = \sqrt{\mu g r} = \sqrt{0.84 \times 9.8 \times 33.98} = 16.73m/s$

06 승용차와 보행자가 충돌 시 1차 충격에서 보이는 인체상해의 특징이 아닌 것은?

① 성인은 대퇴부나 하퇴부 등 하지에서 주로 발생한다.
② 상해정도는 범퍼모양에 따라 다르다.
③ 차량하부에 의한 역과 손상이 주로 발생한다.
④ 상해정도는 차량속도에 따라 다르다.

정답 01.④ 02.② 03.② 04.④ 05.② 06.③

07 **충돌 후 보행자(성인)의 거동 특성에 대한 설명으로 틀린 것은?**

① 보닛형(Bonnet Type) 차량에 충돌 되는 경우, 다리는 범퍼에 충돌하고 허리가 보닛의 선단에 충돌하며 머리는 전면유리에 충돌하는 경향이 있다.
② 캡오버형(Cab over Type) 차량에 충돌 되는 경우, 대퇴부와 골반이 함께 차량 전면부에 충돌하여 허리가 급격하게 움직임을 멈추면서 골반에 큰 힘이 가해지는 경향이 있다.
③ 보닛형(Bonnet Type) 차량 전면부와 충돌 할 때, Roof Vault 혹은 Somersault의 유형으로 거동하고 차량의 전면유리가 파손되는 경향이 있다.
④ 보닛형(Bonnet Type) 차량에 충돌 되는 경우 Forward Projection 사고유형으로 거동하고, 캡오버형(Cab over Type) 차량에 충돌 되는 경우 Wrap Trajectory 유형으로 거동하는 경향이 있다.

해설 캡오버형은 승합차 또는 트럭으로 전면부가 높은 형태이므로 Forward Projection 형태의 충돌유형이 나타난다.

08 **직진으로 도로를 주행하던 자동차가 제동에 의한 스키드 마크(Skid Mark)를 생성하고 다시 좌로 굽은 형태의 요 마크(Yaw Mark)를 생성한 것으로 확인되었다. 스키드 마크에 의한 속도가 35 km/h, 요 마크에 의한 속도가 55 km/h로 추정된 경우, 자동차가 스키드 마크를 생성하기 직전의 속도는?**

① 약 90 km/h
② 약 80 km/h
③ 약 75 km/h
④ 약 65 km/h

해설 $v = \sqrt{v_1^2 + v_2^2} = \sqrt{35^2 + 55^2} = 65.19\text{km/h}$

09 **차량의 충돌 전·후 운동상황을 재현할 때 주요 고려사항이 아닌 것은?**

① 차량 최종위치
② 구난차 도착위치
③ 노면 패인 흔적 발생 위치
④ 스키드 마크(Skid Mark) 발생 위치

10 **잭 나이프(Jack Knife) 현상에 대한 설명으로 맞는 것은?**

① 차량이 급선회하여 롤링각이 증가될 경우 횡방향 가속값이 증가하여 측면으로 전도되는 현상을 말한다.
② 트랙터·트레일러가 미끄러운 노면에서 급제동을 할 경우 연결부위가 접히게 되는 현상을 말한다.
③ 진행 중인 차량이 우측으로 급선회 조작을 하여 차체 좌측이 지면으로 눌려지고 선회 내측인 우측은 차체가 들려지는 현상을 말한다.
④ 무리하게 급회전을 할 경우 타이어와 노면 사이의 마찰력보다 차량의 원심력이 더 커 타이어가 옆 방향으로 미끄러지고 뒷바퀴가 앞바퀴의 앞쪽을 지나가는 현상을 말한다.

해설 ①③ 전복(휠리프트), ④ 스핀

11 **A승용차가 후진하다가 주차된 B승용차와 가벼운 충돌이 발생하였다. 이때 충돌여부를 판단하기 위한 조사방법이 아닌 것은?**

① 손상 부위에 대한 지상고 비교
② 손상 흔적의 방향성 비교
③ 상호 부착된 도료의 색상 및 성분 비교
④ A승용차의 발진가속 실험

정답 07.④ 08.④ 09.② 10.② 11.④

12 충격력의 작용방향(P.D,O,F.)을 나타내는 방법 2가지는?

① 각도법, 삼각측정법
② 각도법, 시계눈금법
③ 시계눈금법, 벡터법
④ 시계눈금법, 삼각측정법

13 교통사고재현 컴퓨터 프로그램을 이용한 사고분석의 목적을 맞게 설명한 것은?

① 장소적·경제적·시간적 제약으로 인해 실제 사고상황과 유사한 상황을 재현하여 교통사고원인을 규명하고자 함이다.
② 교통사고상황을 단순히 동영상으로 구현하기 위한 것이다.
③ 사고차량의 성능, 강도, 여비 등 차량의 특성만을 분석하기 위한 것이다.
④ 실제 사고상황을 쉽게 재현하여 당해 교통사고 가해자를 조속히 처벌하기 위함이다.

14 차량의 최대 접합 시 노면에 나타나는 흔적으로 틀린 것은?

① 충돌 스크럽(Collision Scrub)
② 크룩(Crook)
③ 가우지 마크(Gouge Mark)
④ 견인 시 긁힌 흔적(Towing Scratch)

해설 견인 시 긁힌 흔적은 사고와 관계없는 흔적이다. 구급대에 의한 흔적과 경찰차 및 지나가는 차량에 의한 흔적 등은 사고조사 시 배제해야할 흔적이다.

15 자동차가 72 km/h로 주행하다가 급제동하여 스키드 마크(Skid Mark)를 발생하고 스키드 마크 끝에서 36 km/h로 보행자를 충돌하였다. 스키드 마크를 발생하며 미끄러진 시간은? (노면 마찰계수 0.8, 중력가속도 9.8 m/s²)

① 1.18 s　　② 1.28 s
③ 2.18 s　　④ 2.28 s

해설 $v = v_0 + at$,

$$\frac{36}{3.6} = \frac{72}{3.6} - 0.8 \times 9.8 \times t \ , \ t = 1.28s$$

16 객관적이고 과학적으로 사고원인을 분석하기 위해 차량에서 우선적으로 확인해야 할 사항이 아닌 것은?

① 사고영상 기록장치(Black box)
② 디지털운행기록계(Digital Tacho Graph)
③ 사고기록장치(Event Data Recorder)
④ 휴대용 전화

17 승용차의 전면유리에 보행자 머리가 직접 충격된 경우 일반적인 파손형태는?

① 가로방향으로만 파손된다.
② 날카롭고 불규칙한 조각으로 파손된다.
③ 거미줄 모양의 형태로 금이 간다.
④ 조각조각 나며 흩어진다.

해설 거미줄 모양 또는 방사형 모양으로 파손된다.

18 자동차가 15 m/s 속도로 주행하다가 급제동하였을 때의 제동거리가 18 m로 확인되었다. 인지반응시간이 0.7초일 때 자동차의 정지거리는?

① 18.5 m　　② 23.5 m
③ 28.5 m　　④ 33.5 m

해설 $d = v_0 t + \frac{v_0^2}{2\mu g} = 15 \times 0.7 + 18 = 28.5m$

19 고속버스 승객으로 탑승하였다가 충돌사고를 당하였다. 여러 부상 부위 중 좌석 안전띠(2점식)에 의해 발생될 수 있는 신체 부위는?

① 흉부손상　　② 두부손상
③ 하복부손상　　④ 하지손상

해설 2점식은 하복부 손상 3점식은 흉부 및 하복부 손상이 나타난다.

정답 12.② 13.① 14.④ 15.② 16.④ 17.③ 18.③ 19.③

20 뒷차가 앞차를 추돌한 사고의 일반적인 특징으로 틀린 것은?

① 추돌 차량의 운동량 전이로 앞 차량은 가속된다.
② 추돌 차량이 급제동하면서 추돌하는 경우가 많아 노즈다운(Nose Down) 현상의 추돌이 되기 쉽다.
③ 추돌 차량 운전자의 신체는 후방으로 이동한다.
④ 피추돌 차량 운전자는 추돌 직전 상황을 인지하지 못하는 경우가 있다.

해설 피추돌차량 운전자의 신체가 후방으로 이동한다.

21 차량이 X축 방향으로 달릴 때 가로축(Y축)을 기준으로 차체가 회전하는 진동은?

① 바운싱(Bouncing)
② 피칭(Pitching)
③ 러칭(Lurching)
④ 요잉(Yawing)

해설 바운싱 : 상하운동, 러칭 : 좌우운동, 요잉 : 수직축을 기준으로 회전

22 차량이 직선도로를 주행하다가 급제동하였다. 스키드 마크(Skid Mark)의 길이는 좌·우 45 m로 동일하고 기울기 10% 내리막길이다. 급제동 직전 속도는? (단, 모든 바퀴가 제동되었고 마찰계수는 0.8이다)

① 76.35 km/h
② 89.44 km/h
③ 85.45 km/h
④ 92.76 km/h

해설 $v = \sqrt{2\mu gd}$

$= \sqrt{2 \times (0.8 - 0.1) \times 9.8 \times 45} = 24.85 m/s$

23 차 대 보행자 사고에서 보행자의 반발계수 근사값은?

① 0 ② 1
③ 2 ④ 3

24 정면 충돌 시 자동차 운전자 상해에 대한 설명으로 틀린 것은?

① 전면유리에 충격되어 두피열창, 두개골 골절이 발생 할 수 있다.
② 안전띠 착용 여부에 관계없이 상해 정도는 비슷하다.
③ 무릎에서 좌상, 표피박탈 같은 상해가 발생할 수 있다.
④ 운전대에 의한 흉부 및 복부 상해가 발생할 수 있다.

해설 안전띠는 전방이동량을 감소시켜 상해를 줄여준다.

25 승용차가 직진 주행 중 전신주를 운전석 앞부분으로 편심 충돌하여 반시계 방향으로 회전하며 정지하였다. 이때 운전자 머리부분의 운동방향으로 맞는 것은?

① 운전자는 원래 있던 위치의 왼쪽 앞으로 이동한다.
② 운전자는 원래 있던 위치의 왼쪽 뒤로 이동한다.
③ 운전자는 원래 있던 위치의 오른쪽 앞으로 이동한다.
④ 운전자는 원래 있던 위치의 오른쪽 뒤로 이동한다.

해설 관성으로 인하여 전방으로 이동하므로 운전실에 대해서는 좌측 앞부분에 부딪힌다.

정답 20.③ 21.② 22.② 23.① 24.② 25.①

01 **균일한 프레임 간격을 가진 블랙박스 영상에서 A지점으로부터 B지점까지 50개의 프레임이 경과하였고, A-B구간 평균속도가 36 km/h, 이동거리가 20 m라면 이 영상의 프레임 레이트(Frame Rate)는 얼마인가?**

① 15 fps
② 20 fps
③ 25 fps
④ 30 fps

해설 프레임 레이트 =

$$\frac{\text{프레임수}}{\text{소요시간}(s)} = \frac{50\text{frames}}{\frac{20\text{m}}{(36/3.6)\text{m/s}}} = 25\text{fps}$$

02 **차량 운전자가 전방의 위험을 인지한 후 제동하여 정지한 결과, 제동흔적이 20 m 발생했다. 정지거리는 얼마인가? (단, 인지반응시간 1초, 제동시 견인계수 0.7)**

① 약 37 m
② 약 50 m
③ 약 60 m
④ 약 80 m

해설 $v = \sqrt{2fgd}$
$= \sqrt{2 \times 0.7 \times 9.8 \times 20}$
$= 16.57m/s$

$d = vt + \frac{v^2}{2fg}$
$= 16.57 \times 1 + \frac{16.57^2}{2 \times 0.7 \times 9.8}$
$= 36.58m$

03 **요 마크(Yaw Mark)로 속도를 산출할 때 가장 필요하지 않은 자료는?**

① 요 마크 전체길이
② 요 마크 곡선반경
③ 노면과 타이어간의 횡방향 마찰계수
④ 중력가속도

해설 $v = \sqrt{fgR}$에서 요마크 전체길이는 반영되지 않는다.

04 **차량이 처음에 100 km/h의 속도로 달리다가 견인계수 0.7로 감속하여 속도가 50 km/h가 되었다면 그 동안 걸린 시간은 얼마인가?**

① 약 0.53s
② 약 1.03s
③ 약 1.53s
④ 약 2.02s

해설 (2)식에서
(50/36) = (100/3.6) − (0.7×9.8) × t

05 **다음 중 P.D.O.F(Principal Direction of Force)를 이용한 사고재현 시 가본원칙에 해당되지 않는 것은?**

① 충돌 시 양 차량 간에 작용하는 충격력의 크기는 서로 같다.
② 양 차량 간에 충격력 작용지점은 동일한 1개의 지점이다.
③ 사고차량들의 파손부위와 형태, 파손량 등을 통하여 판단한다.
④ 충돌 시 양 차량 간에 작용하는 충격력의 방향은 서로 같은 방향이다.

해설 충돌 시 충격력의 방향은 서로 반대방향이다.

정답 01.③ 02.① 03.① 04.④ 05.④

06 **충돌 시 차량 회전에 가장 크게 영향을 주는 3가지 요인은 무엇인가?**

① 충격력 작용시간, 충격력 작용지점, 충격력 작용방향
② 충격력 장용시간, 충격력 작용지점, 차체형태
③ 충격력 크기, 충격력 작용방향, 충격력 작용지점
④ 충격력 크기, 충격력 작용방향, 차체형태

해설 충격은 벡터이므로 작용점, 방향 및 크기가 3가지 인자가 된다.

07 **운동량과 충격량의 관계를 맞게 설명한 것은?**

① 운동량의 변화는 곧 충격량이다.
② 운동량에 충격량을 더하면 충돌속도가 된다.
③ 운동량은 충격량의 제곱이다.
④ 충격량은 운동량보다 항상 크다.

해설 $F\Delta t = m(v_2 - v_1)$ 충격량은 운동량의 변화이다.

08 **보행자 충돌 시 차량이 감속되면서 보행자가 차량의 전면에 충격된 후 후드 부분을 감싼 형태로 올려져 전방으로 낙하하는 충돌 유형은?**

① Wrap Trajectory
② Front Vault
③ Fender Vault
④ Forward Projection

해설 Wrap Trajectory에 대한 설명이다.

09 **다음은 속도를 산출하기 위한 유도식이다. ( )안에 들어가야 할 것으로 맞는 것은?**

$$\frac{1}{2}mv^2 = mf(\ )d$$

① g(중력가속도)
② a(가속도)
③ μ(마찰계수)
④ w(중량)

해설 운동에너지 = 마찰에너지, $\frac{1}{2}mv^2 = fmgd$

10 **인접한 신호 연동 교차로에서 어떤 기준 시점으로부터 녹색신호가 개시할 때까지의 시간차를 초(s) 또는 백분율(%)로 나타낸 값은?**

① 주기(Cycle)
② 옵셋(Offset)
③ 시간분할(Time Split)
④ 차두시간(Headway)

해설 차두시간은 한 지점을 통과하는 연속된 차량의 통과시간이다.

11 **자동차가 좌로 굽은 도로를 주행할 때, 원심력에 의해 오른 쪽 갓길 바깥 방향으로 이탈하는 것을 방지하기 위해 도로 바깥 부분을 높여주는 도로의 선형구조를 무엇이라고 하는가?**

① 종단경사
② 편경사
③ 횡단경사
④ 완화경사

해설 종단경사는 오르막 또는 내리막이다.

정답 06.③ 07.① 08.① 09.① 10.② 11.②

12 질량이 1500 kg인 차량이 10 m/s에서 15 m/s로 가속하는데 2초가 소요되었을 때 이 차량에 작용한 힘은?

① 2720N
② 3250N
③ 3750N
④ 4250N

해설 $a=\frac{\Delta v}{t}=\frac{15-10}{2}=2.5m/s^2$,
$F=ma$에서
$F=1500kg\times 2.5m/s^2$

13 대형차량의 제동특성에 대한 설명 중 틀린 것은?

① 대형차량의 경우 급제동시 타이어와 노면 사이에 작용하는 마찰계수는 대형차량이 갖는 하중의 분포 및 그에 따른 브레이크 시스템 상의 특성, 타이어 특성 등의 복합적인 원인으로 승용차에 비해 작다.
② 대형차량의 타이어와 노면간 마찰계수값을 결정하는 방법에는 사고차량 혹은 동종의 차량을 사고현장에서 직접 제동실험하여 결정하는 것이 가장 이상적인 방법이다.
③ 대형차량의 마찰계수는 건조한 아스팔트 노면일 경우 일반적으로 승용차 마찰계수 값은 75~85%를 적용하는 것이 타당하다.
④ 대형차량의 스키드마크는 동일 속도의 승용차 스키드마크 보다 길이가 더 짧게 나타나는 경향이 있다.

해설 대형차량의 제동마찰계수는 승용차에 비해 낮으므로 스키드마크 길이도 길게 나타난다.

14 평탄한 도로를 60 km/h로 주행하던 차량이 급제동하여 30 m를 이동하고 정지하였다. 차량의 견인계수는?

① 약 0.75
② 약 0.68
③ 약 0.65
④ 약 0.47

해설 $v=\sqrt{2fgd}$ 에서
$\left(\frac{60}{3.6}\right)=\sqrt{2\times f\times 9.8\times 30}$

15 질량이 2500 kg인 A차량의 속도가 30 km/h이고, 질량이 1500 kg인 B차량의 속도가 50 km/h일 때 양 차량의 운동량은?

① A 〉 B
② A 〈 B
③ A = B
④ 비교할 수 없다.

해설 A차량 운동량 = 2500×(30/3.6)=20833.33,
B차량 운동량 = 1500×(50/3.6)=20833.33

16 차량이 내리막 경사 8°인 도로를 주행하다 스키드 마크를 발생하였을 때, 아래 식의 △에 들어갈 값은?

$$V=\sqrt{254\times(\mu-\triangle)\times d}\ \text{(km/h)}$$

① 0.08
② 0.14
③ 0.8
④ 1.4

해설 $\tan 8° = 0.14$

정답 12.③ 13.④ 14.④ 15.③ 16.②

17 차량에 충돌된 보행자가 그림과 같은 형태로 운동하였다. 차량의 보행자 충돌속도를 물리적으로 계산하기 위한 공식은? (단, h = 충돌 시 보행자의 무게중심 높이, $x = X_1 + X_2$, g = 중력가속도, μ = 보행자의 노면마찰계수)

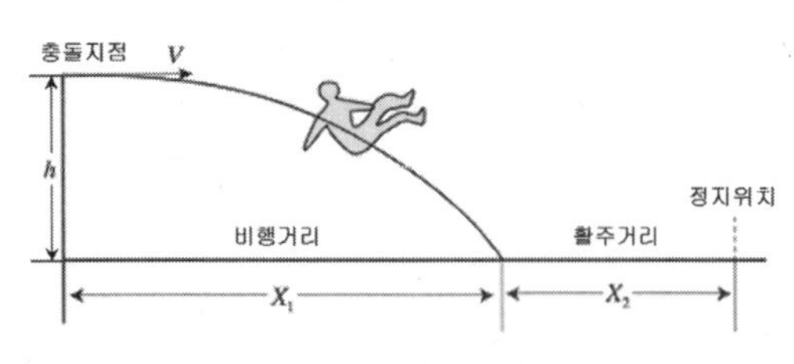

① $V = \sqrt{2g} \times \mu \times \left(\sqrt{h + \frac{x}{\mu}} - \sqrt{h}\right)$

② $V = \sqrt{2g} \times x \times \left(\sqrt{h + \frac{x}{\mu}} - \sqrt{h}\right)$

③ $V = \sqrt{2g} \times \mu \times \left(\sqrt{h + \frac{\mu}{x} - \sqrt{h}}\right)$

④ $V = \sqrt{2g} \times h \times \left(\sqrt{h + \frac{x}{\mu} - \sqrt{x}}\right)$

18 차량이 길이 15 m의 스키드 마크를 발생시키고 정지하였다. 제동구간에서 평균 감속도가 6.86 m/s²로 측정되었고, 차량 진행방향으로 3% 오르막 경사가 있었다. 이에 대한 설명으로 틀린 것은?

① 제동구간에서 타이어와 노면 간 견인계수 값은 0.7이다.
② 경사도 3%를 각도로 환산하면 약 1.72°이다.
③ 스키드 마크 발생 직전 속도는 61.6 km/h 정도이다.
④ 감속도는 (견인계수) × (중력가속도)로 표현된다.

19 A차량이 평탄한 노면을 진행 중 수평으로 30 m, 수직으로 9 m 지점 아래로 추락하였다. 이때 추락속도는?

① 약 73.7 km/h
② 약 75.7 km/h
③ 약 77.7 km/h
④ 약 79.7 km/h

해설 $v = d\sqrt{\frac{g}{2h}} = 30\sqrt{\frac{9.8}{2\times9}}$

$= 22.14 m/s = 79.69 km/h$

20 장착기준에서 분류하고 있는 사고기록장치(EDR)의 필수 운행정보 항목에 해당하는 것은?

① 엔진회전수
② ABS작동여부
③ 조향핸들각도
④ 운전석 좌석안전띠 착용여부

해설 EDR은 ACU의 하나의 기능이므로 에어백의 전개와 밀접한 관계를 가지는 데이터는 필수 항목이 된다.

21 평탄한 노면의 견인계수가 0.7일 때 급제동하여 40 m의 거리를 미끄러지고 정지하였다. 제동 시 속도는 얼마인가?

① 약 84 km/h
② 약 94 km/h
③ 약 104 km/h
④ 약 114 km/h

해설 $v = \sqrt{2fgd} = \sqrt{2\times0.7\times9.8\times40}$

정답 17.① 18.③ 19.④ 20.④ 21.①

22 오토바이의 무게중심이 지면으로부터 40 cm 높이에 있다가 외력의 작용 없이 기울어지기 시작하여 노면에 넘어지기까지 소요된 시간은?

① 약 0.29 s
② 약 0.36 s
③ 약 0.45 s
④ 약 0.56 s

해설 (4)식 $h=\frac{1}{2}gt^2$, $0.4=\frac{1}{2}\times 9.8\times t^2$

23 아래 조건에서 차량의 나중속도는?

처음속도=25m/s, 감속도=5m/s², 감속하여 이동한 거리=20m

① 약 20.6 m/s
② 약 25.7 m/s
③ 약 30.5 m/s
④ 약 36.6 m/s

해설 (3)식에서 $v^2-v_0^2=2ad$, $v^2-25^2=2\times(-5)\times 20$

24 교차로에서 우회전하던 트럭이 차도 가장자리에 서있던 보행자의 발을 우측 뒷바퀴로 역과하였다. 이것을 잘 설명해주는 것은 무엇인가?

① 언더 스티어링(Under steering)
② 롤링(Rolling)
③ 내륜차
④ 노즈 다이브(Nose Dive)

해설 선회시 앞바퀴의 곡선반경보다 뒷바퀴의 곡선반경이 작아지면서 뒷바퀴가 우측 측면으로 이동하는 현상이고 이는 곡선반경의 차이. 즉, 내륜차에 의해 발생되는 현상이다.

25 차량의 견인계수가 0.75일 때 3.0초 동안 감속하면서 45 m의 거리를 이동하였다면 처음속도는 얼마인가?

① 약 26.03m/s
② 약 28.09m/s
③ 약 30.06m/s
④ 약 34.09m/s

해설 (4)식에서 $d=v_0t+\frac{1}{2}at^2$,

$$45=v_0\times 3+\frac{1}{2}\times(-0.75\times 9.8)\times 3^2$$

정답 22.① 23.① 24.③ 25.①

01 자동차의 앞바퀴 2개를 마치 안짱다리처럼 앞쪽을 약간 안으로 향하게 하여 주행할 때 직진성을 유지하고 핸들 조작을 용이하게 하는 것은?

① 캠버 ② 캐스터
③ 토인 ④ 킹핀 경사각

해설 캐스터는 측면에서 보았을 때 킹핀 중심선이 수직에 대하여 위쪽이 뒤쪽으로 기울어져있는 상태를 말한다. 직진복원성을 갖게 해준다. 캠버는 앞에서 보았을 때 양쪽 바퀴의 아래쪽이 안쪽으로 모이도록 하는 상태이다.

02 다음과 같은 조건에서 전륜 축으로부터 차량무게 중심까지의 수평거리는?

> W : 차량총중량, W_1 : 전륜 축하중,
> W_2 : 후륜 축하중, L : 축간거리

① $\dfrac{W_1 \times W}{L}$ ② $\dfrac{W_2 \times W}{L}$

③ $\dfrac{W_1 \times L}{W}$ ④ $\dfrac{W_2 \times L}{W}$

03 노면에 현의 길이가 30 m이고 중앙종거가 0.65 m인 요마크가 발생되었다. 요마크 발생시점에서의 속도는? (단, 횡미끄럼 마찰계수 0.8, 중력가속도 9.8㎨)

① 약 118 km/h
② 약 123 km/h
③ 약 128 km/h
④ 약 133 km/h

해설 곡선반경 $r = \dfrac{C^2}{8M} + \dfrac{M}{2} = 173.40m$,
$v = \sqrt{\mu g r} = 36.87m/s$

04 노면에 발생한 흔적에 대한 설명 중 가장 옳은 내용은?

① 플랫 타이어 마크는 타이어가 평행하게 미끄러지며 구를 때 발생한다.
② 갭 스키드마크는 대형화물차량에 화물을 적재하지 않고 주행하다가 급제동하면 발생한다.
③ 스킵 스키드마크는 속도계산 시 흔적의 떨어진 구간도 미끄러진 거리에 포함시킨다.
④ 요 마크는 흔적의 발생길이를 근거로 속도를 계산한다.

해설 스킵스키드마크는 반복적으로 끊어진 부분도 미끄러진 거리에 포함시키고, 갭스키드마크에서 끊어진 길이는 빼주어야 한다.

05 120 km/h 속도로 좌커브 도로를 주행하던 차량이 핸들의 과대조작으로 인해 차체가 좌측으로 회전되며 발생시킨 타이어 흔적의 형태와 줄무늬 모양에 대한 설명으로 옳은 것은?

① 제동페달이나 가속페달을 밟지 않은 경우 줄무늬 모양은 차량의 차축과 거의 직각으로 발생된다.
② 가·감속 상태에 관계없이 줄무늬 모양은 차축과 평행하게 발생한다.
③ 가속하면서 미끄러지는 경우 줄무늬 모양은 좌측 하향형태가 된다.
④ 감속하면서 미끄러지는 경우 줄무늬 모양은 우측 상향형태가 된다.

정답 01.③ 02.④ 03.④ 04.③ 05.④

06 **다중 추돌사고의 충돌 순서를 규명함에 있어 유용하지 않는 것은?**

① 탑승자의 안전벨트 착용유무
② 노즈다운의 발생유무
③ 충돌 차량 간 손상의 크기와 충돌 횟수
④ 사고차량 최종정지위치

해설 3대 이상 충돌 순서는 차량에 나타난 충돌흔적의 횟수 및 지상고의 변화 등으로 판단할 수 있다. 탑승자와는 관계없다.

07 **중량 5000 kgf인 차량이 1000 kgf의 화물을 싣고 주행하고 있다. 차량이 받는 구름저항은? (단 구름저항계수 0.013)**

① 50 kgf ② 68 kgf
③ 78 kgf ④ 80 kgf

해설 총중량 6000 kgf×0.013=78 kgf

08 **주행차량의 추락속도를 계산하기 위해 필요한 항목이 아닌 것은?**

① 추락 시 이동한 수평거리
② 추락 시 낙하한 수직거리
③ 추락 전 이동한 주행거리
④ 추락 전 이탈각도

09 **보행자 사고와 관련하여 충돌 후 보행자의 운동 특성을 바르게 설명한 것은?**

① 충격력 작용점이 보행자의 무게중심과 일치할 때 보행자는 크게 회전된다.
② 충격력 작용점이 보행자의 무게중심보다 아래에 있으면 보행자는 회전되지 않고 밀려 넘어진다.
③ 충격력 작용점이 보행자의 무게중심 아래에 있으면 보행자는 회전된다.
④ 충격력 작용점과 보행자 무게중심은 보행자의 회전과 관계없다.

해설 무게중심을 충격하는 경우 병진운동이 발생하고 무게중심을 벗어나는 충격에서는 회전운동이 발생된다.

10 **차량이 100 km/h 속도로 주행하다 급제동하여 정지하였다. 차량의 제동거리는?(단, 견인계수 0.6)**

① 약 65.6 m
② 약 70.6 m
③ 약 76.3 m
④ 약 82.3 m

해설 $v=\sqrt{2\mu gd}$,
$\left(\frac{100}{3.6}\right)=\sqrt{2\times0.8\times9.8\times d}$

11 **스키드마크가 먼저 발생되고 연이어 요마크가 발생된 경우 합성속도 산출식은?(vs : 스키드마크에 의한 속도, vy : 요마크에 의한 속도)**

① $v=\sqrt{v_s+v_y}$
② $v^2=\sqrt{v_s^2+v_y^2}$
③ $v^2=\sqrt{v_s+v_y}$
④ $v=\sqrt{v_s^2+v_y^2}$

해설 합성속도는 각 속도를 제곱하여 더하고 제곱근을 취한다.

12 **평탄한 도로를 72 km/h로 등속 주행하던 차량을 급제동시켰다. 노면 마찰계수가 0.7이라면 차량이 정지하기까지의 제동시간은?**

① 약 2.4초
② 약 2.9초
③ 약 3.4초
④ 약 3.9초

해설 $v=v_0+at$, $v=v_0-\mu gt$,
$0=\left(\frac{72}{3.6}\right)-0.7\times9.8\times t$

정답 06.① 07.③ 08.③ 09.③ 10.① 11.④ 12.②

13 충돌과정을 3가지로 분류할 때 이에 속하지 않는 것은?

① 최초 접촉 ② 최대 맞물림
③ 복원(restitution) ④ 분리

14 평탄한 도로를 80km/h속도로 주행하던 차량이 급제동하여 40m 이동하고 정지하였다. 차량의 견인계수는?

① 약 0.52 ② 약 0.55
③ 약 0.58 ④ 약 0.63

해설 $v^2 - v_0^2 = 2ad$, $v^2 - v_0^2 = 2\mu gd$,
$$0^2 - \left(\frac{80}{3.6}\right)^2 = -2\times\mu\times9.8\times40$$

15 수막현상을 예방하기 위한 주의사항이 아닌 것은?

① 저속운전을 한다.
② 마모된 타이어를 사용하지 않는다.
③ 타이어의 공기압을 낮게 한다.
④ 배수효과가 좋은 리브형 타이어를 사용한다.

해설 공기압이 낮은 경우 타이어 앞부분에 물이 모일 때 밀쳐내지 못하고 올라타는 현상이 잘 나타난다.

16 교통사고분석을 위한 컴퓨터 시뮬레이션 작업 순서로 맞는 것은?

① 프로그램구동 → 기초자료입력 → 변동자료입력 → 결과출력
② 프로그램구동 → 변동자료입력 → 기초자료입력 → 결과출력
③ 기초자료입력 → 프로그램구동 → 변동자료입력 → 결과출력
④ 변동자료입력 → 기초자료입력 → 프로그램구동 → 결과출력

17 주행하던 차량이 고정물체를 충격한 경우 고정물체가 받는 힘의 방향은?

① 차량 진행 반대방향
② 차량 진행 반대방향에서 진행방향으로 이동
③ 차량 진행 방향
④ 차량 진행 방향에서 반대방향으로 이동

해설 고정물체가 받는 힘의 방향은 차량 진행방향으로 받고 이때 차량이 받는 힘의 방향은 차량 진행방향의 반대방향이다.

18 보행자의충돌지점을 나타내는 가장 직접적인 현장증거는?

① 보행자의 최종 전도지점
② 보행자의 신발이 떨어진 위치
③ 제동흔적의 변형지점이나 보행자의 신발 끌린 흔적
④ 사고현장에 발생한 타이어 마크의 길이

해설 보행자 충돌지점에서 보행자의 신발이 끌리면서 흔적이 나타날 수 있는데 이 흔적은 최초 충돌지점이 된다. 역과지점에서는 노면 상에 인체조직이 식별된다.

19 차량탑승자가 접촉한 차체부위는 충돌로 인하여 탑승자가 어떻게 움직였는지 알 수 있는 단서를 제공한다. 탑승자의 움직임에 관한 유용한 자료가 될 수 있는 부위끼리 짝지어진 것은?

① 운전대, 변속레버, 필러
② 좌석등받이, 사이드미러, 계기판
③ 문짝 내부, 전면유리, 후드(본네트)
④ 룸미러, 차내천정, 문짝외부

해설 운전자의 경우 정면충돌시 운전대와 부딪히기도 하고 좌측 앞쪽에서 충격력이 가하여 질때 운전자는 좌측 앞쪽 필라에 머리가 부딪힌다. 또한 우측면에서 충격력이 가해지는 경우 우측으로 이동되면서 변속레버와 부딪힌다. 그러므로 부딪힌 흔적을 관찰하면 탑승자가 어떻게 움직였는지를 알 수 있고 또한 어느 위치에 착석해있었는지 알 수 있다.

정답 13.③ 14.④ 15.③ 16.① 17.③ 18.③ 19.①

20 **트랙터-트레일러의 감속과정에서 발생될 수 있는 현상이라고 볼 수 없는 것은?**

① 트랙터의 앞바퀴만 제동되었을 경우 트랙터-트레일러는 직선으로 미끄러지지만 조향에 의한 방향전환은 할 수 없다.
② 트랙터의 뒷바퀴만 제동되었을 경우 트랙터가 트레일러 쪽을 접혀지는 현상이 발생된다.
③ 트레일러 바퀴만 제동되었을 경우 트레일러 커플링을 중심으로 스핀을 하게 되는데 이것이 계속 진행되면 잭나이프(jack knife)현상으로 발전할 수 있다.
④ 트랙터와 트레일러는 커플링에 의해 트레일러의 회전이 억압되어 잭나이프 현상이 발생되지 않는다.

해설 트랙터와 트레일러는 핀으로 고정되어 있어 서로 꺾이는 회전이 가능하다. 오토바이 또는 승용차와 마찬가지로 차체의 뒷부분이 고정되어 미끄러지는 경우 회전하게 된다.

21 **자동차사고의 표준 간이 상해도 분류 중 생명에는 지장이 없으나 어느 정도 충분한 치료를 필요로 하는 단계로 생명의 위험도가 11~30 %인 것은?**

① 상해도 1 ② 상해도 2
③ 상해도 3 ④ 상해도 4

22 **108 km/h 속도로 움직이던 질량 100 kg인 자동차가 브레이크에 의해 10초 동안 감속하여 72 km/h로 줄어들었다. 브레이크에 의해 자동차에 작용하는 힘의 크기는?**

① 50N ② 100N
③ 150N ④ 200N

해설 $v = v_0 + at$,
$\left(\frac{72}{3.6}\right) = \left(\frac{108}{3.6}\right) - a \times 10$,
$F = ma = 100 \times 1 = 100N$

23 **오토바이의 경우 뒤에 사람을 승차시키면 무게중심이 뒤쪽으로 이동하여 커브를 따라 제대로 꺾지 못하고 중앙선을 넘는 경우가 있다. 이러한 원인과 관련하여 전륜의 조향각에 의한 선회반경보다 실제 선회반경이 작아지는 조향특성은?**

① 역조향
② 뱅크각
③ 오버스티어링
④ 코너링포스

해설 오버스티어링이 발생하면 커브의 안쪽으로 차체가 회전되므로 역조향으로 이를 막을 수 있다. 코너링포스는 원심력에 대항하는 마찰력이다.

24 **주행하던 차량이 급제동하게 되면 탑승자들은 차량진행방향으로 쏠리는 현상이 발생한다. 이러한 현상을 설명해줄 수 있는 운동법칙은?**

① 관성의 법칙
② 후크의 법칙
③ 가속도의 법칙
④ 작용반작용의 법칙

25 **버스의 발진가속도가 0.03 g~0.12 g 범위에 있다고 할 때, 정지상태에서 출발하여 30 m를 진행한 버스의 속도범위는?**

① 약 10 km/h~ 26 km/h
② 약 15 km/h~ 31 km/h
③ 약 20 km/h~ 36 km/h
④ 약 30 km/h~ 41 km/h

해설 $v^2 - v_0^2 = 2ad$,
$v^2 - 0^2 = 2 \times 0.12 \times 9.8 \times 30$,
$v = 8.4m/s = 30.24\text{km/h}$

정답 20.④ 21.② 22.② 23.③ 24.① 25.②

01 차량이 커브 도로에서 정상선회하지 못하고 횡방향으로 미끄러지며 도로를 이탈하였다. 이때 차량이 횡방향으로 미끄러지기 직전의 임계속도를 구하는 올바른 식은?

① $\frac{v}{r} = \mu g$　② $\frac{v^2}{r} = \mu mg$

③ $m\frac{v^2}{r} = \mu mg$　④ $m\frac{v^2}{r} = \mu m$

해설 원심력=마찰력

02 스키드마크를 활용한 속도 추정방법으로 틀린 것은?

① 곡선형태로 발생된 스키드마크는 무게중심 이동거리를 적용한다.
② 직선으로 곧게 발생된 스키드 마크는 후륜에서 시작하여 전륜에서 끝난 지점까지의 거리를 적용한다.
③ 스킵스키드마크는 흔적 시작지점에서부터 끝지점까지의 전체 길이를 적용한다.
④ 갭스키드마크는 발생된 총길이 중 끊어진 부분을 제외한 길이만 적용한다.

해설 시작점이 후륜이고 끝점이 전륜인 경우에는 축거만큼 빼주어야 한다.

03 보행자 사고에서 충돌 후 보행자가 지면에 낙하하여 활주할 때 활주거리에 영향을 미치는 요소이다. 다음 중 거리가 먼 것은?

① 활주시점 속도
② 인체 노면간 마찰계수
③ 중력가속도
④ 보행자 상해부위

해설 $v = \sqrt{2\mu g d}$

04 1초당 20개의 균일한 프레임으로 구성된 사고영상에서 A-B구간 평균속도가 27.6km/h 이동거리가 23.0일때, A-B구간 프레임 수는?

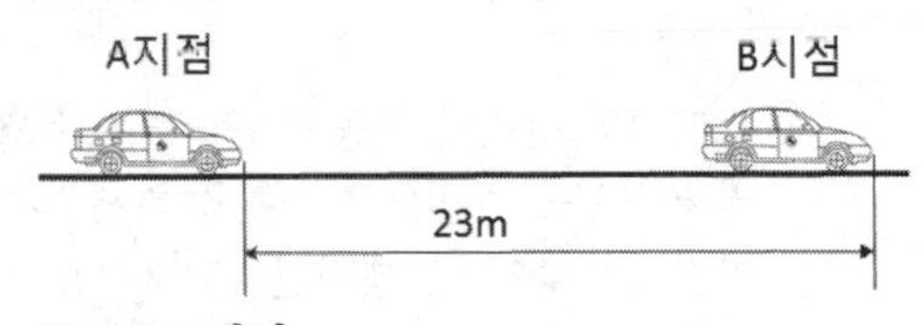

① 30프레임
② 60프레임
③ 153프레임
④ 176프레임

해설 $v = \frac{d}{t}, t = \frac{d}{v} = \frac{23}{\left(\frac{27.6}{3.6}\right)} = 3$초

05 다음은 충돌 시 탑승자의 운동특성을 설명한 것이다. ( ) 안에 들어갈 알맞은 말은?

> 충돌하면 차량은 급격히 운동이 변화되나, 탑승자는 (A)에 의하여 운동하던 방향으로 계속 운동하려고 한다.
> 탑승자의 운동방향은 차량이 심한 회전을 일으키지 않는 한, 차량에 가해진 충격력 방향과 (B)방향이다.

① (A) : 작용반작용, (B): 반대
② (A) : 작용반작용, (B): 같은
③ (A) : 관성, (B): 반대
④ (A) : 관성, (B): 같은

해설 정면충돌에 있어서 전방의 차량에 의한 충격력의 방향은 앞에서 뒤 방향이지만 탑승자는 앞쪽으로 쏠리는 거동을 보이므로 탑승자의 운동은 충격력의 방향과 반대방향인 뒤에서 앞 방향이다.

정답 01.③ 02.② 03.④ 04.② 05.③

06 **사고현장에 발생한 노면 스크래치에 대한 설명으로 거리가 가장 먼 것은?**

① 일반적으로 폭이 좁고 얕게 나타난다.
② 차량의 충돌 후 진행방향을 파악하는데 유용하다.
③ 흔적의 생성지점을 최대 충돌지점으로 추정해야 한다.
④ 큰 압력 없이 금속물체가 도로상을 가볍게 긁으며 이동한 흔적이다.

해설 스크래치 및 스크레이프 흔적은 이동 중에 노면상에 나타난 긁힌 흔적이고 충돌지점을 의미하지 않는다.

07 **보행자 사고유형 5가지 중 넓은 의미의 wrap trajectory유형으로서 차량의 속도가 빠르거나 보행자 무게중심이 높은 경우에 발생되며 충돌 후 보행자는 공중회전(공중제비)되는 형태의 사고유형은?**

① Overdeflected
② Forward Projection
③ Fender Vault
④ Somersault

해설 Overdeflected는 타이어에 공기압이 없거나 과도한 하중으로 인하여 타이어가 찌그러질 때 나타나는 현상이다.

08 **충돌 발생시 탑승자의 거동을 설명한 내용 중 적절하지 않은 것은?**

① 정면 正충돌 경우에 탑승자는 앞으로 이동한다.
② 후면 정충돌 경우에 피추돌차량 탑승자는 추돌차량 쪽으로 이동한다.
③ 직각 충돌되었을때 피충격차량 탑승자는 충격차량쪽으로 이동하고 충격차량 탑승자는 후방으로 이동한다.
④ 충돌하는 동안 충격력은 사고차량 사이에 일직선으로 작용하므로 각 차량에 작용된 힘의 방향을 알고 있다면 각 차량의 충돌각도를 결정할 수 있다.

09 **중량이 2500 kg인 A자동차가 동쪽방향에서 서쪽방향인 180도로 주행중 남서방향에서 북동방향 50도로 주행중인 중량 3500 kg인 B차량과 충돌하였다. 충돌 후 A차량은 북서 100도로 10 m/s의 속도로 이동하여 최종정지하였고, B차량은 북서 120도로 10 m/s의 속도로 이동한 후 최종정지하였다. 충돌전 B차량의 속도는 얼마인가?**

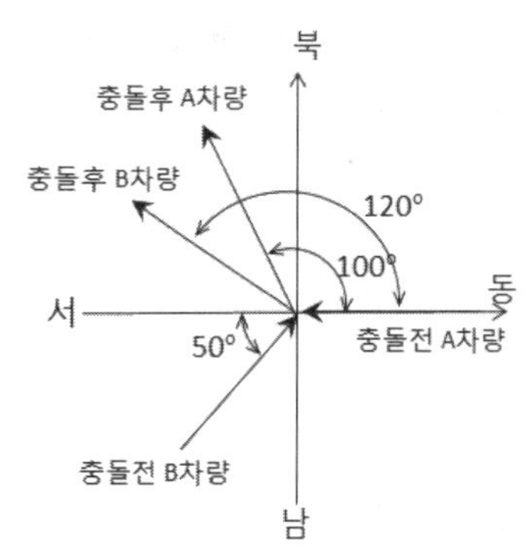

① B차량 : 약 10.5 m/s
② B차량 : 약 15.7 m/s
③ B차량 : 약 20.5 m/s
④ B차량 : 약 32.8 m/s

해설 차량운동학에서 풀이 참조.

10 **에어백이 장착된 차량과 장착되지 않은 동종의 차량이 같은 상황에서 충돌했다면 운전자에게 미치는 영향에 있어서 에어백 장착 차량의 차이점을 설명한 것 중 잘못된 것은?**

① 운전자와 차체간 충돌시간을 길게 함
② 운동량의 변화는 동일함
③ 충격량은 동일함
④ 충격력은 동일함

해설 에어백은 차체와의 충돌시간을 길게 해줌으로써 충격과 같은 순간적인 가속도가 인체에 작용하지 않도록 해준다.

정답 06.③ 07.④ 08.③ 09.③ 10.④

11 **사고기록장치(EDR)데이터의 필수 운행정보 항목에 해당하지 않는 것은?**

① 자동차 속도
② 제동페달 작동여부
③ 운전석 좌석안전띠 착용여부
④ 이산화탄소 배출량

해설 사고기록장치는 ACU(에어백 컨트롤 유닛)을 기반으로 하기 때문에 에어백 전개와 관련된 데이터는 필수적으로 저장된다. 이산화탄소 배출량은 저장하지 않는다.

12 **차대 차 사고에서 차량속도 분석방법과 관련 없는 것은?**

① 운동량 보존의 법칙
② 에너지 보존의 법칙
③ 라플라스의 법칙
④ 충격량

13 **다음 중 잘못된 설명은?**

① 요마크는 횡방향으로 미끄러지면서 타이어가 구를 때 만들어지는 스커프마크의 일종이다.
② 요마크를 임펜딩스키드마크라고도 한다.
③ 스키드마크의 최대폭은 타이어 접지면의 폭이고 요마크의 최대폭은 타이어가 옆으로 미끄러질 때 타이어접지면의 길이이다.
④ 요마크가 발생하면 주행중인 차량의 속도와 핸들 조향각을 비교하였을때 핸들조향이 진행속도에서 미끄러지지 않고 선회할 수 있는 조향각을 훨씬 초과한 상태임을 알 수 있다.

해설 요마크는 선회할 수 있는 조향각을 초과함으로 인하여 측방으로 미끄러지면서 진행하는 흔적이다. 스커프마크는 바퀴가 회전하면서 나타나는 흔적이다. 임팬딩스키드마크는 제동시 타이어가 잠긴 이후에도 일정거리 동안 희미하게 나타나는 흔적이다.

14 **추돌사고의 일반적인 특징으로 옳지 않은 것은?**

① 추돌 차량의 운동량 전이로 앞차량은 가속된다.
② 추돌차량이 급제동하면서 추돌하는 일이 많아 노즈다운 현상의 충돌이 되기 쉽다.
③ 추돌 차량 운전자의 신체는 후방으로 이동한다.
④ 피추돌차량 운전자는 추돌 직전 상황을 인지하지 못하는 경우가 있다.

해설 추돌차량 탑승자는 전방으로 이동하고 피추돌차량 탑승자는 후방으로 이동된다.

15 **고정장벽 충돌에 의해 파손된 차량의 소성변형량에 대해 올바르게 설명한 것은?**

① 소성변형량은 유효충돌속도에 비례한다.
② 소성변형량은 충돌속도에 반비례한다.
③ 소성변형량은 탄성변형량과 같다.
④ 소성변형량은 간접손상의 정도이다.

해설 소성변형량은 차체가 영구적으로 변형된 정도이므로 유효충돌속도, 충돌속도, 직접손상과 관계 깊다.

16 **사고차량이 3초 동안 감속하면서 60m를 주행한 후 정지하였다면 처음속도는? (단 견인계수는 0.6)**

① 11.18m/s
② 18.83m/s
③ 15.64m/s
④ 28.82m/s

해설 $d = v_0 t + \frac{1}{2}at^2$, $d = v_0 t + \frac{1}{2}\mu g t^2$,

$60 = v_0 \times 3 - \frac{1}{2} \times 0.6 \times 9.8 \times 3^2$

정답 11.④ 12.③ 13.② 14.③ 15.① 16.④

17 **다음 중 차량 주행저항의 종류가 아닌 것은?**

① 구름 저항
② 등판 저항(기울기 저항)
③ 소음 저항
④ 공기 저항

해설 소음은 주행하는 동안 출력손실을 가져오는 저항이 아니다.

18 **차 대 보행자 사고에 대한 다음 설명 중 옳지 않은 것은?**

① 정면으로 충돌 당한 보행자의 운동은 충돌차량 전면 범퍼 높이에 영향을 받지 않는다.
② 보행자가 착용한 신발이 노면과 마찰되어 마찰흔적이 발생되는 경우가 있는데 이 마찰흔적으로 충돌지점을 판단할 수 있다.
③ 정면으로 충돌당한 보행자는 대부분 곧바로 충돌한 차의 충돌속도까지 가속된다.
④ 전도손상은 차량에 충격된 후 노면에 전도된 보행자에서 나타나게 된다.

해설 보행자가 차량의 전면부에 충돌될 경우 범퍼높이와 전면부 형상에 크게 영향을 받으면서 거동이 발생한다.

19 **충돌 후 사고차량을 조사하는 목적과 가장 거리가 먼 것은?**

① 차량의 거동파악
② 탑승자의 움직임 조사
③ 차량의 손상부위 파악
④ 탑승자의 연령파악

20 **차량이 처음에 100 km/h로 달리다가 견인계수 0.7로 감속하여 속도가 50 km/h가 되었다면 그 동안 걸린 시간은 얼마인가?**

① 약 0.53sec
② 약 1.03sec
③ 약 1.53sec
④ 약 2.02sec

해설 $v = v_0 + at$,

$$\left(\frac{50}{3.6}\right) = \left(\frac{100}{3.6}\right) - 0.7 \times 9.8 \times t$$

21 **충격량과 충돌지속시간을 설명한 것 중에서 틀린 것은?**

① 운동량의 변화량이 충격량이다.
② 충격량의 단위는 Ns이다.
③ 일반적인 차량간의 충돌시간은 약 0.1~0.2초이다.
④ 콘크리트벽과 같은 강도가 높은 것에 충돌하면 충돌시간이 길어진다.

해설 부드러운 물체와 충돌하면 충돌시간이 길어진다. 에어백은 충돌시간을 길게 하여 인체에 미치는 순간적인 충격을 감소시킨다.

22 **차량의 충돌과정에서 금속성 물체가 노면과 접촉하면서 발생되는 패인 흔적 혹은 긁힌 흔적의 종류가 아닌 것은?**

① Scrape
② Towing Scratch
③ Groove
④ Chops

해설 Towing은 견인작업을 의미한다.

정답 17.③ 18.① 19.④ 20.④ 21.④ 22.②

23 **충돌 전 요마크만을 발생시킨 차량과 스키드마크만을 발생시킨 차량 간에 충돌이 발생하였다. 노면에 발생된 타이어 흔적만으로 충돌전 속도를 알 수 있는 차량은?**

① 충돌 전 스키드마크를 발생시킨 차량
② 충돌전 요마크를 발생시킨 차량
③ 양차량 모두 가능
④ 양차량 모두 불가

해설 요마크는 현의길이와 중앙종거만 측정할 수 있으면 속도 계산이 가능하다. 스키드마크는 충돌 없이 정지하는 경우에는 제동직전 속도를 산출할 수 있다. 미끄러지는 도중에 충돌하는 경우 스키드마크의 길이만으로는 충돌속도를 계산할 수 없다.

24 **구동바퀴가 노면에 헛돌며 마찰되는 경우에 발생되는 타이어 흔적은?**

① 요마크
② 가속스커프마크
③ 구른흔적(Imprint)
④ 스키드마크

25 **역과와 같은 거대한 외력이 작용하면 외력이 작용한 부위에서 떨어진 피부가 피부할선을 따라 찢어지는 손상을 무엇이라 하는가?**

① 압좌손상
② 편타손상
③ 전도손상
④ 신전손상

해설 신전손상은 피부가 장력을 받아 찢어지는 손상이다.

정답 23.② 24.② 25.④

01 **차량 충돌의 종류에 대한 설명으로 틀린 것은?**

① 차량이 충돌하는 동안 서로 운동에너지를 교환하면서 충분한 충돌이 이루어지는 경우를 완전충돌이라 한다.
② 정면충돌, 추돌과 같이 무게중심을 향한 충격력에 의해 운동량을 교환하는 충돌을 완전충돌이라 한다.
③ 충돌하는 동안 양 차량 간에 서로 공통속도에 도달하지 못하는 충돌을 부분충돌이라 한다.
④ 공통속도에 도달하는 충돌을 부분충돌이라 하며, 파손된 표면이 완전하게 맞물린다.

해설 부분 충돌은 기둥이나 상대차량과 스치듯 충돌하면서 지나가는 경우이며 공통속도에 도달하지 못한다.

02 **( )안에 가장 적당한 것끼리 짝지어진 것은?**

> 가. 차량 충돌애서 탑승자의 운동을 이해하는데 뉴턴의 (㉠)인 (㉡)의 이해가 필요하다.
> 나. 충돌사고에서 탑승자의 부상을 방지하기 위해 탑승자를 차량에 구속시키려는 목적으로 (㉢)이(가) 개발 된 것이다.

① ㉠제1법칙, ㉡가속도의 법칙, ㉢에어백
② ㉠제1법칙, ㉡관성의 법칙, ㉢에어백
③ ㉠제2법칙, ㉡가속도의 법칙, ㉢에어백
④ ㉠제3법칙, ㉡작용반작용의 법칙, ㉢에어백

03 **교통사고 도면 작성시, 충돌위치를 파악하기 위한 일반적인 기준점에 해당하지 않는 것은?**

① 노변 적하물
② 건물 후퇴선
③ 신호등 지주
④ 길가장자리구역선이 만나는 점

해설 노변 적하물은 쉽게 치워지기 때문에 기준점으로는 적합하지 못하다.

04 **인체 상해에 관한 용어 설명이다. 맞는 단어끼리 짝지어진 것은?**

> 가. 창상 중에서 가장 경한 것으로 피부의 표피부위만 벗겨지는 상해를 말한다.
> 나. 칼, 바늘, 못 등의 예리한 것에 찔려 발생한 상해를 말한다.
> 다. 골 부착부 근처의 섬유조직이 파열된 상해를 말한다.

① 가. 찰과상 나. 철창 다. 타박상
② 가. 찰과상 나. 좌창 다. 자창
③ 가. 찰과상 나. 결손창 다. 타박상
④ 가. 찰과상 나. 자창 다. 염좌

05 **차량과 보행자 정면충돌 시 보행자가 튕겨지는 속도와 가장 유사한 것은?**

① 차량의 평균주행속도
② 차량의 공간평균속도
③ 차량의 충돌속도
④ 차량의 제한속도

해설 차대 보행자 사고에서 충돌시 차량의 속도와 보행자의 속도는 순간적으로 같아진다.

정답 01.④ 02.② 03.① 04.④ 05.③

06 교통사고 재현에서 사용되는 PDOF(Principal Direction Of Force)의 개념에 대한 설명을 모두 고른 것은?

> ㉠ 충돌 시 양 차량 간의 충격력 크기는 서로 같다.
> ㉡ 양 차량 간의 충격력 작용점은 항상 2개 지점이다.
> ㉢ 충격력 크기는 차량의 무게와는 상관이 없다.
> ㉣ 충돌시 무거운 차량의 충격력이 반드시 크다.
> ㉤ 충돌부위를 접합한 상태에서 충돌 시 양 차량 간의 힘이 방향을 표시하면 반드시 일직선으로 작용한다.
> ㉥ 충돌 시 차량에 작용한 충격력의 방향은 서로 같은 방향이다.
> ㉦ PDOF는 충돌차량의 파손상태와 모습, 파손량 등을 통하여 추정한다.

① ㉠, ㉡, ㉢
② ㉢, ㉣, ㉦
③ ㉠, ㉤, ㉦
④ ㉣, ㉥, ㉦

해설 PDOF는 작용점이 한 점이고 일직선이며, 크기는 같고 방향은 반대이다.

07 가속도 $3m/s^2$이 의미하는 것은?

① 속도변화가 없이 일정하다.
② 속도가 감소함을 의미한다.
③ 속도가 증가하였다가 후에 감소하는 것을 의미한다.
④ 속도가 증가함을 의미한다.

해설 가속도는 시간에 대해 속도의 변화이다. (+)이면 속도가 증가함을 의미한다.

08 건조한 아스팔트 노면에서 대형버스의 마찰계수 값은 일반 승용차 마찰계수 값의 얼마를 적용하는 것이 가장 적절한가?

① 약 35 ~ 55%
② 약 55 ~ 75%
③ 약 75 ~ 85%
④ 약 85 ~ 100%

해설 대형차량의 마찰계수는 승용차의 80%를 적용한다.

09 차량이 길이 15 m의 스키드마크를 발생시키고 정지하였다. 제동구간에서 평균 감속도가 6.86 m/s^2 측정되었고, 차량 진행방향으로 3% 오르막 경사가 있었다. 이에 대한 설명으로 틀린 것은?

① 제동구간에서 타이어와 노면 간 견인계수 값은 0.7이다.
② 경사도 3%를 각도로 환산하면 약 1.72°이다.
③ 스키드마크 발생 직전 속도는 61.6 km/h 정도이다.
④ 감속도는 (견인계수) * (중력가속도)로 표현된다.

해설 ① $a=fg$, $6.86=f\times9.8$, $f=0.7$
② $3\%=0.03$, $\theta=\tan^{-1}(0.03)=1.72°$
③ $v=\sqrt{2fgd}=\sqrt{2\times0.7\times9.8\times15}$
$=14.35\text{m/s}=51.64\text{km/h}$

10 차량이 25 m/s의 속도로 주행하다 0.5 g로 감속하여 32 m의 거리를 이동하였을 때 속도는? (단, 중력가속도 9.8 m/s^2)

① 약 57.5 km/h
② 약 60.5 km/h
③ 약 63.5 km/h
④ 약 66.5 km/h

해설 $v^2-v_0^2=2ad$,
$v^2-25^2=2\times(-0.5\times9.8)\times32$

정답 06.③ 07.④ 08.③ 09.③ 10.③

11 **승용차가 중앙선을 넘어가 반대편에 주차된 차량을 비스듬히 충돌하였다. 사고현장에는 주차차량을 충돌하기 전 승용차의 스키드마크 33 m가 중앙선을 가로질러 나타나 있었고, 승용차의 운전석 에어백은 터져 있는 상태였다. 이에 대한 설명으로 틀린 것은?**

> 가. 도로경사는 없었고, 노면마찰계수는 0.8로 확인되었다.
> 나. 승용차 운전석 에어백은 유효충돌속도 25 km/h 이상에서 작동되도록 설계되었다.

① 승용차가 주차차량을 충돌하는 과정에서 발생한 속도 변화량이 운전석 에어백 작동 여부와 밀접한 관련이 있다.
② 승용차의 주차차량 충돌속도는 최소 25 km/h 이상이었다.
③ 스키드마크 발생 길이만을 적용하여 계산된 승용차에 속도는 약 81.9 km/h이다.
④ 승용차의 스키드마크 발생 전 속도는 스키드마크로 계산된 81.9 km/h와 에어백 작동속도 25 km/h를 더하여 106.9 km/h 이상이다.

해설 합성속도로 구하여야 한다.
$\sqrt{81.9^2+25^2}=85.63\text{km/h}$

12 **부분충돌에 대하여 맞게 설명한 것은?**

① 충돌하는 과정에서 충돌차량과의 상대속도가 0 되지 않고 충돌하는 차량이 계속적으로 움직이는 충돌을 말한다.
② 충돌하는 과장에서 충돌하는 차량이 충돌차량과의 상대속도가 0 되는 충돌을 말한다.
③ 두 물체간의 속도가 동일해지는 시점에서 운동이 순간적으로 멈춰지는 충돌을 말한다.
④ 최소 접촉위치와 최대 접촉위치가 일치하는 충돌을 말한다.

해설 부분충돌은 일부의 충돌로 감속은 되지만 공통속도에 도달하지 않는 충격이다.

13 **충돌 시 차량회전에 가장 크게 영향을 주는 3가지 요인은 무엇인가?**

① 충격력 크기, 충격력 작용방향, 차체형태
② 충격력 크기, 충격력 작용방향, 충격력 작용지점
③ 충격력 작용시간, 충격력 작용지점, 차체형태
④ 충격력 작용시간, 충격력 작용지점, 충격력 작용방향

해설 무게중심을 벗어나는 충격일수록 회전이 많이 일어난다.

14 **불규칙한 도로노면에서 주행하는 차량이나, 적재물이 없는 화물차가 제동할 때 자주 발생하는 흔적은?**

① 갭 스키드마크 ② 스킵 스키드마크
③ 가속 스커프 ④ 임프린트

15 **편도 3차로 직선구간에서 ABS를 장착하지 않은 차량이 외부의 충격 없이 급제동하여 좌우측 앞바퀴 스키드마크가 동일한 지점에서 시작되어 점차 도로 우측으로 완만하게 휘어 발생하였다. 이와 같은 타이어 흔적의 변형을 초래한 원인으로 가장 타당한 것은?**

① 스키드마크 발생과정에서 운전자의 회피조향
② 도로의 횡단 경사
③ 타이어 트레드의 이상 마모
④ 브레이크의 이상

해설 도로는 배수의 목적으로 도로의 중앙을 높이고 바깥쪽을 낮추어 시공을 한다. 정상적으로 차로를 따라 직선으로 주행중인 차량이 급제동할 경우 차량에 이상이 없어도 우측으로 완만하게 휘어지는 타이어 흔적이 발생한다.

정답 11.④ 12.① 13.② 14.② 15.②

16 **주행하는 A차량이 주차된 B차량을 충격하여 아래의 그림과 같이 충격력이 작용하였다. 충돌 후 차량의 움직임에 대한 설명으로 맞는 것은?**

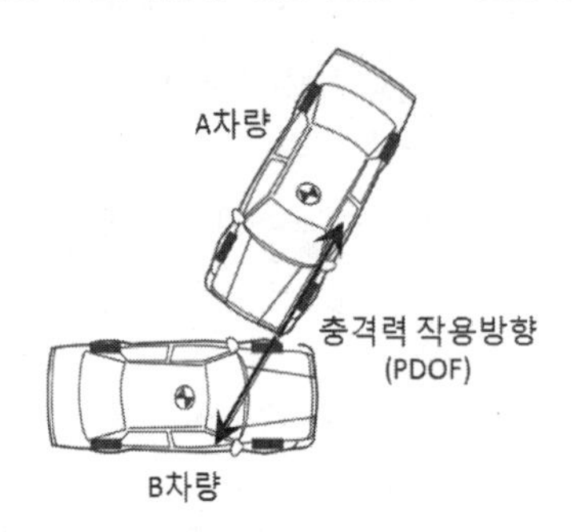

① A차량에는 충격력이 편심으로 작용하여 충돌 후 A차량은 시계 방향으로 회전한다.
② 충격력이 양 차량의 무게 중심부를 향해서 적용되므로 충돌 후 차량 모두 회전하지 않는다.
③ 양 차량 모두 편심된 충격력을 받지만, 충돌 후 A차량은 회전하지 않고 A차량에 충격된 B차량만 반시계 방향으로 회전한다.
④ 양 차량 모두 편심된 충격력을 받기 때문에 충돌 후 A차량은 반시계 방형으로 회전하고 B차량은 시계 방향으로 회전한다.

해설 A차량은 B차량에 의해 충격력의 작용 방향이 무게중심 좌측에서 후방이다. 그러므로 반시계 방향으로 회전한다. B차량은 A차량에 의해 무게중심 오른쪽으로 충격력이 작용되므로 시계 방향으로 회전한다.

17 **운동에너지에 대한 설명으로 틀린 것은?**

① 크기만을 가지는 스칼라양이다.
② 그 운동방향과는 무관하고 오직 질량과 그 속도에만 의존한다.
③ 크기뿐만 아니라 방향을 동시에 갖는다.
④ 단위는 kgm^2/s^2이다.

해설 $E=\frac{1}{2}mv^2\,[\mathrm{kgm^2/s^2}]$, 에너지는 스칼라이다.

18 **차량 간의 충돌 특성에 대한 설명으로 틀린 것은?**

① 충돌과정에서 운동에너지의 일부를 소성변형 에너지로 소모한다.
② 충돌 시 작용하는 힘은 충격력과 마찰력의 합력이다.
③ 충돌은 운동량을 서로 교환하는 현상이다.
④ 충돌 시 반발현상을 수반하지 않고 접합력만 수반한다.

해설 차량 간의 충돌에도 반발계수가 고려된다.

19 **보행자 사고 중 골절에 관한 설명으로 틀린 것은?**

① 뼈가 부러진 경우나 깨어진 경우이다.
② 골절은 근육의 손상을 전혀 수반하지 않는다.
③ 폐쇄성 골절은 부러짐과 멍, 부종이 발생하기도 한다.
④ 피부의 외상을 동반하기도 한다.

20 **물체의 충돌 현상에 대한 설명으로 틀린 것은?**

① 충돌 후 운동향의 총합은 반드시 충돌 전 운동향의 총합과 같다.
② 충돌물체에 생기는 속도변화를 유효충돌속도라 한다.
③ 반발계수는 충돌 전 상대속도나 질량에 관계없이 두 물체를 구성하는 물질에 따라 결정된다.
④ 반발계수가 클수록 충돌 후 유효충돌속도가 작아진다.

해설 반발계수는 충돌 후 속도차이/충돌 전 속도차이로 정의된다. 즉 충돌 전후 속도차이가 클수록 유효충돌속도는 커진다.

정답 16.④ 17.③ 18.④ 19.② 20.④

21 **타이어 공기압이 부족한 상태에서 급제동시 발생되는 타이어흔적의 특징은?**

① 스키드마크 잔영이 발생하지 않는다.
② 타이어 트레드 골이 선명하게 발생하고 타이어 트레드 폭과 노면에 발생된 스키드마크의 폭이 동일하다.
③ 타이어 트레드 중앙부분에 의한 흔적은 희미하거나 발생하지 않는다.
④ 타이어 트레드 중앙부분에 의한 흔적이 짙게 발생된다.

해설 플랫타이어마크에 대한 설명이다.

22 **사고차량이 스키드마크를 최초 발생시킨 지점의 속도는?**

> 사고차량은 길이 20 m의 스키드마크를 발생시킨 후 스키드마크 끝지점에서 보행자를 충돌하고 10 m를 진행한 후 정자하였다.
> 단, 차량이 미끄러지는 동안의 견인계수는 0.8, 보행자를 충격한 후 정지하기까지 견인계수는 0.4이다. 또한 차량은 보행자 충돌로 인해 감속되지 않는다고 가정한다.

① 71.3 km/h
② 78.1 km/h
③ 55.2 km/h
④ 63.7 km/h

해설 $v_1 = \sqrt{2 \times 0.8 \times 9.8 \times 20} = 17.71m/s$

$v_2 = \sqrt{2 \times 0.4 \times 9.8 \times 10} = 8.85m/s$

$v = \sqrt{v_1^2 + v_2^2} = \sqrt{17.71^2 + 8.85^2} = 19.80m/s$

23 **오토바이 운전자가 충돌로 인해 전방으로 튕겨져 노면에 떨어진 후 미끄러져 정지하는 운동을 근거로 오토바이 충돌속도를 산출할 때 필요하지 않은 것은?**

① 관성의 법칙
② 반발계수
③ 포물선 운동
④ 에너지보존의 법칙

해설 반발계수는 충돌에 의해 속도변화가 발생된 경우이다.

24 **교통사고 분석 시 심리적 오류에 해당하지 않는 것은?**

① 사실과 의견을 명확히 분리시키지 않은 것
② 비약하여 결론을 짓는 것
③ 사고의 발생요인을 명확하게 구별하지 않은 것
④ 실증이나 사실을 누락시키지 않은 것

25 **인적 요인을 제외했을 때, 평지에서 차량의 제동 특성에 대한 일반적인 설명으로 맞는 것은?**

① 모든 차량의 제동거리는 동일하다.
② 도로면의 마찰력이 클수록 제동거리는 늘어난다.
③ 속도가 2배면, 제동거리도 2배로 늘어난다.
④ 차량의 중량이 무거울수록 제동거리는 늘어난다.

해설 ① 대형차일수록 제동거리가 길어진다.
② 마찰력이 크면 제동거리는 줄어든다.
③ $v = \sqrt{2\mu gd}$ 에서 속도가 2배가 되면 제동거리는 4배가 된다.

정답 21.③ 22.① 23.② 24.④ 25.④

PART 04

차량운동학

도로교통사고감정사

기초 물리학

section 1 힘과 가속도

01 각도

① **60분법** : 각도의 단위법에는 원주 전체에 대한 중심각을 360도로 하고 1도를 60′(분)으로 등분하고 1′을 60″(초)로 등분하는 방법

② **호도법** : 반지름이 1m인 단위원에서 단위원호 길이에 대한 중심각을 1rad이라 하고 각도를 표기하는 방법

호도법에서 원주 한 바퀴의 각도 = 60분법에서 360도

$$2\pi = 360^{\circ}$$

그러므로 $1^{\circ} = \dfrac{\pi}{180}$

예제 **30°를 호도법으로 나타내시오.**

[풀 이] $\pi : 180^{\circ} = x : 30^{\circ}$, $x = \dfrac{\pi \times 30^{\circ}}{180^{\circ}} = \dfrac{\pi}{6}[rad]$

02 질량과 무게

① 표준질량인 킬로그램원기는 백금 90%와 이리듐10%의 합금으로 만들어진다. 단위는 kg을 사용하며 1kg은 1000g이 된다.

② **중력단위계**(gravitational unit system) : 길이, 시간, 무게와 관련된 단위로서, 힘과 질량의 단위를 같도록 인위적으로 만든 단위이며 공학적으로 많이 사용되므로 공학 단위계라 쓰이기도 한다. 질량이 아닌 무게와 힘과 관련이 있기 때문에 1g을 1gw(그램중)으로 표시할 수 있다. 기본단위로 1kgf(킬로그램힘)이 쓰인다. 질량이 1kg 되는 물체를 지구에서 무게측정 하면 1kgf이 되며 이것은 9.8N(뉴턴)과 같다. [출처 : www.scienceall.com]

$$1\text{kg}_{\text{f}} = 1\text{kg} \times 9.8\text{m/s}^2 = 9.8\text{N}$$

그러므로 지구에서 몸무게 60kgf은 질량 60kg과 같고 힘의 단위로 588N이다.

예제 무게 100kgf은 몇 N이고 질량은 몇 kg인가?

[풀 이] $w = mg$, $100kg_f = 100kg \times 9.8m/s^2 = 980N$, 100kg

무게 100kgf은 중력단위계의 표기이고 SI(국제단위계)단위로는 질량 100kg에 중력가속도를 곱하여 980N이 된다. 일상적으로 쓰는 차량의 무게 1500kgf라고 하면 중력단위계식의 표현이며, 질량은 1500kg이다.

1킬로그램힘(단위 : kgf 또는 kgw)은 지구의 표준중력가속도에서 1kg의 질량을 가진 물체가 가지는 힘이다. 무게의 단위로 킬로그램힘을 사용하지만 지구에서는 편의상 질량의 단위인 킬로그램 단위를 사용한다. 1kgf는 9.80665N과 같다. [위키백과/킬로그램힘]

질량 1kg의 물체에 작용하는 중력의 크기를 1kg중이라 하고 이를 힘의 중력단위로 사용한다. [최신물리, 36페이지, 청문각]

03 속도와 가속도

① **변위** : 물체가 운동할 때 기준점으로부터 변화된 위치

② **속도** : 단위시간동안 이동한 거리의 변화량(m/s, km/h)이다. 속도는 방향을 고려하므로 후진의 경우에는 (−)부호를 가진다.

$$v = \frac{\Delta d}{t} \quad \cdots\cdots (1)식$$

※ 초속과 시속의 환산 : 초속(m/s) × 3.6 = 시속(km/h)

㉠ **평균속도** : 일정한 시간동안이 이동한 거리를 평균속도라고 한다.

㉡ **순간속도** : 매우 짧은 순간의 속도를 순간속도라고 한다.
예를 들면 100m거리를 10초 만에 달렸다고 가정한다면 평균속도는 10m/s이다. 그러나 출발시의 순간속도는 10m/s보다 훨씬 낮을 것이며 50m를 지날 때의 순간속도는 10m/s보다 높을 것이다.

③ **상대속도** : 기준이 되는 관측자의 차량을 A라고 하고 A 차량의 주행속도를 v_A, 상대방의 차량을 B라고 하고 주행속도는 v_B 라고 할 때 A에 대한 B의 속도를 A에 대한 B의 상대속도라고 한다.

$v_{BA} = v_B - v_A$ (상대속도 = 상대차량속도 − 기준(자기)차량속도)

예제 같은 방향으로 앞서 80km/h로 진행하던 B차량을 A차량이 100km/h로 추돌하였다. A차량이 보는 B차량이 속도는 얼마인가?

[풀 이] 80km/h−100km/h=−20km/h.
즉, A차량은 B차량이 자기에게 20km/h로 다가오는 것으로 관찰된다.

④ **가속도** : 물체의 속도가 시간에 따라 변하는 경우이다. 예를 들어 10m/s로 달리던 자동차가 5초 후 20m/s로 되었다면 자동차는 $2m/s^2$ 의 가속도를 가지고 있다.

$$a = \frac{\Delta v}{t} = \frac{20-10}{5} = 2m/s^2$$

㉠ 본 교재에서는 아래의 기본공식에 번호를 사용한다. (1)식은 등속운동에 적용되는 공식이다. 공주시간 동안에 주행한 거리에 대해 사용하거나 충돌시 수평방향으로 비행하는 물체 또는 보행자에 적용한다. (2), (3), (4)식은 등가속도운동에 적용되는 기본공식이다.

(1)식 $v = \frac{d}{t}$

(2)식 $v = v_0 + at$ $\left(a = \frac{v - v_0}{t} = \frac{\Delta v}{t}\right)$

(3)식 $v^2 - v_0^2 = 2ad$ $(\ a = \mu g\ )$

(4)식 $d = v_0 t + \frac{1}{2}at^2$

㉡ 자유낙하 : 자유낙하는 h 높이에서 초기속도가 0인 상태로 가만히 떨어뜨리는 것이다. 상기 (3) 및 (4)식에서 거리 d를 높이 h로 두고, 초기속도 v_0는 0으로 두고, 가속도는 중력가속도 g로 바꾸면 아래의 식으로 전환된다.

(3)′ 식 $v^2 = 2gh$ 또는 $v = \sqrt{2gh}$

(4)′ 식 $h = \frac{1}{2}gt^2$ 또는 $t = \sqrt{\frac{2h}{g}}$

㉢ 포물선운동

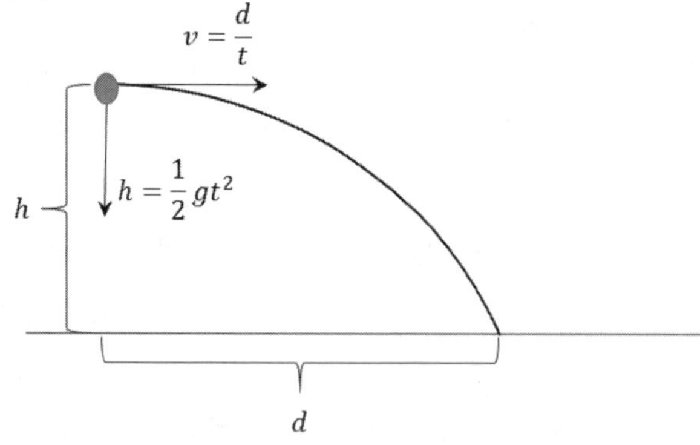

- 수평방향 : 등속운동
- 수직방향 : 자유낙하
- 지면도달시간 : (4)′ 식에서 $t = \sqrt{\frac{2h}{g}}$
- 지면도달속도 : (3)′ 식에서 $v = \sqrt{2gh}$

04 힘

① **관성의 법칙(뉴턴 제1법칙)** : 물체에 외부 힘이 작용하지 않는다면, 정지하고 있는 물체는 정지해 있고 운동하고 있는 물체는 계속 등속직선 운동을 한다.

② **가속도의 법칙(뉴턴 제2법칙)** : 물체에 힘이 작용할 때에는 힘의 방향으로 가속도가 생기며, 그 가속도의 크기는 힘의 크기에 비례하고 질량에 반비례한다.

$$F = ma$$

③ **작용반작용의 법칙(뉴턴 제3법칙)** : 모든 작용에 대해 크기는 같고 방향이 반대인 힘이 동시에 존재한다.

05 벡터의 합성

① **벡터** : 어떤 작용점에서 크기와 방향을 가진 양을 말하며, 질량 등과 같이 크기만을 가진 스칼라와는 다르다. 벡터에는 변위, 속도, 가속도, 힘, 충격량, 운동량 등이 있다. 벡터의 3요소는 작용점, 크기, 방향이다.

② **스칼라** : 길이, 질량과 같이 크기만 갖는 양이다. 4칙 연산이 가능하고 스칼라에는 길이, 시간, 질량, 압력, 일, 에너지, 온도 등이 있다.

③ **벡터의 합성** : X 벡터와 Y 벡터가 수직으로 만나는 경우 두 벡터를 합성한 벡터는 대각선 방향의 벡터가 된다. 그 크기는 피타고라스 정리에 의해서 구할 수 있다. 방향은 삼각함수 tan를 이용하면 구할 수 있다.

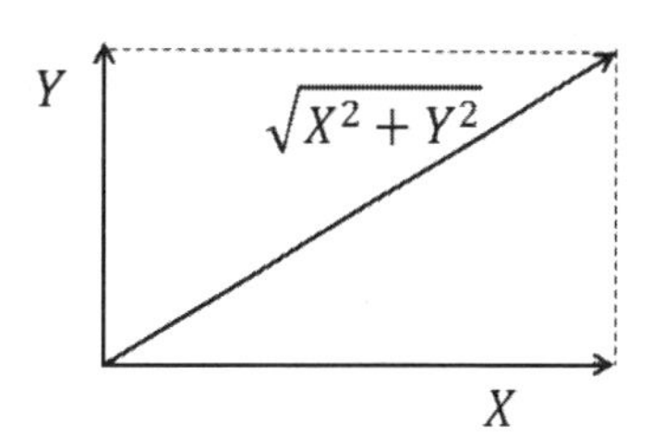

$$\tan\theta = \frac{Y}{X},\ \theta = \tan^{-1}\frac{Y}{X}$$

예제 **다음 그림에서 A벡터와 B벡터의 합성벡터의 방향과 크기는 얼마인가?**

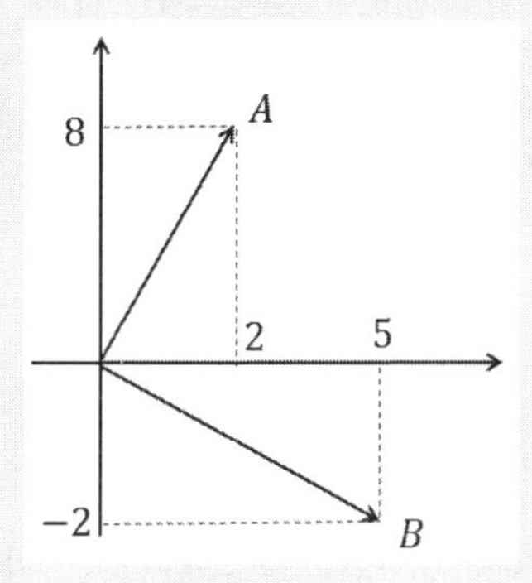

[풀 이] A벡터의 x성분과 B벡터의 x성분을 더하면 2 + 5 = 7

A벡터의 y성분과 B벡터의 y성분을 더하면 8 + (−2) = 6

두 벡터의 합성벡터 크기 : $\sqrt{7^2+6^2} = 9.22$

방향각 : $\theta = \tan^{-1}\frac{6}{7} = 40.6°$

section 2 충돌과 에너지

01 운동량과 충격량

① **운동량** : 물체의 질량과 속도를 곱한 것을 그 물체의 운동량이라고 한다. 운동량은 운동의 세기로 볼 수 있다. 속도가 방향을 가지는 벡터이므로 운동량도 벡터이다. 두 차량의 운동량을 비교할 경우 질량과 속도가 빠른 차량이 당연히 운동량이 크지만 질량이 작은 차량의 속도가 훨씬 빠른 경우 질량이 작은 차량의 운동량이 질량이 큰 차량의 운동량보다 클 수 있다.

$$mv$$

예제 **동쪽으로 10m/s이던 속도가 서쪽으로 10m/s의 속도가 되었을 때 속도의 변화량은?**

[풀 이] 20m/s

② **충격량** : 물체에 가하는 충격의 세기를 나타내는 양을 충격량이라 한다. 충격량은 물체에 작용하는 힘(F)과 작용한 시간(t)의 곱이다.

$$F\times \Delta t$$

충격량은 아래의 유도에 의해 운동량의 변화와 같다. 운동량이 벡터이므로 충격량도 벡터이다.

$$F\times \Delta t = ma\times \Delta t = m\frac{v_2 - v_1}{\Delta t}\times \Delta t = mv_2 - mv_1$$

예제 **1500kg의 차량이 40km/h의 속도로 0.15초 동안 충격하며 정지하였다. 이때의 충격량과 충격력을 구하여라.**

[풀 이] 충격량 $F\times \Delta t = mv_2 - mv_1 = 1500\times\left(\frac{40}{3.6}-0\right) = 16{,}666.67\,\text{kgm/s}$

충격력 $F = \frac{mv_2 - mv_1}{\Delta t} = \frac{16{,}666.67}{0.15} = 111{,}111.11\,\text{kgm/s}^2$

02 반발계수

① 충돌 전후에 운동에너지가 보존되는 충돌을 탄성충돌이라 하고 운동에너지가 보존되지 않는 충돌을 비탄성충돌이라 한다. 자동차의 충돌과 같이 충돌 후 두 물체가 같이 움직이는 충돌을 완전 비탄성충돌이라 하는데 이때 운동에너지는 차체변형 등과 같이 다른 형태의 에너지로 전환되어 보존되고 운동량도 보존된다. 반발계수는 충돌전후 두 물체의 속도 차에서 유도되어 다음 식과 같다. 아래와 같이 '**충돌 후 두 물체의 속도차이 / 충돌 후 두 물체의 속도차이**' 라고 생각하면 편하다.

$$e = -\frac{v_2' - v_1'}{v_2 - v_1} = \frac{\text{충돌 후 속도차이(상대속도)}}{\text{충돌 전 속도차이(상대속도)}}$$

② 완전 탄성 충돌의 경우에는 충돌전 속도차이와 충돌 후 속도차이가 같으므로 반발계수가 1이 되고, 완전 소성충돌은 충돌 이후 두 물체가 붙어버리므로 충돌 후 속도차이가 없어 반발계수는 0이 된다.

③ 다음 그래프는 정면충돌과 추돌에서 유효충돌속도와 반발계수의 관계를 나타내었다. 추돌의 반발계수가 정면충돌의 경우보다 현저히 낮다.

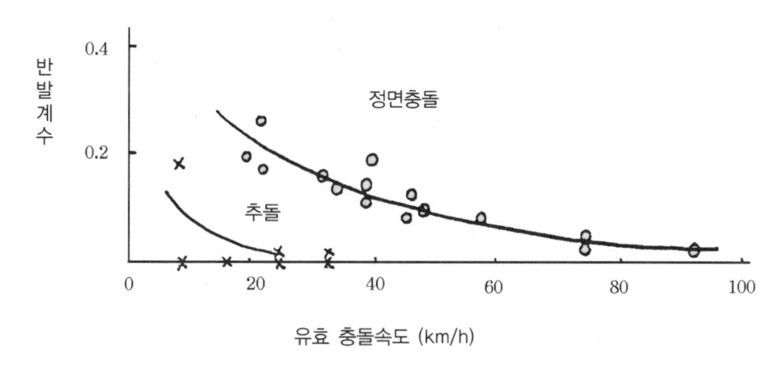

03 유효충돌속도

① **추돌의 경우** : 저속으로 진행하는 B차량을 고속의 A차량이 추돌한 경우의 충돌상황은 다음 그림과 같다. V_{A0}는 A차량의 처음 속도이고, V_{B0}는 B차량의 처음속도이다. V_{AE} 는 A차량의 유효충돌속도로서 A차량의 처음속도에서 공통속도인 V_C 를 뺀 속도이다.

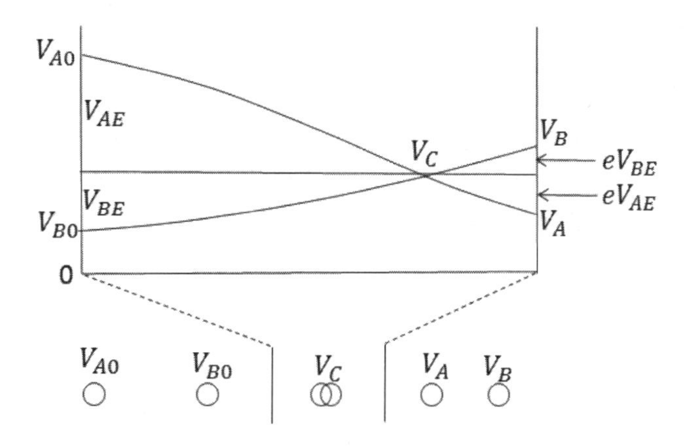

• 유효충돌속도 ;

$$V_{AE} = V_{A0} - V_C \quad , \; V_{BE} = V_C - V_{B0}$$

• 운동량 보존법칙에서 공통속도 ;

$$m_A V_{AO} + m_B V_{BO} = (m_A + m_B) V_C$$

$$V_C = \frac{m_A V_{AO} + m_B V_{BO}}{m_A + m_B}$$

• 충돌 후 A, B의 속도

$$\therefore V_A = V_{AO} - V_{AE} - e V_{AE} = V_{AO} - (1+e) V_{AE}$$

$$\therefore V_B = V_{BO} + V_{BE} + e V_{BE} = V_{BO} + (1+e) V_{BE}$$

예제 **10km/h로 진행하던 1000kg의 B차량을 40km/h로 진행하던 1500kg의 A차량이 추돌하였다. 추돌 후 각 차량의 속도는?**

40km/h → 10km/h →

1500kg 1000kg

$e = 0.2$

[풀 이] $V_C = \frac{1500 \times 40 + 1000 \times 10}{1500 + 1000} = 28km/h$

$V_{AE} = 40 - 28 = 12$, $V_{BE} = 28 - 10 = 18$

$\therefore V_A = 40 - (1+0.2) \times 12 = 25.6\text{km/h}$,

$\therefore V_B = 10 + (1+0.2) \times 18 = 31.6\text{km/h}$

04 에너지 보존법칙

① 운동에너지

초기 속도를 가진 물체가 일정시간 후에 정지하였다고 하면 속도와 시간의 그래프에서 면적은 거리이다. 이동한 변위인 그러므로 Δx는 아래와 같고 가속도와 $F = ma$를 대입하면 운동에너지 공식을 유도할 수 있다.

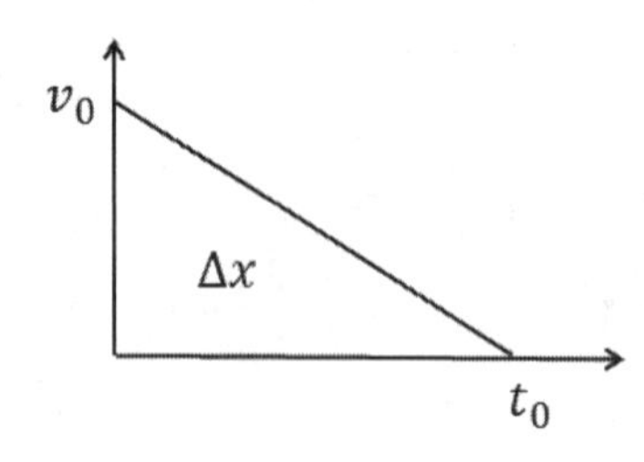

$$\Delta x = \frac{1}{2} v_0 t_0 \quad \leftarrow \quad a = \frac{v_0}{t_0}$$

$$\Delta x = \frac{1}{2}v_0\left(\frac{v_0}{a}\right) = \frac{1}{2}v_0^2 \times \frac{m}{F} \quad \leftarrow F = ma$$

$$E = F \times \Delta x = \frac{1}{2}mv_0^2$$

예제 **무게 1500kg의 차량이 50000J의 에너지를 가지고 있을 때 이 차량의 속도는?**

[풀 이] $E = \frac{1}{2}mv^2$, $50000 = \frac{1}{2} \times 1500 \times v^2$, $v = 8.16m/s$

② 일에너지

교통사고에 적용되는 에너지에는 일에너지, 마찰에너지, 운동에너지, 변형에너지 등의 개념이 사용된다. 일 에너지는 물체에 작용된 함과 이동한 거리의 곱으로 나타낸다.

$$Work = Energy = F \times d = ma\,(kgm^2/s^2 \text{ 또는 } J)$$

예제1 **1000kg의 물체에 100N의 힘을 가하여 20m 이동시켰을 때 일의 양은?**

[풀 이] $일 = F \times d = 100N \times 20m = 2{,}000\,J$

예제2 **평평한 바닥위에 있는 200kg의 상자를 300N의 힘으로 30°경사방향으로 당겨서 수평 방향으로 20m 옮겼다면 한 일은 얼마인가?**

[풀 이] $일 = 300\cos 30^\circ \times 20 = 5{,}196\,J$

③ 변형에너지

용수철을 늘여놓은 상태로 있다면 Hooke의 법칙에 의해 복원력은 $F = kx$ 로 나타낼 수 있다. k는 탄성계수이고 x는 늘어난 길이이다. 이 경우 탄성변형에너지는 아래의 식으로 나타낼 수 있다.

$$E = \frac{1}{2}kx^2 \ (J)$$

교통사고에서는 거의 소성충돌과정이므로 소성변형에너지는 충격력과 변형깊이의 곱으로 나타낼 수 있다.

$$E = F \times d\ (J)$$

④ 마찰력 및 마찰에너지

마찰력은 물체가 바닥을 누르는 힘인 중력에 마찰계수를 곱한 값이다.

$$F = \mu mg$$

일반적으로 물체가 움직일 때 작용되는 운동마찰력은 움직이지 않을 때 작용되는 정지마찰력보다 작다. 만일 타이어가 노면을 따라 한번 미끄러지기 시작하면 마찰력의 크기는 줄어 들어 제동거리가 길어진다. 제동거리를 짧게 하기 위해서는 타이어가 미끄러지지 않게 해야 하는데 ABS 장치가 이런 역할을 한다. 마찰에너지는 마찰력과 이동거리를 곱한 값이다.

$E = \mu mg \times d \ (\mathrm{kgm^2/s^2})$

예제 **2000kg의 차량이 10m를 미끄러졌을 때 견인계수가 0.8이었다면 미끄러지는 동안 소모된 마찰에너지는?**

[풀 이] $E = \mu mgd = 0.8 \times 2000 \times 9.8 \times 10 = 156{,}800 J$

⑤ **에너지 보존법칙**은 에너지가 한 종류에서 다른 종류로 변환될 때 총 에너지의 합은 그대로 보존된다는 법칙이다. 예를 들면 운동하는 자동차가 급제동을 하여 정지하는 경우 급제동하기 전에 가지고 있던 운동에너지는 바퀴와 노면에서 발생되는 마찰에너지로 변환되며 두 에너지의 크기는 같다.

$\frac{1}{2}mv^2 = \mu mgd$

⑥ **위치에너지**

중력에 의한 위치에너지

$E = mgh$

05 운동량 보존법칙

① 운동량 보존법칙은 두 물체의 충돌 전 운동량이 합과 충돌 후 운동량의 합은 같다라고 정리되고 아래의 식과 같다.

$m_1v_1 + m_2v_2 = m_1v_1{}' + m_2v_2{}'$

$m_1v_1,\ m_2v_2$: 두 물체의 충돌 전 운동량

$m_1v_1' + m_2v_2'$: 두 물체의 충돌 후 운동량

② 충돌 후 두 물체가 한 몸체로 붙어서 같은 속도로 움직이는 경우 아래와 같이 표현된다.

$m_1v_1 + m_2v_2 = (m_1 + m_2)v_c$

로 나타낼 수 있다.

③ 운동량이 다른 두 차량의 충돌하는 경우 충돌 후 운동량이 큰 차량의 진행방향으로 진행한다.

예제 **중량 2500kg의 A차량은 동쪽방향으로 15m/s로 주행하다가 서쪽방향으로 15m/s로 주행하는 1500kg의 B차량과 정면으로 충돌한 경우 충돌 후 속도와 방향은 무엇인가?(단, 충돌 후 두 차량이 같이 움직이는 조건)**

[풀 이] $m_1v_1 + m_2v_2 = (m_1 + m_2)v$

$1500 \times 10 + 2500 \times (-20) = (1500 + 2500) \times v$

$v = -8.75m/s$ → **서쪽방향으로 움직인다.**

운동역학

section 1 운동의 해석

01 삼각함수

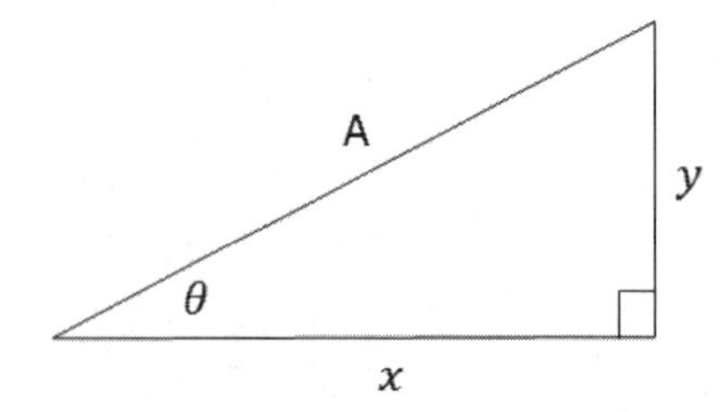

$$\cos\theta = \frac{x}{A} \quad \rightarrow x = A\cos\theta$$

$$\sin\theta = \frac{y}{A} \quad \rightarrow y = A\sin\theta$$

$$\tan\theta = \frac{y}{x}$$

사선방향의 벡터에서 항상 x 성분은 cos 성분이고, y 방향 성분은 sin 성분이다. $x = A\cos\theta$와 $y = A\sin\theta$ 로 암기하여야 한다.

예제 다음 그림은 중앙선을 침범한 차량의 스키드마크의 모습이다. 진입각도는 몇 도인가?

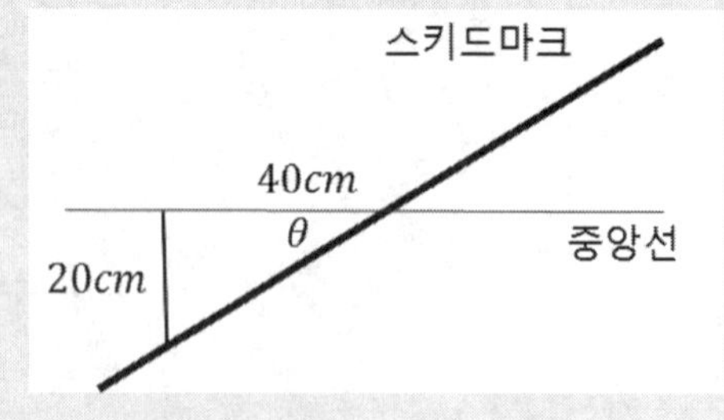

[풀 이] $\tan\theta = \frac{20}{40}$, $\theta = \tan^{-1}\frac{20}{40} = 26.57°$

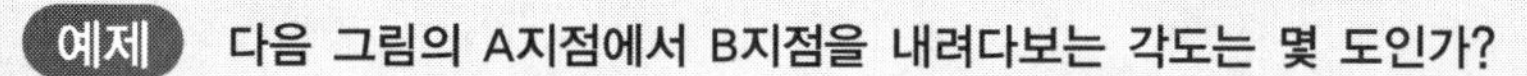

예제 다음 그림의 A지점에서 B지점을 내려다보는 각도는 몇 도인가?

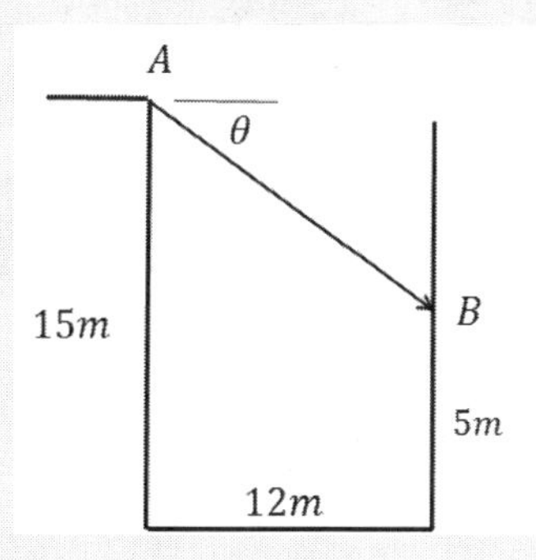

[풀 이] $\tan\theta = \frac{15-5}{12}$, $\theta = \tan^{-1}\frac{15-5}{12} = 39.81°$

02 편구배 한계선회속도

원심력에 대항하기 위해 도로의 바깥쪽을 높게 시공하는 것이 편구배이다. 경사면에서 바깥쪽을 진행하는 방향을 (+) 로 하였을 때 원심력을 빗면에 평행한 힘과 수직인 힘으로 나누고 중력에 대한 힘을 빗면에 평행한 힘과 수직인 힘으로 나눈 다음 수직인 힘에 마찰계수를 곱하여 빗면에서의 평형방정식을 세울 수 있다.

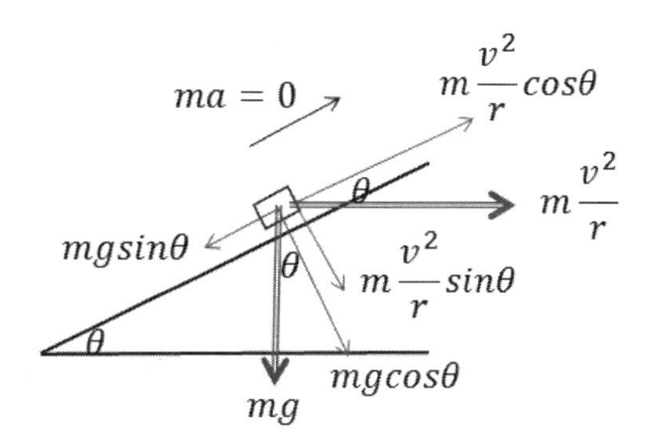

$$-mgcos\theta - \mu mgsin\theta + m\frac{v^2}{r}cos\theta - \mu m\frac{v^2}{r}sin\theta = 0$$

v에 대해 정리하면 편경사를 고려한 한계선회속도를 구할 수 있다.

$$v = \sqrt{gr\frac{\mu + \tan\theta}{1-\mu\tan\theta}} = \sqrt{gr\frac{\mu + G}{1-\mu G}} \quad (\text{단, } G = \tan\theta = \frac{\%\text{경사도}}{100})$$

03 경사추락운동

높은 곳에서 추락하는 경우 연석이나 가드레일 등과 충돌하면서 추락하는 경우 이탈각도를 고려하여야 한다. 이탈각도가 비교적 크게 보이나 추정하기 곤란한 경우에는 45도로 가정하며 볼트 또는 플립에 적용한다. 이때 구한 속도는 최소속도이다. 즉 실제 속도는 구한 속도 이상이다. 주의할 부분은 −h 에서 아래쪽으로 −5m 추락하였다고 하면 −(−5)가 되어 +5로 계산하여야 한다.

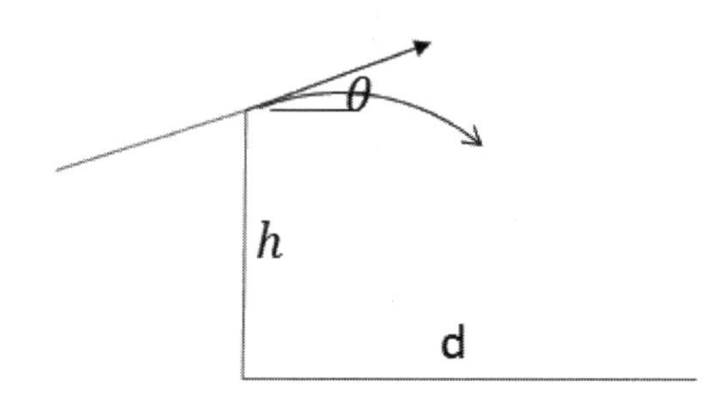

$\theta < 10^\circ$ 인 경우 $v = d\sqrt{\dfrac{g}{2(d\tan\theta - h)}}$

$\theta = 45^\circ$ 로 가정하는 경우 $v = d\sqrt{\dfrac{g}{d-h}}$

예제1 **추락사고에서 수평거리가 20m, 추락높이가 7m, 추락직전 상향기울기가 5도인 경우 추락직전의 속도는?**

[풀 이] $v = d\sqrt{\dfrac{g}{2(d\tan\theta - h)}} = 20\sqrt{\dfrac{9.8}{2(20\times \tan5 - (-7))}} = 14.97m/s$

예제2 **차량이 정면으로 진행하면서 도로의 가장자리 구조물을 충격하고 종방향으로 공중으로 뜬 다음 추락하였다. 이탈각도는 45°로 가정하고 수평이동 거리는 15m, 높이 5m 아래 지점에 떨어졌을 때, 이탈직전의 속도는?**

[풀 이] $v = d\sqrt{\dfrac{g}{d-h}} = 15\sqrt{\dfrac{9.8}{15-(-5)}} = 10.50m/s$

04 직선 및 곡선운동

① 원호의 곡선반경 측정

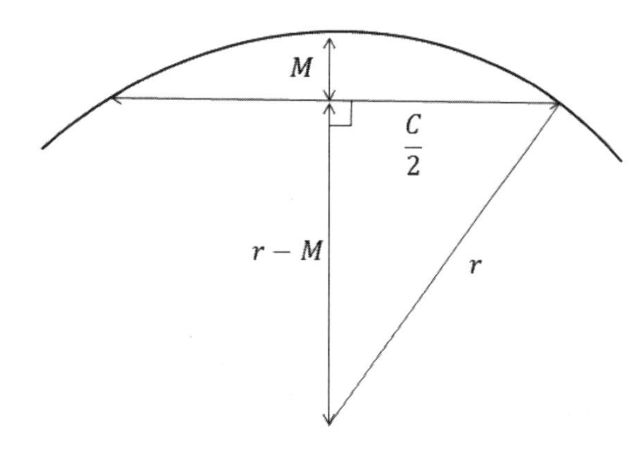

직각삼각형에서 피타고라스 정리에 의하여,

$$(r-M)^2 + \left(\frac{C}{2}\right)^2 = r^2$$

r에 대해 정리하면,

$$r = \frac{C^2}{8M} + \frac{M}{2}$$

② 비정규곡선에서 곡선반경 측정

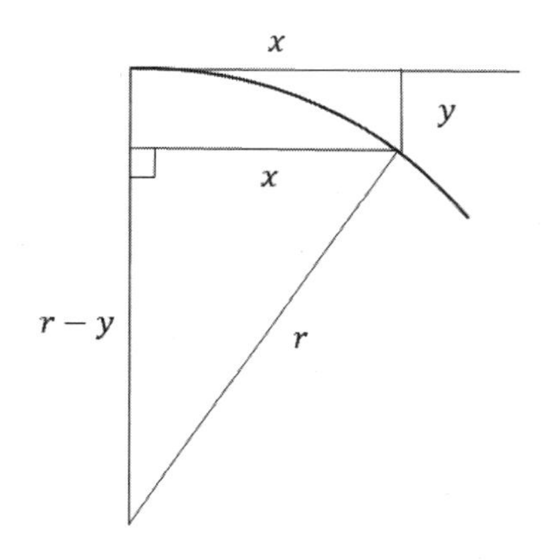

직각삼각형에서 피타고라스 정리에 의하여,

$$(r-y)^2 + x^2 = r^2$$

r에 대해 정리하면,

$$r = \frac{x^2}{2y}$$

③ 스키드마크와 요마크

㉠ 스키드마크는 운동에너지와 마찰에너지가 동일하다는 에너지보존법칙에 의해 유도된다. 스키드마크의 길이가 다른 원인이 편제동과 같이 제동장치 등의 문제일 때에는 평균값을 취하고 편심 또는 적재불량 등인 경우에는 긴 쪽을 선택한다.

$$\frac{1}{2}mv^2 = \mu mgd \ , \ v = \sqrt{2\mu gd} \ (m/s)$$

㉡ 요마크는 선회시 원심력보다 마찰력이 같거나 크다는 조건에서 유도된다. 곡선반경은 요마크에서 구한다음 윤거의 반을 빼주어 무게중심의 곡선반경을 구한다.

$$v = \sqrt{\mu gr} \ (m/s)$$

㉢ 갭스키드마크는 운전자가 발을 제동페달에서 뗀 경우이므로 제동이 되지 않았다고 간주하여 스키드마크 길이에서 빼주고 스킵스키드마크는 점선으로 나타났으나 실제적으로 제동중인 것으로 간주되므로 전체길이를 스키드마크의 길이로 한다.

예제1 **우커브 도로상(편구배 5%)에서 급핸들조작에 의해 요마크가 발생되었고 무게중심의 궤적에서 현의 길이는 50m, 중앙종거는 2m인 경우 사고차장의 횡미끄럼 직전의 주행속도는?**

[풀 이] $r = \frac{C^2}{8M} + \frac{M}{2} = \frac{50^2}{8\times 2} + \frac{2}{2} = 157.25$

$$v = \sqrt{gr\frac{\mu + G}{1-\mu G}}$$

$$= \sqrt{9.8\times 157.25\times \frac{0.8+0.05}{1-0.8\times 0.05}} = 36.94m/s$$

예제2 **평탄한 도로에서 곡선반경 60m의 요마크를 생성시키고 이후 직선 스키드마크를 생성시킨 경우 스키드마크의 최대길이는 얼마인가?(단, 편경사는 없고, 횡마찰계수는 0.8)**

[풀 이] $v = \sqrt{\mu gr} = \sqrt{0.8\times 9.8\times 60} = 21.69m/s$

$v = \sqrt{2\mu gd}$,

$21.69 = \sqrt{2\times 0.8\times 9.8\times d}$,

$d = 30m/s$

06 운동량 보존법칙

① 평면충돌

대부분 최초 주행속도가 쟁점이 되므로 다음과 같이 최종정지 상황부터 처음속도를 구하는 순서로 풀이한다.

충돌 후의 견인계수 → 충돌직후 속도 → x 축과의 각도로 전환 → 운동량 보존법칙을 적용한 충돌직전의 속도 → 충돌이전 주행속도

예제 **#1차량의 진행방향은 서쪽방향이고 #2차량은 남서쪽에서 진행해오는 상황이고 충돌이후 그림과 같이 각각 이탈되었다. 다음 조건에서 두 차량의 충돌전 속도를 구하라.(단 , 충돌 전후 마찰계수는 0.8)**

#1차량 : $m_1 = 2500kg,\ v_1' = 10m/s, \theta_1 = 180^\circ,\ \theta_1' = 100^\circ$

#2차량 : $m_2 = 3500kg,\ v_2' = 10m/s, \theta_2 = 50^\circ,\ \theta_2' = 120^\circ$

[풀 이]

step1. x 축을 기준으로 각도를 다시 계산한다.

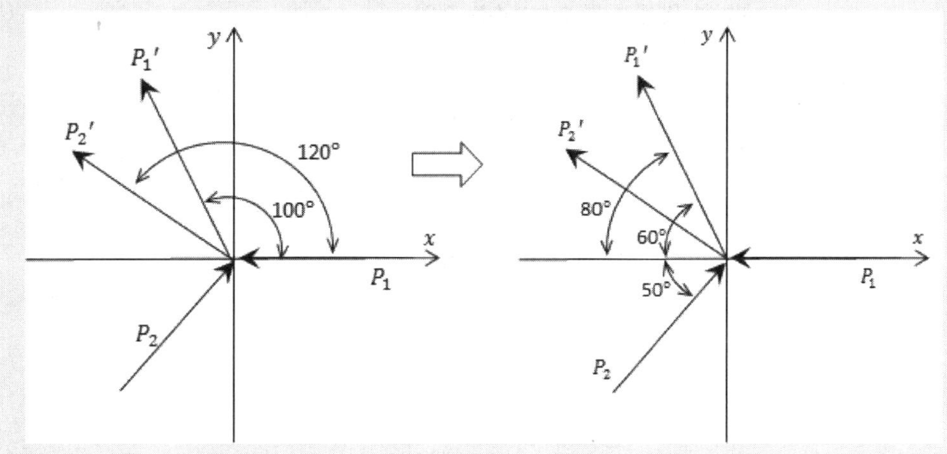

step2. 운동량보존법칙을 이용한 충돌직전 속도계산

x방향, y방향으로 구분하여 운동량보존법칙을 이용한다. x방향 성분계산에서 왼쪽 방향은 (−)부호를 넣어야 하고, y방향 성분계산에서는 아래쪽 방향은 (−)를 넣어야 한다.

x방향 : $-2500\times v_1 + 3500\times v_2\cos 50^\circ$
$= -2500\times 10\cos 80 - 3500\times 10\cos 60$

y방향 : $3500\times v_2\sin 50^\circ$
$= 2500\times 10\sin 80 + 3500\times 10\sin 60$

$$v_2 = \frac{2500\times 10\sin 80 + 3500\times 10\sin 60}{3500\times \sin 50^\circ} = 20.49m/s$$

→ x방향 식에 대입

$$v_1 = \frac{-2500\times 10\cos 80 - 3500\times 10\cos 60 - 3500\times 20.49\times \cos 50^\circ}{-2500}$$

$= 27.18m/s$

07 에너지 보존법칙

① **초기속도 v_0 움직이던 차량이 노면에 1, 2차 미끄러진 후 추락 또는 물체와 충돌하는 경우**

$$\frac{1}{2}mv_0^2 = \mu_1 mgd_1 + \mu_1 mgd_1 + \frac{1}{2}mv^2 \quad (\text{추락인 경우 : } v = d\sqrt{\frac{g}{2h}})$$

② 노면의 종류가 다르거나 스키드마크와 추락속도 등이 복합적으로 구성되는 경우 스키드마크에 의한 개별속도를 구한다음 합성속도를 활용

$$v_0 = \sqrt{v_1^2 + v_2^2}$$

예제 **사고차량 전륜 좌우측 바퀴에 의하여 제동흔적이 평탄한 도로상에 거의 일직선으로 좌우측 각각 20m, 15m 발생 후, 다시 급핸들 조작에 의해 요마크가 발생하였고 차량 무게중심 궤적의 현의 길이는 25m 중앙종거는 2.5m 인 경우 제동직전 주행속도는?(단, 횡방향 및 종방향 마찰계수는 0.8)**

[풀 이] **곡선반경** $r = \frac{C^2}{8M} + \frac{M}{2} = \frac{25^2}{8 \times 2.5} + \frac{2.5}{2} = 143.75$

요마크에 의한 속도 $v_1 = \sqrt{0.8 \times 9.8 \times 143.75} = 33.57m/s$

스키드마크에 의한 속도 $v_2 = \sqrt{2 \times 0.8 \times 9.8 \times 20} = 19.80m/s$

$v_0 = \sqrt{33.57^2 + 19.80^2} = 38.97m/s$

chapter 03

마찰계수와 견인계수

section 1 마찰계수

01 마찰계수의 의미

마찰력은 노면을 누르는 중력에 마찰계수를 곱한 것이다. 이 힘은 어떤 물체가 표면 위에서 움직이려고 할 때 그 운동을 방해하는 힘이다. 그러므로 그 방향은 물체가 움직이려는 방향에 반대방향이다. 마찰력은 수직항력에 비례한다.

$$F = \mu \times mg$$

마찰계수에 대해 정리하면 다음과 같다. 마찰계수는 수평방향 작용 힘을 수직방향 작용 힘으로 나눈 것과 같다.

$$\mu = \frac{F}{W} = \frac{ma}{mg} = \frac{a}{g}\ ,\ \ a = \mu g$$

어떤 물체가 빗면 놓여 있을 때 미끄러져 내려오기 직전의 순간은 빗면에서 내려올려는 힘과 마찰력이 같은 순간이다. 마찰계수는 $\tan\theta$와 같다.

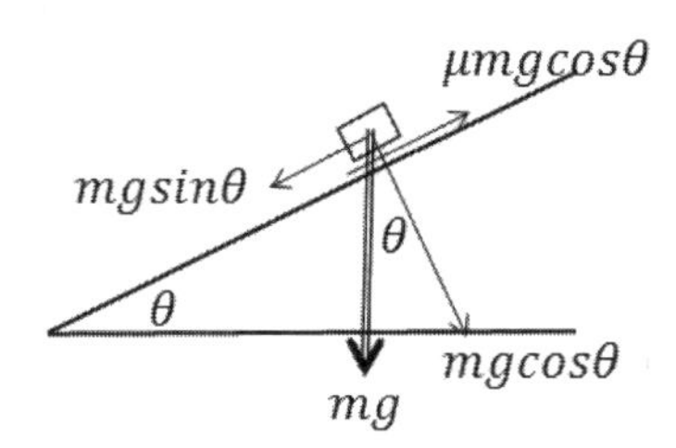

$$mg\sin\theta = \mu mg\cos\theta$$
$$\mu = \tan\theta$$

02 마찰력의 특성

① **정지마찰력** : 정지해있는 물체에 힘을 가하는 경우 물체가 움직이지 않을 때 작용하는 마찰력이다. 이때에는 힘을 가하는 만큼 마찰력이 생기므로 가한 힘과 정지마찰력은 동일하다. 가하는 힘을 증가시켜 물체가 운동하기 시작하는 순간의 직전에 작용된 힘을 최대정지마찰력이라고 한다.

② **운동마찰력** : 물체가 움직이는 동안 발생하는 마찰력으로 최대정지마찰력보다 작다. 또한 끌려가는 과정이므로 물체에 가한 힘보다 운동마찰력은 작다. 운전 중 급제동을 하게 되면 바퀴가 회전을 못하게 되는데 이때 차량의 타이어가 노면에 대해 약 20% 정도의 미끄럼비를 나타낼 때 노면과 타이어간의 마찰계수는 최대가 된다. 즉 타이어가 완전히 잠기어 스키드마크가 진하게 나타나는 구간보다 스키드 마크가 발생되기 직전 또는 새도우마크가 발생된 구간의 마찰계수가 더 높다.

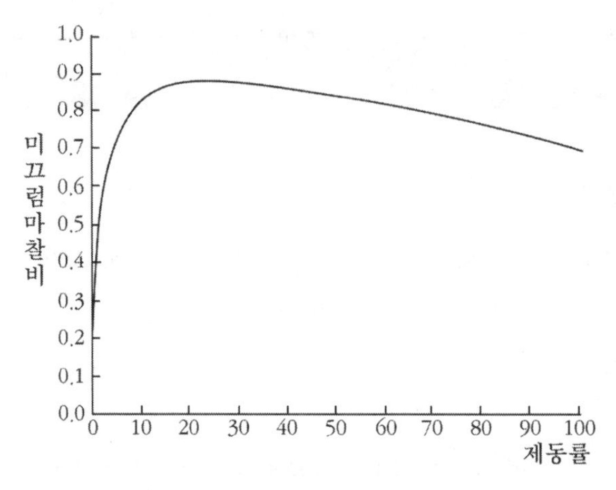

③ **구름마찰력** : 자동차가 굴러가고 있을 때 발생되는 기계적인 저항으로 그 값은 약 0.01~0.015 정도이다. 교통사고조사에는 건조한 아스팔트 노면의 경우 0.8과 비교하면 매우 적은 값이다.

④ **마찰력의 특성**

㉠ 타이어의 접지면의 너비와 무관하다. 마찰력의 식을 보면 표면을 누르는 힘과 마찰계수만으로 이루어져있다.

㉡ 노면의 재질, 상태 등에 따라 다르다. 노면상태인 포장 재질, 마모, 건조, 습윤, 적설이나 결빙에 따라 다르다. 운행상태인 차량의 중량, 바퀴의 수, 속도, 제동장치의 종류에 따라 다르며, 타이어의 상태인 타이어의 크기, 마모상태, 트레드 형상, 공기압 등에 따라서 달라지므로 사고차량의 타이어의 마찰계수를 특정할 때에 사고차량으로 사고장소에서 직접 시험하는 것이 가장 이상적이다.

02 제동슬립비

제동 중의 타이어와 노면사이의 미끄러지는 정도를 슬립비라고 한다. 제동을 하진 않은 상태라면 $v = r\omega$이고 아래의 식에서 분자가 0 이 되어 $s = 0$ 이 된다. 제동에 의해 타이어바퀴가 완전히 잠기는 경우에는 $\omega = 0$이므로 $s = 1$ 이 된다.

$$s = \frac{v - r\omega}{v}$$

v : 자동차의 속도(m/s), r : 타이어의 유효반경(m), ω : 타이어의 회전각속도(rad/s)

즉 바퀴가 회전을 하는 경우는 슬립비가 0이고 잠긴 경우는 슬립비가 1이다. 제동시 마찰계수는 s=0.2~0.3일 때 최고로 높다. 바퀴가 회전을 멈춘 잠긴 상태인 s=1 에서는 마찰계수가 최고점일 때보다 20%정도 감소한다. 이 상태의 마찰계수를 제동마찰계수라고 한다.

section 2 견인계수

01 견인계수의 정의

마찰계수는 물체의 두 표면만 정해지면 특정되는 숫자이다. 견인계수는 어떤 물체를 당겨서 그 저항력을 측정한 견인력과 수직항력의 비이다.

만약 자동차의 모든 바퀴가 잠긴 상태인 경우에는 견인계수와 마찰계수의 값은 동일하다. 자동차의 한쪽바퀴가 제동이 되지 않거나 사고로 인하여 프레임이 변형되어 노면을 긁는 상태라면 마찰계수와 달라질 수밖에 없다. 그러므로 교통사고조사에서는 견인력에 대한 수직항력의 비인 견인계수를 도입한다.

$$F = f \times mg \ , \quad f = \mu g$$

02 견인계수의 적용

① 차량의 타이어 중 일부의 타이어가 잠겼을 때

$$f = \mu\left(\frac{\text{잠긴 타이어 수}}{\text{전체 타이어 수}}\right)$$

② 도로에 종단경사가 있을 때

오르막 경사 : $f = \mu + G$

내리막 경사 : $f = \mu - G$

※ $G = \tan\theta = \dfrac{\%\text{경사}}{100}$

③ 합성견인계수

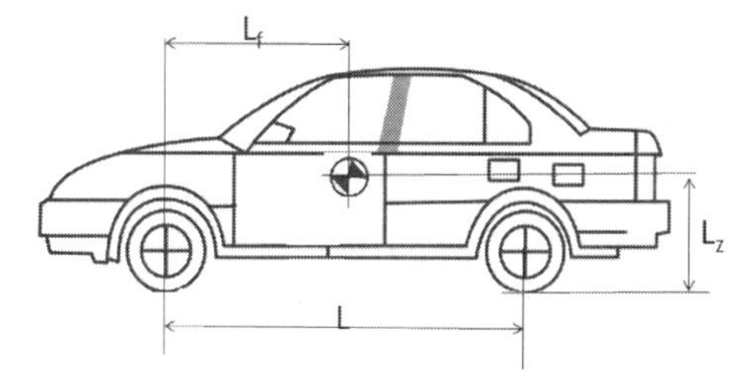

$$f_R = \frac{f_f - x_f(f_f - f_r)}{1 - z(f_f - f_r)}$$

※ $x_f = \dfrac{L_f}{L}$, $z = \dfrac{L_z}{L}$ (f_f : 앞바퀴 견인계수, f_r : 뒷바퀴 견인계수)

④ 일부 풀린바퀴에 구름마찰계수를 적용하는 경우

$$f = \frac{\mu \times 잠긴바퀴수 + 구름마찰계수 \times 풀린바퀴수}{총바퀴수}$$

예제 차량의 무게중심의 높이가 지면으로부터 0.6m이고 앞 축으로부터 1.4m이다. 축간거리는 3m, 사고로 인하여 앞바퀴는 브레이크가 작동되지 않고 free rolling 상태이고 뒷바퀴는 정상제동이 되어 마찰계수가 0.8인 노면 위를 미끄러졌다. 이 사고에서 합성견인계수는?(제동마찰계수 0.8, 구름마찰계수 0.01)

[풀 이] $f_R = \frac{f_f - x_f(f_f - f_r)}{1 - z(f_f - f_r)} = \frac{0.01 - \frac{1.4}{3}(0.01 - 0.8)}{1 - \frac{0.6}{3}(0.01 - 0.8)} = 0.327$

⑤ 앞축하중과 뒷축하중이 주어진 경우

$$f = \frac{앞바퀴마찰계수 \times 앞축하중 + 뒷바퀴마찰계수 \times 뒷축하중}{총무게}$$

⑥ 전륜무게배분과 후륜무게배분이 주어진 경우

$$f = \frac{전륜견인계수 \times 전륜무게배분(\%) + 후륜견인계수 \times 후륜무게배분(\%)}{100}$$

예제1 무게 1000kg인 차량이 급제동하여 미끄러질 때 축 하중을 측정한 결과 앞축하중은 600kg, 뒷축하중은 400kg이 작용된 경우 합성견인계수는 얼마인가?(단, 앞바퀴 견인계수 0.8, 뒷바퀴 견인계수 0.01)

[풀 이] $f = \frac{600 \times 0.8 + 400 \times 0.01}{1000} = 0.484$

예제2 택시가 급제동하면서 27m 미끄러지며 제동흔적을 남긴 후 정차하였다. 전륜만 제동되고 후륜은 구른(free rolling)경우 적용되는 견인계수는?(제동마찰계수 0.8, 구름마찰계수 0.01)

[풀 이] $f = \frac{0.8 \times 2 + 0.01 \times 2}{4} = 0.405$

예제3 평탄한 도로상에 좌전륜에 의한 스키드마크가 20m, 좌후륜에 의한 22m, 우전륜에 의한 24m 발생되었고 우후륜은 고장으로 제동되지 않는 상태이다. 사고차량의 제동직전 속도는?

[풀 이] $f = \frac{0.8 \times 3}{4} = 0.6$, $v = \sqrt{2\mu g d} = \sqrt{2 \times 0.8 \times 9.8 \times 24} = 19.40 m/s$

03 승용차의 마찰계수

① 교통사고에 있어 속도를 계산하는 것은 매우 중요하다. 과실의 판단기준이 되는 경우가 많기 때문이다. 우리나라에서는 현재 승용차의 경우 건조한 노면의 경우에 0.8을 적용하고 있고 노면 상태에 따라 달리 적용한다. Northwestern대학에서 제시한 노면에 따른 마찰계수를 보면 노면 상태를 건조한 경우와 젖은 경우를 구분하였고 48km/h 이상인 경우와 이하인 경우로 구분하였다. 속도가 빠를수록 마찰계수가 낮아지는 경향이 있고 새도로에 비해서 헌도로가 마찰계수가 낮아지는 경향이 있다. 습기가 있으면 마찰계수는 낮아진다.

도로종류에 따른 마찰계수

표면상태		건조한 도로		습기 있는 도로	
		48km/h 이하	48km/h 이상	48km/h 이하	48km/h 이상
시멘트	새도로	0.80 - 1.20	0.70 - 1.00	0.50 - 0.80	0.40 - 0.75
	보통도로	0.60 - 0.80	0.60 - 0.75	0.45 - 0.70	0.45 - 0.65
	헌도로	0.55 - 0.75	0.50 - 0.65	0.45 - 0.65	0.45 - 0.60
아스팔트	새도로	0.80 - 1.20	0.65 - 1.00	0.50 - 0.80	0.45 - 0.75
	보통도로	0.60 - 0.80	0.55 - 0.70	0.50 - 0.80	0.45 - 0.75
	헌도로	0.55 - 0.75	0.45 - 0.65	0.45 - 0.65	0.40 - 0.60
	타르	0.50 - 0.60	0.35 - 0.60	0.30 - 0.60	0.25 - 0.55
자갈	빽빽함	0.55 - 0.85	0.50 - 0.80	0.40 - 0.80	0.40 - 0.60
	헐거움	0.40 - 0.70	0.40 - 0.70	0.45 - 0.75	0.45 - 0.75
흙	빽빽함	0.50 - 0.70	0.50 - 0.70	0.65 - 0.75	0.65 - 0.75
바윗돌	빽빽함	0.55 - 0.75	0.55 - 0.75	0.55 - 0.75	0.55 - 0.75
얼음	얇음	0.10 - 0.25	0.07 - 0.20	0.05 - 0.10	0.05 - 0.10
눈	많음	0.30 - 0.55	0.35 - 0.55	0.30 - 0.60	0.30 - 0.60
	적음	0.10 - 0.25	0.10 - 0.20	0.30 - 0.60	0.30 - 0.60

② **대형차량의 마찰계수** : 대형차량은 급제동시 각 바퀴가 동시에 잠기는 능력이 승용차에 비해 떨어지는 등 승용차와는 구조적으로 달라 마찰계수가 승용차에 비해 낮게 나타난다. 국내에서는 일반승용차 마찰계수 값의 75%~85%를 적용하는데 동의하고 있는 상황이다

[대형차의 노면 마찰계수 적용 정정 활용 지시(경찰청 교안63320- 1445(1999.7.24.)]

③ 전도 마찰계수

시험체 (전도)	속도	아스팔트노면	부드러운 자연지면	풀 숲
스쿠터 (scooter)	저속	0.53~0.54	0.92~0.97	0.58~0.61 (장소에 따라 0.79)
	5km/h	0.53~0.55	-	
	10km/h	0.64~0.66	-	
	저속	0.42~0.43 (강우중)	-	
		0.53 (비올 때)	-	
오토바이	저속	0.56~0.59	-	
자전거	저속	0.51~0.56	0.92~1.03	1.13~1.18
	저속(습윤)	0.51 (강우)	-	
인체	저속	0.64~0.67	0.64~0.77	0.54~0.55

④ 건조한 노면과 사람과의 마찰계수

표면의 종류	범 위
풀	0.45 - 0.07
아스팔트	0.45 - 0.60
콘크리트	0.40 - 0.65

암기가 필요한 포인트

□ 삼각함수

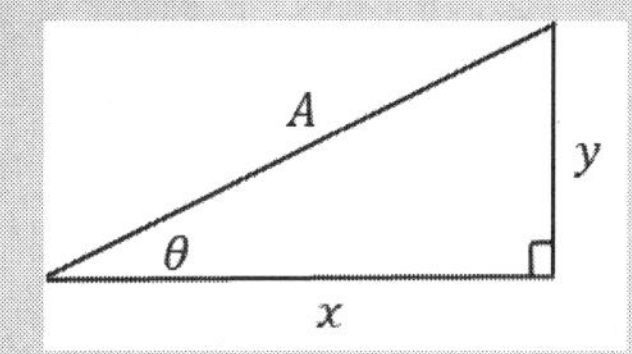

$$x = A\cos\theta,\ y = A\sin\theta$$

□ 운동학 기본공식

(1) $v = \dfrac{d}{t}$, $\dfrac{v_0 + v}{2} = \dfrac{d}{t}$

(2) $v = v_0 + at \quad (a = \mu g)$

(3) $v^2 - v_0^2 = 2ad$

(4) $d = v_0 t + \dfrac{1}{2}at^2$

□ 자유낙하

$$v = gt\ ,\ v^2 = 2gh \rightarrow v = \sqrt{2gh}\ ,\ h = \frac{1}{2}gt^2$$

□ 초속(m/s) × 3.6 = 시속(km/h)

□ 마찰력

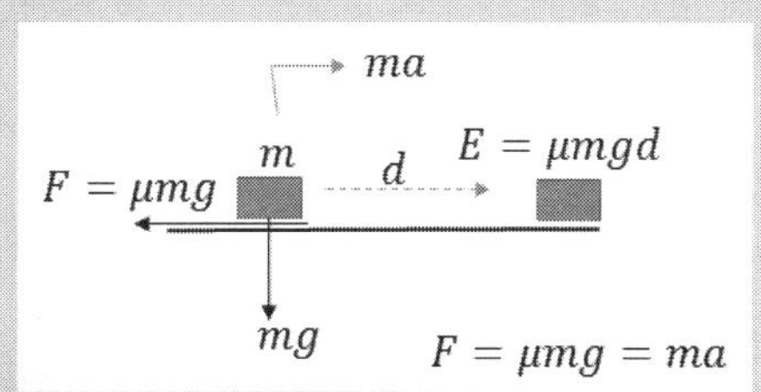

마찰력 : $F = \mu mg$ 또는 $F = ma$

마찰에너지 또는 마찰일 : $E = F \times d = \mu mg \times d$

□ 마찰계수

수평면에서 : $\mu = \dfrac{F}{W} = \dfrac{ma}{mg} = \dfrac{a}{g}$, $a = \mu g$

빗면에서 :

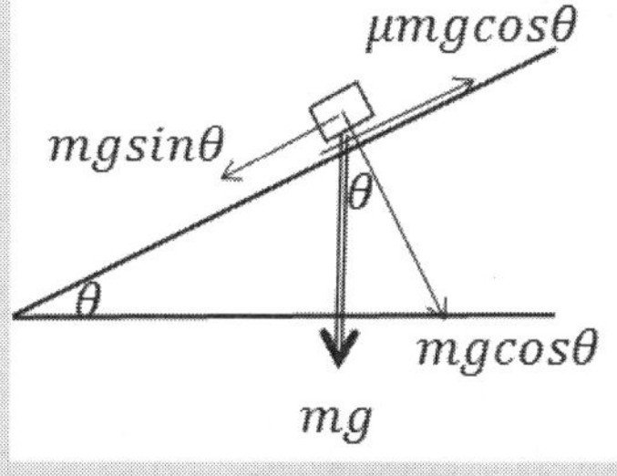

$mg\sin\theta = \mu mg\cos\theta$ $\qquad$ $\mu = \tan\theta$

□ **스키드마크 속도**

운동에너지=마찰에너지

$$\frac{1}{2}mv^2 = \mu mgd$$

$$v = \sqrt{2\mu gd}\ (m/s) = \sqrt{254\mu d}\ (km/h),\ v = \sqrt{2(\mu + G)gd}$$

※ $G = \tan\theta = \frac{\%경사}{100}$

□ **요마크 속도**

마찰력 = 원심력 μmg ⟷ $m\frac{v^2}{r}$

$$\mu mg = m\frac{v^2}{r},\quad v = \sqrt{\mu gr}\ (m/s) = \sqrt{127\mu r}\ (km/h)$$

$r = \frac{C^2}{8M} + \frac{M}{2}$ (C: 현의 길이, M: 중앙종거)

□ **견인계수**

$$f = \mu(\frac{잠긴타이어수}{전체타이어수})$$

$$f = \frac{\mu \times 잠긴바퀴수 + 구름마찰계수 \times 풀린바퀴수}{총바퀴수}$$

$$f = \frac{앞바퀴마찰계수 \times 앞축하중 + 뒷바퀴마찰계수 \times 뒷축하중}{총무게}$$

$$f = \frac{전륜견인계수 \times 전륜무게배분(\%) + 후륜견인계수 \times 후륜무게배분(\%)}{100}$$

□ **휠리프트(전복)**

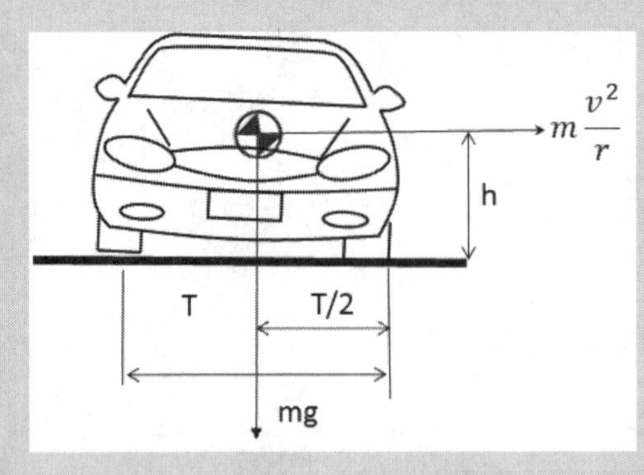

전복모멘트 = 복원모멘트

$$m\frac{v^2}{r} \times h = mg \times \frac{T}{2}$$

$v = \sqrt{\frac{gTr}{2h}}$ (T : 윤거, r : 곡선반경, h : 무게중심 높이)

☐ **보행자 충돌속도 및 전도거리**

수평방향은 등속운동 $v = \frac{d}{t}$, 수직방향은 등가속운동 $h = \frac{1}{2}gt^2$

보행자 전도거리 = 수평추락 거리 + 미끄러진 거리

$$d = v\sqrt{\frac{2h}{g}} + \frac{v^2}{2\mu g}$$

보행자 충돌속도 : $v = \sqrt{2g}\,\mu\left(\sqrt{h + \frac{d}{\mu}} - \sqrt{h}\right)$ (m/s)

☐ **정지거리=공주거리+제동거리**

$$d = v_0 t + \frac{v_0^2}{2\mu g} = \frac{V_0}{3.6}t + \frac{\left(\frac{V_0}{3.6}\right)^2}{2\mu \times 9.8} = 0.28\,V_0 t + \frac{V_0^2}{254\mu} \quad (\text{단, } v_0 : \text{m/s}, \; V_0 : \text{km/h})$$

☐ **수평추락, 오토바이 전도** $v = d\sqrt{\frac{g}{2h}}$

☐ **포물선운동**

$x = v_0\cos\theta \times t$, $y = v_0\sin\theta \times t - \frac{1}{2}gt^2$

$$y = x\tan\theta - \frac{g}{2v_0^2\cos^2\theta}x^2$$

최고점 도달시간 $v_y = v_0\sin\theta - gt = 0, \quad t = \frac{v_0\sin\theta}{g}$

최고점 높이 $y_{\max} = v_0\sin\theta \times t - \frac{1}{2}gt^2 = \frac{v_0^2\sin^2\theta}{2g}$

최대도달거리=최고점수평거리×2

$$x = v_0\cos\theta \times t = v_0\cos\theta \times \frac{v_0\sin\theta}{g} = \frac{v_0^2\sin\theta\cos\theta}{g} \quad (\sin 2\theta = 2\sin\theta\cos\theta)$$

$$= \frac{v_0^2\sin 2\theta}{2g}$$

최대도달거리 $= \frac{v_0^2\sin 2\theta}{g}$

□ **경사추락**

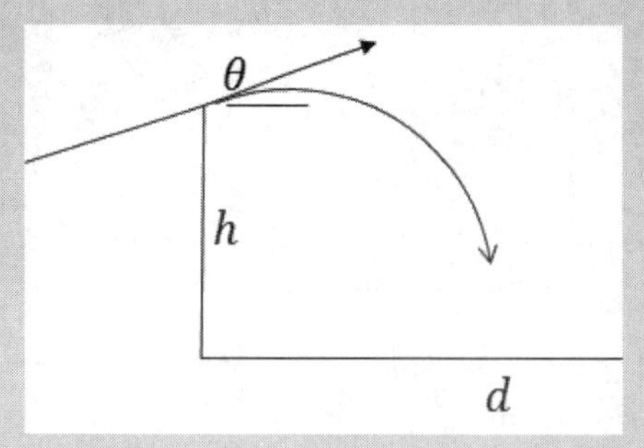

$$\theta < 10^\circ,\ \cos\theta \simeq 1 \rightarrow\ v = d\sqrt{\frac{g}{2(d\tan\theta - h)}}$$

$$\theta = 45^\circ,\ \tan\theta = 1,\ \cos^2\theta = \frac{1}{2} \rightarrow\ v = d\sqrt{\frac{g}{d-h}}$$

□ **볼트(Vault) 및 플립(Flip)**

$$v = d\sqrt{\frac{g}{d-h}}$$ (h 부호 : 상승 +, 하락 −)

□ **합성속도**

$v_1 = \sqrt{2\mu g d_1}$, $v_2 = \sqrt{2\mu g d_2}$

$v = \sqrt{v_1^2 + v_2^2}$

□ **오토바이 뱅크각**

$$\tan\theta = \frac{m\frac{v^2}{r}}{mg} = \frac{v^2}{rg}$$, $\theta = \tan^{-1}\left(\frac{v^2}{rg}\right)$

□ **제동슬립비**

$s = \frac{v - r\omega}{v}$ (ω : 각속도, r : 타이어 반경)

타이어 잠김 → 노면슬립 : $\omega = 0,\ s = 1$

타이어 회전 : $v = rw$, $s = 0$

□ **운동에너지** $E = \frac{1}{2}mv^2$

□ **운동량 보존법칙**

$m_1v_1 + m_2v_2 = m_1v_1' + m_2v_2'$, $m_1v_1 + m_2v_2 = (m_1 + m_2)v$ (충돌 후 한덩어리)

$m_1v_1 - m_1v_1' = -(m_2v_2 - m_2v_2')$ → 운동량의 변화는 같고 방향은 반대이다.

□ **운동량의 변화 = 충격량**

$$m\triangle v = m\triangle v \times \frac{\triangle t}{\triangle t} = ma\triangle t = F\triangle t$$

$$F\triangle t = mv_2 - mv_1$$

□ **충격량**

$$\triangle P = m\triangle v = m\triangle v \times \frac{\triangle t}{\triangle t} = ma\triangle t = F\triangle t$$

□ **반발계수**

$$e = -\frac{v_2' - v_1'}{v_2 - v_1} = \frac{\text{충돌 후 속도차이(상대속도)}}{\text{충돌 전 속도차이(상대속도)}}$$

□ **최소회전반경**

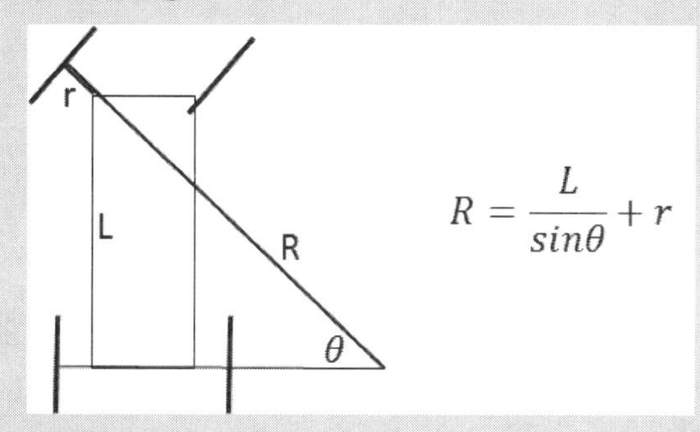

$$R = \frac{L}{sin\theta} + r$$

r : 바퀴 접지면 중심과 킹핀 연장선이 바닥과 만나는 점간의 거리

□ **차로변경**

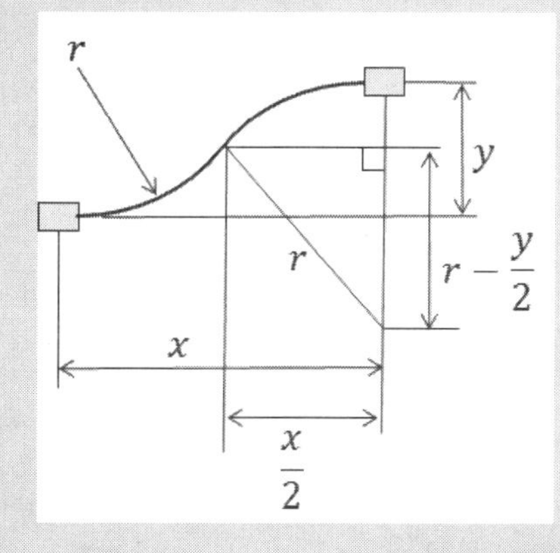

$\left(\frac{x}{2}\right)^2 + \left(r - \frac{y}{2}\right)^2 = r^2$,

$x = \sqrt{4ry - y^2}$,

$v = \sqrt{\mu gr}$ 에서 μg를 0.3g로 가정하면

$x = \sqrt{1.36v^2y - y^2}$

□ 회피조향

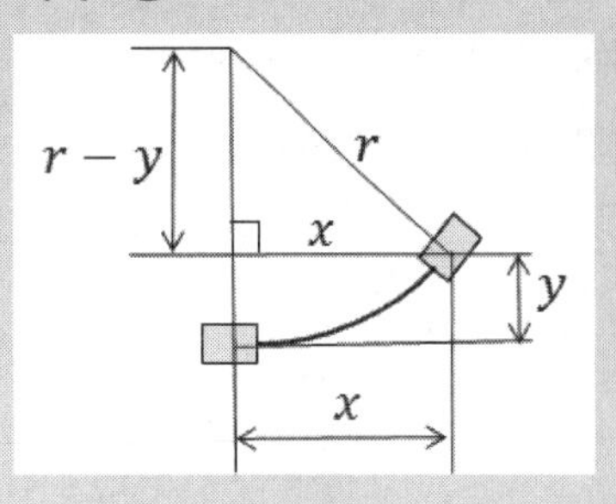

$$x^2+(r-y)^2=r^2,\ x=\sqrt{2ry-y^2},\ x=\sqrt{0.86v^2y-y^2}$$

□ 내륜차

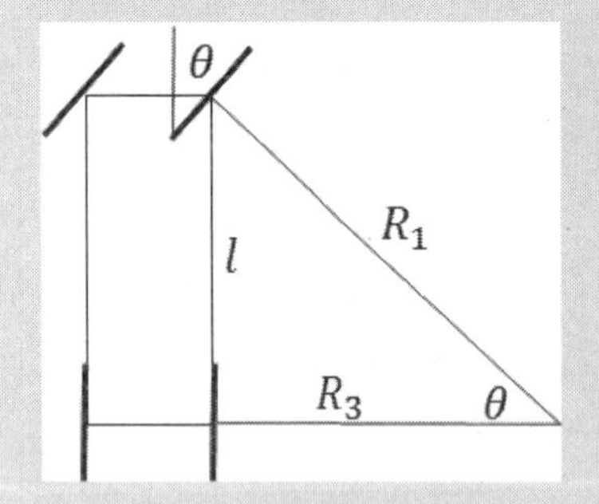

$$\triangle R=R_1-R_3=R_1-\sqrt{R_1^2-l^2}=R_1\left(1-\sqrt{1-\left(\frac{l}{R_1}\right)^2}\right)$$
$$=R_1\left(1-\sqrt{1-\sin^2\theta}\right)=R_1(1-\cos\theta)$$

□ 편구배 한계선회속도

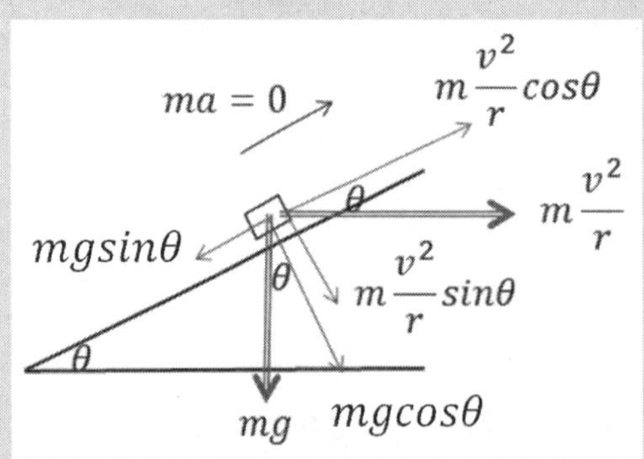

$$-mgsin\theta-\mu mgcos\theta+m\frac{v^2}{r}cos\theta-\mu m\frac{v^2}{r}sin\theta=0$$

$$v=\sqrt{gr\frac{\mu+\tan\theta}{1-\mu\tan\theta}}$$

□ **유효충돌속도**

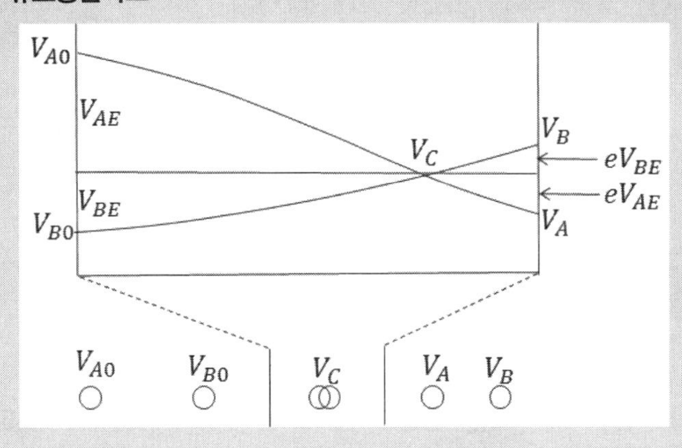

e : 반발계수

A차량의 유효충돌속도 : $V_{AE} = V_{A0} - V_C$

B차량의 유효충돌속도 : $V_{BE} = V_C - V_{B0}$

충돌 공통속도 : $m_A V_{AO} + m_B V_{BO} = (m_A + m_B) V_C$

$$V_C = \frac{m_A V_{AO} + m_B V_{BO}}{m_A + m_B}$$

충돌 후 A차량의 속도 : $V_A = V_{AO} - V_{AE} - e V_{AE} = V_{AO} - (1+e) V_{AE}$

충돌 후 B차량의 속도 : $V_B = V_{BO} + V_{BE} + e V_{BE} = V_{BO} + (1+e) V_{BE}$

chapter 04

기출문제 분석

2021년 기출 차량운동학

01 질량 10kg의 물체를 30° 의 경사면을 따라 10m 끌어 올렸을 때 이 물체의 위치에너지 증가량은 얼마인가?

① 100J
② 981J
③ 490J
④ 500J

해설 $E = mgh = 10\times9.8\times10\sin30°$

02 중량이 1800N인 차량이 두 노면에서 연속하여 미끄러진 후에 정지하였다. 견인계수가 0.8인 첫 번째 노면에서 25m를 미끄러졌고, 견인계수가 0.45인 두 번째 노면에서는 18m를 미끄러졌다. 이 차량이 첫 번째 노면에서 처음 미끄러지기 시작할 때 가지고 있던 에너지량은?

① 18000J
② 32400J
③ 45000J
④ 50580J

해설 $E = 0.8\times1800\times25 + 0.45\times1800\times18$

03 중량이 1500N인 차량의 견인력이 99.5N일 때 감속도는? (중력가속도 : 9.8m/s²)

① 0.65m/s²
② 1.25m/s²
③ 2.41m/s²
④ 4.41m/s²

해설 $a = \mu g$, $ma = \mu mg$,
$\mu = \frac{ma}{mg} = \frac{99.5}{1500} = 0.066$, $a = 0.65$

04 5m/s의 속도로 달리던 차량이 2m/s²의 가속도로 1t 동안 가속하였더니 15m/s의 속도가 되었다. 이 차량이 가속하는 동안 주행한 거리는?

① 20m
② 30m
③ 40m
④ 50m

해설 $v = v_0 + at$, $15 = 5 + 2t$, $t = 5s$,
$d = v_0 t + \frac{1}{2}at^2 = 5\times5 + \frac{1}{2}\times2\times5^2$,

05 다음 중 스칼라량은?

① 속도 ② 가속도
③ 힘 ④ 질량

정답 01.③ 02.④ 03.① 04.④ 05.④

06 이륜차 충돌 시 운전자는 충격으로 이륜차에서 이탈한 경우 충돌 전 이륜차 진행방향으로 운동하게 된다. 적용되는 원리는?

① 운동량 보존의 법칙
② 관성의 법칙
③ 작용·반작용의 법칙
④ 가속도의 법칙

해설 계속 움직이려고 하는 법칙은 뉴턴의 관성의 법칙

07 무게중심의 위치가 앞축으로부터 뒤로 1.3m, 지상으로부터 위로 0.6m 지점에 있고, 축간거리가 2.6m 이며, 전륜의 견인계수가 0.8, 후륜의 견인계수가 0.01일 때, 차량 전체의 견인계수는?

① 0.40
② 0.49
③ 0.79
④ 0.80

해설 합성견인계수 =

$$f_R = \frac{f_f - x_f(f_f - f_r)}{1 - z(f_f - f_r)} = \frac{0.8 - \frac{1.3}{2.6}(0.8 - 0.01)}{1 - \frac{0.6}{2.6}(0.8 - 0.01)}$$

08 질량이 15kg인 돌을 2초 동안 자유 낙하시켰을 때 낙하거리는? (중력가속도 : 9.8m/s²)

① 9.8m
② 19.6m
③ 29.4m
④ 39.2m

해설 $d = \frac{1}{2}gt^2 = \frac{1}{2} \times 9.8 \times 2^2$

09 108km/h의 속도로 주행하는 차량이 있다. $-2m/s^2$의 가속도로 5초 동안 이동한 거리는?

① 50m
② 100m
③ 125m
④ 150m

해설 $d = v_0 t + \frac{1}{2}at^2 = \left(\frac{108}{3.6}\right) \times 5 + \frac{1}{2} \times 2 \times 5^2$

10 차량의 중량이 55000N, 제동직전 속도가 79km/h, 견인력이 38400N일 때 정지거리는? (중력가속도 : $9.8m/s^2$)

① 21.7m
② 29.9m
③ 34.3m
④ 66.9m

해설 $\mu = \frac{38400}{55000} = 0.698$, $a = 0.698 \times 9.8$,

$\left(\frac{78}{3.6}\right) = \sqrt{2 \times 0.8 \times 9.8 \times d}$

11 차량이 정지 후 출발하여 100m를 일정한 가속도로 6초 만에 달린다고 한다. 다음 중 사실과 다른 것은?

① 평균 가속도의 크기는 약 $5.56m/s^2$ 이다.
② 100m 지점의 속력은 약 33.4m/s 이다.
③ 출발 3초 후 속력은 약 16.7m/s 이다.
④ 출발 3초 후에는 50m 와 100m 사이의 지점에 위치한다.

해설 $100 = \frac{1}{2} \times a \times 6^2$, $a = 5.56$,

$d = \frac{1}{2} \times 5.56 \times 3^2$

정답 06.② 07.② 08.② 09.③ 10.③ 11.④

12 차량이 2초 동안 7.84m/s²로 감속하여 정지하였다. 이 차량의 감속직전 속도는?

① 약 45.45km/h
② 약 56.45km/h
③ 약 65.45km/h
④ 약 76.45km/h

해설 $v = v_0 + at$, $0 = v_0 + 7.84 \times 2$

13 차량이 0.2g의 가속도로 5초 동안 등가속한 결과 15m/s가 되었다. 가속하기 전 차량의 속도는? (중력가속도 : 9.8m/s²)

① 5m/s
② 6m/s
③ 7m/s
④ 8m/s

해설 $v = v_0 + at$, $15 = v_0 + 0.2 \times 9.8 \times 5$

14 정지중인 질량 30kg의 A물체를 질량 10kg인 B물체가 20m/s로 충돌하여 맞물린 상태로 이동했다. 충돌 직후 두 물체의 속도는? (일차원상의 완전비탄성충돌로 간주)

① 5m/s
② 6m/s
③ 7m/s
④ 8m/s

해설 $10 \times 20 + 30 \times 0 = (10 + 30) \times v_c$

15 차량의 정면충돌 사고에서 고속으로 충돌할수록 가까워지는 충돌유형은?

① 완전탄성충돌
② 탄성변형충돌
③ 완전비탄성충돌
④ 탄성변형에 가까운 충돌

16 중량이 1500N인 승용차가 견인계수 0.7인 첫 번째 노면에서 23m를 미끄러지고, 견인계수가 0.4인 두 번째 노면에서 32m를 연속하여 미끄러진 후 교량 난간을 36km/h의 속도로 충돌하고 정지하였다. 첫 번째 노면에서 미끄러지기 시작할 때 가지고 있던 에너지량은? (중력가속도 : 9.8m/s²)

① 18000J
② 24150J
③ 41619J
④ 51003J

해설 $E = 0.7 \times 1500 \times 23 + 0.4 \times 1500 \times 32$

$$+ \frac{1}{2} \times \frac{1500}{9.8} \times \left(\frac{36}{3.6}\right)^2$$

17 충격량과 같은 물리량은?

① 힘
② 운동량의 변화량
③ 일률
④ 운동 에너지

해설 $F \Delta t = mv_2 - mv_1$

18 질량 30kg의 정지된 물체에 크기와 방향이 일정한 힘을 3초 동안 작용시켰더니 물체의 속도가 10m/s가 되었다. 이 힘의 크기는?

① 30N
② 40N
③ 80N
④ 100N

해설 $a = \frac{10}{3}$, $F = ma = 30 \times \frac{10}{3}$

정답 12.② 13.③ 14.① 15.③ 16.④ 17.② 18.④

19 질량 1200kg의 A차량이 주차중인 질량 1500kg의 B차량과 충돌하여 두 차량이 함께 20m 미끄러져 정지하였다. 미끄러질 때의 견인계수를 0.5라 할 때 A차량의 충돌 전 속도는? (완전 비탄성충돌로 간주)

① 70.5km/h
② 92.7km/h
③ 113.4km/h
④ 131.5km/h

해설 $v_c = \sqrt{2\times0.5\times9.8\times20} = 14$,
$1200\times v_A + 1500\times0 = (1200+1500)\times14$

20 질량이 2kg인 물체를 밀어서 10m/s²의 가속도가 발생하였다. 질량 5kg인 물체에 같은 힘을 작용하면 발생하는 가속도는?

① 2m/s² ② 3m/s²
③ 4m/s² ④ 5m/s²

해설 $F=2\times10=20N,\ 20=5\times a$

21 질량 2000kg의 차량이 20m/s로 진행하던 중 1600N의 제동력이 5초 동안 작용하였을 때 속도는?

① 16m/s ② 17m/s
③ 18m/s ④ 19m/s

해설 $1600=2000\times a,\ a=0.8$,
$v=v_0+at=20-0.8\times5$

22 질량 1500kg의 차량이 15m/s의 속도로 고정벽에 충돌한 후 반대방향으로 3m/s의 속도로 튀어 나왔다. 차량의 충격량은?

① 10000Ns
② 22000Ns
③ 27000Ns
④ 50000Ns

해설 $F\Delta t = mv_2 - mv_1 = 1500(15-(-3))$

23 중량이 1500N인 차량이 30m/s의 속도로 주행하고 있다. 이 차량의 운동에너지는?

① 675000J
② 54326J
③ 784890J
④ 68878J

해설 $E=\frac{1}{2}\times\left(\frac{1500}{9.8}\right)\times30^2$

24 질량이 5000kg인 A차량과 질량이 2500kg인 B차량이 평탄한 수평 노면에서 서로 정반대 방향으로 주행하다 정면충돌한 후 한 덩어리로 이동해 정지하였다. 충돌 속도는 A차량과 B차량이 각각 20m/s이었다. 충돌 직후 두 차량은 어느 방향으로 얼마의 속도로 이동하는가? (일차원 상의 완전비탄성충돌로 간주)

① A차량의 진행방향으로 24km/h로
② B차량의 진행방향으로 24km/h로
③ A차량의 진행방향으로 10km/h로
④ B차량의 진행방향으로 10km/h로

해설 $5000\times20-2500\times20=(5000+2500)\times v_c$

25 80km/h로 등속 운동하는 차량이 76m를 이동하는데 걸리는 시간은?

① 3.42초
② 5.56ch
③ 11.11초
④ 22.22초

해설 $v=\frac{d}{t},\ \frac{80}{3.6}=\frac{76}{t}$

정답 19.③ 20.③ 21.① 22.③ 23.④ 24.① 25.①

01 차량의 견인계수가 0.8 일 때 100m 거리를 감속하여 정지하였다. 처음 속도는?

① 약 125 km/h
② 약 135 km/h
③ 약 143 km/h
④ 약 151 km/h

해설 $v = \sqrt{2\mu gd} = \sqrt{2 \times 0.8 \times 9.8 \times 100} = 39.60 m/s$

02 120 km/h로 주행하던 차량이 등감속하여 5초 후의 속도가 24 km/h였다. 이 차량의 감속도와 5초간 이동거리는?

① 약 5.33 m/s², 약 100 m
② 약 5.33 m/s², 약 110 m
③ 약 4.07 m/s², 약 100 m
④ 약 4.07 m/s², 약 110 m

해설 $a = \frac{\Delta v}{t} = \frac{\left(\frac{120}{3.6}\right) - \left(\frac{24}{3.6}\right)}{5} = 5.33 m/s^2$

(평균) $v = \frac{v}{t}$, $\frac{\frac{120}{3.6} + \frac{26}{3.6}}{2} = \frac{d}{5}$,

$d = 100m$

03 자동차 주행 시 구름저항계수가 가장 낮은 노면 상황은?

① 정비가 잘된 비포장 길
② 새로 자갈을 배포한 도로
③ 자갈이 있는 점토질의 도로
④ 평탄한 아스팔트포장로

해설 표면이 단단할수록 구름저항이 적다.

04 질량 1000 kg의 자동차가 30 m/s의 속도로 벽에 수직으로 충돌한 후 10 m/s의 속도로 수직으로 튀어 나왔다. 벽이 자동차에 가한 충격량은?

① 20000 N·s
② 30000 N·s
③ 40000 N·s
④ 50000 N·s

해설 $F\Delta t = m(v_2 - v_1)$
$= 1000(30 - (-10)) = 40,000Ns$

05 처음속도가 20 m/s 나중속도가 30 m/s이고, 소요시간이 5초 일 때 가속도는?

① 0.5 m/s²
② 1 m/s²
③ 2 m/s²
④ 4 m/s²

해설 $\frac{30-20}{5} = 2m/s^2$

06 타이어와 노면의 마찰계수가 0.7일 때, 이 노면에서 4륜구동 자동차와 후륜구동 자동차의 이론적인 최대 가속도는? (하중은 앞바퀴에 60%, 뒷바퀴에 40%가 배분되고, 구름저항은 무시)

① 3.86 m/s², 약 1.74 m/s²
② 4.86 m/s², 약 2.14 m/s²
③ 5.86 m/s², 약 2.44 m/s²
④ 6.86 m/s², 약 2.74 m/s²

해설 $a = \mu g$,
4륜의 경우 : $a = 0.7 \times 9.8 = 6.86 m/s^2$,
후륜의 경우 : $a = 0.7 \times 0.4 \times 9.8 = 2.74 m/s^2$

정답 01.③ 02.① 03.④ 04.③ 05.③ 06.④

07 자동차 A가 스키드 마크(Skid Mark)를 발생하여 자동차 B와 충돌하는 과정에 대한 설명이 아닌 것은?

① Newton 의 제1법칙이 작용한다.
② Newton 의 제2법칙이 작용한다.
③ Newton 의 제3법칙이 작용한다.
④ 운동량 보존의 법칙만 작용한다.

해설 관성에 의해 전방으로 밀려나가며(1법칙) 이때의 마찰력은 질량과 감속도의 곱으로 계산되며(2법칙), 충돌 시 반대방향으로 힘이 작용된다(3법칙).

08 운동하는 물체는 그 물체가 정지할 때까지 다른 물체에 일을 할 수 있는 에너지를 가지고 있는데 이 에너지를 무엇이라고 하는가?

① 전기에너지 ② 위치에너지
③ 화학에너지 ④ 운동에너지

09 질량이 1 kg인 물체의 운동에너지가 1 J 이라면 물체의 속도는?

① 약 0.31 m/s
② 약 0.41 m/s
③ 약 1.31 m/s
④ 약 1.41 m/s

해설 $1J = \frac{1}{2} \times 1 \times v^2$

10 회전운동을 하고 있는 차량에 작용하는 원심력의 크기를 나타낸 식은?
(F : 원심력, m : 질량(kg), v : 속도(m/s), r : 회전반경(m))

① $F = m \times \frac{v}{r}$ ② $F = m \times \frac{v^2}{r}$

③ $F = m \times \frac{v^2}{r^2}$ ④ $F = m \times \frac{v}{r^2}$

11 자동차 A는 서쪽 방향으로 40km/h, 자동차 B는 동쪽 방향으로 100km/h, 자동차 C는 동쪽 방향으로 80km/h로 달리고 있다. 다음 설명 중 맞는 것은? (단, 동쪽 방향을 (+), 서쪽 방향을 (-)로 한다.

① A에서 보면 C의 속도는 -120 km/h 이다.
② C에서 보면 B의 속도는 -20 km/h 이다.
③ B에서 보면 A의 속도는 -140 km/h 이다.
④ C에서 보면 A와 B의 운동방향은 같다.

해설 ① +120km/h, ② +20km/h,
④ A는 -120km/h, B는 +20km/h이므로 다른 방향.

12 자동차의 처음 속도가 15 m/s이고, 가속도 1 m/s²로 움직인다면, 10초 동안 이동거리는?

① 50 m
② 150 m
③ 155 m
④ 200 m

해설 $d = v_0 t + \frac{1}{2}at^2$

$$= 15 \times 10 + \frac{1}{2} \times 1 \times 10^2 = 200$$

13 등속으로 달리던 차량이 감속도 6.86 m/s²로 2.7초 동안 감속했더니 정지되었다. 이 차량의 감속직전 속도는?

① 약 54.45 km/h
② 약 66.68 km/h
③ 약 72.45 km/h
④ 약 90.68 km/h

해설 $v = v_0 + at$,

$$v_0 = 6.86 \times 2.7 = 18.52 m/s$$

정답 07.④ 08.④ 09.④ 10.② 11.③ 12.④ 13.②

14 **자유낙하운동에 대한 설명으로 맞는 것은?**

① 어떤 물체가 수직 상방향으로 내던져지는 운동을 자유낙하운동이라고 한다.
② 수평으로 내던져지는 물체의 운동 중 수평 방향으로 이동하는 운동을 자유낙하운동이라고 한다.
③ 초기속도가 0 인 상태에서 낙하하는 것을 말하며 등속운동이다.
④ 중력만을 받아서 낙하하는 것을 말하며 공기의 저항을 무시할 경우의 가속도를 중력가속도라고 말한다.

15 **모든 바퀴가 정상적으로 제동되는 질량 1500 kg인 차량이 평탄하고 젖은 노면에서 25 m 미끄러지면서 18750 J의 에너지를 소비하고 정지했다면 마찰계수는?**

① 약 0.05
② 약 0.06
③ 약 0.5
④ 약 0.6

해설 $E = \mu mgd$,
$18750 = \mu \times 1500 \times 9.8 \times 25$, $\mu = 0.05$

16 **A차량의 브레이크 밟기 전 속도는?**

㉠ A차량 운전자가 장애물을 발견하고 브레이크를 밟아 제동상태로 2m 진행하고 정지
㉡ A차량의 모든 바퀴는 정상적으로 제동, 견인계수는 0.9

① 약 1.84 m/s
② 약 5.94 m/s
③ 약 16.44 m/s
④ 약 21.34 m/s

해설 $v = \sqrt{2 \times 0.9 \times 9.8 \times 2} = 5.94 m/s^2$

17 **버스가 갑자기 출발하거나 급제동시 승객이 넘어지는 현상과 관련된 법칙은?**

① 관성의 법칙
② 상대속도 법칙
③ 질량불변의 법칙
④ 운동량 보존의 법칙

18 **물체의 빠르기만을 나타낼 때에는 (ⓐ)를(을) 사용하고, 빠르기와 운동방향을 나타낼 때에는 (ⓑ)를(을) 사용한다. ⓐ, ⓑ에 맞는 것은?**

① ⓐ - 힘, ⓑ - 속도
② ⓐ - 힘, ⓑ - 속력
③ ⓐ - 속력, ⓑ - 속도
④ ⓐ - 속도, ⓑ - 속력

해설 속력은 스칼라이고 속도는 벡터이다.

19 **35m/s의 속도로 달리던 질량 2000kg 차량에 반대방향으로 1000N의 힘을 8초간 준 후의 속도는?**

① 31 m/s
② 24 m/s
③ 21 m/s
④ 14 m/s

해설 1000N의 가속도는 $a = 0.5m/s^2$
$v = v_0 + at = 35 - 0.5 \times 8 = 31m/s$.

20 **질량 15kg의 돌을 지면으로부터 50m 높이에서 자유낙하시켰다. 그 돌이 낙하되어 지면과 충돌한 속도는?**

① 약 10.1 m/s
② 약 22.1 m/s
③ 약 28.3 m/s
④ 약 31.3 m/s

해설 $v = \sqrt{2gh} = \sqrt{2 \times 9.8 \times 50} = 31.3m/s$

정답 14.④ 15.① 16.② 17.① 18.③ 19.① 20.④

21 50km/h로 수직암벽을 충돌한 차량이 2km/h로 튕겨 나왔다. 반발계수는?

① 0.5
② 0.4
③ 0.04
④ 0.02

해설 $e=\frac{2}{50}=0.04$

22 5N의 힘을 A물체에 작용시켰더니 8m/s²의 가속도가 생기고, B물체에 같은 힘을 작용시켰더니 24m/s²의 가속도가 생겼다. 두 물체를 같이 묶었을 때, 이 힘에 의한 가속도는?

① 5 m/s²
② 6 m/s²
③ 7 m/s²
④ 8 m/s²

해설 $m_A=\frac{5}{8},\ m_B=\frac{5}{24}$

$5=\left(\frac{5}{8}+\frac{5}{24}\right)\times a,\quad a=6m/s^2$

23 교통사고 감정에서 활용되는 마찰계수와 관련이 없는 것은?

① 노면과 타이어 간의 마찰계수
② 전도하여 미끄러질 때의 마찰계수
③ 차량과 차량 간의 마찰계수
④ 조향장치와 바퀴 간의 마찰계수

해설 조향장치와 바퀴간의 마찰은 파워스티어링 시스템의 문제이다.

24 정지중인 질량 40kg의 A물체를 질량 10kg인 B물체가 10m/s로 충돌하여 맞물린 상태로 이동했다. 충돌 직후 두 물체의 속도는? (단, 충돌 시에 두 물체 모두 손상이 일어나지 않았으며, 충돌 전후 일직선으로 이동한다)

① 2 m/s
② 3 m/s
③ 4 m/s
④ 5 m/s

해설 $10\times10+40\times0=(10+40)\times v$

25 높이가 h(m)인 지점에서 자동차가 낙하하여 바닥에 도달할 때까지 걸리는 시간을 산출하는 공식으로 맞는 것은?

① $\sqrt{2gh}$
② $\sqrt{\frac{2g}{h}}$
③ $\sqrt{\frac{h}{2g}}$
④ $\sqrt{\frac{2h}{g}}$

해설 $h=\frac{1}{2}gt^2$,

$h=\frac{1}{2}gt^2,\ t=\sqrt{\frac{2h}{g}}$

정답 21.③ 22.② 23.④ 24.① 25.④

01 어떤 물체에 300N의 힘을 가하여 힘의 방향과 동일 직선상으로 25m를 이동시켰다. 이때 한 일의 양은 얼마인가?

① 300 N·m
② 3750 N·m
③ 7500 N·m
④ 15000 N·m

해설 $W = F \times d = 300 \times 25$

02 어떤 운전자가 고속도로를 120km/h로 주행하던 중 과속단속 장비를 보고 10m/s²으로 등감속하여 90km/h의 속도로 과속단속 장비를 통과하였을 때, 감속된 구간에서의 차량 진행거리는 얼마인가?

① 약 315 m
② 약 31.5 m
③ 약 24.3 m
④ 약 12.1 m

해설 $\left(\frac{90}{3.6}\right)^2 - \left(\frac{120}{3.6}\right)^2 = -2 \times 10 \times d$

03 에너지에 대한 설명으로 맞는 것은?

① 운동에너지는 속도의 제곱에 비례한다.
② 운동에너지는 무게에 반비례하는 운동이다.
③ 위치에너지는 높이의 제곱에 비례하는 운동이다.
④ 운동에너지는 일정한 힘이 얼마나 오랫동안 작용했는가를 나타내는 것이다.

해설 $E = \frac{1}{2}mv^2$

04 반지름이 4m인 원둘레 위를 10m/s로 등속운동하는 질량 5kg의 물체가 있다. 이 물체에 작용하는 구심력은 몇 N 인가?

① 125 N
② 100 N
③ 150 N
④ 200 N

해설 구심력 = 원심력,
$F = m\frac{v^2}{r} = 5 \times \frac{10^2}{4}$

05 다음 내용 중 맞는 것은?

① 중량은 장소에 따라 변하지 않는다.
② 질량은 장소에 따라 변하지 않는다.
③ 중량은 질량을 중력가속도 값으로 나눈 값과 같다.
④ 질량은 중량을 중력가속도 값으로 곱한 값과 같다.

해설 중량은 중력가속도에 영향을 받는다.

06 질량 800 kg인 자동차의 속도가 20 m/s 일 때 자동차의 운동량은?

① 8000 kg·m/s
② 16000 kg·m/s
③ 24000 kg·m/s
④ 36000 kg·m/s

해설 $P = mv = 800 \times 20$

정답 01.③ 02.③ 03.① 04.① 05.③ 06.②

07 A와 B의 중간지점에 C가 있다. A에서 C까지의 속력은 5 m/s이고, C에서 B까지의 속력은 20 m/s이다. A에서 B까지의 평균속력은?

① 8 m/s
② 12.5 m/s
③ 5 m/s
④ 6.5 m/s

해설 AC구간 시간 $= \frac{거리}{속도} = \frac{\frac{d}{2}}{5}$,

CB구간 시간 $= \frac{거리}{속도} = \frac{\frac{d}{2}}{20}$

평균속력 $= \frac{d}{AB구간시간} = \frac{d}{\frac{\frac{d}{2}}{5} + \frac{\frac{d}{2}}{20}} = 8$

08 차량이 경사가 없는 구간을 100km/h의 속도로 진행하다가 견인계수 0.5로 감속하여 정지하였다. 완전히 정지하는데 필요한 거리는?

① 약 65.4 m
② 약 78.7 m
③ 약 89.6 m
④ 약 95.4 m

해설 $\frac{100}{3.6} = \sqrt{2 \times 0.5 \times 9.8 \times d}$

09 용수철의 한쪽 끝에 붙어있는 물체를 5 N의 힘으로 10mm를 당겼을 경우 용수철의 탄성계수는 얼마인가?

① 500
② 550
③ 600
④ 650

해설 $F = kx$,
$5 = k \times 0.01$

10 다음 중 오토바이의 뱅크각을 구하는 수식은?

θ = 뱅크각(°)
R = 선회반경(m)
G = 중력가속도(m/s^2)
V = 속도(m/s)

① $\tan\theta = \frac{V^2}{RG}$

② $\tan\theta = \frac{V}{RG}$

③ $\cos\theta = \frac{V^2}{RG}$

④ $\cos\theta = \frac{V}{RG}$

해설 $\tan\theta = \frac{m\frac{v^2}{r}}{mg} = \frac{v^2}{rg}$

11 반발계수의 값으로 맞는 것은?

v_1 : 1차량 충돌 전 속도,
v_1' : 1차량 충돌 후 속도
v_2 : 2차량 충돌 전 속도,
v_2' : 2차량 충돌 후 속도

① $e = \frac{v_2 - v_1}{v_1 - v_2}$

② $e = \frac{v_2 - v_1}{v_1' - v_2'}$

③ $e = \frac{v_2 - v_1}{v_1 + v_2}$

④ $e = \frac{v_2' - v_1'}{v_1 - v_2}$

해설 $e = \frac{충돌후속도차이}{충돌전속도차이}$

정답 07.① 08.② 09.① 10.① 11.④

12 지상 5m에서 질량 1000kg인 자동차가 자유낙하되어 튕겨남이 없이 지면에 떨어졌을 때 중력에 의하여 물체가 받는 충격량은? (단 중력가속도는 $10m/s^2$임)

① 5000 N·s
② 10000 N·s
③ 15000 N·s
④ 20000 N·s

해설 $v = \sqrt{2gh} = \sqrt{2 \times 10 \times 5} = 10$,
$F\Delta t = mv_2 - mv_1 = 1000(10-0) = 10000Ns$

13 90km/h로 주행하던 차량이 1.5m 높이에서 이탈각도 없이 추락하는 사고가 발생하였다. 이 차량이 수평으로 이동한 거리는?

① 약 9.83 m
② 약 11.83 m
③ 약 13.83 m
④ 약 15.83 m

해설 $v = d\sqrt{\frac{g}{2h}}$,
$\frac{90}{3.6} = d\sqrt{\frac{9.8}{2 \times 1.5}} = 13.83m$

14 평탄한 일직선의 도로에서 주행하던 택시가 보행자를 피하려고 급조향(핸들조정)하여 낭떠러지로 추락하였다. 사고조사 결과 추락하기 전에 요 마크(Yaw Mark)가 나타났는데, 택시의 중심궤적(호)을 측정하였더니 현의 길이가 40 m, 현의 중앙에서 호까지의 수직거리가 2 m였다. 택시의 중심궤적 반경은?

① 40 m
② 80 m
③ 94 m
④ 101 m

해설 $r = \frac{C^2}{8M} + \frac{M}{2} = \frac{40^2}{8 \times 2} + \frac{2}{2}$

15 뉴턴의 운동법칙 중 1, 2, 3 법칙이 아닌 것은?

① 가속도의 법칙
② 관성의 법칙
③ 작용·반작용의 법칙
④ 구심력의 법칙

16 다음 내용 중 맞는 것은?

① 속력은 백터량이다.
② 속도는 스칼라량이다.
③ 속력은 물체의 빠르기와 운동방향을 함께 나타낸 물리량이다.
④ 속도는 물체의 빠르기뿐만 아니라 운동방향을 함께 나타낸 물리량이다.

해설 속도의 물리량은 벡터이다.

17 차량의 무게중심을 지나는 세로(길이)방향의 축을 중심으로 차량이 좌우로 기울어지는 현상으로 차량의 전도 혹은 전복과 관련이 있는 회전운동은 무엇인가?

① 바운싱 (Bouncing)
② 서징 (Surging)
③ 롤링 (Rolling)
④ 시밍 (Shimmying)

18 어떤 차량이 내리막 경사가 5%인 도로를 72 km/h로 주행하다가 갑자기 제동한 결과 40 m 전방에 정지하였다. 이 때 노면과 타이어 사이의 마찰계수는?

① 약 0.35
② 약 0.48
③ 약 0.56
④ 약 0.67

해설 $\frac{72}{3.6} = \sqrt{2 \times (\mu - 0.05) \times 9.8 \times 40}$

정답 12.② 13.③ 14.④ 15.④ 16.④ 17.③ 18.③

19 등가속도 직선운동에 관한 설명으로 맞는 것은?

① 속도가 일정한 운동이다.
② 가속도의 방향과 크기가 일정한 운동이다.
③ 속도와 가속도가 일정한 운동이다.
④ 가속도의 크기가 높아졌다 낮아졌다 하는 운동이다.

20 5N의 힘을 질량 m_1에 작용시켰더니 8m/s²의 가속도가 생기고, 질량 m_2에 같은 힘을 작용시켰더니 24m/s²의 가속도가 생겼다. 두 물체를 같이 묶었을 때, 이 힘에 의한 가속도는 얼마나 되겠는가?

① 5 m/s²
② 6 m/s²
③ 7 m/s²
④ 8 m/s²

해설 $m_A = \frac{5}{8}$, $m_B = \frac{5}{24}$

$5 = \left(\frac{5}{8} + \frac{5}{24}\right) \times a$, $a = 6m/s^2$

21 차량이 주행하다 제동을 걸지 않고 클러치가 끊겨 있는 상태에서의 마찰계수는?

① 최대감속계수
② 구름저항계수
③ 활주마찰계수
④ 급제동계수

22 차량이 원운동 시 받는 원심력과 관련한 내용 중 맞는 것은?

① 선회반경에 비례한다.
② 속도의 제곱에 비례하여 증가한다.
③ 질량이 클수록 원심력은 감소한다.
④ 속도가 증가할수록 원심력은 감소한다.

해설 $F = m\frac{v^2}{r}$

23 견인계수와 견인력 및 중량의 관계를 맞게 나타낸 것은? (단, f : 견인계수, F : 견인력, w : 중량)

① $F = fw$
② $F = \frac{f}{w}$
③ $F = \frac{f}{2} + w$
④ $2F = f + w$

24 5 % 내리막 도로를 주행하던 차량이 급제동하여 20 m의 스키드 마크(Skid Mark)를 발생시키고 정지하였다. 흔적발생 구간에서 견인계수 값이 0.7일 때 급제동 직전 차량 진행 속도는?

① 약 57.6 km/h
② 약 59.6 km/h
③ 약 61.6 km/h
④ 약 63.6 km/h

해설 $v = \sqrt{2 \times 0.7 \times 9.8 \times 20}$

25 운동에너지(KE)의 수식으로 맞는 것은?

m : 질량(kg),	v : 속도(m/s)

① $KE = \frac{1}{2}m$
② $KE = \frac{1}{2}v$
③ $KE = \frac{1}{2}mv$
④ $KE = \frac{1}{2}mv^2$

정답 19.② 20.② 21.② 22.② 23.① 24.② 25.④

01 속도에 대한 설명이다. 알맞은 것을 고르시오.

① 단위시간 동안 물체의 빠르기 변화를 나타내는 스칼라량이다.
② 단위시간 동안 물체의 이동거리를 나타내는 스칼라량이다.
③ 질량과 가속도의 곱으로 표현되는 벡터량이다.
④ 물체의 빠르기와 운동방향을 함께 나타내는 벡터량이다.

해설 속도는 방향을 포함하는 벡터량이고 속력은 스칼라량이다. 운동량은 질량과 속도의 곱으로 표현되는 벡터량이다.

02 승용차가 정지 후 출발하여 42km/h에 도달하는데 5.5초 걸렸다. 틀린 것은?

① 평균가속도는 약 $2.1m/s^2$이다.
② 평균가속도를 적용하였을 때 5.5초 동안 이동거리는 약 32m이다.
③ 평균가속도를 적용하였을 때 출발한 지 3초 후 속도는 약 32.5km/h이다.
④ 평균가속도를 적용하였을 때 출발 3초 후 진행한 거리는 약 9.5m이다.

해설 ① 가속도 :

$$a=\frac{\Delta v}{t}=\frac{\left(\frac{42}{3.6}\right)-0}{5.5}=2.12m/s^2$$

② 이동거리 :

$$d=\frac{1}{2}at^2=\frac{1}{2}\times 2.12\times 5.5^2=32.07m$$

③ 3초 후 속도 :

$$v=v_0+at=2.12\times 3=6.36m/s=22.90km/h$$

④ 3초 후 진행한 거리 :

$$d=\frac{1}{2}at^2=\frac{1}{2}\times 2.12\times 3^2=9.54m$$

03 다음 설명 중 틀린 것은?

① 운동에너지는 완전 탄성충돌인 경우에 보존된다.
② 운동에너지는 비탄성 충돌인 경우에 보존되지 않는다.
③ 두 물체의 충돌 전·후 운동량의 합은 완전탄성충돌인 경우에도 보존된다.
④ 두 물체의 충돌 전후 운동량의 합은 비탄성 충돌인 경우에 보존되지 않는다.

해설 운동에너지는 완전탄성충돌인 경우에 충돌 전 속도가 그대로 보존되기 때문에 운동에너지도 보존된다. 비탄성충돌인 경우에는 운동에너지가 소성변형에너지 형태로 상당부분 전환되기 때문에 운동에너지는 충돌 전후에 보존되지 않는다. 운동량은 충돌 전후에 비탄성충돌인 경우에도 보존된다.

04 질량 200kg인 차량이 30m/s 속도로 운동하다가 정지해있는 질량 400kg인 차량을 정면으로 추돌한 후 한 덩어리가 되어 운동하였다. 충돌로 인해 손실된 운동에너지는?

① 20,000J ② 30,000J
③ 50,000J ④ 60,000J

해설 충돌전 운동에너지 :

$$\frac{1}{2}m_1v_1^2=\frac{1}{2}\times 200\times 30^2=90000J$$

충돌전후 운동량 보존법칙 :

$$200\times 30+400\times 0=(200+400)\times v,$$
$$v=10m/s$$

충돌 후 운동에너지 :

$$\frac{1}{2}(m_1+m_2)v^2=\frac{1}{2}\times(200+400)\times 10^2=30000J$$

소실된 운동에너지
= 충돌전 운동에너지 − 충돌후 운동에너지
= 90000J−30000J=60000J

정답 01.④ 02.③ 03.④ 04.④

05 **자동차의 선회는 원심력과 깊은 관련이 있다. 다음 중 원심력과 관련이 먼 것은?**

① 선회곡선 반경
② 타이어 반경
③ 자동차의 질량
④ 주행속도

해설 원심력 $F=m\frac{v^2}{r}$, 타이어 반경과는 관계 없다.

06 **운동량과 단위가 같은 물리량은?**

① 운동에너지
② 위치에너지
③ 충격량
④ 일

해설 $F\Delta t = mv_2 - mv_1$, 충격량은 운동량의 변화이므로 단위는 같다.

07 **자동차 속도를 25km/h에서 55km/h로 일정하게 가속하는데 30초가 걸렸다. 자전거 속도를 정지상태에서 30km/h까지 일정하게 가속하는데 30초가 걸렸다. 다음 중 옳은 것은?**

① 약 0.28m/s^2으로 자동차와 자전거의 가속도가 같았다.
② 약 0.83m/s^2으로 자동차와 자전거의 가속도가 같았다.
③ 자동차 가속도는 약 2.67m/s^2, 자전거 가속도는 약 0.83m/s^2이다.
④ 자동차 가속도는 약 3.32m/s^2, 자전거 가속도는 약 2.67m/s^2이다.

해설 **자동차 가속도 :**

$$a=\frac{\Delta v}{t}=\frac{\left(\frac{55}{3.6}\right)-\left(\frac{25}{3.6}\right)}{30}=0.28m/s^2$$

자전거 가속도 :

$$a=\frac{\Delta v}{t}=\frac{\left(\frac{30}{3.6}\right)-0}{30}=0.28m/s^2$$

08 **평탄한 일직선 노면 위를 달리던 차량이 4.9m 낭떠러지 아래로 추락하였다. 차량이 추락하는 데 걸린 시간은?**

① 1.0초
② 2.0초
③ 2.8초
④ 3.2초

해설 $h=\frac{1}{2}gt^2$,

$$t=\sqrt{\frac{2h}{g}}=\sqrt{\frac{2\times 4.9}{9.8}}=1s$$

09 **다음과 같은 상황에서 A차량의 제동직전 속도는 얼마인가?**

- A차량이 주행중 급정지하여 스키드마크가 30m 발생
- 같은 장소에서 A차량과 같은 종류인 B차량으로 50km/h 속도에서 급정지한 결과 스키드마크 20m발생
- A차량과 B차량은 견인계수 또는 감속도가 같음
- 중력가속도 9.8m/s^2

① 약 57.4km/h
② 약 61.2km/h
③ 약 68.2km/h
④ 약 76.4km/h

해설 스키드마크 실험한 결과를 이용하여 마찰계수를 먼저 구한다.

$v=\sqrt{2\mu gd}$,

$\left(\frac{50}{3.6}\right)=\sqrt{2\times\mu\times 9.8\times 20}$,

$\mu=0.49$

스키드마크 30m 제동직전 속도는

$\sqrt{2\times 0.49\times 9.8\times 30}=16.97m/s$

정답 05.② 06.③ 07.① 08.① 09.②

10 벡터의 3요소가 아닌 것은?

① 질량
② 작용점
③ 크기
④ 방향

해설 벡터의 3요소는 작용점, 방향, 크기이다.

11 중량 1600kgf인 차량이 78,000J의 운동에너지를 갖고 있다. 이 운동에너지를 갖기 위한 차량의 속도는 얼마인가?

① 약 111.8km/h
② 약 144.3km/h
③ 약 130.7km/h
④ 약 124.5km/h

해설 $E=\frac{1}{2}mv^2$, $78000=\frac{1}{2}\times1600\times v^2$,

$v=9.87m/s=35.53km/h$

보기에 정답이 없을 경우 중량에 9.8을 나누어 다시 계산해 본다.

$78000=\frac{1}{2}\times\frac{1600}{9.8}\times v^2$,

$v=30.91m/s=111.28km/h$ (문제 오류)

12 정지하고 있던 차량이 1.5㎨ 등가속도로 출발하여 80km/h속도에 도달했을 때 주행한 거리는?

① 약 45.9m
② 약 55.2m
③ 약 80.0m
④ 약 164.6m

해설 $v^2-v_0^2=2ad$, $\left(\frac{80}{3.6}\right)^2-0=2\times1.5\times d$,

$d=164.61m$

13 중량 980kgf인 자동차가 36km/h로 벽에 정면 충돌한 후 반대방향으로 18km/h로 튀어나온 경우 자동차의 충격량은?

① 500Ns
② 1500Ns
③ 1800Ns
④ 3000Ns

해설 $F\Delta t=mv_2-mv_1=m(v_2-v_1)$

$=980\left(\frac{36}{3.6}-\left(\frac{18}{3.6}\right)\right)=14700Ns$

보기에 정답이 없을 경우 중량에 9.8을 나누어 다시 계산해 본다.

$\frac{980}{9.8}\left(\frac{36}{3.6}-\left(\frac{18}{3.6}\right)\right)=1500Ns$

14 질량이 300kg인 차량이 15m/s에서 35m/s로 가속하는데 5초가 걸렸을 때 차량에 작용한 힘은?

① 1000N
② 800N
③ 1500N
④ 1200N

해설 $a=\frac{\Delta v}{t}=\frac{35-15}{5}=4m/s^2$,

$F=ma=300\times4=1200N$

15 차량의 제동거리에 운전자의 인지반응시간 동안 차량이 주행한 거리인 공주거리를 합해서 산출한 거리를 무엇이라고 하는가?

① 인지반응거리
② 앞지르기거리
③ 정지거리
④ 가속거리

해설 정지거리=공주거리+제동거리

정답 10.① 11.① 12.④ 13.② 14.④ 15.③

16 **두 차량이 충돌한 상황에 대한 설명으로 옳은 것은?**

① 정면으로 충돌했을 때만 운동량은 보존된다.
② 반발계수가 0인 경우 운동량 및 운동에너지는 보존된다.
③ 반발계수가 1인 경우 운동량 및 운동에너지는 보존된다.
④ 정면으로 충돌하여 반발계수가 0.15일 경우, 운동에너지와 운동량은 보존된다.

해설 반발계수가 1인 경우는 완전탄성충돌이므로 운동에너지는 보존된다. 예를 들면 정지된 물체를 10m/s로 충돌한 경우 정지된 물체는 10m/s로 되고 충돌한 물체는 제자리에 정지하는 완전탄성충돌에서 속도가 보존되므로 운동에너지도 보존된다.

17 **모든 바퀴가 정상적으로 제동되는 중량 1500kgf인 차량이 평탄하고 젖은 노면에서 25m 미끄러지면서 18750J의 운동에너지를 소비하고 정지했다면 마찰계수는 얼마인가?**

① 0.5
② 0.6
③ 0.7
④ 0.8

해설 $E=\mu mgd$, $18750=\mu\times1500\times9.8\times25$,
$\mu=0.051$
보기에 정답이 없을 경우 중량에 9.8을 나누어 다시 계산한다.
$18750=\mu\times\frac{1500}{9.8}\times9.8\times25$, $\mu=0.5$

18 **정지하고 있던 차량이 출발하여 12m를 4초 만에 진행하였다. 차량의 평균 가속도는?**

① $1.0m/s^2$
② $1.5m/s^2$
③ $2.0m/s^2$
④ $2.5m/s^2$

해설 $d=v_0t+\frac{1}{2}at^2$, $12=\frac{1}{2}a\times4^2$, $a=1.5m/s^2$

19 **차량의 중량이 5500kgf이고 견인력이 3840N일 때 견인계수는?**

① 약 0.7
② 약 0.8
③ 약 0.9
④ 약 1.0

해설 1kgf = 9.8N 이므로
$f=\frac{3840}{5500\times9.8}=0.071$
보기에 정답이 없을 경우 중량에 9.8을 나누어 다시 계산해 본다.
$\frac{3840}{\frac{5500}{9.8}\times9.8}=0.70$

20 **A차량의 브레이크 밟기 전 속도는?**

- A차량 타이어와 도로 사이의 견인계수는 0.9
- A차량 운전자가 장애물을 발견하고 급브레이크를 밟아 제동상태로 2m 진행하고 정지
- A차량의 모든 바퀴는 정상적으로 제동

① 약 1.8m/s
② 약 5.9m/s
③ 약 16.4m/s
④ 약 21.3m/s

해설 $v=\sqrt{2\mu gd}=\sqrt{2\times0.9\times9.8\times2}=5.94m/s$

21 **물리량과 단위가 맞는 것은?**

① 운동량 : kgf
② 일 : J
③ 힘 : Nm
④ 에너지 : kgm/s

해설 운동량=질량×속도[kgm/s],
일=힘×거리 [Nm 또는 J],
에너지와 일의 단위는 동일

정답 16.③ 17.① 18.② 19.① 20.② 21.②

22 차량이 90km/h로 주행하다가 전방에 교통경찰이 서 있는 것을 보고 등감속하여 72km/h로 줄였다. 속도를 줄이는데 걸린 시간은 얼마인가?(단 가속도 -4.9m/s^2)

① 약 0.56초
② 약 1.02초
③ 약 1.45초
④ 약 1.83초

해설 $v=v_0+at$, $\frac{72}{3.6}=\frac{90}{3.6}+(-4.9)\times t$,
$t=1.02$

23 중량 1000kgf인 차량이 72km/h로 주행하고 있다. 차량의 운동에너지는?

① 약 2041J
② 약 20,408J
③ 약 40,816J
④ 약 144,000J

해설 $E=\frac{1}{2}mv^2=\frac{1}{2}\times1000\times\left(\frac{72}{3.6}\right)^2=200,000J$
보기에 정답이 없을 경우 중량에 9.8을 나누어 다시 계산한다.
$\frac{1}{2}\times\frac{1000}{9.8}\times\left(\frac{72}{3.6}\right)^2=20,408J$

24 모든 바퀴가 정상적으로 제동되는 자동차가 오르막 경사가 3%인 도로에서 스키드마크를 18m 발생시키고 정지하였다. 경사를 고려할 때 자동차의 제동직전 속도는?(단, 마찰계수 0.8)

① 약 54.8km/h
② 약 61.6km/h
③ 약 70.3km/h
④ 약 84.6km/h

해설 $v=\sqrt{2(\mu+G)gd}$
$=\sqrt{2(0.8+0.03)\times9.8\times18}=17.11m/s$

25 다음 중 알맞지 않은 것은?

① 운동에너지는 질량에 비례하므로 동일한 속도에서 대형차량의 운동에너지는 소형차량에 비해 크다.
② 대형차량은 급제동시 과대중량으로 인한 관성력 증가로 인해 같은 속도에서 제동시 승용차에 비해 제동거리가 길어질 수 있다.
③ 대형차량의 마찰계수는 건조한 아스팔트 노면인 경우 승용차 마찰계수 값의 125~135%를 적용하는 것이 타당하다.
④ 차륜 제동흔적을 이용하여 차량의 제동 전 속도를 추정하는 방법은 에너지 보존법칙을 이용하여 유도할 수 있다.

해설 대형차량의 마찰계수는 승용차의 80%를 적용한다.

정답 22.② 23.② 24.② 25.③

2017년 기출 차량운동학

01 다음 중 운동량에 대한 설명 중 틀린 것은?

① 운동량은 크기와 방향을 가지는 벡터이다.
② 질량이 m_1, m_2(m_1 〉 m_2)인 두 자동차가 동일한 속도로 주행할 때 m1인 자동차의 운동량이 더 크다.
③ 어떤 물체가 받는 충격량은 운동량의 변화량과 같다.
④ 운동량은 일정시간 동안 물체에 주어진 힘의 총량이다.

해설 충격량은 일정시간동안 물체에 주어진 힘이며 운동량의 변화와 같다.

02 차량의 무게 중심을 지나는 세로방향의 축을 중심으로 차량이 좌우로 기울어지는 현상으로 차량의 전도 혹은 전복과 관련이 있는 회전운동은 무엇인가?

① Pitching
② Surging
③ Rolling
④ Yawing

해설 피칭은 좌우축으로 회전하는 현상, 서징은 앞뒤 방향으로 진동하는 현상, 요잉은 상하축을 기준으로 회전하는 현상이다.

03 50km/h로 수직 암벽을 충돌한 차량이 2km/h로 튕겨나왔다. 반발계수를 구하시오.

① 0.5
② 0.4
③ 0.04
④ 0.02

해설 $반발계수 = \frac{충돌\,후\,속도차이}{충돌\,전\,속도차이} = \frac{2}{50} = 0.04$

04 어떤 차량이 1.5m 높이에서 이탈각도 없이 떨어져 수평으로 14.3m를 이동하여 착지하는 사고가 발생하였다. 이 차량의 추락직전 속도는?

① 약 73km/h
② 약 83km/h
③ 약 93km/h
④ 약 103km/h

해설 $v = d\sqrt{\frac{g}{2h}}$

$$= 14.3\sqrt{\frac{9.8}{2\times1.5}} = 25.85m/s$$

05 자동차 타이어가 락(Lock)되지 않은 상태에서 타이어가 구르면서 발생되는 저항마찰계수는?

① 최대감속계수
② 구름저항계수
③ 활주마찰계수
④ 급제동계수

06 다음 내용 중 옳은 설명은?

① 속력은 벡터이다.
② 속도는 스칼라이다.
③ 속력은 물체의 순간 빠르기와 운동방향을 함께 나타낸 물리량이다.
④ 속도는 물체의 빠르기 뿐만 아니라 운동방향을 함께 나타낸 물리량이다.

해설 속도는 벡터이다.

정답 01.④ 02.③ 03.③ 04.③ 05.② 06.④

07 완전탄성충돌에 관한 설명으로 옳은 것은?

① 반발계수가 1인 경우를 말하며 에너지 손실이 없다.
② 반발계수가 0인 경우에 운동에너지가 보존된다.
③ 반발계수의 값이 2일 때를 말한다.
④ 반발계수의 값이 0일 때를 말한다.

해설 완전탄성충돌은 반발계수가 1이고 운동에너지가 보존된다.

08 노즈다이브 현상에 대한 설명 중 틀린 것은?

① 노즈다이브에 의한 전단부 하향정도(지상고 변화)는 제동력의 세기와는 무관하다.
② 노즈다이브에 의한 전단부 하향정도(지상고 변화)는 현가장치 강성이 커질수록 줄어든다.
③ 노즈다이브에 의한 전단부 하향정도(지상고 변화)는 차량의 무게중심 높이가 높을수록 증가한다.
④ 노즈다이브에 의한 관성력과 제동력의 방향은 동일하지 않다.

해설 제동력에 의해 앞쏠림이 발생하고 차량의 앞부분이 내려가는 현상이다. 무게중심이 높을수록 이러한 현상은 강하게 나타난다.

09 등가속도 직선운동에 관한 설명으로 옳은 것은?

① 속도가 일정한 운동이다.
② 속도가 불규칙하게 가속하는 것으로 증가만 한다.
③ 가속도의 방향과 크기가 일정한 운동이다.
④ 가속도의 크기가 높아지거나 낮아지는 운동이다.

해설 가속도값이 일정한 경우를 등가속도 운동이라고 한다. 중력가속도는 등가속도이다.

10 등속으로 달리던 차량을 감속도 6.86m/s^{2}로 2.7초 동안 감속했더니 정지 되었다. 이 차량의 감속 직전 속도는

① 약 54.45km/h
② 약 66.68km/h
③ 약 72.45km/h
④ 약 90.68km/h

해설 $v = v_0 + at$, $0 = v_0 - 6.86 \times 2.7$,
$v = 18.52m/s$

11 질량 1500kg인 자동차가 10m/s로 운동하고 있을 때 운동방향으로 일을 해주었더니 자동차의 속도가 2배로 빨라졌다. 이때 해준 일의 크기는 얼마인가?

① 15,000J
② 150,000J
③ 225,000J
④ 350,000J

12 수평면 위에 물체를 놓고 점차 경사지게 하였다. 접촉면의 마찰계수가 0.3이라면 경사도가 얼마를 초과할 경우 미끄러지기 시작하는가?

① 약 12.5°
② 약 15.4°
③ 약 16.7°
④ 약 18.6°

해설 $\mu = \tan\theta$,

$\theta = \tan^{-1}\mu = \tan^{-1}0.3 = 16.70°$

정답 07.① 08.① 09.③ 10.② 11.③ 12.③

13 A와 B중간지점에 C가 있다. A에서 C지점까지의 속도는 5m/s이고, C에서 B까지의 속도는 20m/s이다. A에서 B까지의 평균 속도는?

① 8m/s
② 12.5m/s
③ 5m/s
④ 6.5m/s

해설 A–C 구간의 거리와 C–B 구간의 거리를 d 라고 하면,

A–C 구간의 소요시간 : $t_1 = \frac{d}{v_1} = \frac{d}{5}$

C–B 구간이 소요시간 : $t_2 = \frac{d}{v_2} = \frac{d}{20}$

평균속도 : $v = \frac{2d}{\frac{d}{5} + \frac{d}{20}} = \frac{2}{\frac{1}{5} + \frac{1}{20}} = 8m/s$

14 질량 1000kg의 자동차가 25m/s에서 30m/s로 속도가 변할 때 충격량은?

① 5000N·s
② 55000N·s
③ 2500N·s
④ 30000N·s

해설 충격량은 운동량의 변화이다.
$1000 \times (30-25) = 5000Ns$

15 보행자가 최단거리로 도로를 횡단하고자 한다. 도로의 폭이 7.3m이고 보행속도가 1.4m/s라면 필요한 시간은?

① 약 5.2s
② 약 5.7s
③ 약 6.7s
④ 약 7.7s

해설 $t = \frac{d}{v}$

16 평탄한 길을 달리던 버스가 포장도로에서 40m를 미끄러지고, 이어서 잔디밭에서 30m를 미끄러진 후에 4m 낭떠러지 아래로 추락하였다. 조사결과 추락직전 속도는 13.28m/s로 확인되었고 포장도로의 견인계수는 0.8, 잔디밭의 견인계수는 0.45이었다. 이 버스가 포장도로에서 미끄러지는데 소요된 시간은?

① 약 0.9sec
② 약 1.49sec
③ 약 1.75sec
④ 약 2.1sec

해설

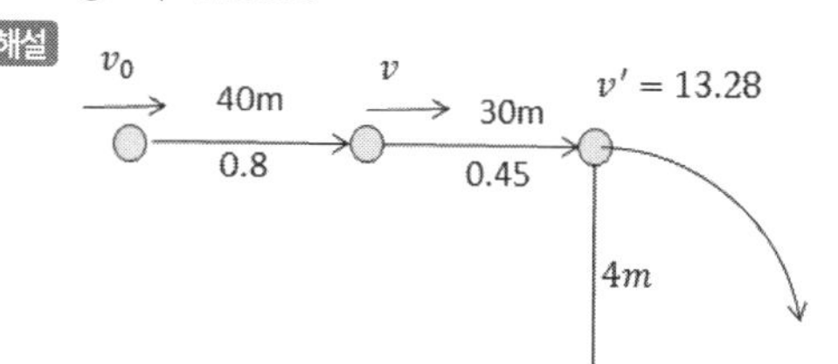

$v'^2 - v^2 = 2ad_2$,
$13.28^2 - v^2 = 2 \times (-0.45 \times 9.8) \times 30$,
$v = 21.00m/s$
$v^2 - v_0^2 = 2ad_1$,
$21^2 - v_0^2 = 2 \times (-0.8 \times 9.8) \times 40$,
$v_0 = 32.68m/s$
$v = v_0 + at$
$21 = 32.68 + (-0.8 \times 9.8)t$, $t = 1.49s$

17 80km/h의 속도로 직진 주행 중인 자동차가 3초 후에 100km/h가 되었다면 3초 동안 자동차가 주행한 거리는 얼마인가?

① 약 45.8m
② 약 59.4m
③ 약 67.5m
④ 약 75.1m

해설 평균속도 $\frac{v_0 + v}{2} = \frac{d}{t}$, $\frac{\frac{80}{3.6} + \frac{100}{3.6}}{2} = \frac{d}{3}$

정답 13.① 14.① 15.① 16.② 17.④

18 어떤 차량이 내리막 경사가 5%인 도로를 72km/h로 주행하다가 갑자기 제동한 결과 40m 전방에 정지하였다. 이때 노면과 타이어 사이의 마찰계수는?

① 약 0.35
② 약 0.48
③ 약 0.56
④ 약 0.67

해설 $v = \sqrt{2(\mu + G)gd}$,
$\frac{72}{3.6} = \sqrt{2(\mu - 0.05) \times 9.8 \times 40}$

19 직각교차로에서 A차량은 45km/h의 속도로 동쪽에서 서쪽으로, B차량은 67.5km/h의 속도로 남쪽에서 북쪽으로 각각 등속으로 주행하다가 직각으로 충돌했다. 충돌지점은 정지선으로부터 A차량은 25m, B차량은 30m를 교차로 내로 진입한 지점이다. 어느 차량이 정지선을 몇초 먼저 통과하였는가?

① A차량이 0.2초 먼저 통과했다.
② B차량이 0.2초 먼저 통과했다.
③ A차량이 0.4초 먼저 통과했다.
④ B차량이 0.4초 먼저 통과했다.

해설 A차량 진입시간 : $\frac{25}{\left(\frac{45}{3.6}\right)} = 2s$,
B차량 진입시간 : $\frac{30}{\left(\frac{67.5}{31.6}\right)} = 1.6s$
A차량이 0.4초 먼저 진입하였다.

20 슬립비에 관한 설명 중 가장 옳은 것은?

① 슬립비와 마찰계수는 상호 관련성이 없다.
② 타이어가 노면에 미끄러지지 않고 회전하는 상태에서의 슬립비는 "0"이다.
③ 제동하지 않은 상태에서의 차량속도와 타이어의 원주속도는 항상 다르다.
④ 차량의 제동과 슬립비는 상호 관련성이 없다.

해설 슬립은 타이어가 노면에 미끄러지는 상황이다. 그러므로 타이어가 미끄러지지 않고 회전하면서 노면 위를 자연스럽게 지나가는 상태의 슬립비는 "0" 이다.

21 지상 5m되는 곳에서 질량 1000kg인 자동차가 자유낙하 되어 튕겨남 없이 지면에 떨어졌을 때 중력에 의하여 물체가 받는 충격량은?

① 5000N·s
② 10000N·s
③ 15000N·s
④ 20000N·s

해설 지면도달시 속도 :
$v = \sqrt{2gh} = \sqrt{2 \times 9.8 \times 5} = 9.90m/s$
충격량
$F\Delta t = mv_2 - mv_1$
$= 1000(9.90 - 0) = 9899.49Ns$

22 2% 내리막 도로를 주행하던 차량이 급제동하여 20m의 스키드마크를 발생시키고 정지하였다. 흔적발생 구간에서 견인계수 값이 0.7일 때 급제동 직전 차량 진행속도는?

① 약 47.8km/h
② 약 59.6km/h
③ 약 67.6km/h
④ 약 73.7km/h

해설 $v = \sqrt{2(\mu + G)gd}$
$= \sqrt{2(0.7 - 0.02) \times 9.8 \times 20} = 16.33m/s$

정답 18.③ 19.③ 20.② 21.② 22.②

23 **트레드홈이 없는 경주용 타이어의 마찰계수에 관한 설명 중 옳은 것은?**

① 건조한 상태에서 일반 타이어에 비해 높은 마찰계수를 나타내나 젖은 노면상태에서는 오히려 마찰계수가 낮아진다.
② 건조한 상태에서 일반 타이어에 비해 낮은 마찰계수를 나타내나 젖은 노면 사애에서는 오히려 마찰계수가 높아진다.
③ 건조한 상태 및 젖은 노면 상태에서 일반 타이어에 비해 낮은 마찰계수를 나타낸다.
④ 건조한 상태 및 젖은 노면 상태에서 일반 타이어에 비해 높은 마찰계수를 나타낸다.

해설 경주용 타이어는 트레드홈이 없어 노면이 젖은 상태에서는 배수기능이 떨어져서 노면과 밀착 정도가 낮아진다.

24 **35m/s의 속도로 달리던 질량 2000kg인 차량에 반대방향으로 1000N의 힘을 8초간 준 후의 속도는 얼마인가?**

① 31m/s
② 24m/s
③ 21m/s
④ 14m/s

해설 $F=ma$, $1000=2000\times a$, $a=0.5$
$v=v_0+at=35-0.5\times 8=31m/s$

25 **어떤 운전자가 고속도로를 120km/h로 주행하던 중 과속 단속장비를 보고 $10m/s^2$으로 등감속하여 90km/h의 속도로 과속 단속장비를 통과하였을 때 감속된 구간에서의 차량 진행거리는 얼마인가?**

① 약 315m
② 약 31.5m
③ 약 24.3m
④ 약 12.1m

해설 $v^2-v_0^2=2ad$,
$$\left(\frac{90}{3.6}\right)^2-\left(\frac{120}{3.6}\right)^2=2\times(-10)\times d$$

정답 23.① 24.① 25.③

01 고가도로 위에서 운전자의 실수로 질량 800kg인 차량이 5m 아래 수직으로 튕김 없이 떨어졌다. 차량이 받은 충격량은? (단, 중력가속도 $10m/s^2$)

① $4000\ kg \cdot m/s^2$
② $6000\ kg \cdot m/s^2$
③ $8000\ kg \cdot m/s^2$
④ $10000\ kg \cdot m/s^2$

해설 5m 지점 추락 속도 :

$$v = \sqrt{2gh} = \sqrt{2\times 9.8\times 5} = 9.90m/s$$

충격량 :

$$F\triangle t = mv_2 - mv_1$$

$$= 800(9.90-0) = 7920Ns$$

02 차량이 제동을 시작하면 아스팔트 도로를 30m 미끄러진 후 콘크리트 도로를 15m 미끄러지고 정지하였다. 차량이 제동되기 전 속도는? (단, 제동 이전 감속은 무시, 아스팔트 도로의 견인계수 : 0.8, 콘크리트 도로의 견인계수 : 0.4, 중력가속도 $9.8\ m/s^2$)

① 87.3km/h
② 78.1km/h
③ 84.3km/h
④ 85.5km/h

해설

v_0 → 30m, 0.8 → v → 15m, 0.4 → $v' = 0$

$$v = \sqrt{2\mu gd} = \sqrt{2\times 0.4\times 9.8\times 15} = 10.84m/s$$

$$v^2 - v_0^2 = 2ad,$$

$$10.84^2 - v_0^2 = 2\times(-0.8\times 9.8)\times 30,$$

$$v_0 = 24.25m/s$$

03 외력이 작용하지 않는 한 운동하고 있는 물체는 언제까지나 등속으로 운동하고 정지한 물체는 계속 정지하려고 하는 운동법칙은?

① 관성의 법칙
② 가속도의 법칙
③ 작용 반작용의 법칙
④ 운동량 보존의 법칙

04 중량 2000kg인 차량이 급제동하여 미끄러질 때 축 하중을 측정한 결과 앞바퀴에는 각각 600kg, 뒷바퀴에는 각각 400kg의 하중이 작용하였다. 앞축 바퀴 견인계수는 각각 0.8, 뒷축 바퀴 견인계수는 각각 0.01인 경우 급제동 구간에서의 합성 견인계수는?

① 0.88
② 0.80
③ 0.48
④ 0.40

해설

$$f = \frac{\text{앞축하중} \times \text{앞바퀴마찰계수} + \text{뒷축하중} \times \text{뒷바퀴마찰계수}}{\text{총무게}}$$

$$= \frac{600\times 2\times 0.8 + 400\times 2\times 0.01}{2000}$$

정답 01.③ 02.① 03.① 04.③

05 수평면 위에 질량 1000kg인 자동차가 정지해 있고, 이 자동차에 수평으로 일정한 크기의 힘을 5초 동안 준 결과 자동차의 속도가 10m/s가 되었다. 힘이 한 일은? (단, 중력가속도 $10m/s^2$이고, 수평면과 물체 사이의 마찰계수는 0.5이다)

① 150kJ
② 175kJ
③ 200kJ
④ 250kJ

해설 가속도 : $a=\frac{\Delta v}{t}=\frac{10-0}{5}=2m/s^2$

이동거리 : $d=\frac{1}{2}at^2=\frac{1}{2}\times2\times5^2=25m$

운동에너지 : $E=\frac{1}{2}\times1000\times10^2=50000J$

마찰에너지 : $E=\mu mgd$
$=0.5\times1000\times10\times25=125000J$

그러므로

일 = 운동에너지 + 마찰에너지 = 175kJ

06 두 차량이 충돌하면서 A차량 앞유리가 충돌지점에서 12m 날아갔다. A차량 앞유리의 높이가 0.6m일 때 충돌 시 추정속도는? (단, 앞유리가 이탈되어 B차량이나 주변 구조물과의 접촉은 없었고, 공기저항은 무시, 중력가속도 9.8 m/s^2)

① 152.4km/h
② 111.7km/h
③ 123.5km/h
④ 102.6km/h

해설 수평추락에서

$v=d\sqrt{\frac{g}{2h}}=12\sqrt{\frac{9.8}{2\times0.6}}=34.29m/s$

07 질량이 2000kg인 A차량이 견인계수가 0.75인 노면에서 20m를 미끄러지며 정지하고 있던 질량 1200kg인 B차량을 추돌하였다. 추돌 후 두 차량이 한 덩어리로 견인계수 0.6인 노면을 10m 미끄러지며 정지하였다. 손상된 차체를 장벽충돌 환산속도로 평가하면 A차량 전면 손상은 7m/s, B차량 후미손상은 8m/s였다. 사고 전 A차량이 미끄러지기 시작할 때의 속도는? (단, 중력가속도 $9.8m/s^2$)

① 39.2km/h
② 78.4km/h
③ 85.9km/h
④ 99.3km/h

해설 최초운동에너지
= 20m 마찰에너지 + 7m/s 에너지
+ 8m/s 에너지 + 10m 마찰에너지

$\frac{1}{2}\times2000v^2$
$=0.75\times2000\times9.8\times20+\frac{1}{2}\times2000\times7^2+\frac{1}{2}\times1200\times8^2+0.6\times(2000+1200)\times9.8\times10$

$v=23.87\mathrm{m/s}=85.92\mathrm{km/h}$

08 급제동 시 승용차 전륜 견인계수가 0.8이고, 후륜 견인 계수가 0.5이면 전체 견인계수는? (단, 급제동시 무게 배분은 전륜 70%, 후륜 30%를 적용)

① 0.76
② 0.71
③ 0.66
④ 0.61

해설

$$f=\frac{\text{전륜견인계수}\times\text{전륜무게배분(\%)}+\text{후륜견인계수}\times\text{후륜무게배분(\%)}}{100}$$

$$f=\frac{0.8\times70+0.5\times30}{100}=0.71$$

정답 05.② 06.③ 07.③ 08.②

09 80km/h로 진행하던 차량이 급제동하여 31.49m를 미끄러지고 정지하였다. 이 차량의 견인계수는? (단, 중력가속도 9.8m/s^2)

① 0.6
② 0.7
③ 0.8
④ 0.9

해설 $v=\sqrt{2fgd}$,
$\left(\frac{80}{3.6}\right)=\sqrt{2\times f\times 9.8\times 31.49}$

10 대형트럭 기어가 9단에 물린 채 충돌하는 사고가 발생했다. 변속기 기어비가 1.57이고, 종감속 기어비가 2.83이었다. 타이어 반경이 0.58m이고, 엔진의 PPM이 900~2000사이에 있다고 하면, 충돌 시 대형트럭의 최소, 최고 속도범위는?

① 약 55 ~ 약 70km/h
② 약 35 ~ 약 89km/h
③ 약 45 ~ 약 99km/h
④ 약 65 ~ 약 79km/h

해설 $v=\frac{RPM\times\pi d}{기어비\times 60}$
$=\frac{(900\sim 2000)\times 3.14\times(0.58\times 2)}{1.57\times 2.83\times 60}$

11 질량이 2000kg인 차량이 45000kgm^2/s^{2}의 운동에너지를 가지고 운동할 때 속도는?

① 14.3km/h
② 16.8km/h
③ 20.5km/h
④ 24.1km/h

해설 $E=\frac{1}{2}mv^2$

12 차량이 평탄한 도로에서 바퀴가 모두 잠긴 상태로 10m 제동흔적을 발생하고 정지한 때, 제동 직전 속도는?(단 마찰계수 0.7)

① 11.7km/h
② 25.6km/h
③ 36.9km/h
④ 42.2km/h

13 자동차가 임의의 기준점에서 북쪽으로 100km진행하고, 그 다음에 동쪽으로 200km진행했다. 자동차가 그 기준점에서 진행한 변위의 크기는?

① 약 100km
② 약 150km
③ 약 224km
④ 약 300km

해설 피타고라스 정리에 의해 $v=\sqrt{100^2+200^2}$

14 운동량에 대한 설명으로 맞는 것은?

① 물체의 질량과 속도를 곱한 양
② 물체의 질량과 속도를 나눈 양
③ 물체의 질량과 속도를 뺀 양
④ 물체의 질량과 속도에 질량을 다시 곱한 값

15 반발계수의 값으로 맞는 것은?

① $e=\frac{v_2-v_1}{v_1-v_2}=\frac{v_1'+v_2'}{v_1+v_2}$

② $e=\frac{v_2-v_1}{v_1'-v_2'}=-\frac{v_2'-v_1'}{v_1'+v_2'}$

③ $e=\frac{v_2-v_1}{v_1+v_2}=\frac{v_1'-v_2'}{v_1'+v_2}$

④ $e=\frac{v_2'-v_1'}{v_1-v_2}=-\frac{v_1'-v_2'}{v_1-v_2}$

해설 반발계수 $=\frac{충돌\ 후\ 속도차이}{충돌\ 전\ 속도차이}$

정답 09.③ 10.③ 11.④ 12.④ 13.③ 14.① 15.④

16 축간 거리가 4m이고 선회 외측전륜의 최대 조향각을 30°로 하여 서행한 경우, 이 승용차의 최소회전반경은?(단 킹핀 중심선과 타이어 중심선간의 거리는 무시)

① 5m
② 8m
③ 12m
④ 16m

해설 $R=\frac{L}{\sin\theta}+r$, $R=\frac{4}{\sin 30^{\circ}}=8m$

17 오토바이가 외력을 받지 않은 상태에서 균형을 잃고 전도될 때 소요된 시간은?(단 오토바이의 무게중심 높이는 0.5m)

① 0.32s
② 0.38s
③ 0.65s
④ 0.52s

해설 $h=\frac{1}{2}gt^2$,

$$t=\sqrt{\frac{2h}{g}}=\sqrt{\frac{2\times 0.5}{9.8}}=0.32s$$

18 회전운동을 하고 있는 차량에 작용하는 원심력 F의 크기를 맞게 나타낸 것은?

① $F=m\frac{v^2}{r^2}$

② $F=m\frac{v}{r^2}$

③ $F=m\frac{v^2}{r}$

④ $F=m\frac{v}{r}$

19 질량이 1000kg인 자동차가 언덕에서 20m/s의 속도로 아래로 떨어져 지면에 충돌한 후 3m/s의 속도로 튀어 올랐다. 자동차의 충격량은?

① 17000kg·m/s
② 23000kg·m/s
③ 47000kg·m/s
④ 60000kg·m/s

해설 충격량

$$F\Delta t=mv_2-mv_1$$
$$=1000\times(20-(-3))=23000\text{kgm/s}$$

20 질량 1200kg인 차량이 100km/h의 속도로 평지를 주행하고 있다. 이 차량을 멈추는데 필요한 에너지의 양은?

① 232kJ
② 463kJ
③ 926kJ
④ 568kJ

해설 $E=\frac{1}{2}mv^2=\frac{1}{2}\times 1200\times\left(\frac{100}{3.6}\right)^2$

21 질량이 1000kg인 자동차가 동쪽으로 10m/s의 속도로 진행하다가 서쪽으로 15m/s의 속도로 진행하는 질량 2000kg인 자동차와 정면으로 충돌하였다. 충돌 직후 두 자동차의 방향과 운동량의 합은?(단 충돌로 인한 에너지 감소량은 없고 1차원상의 충돌이다.)

① 동쪽으로, 20000kg·m/s
② 서쪽으로, 20000kg·m/s
③ 동쪽으로, 30000kg·m/s
④ 서쪽으로, 30000kg·m/s

해설 운동량의 합 :
$1000\times 10-2000\times 15=-20000$

정답 16.② 17.① 18.③ 19.② 20.② 21.②

22 A차량이 60km/h로 급제동한 결과 스키드마크 길이가 30m 발생하였다. 같은 곳에서 스키드마크 길이가 40m 발생한 경우 제동직전 속도는?

① 63.7km/h
② 65.7km/h
③ 69.2km/h
④ 76.4km/h

해설 $v=\sqrt{2\mu gd}$,
$\left(\frac{60}{3.6}\right)=\sqrt{2\times\mu\times9.8\times30}$,
$\mu=0.47$
$v'=\sqrt{2\times0.47\times9.8\times40}=19.20m/s$.

23 차량이 $1.5m/s^2$의 가속도로 6초 동안 가속하여 속도가 15m/s가 되었다면 처음 속도는 몇 km/h인가?

① 21.6km/h
② 23.6km/h
③ 25.6km/h
④ 27.6km/h

해설 $v=v_0+at$, $15=v_0+1.5\times6$,
$v_0=6m/s$

24 질량을 무시할 수 있는 도르래의 한쪽에는 질량 4kg, 다른 쪽에는 질량 6kg이 연결되어 있다. 6kg의 물체가 정지상태로 출발하여 8m 아래의 지면에 닿는 순간의 가속도는?(단 중력가속도는 $10m/s^2$)

① $8m/s^2$
② $6m/s^2$
③ $4m/s^2$
④ $2m/s^2$

해설

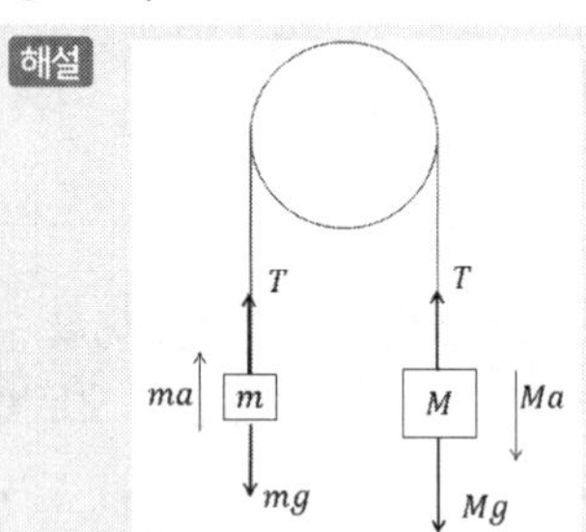

m에 대한 운동방정식 $ma=T-mg$
M에 대한 운동방정식 $Ma=Mg-T$
T를 소거하고 a에 대해 정리하면
$a=\left(\frac{M-m}{M+m}\right)g=\left(\frac{6-4}{6+4}\right)\times10=2m/s^2$

25 18km/h로 진행하던 자동차가 $0.5m/s^2$ 으로 감속하여 정지하였다면, 감속을 시작하여 정지하기까지 주행한 거리는?

① 10m
② 15m
③ 20m
④ 25m

해설 $v=\sqrt{2\mu gd}$,
$\left(\frac{18}{3.6}\right)=\sqrt{2\times0.5\times d}$,
$d=25m$

정답 22.③ 23.① 24.④ 25.④

PART 05

2차시험 기출문제 분석

도로교통사고감정사

chapter 01

2차시험 기출문제 분석

2021년 기출 2차시험

문제 1 다음 질문에 답하시오.

개 요

A차량은 동쪽에서 서쪽으로 진행하다가 북쪽에서 남쪽으로 진행하던 B차량과 1차 충돌하였고, 이후 A차량은 서쪽에서 동쪽으로 진행하던 C차량과 2차 충돌하였다.

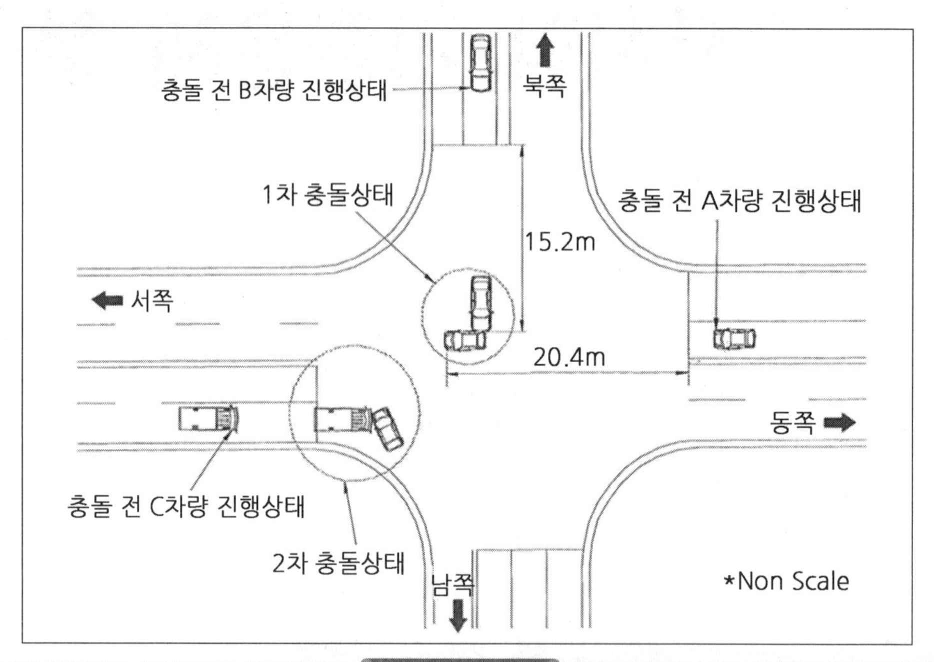

조 건

- 사고차량들에서 추출한 EDR(Event Data Recorder) 자료는 표 1~4와 같음.
- EDR 자료의 속도 데이터는 0.5초 간격의 순간속도임.
- 각 차량 EDR 정보의 기록 기준시점(0.0초)을 충돌 시점으로 간주
- 운전자 인지반응시간은 0.7초, 중력가속도는 9.8m/s²
- C차량 급제동 시 견인계수는 0.7
- 계산식의 경우 관계식 및 풀이과정을 단위와 함께 기술하고, 소수 셋째 자리에서 반올림

※ 아래 주어진 EDR 자료를 참고하여 질문에 답하시오.

01 A차량의 전면이 정지선을 지날 때는 1차 충돌하기 몇 초 전인가?

풀이 $d = v \times t$ 에서

0 ~ −0.5초 : $\left(\frac{49}{3.6}\right) \times 0.5 = 6.8m$

−0.5 ~ −1.0초 : $\left(\frac{49}{3.6}\right) \times 0.5 = 6.8m$

−1.0 ~ −1.5초 : $\left(\frac{49}{3.6}\right) \times 0.5 = 6.8m$이고 $6.8 \times 3 = 20.4m$이므로

1.5초 동안 진행한 후 충돌

02 A차량의 전면이 정지선을 지날 때 B차량의 위치를 1차 충돌지점 기준으로 구하시오.

풀이 A차량 1.5초 전에 B차량을 구하는 문제이므로 B차량이 충돌 전 1.5초간 진행한 거리를 구하면,

0.0s 72km/h

−0.5s 68km/h 0.0 ~ −0.5까지 진행한 거리 $d_1 = \left(\frac{68+72}{2 \times 3.6}\right) \times 0.5 = 9.72m$

−1.0s 68km/h −0.5 ~ −1.0까지 진행한 거리 $d_2 = \left(\frac{68}{3.6}\right) \times 0.5 = 9.44m$

−1.5s 68km/h −1.0 ~ −1.5까지 진행한 거리 $d_3 = \left(\frac{68}{3.6}\right) \times 0.5 = 9.44m$

그러므로 충돌지점 기준 28.6m 이전.

03 A차량의 전면이 정지선을 지날 때 C차량의 위치를 2차 충돌지점 기준으로 구하시오.

풀이 표 2에서 다중 사고 간격이 2초이므로 A차량이 정지선을 지나 B차량과 충돌하기까지 1.5초와 C차량과 충돌하기까지의 시간 2초를 더하면 3.5초가 되므로 표 4에서 3.5초간 C차량이 진행한 거리를 계산하면,

$$d = \left(\frac{36}{3.6}\right) \times 0.5 + \left(\frac{36}{3.6}\right) \times 0.5 + \left(\frac{36+37}{2 \times 3.6}\right) \times 0.5 + \ldots = 36.67m$$

04 **C차량 운전자가 A차량과 B차량 충돌 시 위험을 인지하고 급제동하여 정지하였을 경우 C차량의 정지위치를 2차 충돌지점 기준으로 구하고, A차량과의 충돌여부를 기술하시오.**

풀이 A차량과 B차량이 충돌한 후 2초 뒤에 C차량이 충돌하므로 충돌 2초전 위치를 표 4에 의해 구하면,

$$d = \left(\frac{37}{3.6}\right)\times 0.5 + \left(\frac{37+40}{2\times 3.6}\right)\times 0.5 + \left(\frac{40}{3.6}\right)\times 0.5 + \left(\frac{40}{3.6}\right)\times 0.5 = 21.6m$$

C차량의 정지거리를 구하여 보면,

$$d_C = v_0 t + \frac{v_0^2}{2\mu g} = \left(\frac{37}{3.6}\right)\times 0.7 + \frac{\left(\frac{37}{3.6}\right)}{2\times 0.7\times 9.8} = 14.98m$$

A차량과 B차량이 충돌한 순간 C차량은 충돌지점에서 21.6m 지점에 있었고 C차량의 정지거리는 14.98m이므로 A차량과 B차량의 충돌 순간을 인지하고 급제동하였더라면 6.71m 전에 정지할 수 있었다.

[표1] A차량의 EDR정보(이벤트 1, 일부분 발췌)

<이벤트 1>

사고시점의 EDR 정보

다중사고 횟수(1 or 2)	1개 이벤트
다중사고 간격 1 to 2 [msec]	0
정상기록 완료여부 (Yes or No)	YES
충돌기록시 시동 스위치 작동 누적횟수 [cycle]	9119
정보추출시 시동 스위치 작동 누적횟수 [cycle]	9123

사고 이전 차량 정보 (-5 ~ 0 sec)

시간 (sec)	자동차 속도[kph]	엔진 회전수 [rpm]	엔진 스로틀밸브 열림량[%]	가속페달 변위량[%]	제동페달 작동여부 [on/off]	조향핸들 각도 [degree]
-5.0	49	1600	6	0	off	0
-4.5	49	1600	6	0	off	0
-4.0	49	1600	6	0	off	0
-3.5	49	1600	6	0	off	0
-3.0	50	1700	7	2	off	0
-2.5	50	1700	7	0	off	0
-2.0	50	1700	7	0	off	0
-1.5	49	1600	6	0	off	0
-1.0	49	1600	6	0	off	0
-0.5	49	1600	6	0	off	0
0.0	49	1600	6	0	off	0

[표2] A차량의 EDR정보(이벤트 2, 일부분 발췌)

<이벤트 2>

사고시점의 EDR 정보

다중사고 횟수(1 or 2)	2개 이벤트
다중사고 간격 1 to 2 [msec]	2000
정상기록 완료여부 (Yes or No)	YES
충돌기록시 시동 스위치 작동 누적횟수 [cycle]	9119
정보추출시 시동 스위치 작동 누적횟수 [cycle]	9123

사고 이전 차량 정보 (-5 ~ 0 sec)

시간 (sec)	자동차 속도[kph]	엔진 회전수 [rpm]	엔진 스로틀밸브 열림량[%]	가속페달 변위량[%]	제동페달 작동여부 [on/off]	조향핸들 각도 [degree]
-5.0	50	1700	7	2	off	0
-4.5	50	1700	7	0	off	0
-4.0	50	1700	7	0	off	0
-3.5	49	1600	6	0	off	0
-3.0	49	1600	6	0	off	0
-2.5	49	1600	6	0	off	0
-2.0	49	1600	6	0	off	0
-1.5	42	1200	5	0	on	0
-1.0	35	1100	4	0	on	0
-0.5	28	1000	4	0	on	0
0.0	21	1000	4	0	on	0

[표3] B차량의 EDR정보(이벤트 1, 일부분 발췌)

<이벤트 1>

사고시점의 EDR 정보

다중사고 횟수(1 or 2)	1개 이벤트
다중사고 간격 1 to 2 [msec]	0
정상기록 완료여부 (Yes or No)	YES
충돌기록시 시동 스위치 작동 누적횟수 [cycle]	13124
정보추출시 시동 스위치 작동 누적횟수 [cycle]	13159

사고 이전 차량 정보 (-5 ~ 0 sec)

시간 (sec)	자동차 속도[kph]	엔진 회전수 [rpm]	엔진 스로틀밸브 열림량[%]	가속페달 변위량[%]	제동페달 작동여부 [on/off]	조향핸들 각도 [degree]
-5.0	64	1600	10	0	off	0
-4.5	64	1600	10	0	off	0
-4.0	64	1600	10	0	off	0
-3.5	64	1600	12	0	off	0
-3.0	65	1700	13	2	off	0
-2.5	66	1700	13	0	off	0
-2.0	66	1700	13	0	off	0
-1.5	68	1800	15	2	off	0
-1.0	68	1800	15	5	off	0
-0.5	68	1800	16	7	off	0
0.0	72	1900	18	15	off	0

[표4] C차량의 EDR정보(이벤트 1, 일부분 발췌)

<이벤트 1>

사고시점의 EDR 정보

다중사고 횟수(1 or 2)	1개 이벤트
다중사고 간격 1 to 2 [msec]	0
정상기록 완료여부 (Yes or No)	YES
충돌기록시 시동 스위치 작동 누적횟수 [cycle]	15126
정보추출시 시동 스위치 작동 누적횟수 [cycle]	15154

사고 이전 차량 정보 (-5 ~ 0 sec)

시간 (sec)	자동차 속도[kph]	엔진 회전수 [rpm]	엔진 스로틀밸브 열림량 [%]	가속페달 변위량[%]	제동페달 작동여부 [on/off]	조향핸들 각도 [degree]
-5.0	36	1400	6	0	off	0
-4.5	36	1400	6	0	off	0
-4.0	36	1400	6	0	off	0
-3.5	36	1400	6	0	off	0
-3.0	36	1400	6	0	off	0
-2.5	36	1500	7	0	off	0
-2.0	37	1500	7	2	off	0
-1.5	37	1600	8	2	off	0
-1.0	40	1700	8	1	off	0
-0.5	40	1700	8	3	off	0
0.0	40	1700	10	0	off	0

문제 2 다음 질문에 답하시오.

개 요

질량 2000kg인 A차량이 서쪽에서 동쪽으로 직진하고, 질량 1800kg인 B차량이 남쪽에서 북쪽으로 직진하다 A차량의 우측면을 B차량의 전면으로 충돌하였다. A차량은 B차량과 충돌한 후 좌측 전방으로 이동하여 맞은편에 정지해있던 질량 1500kg인 C차량과 2차 충돌하였다. A차량의 블랙박스 영상에서 사고상황이 확인되고, 영상은 1초당 30프레임(30fps)으로 저장되어 있으며, 영상을 분석한 결과 A차량이 교차로 정지선을 통과한 시점부터 B차량과 충돌한 시점까지 75프레임이 경과되었다.

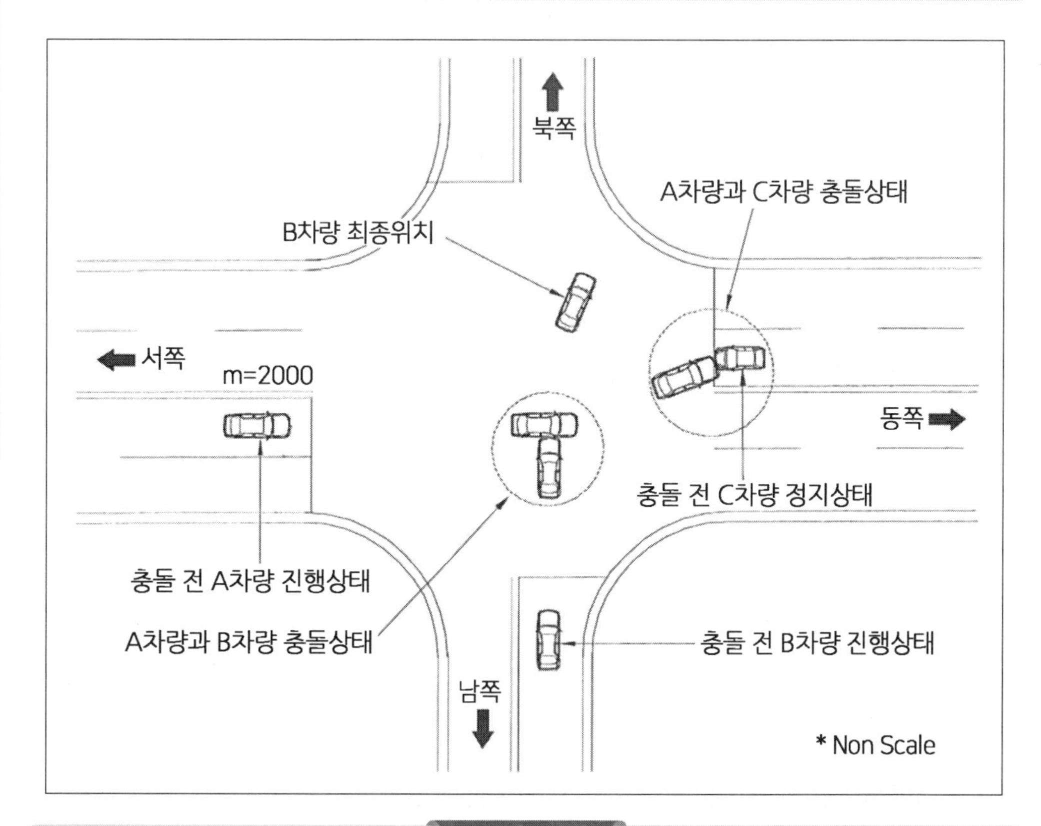

조 건

- A차량에서 추출한 EDR(Event Data Record)데이터의 이벤트 1(표 2, 3, 4, 5)은 A차량이 B차량과 충돌할 때 저장된 것으로 간주
- A차량에서 추출한 EDR(Event Data Record)데이터의 이벤트 2(표 6, 7, 8, 9)는 A차량이 C차량과 충돌할 때 저장된 것으로 간주
- 각 차량 EDR정보의 기록 기준 시점(0.0초)을 충돌 시점으로 간주
- EDR 자료의 속도 데이터는 0.5초 간격의 순간 속도임
- 계산식의 경우 관계식 및 풀이과정을 단위와 함께 기술하고, 계산과정에서 소수 셋째 자리에서 반올림

01 EDR 데이터의 이벤트 1 기록을 근거로 –5.0초부터 0초까지 A차량의 평균 가속도를 구하시오.

풀이 $\dfrac{\left(\dfrac{56}{3.6}\right)-\left(\dfrac{62}{3.6}\right)}{5}=-0.33m/s^2$

02 EDR데이터의 이벤트 1 기록을 근거로 A차량의 정면을 기준(0°, 12시)으로 주충격력 작용방향(Principle Direction of Force) 각도를 구하시오.

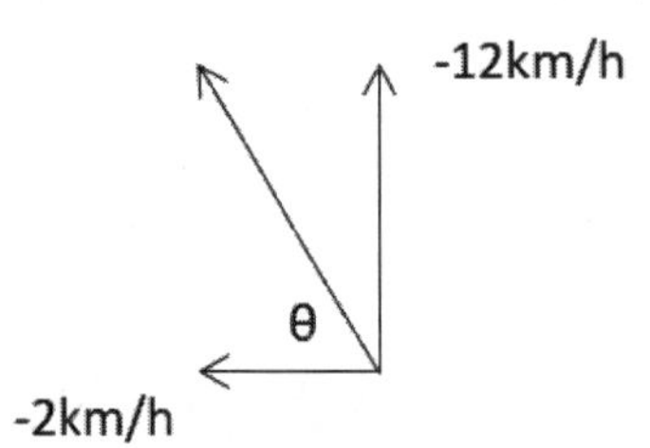

풀이 $\theta=\tan^{-1}\dfrac{12}{2}=80.54°$, 정면기준 260.54°

03 EDR 데이터의 이벤트 1이 A차량과 B 차량의 충돌과정에서 저장되었다고 볼 수 있는 근거 3가지를 제시하시오.

풀이
1. 2개 이벤트이고 이벤트 간격이 2초이다.
2. 정면에어백이 전개되지 않았고 조수석 에어백이 전개되었다.
3. 측면 속도변화가 더 크다.
4. 조향핸들각도가 0° 이다.
5. 이벤트 2에서 정면 에어백이 전개되었다.
6. 가속페달 변위량이 이벤트 2의 −2.0에서 '0' 이 되었다.

04 A차량이 교차로 정지선을 통과하는 시점일 때 A차량의 속도를 구하시오.

풀이 A차량은 정지선부터 충돌시점까지 75프레임이 경과되었으므로

시간은 $\dfrac{1}{30}$초×75 프레임 = 2.5s

표3에서 충돌 2.5초 전의 속도는 59km/h

05 EDR 데이터의 이벤트 2를 근거로 정지해 있던 C차량이 A차량에 충돌된 직후 속도를 구하시오.

풀이 $38\times2000+1500\times0=(38-16)\times2000+1500\times v_c$

$$v_c=\frac{38\times2000-22\times2000}{1500}=21.33\mathrm{km/h}$$

[표 1] A차량의 EDR 기록정보 방향

기록항목	+ 방향	비고
진행방향 가속도	진행 방향	그림1에서 +X
진행방향 속도변화 누계	진행 방향	그림1에서 +X
측면방향 가속도	좌측에서 우측 방향	그림1에서 +Y
측면방향 속도변화 누계	좌측에서 우측 방향	그림1에서 +Y
수직방향 가속도	상측에서 하측 방향	그림1에서 +Z
조향핸들 각도	반 시계 방향	-

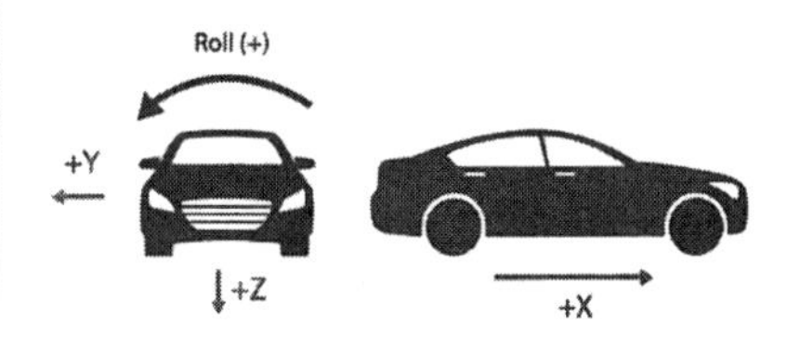

〈그림 1〉 A차량의 EDR 기록정보 방향

[표 2] A차량의 EDR 데이터(이벤트 1) - 사고시점의 EDR 정보

다중사고 횟수(1 or 2)	1개 이벤트
다중사고 간격 1 to 2 [msec]	0
정상기록 완료여부 (Yes or No)	YES
충돌기록시 시동 스위치 작동 누적횟수 [cycle]	6510
정보추출시 시동 스위치 작동 누적횟수 [cycle]	6512

[표 3] A차량의 EDR 데이터(이벤트 1) - 사고 이전 차량 정보

시간 (sec)	속도 (km/h)	엔진회전수 (rpm)	가속페달 변위량(%)	제동페달 작동 여부(ON/OFF)	조향핸들 각도 (degree)
-5.0	62	1800	16	OFF	0
-4.5	62	1800	17	OFF	0
-4.0	60	1700	16	OFF	0
-3.5	60	1700	16	OFF	0
-3.0	60	1700	16	OFF	0
-2.5	59	1600	15	OFF	0
-2.0	58	1600	15	OFF	0
-1.5	58	1600	16	OFF	0
-1.0	58	1600	16	OFF	0
-0.5	58	1500	15	OFF	0
0	56	1500	15	OFF	0

[표 4] A차량의 EDR 데이터(이벤트 1) - 사고 시점의 구속장치의 전개명령 정보

운전석 정면 에어백 전개시간(msec)	에어백 전개되지 않음
조수석 정면 에어백 전개시간(msec)	에어백 전개되지 않음
운전석 측면 에어백 전개시간(msec)	에어백 전개되지 않음
조수석 측면 에어백 전개시간(msec)	48
운전석 커튼 에어백 전개시간(msec)	에어백 전개되지 않음
조수석 커튼 에어백 전개시간(msec)	48
운전석 안전띠 프리로딩 장치 전개시간(msec)	48
조수석 안전띠 프리로딩 장치 전개시간(msec)	48

[표 5] A차량의 EDR 데이터(이벤트 1) - 사고 데이터 속도변화 누계(km/h)

진행방향 최대 속도 변화량(km/h)	-2
진행방향 최대 속도 변화값 시간(msec)	250.0
측면방향 최대 속도 변화량(km/h)	-12
측면방향 최대 속도 변화값 시간(msec)	250.0

[표 6] A차량의 EDR 데이터(이벤트 2) - 사고 시점의 EDR 정보

다중사고 횟수(1 or 2)	2개 이벤트
다중사고 간격 1 to 2 [msec]	2000
정상기록 완료여부 (Yes or No)	YES
충돌기록시 시동 스위치 작동 누적횟수 [cycle]	6510
정보추출시 시동 스위치 작동 누적횟수 [cycle]	6512

[표 7] A차량의 EDR 데이터(이벤트 2) - 사고 이전 차량 정보

시간 (sec)	속도 (km/h)	엔진회전수 (rpm)	가속페달 변위량(%)	제동페달 작동 여부(ON/OFF)	조향핸들 각도 (degree)
-5.0	60	1700	16	OFF	0
-4.5	59	1600	15	OFF	0
-4.0	58	1600	15	OFF	0
-3.5	58	1600	16	OFF	0
-3.0	58	1600	16	OFF	0
-2.5	58	1500	15	OFF	0
-2.0	56	1500	15	OFF	0
-1.5	51	1300	0	OFF	0
-1.0	45	1200	0	OFF	0
-0.5	42	1000	0	OFF	0
0	38	800	0	OFF	0

[표 8] A차량의 EDR 데이터(이벤트 2) - 사고 시점의 구속장치의 전개명령 정보

운전석 정면 에어백 전개시간(msec)	54
조수석 정면 에어백 전개시간(msec)	54
운전석 측면 에어백 전개시간(msec)	-
조수석 측면 에어백 전개시간(msec)	-
운전석 커튼 에어백 전개시간(msec)	-
조수석 커튼 에어백 전개시간(msec)	-
운전석 안전띠 프리로딩 장치 전개시간(msec)	-
조수석 안전띠 프리로딩 장치 전개시간(msec)	-

[표 9] A차량의 EDR 데이터(이벤트 2) - 사고 데이터 속도변화 누계(km/h)

진행방향 최대 속도 변화량(km/h)	-16
진행방향 최대 속도 변화값 시간(msec)	200.0
측면방향 최대 속도 변화량(km/h)	0
측면방향 최대 속도 변화값 시간(msec)	0

문제 3 다음 질문에 답하시오

개 요

A차량은 북쪽에서 남쪽으로 진행하다 서쪽에서 동쪽으로 진행하던 B차량과 직각으로 충돌하고 교차로 내에 최종 정지하였다. 주변에 설치된 CCTV 영상에서 두 차량 충돌 모습은 보이지 않으나, 충돌 이전 B차량의 진행 상황이 일부 확인되었다. 영상을 프레임 분석한 결과 사고 시간대에는 30fps로 균일하였으며, B차량의 ㉮위치(차체 후미가 정지선 위에 위치)는 121번째 프레임으로 확인되고, ㉯위치(차체 전면이 정지선에 위치)는 188번째 프레임으로 확인되며, B차량 진행방향의 사고 이전 교차로 정지선에서 사고 교차로의 정지선까지 거리는 26.8m로 확인되었다.

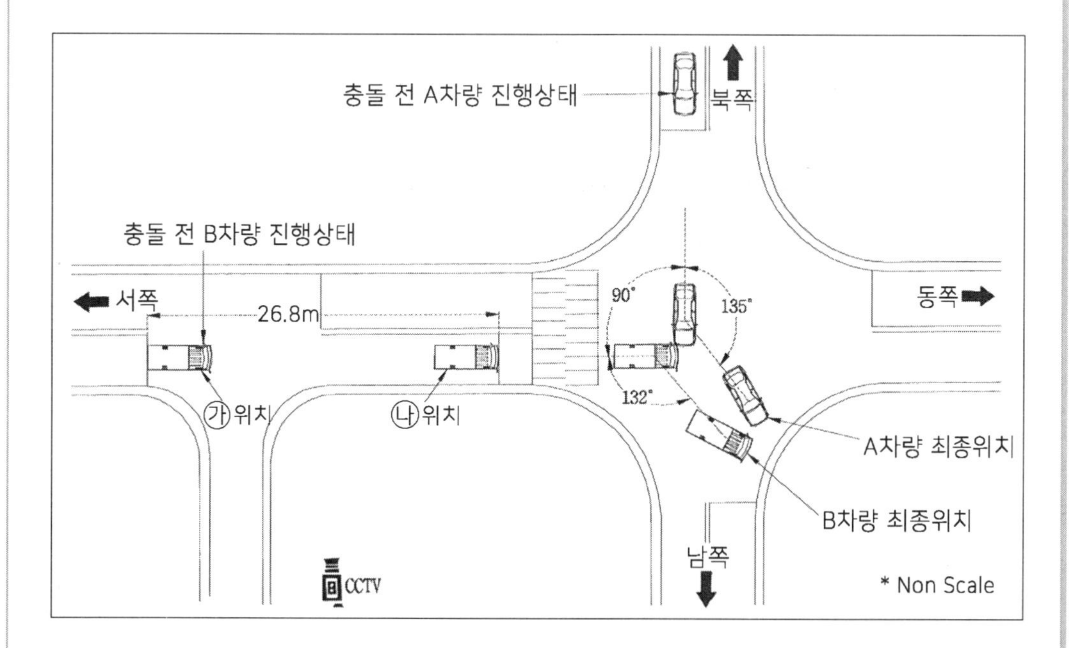

조 건

- A차량과 B차량의 충돌 전, 후 진행방향 각도는 그림과 같음
- 두 차량이 충돌 후 최종위치까지 이동하는 동안 견인계수는 0.4
- A차량 질량은 1500kg, B차량의 질량은 1800kg
- 충돌 후 A차량이 최종위치까지 이동한 거리는 7.7m, 충돌 후 B차량이 최종 위치까지 이동한 거리는 8.2m
- B차량 제원 : 전장 × 전폭 × 전고 = 5120 × 1740 × 1965 (단위는 mm)
- 운전자 인지반응 시간은 0.7초, 중력가속도는 $9.8m/s^2$
- 계산식의 경우 관계식 및 풀이과정을 단위와 함께 기술하고, 소수 셋째자리에서 반올림

01 **B차량이 ㉮위치에서 ㉯위치까지 이동하는 동안 소요시간과 평균속도(km/h)를 구하시오.**

풀이 $d = 26.8 - 5.12 = 21.68m$

소요시간 : $(188 - 121) \times \frac{1}{30} = 2.23s$

평균속도 : $v = \frac{21.68}{2.23} = 35.00\text{km/h}$

02 **A차량과 B차량의 충돌 직후 속도(km/h)를 구하시오.**

풀이 $v_A{}' = \sqrt{2 \times 0.4 \times 9.8 \times 7.7} = 7.77m/s$

$v_B{}' = \sqrt{2 \times 0.4 \times 9.8 \times 8.2} = 8.02m/s$

03 **운동량 보존의 법칙을 이용하여 A차량과 B차량의 충돌직전 속도(km/h)를 구하시오.**

풀이 x방향 : $1800 \times v_B = 1500 \times 7.77\cos 45 + 1800 \times 8.2\cos 48$, $v_B = 10.07m/s$

y방향 : $-1500 \times v_A = -1500 \times 7.77\sin 45 - 1800 \times 8.2\sin 48$

$\therefore v_A = \frac{-1500 \times 7.77\sin 45 - 1800 \times \sin 48}{1500} = 12.81m/s$

문제 4 다음 질문에 답하시오.

개 요

사고차량이 경사도로를 주행하던 중 불상의 이유로 급제동하여 정지하게 되었다. 현장을 측량한 결과 사고차량의 제동시점(Ⓐ지점) 좌표값은 X=30.132, Y=1.980, Z=-1.984이며, 제동종점(Ⓑ지점) 좌표값은 X=10.975, Y=3.249, Z=-1.164으로 확인되었다. 사고차량을 평탄한 노면(사고현장과 동일한 포장조건)에서 급제동 실험한 결과 100km/h에서 제동거리가 41.4m로 측정되었다.

조 건

- 측량 좌표값은 m 단위임.
- 계산식의 경우 관계식 및 풀이 과정을 단위와 함께 기술하고, 소수 셋째 자리에서 반올림

01 사고차량의 급제동 실험에 의한 마찰계수는 얼마인가?

풀이 $\left(\frac{100}{3.6}\right) = \sqrt{2 \times \mu \times 9.8 \times 41.4}$, $\mu = 0.95$

02 사고차량의 제동 시점과 종점간(Ⓐ-Ⓑ구간) 수평 거리(m)는 얼마인가?

풀이 Ⓐ (30.132, 1.980, −1.984) → Ⓑ (10.975, 3.249, −1.164)

수평거리 : $\sqrt{(30.132-10.975)^2+(1.980-3.249)^2} = 19.20m$

03 사고차량의 제동 시점과 종점간(Ⓐ-Ⓑ구간) 경사면 거리(m)는 얼마인가?

풀이 $\sqrt{(30.132-10.975)^2+(1.980-3.249)^2+(1.984-1.164)^2} = 19.22m$

04 사고차량의 제동구간(Ⓐ→Ⓑ구간) 경사(%)는 얼마인가?

풀이 $\tan\theta = \frac{1.984-1.164}{19.20} = 0.0427$

$\therefore 4.27\%$

05 사고차량의 제동시점(Ⓐ지점) 속도(km/h)는 얼마인가?

풀이 $v = \sqrt{2 \times (0.95+0.04) \times 9.8 \times 19.22} = 19.31m/s$

문제 5 다음 질문에 답하시오.

01 질량 m_1, 속도 v_{10}인 A차량과 질량 m_2, 속도 v_{20}인 B차량이 충돌하여 A차량의 속도가 v_1, B차량의 속도가 v_2가 되었다. 운동량 보존의 법칙에 대해 설명하고 운동량 보존의 법칙 공식을 기술하시오.

풀이 운동량보존법칙은 충돌 전 운동량의 합과 충돌 후 운동량의 합이 동일하다는 법칙이다. 이를 식으로 나타내면 다음과 같다.

$$m_1v_{10}+m_2v_{20}=m_1v_1+m_2v_2$$

02 반발계수에 대해 설명하고, 반발계수의 공식을 기술하시오.

풀이 반발계수는 충돌 전 두 물체의 속도 차이에 대한 충돌 후 두 물체의 속도 차이의 비로 정의된다.

$$e=\frac{v_2-v_1}{v_{10}-v_{20}}$$

03 질량 m_1인 A차량이 v_{10}의 속도로 진행하다 전방에 정지해 있는 질량 m_2인 B차량의 후미를 추돌하였을 때 추돌 후 A차량의 속도(v_1)와 B차량의 속도(v_2)를 구하는 공식을 유도하시오. 단, A차량이 B차량의 후미추돌 시 반발계수(e)를 적용한다.

풀이

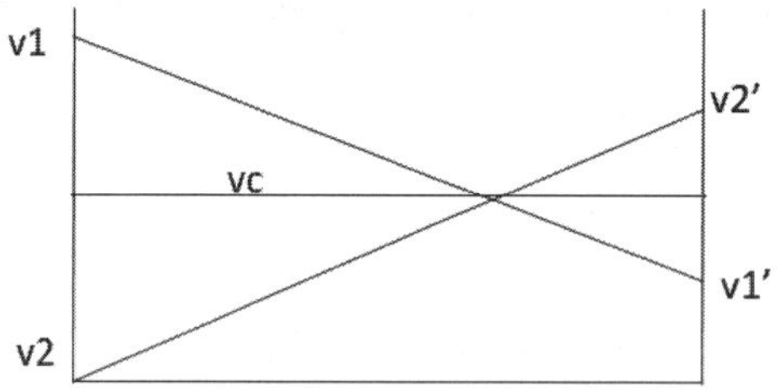

v1
v2'
vc
v1'
v2

$$m_1v_1+0=(m_1+m_2)v_c\,.\quad v_c=\frac{m_1}{m_1+m_2}v_1$$

$$v_2{}'=v_c+v_c\times e=v_c(1+e)=\frac{m_1}{m_1+m_2}(1+e)$$

$$v_1{}'=v_c-(v_1-v_c)e=v_c-v_1e+v_c\,e=(1+e)v_c-v_1e=(1+e)\frac{m_1}{m_1+m_2}+v_1e$$

04 **질량이 1000kg인 A차량이 50km/h 속도로 진행하다 전방에 정지해 있는 질량 1600kg인 B차량의 후미를 추돌하였다. B차량의 속도변화를 구하시오.(A차량이 B차량의 후미 추돌시 반발계수는 0.3)**

풀이

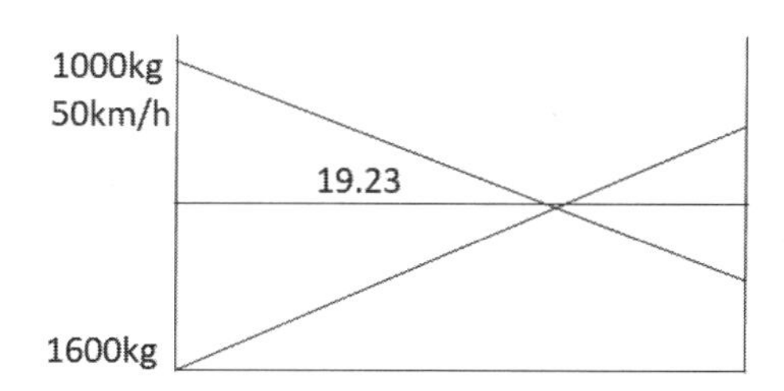

$e = 0.3$

$1000 \times 50 + 1600 \times 0 = (1000 + 1600) \times v_c,\ \ v_c = 19.23m/s$

$v_B{}' = 25\text{km/h}$

문제 1 다음 질문에 답하시오.

개 요

A차량이 횡단보도를 횡단하던 보행자를 발견하고 좌측으로 조향하여 요 마크(Yaw Mark)를 발생시키며 이동하다 요 마크의 끝 지점에서 보행자와 충돌하였다.

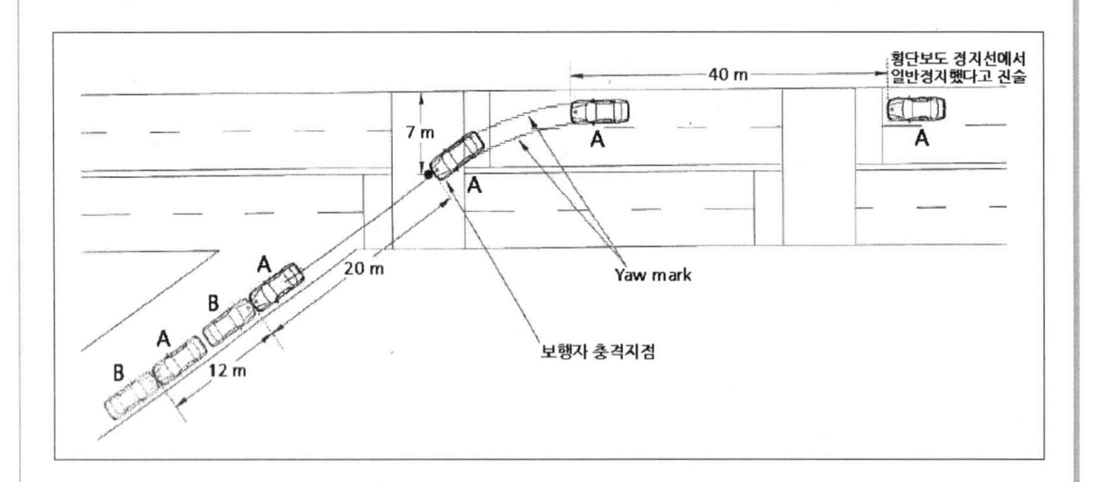

조 건

- 중력가속도는 9.8 m/s^2
- 요 마크 구간에서 횡방향 견인계수는 0.8이고, 종방향으로는 등속운동
- A차량 운전자의 인지반응시간은 1.2초이며, 이 시간동안은 등속운동 한 것으로 본다.
- A차량의 요 마크 발생 시 무게중심 이동궤적을 측정하였을 때, 현의 길이(C)는 12.5 m, 중앙종거(M)는 0.2m로 측정되었다.
- A차량의 보행자 충돌로 인한 속도변화는 없는 것으로 본다.
- A차량이 보행자 충돌 후 B차량과 충돌 시까지 운동 상태는 등감속 혹은 등가속 운동 A차량과 B 차량은 맞물린 상태로 이동하였으며, 이 때 견인계수는 0.75
- A차량 질량은 1500kg, B차량 질량은 1200kg
- 보행자는 연석위에 서 있다가 가속도 1.47 m/s^2로 충돌위치까지 7 m를 뛰어갔다.
- A차량은 0 km/h ~110 km/h까지 범위에서 최대발진가속도 3.47 m/s^2를 가진 차량이다.
- 풀이과정 및 단위를 기술하고, 각 질문마다 소수점 셋째 자리에서 반올림할 것

01 요 마크 발생구간에서 A차량의 속도를 구하시오

풀이 $C = 12.5m,\ M = 0.2m$

$$R = \frac{C^2}{8M} + \frac{M}{2} = \frac{12.5^2}{8 \times 1.2} + \frac{0.2}{2} = 97.76$$

$$v = \sqrt{fgR} = \sqrt{0.8 \times 9.8 \times 97.76} = 27.68m/s$$

02 A차량과 B차량의 충돌로 인한 차체의 변형량을 장벽충돌 환산속도로 평가한 결과 A차량은 9 m/s, B차량은 10 m/s 였다고 하면 A차량이 B차량과 충돌할 때 가지고 있던 에너지량을 구하시오.

풀이 충돌로 인한 변형에너지

$$E_A = \frac{1}{2} m_A v_A^2 = \frac{1}{2} \times 1500 \times 9^2 = 60750J$$

$$E_B = \frac{1}{2} m_B v_B^2 = \frac{1}{2} \times 1200 \times 10^2 = 60000J$$

$$E = 60,750 + 60,000 = 120,750J$$

03 앞에서 구한 에너지량을 사용하여 A차량이 B차량을 충돌할 때 속도를 구하시오.

풀이 충돌 후 마찰 에너지

$$E_f = f(m_A + m_B)gd = 0.75 \times (1500 + 1200) \times 9.8 \times 12 = 238140J$$

$$E = E_A + E_B + E_f$$

$$= 60750 + 60000 + 238140 = 358890J$$

A차량의 B차량 충돌 시 속도

$$E = \frac{1}{2} m v_A'^2 \text{ 에서}$$

$$v_A' = \sqrt{\frac{2 \times 358890}{1500}} = 21.88m/s$$

04 A차량이 보행자 충돌지점에서 B차량 충돌지점까지 이동하는 동안의 가속도와 소요된 시간을 계산하시오.

풀이 ③식 $v^2 - v_0^2 = 2ad$ 에서

$21.88^2 - 27.68^2 = 2 \times a \times 20m$

$\therefore a = -7.19m/s^2$

평균속도 $= \frac{d}{t}$ 에서 $\frac{27.68 + 21.88}{2} = \frac{20}{t}$

$\therefore t = 0.81s$

05 A차량 운전자는 사고 장소 이전 횡단보도 정지선에서 일단 정지 후 출발하였다고 주장하는데 이에 대한 타당성을 논하시오.

풀이 출발하였다고 가정하는 경우, 요 마크 도달지점 속도는

$v = \sqrt{2ad}$ 에서

$v = \sqrt{2 \times 3.47 \times 40} = 16.66m/s$ (단 a는 최대발진가속도)

정지선에서 최대발진가속도로 출발한 경우 16.66m/s 이지만
요 마크 발생시작지점의 속도는 27.68m/s 에 못 미치므로 운전자의 주장은 거짓이다.

문제 2 다음 질문에 답하시오.

개 요

신호등이 설치된 삼거리 교차로에서 A차량은 직진 주행을 하다가 횡단보도를 건너는 보행자를 발견하고 급제동을 하여 15 m의 스키드 마크를 발생시키고 최종 정지하였다.
스키드 마크는 차량전면이 정지선에서 18 m 떨어진 지점부터 전륜에 의해 최종위치까지 2줄이 생성되어 있었으며, A차량은 5 m 동안제동이 이루어진 이후 보행자를 충돌하였다.
사고 장소에 설치되어 있는 CCTV 영상에 보행자 횡단보도 신호등과 충돌장면이 녹화되어 있었으며, CCTV 영상은 1초당 25 프레임으로 저장되어 있고, 분석한 결과 보행자 진행방향 횡단보도 신호등에 녹색등이 점등된 후 A차량과 보행자가 충돌한 시점까지 50개 프레임이 경과되었다.

조 건

- A차량이 급제동하는 구간에서 노면경사 오르막 3 %, 마찰계수는 0.8, 중력가속도는 9.8 m/s²
- A차량 진행방향 차량 신호등의 적색등이 점등됨과 동시에 사고발생 횡단보도의 보행자 신호등은 녹색등이 점등된다.
- 보행자 충돌로 인해 A차량의 속도 감속은 없는 것으로 간주
- 제동 전 인지반응시간은 없는 것으로 간주(등가속으로 진행하다 스키드 마크 바로 발생)
- A차량 진행방향 차량 신호등의 황색등 점등시간은 3초
- 스키드 마크 시작지점까지 등가속 운동, 등가속 운동 구간에서 가속견인계수는 0.25
- 모든 계산은 A차량 전면 중앙을 기준으로 한다.
- 풀이과정 및 단위를 기술하고, 각 질문마다 소수점 셋째 자리에서 반올림할 것

01 A차량의 보행자 충돌 순간 속도를 구하시오.

풀이 1프레임 $\frac{1}{25}$초, 50프레임 = 2초

→ 횡단보도 녹색신호 후 2초 뒤 충돌

보행자충돌 순간속도 $v = \sqrt{2\mu gd} = \sqrt{2 \times (0.8 + 0.03) \times 9.8 \times 10}$

$v = 12.75m/s$

02 A차량의 스키드마크 발생 시점 속도를 구하시오.

풀이 스키드마크 발생시점 속도

$$v = \sqrt{2\mu g d} = \sqrt{2 \times (0.8 + 0.03) \times 9.8 \times 15} = 15.62 m/s$$

03 A차량이 정지선을 통과하는 시점의 속도를 구하시오.

풀이 ③식 $15.62^2 - v_0^2 = 2 \times 0.25 \times 9.8 \times 18$

$$v_0 = \sqrt{15.62^2 - 2 \times 0.25 \times 9.8 \times 18} = 12.48 m/s$$

04 A차량이 정지선을 통과하는 순간부터 보행자를 충돌하는 순간까지 이동시간을 구하시오.

풀이 평균속도 : $\dfrac{12.48 + 15.62}{2} = \dfrac{18}{t_1}$, $\dfrac{15.62 + 12.75}{2} = \dfrac{5}{t_2}$

$t_1 = 1.28s$, $t_2 = 0.35s$,

$t = t_1 + t_2 = 1.28 + 0.35 = 1.63s$

05 A차량이 정지선을 통과하는 순간 A차량 진행방향 차량신호등에 점등된 등화는 무엇인가?

풀이 보행자신호 2초 전의 녹색은 차량신호 2초 전 녹색이므로 정지선 도달인 1.63s 에는 적색신호가 점등되어 있었음.

문제 3 **다음 질문에 답하시오.**

개 요

제한속도 70 km/h의 도로에서 승용차가 앞서 진행하는 트럭과 같은 속도인 55 km/h 로 트럭의 10.5 m 뒤에서 따라가고 있다. 이후 승용차가 트럭을 앞지르기하여 10.5 m 간격을 유지한 채 진입하였다.

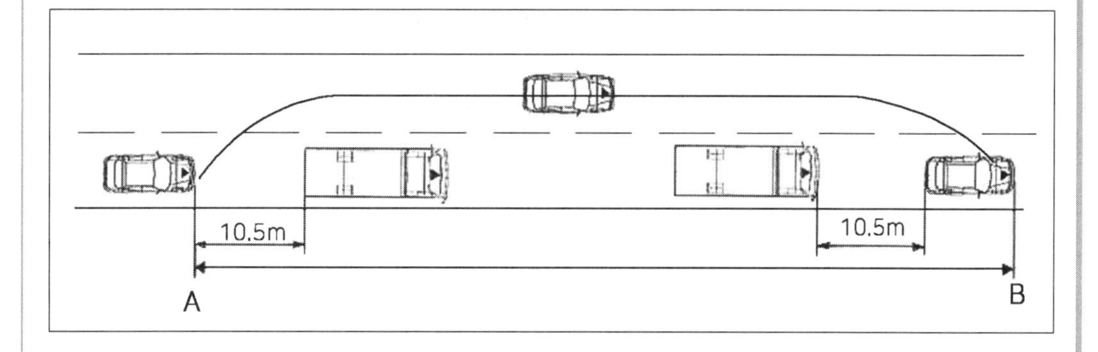

조 건

- 도로는 경사가 없는 평탄한 노면
- 트럭은 전 과정에서 등속운동
- 승용차는 70 km/h까지 등가속운동, 70 km/h 도달 이후는 등속운동
- 승용차는 앞지르기 할 때 도로의 제한속도를 초과하지 않는다.
- 승용차 등가속운동시 가속도는 1.3 m/s^2적용
- 승용차의 길이는 4.6 m이고 트럭의 길이는 12 m이다.
- 풀이과정 및 단위를 기술하고, 각 질문마다 소수점 셋째 자리에서 반올림할 것.

01 승용차가 등가속하여 70 km/h에 도달하기까지 소요되는 시간을 구하시오.

풀이 $t=\dfrac{\Delta v}{a}$

$$t=\frac{\left(\frac{70}{3.6}\right)-\left(\frac{55}{3.6}\right)}{1.3}=3.21s$$

③식에서 $\left(\frac{70}{3.6}\right)^2-\left(\frac{55}{3.6}\right)^2=2\times1.3\times d$

$d=55.64m$

02 승용차가 A에서 B까지 이동하는데 걸린 시간과 거리를 구하시오(단 차로변경으로 인한 횡방향 이동에 걸린 시간 및 거리는 무시하고 종방향 운동성분만 고려함)

풀이 $55.64+\left(\frac{70}{3.6}\right)t_2=10.5+12+\left(\frac{55}{3.6}\right)(3.21+t_2)+10.5+4.6$

$$\left(\frac{70}{3.6}-\frac{55}{3.6}\right)t_2=10.5+12+\left(\frac{55}{3.6}\right)\times 3.21+10.5+4.6-55.64$$

$$t_2=\frac{31.00}{\left(\frac{70}{3.6}-\frac{55}{3.6}\right)}=7.44s$$

$$\therefore t=t_1+t_2=3.21+7.44=10.65s$$

$$d=55.64+\left(\frac{70}{3.6}\right)\times 7.44=200.31m$$

문제 4 다음 질문에 답하시오.

01 에너지보존법칙을 이용하여 스키드마크 발생시점에서 차량 속도를 구하는 공식을 유도하시오.

풀이 운동에너지 = 마찰에너지

$$\frac{1}{2}mv^2=\mu mgd,\quad v^2=2\mu gd$$

$$v=\sqrt{2\mu gd}$$

02 원심력과 마찰력의 관계를 이용하여 요마크 발생시점의 차량속도를 구하는 공식을 유도하시오.

풀이 원심력 = 마찰력

$$m\frac{v^2}{r}=\mu mg,\quad v^2=\mu gr$$

$$v=\sqrt{\mu gr}$$

03 자유낙하 운동을 이용하여 차량 추락시점의 속도산출 공식을 유도하시오(이탈각은 고려하지 않음)

풀이 $h = \frac{1}{2}gt^2, \quad t = \sqrt{\frac{2h}{g}}$

$$v = \frac{d}{t} = \frac{d}{\sqrt{\frac{2h}{g}}} = d\sqrt{\frac{g}{2h}}$$

04 내륜차의 정의와 내륜차로 인하여 발생되는 사고형태 1가지를 서술하시오.

풀이 **내륜차의 정의**

자동차가 선회할 때 선회 안쪽 뒷바퀴와 앞바퀴의 궤적이 달라지고 이 차이를 내륜차라고 한다. 우회전시 우측 앞바퀴가 그리는 궤적보다 우측 뒷바퀴가 그리는 궤적이 더욱 안쪽으로 이동하는 현상 때문에 횡단보도에 서있던 보행자의 발이 우측뒷바퀴에 역과되는 사고가 종종 발생된다.

05 아래는 일반적인 승용차의 최소회전반경에 대한 내용이다. ( )에 알맞은 내용을 쓰시오.

- 최소회전반경이란 최대 조향각으로 저속회전할 때 (　　)의 중심선이 그리는 궤적의 반경이다.
- 최소회전반경을 구하는 공식은 $r = \frac{L}{\sin\alpha} + d$

  여기서, α : 외측 차륜의 최대조향각, d : 킹핀과 타이어 중심간의 거리,
  L : (　　)

풀이 바깥쪽 앞바퀴의 중심선이 그리는 궤적의 반경이다.

최소회전반경공식은 $r = \frac{L}{sm\alpha} + d$이고

여기서 α는 외측궤적조향각, d는 킹핀과 타이어 중심간의 거리, L은 윤거이다.

문제 5 다음 질문에 답하시오.

개 요

오토바이가 충돌 후 노면에 전도된 상태로 8 m를 미끄러진 후 정지하였다. 전도된 상태로 미끄러지는 오토바이의 견인계수를 알아보기 위해, 사고현장에서 그림과 같이 매달림 저울(장력저울)로 오토바이를 잡아당기는 실험을 실시하였다.

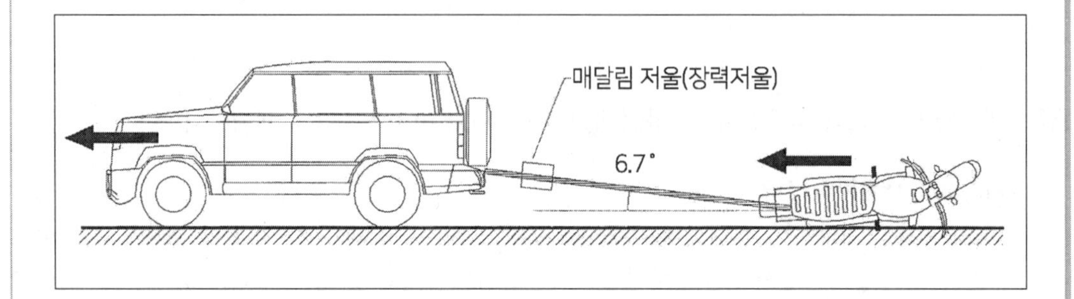

조 건

- 노면은 평면이고, 견인줄은 수평노면과 6.7°의 각도로 측정되었다.
- 오토바이의 질량은 145 kg, 매달림 저울의 측정치는 1078 N으로 측정되었다.
- 수직상태에서 오토바이의 무게중심 높이는 0.5 m이고, 중력가속도는 9.8 m/s²이다.
- 오토바이 측면이 노면에 접촉하기 이전의 상황은 등속운동
- 오토바이는 충돌 후 곧바로 넘어지고, 소요된 시간은 물체가 오토바이 무게중심 높이에서 자유낙하하여 노면에 도달하는 것과 동일한 것으로 간주
- 풀이과정 및 단위를 기술하고, 각 질문마다 소수점 셋째 자리에서 반올림할 것

01 일과 운동에너지 관계식을 이용하여 견인계수를 구하는 공식을 유도하시오

풀이 $F \times d = \mu mgd$

$F = \mu mg$

$\mu = \frac{F}{mg}$

02 유도된 공식을 이용하여 오토바이의 견인계수를 구하시오.

풀이 $1078 \times \cos 6.7^\circ = \mu \times 145 \times 9.8$

$\mu = 0.75$

03 오토바이가 충돌 후 노면에 전도되기까지 소요 시간을 구하시오.

풀이 $h = \frac{1}{2}gt^2, \quad 0.5 = \frac{1}{2} \times 9.8 \times t^2$

$t = 0.32s$

04 충돌로 인해 오토바이 차체가 기울어져 전도될 때까지 이동한 거리를 구하시오.

풀이 $v = \frac{d}{t}$

$d = vt = \sqrt{2\mu g d} \times t = \sqrt{2 \times 0.75 \times 9.8 \times 8} \times 0.32 = 3.47$

문제 1 다음 질문에 답하시오.

개 요

고속버스가 2차로 도로를 진행하던 중 진행방향 우에서 좌로 횡단하는 보행자를 발견하고 제동하였으나, 스킵 스키드 마크를 발생시키면서 고속버스 전면 중앙부분으로 보행자를 완전 충돌(Full Impact) 후 진행방향 좌측으로 피양하다가 정지하였다. 보행자는 고속버스와의 충격으로 일정구간을 날아가다 떨어져 미끄러진 후에 최종 정지하였다.

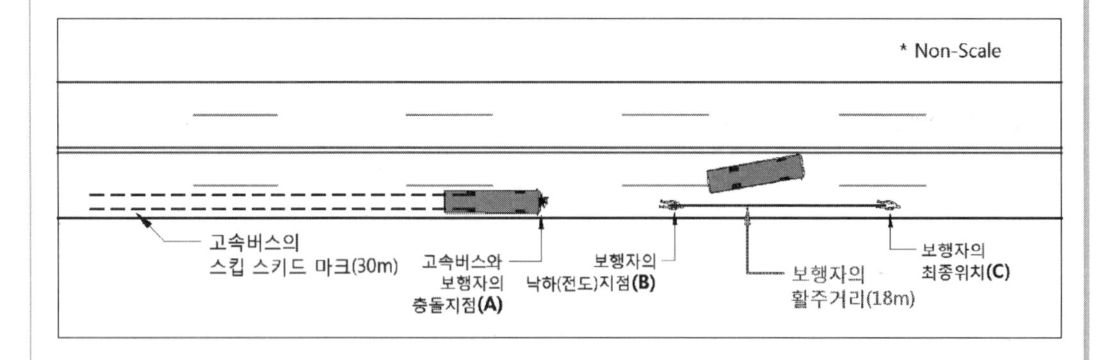

조 건

- 고속버스와 스킵 스키드 마크 발생구간의 견인계수는 0.65
- 보행자와 노면간 견인계수는 0.6
- 보행자의 무게중심 높이는 1 m
- 중력가속도 값은 9.8 m/s² 적용
- 보행자의 비행구간 동안 공기저항 무시
- 계산식의 경우 관계식 및 풀이과정을 단위와 함께 기술하고, 소수 셋째 자리에서 반올림

01 차대 보행자 사고에서 충돌 후의 보행자 운동 유형 5가지를 나열하고, 위 교통사고시 해당하는 보행자 운동유형에 대해 상세히 설명하시오.

풀이 보행자 충돌유형 : 재현론 이론부분 참조

본 사고 충돌유형은 차량전면부가 수직형태이고 보행자의 무게중심이 앞범퍼보다 높은 경우이므로 충돌직후 앙각없이 수평으로 비행하게 되는데 이를 Forward Projection이라 한다. Forward Projection형태는 성인이 버스 또는 트럭에 충돌되거나 어린이가 승용차 앞범퍼에 충돌될 경우 나타나는 충돌양상이다.

02 보행자의 낙하(전도)지점(B)에서의 보행자 속도를 구하시오.

풀이 $v = \sqrt{2 \times 0.6 \times 9.8 \times 18} = 14.55m/s$

03 충돌지점(A)에서 고속버스의 속도를 구하시오.

풀이 충돌지점에서는 차량속도와 보행자속도가 동일하다.

$v = 14.55m/s$

04 보행자가 충돌지점(A)에서 낙하(전도)지점(B)까지 날아간 거리를 구하시오.

풀이 $d = v\sqrt{\frac{2h}{g}} + \frac{v^2}{2\mu g} = 14.55\sqrt{\frac{2 \times 1}{9.8}} + 18 = 24.57m$

05 보행자가 낙하(전도)지점(B)부터 최종위치(C)까지 이동하는 동안 걸린 시간을 구하시오.

풀이 $v_B = 14.55\,\mathrm{m/s}$,

$v_o = 0$, $d = 18m$

평균속도 : $\frac{14.55 + 0}{2} = \frac{18}{t}$

$\therefore t = 2.47s$

문제 2 다음 질문에 답하시오.

개 요

A차량이 서쪽에서 동쪽으로 편도 1차로 도로를 진행하다 신호등 없는 십자형 교차로에 이르러 북쪽에서 남쪽으로 편도 1차로 도로를 진행하던 B차량과 충돌하였다. 충돌 전 A차량은 정지선에서 충돌지점까지 10m를 진행하였고, B차량은 13m를 진행하였다.

충돌 이후 A차량은 앞으로 5m를 더 진행하여 최종 정지하였고, B차량은 좌측 전방으로 7m를 튕겨져 나가 좌측으로 전도된 채 최종 정지하였다.

사고지점 교차로 주면 건물에 설치된 CCTV 영상에 의하면 A차량이 정지선을 통과하는 모습은 확인되지 않고 B차량과 충돌하기 직전에서야 확인되며, B차량이 정지선에 도달하기 전부터 A차량과 충돌할 때까지 모습이 확인된다. CCTV 영상은 1초당 20프레임(30fps)으로 저장되어 있고, CCTV 영상을 분석한 결과 B차량의 전면이 정지선에 도달한 후 A차량과 충돌한 시점까지 39개 프레임이 경과되었다.

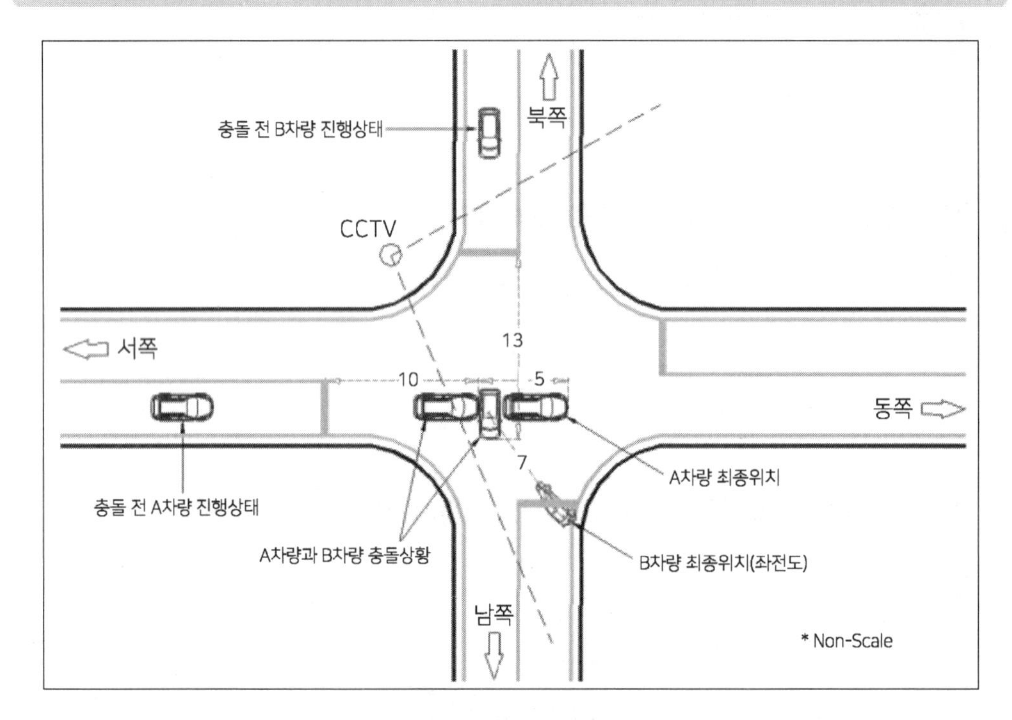

조 건

- 충돌 전 A차량과 B차량 모두 일시정지 하지 않고 교차로를 진입
- 운전자 인지반응시간은 1.0초, 중력가속도는 9.8 m/s^2을 적용
- 사고 후 A차량에서 추출한 EDR(Event Data Recorder) 자료는 <표 1>과 같음
- EDR 자료의 속도 데이터는 0.5 초 간격의 순간 속도이고, 충돌 전 1.5~1.0초 구간은 등속 운동한 것으로 간주
- EDR 자료에서 충돌 전 1.0초부터 제동되고, 제동페달은 운전자의 인지반응시간 이후 곧바로 작동된 것으로 간주
- 계산식의 경우 관계식 및 풀이과정을 단위와 함께 기술하고, 계산과정에서 소수 셋째 자리에서 반올림

[표 1] A차량의 EDR 데이터 정보

시간 (sec)	자동차 속도 [kph]	엔진 회전수 [rpm]	엔진 스로틀밸브 열림량 [%]	가속페달 변위량 [%]	제동페달 작동여부 [on/off]	바퀴잠김방지식제동장치 (ABS) 작동여부 [on/off]	자동차 안정성 제어장치 (ESC) 작동여부 [on/off/engaged]	조향핸들 각도 [degree]
-5.0	58	1400	39	39	OFF	OFF	ESC 미작동 (ESC 스위치 on)	0
-4.5	57	1400	44	44	OFF	OFF	ESC 미작동 (ESC 스위치 on)	0
-4.0	59	1500	32	32	OFF	OFF	ESC 미작동 (ESC 스위치 on)	0
-3.5	60	1600	35	35	OFF	OFF	ESC 미작동 (ESC 스위치 on)	0
-3.0	55	1600	31	31	OFF	OFF	ESC 미작동 (ESC 스위치 on)	0
-2.5	50	1700	31	30	OFF	OFF	ESC 미작동 (ESC 스위치 on)	0
-2.0	50	1700	0	0	OFF	OFF	ESC 미작동 (ESC 스위치 on)	0
-1.5	40	1700	0	0	OFF	OFF	ESC 미작동 (ESC 스위치 on)	0
-1.0	40	1700	0	0	on	OFF	ESC 미작동 (ESC 스위치 on)	0
-0.5	38	1600	0	0	on	OFF	ESC 미작동 (ESC 스위치 on)	0
0.0	10	900	0	0	on	on	ESC 미작동 (ESC 스위치 on)	-30

01 B차량이 정지선을 통과하여 A차량과 충돌하기까지 진행한 구간의 평균속도를 구하시오.

풀이 39프레임=1.3s, $v = \dfrac{d}{t} = \dfrac{13m}{1.3s} = 10m/s$

02 A차량과 B차량 중 어느 차량이 먼저 정지선을 통과하였는지 계산을 통해 기술하시오.

풀이 A차량 : 정지선을 지나치던 순간이 −1.5초와 -1초 사이가 되므로 v−t그래프에서 면적을 구하여 진행한 거리를 10m로 놓으면,

$\left(\dfrac{40}{3.6}\right)t + 5.42 + 3.33 = 10m,\ t = 0.11s$

그러므로 A차량이 정지선에서부터 충돌할 때까지의 시간은 1.11초가 되고 이는 B차량의 시간 1.3초보다 적으므로 B차량이 선진입하였다.

03 A차량이 정지선을 통과한 시간이 충돌시점 기준으로 몇 초 전인지 구하시오.

풀이 1.11초 전

04 A차량 운전자가 B차량을 최초 발견한 지점이 충돌지점 기준으로 몇 미터 후방에 위치하는지 구하시오.

풀이 1초에 제동하였으므로 -2초에 인지하였으며, 속도−시간 그래프에서 -2초부터 0초까지 면적을 구하면,

6.25+5.56+5.42+3.33=20.56m

즉, 충돌지점 기준 20.56m 후방에 위치하였음.

문제 3 다음 질문에 답하시오.

개 요

질량 1500 kg인 승용차가 오르막 경사도 10°인 도로에서 불상의 속도로 진행하다 높이 3 m 아래 지면에 추락하였다. 승용차가 이륙한 후 지면에 착지한 지점까지 수평거리는 15 m로 측정되었다.

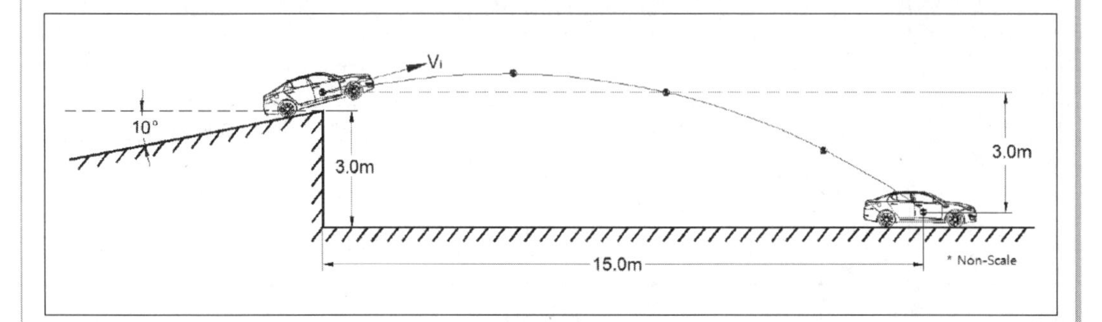

조 건

- 승용차는 도로이탈 전까지 등속주행
- 중력가속도 값은 9.8m/s² 적용
- 공기저항 무시
- 계산식의 경우 관계식 및 풀이과정을 단위와 함께 기술하고, 소수 셋째 자리에서 반올림

01 승용차의 도로이탈 속도(V_i)는 얼마인가?

풀이 $v = d\sqrt{\dfrac{g}{2(d\tan\theta - h)}} = 15\sqrt{\dfrac{9.8}{2(15\tan10 + 3)}} = 13.98m/s$

02 승용차가 도로를 이탈하여 착지한 시점까지 걸린 시간은 얼마인가?

풀이 $v_0 = 13.98\sin10 \qquad h = v_0 t + \dfrac{1}{2}gt^2$

$$-3 = 13.98\sin10 \times t - \frac{1}{2} \times 9.8 \times t^2$$

$$t = \frac{13.98\sin10 + \sqrt{(13.98\sin10)^2 + 4 \times \frac{1}{2} \times 9.8 \times 3}}{2 \times \frac{1}{2} \times 9.8} = 1.07$$

03 승용차의 무게중심이 최고점에 도달하였을 때의 높이는 도로이탈 시 무게중심으로부터 얼마인가?

풀이 $0^2 - (13.98\sin10)^2 = -2 \times 9.8 \times h$

문제 4 다음 질문에 답하시오.

개 요

사고차량이 급격한 선회로 인해 요 마크(Yaw Mark)를 발생시켰다. 사고현장에서 조사한 결과 차량 무게중심 경로의 곡선반경(R), 현의 길이(C), 중앙종거(M)는 아래의 그림과 같다.

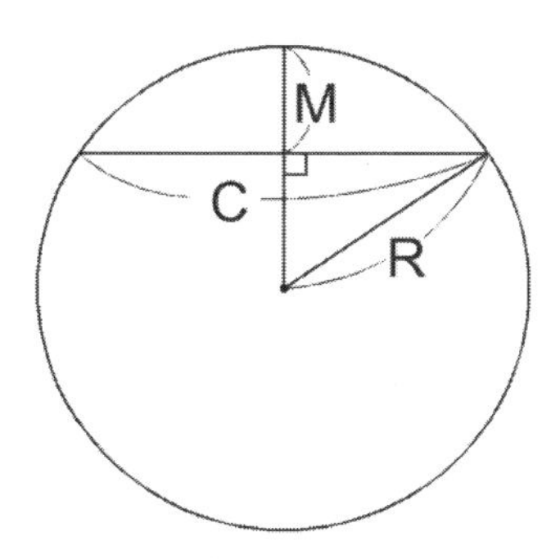

조 건

- R : 차량 무게중심 경로의 곡선반경, C : 현의 길이, M : 중앙종거
- 계산식의 경우 관계식 및 풀이과정을 단위와 함께 기술하고, 소수 셋째 자리에서 반올림

01 피타고라스정리를 이용하여 곡선반경(R)을 구하는 공식을 유도하시오.

풀이 책 이론부분 305페이지 참조

02 원심력을 이용하여 요 마크 발생시점의 속도를 구하는 공식을 유도하시오.

풀이 원심력 : $m\frac{v^2}{r}$, 마찰력 : μmg

요마크 발생구간은 원심력과 마찰력이 같으므로

$$m\frac{v^2}{r} = \mu mg,\ v = \sqrt{\mu gr}$$

03 현의 길이(C)가 50m, 중앙종거(M)가 2m, 요 마크 발생구간의 횡미끄럼 견인계수가 0.8일 때 차량의 요 마크 발생시점 속도(km/h)를 구하시오.

풀이 $R = \frac{50^2}{8\times 2} + \frac{2}{2} = 157.25m,$

$$v = \sqrt{0.8\times 9.8\times 157.25} = 35.14m/s = 126.50km/h$$

문제 5 다음 질문에 답하시오.

01 **추돌사고 시 차량 탑승자에게 대표적으로 발생되는 편타손상(Whiplash Injury)에 대해 설명하시오.**

풀이 추돌시 탑승자의 머리가 후방으로 젖혀진 다음 전방으로 움직이면서 목상해가 발생하며, 그 움직임이 채찍이 움직이는 모습과 유사하여 whoplash Injury라고 한다. 머리 받침대가 있는 경우 상해의 정도를 크게 감소시킬 수 있다.

02 **질량 1000kg인 A차량과 질량 1500kg인 B차량이 동일방향으로 진행하다 A차량이 B차량의 후미를 추돌하였고, 사고 후 A차량의 EDR 자료를 추출한 결과 속도변화(Δv_A)는 −20 km/h로 확인되었다. A차량의 속도변화(Δv_A)를 이용하여 B차량의 속도변화(Δv_B)를 구하시오.**

풀이 $m_A v_A + m_B v_B = m_A {v_A}' + m_B {v_B}'$, $m_A(v_A - v_A') = -m_B(v_B + {v_B}')$

$1000 \times (-20) = -1500 \times \Delta v_B$

$\Delta v_B = 13.33m/s$

03 **충돌속도와 유효충돌속도가 같다고 볼 수 있는 상황에 대하여 예를 들고, 그 이유를 설명하시오.**

풀이 유효충돌속도는 충돌속도와 공통속도의 차이로 정의된다. 그러므로 충돌속도와 유효충돌속도가 같아지기 위해서는 공통속도가 0이어야 한다. 공통속도가 0이 되는 경우는 같은 운동량을 가진 두 차량이 정면충돌하는 경우와 차량이 고정벽을 충돌하는 경우가 있다.

04 **차량의 운동형태 6가지(ⓐⓑⓒⓓⓔⓕ) 중 명칭 5개를 선택해 쓰시오.**

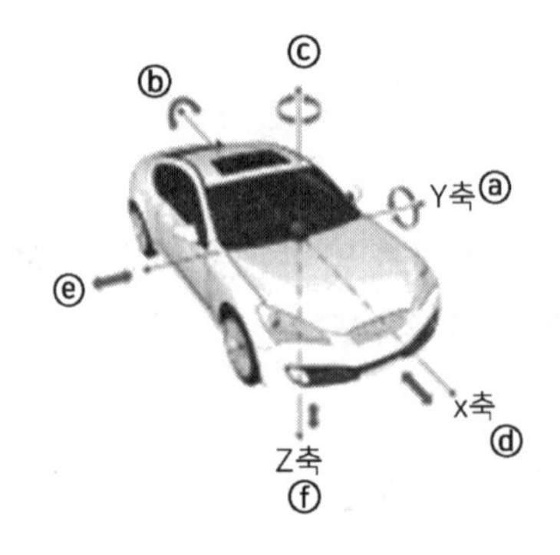

풀이 a : 피칭, b : 롤링, c : 요잉, d : 서징, e : 러칭

문제 1 다음 질문에 답하시오.

개 요

아래 <그림>과 같이 신호등 없는 교차로에서 승용차와 오토바이가 충돌하였다. 오토바이는 정지 상태에서 출발하여 충돌지점까지 가속상태로 15.0m를 진행하였고, 승용차는 등속으로 진행하였으며, 교차로 정지선으로부터 오토바이는 5.0m, 승용차는 6.3m 지점에서 충돌한 것으로 조사되었다.
승용차 블랙박스 영상은 1초당 30프레임(프레임/초)으로 저장되어 있고, 영상의 시간은 표출되지 않았다. 블랙박스 영상에는 오토바이와 충돌하는 모습은 확인되지만 오토바이가 출발하는 모습은 확인되지 않았다. 블랙박스 영상을 분석한 결과 영상의 56번째 프레임에서 승용차와 오토바이가 충돌하였으며, 영상의 11번째 프레임부터 56번째 프레임까지 승용차가 이동한 거리는 21.0m로 측정되었다. 한편, 블랙박스 영상에서 오토바이와 충돌한 시점(56번째 프레임)으로부터 7.4초 후(222프레임 경과)에 주변 상가건물의 유리창에 승용차 비상등이 켜지기 시작하는 모습이 비춰졌다.
또한, 사고현장 주변에 설치된 회전형 CCTV 영상에는 오토바이가 승용차와 충돌한 상황은 확인되지 않지만 CCTV 영상 시간 기준 1분10.9초에 오토바이가 충돌지점으로부터 15.0m 후방(A지점)에 정지해 있다가 출발하는 모습이 확인되었고, 이후 CCTV 카메라가 회전하여 승용차가 정지한 사고현장을 촬영한 영상에는 CCTV 영상시간 기준 1분21.8초에 승용차 비상등이 켜지기 시작하는 모습이 확인되었다.

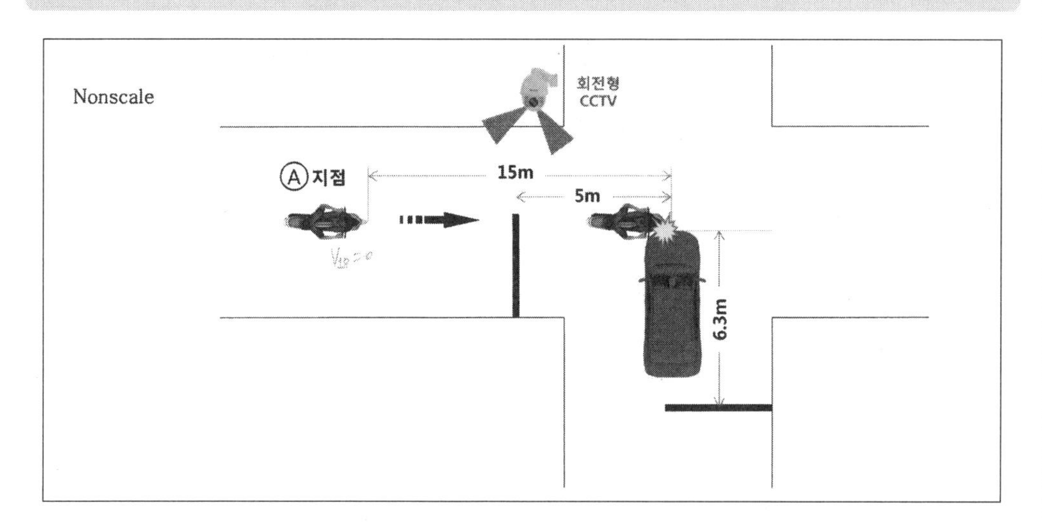

조 건

- 승용차 운전자 인지반응시간 1.0초, 승용차 견인계수 0.8, 중력가속도 9.8m/s² 적용함
- 양 차량 운전자 입장에서 사고 장소 주변의 시야장애는 없는 것으로 간주함.
- 계산식의 경우 관계식 및 풀이과정을 단위와 함께 기술하고, 소수 셋째 자리에서 반올림 하시오.

01 블랙박스 영상의 11번째 프레임에서 56번째 프레임 구간까지의 시간을 계산한 후 승용차가 진행한 구간의 평균속도를 구하시오.

풀이 1초당 30프레임이므로 1프레임은 $\frac{1}{30}$초

$$45\text{프레임} \times \frac{1}{30}s = 1.5s$$

$$v = \frac{d}{t} = \frac{21}{1.5} = 14m/s$$

02 승용차가 정지선에서 충돌지점까지 이동하는데 걸린 시간을 구하시오.

풀이 $v = 14m/s, d = 6.3m$

$$\therefore\ t = \frac{d}{v} = \frac{6.3}{14} = 0.45s$$

03 오토바이가 A지점에서 출발하여 충돌지점에 도달한 때의 속도를 구하시오.

풀이

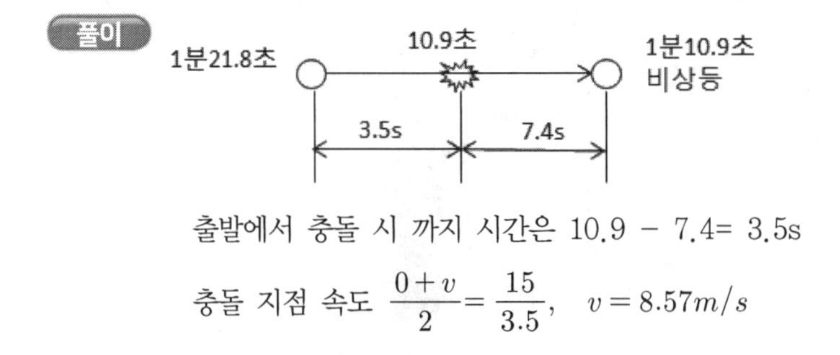

출발에서 충돌 시 까지 시간은 10.9 − 7.4= 3.5s

충돌 지점 속도 $\frac{0+v}{2} = \frac{15}{3.5}$, $v = 8.57m/s$

04 **오토바이가 정지선에서 충돌지점까지 이동하는데 걸린 시간을 구하시오.**

풀이 15m 까지 가속도를 구해보면 $d = v_0 t + \frac{1}{2}at^2$ 식을 이용하여

$15 = \frac{1}{2}a \times 3.5^2$, $a = 2.45m/s^2$

10m 지점까지 소요시간은 $10 = \frac{1}{2} \times 2.45 \times t^2$, $t = 2.86s$

$\therefore 3.5 - 2.86 = 0.64s$

05 **승용차와 오토바이 중에 어느 차량이 선 진입하였는지 기술하시오.**

풀이 오토바이 진입시간(0.64초)이 승용차 진입시간(0.45초) 보다 크므로
오토바이가 선진입 하였다.

06 **만일 승용차가 오토바이와 충돌을 피하기 위해서는 승용차 운전자가 충돌지점 후방 어느 지점에서 오토바이를 발견하고 급제동하여야 하는지 기술하시오.**

풀이 승용차 주행속도가 14m/s 이므로 제동거리를 구하면,

$v = \sqrt{2\mu g d}$, 식을 이용하여

$14 = \sqrt{2 \times 0.8 \times 9.8 \times d}$,　　$d = 12.5m$

인지 반응 시간 1초이므로,

공주거리 $d = vt = 14 \times 1 = 14m$

$\therefore 12.5 + 14 = 26.5m$ 전 발견하고 급제동해야 한다.

문제 2 다음 질문에 답하시오.

개 요

세종 방면에서 대전 방향으로 진행하던 승용차가 보행자와 충돌한 사고이다. 사고 현장에는 아래 <그림>과 같이 스키드 마크(skid mark)가 발생되어 있었고, 승용차는 교차로 내에 최종위치 하였으며 보행자는 승용차 전방에 최종위치 하였다. 승용차 운전자는 전방의 위험을 최초 인지(보행자 발견)하고 급제동하여 스키드 마크Ⓐ를 8m 발생시킨 후 제동을 일시 해제하였다가 재차 급제동하여 스키드 마크Ⓑ를 11m 발생시키며 보행자를 충격하였고, 이후 완만한 제동상태로 진행하여 최종 정지한 것으로 조사되었다.

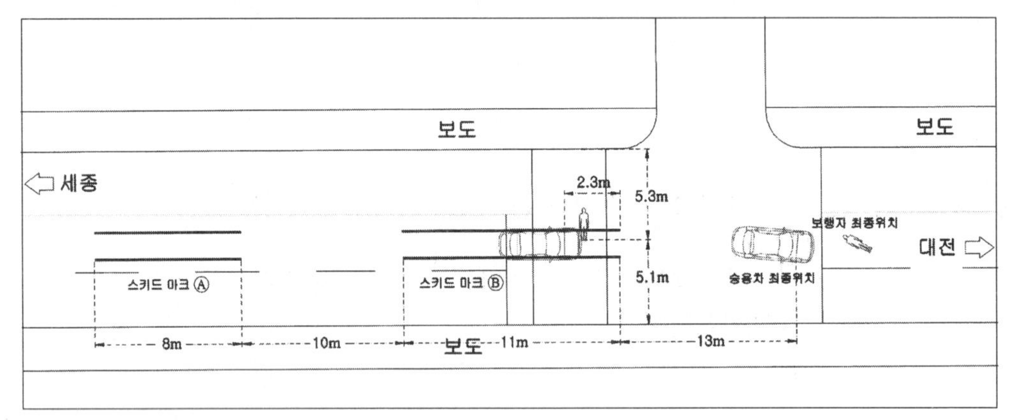

☞ **승용차 운전자 주장**

세종 방면에서 대전 방향으로 진행하다 진행방향 우측 보도에 있던 보행자가 갑자기 차도로 들어오는 것을 보고 급제동하였다고 주장하고 있다.

☞ **보행자 상해부위(병원 진료기록에 의함)**

- 우측 다리 경골 및 비골의 골절
- 우측 대퇴골두 골절
- 안면 우측부위 열상
- 신체 좌측부위 찰과상

조 건

- 사고 도로의 견인계수 0.8
- 중력가속도 $9.8m/s^2$
- 보행자 보행속도 1.0m/s
- 승용차 운전자 인지반응시간 1.0초
- 승용차 앞 오버행 1.0m
- 보행자 충격으로 인한 승용차의 속도 감속은 없었던 것으로 가정한다.
- 스키드 마크Ⓐ와 스키드 마크Ⓑ 사이에서는 속도 감속이 없었던 것으로 가정한다.
- 승용차가 스키드 마크Ⓑ를 발생시킨 후 최종위치까지 이동하는 동안 견인계수는 0.2로 조사되었다.
- 승용차는 스키드 마크Ⓑ의 끝지점에서 2.3m 이전 지점에 전륜이 위치한 상태로 보행자와 충돌한 것으로 조사되었다.
- 계산식의 경우 관계식 및 풀이과정을 단위와 함께 기술하고, 소수 셋째 자리에서 반올림하시오.

01 승용차가 보행자를 충격할 당시의 속도를 구하시오.

풀이 - 스키드마크 끝나는 지점의 속도는 $v = \sqrt{2\mu gd}$ 식을 이용하여

$v = \sqrt{2 \times 0.2 \times 9.8 \times 13} = 7.14m/s$

- 충돌 지점의 속도는 $v^2 - v_0^2 = 2ad$ 식을 이용하여

$7.14^2 - v^2 = 2 \times (-0.8 \times 9.8) \times 2.3, \quad \therefore\ v = 9.33m/s$

02 승용차가 보행자를 최초 발견하고 급제동하여 발생시킨 스키드마크 A의 시점에서의 속도를 구하시오

풀이 스키드마크의 길이는 8+11=19m이고, 스키드마크 끝 지점의 속도는 7.14m/s 이므로

$7.14^2 - v_A^2 = 2 \times (-0.8 \times 9.8) \times 19, \ \therefore\ v_A = 18.68m/s$

03 승용차가 보행자를 최초 발견한 시점(인지반응시간 포함)부터 보행자와 충돌한 지점까지 진행하는 동안 경과된 시간을 구하시오.

풀이 $7.14^2 - v_B^2 = 2 \times (-0.8 \times 9.8) \times 11, \ v_B = 14.95m/s$

인지반응시간 : 1s

8m구간 : $\dfrac{18.68 - 14.95}{0.8 \times 9.8} = 0.48s$

10m구간 : $\dfrac{d}{v} = \dfrac{10}{14.95} = 0.67s$

충돌 직전 스키드 구간 : $\dfrac{\Delta v}{a} = \dfrac{14.95 - 9.33}{0.8 \times 9.8} = 0.72s$

$\therefore\ 1 + 0.48 + 0.67 + 0.72 = 2.87s$

04 만일 승용차 운전자가 보행자를 최초 발견하고 급제동한 후 스키드마크 A를 발생시키며 제동을 해제하지 않고 계속 급제동 상태를 유지하였다면 보행자와 충돌을 피할 수 있었는지 논하시오.

풀이 $v = \sqrt{2\mu gd}$ 에서

$18.68 = \sqrt{2 \times 0.8 \times 9.8 \times d}, \ d = 22.25m$

스키드 마크 시작점에서 보행자까지는 26.7m 이므로 충돌을 피할 수 있었다.

05 **승용차 운전자는 우측 보도에 있던 보행자가 갑자기 승용차 진행방향 기준 우측에서 좌측으로 도로를 횡단하였다고 주장하고 있다. 승용차 운전자의 주장이 타당한지 논하시오.**

풀이 보행자의 우측부분 손상이 심하고 좌측부분은 노면과의 찰과상이므로 진행방향 좌측에서 우측으로 횡단하였다. 승용차 운전자의 주장은 타당하지 않다.

06 **사고현장에 발생된 스키드마크, 보행자 상해부위, 승용차 최종위치 등을 근거로 사고당시 보행자가 도로를 횡단하는 구체적 상황을 추정하여 기술하시오.**

풀이 보행자 진입시간은 5.3초가 소요되었으나 운전자는 2.87초전에 인지하였으므로 전방주시를 제대로 하지 않은 과실이 있다.

문제 3 **다음 질문에 답하시오.**

개 요

신호등 없는 4지 교차로에서 트랙스와 싼타페가 직각 충돌한 후 트랙스는 진행방향 기준 좌측으로 30°틀어져 6m를 이동하여 최종정지 하였고, 싼타페는 진행방향 기준 우측으로 35°틀어져 9m를 이동하여 최종정지 하였다.

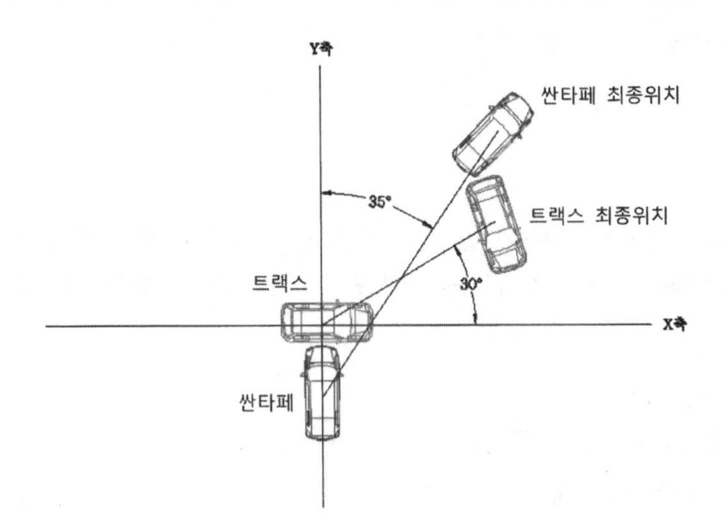

사고 후 트랙스와 싼타페에서 추출한 EDR 데이터(Event Data Recorder) 자료는 아래와 같다.

■ 트랙스 EDR 데이터

Pre-Crash Data -5.0 to -0.5 sec (Event Record 1)

Times (sec)	Accelerator Pedal, %Full (Accelerator Pedal Position)	Service Brake (Brake Switch Circuit State)	Engine RPM (Engine Speed)	Engine Throttle, % Full(Throttle Position)	Speed, Vehicle Indicated (Vehicle Speed) (MPH[km/h])
-5.0	21	Off	1108	23	44 [70]
-4.5	18	Off	1152	23	44 [70]
-4.0	18	Off	1158	21	43 [68]
-3.5	17	Off	1200	21	42 [67]
-3.0	17	Off	1160	20	42 [66]
-2.5	16	Off	1162	19	41 [65]
-2.0	15	Off	1153	19	39 [62]
-1.5	14	Off	1152	18	39 [62]
-1.0	13	Off	1152	17	39 [61]
-0.5	13	Off	1152	17	38 [60]

조 건

- 트랙스 중량 1,480kgf, 싼타페 중량 2,070kgf
- 충돌 후 트랙스 이동구간의 견인계수 0.8
- 충돌 후 싼타페 이동구간의 견인계수 0.6
- 중력가속도 9.8m/s²
- 계산식의 경우 관계식 및 풀이과정을 단위와 함께 기술하고, 소수 셋째 자리에서 반올림하시오.

■ 싼타페 EDR 데이터

< 이벤트 1 >

사고시점의 EDR 정보

다중사고 횟수 (1 or 2)	1개 이벤트
다중사고 간격 1 to 2 [msec]	0
정상기록 완료여부 (Yes or No)	No
충돌기록시 시동 스위치 작동 누적횟수 [cycle]	11655
정보추출시 시동 스위치 작동 누적횟수 [cycle]	11654

01 EDR(Event Data Recorder)에 대해 설명하시오.

풀이 충돌 전 5초 동안 차량의 운행상태, 운전자의 조종 상황을 기록한다.

02 트랙스 EDR 데이터는 신뢰할 수 있으나, 싼타페 EDR 데이터는 신뢰할 수 없는 것으로 조사되었다. 싼타페 EDR 데이터를 신뢰할 수 없는 이유 2가지를 서술하시오.

풀이 ① 정보 추출 시 시동횟수가 1증가해야하나 오히려 감소됨

② 정상 기록 완료 여부에서 NO라고 기록됨

03 각 차량의 충돌직후 속도를 구하시오.

풀이 $v=\sqrt{2\mu gd}$ 를 이용하여,

$v_T=\sqrt{2\times0.8\times9.8\times6}=9.70m/s$

$v_S=\sqrt{2\times0.8\times9.8\times9}=10.29m/s$

04 운동량 보존법칙을 이용한 싼타페의 충돌직전 속도를 구하시오.

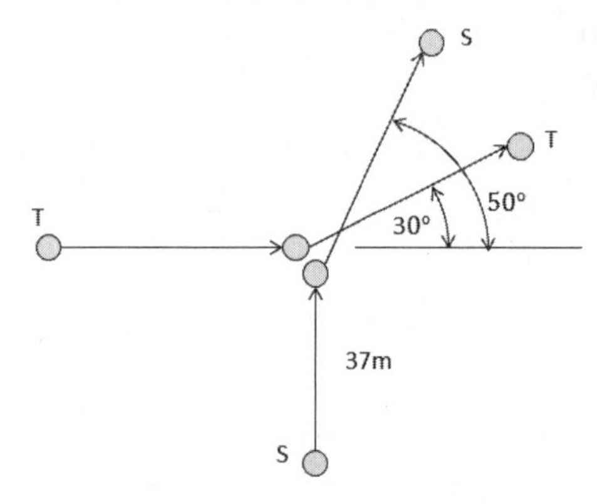

풀이 $m_1v_1+m_2v_2=m_1v_1{}'+m_2v_2{}'$ 를 이용하여,

$2070v_S=2070\times10.29\sin55+1480\times9.7\times\sin30$

$v_S=11.90m/s$

05 운동량 보존법칙을 이용한 트랙스의 충돌직전 속도를 구하고 그 값이 트랙스 EDR 데이터에 부합하는지 여부를 기술하시오.

풀이 $1480v_T=2070\times10.29\cos55+\times1480\times9.70\cos30$

$v_T=16.66m/s=59.96km/h$

EDR데이터에서 충돌 직전 속도 60km/h와 부합된다.

문제 4 다음 질문에 답하시오.

개 요

무더운 날씨에 대형트럭이 2km 구간의 가파른 내리막길에서 브레이크를 밟으며 내려오다 정상적으로 제동되지 않은 채 평탄한 좌로 굽은 커브길에 이르러 요 마크(yaw mark)를 발생시키며 장애물과 충돌 없이 54km/h 속도로 우측 4m 낭떠러지로 추락하였다.

조 건

- 대형트럭의 횡미끄럼 마찰계수 0.8
- 중력가속도 $9.8m/s^2$
- 계산식의 경우 관계식 및 풀이과정을 단위와 함께 기술하고, 소수 셋째 자리에서 반올림하시오.

01 이 처럼 긴 내리막길에서 자동차가 과도한 브레이크 사용으로 인해 정상적으로 제동되지 않는 현상 2가지를 서술하시오. [배점 5점]

풀이 ① **베이퍼록** : 브레이크 오일이 과열되어 기포가 발생하여 유압이 전달되지 않는 현상
② **페이드** : 마찰표면이 과열되어 마찰력이 저하되는 현상

02 대형트럭이 낭떠러지를 추락하는데 걸린 시간은 몇 초인가?

풀이 자유낙하 $h = \frac{1}{2}gt^2$을 이용, $4 = \frac{1}{2} \times 9.8 \times t^2$

∴ t= 0.90s

03 대형트럭이 낭떠러지를 추락하는 동안 수평으로 이동한 거리는?

풀이 $v = d\sqrt{\frac{g}{2h}}$ 식을 이용, $(\frac{54}{3.6}) = d\sqrt{\frac{9.8}{2 \times 4}}$

∴ d= 13.55m

04 대형트럭이 요 마크를 발생시키며 좌로 굽은 커브 길을 주행하는 동안 대형트럭의 무게중심 회전반경은?

풀이 $v = \sqrt{\mu gr}$ 식을 이용, $\left(\frac{54}{3.6}\right) = \sqrt{0.8 \times 9.8 \times R}$

∴ R = 28.70m

문제 5 다음 질문에 답하시오.

01 **도로교통법 제2조 17호 및 18호에 차마의 개념에 대해 규정하고 있고 이 규정을 도표화하면 우측과 같다. 도표 안의 빈 칸을 다음 중에서 골라 채우시오.(순서 틀리면 불인정)**

- 트럭지게차, 견인차, 노면파쇄기, 건설기계, 콘크리트믹서트레일러, 도로보수트럭, 콘크리트믹서트럭, 노면측정장비, 덤프트럭, 우마, 수목이식기, 아스팔트콘크리트재생기, 구난차, 이륜자동차, 터널용고소작업차

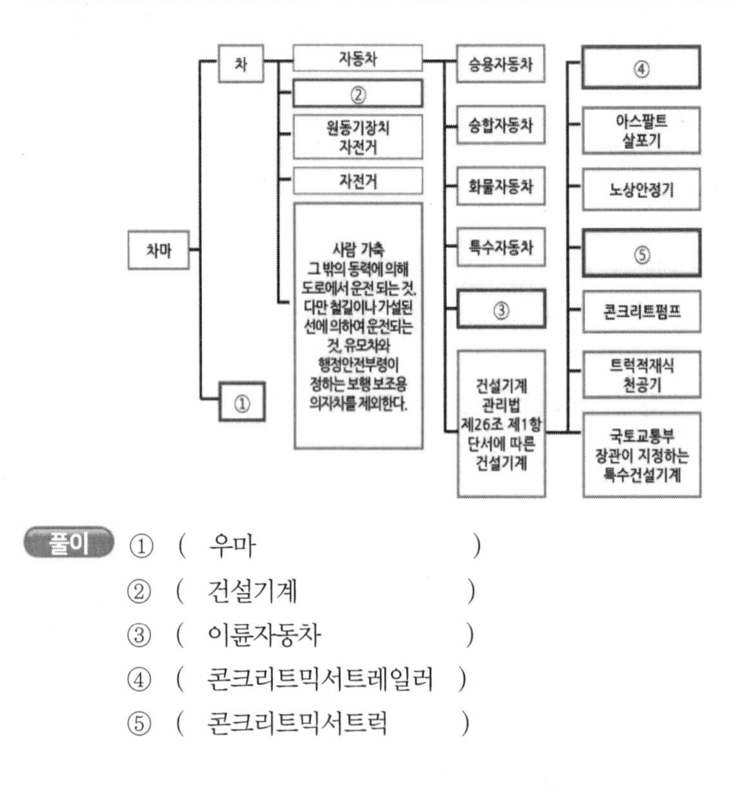

풀이 ① (우마)
② (건설기계)
③ (이륜자동차)
④ (콘크리트믹서트레일러)
⑤ (콘크리트믹서트럭)

02 **자동차에 설치된 ADAS(Advanced Driver Assist System) 장치는 사고의 위험을 줄여주는 역할을 한다. 이들 ADAS 장치 중에서 LDWS(Lane Departure Warning System)와 LKAS(Lane Keeping Assist System)에 대해 설명하시오.**

풀이
- LDWS : 차선이탈경보시스템의 약어로 차량 내부에 설치된 카메라가 전방의 차선을 인식하여 자동차가 차선을 이탈하려는 위험이 감지될 때 경보음을 울려 운전자에게 위험상황을 알리는 시스템이다.
- LKAS : 차선유지보조시스템의 약어로 자동차가 주행 중인 차로를 벗어났을 때 본래 주행 중이던 차로로 복귀하도록 제어하는 시스템이다.

03 **타이어 측면에는 타이어 규격이 표기되어 있다. 우측 사진에 표기되어 있는 225/45 R 17(유러피안 메트릭 표기법)의 각 항목이 의미하는 것을 구체적으로 기술하시오.**

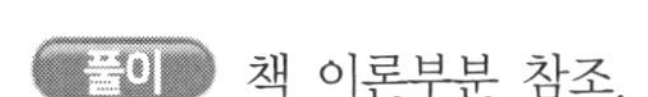

풀이 책 이론부분 참조.

04 **다음의 설명을 참고하여 운동에너지 방정식을 유도하시오.**

> 물체에 힘(Force)이 작용하여 물체가 힘의 방향으로 어떤 거리만큼 이동을 한 경우에 힘은 물체에 일(Work)을 한다고 말한다. 한 물체에서 다른 물체로 옮겨진 에너지의 양은 일과 동일하다고 볼 수 있으며 일을 할 수 있는 능력을 에너지와 같다고 표현할 수 있다.

풀이 $F = ma,\ W = F \times d = E$

$$E = ma \times d = m \times \left(\frac{v}{t}\right) \times \left(\frac{1}{2} \times v \times t\right) = \frac{1}{2}mv^2$$

05 **최근 과학기술의 발달로 도로교통분야도 많은 변화가 나타났다. 그 중에 대표적인 것이 바로 자율주행자동차이다. 자율주행자동차가 등장하여 사람들의 삶이 크게 달라질 것으로 예상된다. 이러한 변화는 긍정적인 부분도 많겠지만 새로운 고민거리를 던져주기도 한다. 이와 관련하여 자율주행자동차로 인해 새롭게 등장할 수 있는, 아직 해결하지 못한 법적 · 윤리적 문제 등 문제점에 대해 5가지를 기술하시오.**(해결책 제시는 점수와 상관없으며, 5가지 문제점에 대해 간단한 부연설명과 함께 기술, 예시문은 정답에서 제외)

풀이
1. 보행자를 우선적으로 보호할 것인가 운전자를 우선적으로 보호할 것인가.
2. 충돌사고 발생시 운전자의 책임은 어디까지이고 제조사의 책임은 어디까지인가.
3. 운전자의 운전면허를 더 이상 필요없는 것인가.
4. 자동차 보험분야 종사자들은 일자리가 없어지는 것인가.
5. 사고발생시 자동차 회사는 내부 알고리즘과 데이터를 제공할 수 있을 것인가.

문제 1 **다음 질문에 답하시오.** [배점 50점]

개 요

승용차가 편도 1차로 도로를 진행하던 중, 도로 우측에 주차된 차량 앞에서 횡단하는 보행자를 발견하고 급제동 하였으나, 보행자를 충돌하고 스키드마크 끝지점에 정지하였다. 사고당시 주차차량1의 영상기록장치(블랙박스)에 사고장면은 촬영되지 않았으나, 영상기록장치(블랙박스) 음성 자료를 통해 승용차의 급제동에 따른 제동음 발생시간이 2.0초로 분석되었고, 승용차의 앞유리 파손 상태 등으로 보아 보행자 충돌속도가 40km/h 이상일 것으로 분석되었다.

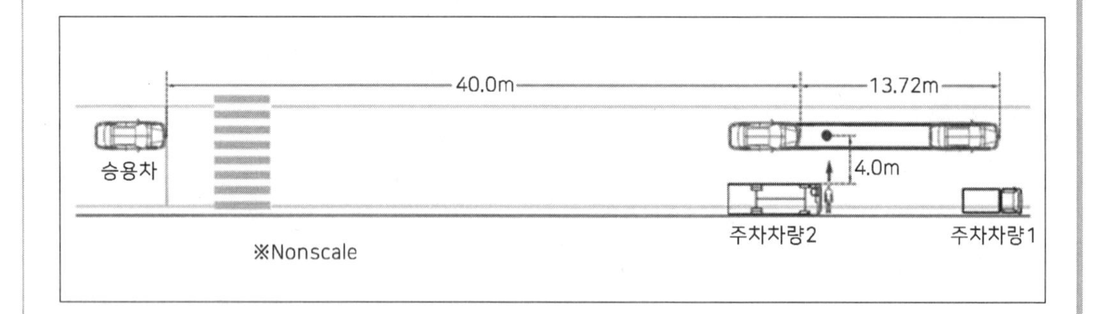

조 건

- 승용차의 스키드마크 길이 13.72m, 발진가속도 0.2g
- 제동음 발생 및 종료시점은 스키드마크 발생 및 종료 시점과 동일함
- 보행자가 주차차량2로부터 벗어나 승용차에 충돌되기까지 직각 횡단한 거리 4.0m
- 보행자의 횡단속도 1.8m/s, 승용차 운전자의 인지반응시간 1.0초, 중력가속도 9.8m/s²
- 보행자 충돌로 인한 속도변화는 없음
- 계산식의 경우 관계식 및 풀이과정을 단위와 함께 기술하고, 소수 셋째 자리에서 반올림하시오.

01 승용차의 급제동 시 견인계수를 구하시오

풀이 최종정지위치에서 출발했다고 생각하면 $d = v_0 t + \frac{1}{2}at^2$에서

$$13.72 = \frac{1}{2} \times \mu \times 9.8 \times 2^2, \quad \mu = 0.7$$

02 승용차의 제동직전 속도를 구하시오

풀이 $v = \sqrt{2 \times 0.7 \times 9.8 \times 13.72} = 13.72m/s$

03 승용차 운전자의 사고인지 지점을 스키드마크 시작점 기준으로 구하시오

풀이 보행자 진입시간 : $\frac{4m}{1.8m/s} = 2.22s$

사고인지 지점 : $13.72m/s \times 2.22s = 30.46m$

∴ 스키드마크 시작점 기준 30.46m 지점에서 보행자 발견

04 승용차 운전자는 보행자가 주차차량 2를 벗어나는 순간 보행자를 발견하고 지체 없이 급제동 하였으나 충돌하게 되었다고 주장한다. 보행자 충돌속도가 40km/h 이상인 점을 이용하여 이 주장의 타당성을 논하고, 그 근거를 기술하시오.

풀이 보행자 진입시간은 2.2초이고 운전자의 인지반응시간 1초를 빼면, 1.2초전에 제동이 시작되어 스키드마크가 나타나야 충돌속도가 40km/h라고 가정하면,

$$d = \left(\frac{40}{3.6}\right) \times 1.2 + \frac{1}{2} \times 0.7 \times 9.8 \times 1.2^2 = 18.27$$

즉, 보행자를 발견하고 즉시 급제동 하였다면 보행자 충돌 이전에 18.27m의 스키드마크가 발생되어야 한다.

05 승차 운전자는 제동 시작점 40m 후방의 정지선에서 신호대기한 뒤 출발하여 등가속 하다 위험을 인지하였다고 주장하고 있다. 이 주장의 타당성을 논하고, 그 근거를 기술하시오.

풀이 $d = v_0 t + \frac{1}{2}at^2$에서 $40 = 0 + \frac{1}{2} \times (0.2 \times 9.8) \times t^2, \quad t = 6.39s$

정지선에서 출발하는 경우 충돌 지점까지 6.39초가 소요되고 보행자는 충돌지점까지 2.2초에 지나가 버리므로 충돌할 수가 없다.

문제 2 다음 질문에 답하시오.

개 요

#1차량이 평탄한 편도2차로의 2차로를 따라 일정한 속도로 직진하다 전방에 차량고장으로 5m/s의 등속도로 서행중인 #2차량을 발견하고 급제동하여 스키드마크 15m 발생시킨 후 #2차량과 정추돌하여 붙은 상태로 함께 이동하여 정지하였다. #1차량과 #2차량에는 영상기록장치(블랙박스)가 설치되어 있지 않았고, 사고현장 주변을 살펴보니 횡단보도 이전 건물에 도로쪽을 비추는 CCTV가 설치되어 있어 확인하여보니 충돌 장면은 녹화되어 있지 않았으나, #1차량이 40m를 주행하는 장면 및 A정지선으로 진입하는 모습은 확인할 수 있었다.

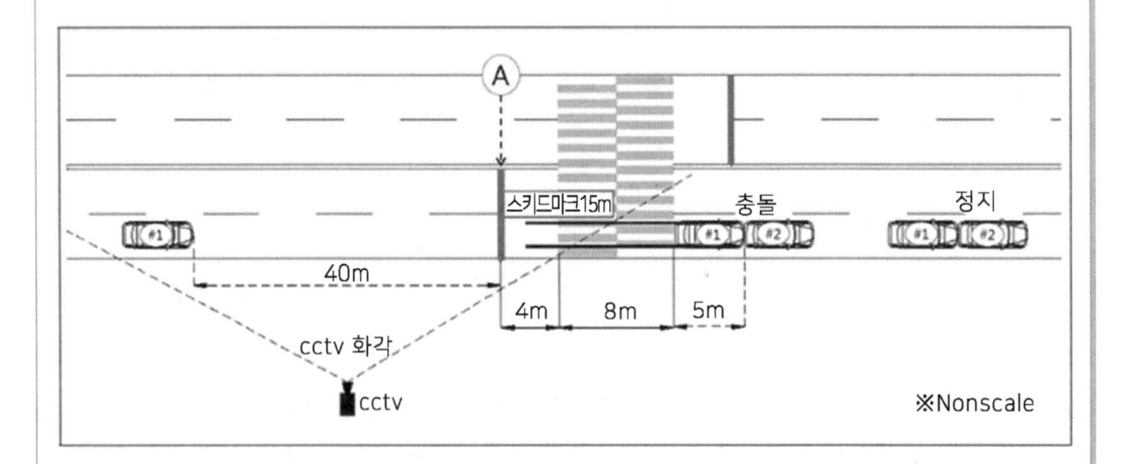

조 건

- #1차량의 질량 2,000kg, #2차량의 질량 1,500kg
- #1차량의 스키드마크 길이 15m
- CCTV는 1초당 정지영상 25개의 균일한 프레임(Frame)으로 구성되어 있음
- #1차량이 A정지선으로부터 40m 이전 위치에서 A정지선에 도달할 때까지 CCTV 정지영상 개수는 40개(Frame)
- #1차량의 스키드마크 발생 시 견인계수 0.7, 충돌 후 함께 이동시 각도 없이 수평 이동하고, 동 구간 견인계수는 0.4
- #1차량은 제동전 등속도 운동
- #1차량 운전자의 인지반응시간 1.0초 중력가속도 9.8m/s²
- 계산식의 경우 관계식 및 풀이과정을 단위와 함께 기술하고, 소수 셋째 자리에서 반올림하시오

01 #1차량이 스키드마크를 발생하기 전 주행속도를 구하시오

풀이 CCTV에서 40프레임 $\times \frac{1}{25} = 1.6s$

$$v = \frac{d}{t} = \frac{40m}{1.6s} = 25m/s$$

02 #1차량이 #2차량을 충돌할 당시 속도를 구하시오

풀이 $v^2 - v_0^2 = 2ad$ 식을 이용하여,

$v^2 - 25^2 = 2 \times (-0.7 \times 9.8) \times 15$

$v = 20.47m/s$

03 #1차량이 #2차량을 충돌한 후 함께 이동하기 시작할 때의 속도와 정지하기까지 함께 이동한 거리를 구하시오.

풀이 $m_1v_1 + m_2v_2 = (m_1 + m_2)v$ 식을 이용하여,

$2000 \times 20.47 + 1500 \times 5 = (2000 + 1500)v$

$v = 13.84m/s$

$v = \sqrt{2\mu gd}$ 에서 $d = \frac{v^2}{2\mu g}$를 이용하면,

$$d = \frac{13.84^2}{2 \times 0.4 \times 9.8} = 24.43m$$

04 #1차량 운전자가 위험인지한 지점부터 충돌위치까지 거리를 구하시오.

풀이 정지거리=공주거리+제동거리

$\therefore 25m/s \times 1s + 15m = 40m$

05 #1차량 운전자가 위험을 인지하였을 때 #2차량의 진행위치를 충돌지점 기준으로 구하시오.

풀이 제동시간 $t = \frac{\Delta v}{a} = \frac{25 - 20.49}{0.7 \times 9.8} = 0.66s$

인지 후 충돌하기까지의 시간은 1.66s가 되고,

#2차량의 속도는 5m/s이므로 거리는 $5m/s \times 1.66s = 8.3m$이다.

그러므로 #2차량을 충돌 전 8.3m 지점에서 인지하였다.

문제 3 다음 질문에 답하시오.

개 요

아래 그림에서 #1차량은 1차로를 진행하면서 P_2지점까지 54km/h의 속도로 직진하다가 P_2지점에 이르러 0.4g로 감속하여 P_3지점에 이르렀을 때 교통사고가 발생하였다. #2차량은 정차하였다가 0.15g의 가속도로 출발하여 10m를 진행한 후 사고지점에 도착하였다. P_2에서 P_3까지 곡선 이동한 거리는 10m이다.

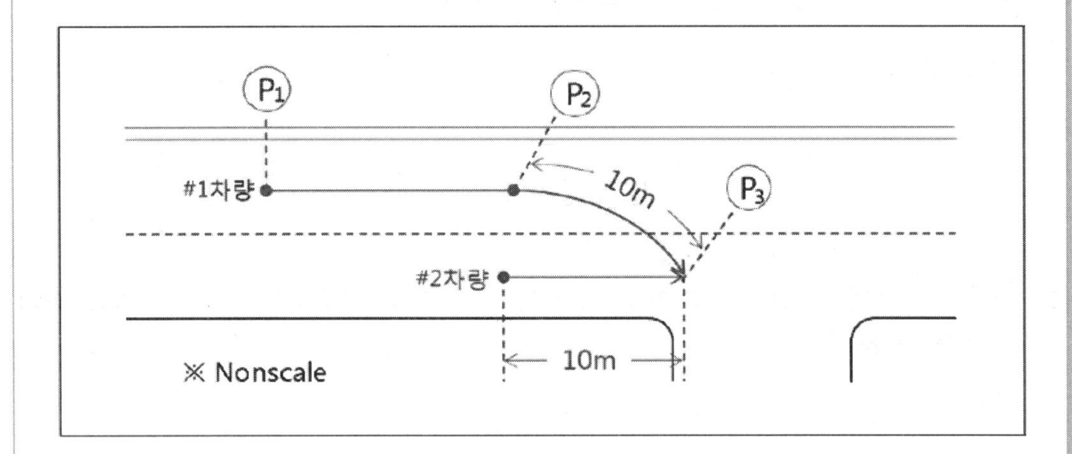

조 건

- 중력가속도 9.8m/s²
- #1차량은 P_1에서 P_2까지 등속운동
- 계산식의 경우 관계식 및 풀이과정을 단위와 함께 기술하고, 소수 셋째 자리에서 반올림하시오.

01 #2차량이 정지한 상태에서 0.15g의 가속도로 출발하여 10m를 진행하였을 때 속도를 구하시오.

풀이 $v = \sqrt{2\mu g d}$ 를 이용하면,

$$v = \sqrt{2 \times 0.15 \times 9.8 \times 10} = 5.42m/s$$

02 #2차량이 10m를 진행하는데 소요된 시간을 구하시오

풀이 $t=\dfrac{\triangle v}{a}=\dfrac{5.42-0}{0.15\times 9.8}=3.69s$

03 #1차량의 충돌속도를 구하시오

풀이 $v^2-v_0^2=2ad$를 이용하면,

$v_{13}^2-\left(\dfrac{54}{3.6}\right)^2=2\times(-0.4\times 9.8)\times 10$

$v_{13}=12.11m/s$

04 #1차량이 충돌지점 후방 10m구간을 0.4g의 감속도로 진행하는데 소요되는 시간을 구하시오.

풀이 $t=\dfrac{\triangle v}{a}=\dfrac{\left(\dfrac{54}{3.6}\right)-12.11}{0.4\times 9.8}=0.74s$

05 #2차량이 정지하였다가 출발하여 사고지점에 이르는 시간동안 #1차량이 이동한 거리를 구하시오.

풀이 #2차량이 사고지점에 이르는 시간인 3.69초 동안 #1차량이 진행한 거리를 구하면,

#1차량 제동시간 : 0.74s → 진행한 거리 10m

#1차량 등속 진행시간 : 3.69−0.74=2.95초

→ 진행한 거리= $\left(\dfrac{54}{3.6}\right)\times 2.95=44.25m$

$\therefore 10+44.25=54.25m$

문제 4 다음 질문에 답하시오.

개 요

무게가 980kg인 자동차가 모든 바퀴가 잠긴 상태로 건조한 콘크리트 도로에서 35m를 미끄러지고 기름이 쏟아져 있는 도로를 40m 미끄러진 후 15m/s의 속도로 콘크리트 벽을 충격하고 그 자리에 멈추었다.

조 건

- 건조한 코트리트 도로의 견인계수는 0.85, 기름이 쏟아진 도로의 견인계수는 0.3
- 중력가속도 9.8m/s²
- 계산식의 경우 관계식 및 풀이과정을 단위와 함께 기술하고, 소수 셋째 자리에서 반올림하시오.

01 사고자동차가 콘크리트 벽을 충격할 때 갖고 있던 에너지를 구하시오

풀이 $E_3 = \frac{1}{2}mv^2 = \frac{1}{2} \times 980 \times 15^2 = 110,250J$

02 기름이 쏟아져 있는 도로에서 사고자동차가 미끄러지는 동안 소모된 에너지를 구하시오.

풀이 $E_2 = \mu_2 mgd_2 = 0.3 \times 980 \times 9.8 \times 40 = 115,248J$

03 건조한 콘크리트 도로에서 사고자동차가 미끄러지는 동안 소모된 에너지를 구하시오

풀이 $E_1 = \mu_1 mgd_1 = 0.85 \times 980 \times 9.8 \times 35 = 285,719J$

04 사고자동차가 처음 미끄러지기 시작할 때 가지고 있던 전체에너지를 구하시오

풀이 $E_T = E_1 + E_2 + E_3 = 110250 + 115248 + 285719 = 511,217J$

05 사고자동차가 처음 미끄러지기 시작할 때 속도를 구하시오

풀이 $E_T = \frac{1}{2}mv_0^2$ 에서

$511217 = \frac{1}{2} \times 980 \times v_0^2 \qquad v_0 = 32.30m/s$

문제 5 다음 질문에 답하시오.

개 요

승용차량이 주행 중 전방의 우로 굽은 도로선형을 발견하고 급제동하여 스키드마크를 발생시키다가 도로이탈을 우려하여 브레이크 페달에서 발을 떼고 급한 핸들 조향으로 요 마크가 발생하다가 도로 가장자리에 설치되어 있는 가로수를 충돌한 사고가 발생했다.

현장 자료

- 승용차량의 제동에 의한 스키드 마크는 좌우 동일하게 15.0m로 측정됨
- 승용차량의 핸들조향에 의한 요마크 흔적을 통해 승용차량 무게중심 이동궤적을 측정한 결과 일정한 곡선반경을 가진 호를 이루고 있었으며, 현의 길이 50.0m, 중앙종거 4.0m로 측정됨.
- 승용차량의 소성변형 정도를 분석한 결과, 가로수 충돌속도는 36km/h로 분석됨.

조 건

- 스키드마크가 끝난 지점과 요마크 시작 지점사이 구간에서 속도변화는 없음.
- 스키드마크 구간의 종방향 견인계수는 0.8, 요마크 구간의 횡방향 견인계수는 0.7, 중력가속도는 $9.8m/s^2$ 적용함
- 계산식의 경우 관계식 및 풀이과정을 단위와 함께 기술하고, 소수 셋째 자리에서 반올림하시오.

01 현의 길이와 중앙종거를 바탕으로 곡선반경 산출을 위한 그림과 함께 관계식을 유도하고, 승용차량 무게중심 이동 궤적에 대한 곡선반경을 구하시오.

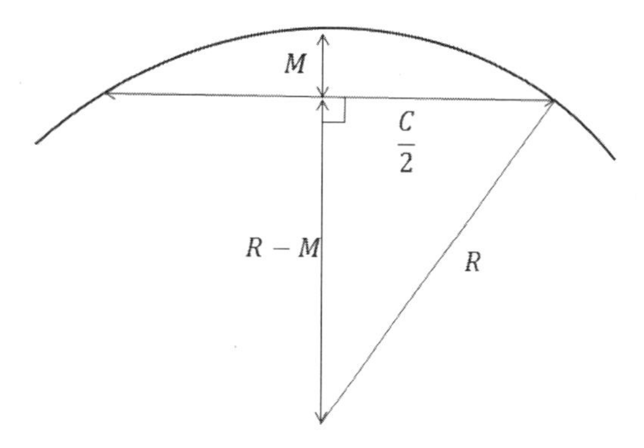

풀이 피타고라스 정리에 의해 $\left(\frac{C}{2}\right)^2 + (R-M)^2 = R^2$

$$R = \frac{C^2}{8M} + \frac{M}{2}$$

$$R = \frac{50^2}{8 \times 4} + \frac{4}{2} = 80.13m$$

02 요마크에 근거한 속도산출 관계식을 유도하고, 요마크 발생시점의 승용차량 속도를 구하시오.

풀이 원심력 = 마찰력

$$m\frac{v^2}{r} = \mu mg$$

$$v = \sqrt{\mu g r}\ (m/s)$$

$$v = \sqrt{0.7 \times 9.8 \times 80.13} = 23.45 m/s$$

03 스키드마크 발생지점의 승용차량 속도를 구하시오.

풀이 $v^2 - v_0^2 = 2ad$를 이용하면,

$$23.45^2 - v_0^2 = 2 \times (-0.8 \times 9.8) \times 15$$

$$v_0 = 28.02 m/s$$

2016년 기출 2차시험

문제 1 다음 질문에 답하시오.

개 요

아래 그림은 2대의 차량이 정면충돌하는 3가지 상황을 나타낸 것이다.

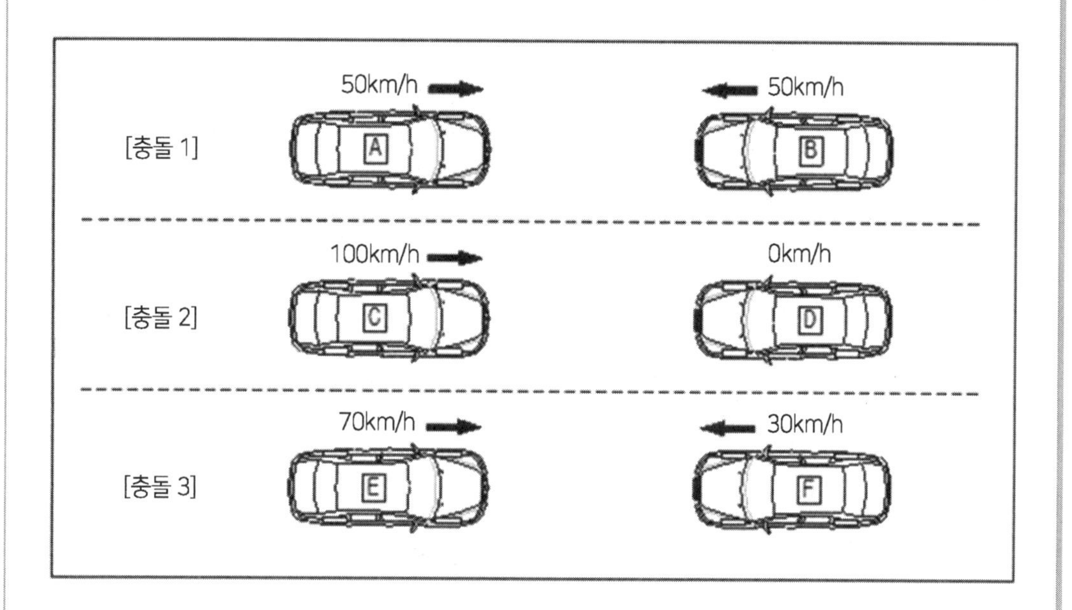

조 건

- 차량 6대는 질량이 모두 1,800kg인 동종(同種)의 차량임
- 충돌의 반발계수는 0이며, 충돌차량은 접촉 손상부위가 맞물려 정지함
- 계산식의 경우 관계식 및 풀이과정을 단위와 함께 기술하시오
- 각 질문마다 소수점 셋째자리에서 반올림 하시오.

01 다음에서 설명하는 물리법칙은 무엇인가?

- 충돌하는 두 물체 사이에서 크기는 같고 방향이 반대이며, 직선상에서 동시에 작용하는 서로 다른 힘을 F_1, F_2 라 할 때, $F_1 = -F_2$의 수식이 성립한다.

풀이 뉴턴의 제3법칙인 작용과 반작용의 법칙이다.

02 충돌1에서 관계식을 이용하여 A차량의 유효충돌속도를 구하시오.

풀이 운동량보존법칙에서 공통속도(v_k)를 구하면

$1800 \times 50 - 1800 \times 50 = (1800 + 1800) v_k$

$v_k = 0$

$\therefore\ v_{AE} = v_A - v_k = 50 - 0 = 50km/h$

03 충돌2에서 C차량과 D차량의 충돌부위 손상정도를 비교하여 기술하시오.

풀이 운동량보존법칙에서 공통속도(v_k)를 구하면

$1800 \times 100 - 1800 \times 0 = (1800 + 1800) v_k$

$v_k = 50$

$v_{CE} = v_C - v_K = 50$

$v_{DE} = v_K - v_D = 50$

즉 C차량과 D차량의 유효충돌속도가 동일하므로 손상정도도 같다.

04 충돌3에서 E차량과 F차량의 충돌 후 공통속도를 구하시오

풀이 $1800 \times 70 - 1800 \times 30 = (1800 + 1800) v_k,\quad v_K = 20km/h$

05 충돌3에서 E차량과 F차량의 충돌과정 중 소실된 에너지량을 구하시오. [배점 15점]

풀이 운동 E=$\frac{1}{2}mv^2$을 이용하여

충돌 전 $E = \frac{1}{2} \times 1800 \times \left(\frac{70}{3.6}\right)^2 + \frac{1}{2} \times 1800 \times \left(\frac{30}{3.6}\right)^2 = 400{,}000J$

충돌 후 $E = \frac{1}{2} \times (1800 + 1800) \times \left(\frac{20}{3.6}\right)^2 = 55{,}600J$

∴ 소실된 E = 400,000 − 55,600J = 344,600J

문제 2 다음 질문에 답하시오.

개 요

승용차가 5% 내리막 경사의 아스팔트 포장 도로를 주행하다 급제동하여 30m의 스키드마크를 발생시킨 뒤, 도로를 이탈하여 수평으로 10m, 수직으로 3m 지점의 언덕 아래로 떨어져 정지하였다.

조 건

- 스키드마크 발생 구간의 노면 마찰계수 : 0.85
- 중력가속도 9.8m/s²
- 계산식의 경우 관계식 및 풀이과정을 단위와 함께 기술하시오
- 각 질문마다 소수점 셋째자리에서 반올림 하시오

01 승용차가 도로를 이탈하기 직전 속도를 구하시오

$\overrightarrow{v_0}$ 0.85 30m v 5% 3m 10m

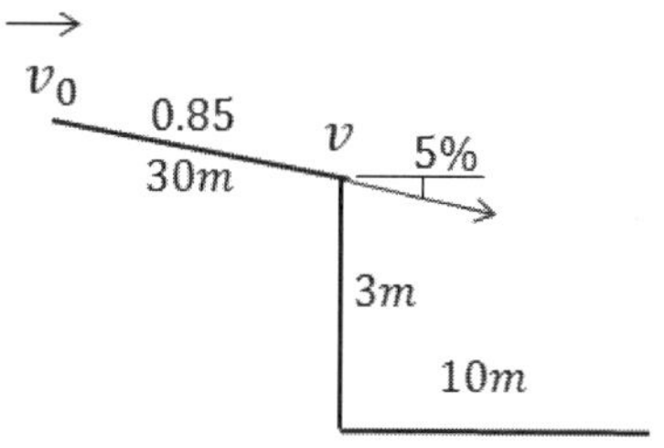

풀이 $v = d\sqrt{\dfrac{g}{2(dtan\theta - h)}} = 10\sqrt{\dfrac{9.8}{2(10\times(-0.05)+3)}} = 14m/s$

02 승용차가 아스팔트 노면에서 미끄러지기 직전 속도를 구하시오

풀이 $f = \mu + G = 0.85 - 0.05 = 0.8$

$v^2 - v_0^2 = 2ad$식을 이용, $14^2 - v_0^2 = 2\times(-0.8\times 9.8)\times 30$

$v_0 = 25.81m/s$

03 승용차가 아스팔트 노면에서 30m를 미끄러지는데 소요된 시간을 구하시오

풀이 $t=\frac{d}{v}$ 에서 , $t=\frac{25.81-14}{0.8\times 9.8}=1.51s$

04 승용차가 아스팔트 노면에서 미끄러지기 시작한 후 20m 지점에서의 속도를 구하시오

풀이 $v^2-25.81^2=2\times(-0.8\times 9.8)\times 20$, $v=18.78m/s$

05 승용차가 아스팔트 노면에서 미끄러지기 시작한 후 1초 동안 이동한 거리를 구하시오

풀이 $d=v_0t+\frac{1}{2}at^2$ 식을 이용,

$$d=25.81\times 1-\frac{1}{2}\times(0.8\times 9.8)\times 1^2=21.89m$$

06 만약, 위 상황과 달리 승용차가 평탄한 도로를 이탈하여 수평으로 10m, 수직으로 3m 지점의 언덕 아래로 떨어져 정지하였다면, 이때 승용차가 도로를 이탈하기 직전 속도를 구하시오.

풀이 $v=d\sqrt{\frac{g}{2h}}=10\sqrt{\frac{9.8}{2\times 3}}=12.78m/s$

문제 3 다음 질문에 답하시오.

개 요

편도1차로 도로를 진행하던 사고차량이 스키드마크 42m를 발생시키면서 좌측으로 이탈하여, 도로변의 가로수를 충격하는 사고가 발생되었다. 조사 결과 사고차량의 가로수 충돌속도는 30km/h였다. 브레이크 계통의 이상으로 인해 사고 시 브레이크는 전혀 작동되지 않았으나, 운전자에 의해 주차브레이크가 작동되었던 것으로 확인되었다. 즉, 사고차량의 스키드마크는 좌 우측 뒷바퀴에 의해 발생된 것이다.

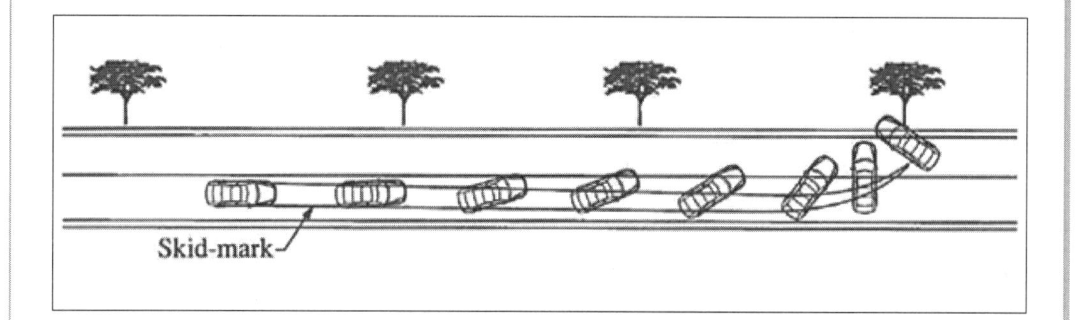

조 건

- 사고차량은 질량이 1,900kg으로, 앞 차축에는 1,100kg(좌우 각각 550kg), 뒤 차축에는 800kg(좌우 각각 400kg)의 하중이 실렸음
- 스키드마크 발생 과정에서 사고차량의 각 바퀴가 진행한 거리는 42m로 같음
- 흔적 발생 구간에서 사고차량 뒷바퀴는 주차브레이크에 의한 마찰계수 0.75, 앞바퀴는 엔진브레이크에 의한 구름저항계수 0.1을 각각 적용함
- 계산식의 경우 관계식 및 풀이과정을 단위와 함께 기술하시오.
- 각 질문마다 소수점 셋째자리에서 반올림 하시오

01 빈칸에 공통으로 들어갈 알맞은 용어를 쓰시오.

- 일을 할 수 있는 능력(일의 양)을 (　　)(이)라 하고, 모든 (　　)은(는) 일과 같다. 즉 일과 (　　)은(는) 그 크기가 같고 단위는 kgm^2/s^2 이다.

풀이 에너지

02 사고차량이 스키드마크를 발생시킨 구간에서 각 차륜의 하중분포를 고려한 견인계수와 가속도 값을 구하시오.

풀이 $f = \dfrac{0.75 \times 800 + 0.1 \times 1100}{1900} = 0.37$

$a = \mu g = -0.37 \times 9.8 = 3.63m/s^2$

03 사고차량이 스키드마크를 발생하기 시작할 때의 속도를 구하시오

풀이 충돌속도 30km/h이므로, $v^2 - v_0^2 = 2ad$ 식을 이용하면

$\left(\dfrac{30}{3.6}\right)^2 - v_0^2 = 2 \times (-3.63) \times 42 = 19.35m/s$

$v_0 = 19.35m/s$

문제 4 다음 질문에 답하시오.

개 요

다음 그림은 차량에 충돌된 보행자의 운동 상황을 나타낸 것이다. 차량에 충격된 보행자는 차량의 충돌속도로 수평방향으로 튕겨져 날아가 노면에 낙하한 후 활주하다 정지하였다.

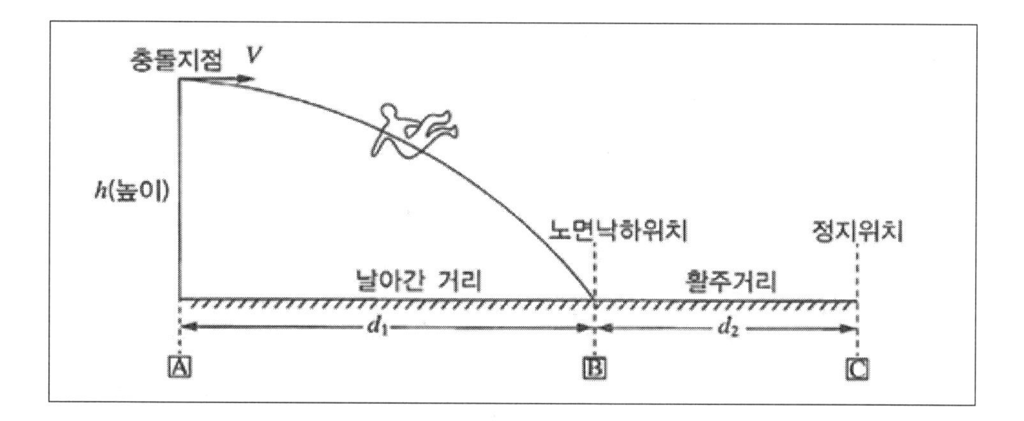

조 건

- d_1 : 보행자가 충돌차량 진행방향으로 튕겨져 날아간 거리
- d_2 : 보행자가 노면에 낙하되어 활주한 거리 22.4m
- h : 보행자가 날아가기 시작할 때 지면에서의 높이 1.5m
- 보행자 활주구간(d_2)에서 인체와 노면 사이의 마찰계수 0.5
- 충돌 후 보행자 운동구간에서 공기저항은 무시
- 계산식의 경우 관계식 및 풀이과정을 단위와 함께 기술하시오
- 각 질문마다 소수점 셋째자리에서 반올림 하시오.

01 다음은 보행자의 운동과 관련된 내용이다. 빈칸에 알맞은 말을 쓰시오.

- 차량에 충돌된 보행자는 충돌지점으로부터 노면에 낙하할 때까지 포물선 운동을 하며, 수평방향으로는 (①)운동, 수직방향으로는 (②)운동을 한다.

풀이 ① 등속, ② 자유낙하

02 차량이 A지점에서 보행자를 충돌할 때 속도를 구하시오.

풀이 $v = \sqrt{2\mu gd} = \sqrt{2 \times 0.5 \times 9.8 \times 22.4} = 14.82m/s$

03 질문1의 (①)과 (②)를 이용하여, 보행자가 A~B 구간에서 튕겨 날아간 거리(d_1)를 계산 할 수 있는 관계식을 유도하시오.

풀이 자유낙하운동에서 $h = \frac{1}{2}gt^2$, $t = \sqrt{\frac{2h}{g}}$

t 를 수평방향 등속운동 식에 대입하면

$v = \frac{d}{t} = d_1\sqrt{\frac{g}{2h}}$, $\therefore\ d_1 = v\sqrt{\frac{2h}{g}}$

04 질문3에서 유도된 관계식을 이용하여 보행자가 튕겨 날아간 거리(d_1)를 구하시오

풀이 $d_1 = v\sqrt{\frac{2h}{g}} = 14.82\sqrt{\frac{2 \times 1.5}{9.8}} = 8.20m$

문제 1 다음 질문에 답하시오.

사고개요 및 현장상황도

신호등이 설치되어있는 평탄한 직각 교차로에서 A차량은 북→남 방향으로 직진하고 B차량은 동→서 방향으로 직진하던 중 교차로 내에서 직각 충돌하는 사고가 발생했고, 뒤이어 서→동 방향으로 직진하던 C차량이 교차로 내에서 A차량과 충돌했다.

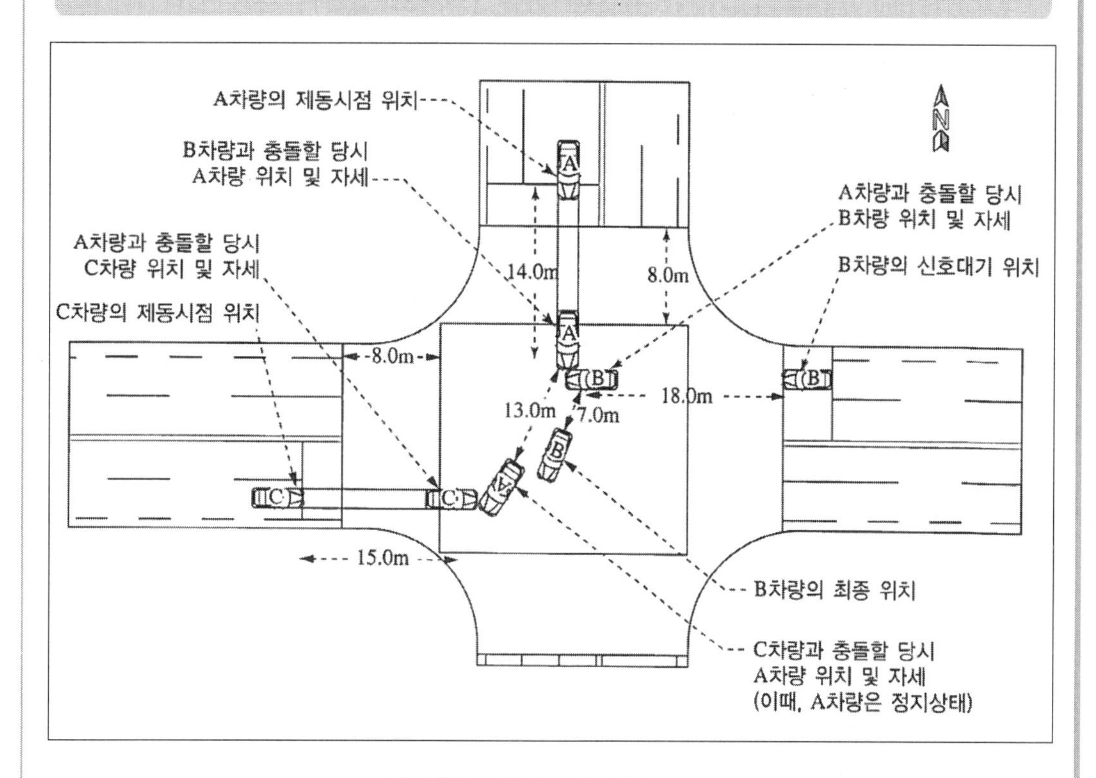

현장 자료

※ 현장상황도 참고-

A차량 제동에 의한 스키드마크는 좌우 동일하게 14.0m로 B차량 충돌지점까지 발생했음
- C차량 제동에 의한 스키드마크는 좌우 동일하게 15.0m로 A차량 충돌지점까지 발생했음
- A차량과 B차량이 충돌한 후, A차량은 충돌 전 A차량 진행방향을 기준으로 우측 전방 20°각도로 13.0m 이동한 지점에 정지해있던 중 C차량과 충돌했고, B차량은 충돌 전 B차량 진행방향을 기준으로 좌측 전방 80°각도로 7m 이동한 지점에 최종 정지했음
- B차량은 위 그림과 같이 신호대기 위치에서 신호대기 하였다가 출발하였음

조 건

- 현장상황도는 Non Scale로 비례척이 아니므로, 현장상황도를 근거로 거리 또는 각도를 측정하지 말 것
- A차량과 B차량 간 충돌은 1회만 발생했고, A차량 질량은 1,200kg이고 B차량 질량은 900kg
- A차량과 C차량의 제동구간 견인계수는 0.8로 동일하며, A차량과 C차량 모두 제동 전까지는 등속으로 진행
- A차량과 B차량 간 충돌이 발생한 후 양 차량이 이동한 구간의 견인계수는 0.6으로 동일
- B차량이 신호대기 후 출발하여 A차량과 충돌하기까지 등가속한 구간은 18.0m
- A차량과 충돌할 당시 C차량 속도는 25km/h
- C차량 운전자는 A차량과 B차량이 충돌하는 순간 위험을 인지하고 제동행위를 취했으며, C차량 운전자의 인지반응시간은 1.5초
- 중력가속도는 9.8m/s²
- 질문에 대해 풀이과정과 단위(속도 단위는 m/sec)를 기술하고, 소수 셋째자리에서 반올림할 것

01 C차량이 제동을 시작할 당시 속도를 구하시오. [10점]

풀이 $v^2 - v_0^2 = 2ad$ 식을 이용

$$\left(\frac{25}{3.6}\right)^2 - v_c^2 = 2\times(-0.8\times9.8)\times15$$

$$v_c = 16.83m/s$$

02 A차량과 B차량 간 충돌에서 A차량과 B차량의 충돌 후 속도를 각각 구하시오. [10점]

풀이 $v = \sqrt{2\mu gd}$ 을 이용하여

$$v_A = \sqrt{2\times0.6\times9.8\times13} = 12.36m/s$$

$$v_B = \sqrt{2\times0.6\times9.8\times7} = 9.07m/s$$

03 B차량과 충돌한 A차량이 정지하고 몇 초 후에 C차량이 A차량과 충돌했는지 구하시오. [10점]

풀이 충돌 후 A차량 정지 시간

$$t = \frac{v_A' - 0}{a} = \frac{12.36 - 0}{0.6 \times 9.8} = 2.1s$$

C의 제동시간

$$t = \frac{16.38 - 6.94}{0.8 \times 9.8} = 1.26s$$

C의 정지시간 = 공주시간 1.5s + 제동시간 1.26s = 2.76s

∴ 2.76 − 2.1 = 0.66s

04 A차량과 B차량 간 충돌에서 A차량과 B차량의 충돌속도를 각각 구하시오. [10점]

풀이 **x성분)**

$$1200 \times 0 + 900 \times v_B = 1200 \times 12.36\cos 70 + 900 \times 9.07\cos 80,$$

$$v_B = 7.21m/s$$

y성분)

$$1200 \times v_A + 900 \times 0 = 1200 \times 12.36\sin 70 + 900 \times 9.07\sin 80,$$

$$v_A = 18.31m/s$$

05 B차량이 신호대기 후 출발하여 A차량과 충돌하기까지 소요시간을 구하시오. [10점]

풀이 평균속도 : $\frac{0 + 7.21}{2} = \frac{18}{t}$

∴ t = 5s

문제 2 다음 질문에 답하시오.

사고 개요

다음 도면과 같이 A교차로에서 신호 대기하던 승용차가 진행방향 신호(1현시)가 점등됨과 동시에 출발하여 진행하다, B교차로에서 우회전하던 오토바이와 충돌한 사고이다. 승용차 진행방향으로 A와B 교차로의 정지선 간 거리는 241m이며 A와B 교차로 신호현시 관계를 도면에 함께 나타내었다.

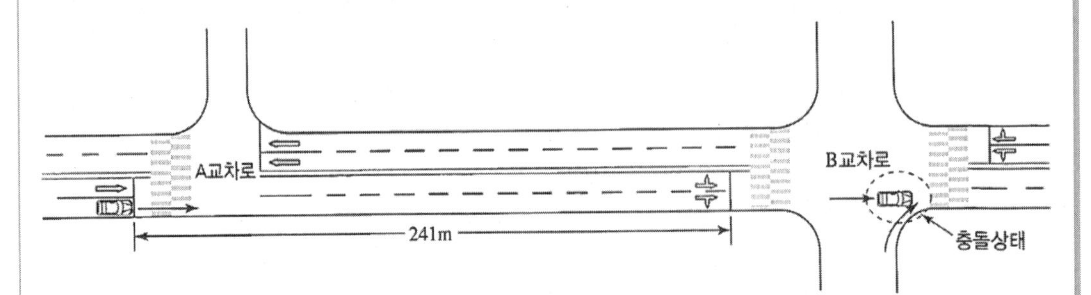

A교차로			
약 도		1현시(주현시)	2현시
	차량진행 방향표시		
	Split (시간분할)	70초(황색 3초 포함)	30초(황색 3초 포함)
	Cycle (주기)	100초	
	Offset (옵셋)	30초	

B교차로					
약 도		1현시(주현시)	2현시	3현시	4현시
	차량진행 방향표시				
	Split (시간분할)	30초(황색 3초 포함)	30초(황색 3초 포함)	20초(황색 3초 포함)	20초(황색 3초 포함)
	Cycle (주기)	100초			
	Offset (옵셋)	15초			

승용차 운전자의 진술

- A교차로에서 진행방향 신호(1현시)가 점등됨과 동시에 출발하여 B교차로에 진입 전 자신의 진행방향 신호기에 녹색등화를 보았고, 교차로에 진입한 후에도 계속된 녹색등화였다고 함
- 정지 상태에서 60km/h까지 연속적으로 가속하여 이후 60km/h로 등속주행 하였다고 함

조 건

- 승용차 운전자로 하여금 사고차량을 이용, 정지 상태에서 60km/h까지 연속적인 가속테스트를 실시하였으며, 그 결과는 다음 표와 같음

(표1) 사고 승용차를 이용한 가속테스트 결과

속도	가속도
0 → 30km/h	0.3G
30 → 60km/h	0.15G

- 승용차는 60km/h 도달 후 충돌 시까지 등속주행 함
- 계산식의 경우, 관계식 및 풀이과정을 단위와 함께 기술하시오.
- 각 질문마다 소수점 둘째자리에서 반올림함

01 가속 테스트 값을 근거로, 사고 승용차가 A교차로 정지선에서 출발하여 60km/h까지 가속하는데 소요된 시간과 거리를 각각 구하시오. [10점]

풀이 0 → 30km/h 구간 a=0.3g

$$a=\frac{\Delta v}{t}\text{에서 } t=\frac{\left(\frac{30}{3.6}\right)}{0.3\times 9.8}=2.8s$$

$$d=\frac{1}{2}at^2=\frac{1}{2}\times 0.3\times 9.8\times 2.8^2=11.5m$$

30 → 60km/h 구간 a=0.15g

$$t=\frac{\left(\frac{60}{3.6}\right)-\left(\frac{30}{3.6}\right)}{0.15\times 9.8}=5.7s$$

$v^2-v_0^2=2ad$ 식을 이용하여

$$\left(\frac{60}{3.6}\right)^2-\left(\frac{30}{3.6}\right)^2=2\times 0.15\times 9.8\times d,\ d=71.4m$$

∴ 소요시간 : 2.8 + 5.7 = 8.5s,

거리 : 11.5 + 71.4 = 82.9m

02 가속 테스트 값을 근거로, 승용차가 A교차로 정지선에서 출발하여 B교차로 정지선까지 241m을 진행하는데 소요되는 시간을 구하시오. [10점]

풀이 60km/h 까지의 거리는 82.9m이므로 남은 등속구간거리는 241 − 82.9 = 158.1m

$$t=\frac{d}{v}=\frac{158.1}{\left(\frac{60}{3.6}\right)}=9.5s,\quad \therefore 8.5+9.5=18s$$

03 다음에서 설명한 신호관련 용어를 쓰시오. [5점]

- 어떤 기준값으로부터 녹색등화가 켜질 때까지의 시간차를 초 또는 %로 나타낸 값으로 연동 신호교차로 간의 녹색등화가 켜지기까지의 시차

풀이 옵셋(Offset)

04 **A교차로와 B교차로의 사고 승용차 진행방향 녹색등화가 점등되는 순서와 시간차를 구하고 그 이유에 대해서 설명하시오.** [10점]

풀이 A신호 녹색신호에서 출발하여 18초 뒤에 충돌하였고, offset이 15초이므로 충돌 3초전에 B신호등이 녹색으로 되었다.

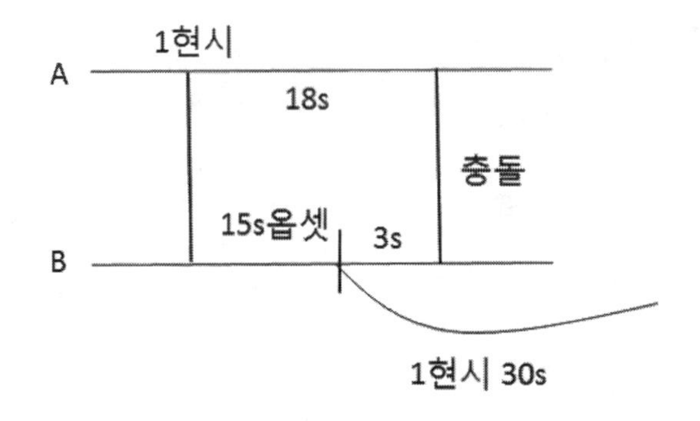

05 **[질문 01~04] 내용을 종합하여, 사고 승용차가 B교차로 정지선에 도달할 당시 신호관계를 규명하여 승용차 운전자 진술의 타당성을 검증하시오.** [15점]

풀이 승용차가 B 교차로에 도달하기 3초 전에 30초 1현시가 점등되었으므로 교차로 진입하여 통과할 때까지 녹색신호였다는 운전자의 진술은 타당하다.

문제 3 다음 질문에 답하시오.

사고 개요

다음 그림과 같이 20°경사면에 주차되어 있던 질량 1,800kg인 A차량이 브레이크가 풀리면서 경사면 아래로 진행하여 콘크리트 옹벽을 정면으로 충돌하는 사고가 발생하였다.

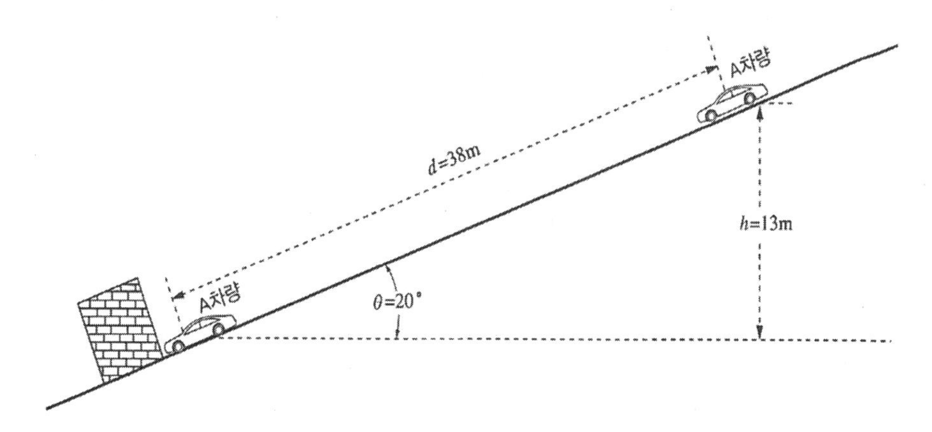

조 건

- A차량이 내려가는 동안 노면 마찰력)저항력)과 공기저항은 없는 것으로 전제함
- 계산식의 경우, 관계식 및 풀이과정을 단위와 함께 기술하시오.
- 각 질문마다 소수점 둘째자리에서 반올림 함

01 13m 높이에 있던 A차량의 위치에너지를 구하시오. [5점]

풀이 $E = mgh = 1800 \times 9.8 \times 13 = 22,320J$

02 A차량이 d거리를 내려가는 동안 한 일(Work)의 양을 구하시오. [5점]

풀이 $w = Fd = mgsin20 \times 38m = 229,320J$ (38xsin20=h),

03 충돌 당시 A차량의 속도를 구하시오. [10점]

풀이 $\frac{1}{2}mv^2 = 229,320J, \quad v = 16m/s$

04 A차량이 충격한 콘크리트 옹벽을 질량 무한대인 고정 장벽으로 볼 경우, A차량 전면 손상부위에 작용된 유효충돌속도를 구하시오. [5점]

풀이 공통속도 $v_c = 0m/s$ ∴ 유효충돌속도 16 − 0 =16m/s

문제 4 다음 질문에 답하시오.

현장 상황

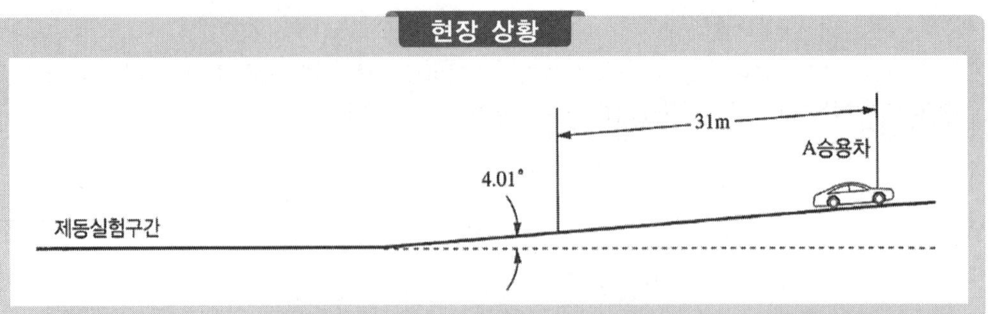

- 오르막(4.01°)도로를 진행하던 A승용차가 급제동하며 보행자를 충돌하는 사고가 발생하였다.
- 급제동 구간의 노면 마찰계수 값을 알아보기 위해 A승용차를 이용하여 제동실험을 2회 실시하였는데, 실험은 사고가 있었던 오르막 구간 이전의 평탄한 구간에서 하였으며 그 결과는 아래와 같음. 위 그림은 Non Scale로 비례척이 아님.

	제동 시 속도	급제동 구간의 거리	마찰계수
1회	80km/h	30.0m	-
2회	75km/h	27.0m	-

조 건

- 계산된 속도 값은 소수점 둘째자리에서 반올림 함
- 제동실험 구간과 오르막 구간의 노면상태는 동일함
- 단, 노면 마찰계수는 2회 제동실험을 통해 산출된 값(소수점 셋째 반올림)을 평균 적용하며, 보행자 충돌에 따른 감속은 배제함
- 풀이과정 전체를 관계식 및 단위와 함께 기술하시오.

01 위 제동실험의 결과로부터 제동실험 구간의 평균 마찰계수를 구하시오. [5점]

풀이 1회 마찰계수 : $v=\sqrt{2\mu gd}$ 에서 $\mu=\dfrac{v^2}{2gd}=\dfrac{\left(\dfrac{80}{3.6}\right)^2}{2\times9.8\times30}=0.84$

2회 마찰계수 : $\dfrac{\left(\dfrac{75}{3.6}\right)^2}{2\times9.8\times27}=0.82$

$\therefore\ \dfrac{0.84+0.82}{2}=0.83$

02 사고지점인 오르막(4.01°)구간의 견인계수를 구하시오. [5점]

풀이 $f = \mu + G = 0.83 + \tan 4.01 = 0.9$

03 사고 당시 A승용차는 오르막(4.01°) 구간에서 31.0m 급제동 후 정지하였다. A승용차의 급제동 전 진행속도를 구하시오. [5점]

풀이 $v = \sqrt{2 \times 0.9 \times 9.8 \times 31} = 23.4 m/s$

04 아래 차량의 P225/55R17이 각각 의미하는 바를 서술하시오

풀이 P225/55R17

- P : Passenger(승용차)
- 225 : 타이어 폭
- 55 : 편평비
- 17 : 림 직경(인치)

05 아래 규격의 타이어가 한 바퀴 구르는 동안 진행한 거리를 구하시오.

(1인치 = 25.4mm, $\pi = 3.14$)

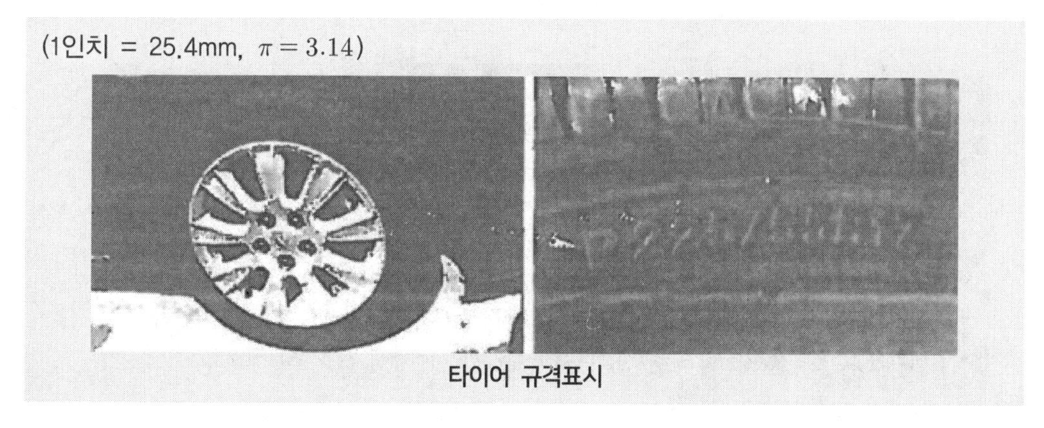

타이어 규격표시

풀이 $편평비 = \frac{타이어높이}{타이어폭} \times 100$ 에서 $55 = \frac{타이어높이}{225} \times 100$

$타이어높이 = 225 \times \frac{55}{100} = 123.75$

$\therefore$ 직경 $= 17 \times 25.4 + 2 \times 123.75 = 679.3 mm$

$\therefore$ 진행한 거리 $= \pi D = 3.14 \times 0.6793 = 2.13 m$

문제 1 다음 질문에 답하시오.

개 요

A, B 두 대의 차량이 왕복 2차로 도로에서 50km/h 속도로 나란히 주행하고 있다. 이때 A차의 앞부분은 B차의 뒷부분과 10m 간격을 갖는다. A차가 B차를 추월하기 위해 0.2g로 가속하여 80km/h에 도달하였다. 이후 등속주행하여 A차가 B차를 추월 완료한 때에 A차의 뒷부분은 B차의 앞부분보다 20m 앞쪽에 위치하였다.

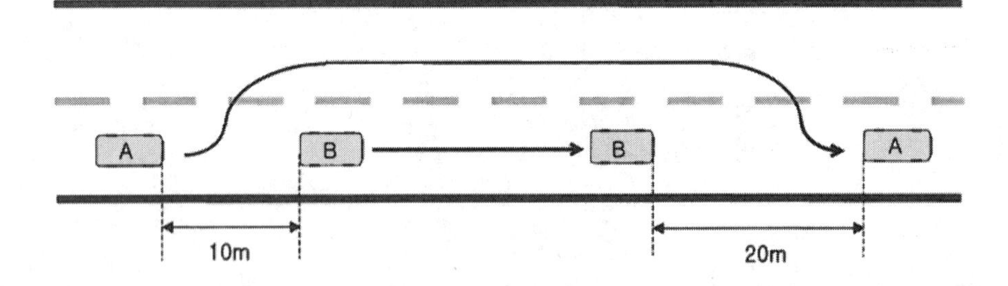

조 건

- 두 차량의 길이는 각각 6m 적용
- 중력가속도 값은 $9.8m/s^2$적용
- 사고지점은 평탄한 노면으로 경사도는 없음
- 맞은 편 도로에서 80km/h 속도로 다가오는 C차는 등속도 운동을 하고 있었음
- B차는 전 과정에서 등속도 운동한 것으로 적용
- 차로변경으로 인한 횡방향 이동에 소요되는 거리 및 시간은 무시하고 종방향 운동성분만 고려할 것
- 풀이과정 및 단위를 기술하고 각 질문마다 소수 3째 자리에서 반올림할 것

01 A차가 추월을 완료하기 위한 시간은 얼마인가? [20점]

풀이 A차량이 50km/h에서 80km/h 가속할 때까지의 시간과 거리는,

$22.22 = 13.89 + 0.2 \times 9.8 \times t_1$

$d_1 = 13.89 \times 4.25 + \frac{1}{2} \times 0.2 \times 9.8 \times 4.25^2 = 76.73m$

상기 그림에서 두 거리는 동일하므로,

$10 + 6 + 13.89 \times (4.25 + t_2) + 20 + 6 = 76.73 + 22.22 \times t_2$

$t_2 = 2.92s$

$\therefore t_1 + t_2 = 4.25 + 2.92 = 7.17s$

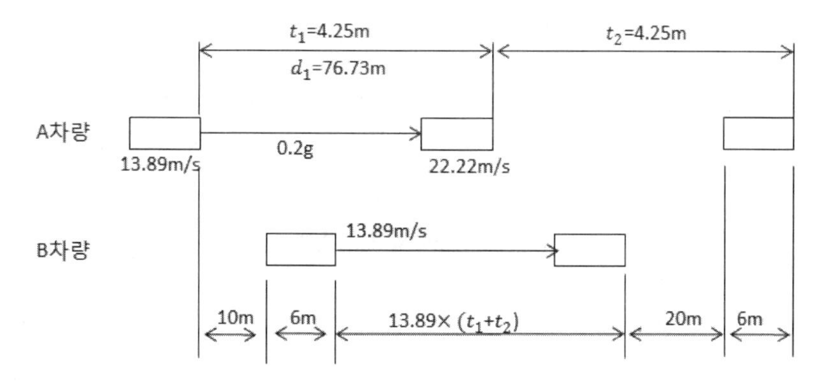

02 A차가 추월을 완료하기 위한 거리는 얼마인가? [10점]

풀이 $76.73 + 22.22 \times 2.92 = 141.61m$

03 A차가 추월하는 동안 B차가 진행한 거리는 얼마인가? [5점]

풀이 $13.89 \times (4.25 + 2.92) = 99.59m$

04 A차가 추월하는 시작점과 맞은편에서 다가오는 C차 사이에 필요한 최소 이격 거리는? [15점]

풀이 7.17초 동안 C차의 주행거리 $= 22.22 \times 7.17 = 159.32m$

∴ A차의 주행거리+C차 주행거리=141.61+159.32=300.93m

문제 2 다음 질문에 답하시오.

개 요

질량 1000kg의 승용차가 평탄한 도로를 이탈하여 높이 1m 아래로 낙하한 후 미끄러지기 시작하여 질량 1500kg의 바퀴와 충돌하였다. 이후 승용차는 바위와 접합된 채 2m를 함께 이동하여 최종 정지하였다. 이를 그림으로 나타내면 다음과 같다.

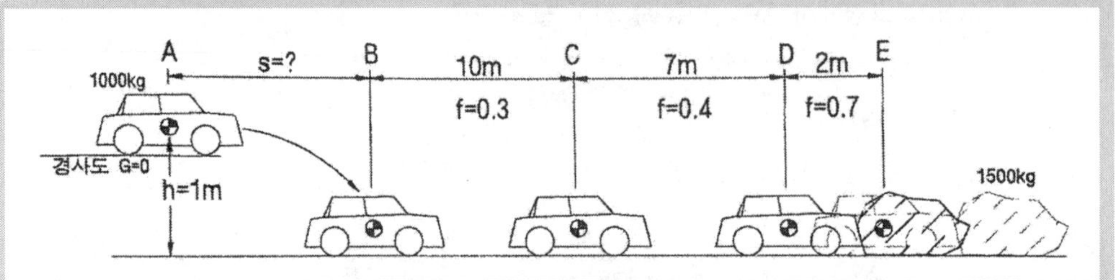

각 구간별 견인계수는 그림에 나타낸 바와 같으며, 승용차가 바위와 접합된 채 이동시에는 공히 견인계수 0.7을 적용한다. 이 사고를 선형운동으로 가정할 때, 다음 질문에 답하시오.

조 건

- 중력가속도 값은 9.8m/s²적용
- B지점에서 낙하충격에 의한 속도감속은 없는 것으로 간주한다.
- 풀이과정을 기술하고 속도단위는 m/s로 사용

01 승용차가 바위와 충돌하기 직전의 속도, 즉 D위치에서 속도(VD)를 계산하시오. [15점] 단, 이 충돌은 완전 비탄성충돌이다. VD는 소수둘째자리에서 반올림하여 나타내시오.

풀이 충돌직후 속도 : $v = \sqrt{2 \times 0.7 \times 9.8 \times 2} = 5.2m/s$

충돌전후 운동량보존법칙에 의해

$1000 \times v_D = (1000 + 1500) \times 5.2$

$v_D = 13.0m/s$

02 그림의 C위치에서 승용차의 속도(VC)를 계산하시오. [5점] 단, Vc는 소수둘째자리에서 반올림하여 나타내시오.

풀이 $v^2 - v_0^2 = 2ad$를 이용하여,

$13^2 - v_C^2 = 2 \times (-0.4 \times 9.8) \times 7$

$v_C = 15.0m/s$

03 그림의 B위치에서 승용차 속도(VB)를 계산하시오. [5점]
단, VD는 소수둘째자리에서 반올림하여 나타내시오.

풀이 $15^2 - v_B^2 = 2 \times (-0.3 \times 9.8) \times 10$

$v_B = 16.8m/s$

04 앞의 결과를 토대로 승용차가 도로를 이탈하여 비행한 거리(s)를 계산하시오. [10점]
단, 공기저항은 무시하고, s는 소수둘째자리에서 반올림하여 나타내시오.

풀이 $v_B = v_A$이고 $v = d\sqrt{\frac{g}{2h}}$를 이용하면,

$16.8 = d\sqrt{\frac{9.8}{2 \times 1}}$

$\therefore d = 7.6m$

05 B-C, C-D, D-E구간별 KE(Kinetic Energy)를 구하고 이를 통해 앞에서 산출된 도로 이탈 직전의 속도를 검증하시오.
(다음을 산출하시오 : ①구간별 KE, ②KE에너지의 총합, ③도로이탈 직전 속도 산정)

풀이 ① 구간별 KE

B-C 구간에서 소실된 에너지 : $E_{BC} = 0.3 \times 1000 \times 9.8 \times 10 = 29400J$

C-D 구간에서 소실된 에너지 : $E_{CD} = 0.4 \times 1000 \times 9.8 \times 7 = 27440J$

D-E 구간에서 남은 운동에너지 : $E_{DE} = \frac{1}{2} \times 1000 \times 13^2 = 84500J$

② KE에너지 총합

$E_T = 29400 + 27440 + 84500 = 141,340J$

③ 도로이탈 직전 속도 산정

$E_T = \frac{1}{2}mv_A^2 = 141,340J$

$v_A = \sqrt{\frac{141340 \times 2}{1000}} = 16.8m/s$ → 3. 에서 구한 속도와 동일함.

문제 3 다음 질문에 답하시오.

01 타이어의 측면에는 한국산업규격(KS), 미연방자동차기준(FMVSS) 등에 의해 여러 가지 항목을 의무적으로 명기하고 있다. 그 중 DOT 끝번호 네 자리가 다음과 같을 때 그것이 의미하는 바를 기술하시오. [5점]

DOT * * * * * * * _0612_

풀이 2012년 6번째주 생산

02 타이어는 트레드(Tread), 카카스(Carcass), 비드(Bead) 등으로 구성되어 있다. 그 중 비드(Bead)의 역할에 대해 기술하시오. [5점]

풀이 림에서 타이어의 이탈을 방지하고 기밀을 유지한다.

03 삼지교차로에서 두 대의 차량이 다음과 같은 스키드마크를 발생시키며 충돌하였다. 아래 그림의 측정치를 감안하여 질문에 답하시오.(단, 코사인 제2법칙을 사용하고 계산과정을 기술하시오)

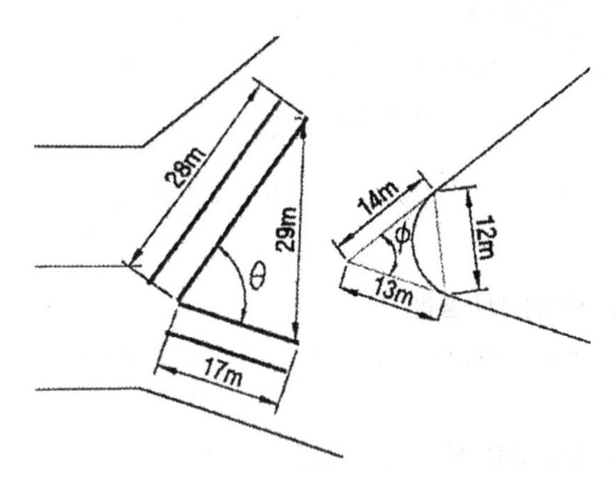

가. 그림과 같이 두 차량의 스키드마크가 접하게 되고 스키드마크 시작점간의 거리가 29m일 때 두 차량 간의 충돌각 θ를 구하시오. (단, θ는 소수 둘째자리에서 반올림할 것) [5점]

풀이 코사인 제2법칙에 의거

$29^2 = 28^2 + 17^2 - 2 \times 28 \times 17 \times \cos\theta$

$\theta = 75.9°$

나. 도로가장자리의 연석선을 따라 가상의 연장선을 그어 만나는 교차점을 기준으로 옆의 그림과 같이 측정하였다. 두 방향의 도로 간에 이루는 각Φ를 구하시오.
(단, Φ는 소수 둘째자리에서 반올림할 것)

풀이 코사인제2법칙에 의거

$$12^2 = 14^2 + 13^2 - 2\times 14\times 13\times \cos\theta$$

$$\theta = \cos^{-1}\left(\frac{14^2 + 13^2 - 12^2}{2\times 14\times 13}\right) = 52.6°$$

04 커브 구간의 곡선반경을 구하기 위해 중앙선을 기준으로 중앙종거 및 현의 길이를 측정하였다. M=0.5m, C=25m일 때 이 도로의 곡선반경(R)을 구하시오. [5점]

풀이 $R = \frac{C^2}{8M} + \frac{M}{2} = \frac{25^2}{8\times 0.5} + \frac{0.5}{2} = 156.5m$

문제 4 다음 질문에 답하시오.

개요 및 조건

차량 A가 동쪽에서 서쪽으로 진행하고, 차량 B는 북서쪽에서 남동쪽으로 진행하다 두 차량이 교차로 안에서 충돌하였다. 충돌 전 차량 A는 10m의 스키드마크를 발생하다 충돌 후 20m 남서쪽으로 이동하여 정지하고, 차량 B는 30m 남서쪽으로 이동하여 정지하였다. 충돌 전, 후 이동각도를 좌표계로 표시하면 아래 그림과 같다.

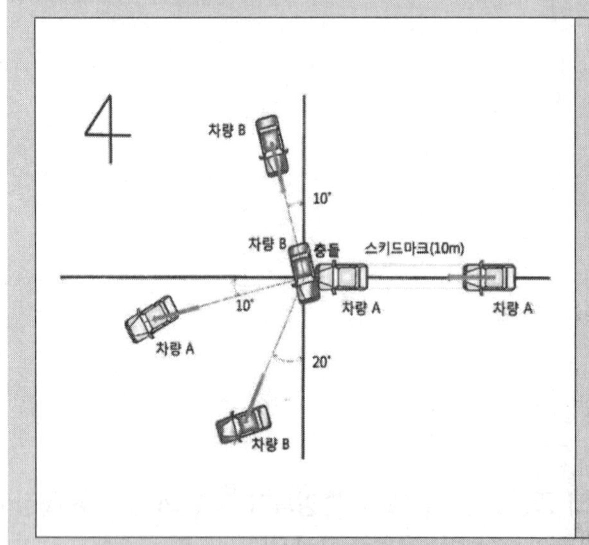

<조건>
- 차량 A의 질량은 2500kg
- 차량 B의 질량은 3000kg
- 차량 A의 제동구간 견인계수는 0.8
- 충돌 후 차량 A의 견인계수는 0.4
- 충돌 후 차량 B의 견인계수는 0.2
- 중력가속도 값은 $9.8m/s^2$적용
- 각 질문에 대한 답의 속도 단위는 m/s로 기술
- 차량 A는 제동전 등속운동하였고, 차량 B는 충돌전 등속운동하였다.
- 소수 3째 자리에서 반올림하여 계산
- 풀이과정을 기술할 것

01 차량 A와 차량 B의 충돌 직전 속도를 구하시오. [10점]

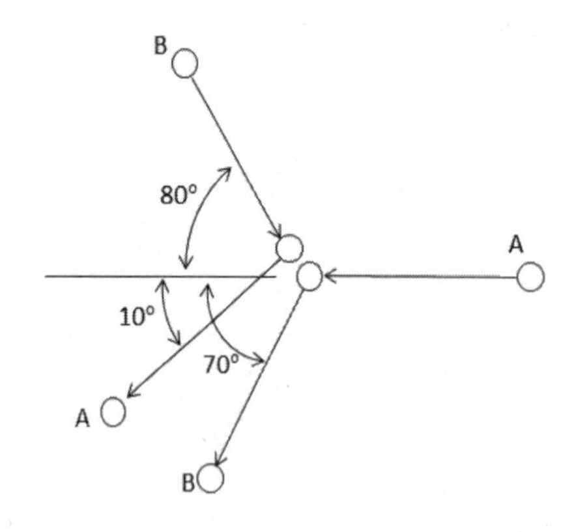

풀이 **충돌직후 속도 :**

$v_A{}' = \sqrt{2\times0.4\times9.8\times20} = 12.52m/s$

$v_B{}' = \sqrt{2\times0.2\times9.8\times30} = 10.84m/s$

운동량보존법칙 $m_1v_1 + m_2v_2 = m_1v_1{}' + m_2v_2{}'$ 를 이용하면,

y성분) $3000\times v_B\sin80 = 2500\times12.52\sin10 + 3000\times10.84\sin70$

$\therefore v_B = 12.18m/s$

x성분)

$2500\times v_A - 3000\times12.18\cos80 = 2500\times12.52\cos10 + 3000\times10.84\cos70$

$\therefore v_A = 19.32m/s$

02 차량 A의 제동 직전 속도를 구하시오. [5점]

풀이 $19.32^2 - v_{A0}^2 = 2\times(-0.8\times9.8)\times10$

$v_{A0} = 23.02m/s$

03 교차로에 진입하여 충돌하기까지 진행한 거리가 차량 A와 차량 B모두 20m로 동일하게 측정되었다. 차량 A와 B중 어느 차량이 시간상 얼마나 먼전 선진입하였는가. [10점]

풀이 A차량 20m 진행시간 = 감속 10m(0.47s) + 등속 10m(0.43s) = 0.9s

감속 10m구간 소요시간 : $t_{A1} = \dfrac{23.02-19.32}{0.8\times9.8} = 0.47s$

등속 10m구간 소요시간 : $t_{A2} = \dfrac{10m}{23.02m/s} = 0.43s$

B차량 20m 진행시간 : $t_B = \dfrac{d}{v} = \dfrac{20m}{12.18m/s} = 1.64s$

∴ B차량이 0.74s 선진입하였다.

과거 기출문제 분석 2차시험

문제 1 1번 차량이 주차되어 있던 2번 차량의 후미부분을 들이받았다. 1번 차량의 앞바퀴와 2번 차량의 뒷바퀴가 사고충격으로 잠긴 채 두 차량은 차체가 서로 붙은 상태에서 18m를 밀려 나갔다. 미끄럼 테스트를 통해 측정된 도로의 마찰계수는 0.7이며, 1번 차량과 2번 차량의 중량은 각각 900kg과 1,350kg이다. 1번 차량은 충돌 전 21m 지점부터 미끄러져 왔다.

01 충돌 후 두 차량이 밀려나가는 동안의 견인계수는 얼마인가?

풀이 $f = \mu \times \frac{\text{잠긴바퀴수}}{\text{총바퀴수}} = 0.7 \times \frac{4}{8} = 0.35$

02 두 차량의 충돌 후 속도는 얼마인가?

풀이 $v = \sqrt{2\mu g d}$ 를 이용하면, $v = \sqrt{2 \times 0.35 \times 9.8 \times 18} = 11.11 m/s$

03 1번 차량의 충돌속도는 얼마인가?

풀이 $m_1 v_1 + m_2 v_2 = (m_1 + m_2) v$ 식을 이용하여,

$900 \times v_1 = (900 + 1350) \times 11.11$

$v_1 = 27.78 m/s$

04 1번 차량에 제동이 걸린 순간의 차량 속도는 얼마인가?

풀이 $v^2 - v_0^2 = 2ad$을 이용하면,

$27.78^2 - v_0^2 = 2 \times (-0.7 \times 9.8) \times 21$

$v_0 = 32.56 m/s$

문제 2 1번 차량이 같은 방향으로 8m/s의 속도로 주행 중이던 2번차 량의 후미부분과 추돌하였다. 충돌로 인해 1번 차량은 4바퀴 모두, 2번 차량은 뒷바퀴가 잠긴 채 두 차량은 차체가 서로 붙은 상태에서 14m 미끄러졌다. 1번 차량은 충돌 전 24m 지점부터 미끄러져 왔다. 미끄럼 테스트를 통하여 측정된 도로의 마찰계수는 0.8이며 1번 차량과 2번 차량의 중량은 각각 2,000kg과 1,600kg이다.

01 두 차량의 충돌 후 속도는 얼마인가?

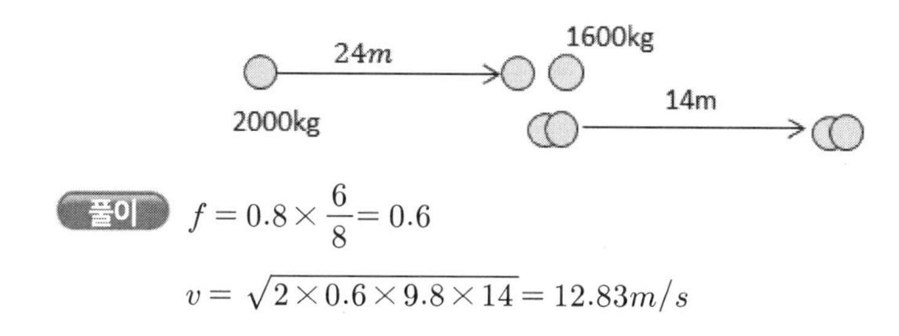

풀이 $f = 0.8 \times \frac{6}{8} = 0.6$

$v = \sqrt{2 \times 0.6 \times 9.8 \times 14} = 12.83m/s$

02 충돌 후 두 차량이 미끄러지는 동안의 견인계수는 얼마인가?

풀이 $f = 0.8 \times \frac{6}{8} = 0.6$

03 1번 차량의 충돌속도는 얼마인가?

풀이 $m_1v_1 + m_2v_2 = (m_1 + m_2)v$ 식을 이용하여,

$2000 \times v_1 + 1600 \times 8 = (2000 + 1600) \times 12.83$

$v_1 = 16.69m/s$

04 1번 차량에 제동이 걸린 순간의 차량속도는 얼마인가?

풀이 $v^2 - v_0^2 = 2ad$ 식에서,

$16.69^2 - v_0^2 = 2 \times (-0.8 \times 9.8) \times 24$

$v_0 = 25.59m/s$

문제 3 1번 차량은 정지 상태에서 출발하여 1.38m/s²의 가속도로 주행하였다. 30m를 주행한 지점에서 1번 차량은 2번 차량과 정면충돌하였다. 충돌로 인해 두 차량의 앞바퀴가 모두 잠긴 채 도 차량은 차체가 서로 붙은 상태에서 2번 차량의 진행방향으로 15m 밀려 나갔다. 1번 차량과 2번 차량의 중량은 각각 1350kg과 2200kg이며 도로의 마찰계수는 0.84이다.

01 1번 차량의 충돌속도는 얼마인가?

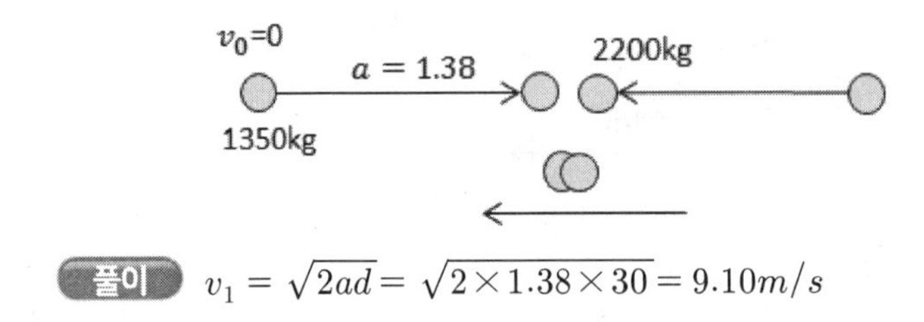

풀이 $v_1 = \sqrt{2ad} = \sqrt{2 \times 1.38 \times 30} = 9.10m/s$

02 두 차량의 충돌 직후 속도는 얼마인가?

풀이 $f = 0.84 \times \frac{4}{8} = 0.42$

$v = -\sqrt{2 \times 0.42 \times 9.8 \times 15} = -11.11m/s$ (- 는 #2차량 진행방향)

03 2번 차량의 충돌속도는 얼마인가?

풀이 $m_1v_1 + m_2v_2 = (m_1 + m_2)v$ 식에서

$1350 \times 9.10 + 2200 \times v_2 = (1350 + 2200) \times (-11.11)$

$v_2 = -23.51m/s$

문제 4 1번 차량은 주차되어 있던 2번 차량의 후미와 추돌하였다. 충돌 후 두 차량은 차체가 붙은 상태로 15m 밀려 나갔으며 사고 충격으로 1번 차량 앞바퀴와 2번 차량의 뒷바퀴는 잠겼다. 미끄럼 테스트를 통해 측정된 도로의 마찰계수는 0.70이고 1번 차량과 2번 차량의 중량은 각각 1100kg, 1450kg이다. 1번 차량은 충돌 전 23m지점부터 미끄러져 왔다.

01 두 차량의 충돌 후 속도는 얼마인가?

v_{10}=0
0.7
v_1
v_2=0
1450kg
23m
15m
1100kg

풀이 $f = \mu \times \dfrac{\text{잠긴바퀴수}}{\text{총바퀴수}} = 0.7 \times \dfrac{4}{8} = 0.35$

$v = \sqrt{2 \times 0.35 \times 9.8 \times 15} = 10.14m/s$

02 1번 차량의 충돌속도는 얼마인가?

풀이 $m_1 v_1 + m_2 v_2 = (m_1 + m_2)v$

$2000 \times v_1 = (1100 + 1450) \times 10.14$

$v_1 = 23.51m/s$

03 1번 차량에 제동이 걸린 순간의 차량속도는 얼마인가?

풀이 $v^2 - v_0^2 = 2ad$ 식을 이용하면,

$23.51^2 - v_{10}^2 = 2 \times (-0.7 \times 9.8) \times 23$

$v_{10} = 29.47m/s$

문제 5 북쪽으로 주행 중이던 1번 차량이 동쪽으로 주행 중이던 2번 차량과 교차로에서 충돌하였다. 충돌 후 두 차량은 차체가 서로 붙은 상태에서 동북 35° 방향으로 18m 밀려나갔으며 이때의 견인계수는 0.5이다. 1번 차량은 충돌 전 30m지점부터, 2번 차량은 충돌 전 15m 지점부터 미끄러져 왔다. 두 도로의 마찰계수는 모두 0.80이고 1번 차량과 2번 차량의 중량은 각각 1,800kg, 1,350kg이다.

01 두 차량의 충돌 후 속도는 얼마인가?

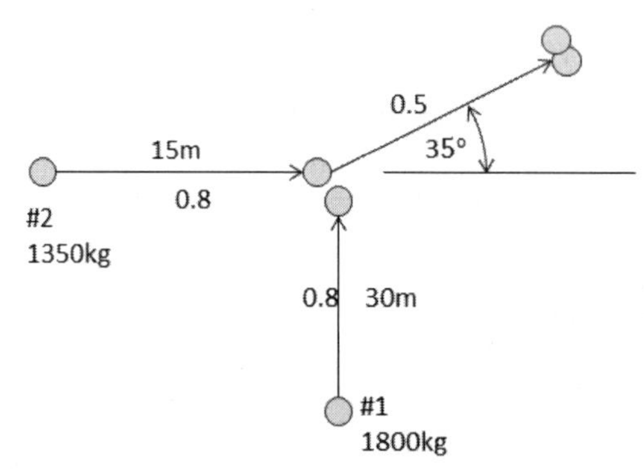

풀이 $v = \sqrt{2fgd} = \sqrt{2 \times 0.5 \times 9.8 \times 18} = 13.28m/s$

02 1번 차량과 2번 차량의 충돌속도는 각각 얼마인가?

풀이 $m_1 v_1 + m_2 v_2 = (m_1 + m_2)v$

x성분) $1350 \times v_2 = (1350 + 1800) \times 13.28 \cos 35$

$v_2 = 25.38m/s$

y성분) $1800 \times v_1 = (1350 + 1800) \times 13.28 \sin 35$

$v_1 = 13.33m/s$

03 1번 차량에 제동이 걸린 순간의 차량속도는 얼마인가?

풀이 $v^2 - v_0^2 = 2ad$를 이용하여, $13.33^2 - v_{10}^2 = 2 \times (-0.8 \times 9.8) \times 30$

$v_{10} = 25.46m/s$

04 2번 차량에 제동이 걸린 순간의 차량속도는 얼마인가?

풀이 $25.38^2 - v_{20}^2 = 2 \times (-0.8 \times 9.8) \times 15$

$v_{20} = 29.65m/s$

문제 6 어떤 차량이 양재대로를 서쪽으로 주행하고 있었다. 이 차량은 급박한 상황에서 제동하여 46m를 미끄러지고 정지하였다. 차량이 미끄러진 거리 중 23m는 견인계수가 0.8이고, 나머지는 0.65이다 보행자는 1.4m/s의 속도로 북쪽으로 향하다가 차로 안으로 11m 들어왔을 때, 차량은 제동시점에서 30m 미끄러진 지점에서 보행자를 충격하였다.

01 차량이 첫 번째 노면의 끝을 통과할 때의 속도는?

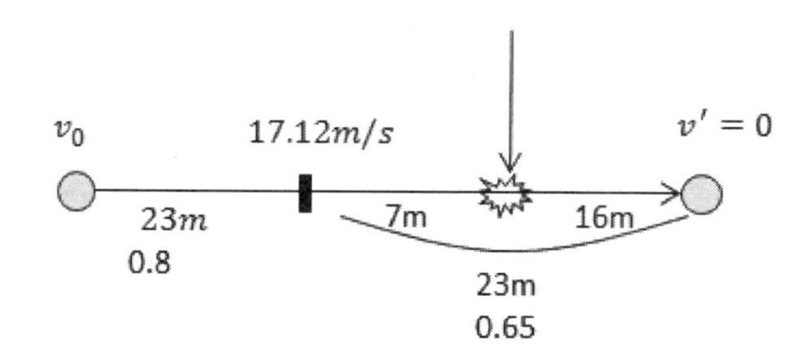

풀이 $v = \sqrt{2\mu g d}$ 를 이용하면,

$v = \sqrt{2 \times 0.65 \times 9.8 \times 23} = 17.12m/s$

02 사고차량이 처음 제동하기 시작할 때의 속도는?

풀이 $v^2 - v_0^2 = 2ad$를 이용하면,

$17.12^2 - v_0^2 = 2 \times (-0.8 \times 9.8) \times 23$

$v_0 = 25.57m/s$

03 차량이 보행자를 충격한 순간 차량의 속도는?

풀이 차량이 보행자를 충격한 순간 차량이 진행한 거리는 제동시점으로부터 30m를 진행한 후였다. 따라서 차량은 첫번째 노면 23m를 지나서 두번째 노면을 7m 더 진행한 후에 보행자를 충격하였다.

$v = \sqrt{2\mu g d}$ 를 이용하고, 7m 미끄러진 후 남은 길이는 16m이므로

d에 16m를 대입하면,

$v_1 = \sqrt{2 \times 0.65 \times 9.8 \times 16} = 14.28m/s$

04 보행자가 충격지점(11m) 걸어가는 데 걸린 시간은?

풀이 $t = \frac{d}{v} = \frac{11}{1.4} = 7.86s$

05 사고차량이 46m 미끄러지는데 걸린 시간은?

풀이 첫번째 구간 : $t_1 = \frac{\Delta v}{a} = \frac{25.57 - 17.12}{0.8 \times 9.8} = 1.08s$

두번째 구간 : $t_2 = \frac{17.12 - 0}{0.65 \times 9.8} = 2.69s$

∴ 46m 미끄러진 시간 1.08+2.69=3.77s

06 사고 차량이 제동 시작 후, 보행자를 충격할 때까지 미끄러진 시간은?

풀이 $v_0 = 25.57m/s$, $v = 17.12m/s$, $v_1(\text{보행자충돌}) = 14.28m/s$

첫번째 구간 : $t_1 = \frac{\Delta v}{a} = \frac{25.57 - 17.12}{0.8 \times 9.8} = 1.08s$

두번째 구간 중 충돌시까지 : $t_3 = \frac{17.12 - 14.28}{0.65 \times 9.8} = 0.45s$

∴ 1.08+0.45=1.53s

07 보행자가 차로 안으로 발을 내딛었을 때, 차량은 사고지점으로부터 얼마나 떨어져 있었는가?

풀이 보행자 진입시간은 7.86s이다.

차량이 충돌시까지 30m 진행한 시간은 1.53s 이므로 7.86−1.53=6.33초 동안은 사고이전 등속주행시간이다.

$d = vt$ 에서 $d = 25.57 \times 6.33 = 162.05m$

∴ 사고지점으로부터 162.05m+30m=192.05m 떨어져 있었다.

08 사고차량이 두 번째 노면에 진입하였을 때, 보행자는 차로 안으로 얼마나 들어와 있었는가?

풀이 두번째 노면에 들어온 순간부터 충돌시까지 시간 : 0.45s

보행자 진입시간 7.86−0.45=7.41s

즉, 보행자는 7.41s 진입해 들어온 위치이므로,

∴ $d = vt$ 에서 $4.41m/s \times 7.41s = 10.45m$ 진입한 위치

문제 7 A차량은 정지신호에 멈춰 서 있다가 교차로 안으로 1.38m/s² 의 가속도로 11m 진행한 후, B차량에게 오른쪽 부분을 충격 받았다. B번 차량이 A번 차량과 충돌한 순간의 속도는 7.6m/s이다. B번 차량은 충돌 전 37m 지점부터 미끄러져 왔으며, 견인계수는 0.8이다.

01 A차량의 충돌 시 속도는 얼마인가?

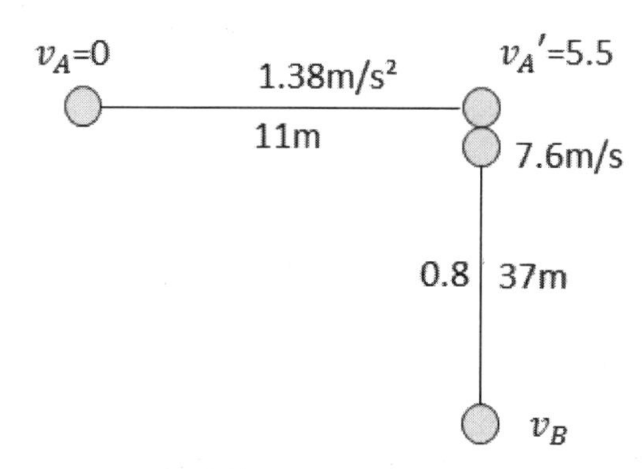

풀이 $v^2 - v_0^2 = 2ad$식을 이용, $v'^2_A - 0 = 2 \times 1.38 \times 11$

$v_A' = 5.51m/s$

02 B차량이 제동하여 미끄러지기 시작한 순간의 속도는 얼마인가?

풀이 $v^2 - v_0^2 = 2ad$식을 이용, $7.6^2 - v_B^2 = 2 \times (-0.8 \times 9.8) \times 37$

$v_B = 25.26m/s$

03 A차량이 정지 상태에서 출발하여 충돌 지점까지 가속한 시간은 얼마인가?

풀이 $t_A = \frac{\Delta v}{a} = \frac{5.5 - 0}{1.38} = 3.99s$

04 B차량이 제동으로부터 충돌까지 37m를 미끄러지는 데 걸린 시간은 얼마인가?

풀이 $t_B = \frac{25.26 - 7.6}{0.8 \times 9.8} = 2.25s$

05 A차량이 정지 상태에서 출발하기 시작했을 때의 B차량의 위치는 충돌 전 몇 m 지점이었는가?

풀이 A차량이 정지상태에서 충돌시까지 걸린 시간은 3.99s이고 B차량의 제동시간은 2.25s이므로 B차량의 등속주행시간은 1.74s이고 거리는,

$d = vt = 25.26 \times 1.74 = 43.95m$

∴ 43.95+37=80.95m

06 A차량이 가속하여 4초 동안 매 1초에 이동한 거리는 얼마인가?

풀이 $d = v_0 t + \frac{1}{2}at^2$를 이용하면,

0초에서 1.0초까지 이동거리 : 0.7m

1.0초에서 2.0초까지 이동거리 : 2.1m

2.0초에서 3.0초까지 이동거리 : 3.5m

3.0초에서 4.0초까지 이동거리 : 4.9m

07 A차량이 4초 동안 가속할 때 매 초의 B차량의 위치를 구하시오.

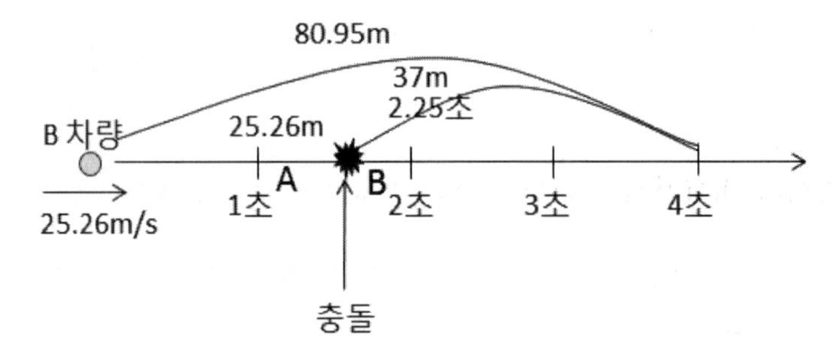

풀이 ① 0→1초 등속구간 : $d = vt = 25.26m/s \times 1s = 25.26m$

② A구간 0.75s 등속구간 : $25.26m/s \times 0.75s = 18.95m$

B구간 0.25s 감속구간 : $d = v_0 t + \frac{1}{2}at^2$ 식을 이용 ,

$25.26 \times 0.25 - \frac{1}{2} \times 0.8 \times 9.8 \times 0.25^2 = 5.82m$

∴ 2초 때의 진행거리=25.26+18.95+5.82=50.03m

③ 제동시작시부터 3초까지 감속구간 :

$25.26 \times 1.25 - \frac{1}{2} \times 0.8 \times 9.8 \times 1.25^2 = 25.45m$

∴ 3초 때의 진행거리=50.03+25.45−5.82=69.66m

④ 4초 때는 충돌순간이고 충돌 4초전의 위치는 80.95m이다.

문제 8 차량이 동쪽으로 주행하였다. 이 차량은 30.5m를 미끄러진 후 정지하였다. 차량의 견인계수는 0.7이다. 차량은 15m를 미끄러진 지점에서 보행자를 치었다.

01 차량이 브레이크를 밟은 순간, 차량의 속도는 얼마인가?

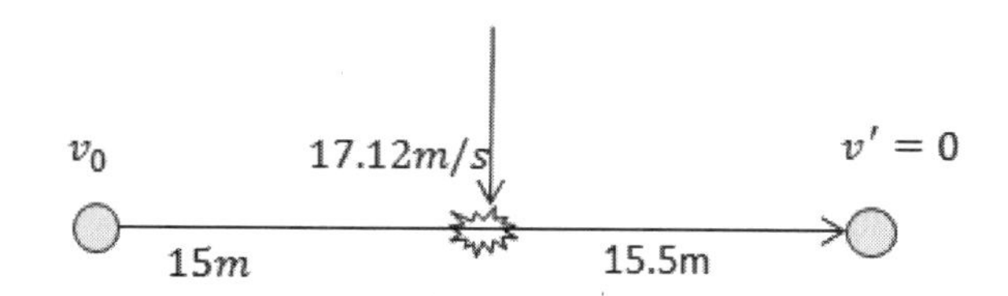

풀이 $v = \sqrt{2\mu g d}$ 를 이용,

$v = \sqrt{2 \times 0.7 \times 9.8 \times 30.5} = 20.46 m/s$

02 사고차량이 보행자를 치었을 때 속도는 얼마인가?

풀이 $v = \sqrt{2 \times 0.7 \times 9.8 \times 15.5} = 14.58 m/s$

03 차량이 브레이크를 밟은 후 보행자를 치기 전까지의 시간은 얼마인가?

풀이 $t = \dfrac{\triangle v}{a} = \dfrac{20.46 - 14.58}{0.7 \times 9.8} = 0.86 s$

문제 9 차량이 4% 경사의 언덕길에서 60m를 미끄러진 후 정지하였다. 테스트 차량이 4% 경사의 내리막길에서 18m/s의 속도로 달리다가 정지했을 때 미끄러진 거리는 22m이었다. 이때, 4% 내리막 경사에서 테스트 차량의 초기속도(18m/s)와 종속도(0m/s) 및 정지거리를 알기 때문에 4% 내리막 경사에서의 가속도는 $v_e^2 - v_i^2 = 2ad$에서 $a = \frac{v_e^2 - v_i^2}{2d} = \frac{0 - 18^2}{2 \times 22} = -7.36m/s^2$이다.

01 첫 번째 차량이 브레이크를 밟았을 때의 속도는 얼마인가?

풀이 $v = \sqrt{2\mu g d}$를 이용,

$$v = \sqrt{2 \times 7.36 \times 60} = 29.72m/s$$

02 이 차량이 미끄러진 총시간은 얼마인가?

풀이 $t = \frac{\Delta v}{a} = \frac{29.72 - 0}{7.36} = 4.04s$

03 이 차량이 브레이크를 밟은 후 미끄러지기 시작하여 0.75초가 지났을 때의 속도는 얼마인가?

풀이 $v = v_0 + at$를 이용하면, $v = 29.72 - 7.36 \times 0.75 = 24.20m/s$

문제 10 소나타 차량이 견인계수 0.75인 노면 위를 70m 미끄러진 후 주차되어 있던 QM5 차량과 15m/s의 속도로 충돌하였다. 두 차량은 충돌 후 그대로 접촉되어 있다.

01 소나타 차량이 미끄러지기 시작한 순간의 속도는 얼마인가?

풀이 $v^2 - v_0^2 = 2ad$를 이용하여, $15^2 - v_0^2 = 2 \times (-0.75 \times 9.8) \times 70$

$v_0 = 35.41m/s$

02 반응시간을 2.0초로 가정할 경우 소나타 차량 운전자가 QM5 차량에 대해 반응한 순간 이 차량은 QM5 차량으로부터 얼마나 떨어져 있었는가?

풀이 공주거리 $d = vt = 35.41 \times 2 = 70.82$

그러므로 인지한 순간 QM5 차량과의 거리는 70.82+70=140.82m

03 차량이 미끄러지기 시작하여 0.75초 동안 이동한 거리는 얼마인가?

풀이 $f = 0.75$ 이므로 $d = v_0 t + \frac{1}{2}at^2$에서

$$d = 35.41 \times 0.75 - \frac{1}{2} \times 0.75 \times 9.8 \times 0.75^2 = 24.49m$$

문제 11 보행자는 남북대로 서쪽에서 동쪽으로 건너고 있는 도중, 도로 서쪽 연석으로부터 12m 떨어진 지점에서 차에 치었다. 보행자는 평균 1.2m/s의 속도로 걷고 있었다. 사고 차량은 4바퀴 모두 제동이 걸린 상태에서 사고지점으로부터 70m 떨어진 곳부터 미끄러져 왔으며 충돌 후 10m를 더 미끄러진 다음에 정지하였다. 미끄럼 테스트를 통해 얻어진 차량의 견인계수는 0.8이다(단, 도로의 전체 폭은 20m임).

01 차량이 미끄러지기 시작한 순간의 차량속도는 얼마인가?

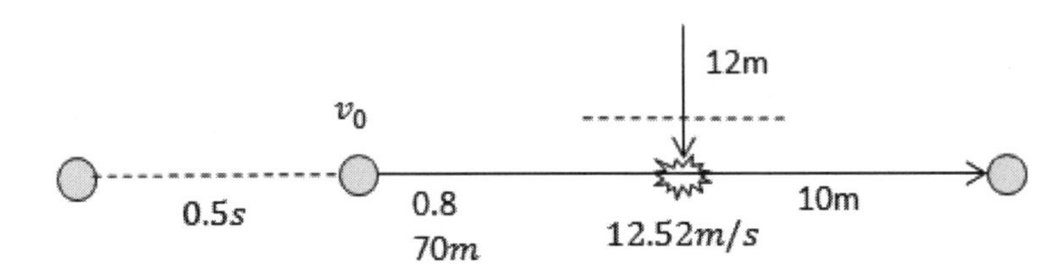

풀이 $v_0 = \sqrt{2\mu g d} = \sqrt{2\times0.8\times9.8\times80} = 35.42m/s$

02 차량이 보행자를 친 충돌속도는 얼마인가?

풀이 $v_1 = \sqrt{2\times0.8\times9.8\times10} = 12.52m/s$

03 차량이 처음 70m를 미끄러져서 보행자를 충격할 때까지 걸린 시간은 얼마인가?

풀이 $t_A = \dfrac{\Delta v}{a} = \dfrac{35.42-12.52}{0.8\times9.8} = 2.92s$

04 보행자가 대로 서쪽 끝선에서 사고지점까지 12m를 걸어오는 데 걸린 시간은 얼마인가?

풀이 $t = \dfrac{d}{v} = \dfrac{12m}{1.2m/s} = 10s$

05 차량이 미끄러지기 시작한 순간의 보행자의 위치는?

풀이 미끄러진 후 충돌 시 까지 시간 : 2.92s

$d = vt$에서 $1.2 \times 2.92 = 3.5m$

∴ 연석에서 12−3.5=8.5m 지점.

06 차량운전자가 보행자와의 충돌위험을 감지한 순간의 보행자와 차량의 위치를 말하시오(단, 운전자의 반응시간은 0.5초로 가정한다).

풀이 운전자가 위험을 인지한 순간 = 2.92s + 0.5s = 3.42s

차량의 위치 = $70m + 35.42m/s \times 0.5s = 87.71m$

보행자의 위치 = $1.2m/s \times 3.42s = 4.10m$

∴ 충돌 지점에서 차량은 87.71m, 보행자는 4.10m 지점에 위치함

07 보행자가 도로 중앙에 도달했을 때의 차량의 위치는 어디인가?

풀이 도로 중앙은 보행자 입장에서 2m 뒤쪽이고,

2m 보행시간은 $t = \dfrac{2m}{1.2m/s} = 1.67s$

차량은 충돌지점에서 1.67s 후방에 위치하므로 $d = v_0 t + \dfrac{1}{2}at^2$ 식을 이용

$$d = 12.52 \times 1.67 + \frac{1}{2} \times 0.8 \times 9.8 \times 1.67^2 = 31.86m$$

∴ 충돌지점에서 31.86m 지점에 위치함.

문제 12 타이어와 노면과의 견인계수가 0.8인 평탄한 도로에서 스키드마크 20m 생성 후 현의 길이 25.3m와 중앙종거 2.5m인 요마크를 발생시키고 정지하였다. 제동시점 차량의 속도는 얼마인가? ★ 2009년도 기출

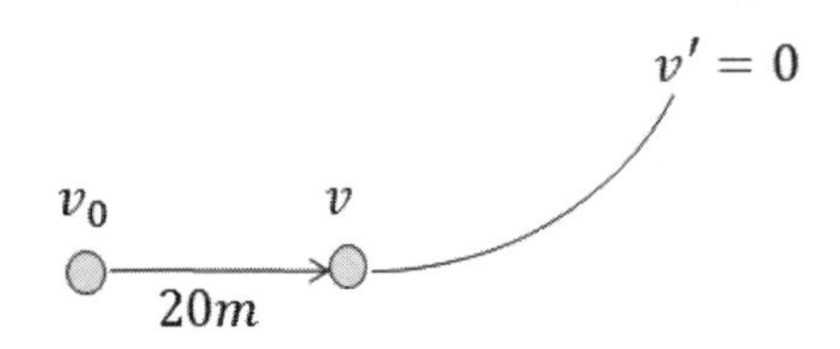

풀이 곡선반경 $R = \frac{C^2}{8M} + \frac{M}{2} = \frac{25.3^2}{8 \times 2.5} + \frac{8}{2} = 36.00m$

요마크에 의한 속도 $v = \sqrt{\mu g R} = \sqrt{0.8 \times 9.8 \times 36} = 16.8m/s$

$v^2 - v_0^2 = 2ad$식을 이용하여 $16.8^2 - v_0^2 = 2 \times (-0.8 \times 9.8) \times 20$

$\therefore v_0 = 24.41m/s$

문제 13 갑 차량은 곡선 반경 (R=35m)의 우로 굽은 편도 1차로 도로를 진행하다 좌측면으로 전도되며 중앙선을 넘어가 맞은 편에서 진행하던 을 차량과 충돌하였다. 갑 차량의 최소속도를 산출하시오.

조 건

- 중력가속도 : 9.8m/s²
- 갑 무게중심 높이 : 0.5m
- 갑 질량 : 1500kg
- 갑 선회궤적 : 50m
- 갑 윤거 : 1.5m

풀이 전복시 선회 가능속도 : $v = \sqrt{\frac{gTr}{2h}} = \sqrt{\frac{9.8 \times 1.5 \times 50}{2 \times 0.5}} = 27.1m/s = 97.6km/h$

문제 14 차량이 돌출된 연석과 충돌이나 림이 노면과 접촉하지 않더라도 평탄한 노면에서 전복이 발생할 수 있는 원인을 논하라.

풀이 전복은 선회속도, 무게중심 및 윤거에 직접관련이 있다. 선회속도가 빠를수록, 무게중심이 높을수록, 윤거가 작을수록 차량은 선회 시 전복되기 쉽다.

문제 15 어떤 차량이 노면의 마찰계수가 다른 두 구간에서 미끄러진 후 추락하였다. 아래의 세부 질문에 대해 답하시오.(단, 차량은 2500kg, 중력가속도는 9.8)

★ 2007년 기출

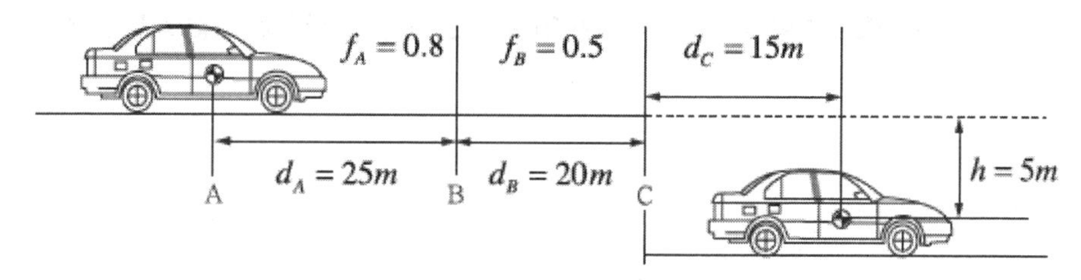

〈조건〉

A	B	C
f=0.8	f=0.5	h=5
d=25	d=20	d=15
w=2500kg	g=9.8m/s²	

01 승용차의 추락직전 속도를 공식과 함께 구하시오.

풀이 $v_C = d\sqrt{\frac{g}{2h}} = 15\sqrt{\frac{9.8}{2\times 5}} = 14.84m/s$

$\therefore v_C = 14.84m/s$

02 에너지 합을 구하라.

풀이 $E = f_A mgd_A + f_A mgd_A + \frac{1}{2}mv_c^2$

$= 0.8\times 2500\times 9.8\times 25 + 0.5\times 2500\times 9.8\times 20 + \frac{1}{2}\times 2500\times 14.84^2$

$= 1{,}010kJ$

$\therefore E = 1{,}010kJ$

03 A지점 시작점의 속도는?

풀이 시작점에서는 운동에너지를 가지므로,

$E = \frac{1}{2}mv^2$, $1{,}010{,}000J = \frac{1}{2}\times 2500\times v_A^2$,

$v_A = \sqrt{\frac{1010000\times 2}{2500}} = 28.43m/s = 102.33km/h$

$\therefore v_A = 102.33m/s$

문제 16 질량 2500kg인 1번 차량이 동쪽에서 서쪽방향으로 주행 중에 서북방향에서 동남방향으로 X축에서 40도 각도로 주행하던 질량 3500kg의 2번 차량과 충돌하였다. 충돌 후 1번 차량은 10m/s의 속도로 서남방향으로 X축에서 70도 각도로 이탈하였고, 2번 차량은 15m/s의 속도로 서남방향으로 X축에서 20도 각도로 이탈되었다.

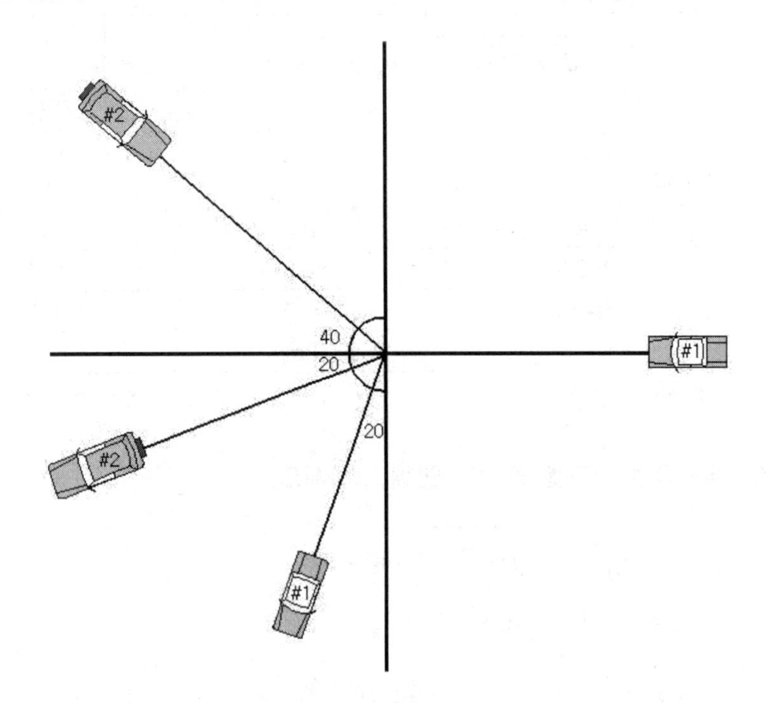

조 건

- 1번 차량의 주행방향을 X축으로 한다.
- 두 차량은 완전탄성충돌하였다고 가정하고 산출과정을 기술하라.

01 1번 차량의 충돌 전 주행속도는 얼마인가?

풀이 x에 관한 각도로 다시 정리 :

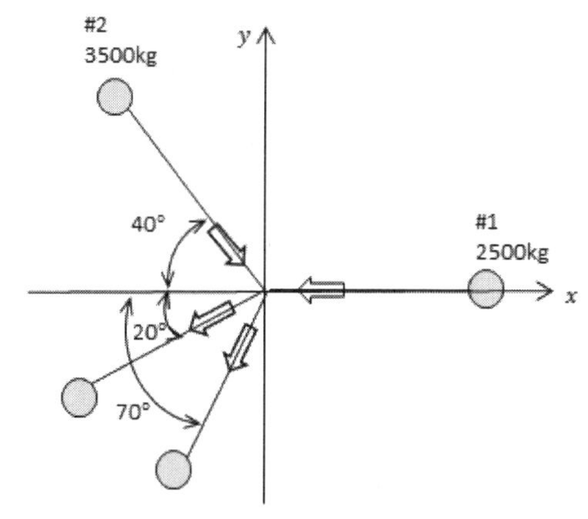

운동량보존법칙 적용 $m_1v_1 + m_2v_2 = m_1v_1{}' + m_2v_2{}'$

x성분) $-2500 \times v_1 + 3500 \times v_2\cos 40 = -2500 \times 10\cos 70 - 3500 \times 15\cos 20$

y성분) $-3500 \times v_2\sin 40 = -2500 \times 10\sin 70 - 3500 \times 15\sin 20$

$v_2 = 18.42m/s$ → x 성분 식에 대입하면

$\therefore v_1 = 42.89m/s$

02 2번 차량의 충돌 전 주행속도는 얼마인가?

풀이 (1) 풀이과정에서

$\therefore v_2 = 18.42m/s$

문제 17 어떤 차량이 충격 없이 제동하여 40m 미끄러져 정지하였다. 이 차량을 같은 도로에서 50km/h에서 제동하였더니 15m 미끄러져 정지했다면, 40m미끄러져 정지할 때의 제동 전 속도는?

풀이 15m스키드 실험 : $v = \sqrt{2\mu gd}$ 에서 $\left(\frac{50}{3.6}\right) = \sqrt{2 \times \mu \times 9.8 \times 25}$

$\mu = 0.656$

40m 미끄러지기 직전 속도 :

$v = \sqrt{2 \times 0.656 \times 9.8 \times 40} = 22.68\text{m/s} = 81.64\text{km/h}$

문제 18 축간 거리가 2.7m, 지면에서 무게중심까지의 거리가 0.5m, 앞바퀴 축에서 무게중심까지의 수평거리가 1.5m이고, 전륜의 견인계수가 0.6, 후륜의 견인계수가 0.3인 차량이 40m 미끄러지며 정지하였다면 제동직전의 속도는 얼마인가?

풀이 합성견인계수

$$f_R = \frac{f_f - x_f(f_f - f_r)}{1 - z(f_f - f_r)} = \frac{0.6 - \frac{1.5}{2.7}(0.6 - 0.3)}{1 - \frac{0.5}{2.7}(0.6 - 0.3)} = 0.459$$

제동직전속도

$$v_0 = \sqrt{2f_R gd} = \sqrt{2 \times 0.459 \times 9.8 \times 40} = 18.98m/s$$

문제 19 어떤 차량이 정지상태에서 출발하여 6초에 24m를 이동하였다면 8초 후에는 몇 m를 이동하였는가?

풀이 $d = v_0 t + \frac{1}{2}at^2$ 에서 $24 = \frac{1}{2} \times a \times 6^2$, $a = 1.33m/s^2$

8초 후 이동위치는 $d = \frac{1}{2} \times 1.33 \times 8^2 = 42.56m$

문제 20 **다음 질문에 답하시오.** ★ 2008년도 기출

개 요

갑 차량은 P교차로에서 Q교차로로 진행 중이었고 을 차량은 Q 교차로에서 북쪽에서 남쪽으로 진행 중 충돌한 사고이다.

조 건

1) 갑 차량은 P교차로 정지선에서 녹색신호가 점등되는 것을 보고 출발하여 진행 중 Q교차로의 녹색신호가 점등되는 것을 보고 그대로 진행하였다는 주장임.
2) 을 차량은 Q교차로 정지선에서 녹색신호가 점등되지 출발하였다고 주장함.
3) 갑과 을 차량은 충돌 후 충돌지점에서 정지된.
4) 갑 차량의 충돌속도는 60km/h이고, 을 차량의 충돌속도는 30km/h이다.
5) 갑 차량은 60km/h에서 등속주행중 사고임.
6) 견인계수는 모두 0.8임.
7) 갑 차량의 정지선에서 등가속도는 1.2m/s²임
8) 교차로 신호는 Q교차로 신호 후 P교차로 신호이고, Q교차로 황색신호는 4초임.
9) P교차로 직진 신호 후 Q교차로 직진신호는 14초 후에 직진신호가 점등됨.
   (추가조건 - 을 차량의 (0~30km/h)시 최대발진 가속도는 2.9m/s²이다.)

01 갑 차량이 충돌지점까지 주행한 시간은?

풀이 가속구간 : $a = \dfrac{\Delta v}{t}$ 에서 $1.2 = \dfrac{\left(\dfrac{60}{3.6}\right)}{t_1}$, $t_1 = 13.89s$

주행거리 $d = v_0 t + \dfrac{1}{2}at^2$ 에서 $d = \dfrac{1}{2} \times 1.2 \times 11.39^2 = 115.76m$

등속구간

등속구간거리= 150m − 가속구간주행거리 = 41.2m

등속구간 시간 : $t_2 = \frac{d}{v}$ 에서 $t_2 = \frac{41.2}{\left(\frac{60}{3.6}\right)} = 2.47s$

∴ 충돌지점까지 주행한 시간 = $t_1 + t_2 = 13.89s + 2.47s = 16.4s$

02 을 차량이 충돌지점까지 주행한 시간은?

풀이 $v^2 - v_0^2 = 2ad$ 에서 $v_0 = 0$ 이므로 $a = \frac{v^2}{2 \times d} = \frac{\left(\frac{30}{3.6}\right)^2}{2 \times 10} = 3.47\text{m/s}^2$

$v = v_0 + at$ 에서 $t = \frac{v - v_0}{a} = \frac{\left(\frac{30}{3.6}\right)}{3.5} = 2.4s$

03 을 차량의 가속도는?

풀이 2)풀이에서 $a = 3.47m/s^2$

04 을 차량이 정지선에서 출발할 때, 갑 차량의 위치는?(교차로 정지선을 기준으로)

풀이 을 차량의 진입시간은 2.4초이고 1)풀이에서 등속구간의 시간은 2.5초이므로 을 차량이 출발한 순간에 갑 차량은 등속 구간 내에 있었다. 그러므로 충돌순간에서 2.4초 이전의 갑 차량위치는

$d = vt$ 에서 $d = \left(\frac{60}{3.6}\right) \times 2.4 = 40m$

P 교차로 정지선에서는 150 − 40 = 110m

∴ 110m

05 위 결과 값으로 진술의 타당성을 논하시오.

풀이 을 차량이 30km/h로 충돌하려면 3.5m/s^2의 가속도가 필요하나 이는 최대발진가속도 2.9m/s^2를 초과하므로 을 차량운전자의 진술은 거짓이다.

갑 차량은 P교차로에서 Q교차로까지 16.4초가 소요되었고 P교차로 직진 신호 후에 Q교차로 직진 신호가 켜지므로 Q교차로 진입 2.4초 전에 직진신호가 켜졌다. 갑 차량의 진술이 거짓인지는 주어진 조건으로는 알 수 없다.

문제 21 차량이 스키드마크 35m를 발생시키고 정지하였다. 보행자 충돌지점은 스키드마크 시작점에서 8m지난 지점이며, 충격 후 보행자의 전도지점은 차량의 최종정지지점에서 8m앞에 전도되었다.(단, 보행자 무게중심 높이 0.9m, 견인계수 차량 및 보행자 모두 0.8)

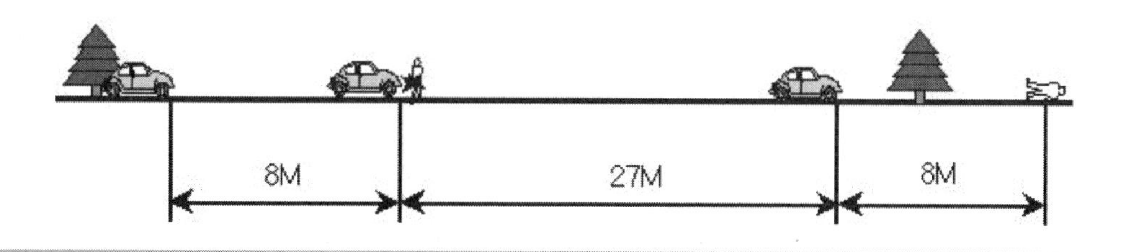

01 차량의 제동 전 속도는?

풀이 차량이 미끄러진 거리 = 35m

$v_0 = \sqrt{2\mu g d}$ 에서 $v_0 = \sqrt{2 \times 0.8 \times 9.8 \times 35}$

$\therefore v_0 = 23.4m/s$

02 사고차량의 보행자 충돌당시 속도는?

풀이 보행자 충돌속도는 차량이 8m 미끄러진 지점이고 정지위치로부터 27m 이전 위치이므로

$v_1 = \sqrt{2 \times 0.8 \times 9.8 \times 27} = 20.58m/s$

03 보행자 충돌 후 전도거리 공식을 유도하라.

$v = \dfrac{d}{t}$

$h = \dfrac{1}{2}gt^2$

v $\quad v' = 0$

풀이 **수평비행구간 :**

$$h = \frac{1}{2}gt^2 \text{에서 } t = \sqrt{\frac{2h}{g}},\ v = \frac{d_1}{t} \text{에서 } d_1 = vt = v\sqrt{\frac{2h}{g}}$$

미끄러진 구간 : $v = \sqrt{2\mu g d_2}$ 에서 $d_2 = \dfrac{v^2}{2\mu g}$

$\therefore$ **전도거리** $= d_1 + d_2 = v\sqrt{\dfrac{2h}{g}} + \dfrac{v^2}{2\mu g}$

04 보행자 전도거리 식에 의한 차량속도는?

풀이 $v=\sqrt{2g}\times\mu\left(\sqrt{h+\frac{d}{\mu}}-\sqrt{h}\right)$ 에서

$$v=\sqrt{2\times 9.8}\times 0.8\left(\sqrt{0.9+\frac{35}{0.8}}-\sqrt{0.9}\right)=20.3m/s$$

$$\therefore v=20.3m/s$$

문제 22 **차량이 교차로 정지선에 정지 후 녹색신호에 출발하여 약 40m 구간을 가속하여 횡단보도를 걸어가는 보행자를 발견하고 20m 스키드마크를 발생시킨 후 보행자를 충격하여 15m의 스키드마크를 더 발생시키고 최종 정지하였다.**

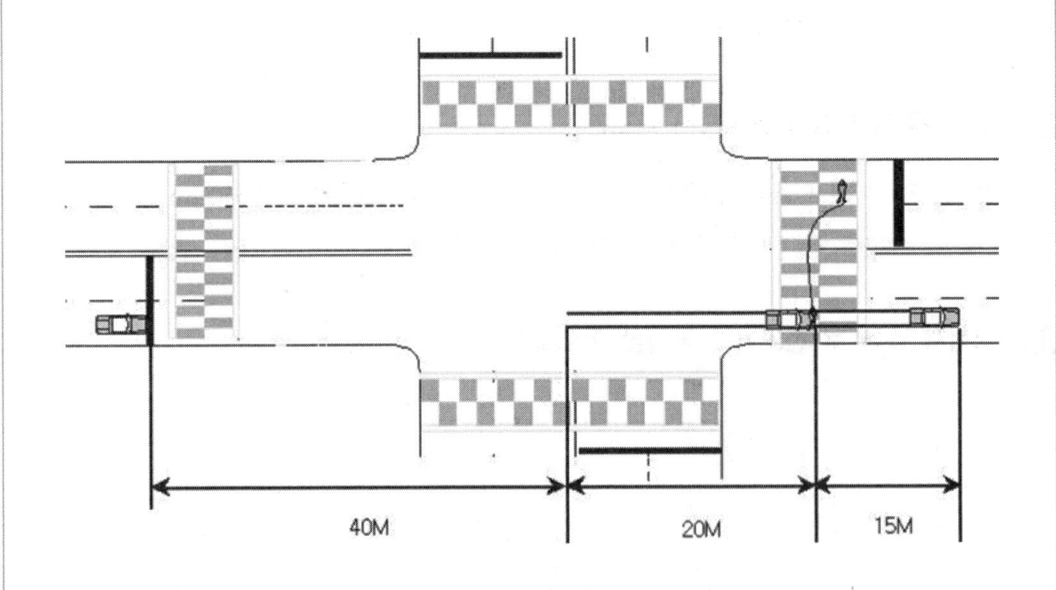

조 건

1) 차량의 견인계수는 0.8임.
2) 차량의 급가속도는 0.3g임.
3) $g=9.8m/s^2$

01 차량이 보행자를 충돌할 당시 속도는?

풀이 15m 미끄러진 구간의 최초속도이므로

$v_1 = \sqrt{2\mu g d_1}$ 에서

$v_1 = \sqrt{2 \times 0.8 \times 9.8 \times 15} = 15.34m/s$

$\therefore v_1 = 15.34m/s$

02 차량이 스키드마크를 발생할 때 속도는?

풀이 35m 미끄러진 구간의 최초속도 이므로

$v_2 = \sqrt{2\mu g d_2} = \sqrt{2 \times 0.8 \times 9.8 \times (20+15)} = 23.43m/s$

$\therefore v_2 = 23.43m/s$

03 스키드마크 35m 발생 구간의 시간을 추정하라.

풀이 $a = \frac{\triangle v}{t}$ 에서 $t = \frac{23.43 - 0}{0.8 \times 9.8} = 3s$

04 운전자는 정지선에서 정지 후 진행신호를 보고 출발했다고 가정하고 있다면, 그 타당성을 논하라.

풀이 출발 시 최대가속도 0.3g 이므로 스키드마크 발생 직전의 속도는

$v^2 - v_0^2 = 2ad$ 에서

$v = \sqrt{2ad} = \sqrt{2 \times 0.3 \times 9.8 \times 40} = 15.34m/s$

최대가속도로 출발하여도 스키드마크 발생 직전의 속도인 23.43m/s에 훨씬 못 미치는 15.34m/s에 불과하므로 운전자의 진술은 거짓이다.

문제 23 사고차량은 산간지역에서 주행하던 중 빙판진 곳을 보고 급제동하여 길가의 전신주와 20km/h로 충돌하였다. 조사결과 차량은 평탄하고 건조한 도로를 5m 미끄러진 후, 빙판진 곳을 18m, 다시 내리막 5%인 건조한 도로상을 10m 미끄러진 후 전신주와 충돌하였다.

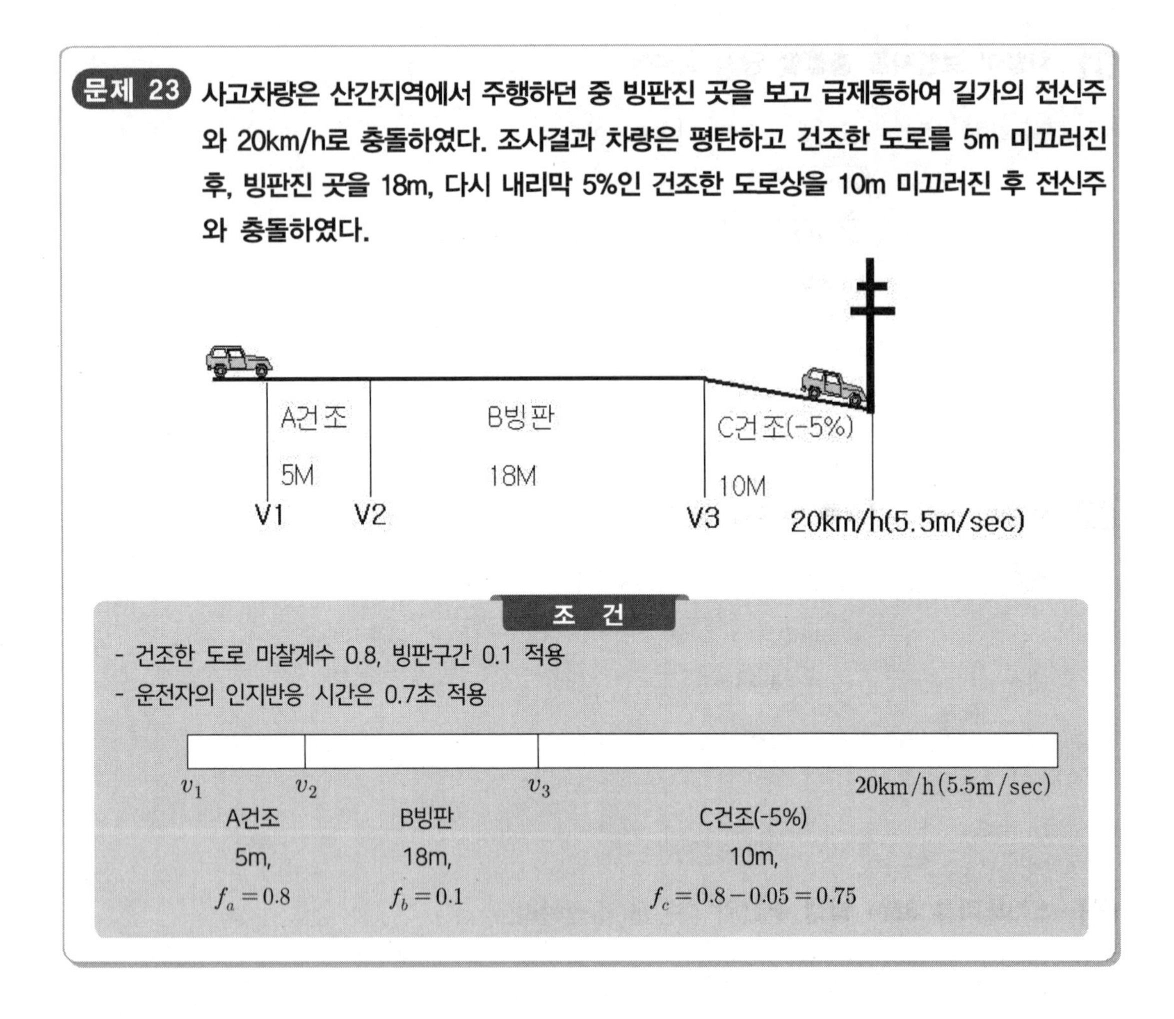

조 건

- 건조한 도로 마찰계수 0.8, 빙판구간 0.1 적용
- 운전자의 인지반응 시간은 0.7초 적용

v_1	v_2	v_3	20km/h(5.5m/sec)
A건조	B빙판	C건조(-5%)	
5m,	18m,	10m,	
$f_a=0.8$	$f_b=0.1$	$f_c=0.8-0.05=0.75$	

01 빙판길 구간에서 속도는 얼마나 감속되었는가?

풀이 C구간에서) $v^2-v_0^2=2ad$를 이용하여

$5.5^2-v_3^2=2\times(-0.75\times9.8)\times10$

$v_3=13.31m/s$

B 구간에서) $13.31^2-v_2^2=2\times(-0.11\times9.8)\times18$

$v_2=14.58m/s$

$\therefore \Delta v=14.58-13.31=1.27m/s$

02 제동시점의 속도를 구하시오.

풀이 A구간에서) $14.58^2 - v_1^2 = 2 \times (-0.8 \times 9.8) \times 5$

$v_1 = 17.06m/s$

03 사고운전자가 빙판진 곳을 발견하고 몇 초 후에 전신주와 충돌한 것인가?

풀이 $a = \frac{\Delta v}{t}$, $t = \frac{\Delta v}{a}$를 이용하여

C구간 : $t_c = \frac{13.31 - 5.5}{0.75 \times 9.8} = 1.06s$

B구간 : $t_b = \frac{14.58 - 13.31}{0.1 \times 9.8} = 1.30s$

A구간 : $t_a = \frac{17.06 - 14.58}{0.8 \times 9.8} = 0.32s$

인지반응시간 : 0.7s

$\therefore 0.7 + 0.32 + 1.30 + 1.06 = 3.38$

문제 24 신호등이 있는 사거리 교차로를 사고 차량이 남쪽에서 북쪽으로 진행 중 서쪽에서 동쪽으로 횡단보도를 횡단하는 보행자를 발견 급제동하였으나 사고차량의 전면으로 보행자를 충돌하였다. 사고 차량이 보행자를 충돌할 당시 전방(진행방향) 신호기에 직좌신호(2현시)가 점등되어 있었고, 충돌 후 25초 뒤에 직좌신호(2현시)가 종료, 황색주의 신고가 개시된 것으로 조사되었다.(각 현시마다 30초 → 27초+3초, 3초는 황색), (보행자 신호는 7+10(점멸신호) = 17초) 황색신호일 때, 횡단보도 녹색신호는 이미 적색으로 변했다. ★ 2010년도 기출

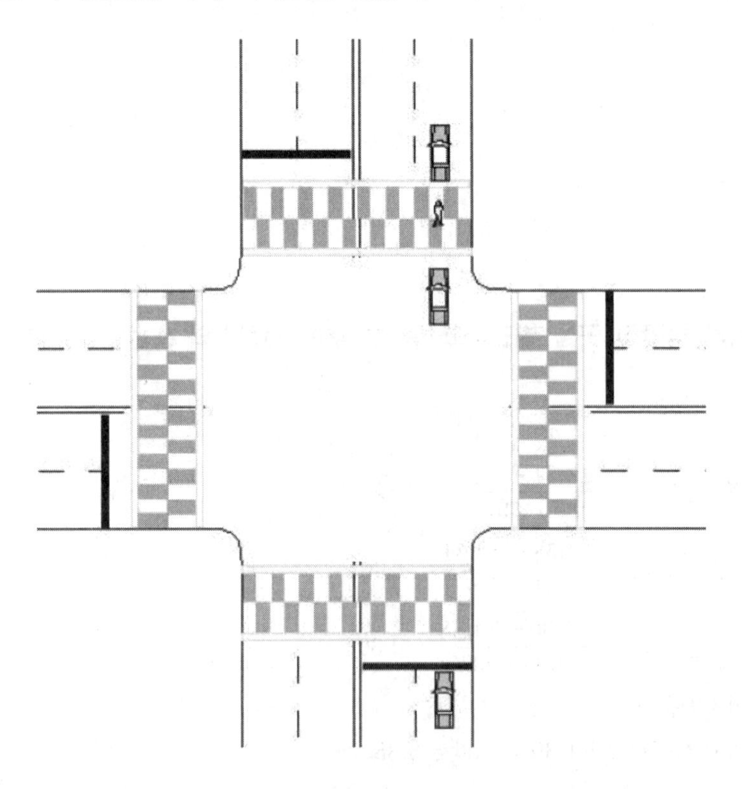

조 건

- 사고차량 스키드마크 10m
- 차와 지면사이의 마찰계수 0.8
- 보행자 진입거리 7m
- 스키드 시작에서 보행자 충돌위치까지 5m
- 차량 발진가속도 0.2g
- 충격 시 운동량 손실은 무시
- 충돌 후 정지 시까지 5m
- 중력가속도 $9.8m/s^2$
- 인지반응시간 무시
- 정지선에서 스키드시작까지 40m
- 보행자 속도 $1m/s^2$
- 소수점 둘째자리에서 반올림

01 차량 제동 시 속도와 보행자 충돌 시 속도를 구하시오.

풀이 **제동 시 속도)** $v = \sqrt{2\mu gd}$ 의 식을 이용, 미끄러진 거리 10m 대입

$$v_0 = \sqrt{2 \times 0.8 \times 9.8 \times 10} = 12.5m/s$$

보행자 충돌 시 속도) 보행자 충돌 후 정지 시까지 5m 미끄러짐

$$v_1 = \sqrt{2 \times 0.8 \times 9.8 \times 5} = 8.9m/s$$

02 보행자가 횡단보도에 진입, 사고차량과 충돌하기까지 횡단하는데 소요된 시간은?

풀이 보행자 보행속도 1m/s 이므로 소요시간은 $t = \frac{d}{v}$ 에 대입하여

$$t = \frac{7m}{1m/s} = 7s$$

03 운전자는 정지선에 정차하였다는 주장을 토대로 정지선에서 충돌 시까지 소요되는 시간은?

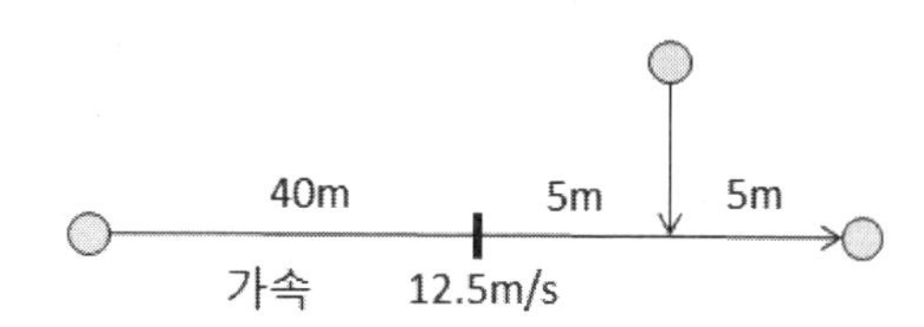

풀이 40m 가속구간 소요시간 : $a = \frac{\Delta v}{t}$ 에서 $t = \frac{12.5}{0.2 \times 9.8} = 6.38s$

5m 제동 소요시간 : $t = \frac{12.5 - 8.9}{0.8 \times 9.8} = 0.46s$

∴ 출발부터 보행자 충돌까지 소요시간= 6.38+0.46=6.84s

04 사고차량 운전자가 정지선에서 신호대기 후 출발을 주장한 경우 주어진 발진가속도를 적용하여 제동시작점의 도달속도는?(역학적 타당성을 논하시오)

풀이 차량의 발진가속도를 적용할 경우 스키드 마크 시작지점의 속도는

$v^2 - v_0^2 = 2ad$를 이용하여 $v = \sqrt{2 \times 0.2 \times 9.8 \times 40} = 12.5m/s$

스키드 마크에 의해 구한 제동 직전 속도 12.5m/s가 출발 하였을 때 40m지점에서 도달속도와 같으므로 운전자 주장은 타당하다.

05 **보행자의 횡단보도 진입시점에서의 신호상황과 사고차량의 교차로 진입시점에서의 신호상황에 대하여 각각 논하라.**

예) 보행자는 OO현시 OO신호종료 OO초 전에 횡단보도에 진입

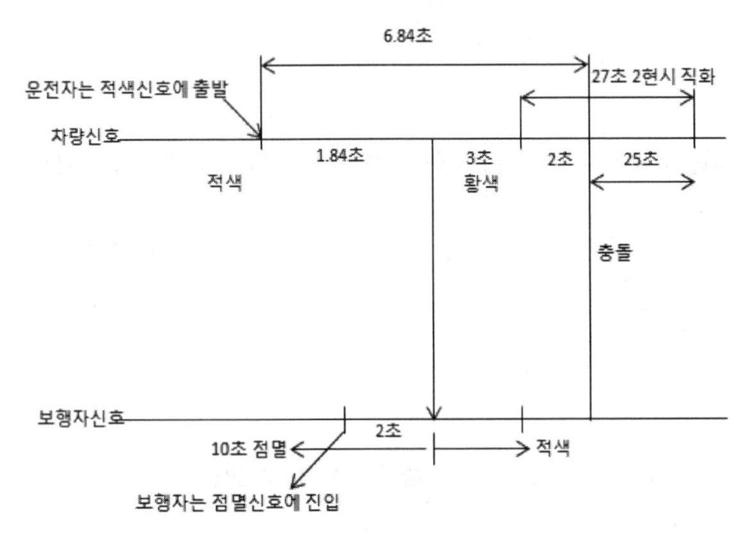

풀이 충돌 후 25초 뒤에 신호가 종료되었고 직좌신호는 27초이고 황색 3초이므로 운전자는 적색신호 종료 1.84초 전에 출발하였다. 차량신호 황색일 때 보행자신호는 적색신호이고 보행자 진입시간은 7초이므로 보행자는 녹색점멸신호가 끝나기 2초전에 횡단보도에 진입하였다.

∴ 보행자는 1현시 녹색 신호 종료 2초전에 횡단보도에 진입

문제 25 1차량은 서쪽에서 동쪽으로 진행하였고 2차량은 남쪽에서 북쪽으로 진행 중 교차로 내에서 충돌하였다.

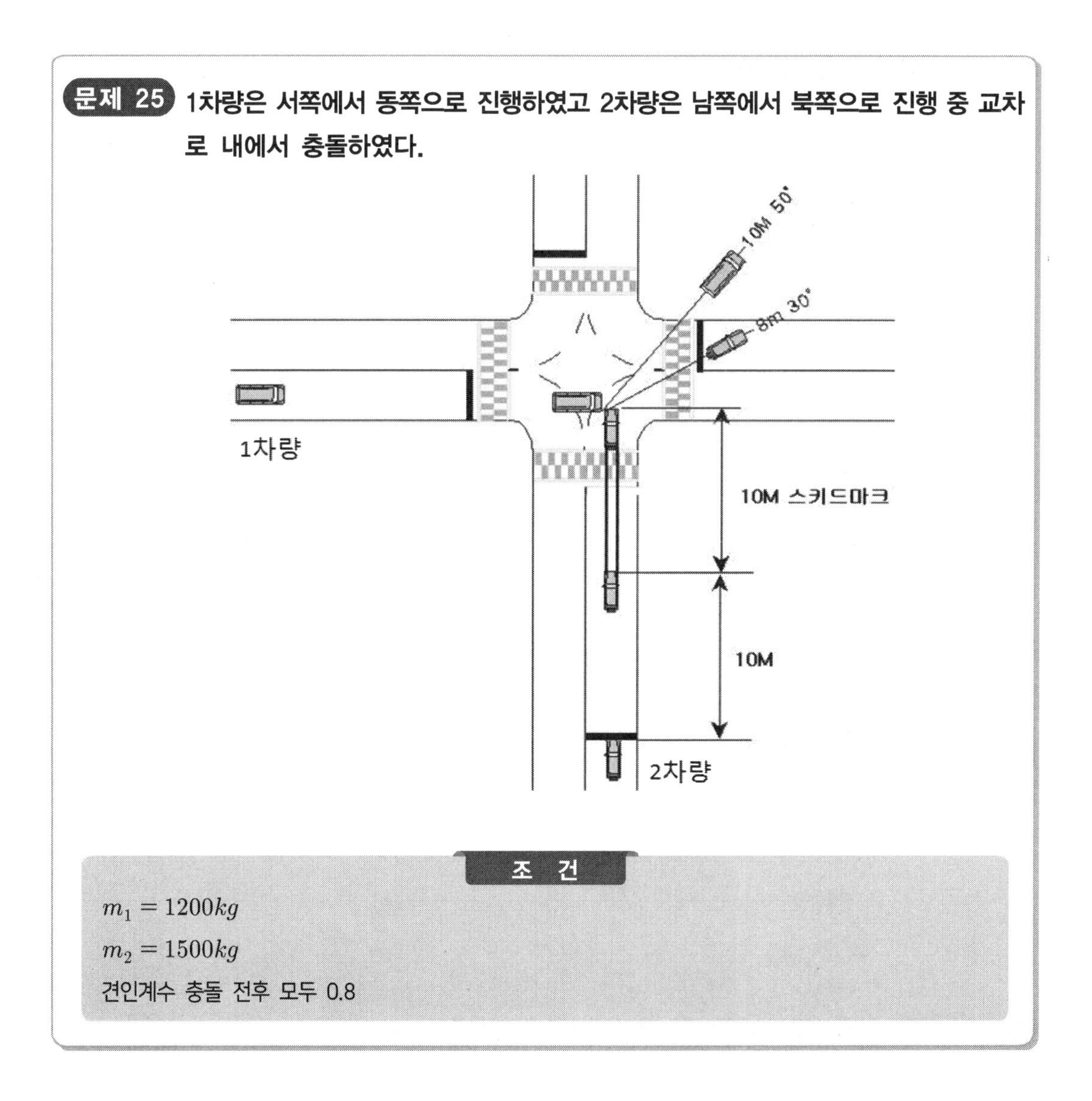

조 건

$m_1 = 1200kg$

$m_2 = 1500kg$

견인계수 충돌 전후 모두 0.8

01 두 차량의 충돌 후 속도는?

풀이 #1 차량 미끄러진 거리가 10m이므로 $v = \sqrt{2\mu g d}$를 이용하여

$$v_1^{'} = \sqrt{2 \times 0.8 \times 9.8 \times 10} = 12.5m/s$$

#2 차량 미끄러진 거리가 8m이므로

$$v_2^{'} = \sqrt{2 \times 0.8 \times 9.8 \times 8} = 11.2m/s$$

$$\therefore\ v_1^{'} = 12.5m/s,\ v_2^{'} = 11.2m/s$$

02 두 차량의 충돌 전 속도는?

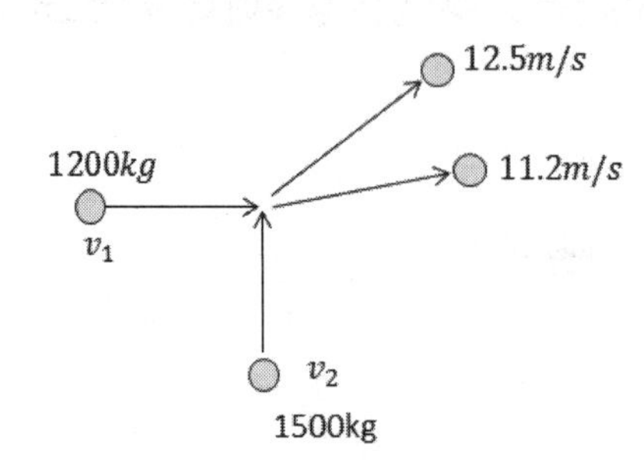

풀이 운동량 보존법칙을 이용하여 $m_1v_1 + m_2v_2 = m_1v_1' + m_2v_2'$

x성분) $1200 \times v_1 = 1200 \times 12.5\cos 50 + 1500 \times 11.2\cos 30$

$v_1 = 20.2m/s$

y성분) $1500 \times v_2 = 1200 \times 12.5\sin 50 + 1500 \times 11.2\sin 30$

$v_2 = 13.3m/s$

$\therefore\ v_1 = 20.2m/s,\ v_2 = 13.3m/s$

03 2차량의 제동전 속도는?

풀이 충돌 속도 13.3m/s, 스키드마크 길이 10m 이므로 $v^2 - v_0^2 = 2ad$ 식을 이용하여

$13.3^2 - v_0^2 = 2 \times 0.8 \times 9.8 \times 10,\quad v_0 = 18.3m/s$

∴ 제동전 속도는 18.3m/s

04 2차량의 정지선에서 충돌 전 지점까지의 시간은?

풀이 정지선에서 스키드마크 시작점까지는 등속구간이므로 $v = \frac{d}{t}$에서

$t_1 = \frac{10}{18.3} = 0.55s$

제동시간은 $a = \frac{\Delta v}{t}$에서 $t_2 = \frac{18.3 - 13.3}{0.8 \times 9.8} = 0.64s \quad \therefore\ 0.55 + 0.64 = 1.19s$

05 2차량이 정지선 통과할 때 1차량의 위치는?(충돌 전 1차량을 등속운동으로 가정)

풀이 #1 차량은 등속이므로 $d = vt$에서 $d = 20.2 \times 1.19 = 24m$

#2 차량이 정지선 통과할 때 #1 차량은 충돌 전 24m 지점에 위치하였다.

문제 26 차량이 주행하다가 정상 편경사 5%의 커브 길에서 요 마크를 발생한 후 추락했다. 요 마크의 현의 길이는 72m, 중앙 종거는 5.7m이고, 수평거리 27m, 높이 5m에서 추락했다. 마찰계수는 0.8, 중력가속도 g=9.8m/s² 로 보고 추정하라.

01 곡선반경은?

풀이 $R=\dfrac{C^2}{8M}+\dfrac{M}{2}$ 에서 $R=\dfrac{72^2}{8\times5.7}+\dfrac{5.7}{2}=116.53$

$\therefore\ R=116.53m$

02 요마크 생성 속도는?

풀이 $v_1=\sqrt{(\mu+G)gR}$ 에서 $v_1=\sqrt{(0.8+0.05)\times9.8\times116.53}=31.16$

$\therefore\ v_1=31.16m/s$

03 추락시 속도는?

풀이 $v_2=d\sqrt{\dfrac{g}{2h}}$ 에서 $v_2=27\sqrt{\dfrac{9.8}{2\times5}}=26.73m/s$

$\therefore\ v_2=26.73m/s$

문제 27 **오토바이는 사고 직후 곧바로 전도가 개시되었고, 무게중심 높이에서 자유낙하 시킬 때와 동일한 시간에 완전히 전도되어 노면 긁힌 흔적이 발생하기 시작하였고, 오토바이는 전도 개시 후 노면에 완전히 전도되기까지 12m를 가속이나 감속 없이 등속도 운동하였음**

조 건

정상적 직진 상태에서 오토바이 무게중심 높이는 0.5m이고,
중력가속도는 9.8m/sec²
오토바이 견인계수를 구하기 위한 실험 내용
- 노면은 평탄하고, 견인줄은 노면과 6.7°의 각도로 연결하여 견인
- 견인속도는 일정하고 정지 마찰계수는 무시 운동마찰계수만 측정
- 매달림 저울의 측정치는 115kg으로 일정
- 오토바이 중량은 145kg

01 오토바이 견인계수를 오토바이에 작용된 힘, 오토바이 견인각도, 오토바이 중량간의 관계식으로 논하시오.

풀이 마찰력 $F = \mu W$

수평력 = $115\text{kg}_f \cos 6.7°$

마찰력 = 수평력에서

$\mu W = 115\text{kg}_f \cos 6.7°$

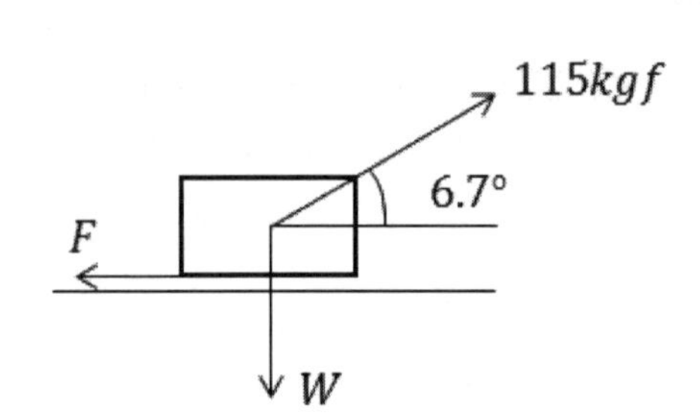

02 오토바이 견인계수를 구하시오.

풀이 $\mu = \dfrac{F}{W} = \dfrac{115\cos 6.7°}{145} = 0.787$

03 오토바이 전도 개시 후 노면에 완전히 전도되는데 소요되는 시간을 구하시오.

풀이 자유낙하 $h = \frac{1}{2}gt^2$ 식에서

$$t = \sqrt{\frac{2h}{g}} = \sqrt{\frac{2 \times 0.5}{9.8}} = 0.32\text{초}$$

04 오토바이가 전도되는 시점의 속도는?

풀이 0.32초 동안 12m를 등속운동 하였으므로

$$v = \frac{12}{0.32} = 37.5m/s$$

05 오토바이가 완전히 전도된 후 최종정지까지 노면 긁힌 흔적을 발생한다면 긁힌 흔적의 길이를 추정하시오.

풀이 $v = \sqrt{2\mu g d}$ 에서

$$37.5 = \sqrt{2 \times 0.787 \times 9.8 \times d}$$

$$d = \frac{37.5^2}{2 \times 0.787 \times 9.8} = 91.17$$

$$\therefore d = 91.17m$$

문제 28 편도 1차로 도로를 진행하던 버스가 도로 상에 서 있던 보행자를 발견하고 급제동하여 스키드마크를 발생시킨 후 버스의 전면 중앙으로 보행자를 충격한 뒤 좌측으로 피양하여 정지하는 사고가 발생되었다. ★ 2011년도 기출

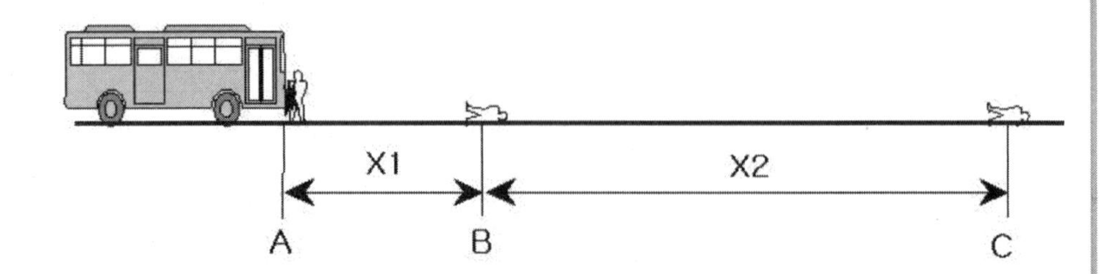

조 건

- 버스 좌우측 앞바퀴 스키드 마크는 충돌 당시 버스 전륜위치까지 16.5m 이후, 스키드 마크 없이 좌측으로 피양 최종위치까지 진행하였음.
- 보행자는 x_1구간 낙하한 뒤 x_2구간(18m) 뒤에 최종정지 함
- 버스의 마찰계수는 0.65
- 보행자의 전도마찰계수 0.6
- 보행자의 무게중심 높이 1m

01 보행자 사고유형에 대해 설명하시오.

풀이
- Wrap Trajectory : 보행자가 차량을 감싸며 낙하하는 형태
- Forward Projection : 보행자가 전방으로 날아가는 형태
- Fender Vault : 보행자가 펜더 옆으로 넘어가는 형태
- Roof Vault : 보행자가 지붕으로 도약하여 넘어가는 형태
- Somersault : 보행자가 차량 위에서 공중회전(공중제비, 재주넘기) 하는 형태

02 활주거리를 이용하여 B 지점에서의 보행자 활주속도를 구하시오.

풀이 $v = \sqrt{2\mu g d}$ 를 이용하여 보행자 활주거리 18m를 대입

$v_B = \sqrt{2 \times 0.6 \times 9.8 \times 18} = 14.55$

$\therefore\ v_B = 14.55 m/s$

03 **보행자가 버스에 추돌되어 낙하하기까지 포물선 운동을 할 때 수평방향에 대해 등속운동한다면 A지점에서 버스의 보행자 충돌속도는 얼마인가?**

풀이 보행자 충돌속도와 노면에 닿는 순간의 수평속도는 같으므로

$\therefore\ v_A = 14.55m/s$

04 **포물선 운동의 원리를 이용하여 B지점으로부터 A지점까지 보행자 낙하거리 x_1을 구하라.**

풀이 $v = d\sqrt{\frac{g}{2h}}$ 를 이용하여 $14.55 = x_1\sqrt{\frac{9.8}{2\times 1}}$

$\therefore\ x_1 = 6.57m$

05 **버스의 스키드마크 발생시작점의 속도를 구하시오.**

풀이 $v^2 - v_0^2 = 2ad$ 식을 이용

$14.55^2 - v_0^2 = 2\times(-0.65\times 9.8)\times 16.5$

$\therefore\ v_0 = 20.45m/s$

문제 29 승용차가 스키드 후 요 마크를 발생 시키고 대형차로에서 진행 중인 화물차와 충돌 하였다. 승용차가 요 마크를 발생 시킬 때의 무게중심이 이루는 궤적은 현 9m, 중앙 종거 0.35m, 승용차의 스키드 길이 26m, 요 마크 직선길이 15.5m, 요 마크 길이 16m, 승용차량 인지반응시간 1초, 승용차 충돌속도 12.1m/s, 종횡방향 마찰계수 0.8, 승용차는 제동 전까지 등속운동, 화물차는 충돌 전까지 등속운동 소수점 둘째자리에서 반올림)

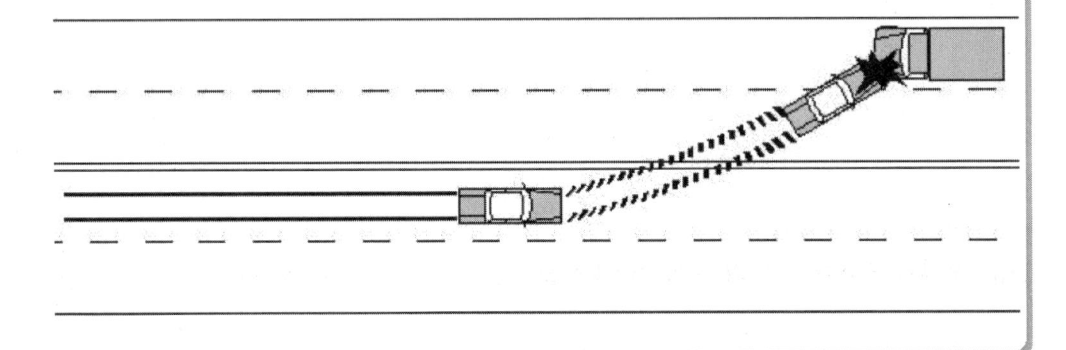

01 요마크 발생 시 속도는?

풀이 곡선반경 $R = \frac{C^2}{8M} + \frac{M}{2}$을 이용하면 $R = \frac{9^2}{8 \times 0.35} + \frac{0.35}{2} = 29.1$

$v = \sqrt{\mu g R} = \sqrt{0.8 \times 9.8 \times 29.10} = 15.1m/s$

$\therefore\ v = 15.1m/s$

02 승용차가 요마크를 발생하며 16m를 미끄러져갈 때의 감속도와 시간은?

$15.1m/s$ —— $16m$ ——→ $12.1m/s$

a, t

풀이 $v^2 - v_0^2 = 2ad$를 이용하면

$12.1^2 - 15.1^2 = 2 \times a \times 16$, $a = -2.6m/s^2$

$v = v_0 + at$를 이용하면 $t = \frac{12.1 - 15.1}{-2.6} = 1.2s$

$\therefore a = -2.6m/s^2,\ t = 1.2s$

03 승용차의 스키드발생속도는?

풀이 $v^2 - v_0^2 = 2ad$를 이용하면 $15.1^2 - v_0^2 = 2 \times (-0.8 \times 9.8) \times 26$

$\therefore\ v_0 = 25.2m/s$

04 스키드발생 동안의 시간은?

풀이 $t = \dfrac{\Delta v}{a}$에서 $t = \dfrac{25.2 - 15.1}{0.8 \times 9.8} = 1.3s$

05 위험을 인지한 시점은 스키드발생 전 몇 미터인가?

풀이 공주거리= 속도 × 공주시간 = 25.2m/s × 1s= 25.2m

∴ 25.2m 전

06 승용차 운전자가 위험을 인지하였을 때 충돌지점으로부터 화물차량의 거리는?

풀이 승용차 운전자가 위험을 인지한 시점부터 충돌 시점까지의 총 시간은,

공주시간 1초 + 스키드마크 발생시간 1.3초 + 요 마크 발생시간 1.2초= 3.5초

화물차량은 등속운동이므로

$\therefore d = vt$에서 $d = 18.2m/s \times 3.5s = 63.7m$

문제 30 서쪽에서 동쪽 방향으로 진행하던 승용차가 무단 횡단하던 보행자를 발견하고 40m의 스키드마크를 발생하여 보행자를 충격 후 27m를 더 진행하여 정지하였다

조 건

- 노면의 견인계수는 0.85, 중력가속도 9.8m/s², 스키드 전에는 등속운동, 보행자 속도 1.2m/s, 도로연석선으로부터 진행 및 충돌지점 4.3m 지점(소수점 둘째자리에서 반올림)

01 제동시작점 속도를 구하라.

v_0 0.85 $v' = 0$ 40m v 27m

풀이 $v_0 = \sqrt{2\mu g d} = \sqrt{2 \times 0.85 \times 9.8 \times 67} = 33.4m/s$

$\therefore v_0 = 33.4m/s$

02 보행자 충돌당시 속도를 구하라.

풀이 미끄러진 거리 27m를 대입하면, $v = \sqrt{2 \times 0.85 \times 9.8 \times 27} = 21.2m/s$

$\therefore v = 21.2m/s$

03 보행자가 차도로 들어선 순간 승용차의 위치를 충격지점으로부터 구하라.

풀이 보행자의 진입시간 : $t = \dfrac{d}{v} = \dfrac{4.3}{1.2} = 3.58s$

40m구간의 제동시간 : $t = \dfrac{\triangle v}{a} = \dfrac{33.4 - 21.2}{0.85 \times 98} = 1.46s$

40m구간 이전 주행시간 : 3.58-1.46= 2.12s

40m구간 이전 주행거리 : $33.4m/s \times 2.12s = 70.8m$

승용차의 위치 : 40m + 70.8m = 110.8m

∴ 충돌 지점으로 부터 110.8m 이전

문제 31 화물차가 진행 중 전방에 신호 대기 중인 승용차를 발견하고 급제동하여 10m의 스키드 마크를 발생 시킨 후 승용차를 추돌하여 15m를 밀고 나갔다.

★ 2007년도 기출

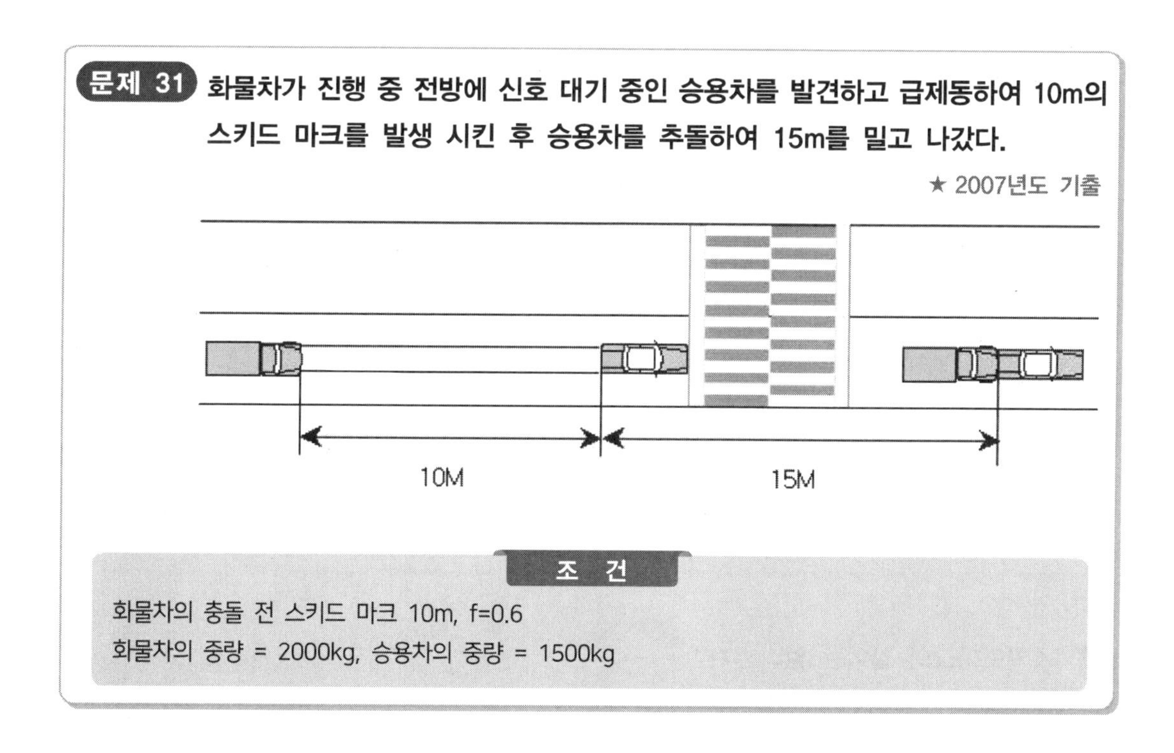

조 건

화물차의 충돌 전 스키드 마크 10m, f=0.6
화물차의 중량 = 2000kg, 승용차의 중량 = 1500kg

01 화물차의 충돌직후 속도는?

풀이 15m 미끄러져 갔으므로 충돌 직후 속도는,

$\therefore\ v' = \sqrt{2\times0.6\times9.8\times15} = 13.3m/s$

02 화물차의 충돌직전 속도는?

풀이 충돌 전후 운동량 보존법칙을 이용하면,

$2000\times v_1 = (2000+1500)\times13.3$

$\therefore\ v_1 = 23.3m/s$

03 화물차의 제동직전 속도는?

풀이 제동직전 속도는 $v^2 - v_0^2 = 2ad$ 식을 이용하여,

$23.3^2 - v_0^2 = 2\times(-0.6\times9.8)\times10$

$\therefore\ v_0 = 25.7m/s$

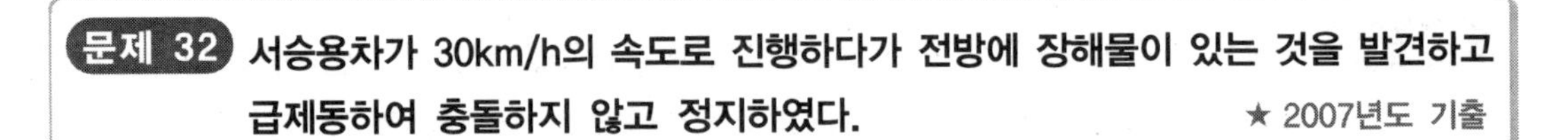

문제 32 서승용차가 30km/h의 속도로 진행하다가 전방에 장해물이 있는 것을 발견하고 급제동하여 충돌하지 않고 정지하였다. ★ 2007년도 기출

Vi=30km/h　　　　Ve=0km/h

조 건

f = 0.75

01 스키드마크의 길이는 얼마인가?

풀이 $v=\sqrt{2\mu gd}$ 식을 이용하여

$$\left(\frac{30}{3.6}\right)=\sqrt{2\times0.75\times9.8\times d}\ ,\ d=4.7m$$

02 스키드마크 발생구간의 소요시간을 구하라.

풀이 $$t=\frac{\Delta v}{a}=\frac{\left(\frac{30}{3.6}\right)-0}{0.75\times9.8}=1.13s$$

03 이 문제에서 정지거리, 공주거리 및 제동거리에 대해 논하시오.

풀이 공주거리는 장애물을 발견하고 제동이 시작될 때까지 진행한 거리이고,
제동거리는 제동이 이루 어진거리 4.7m 이며
정지거리는 공주거리와 제동거리를 더한 거리이다.

04 정지상태에서 출발하여 8초 후 72km/h로 되기까지 가속도는 얼마인가.

풀이 $$a=\frac{\Delta v}{t}=\frac{\left(\frac{72}{3.6}\right)-0}{8}=2.5m/s^2$$

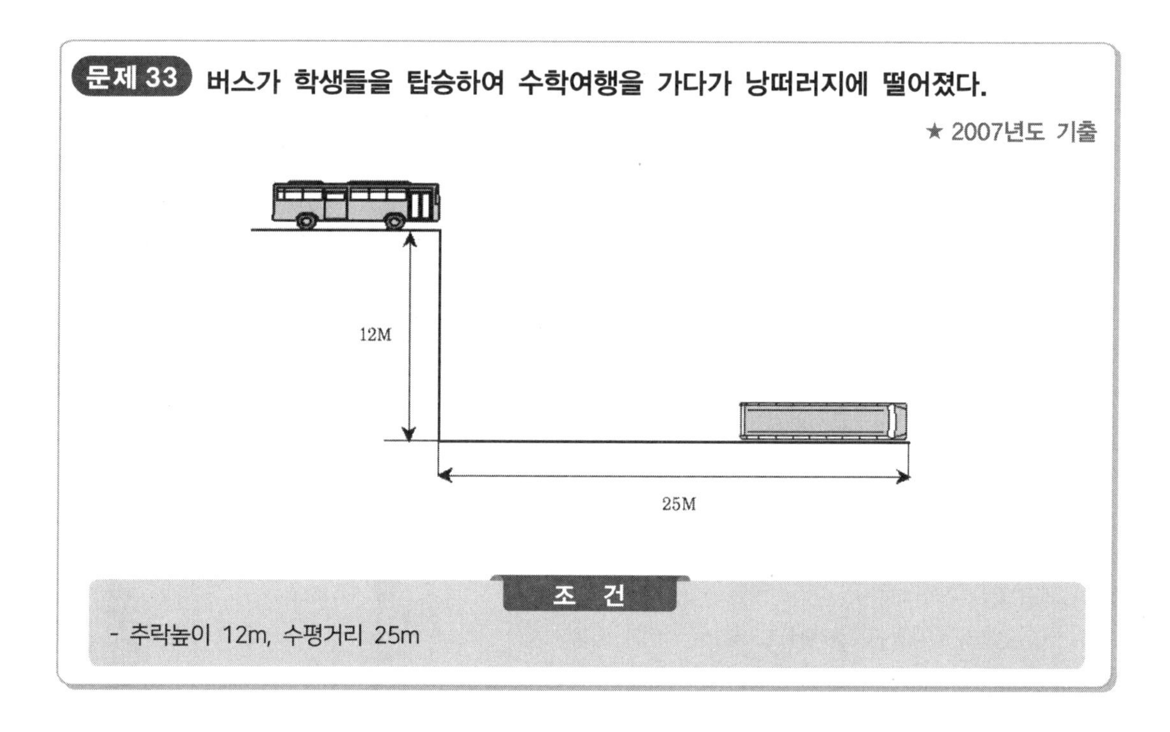

01 추락속도 공식을 유도하시오.

$$v = \frac{d}{t}$$

$$h = \frac{1}{2}gt^2$$

$$d$$

풀이 수평방향은 등속운동이고 수직방향은 자유낙하 운동이다.

자유낙하 $h = \frac{1}{2}gt^2$ 식을 t에 대해 정리하면 $t = \sqrt{\frac{2h}{g}}$

$v = \frac{d}{t}$ 식에 대입하면

$$v = \frac{d}{\sqrt{\frac{2h}{g}}} = d\sqrt{\frac{g}{2h}} \quad \therefore v = d\sqrt{\frac{g}{2h}}$$

02 추락직전 속도를 구하시오.

풀이 $v = 25 \times \sqrt{\frac{9.8}{2 \times 12}} = 15.98 m/s$

문제 34 승용차가 편도 2차로 중 1차로로 진행하다가 우에서 좌로 횡단하는 보행자를 발견하고 급제동 중 보행자를 충돌 후 정지하였다. ★ 2007년도 기출

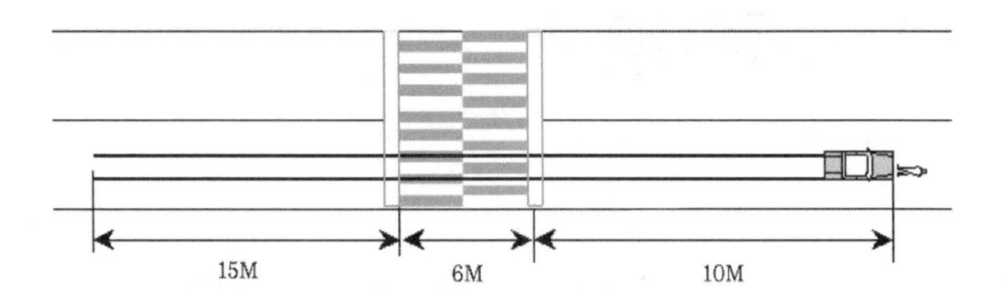

조 건

- 승용차와 도로의 견인계수 f=0.8
- 급제동구간 d=31m
- 횡단보도는 제동시작점에서 15~21m 사이에 있음

01 제동직전 속도?

풀이 $v = \sqrt{2 \times 0.8 \times 9.8 \times 31} = 23m/s$

02 횡단보도 상에서 충돌하였을 경우 최소~최대 속도를 산출하시오.

풀이 $v = \sqrt{2 \times 0.8 \times 9.8 \times (10 \sim 16)} = 12.5 \sim 15.8m/s$

문제 35 승용차는 서울시청 방면에서 남산터널 방향으로 편도2차로 중 1차로를 진행하다 신호등이 설치된 횡단보도에서 신호대기 중이던 화물차를 발견하고 제동상태에서 화물차의 후미부위를 승용차의 전면부위로 충돌하여 화물차를 밀어붙여 23m를 진행하여 최종 정지한 사고이다. 이 사고의 충격으로 승용차량의 양쪽 전륜이 파손되어 차체와 결착되었으며, 사고현장의 노면마찰계수 값은 0.8, 승용차의 중량은 1,500kg, 화물차의 중량은 1,850kg, 승용차에 의해 발생된 스키드마크는 충돌지점으로부터 15m 전방에서 시작되었다.

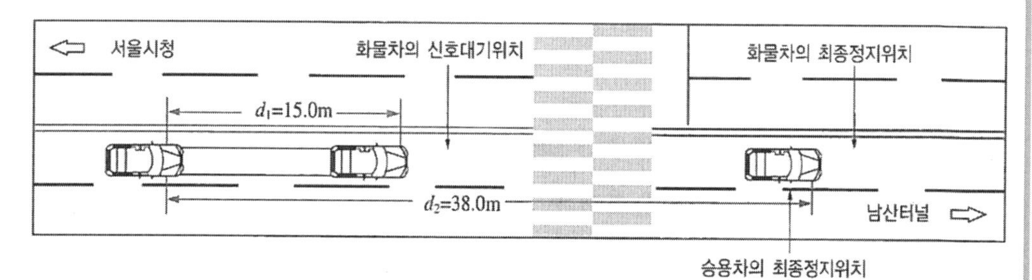

조 건

- 중력가속도(g) : 9.8m/s²
- 승용차의 제동마찰계수 0.8
- 승용차의 중량 : 1,500kg
- 화물차의 중량 : 1,850kg
- 승용차의 양쪽 전륜 파손으로 인해 차체와 결착됨
- 적용식 : $v=\sqrt{2\times f\times g\times d}$ $\quad v_e=\sqrt{v_i^2+2ad}$ $\quad v_1w_1+v_2w_2=v_1'w_1+v_2'w_2$

01 승용차의 충돌직후 속도는 얼마인가?

풀이 $f=0.8\times\dfrac{2}{8}=0.2$

$v=\sqrt{2fgd}=\sqrt{2\times0.2\times9.8\times23}$

$\therefore\ v=9.5m/s$

02 승용차의 충돌직전 속도는 얼마인가?

풀이 $m_1v_1 + m_2v_2 = (m_1 + m_2)v_c$ 식에서

$1500 \times v_1 = (1500 + 1850) \times 9.5$

$\therefore\ v_1 = 21.89m./s$

03 승용차의 제동직전 속도는 얼마인가?

풀이 $v^2 - v_0^2 = 2ad$에서 $21.89^2 - v_0^2 = 2 \times (-0.8 \times 9.8) \times 15$

$\therefore\ v_0 = 26.73m/s$

04 이 사고의 경우 승용차량 운전자는 충돌직후 충격의 여파로 제동하지 못한 것으로 조사되었고, 화물차 운전자는 주차브레이크를 잠그지 않은 채 정지 상태였다고 주장하고 있으나, 만일 화물차가 정지상태가 아니라 진행(서행)상태였을 경우 사고 이후 승용차와 화물차의 정지 상태는 어떠하였을 것인지에 대해 구체적으로 기술하시오.

풀이 화물차가 주행 상태인 경우 승용차의 충돌속도가 감소된다. 이 경우 두 차량은 충돌 후 분리되어 이동 될 것이며 화물차는 승용차의 최종 정지 위치보다 앞쪽에 위치할 것이다.

문제 36 사고차량은 서울시청 방면에서 남산터널 방향으로 편도2차로 중 1차로를 진행하다 신호등 없는 횡단신호 부근에 이르러 좌측방향에서 우측방향으로 도로를 횡단하는 보행자의 우측부위를 사고차량의 전면부위로 충돌한 사고이다(단, 사고차량의 손상부위에 의하면 보행자는 사고차량의 지붕 위로 올라타지 않고 보닛(Bonnet)에서 전방으로 튕겨나간 상황임).

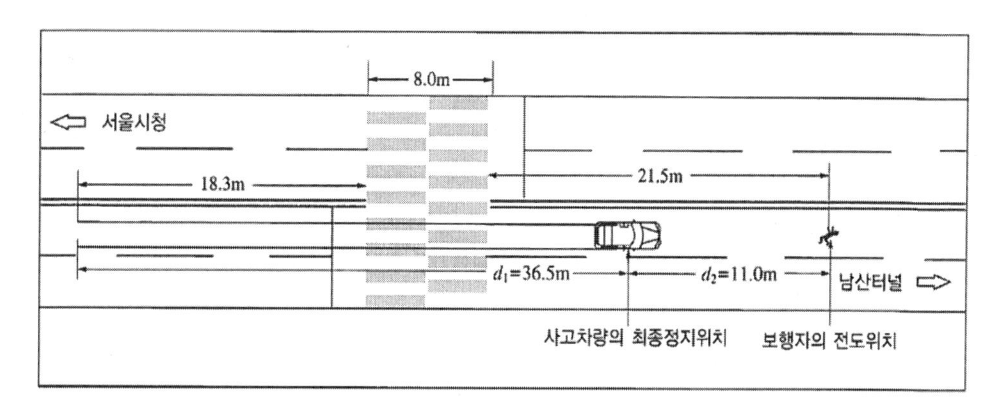

조 건

- 중력가속도(g) : 9.8m/s²
- 사고차량의 제동마찰계수 : 0.8
- 보행자의 전도마찰계수 : 0.5
- 감(가)속도 : $a = \mu \times g$
- 보행자가 사고차량의 보닛(Bonnet)에 올라탄 후 이탈높이 : 1.0m
- 적용식 : $v = \sqrt{2 \times \mu \times g \times d}$ $\quad v_i = \sqrt{v_e^2 - 2ad}$ $\quad v = \sqrt{2g} \times \mu \times \left(\sqrt{h + \frac{x}{\mu}} - \sqrt{h}\right)$

01 사고차량의 제동직전 속도는 얼마인가?

v_0 18.3m | 8m | 10.5m $v' = 0$

36.5m

풀이 $v = \sqrt{2\mu g d} = \sqrt{2 \times 0.8 \times 9.8 \times 36.5} = 23.9m/s$

02 사고차량이 횡단보도 내에 위치할 때의 속도는 얼마인가?

풀이 $v = \sqrt{2 \times 0.8 \times 9.8 \times (10.5 \sim 18.5)} = 12.65 \sim 16.89m/s$

03 **만일 사고차량이 스키드마크를 발생시키지 않고 보행자를 횡단보도 내에서 충돌한 경우 사고차량의 보행자 충돌속도는 얼마인가?**

풀이 제동 없이 충돌한 경우라고 가정하여 $v = \sqrt{2g} \times \mu \times (\sqrt{h + \frac{x}{\mu}} - \sqrt{h})$에 대입,

$$v = \sqrt{2 \times 9.8} \times 0.5 \times (\sqrt{1.0 + \frac{(21.5 \sim 29.5)}{0.5}} - \sqrt{1.0})$$

$$= 12.5 \sim 14.9m/s$$

04 **이 사고의 경우 사고차량 운전자는 충돌지점에 대해 정확히 알 수 없다고 진술한 반면 보행자는 횡단보도를 건너다 충돌되었다고 주장하는 상황으로, 사고차량과 보행자의 대략적인 충돌지점을 추정할 수 있는 방법에 대해 기술하시오.**

풀이 보행자 충돌 후 속도 = 차량의 충돌 속도

$$\mu \sqrt{2g} (\sqrt{h + \frac{d+11}{\mu}} - \sqrt{h}) = \sqrt{2\mu g d}$$

(보행자 전도거리= 승용차 미끄러진 거리+11m)

이 식에서 d 를 구하면 충돌 지점을 추정할 수 있다.

문제 37 **퇴근하려고 사내 주차장에서 승용차를 출발하기 위해 브레이크 페달을 밟은 상태로 변속기어를 주차위치(P)에서 주행위치(D)로 변속하자마자 차량이 "윙" 하는 굉음을 내며 튕겨나가 전방 약 10m에 위치한 콘크리트 옹벽을 충돌하였다고 운전자 이몽룡은 사고 상황에 대해 주장했다.**
이 사고의 쟁점사항은 차량결함에 의한 급(急)발진 여부에 있는데 이와 같은 사고 유형의 조사방법에 대해 기술하시오.

풀이 블랙박스, CCTV, EDR의 자료를 먼저 확보한다.

블랙박스를 통해 급 출발 직전의 상황을 분석 할 수 있고, 음성이 녹음된 경우에는 운전자의 운전 상태를 알 수 있다.

CCTV는 브레이크 등을 확인 할 수 있고, 사고당시 제동페달을 밟았는지를 확인 할 수 있다.

EDR에서는 가속페달의 작동 여부 및 브레이크 페달의 작동 여부를 확인 할 수 있으므로 운전자가 가속 페달을 브레이크 페달로 오인 하였는지를 알 수 있다.

제동 장치의 고장 및 결함 여부도 확인해야 한다. 가속 페달이 매트에 걸리거나 가속케이블이 고착된 경우에도 최대 출력 상태가 될 수 있다.

문제 38 승용차는 서울시청 방면에서 남산터널 방향으로 편도2차로 중 1차로를 50km/h의 속도로 진행하다 신호등이 설치된 사고지점 교차로를 진입하던 중 좌측방향에서 우측방향으로 1차로 정지선에서 신호대기 후 출발하여 진행하던 이륜차의 우측면 부위를 승용차의 전면부위로 충돌한 사고이다(단, 승용차 진행방향 직진신호가 꺼지고 나서 황색신호가 3초 동안 현시된 후 이륜차 진행방향 직진신호가 켜지는 신호체계임).

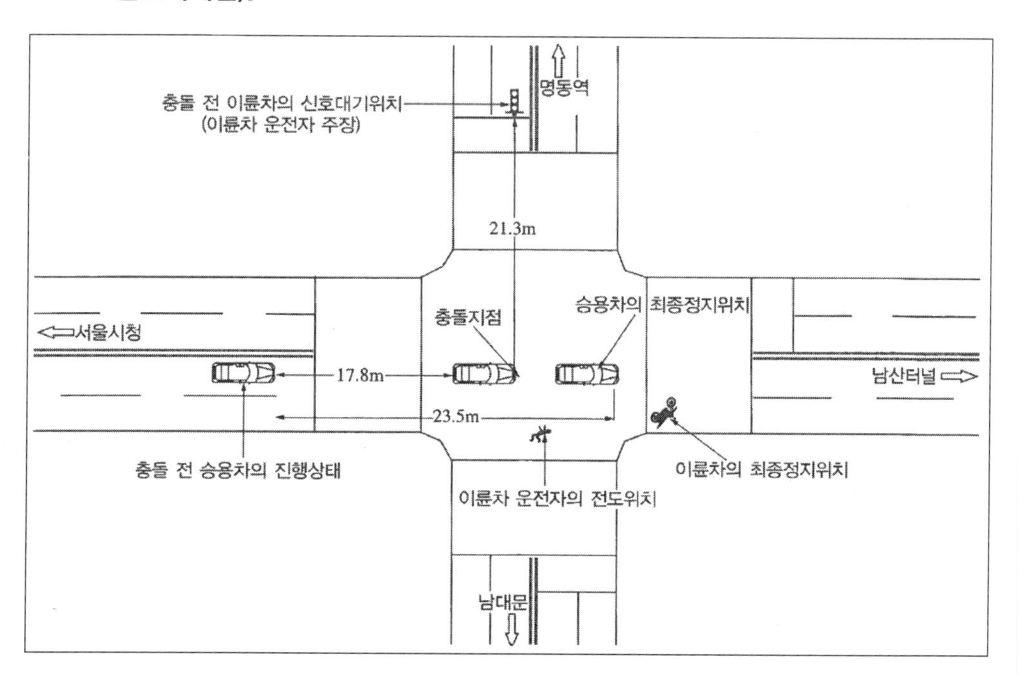

조 건

- 충돌 전 사고차량은 등속으로 주행 가정
- 마찰계수(μ) : 0.8
- 중력가속도(g) : 9.8m/s²
- 감(가)속도 : $a = \mu \times g$
- 이륜차의 발진가속성능은 0.2g로 가정
- 적용식 : $d = v \times t \quad v_i = \sqrt{v_e^2 - 2ad}$

01 이륜차의 충돌지점 도달 시 속도는 얼마인가?

풀이 $v_e = \sqrt{v_i^2 + 2ad} = \sqrt{0^2 + 2 \times 0.2 \times 9.8 \times 21.3} = 9.1m/s = 32.9km/h$

02 승용차의 교차로 진입시점(정지선 기준)부터 충돌지점 도달 시 소요시간은 얼마인가?

풀이 $t = \frac{d}{v} = \frac{17.8}{13.9} = 1.28s$

03 이륜차의 교차로 진입시점(정지선 기준)부터 충돌지점 도달 시 소요시간은 얼마인가?

풀이 $t = \frac{v_e - v_i}{a} = \frac{9.1 - 0}{0.2 \times 9.8} = 4.6s$

04 승용차 운전자는 직진신호가 켜져 있는 것을 보고 교차로에 진입하였다고 진술하고, 이륜차 운전자는 신호대기 후 직진신호에 출발하였다고 진술하고 있다. 반면 목격자는 없는 상황이다. 이와 같은 경우 신호위반 차량을 규명하는 방법에 대해 기술하시오.

풀이 신호위반의 분석 방법은 CCTV, 블랙박스 등의 여러 자료를 토대로 교차로의 진입시간, 주행속도를 현시도와 함께 분석한다.
상반된 두 가지의 진술만 있는 경우에는 구체적인 진술을 받고 그 진술의 모순점을 밝혀내는 방법이 좋다.

문제 39 **승용차는 곡선반경 R=30m 의 우로 굽은 편도1차로의 도로를 불상의 속도로 진행하다 중앙선을 넘어가 좌측으로 전도되어 맞은편에서 진행하던 화물차와 충돌한 사고이다.**

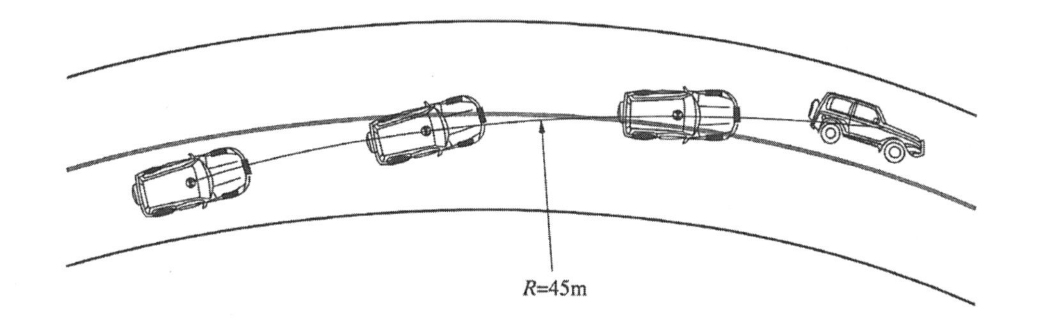

조 건

- 중력가속도(g) : 9.8m/s²
- 승용차의 무게중심 높이 : 0.5m
- 승용차의 중량 : 1600kg
- 승용차의 무게중심 선회궤적 : 45m
- 승용차의 윤거 : 1.5m
- 적용식 : $v=\sqrt{\dfrac{gTR}{2h}}$

01 사고차량이 전도되는 시점의 속도는 얼마인가?

풀이 $v=\sqrt{\dfrac{gTR}{2h}}=\sqrt{\dfrac{9.8\times1.5\times45}{2\times0.5}}=25.7m/s=92.6km/h$

02 사고차량이 곡선구간을 선회하는 과정에서 전도되는 원인에 대해 구체적으로 기술하시오.

풀이 곡선구간을 선회하는 경우 무게중심에서 작용하는 원심력에 의해 차량은 바깥으로 이동하려는 힘을 받는다. 그러나 이에 대항하는 힘인 마찰력은 타이어와 노면사이에 작용되므로 회전모멘트가 발생하여 전복될 가능성이 높아진다. 무게중심이 높을수록 전복될 가능성이 높아진다.

문제 40 택시가 전방에 도로를 횡단 중인 보행자를 발견하고 약20m 스키드마크를 생성시킨 후, 핸들을 좌측으로 급격하게 조작하여 요마크를 생성시키고 나서 최종 정지하였다.

조 건

- $R = \frac{C^2}{8M} + \frac{M}{2}$
- $V_1 = \sqrt{127Rf}$
  R = 무게중심 궤적에 따른 곡선반경
  f = 횡미끄럼 마찰계수(0.8을 적용)
- $V_2 = \sqrt{254fd}$
  f = 마찰계수 0.8
  d = 제동흔적 길이 20m
- $V_{합성속도} = \sqrt{V_1^2 + V_2^2}$

01 무게중심의 궤적에 의한 요 마크의 현(C)은 35m, 중앙 종거(M)가 3.6m인 경우 곡선반경은?

풀이 $R = \frac{C^2}{8M} + \frac{M}{2} = \frac{35^2}{8 \times 3.6} + \frac{3.6}{2} = 44.33m$

02 위 곡선반경(R)을 근거로, 요 마크 발생 직전의 승용차의 속도는?

풀이 $v_1 = \sqrt{127Rf} = \sqrt{127 \times 44.33 \times 0.8} = 67.1km/h$

03 스키드마크에 근거한 승용차의 속도는?

풀이 $v_2 = \sqrt{254fd} = \sqrt{254 \times 0.8 \times 20} = 63.75km/h$

04 요 마크와 스키드마크를 합성한 제동직전 승용차의 속도는?

풀이 $v = \sqrt{v_1^2 + v_2^2} = \sqrt{67.11^2 + 63.75^2} = 92.56km/h$

문제 41 이륜차(오토바이) 사고에서 운전자를 규명할 수 있는 방법에 대해 서술하시오.

풀이 일반적으로 뒷좌석 탑승자는 운전자에 비해 멀리 날아간다. 운전자는 핸들을 잡고 있고 충돌 상황을 예견할 수 있으나 탑승자는 충돌에 대해 대비하기 어려우므로 오토바이와 멀리 떨어진 곳에 전도된다.

안장의 압착된 섬유, 신발과 오토바이의 마찰된 흔적, 핸들에 묻은 인체조직류 등 충돌 시 유류되는 흔적 또는 미세물질의 분석을 통해 충돌 순간 어느 위치에 착석하였는지를 알 수 있다.

문제 42 차량이 제방에서 이탈하여 수평거리 25m, 높이 6m 아래인 지점으로 추락하였다. (단, 차량이 이탈한 곳의 노면의 경사는 평탄하다고 가정함)

01 자동차가 이탈하여 비행하기 시작했을 때의 속도는 얼마인가?

풀이 $v = d\sqrt{\frac{g}{2h}} = 25\sqrt{\frac{9.8}{2\times 6}} = 22.59m/s$

02 차량이 제방에서 이탈하여 지면에 도달하기까지의 시간(공중을 비행한 시간)은 얼마인가?

풀이 $t = \frac{d}{v} = \frac{25}{22.59} = 1.10s$

문제 43 **동일방향으로 앞서가던 A차량이 갑자기 중앙선을 넘어 불법으로 좌회전하는 것을 70km/h 속도로 뒤따라가던 B차량이 급제동하면서 중앙선을 넘어 추돌했다.**

01 **B차량이 정상적인 스키드마크(skid mark)를 남겼다면 그 길이는 몇 m일까?**

(참고 : $V=\sqrt{254\times(f\pm 경사값)\times d}$, $V=$속도, $f=$마찰계수 0.8적용, 경사값 = 0, 추돌에 의한 감속에너지는 무시할 것)

풀이 $v=\sqrt{2\mu gd}$ 에서 $d=\dfrac{v^2}{2\mu g}=\dfrac{\left(\dfrac{70}{3.6}\right)^2}{2\times0.8\times9.8}=24.11m$

02 **A, B차량의 과실 및 사고원인 행위에 대하여 기술하시오.**

풀이 A차량은 중앙선침범의 과실이 있다. B차량은 충돌을 피하기 위해 급제동 하면서 추돌하였으므로 중앙선침범을 적용받지 않고 안전거리의무위반의 과실을 적용 받는다

문제 44 **사고 차량에 의해 발생된 스키드마크(Skid mark)가 평탄한 도로상에서 직선으로 좌측 30m, 우측 24m가 발생되었다.** (참조 : $f=0.8$, $d=$ 스키드마크 길이)

01 **편제동(偏制動)에 의한 경우라 가정하고, 스키드마크에 의한 속도를 산출하시오.**

풀이 편제동 → 평균길이 적용

$$v=\sqrt{2\times0.8\times9.8\times\frac{30+24}{2}}=20.58m/s$$

02 **편심(偏心) 및 롤링에 의한 경우라고 가정하고, 스키드마크에 의한 속도를 산출하시오.**

풀이 편심 및 롤링 → 긴 것 적용

$$v=\sqrt{2\times0.8\times9.8\times30}=21.69m/s$$

문제 45 2004년 10월 3일 17시 30분경 서울 영맨 배드민턴 동호회 소속 회원 40명이 45인승 관광버스를 타고 설악산으로 단풍구경을 다녀오던 중 강원도 소재 커브길에서 운전자의 부주의로, 다음 그림과 같이 스키드마크를 생성하면서, 낭떠러지로 추락하여 7명 사망, 34명의 부상자가 발생하는 대형교통사고가 발생하였다.

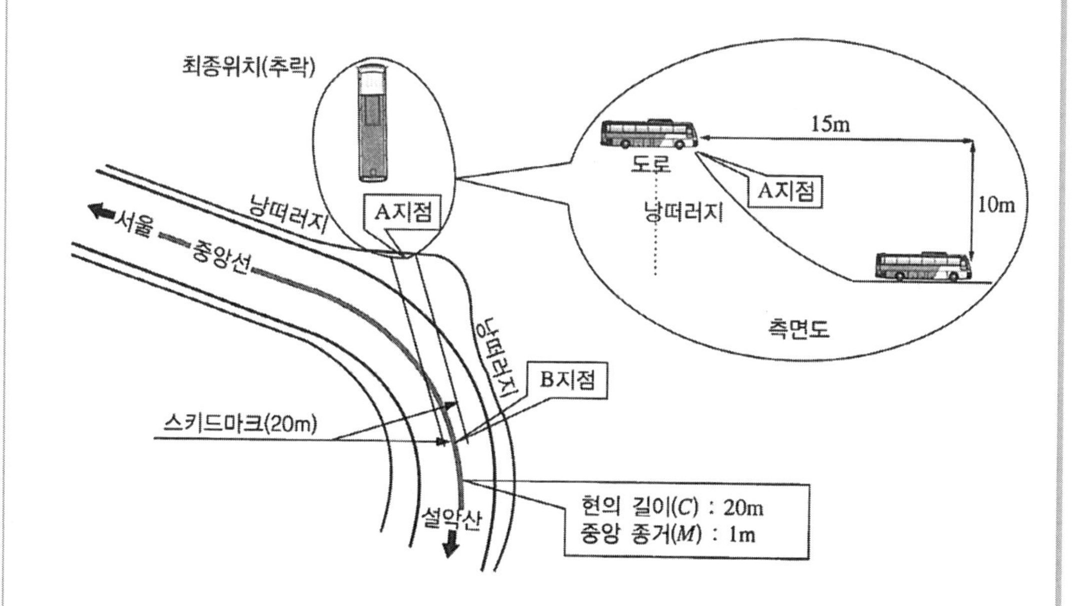

조 건

- 견인계수 0.6(본선 도로와 길 어깨 부분의 포장은 같은 조건이며 경사도는 없음)
- 스키드마크의 길이 20m
- 중력가속도(g) 9.8m/s²
- 추락 시 수평이동거리(D) 15m
- 추락 시 수직이동거리(h) 10m
- 추락속도 산출공식 $V_{추락속도} = D\sqrt{\frac{g}{2h}}$
- 합성속도 공식 $V_{합성속도} = \sqrt{V_1^2 + V_2^2}$

01 추락시점에서의 속도를 구하는 계산식을 유도하시오.

풀이 수평방향운동 : 등속

수직방향운동 : 자유낙하

$h = \frac{1}{2}gt^2$에서 $t = \sqrt{\frac{2h}{g}}$

$\therefore\ v = \frac{d}{\sqrt{\frac{2h}{g}}} = d\sqrt{\frac{g}{2h}}$

02 사고차량의 추락 시(A지점) 속도는 얼마인가?

풀이 $v = 15\sqrt{\frac{9.8}{2 \times 10}} = 10.5m/s$

03 사고차량이 추락하는 데 걸린 시간은 얼마인가?

풀이 $t = \sqrt{\frac{2h}{g}} = \sqrt{\frac{2 \times 10}{9.8}} = 1.43s$

04 사고차량의 제동직전 속도는 얼마인가?

풀이 $v_s = \sqrt{2\mu gd} = \sqrt{2 \times 0.6 \times 9.8 \times 20} = 15.3m/s$

$v_0 = \sqrt{v_s^2 + v^2} = \sqrt{15.3^2 + 10.5^2} = 18.56m/s$

05 사고구간 중앙선의 곡선반경은 얼마인가?

풀이 $R = \frac{C^2}{8M} + \frac{M}{2} = \frac{20^2}{8 \times 1} + \frac{1}{2} = 50.5m$

문제 46 차량이 커브 길을 달리던 중 과속으로 인해 옆으로 미끄러진다고 할 때

조 건

- 견인계수 0.7
- 중앙종거 2.5m
- 요마크 발생시점의 중앙종거 0.5m
- 중력가속도(g) 9.8m/s²
- 현의 길이 40m
- 요마크 발생시점의 현의 길이 30m

01 요마크로부터 곡선 반경 구하는 공식을 유하시오.

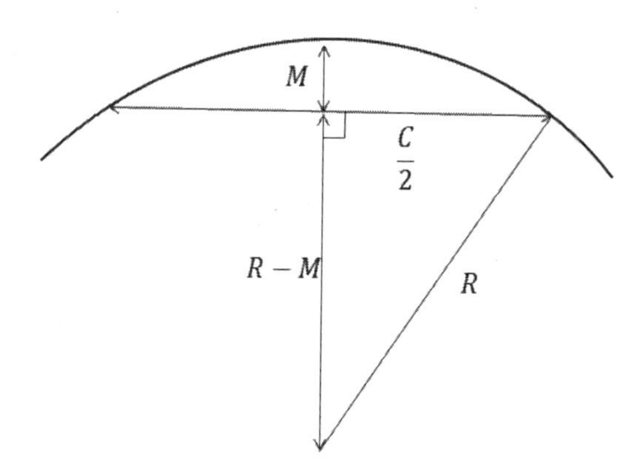

풀이 피타고라스 정리에 의해

$$\left(\frac{C}{2}\right)^2 + (R-M)^2 = R^2$$

$$R = \frac{C^2}{8M} + \frac{M}{2}$$

02 요마크 발생시점에서의 선회속도를 구하시오.

풀이 $R = \frac{C^2}{8M} + \frac{M}{2} = \frac{30^2}{8 \times 0.5} + \frac{0.5}{2} = 225.3m$

$v = \sqrt{\mu g R} = \sqrt{0.7 \times 9.8 \times 225.3} = 39.3m/s$

03 한계 선회속도를 구하시오.

풀이 $R = \frac{C^2}{8M} + \frac{M}{2} = \frac{40^2}{8 \times 2.5} + \frac{2.5}{2} = 81.25m$

$v = \sqrt{\mu g R} = \sqrt{0.7 \times 9.8 \times 81.25} = 23.61m/s$

문제 47 신호가 정상적으로 작동되는 교차로 횡단보도에서 쏘나타 승용차가 보행자를 충격하였다. 쏘나타 승용차는 정지선에서 신호대기 후 녹색신호를 받고 출발하였다고 주장하고 있는 사고이다.

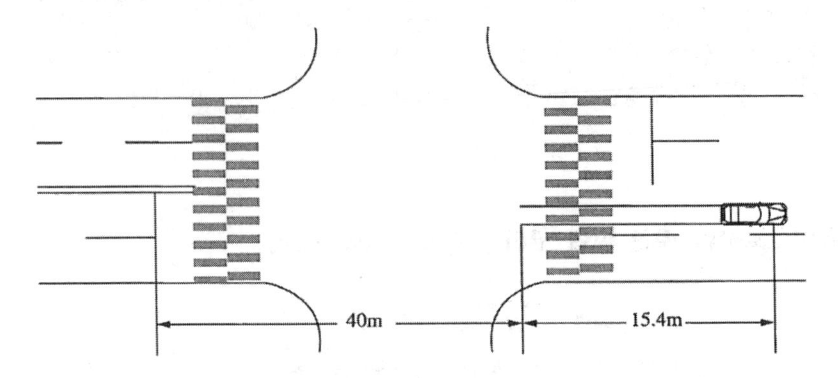

조 건

- 차량은 정지선에서 40.0m 진행한 후, 스키드마크 15.4m를 생성함
- 차량의 최대 발진성능은 0.17g로 가정
- 사고차량의 마찰계수 0.8(도로경사 없음)
- 정지선에서 출발 시 가속소요시간 산출 공식 $t=\sqrt{\frac{2d}{a}}$

01 사고차량의 제동직전 속도는 얼마인가?

풀이 $v=\sqrt{2\mu gd}=\sqrt{2\times0.8\times9.8\times15.4}=15.54m/s$

02 사고차량이 정지선에서 출발하여 제동흔적 발생시점까지 약 40.0m를 차량의 최대 가속성능인 0.17g로 가속 진행할 경우 소요시간은?

풀이 $d=v_0t+\frac{1}{2}at^2$ 식에서 $40=\frac{1}{2}\times0.17\times9.8\times t^2 \quad t=6.93s$

03 쏘나타 운전자 주장처럼 정지선에서 출발하여 40.0m를 진행했을 때의 속도를 구하고, 쏘나타 운전자 주장의 타당성 여부를 판단하고 근거를 기술하시오.

풀이 차량의 최대발진가속도로 출발한 경우 스키드 마크 시작점의 속도를 구하면

$v=\sqrt{2\mu gd}=\sqrt{2\times0.17\times9.8\times40}=11.54m/s$

스키드마크에 의한 속도인 15.54m/s 에 미치지 못하므로 정지선 출발 상황이 아니고 계 속 주행하였을 가능성이 크다.

문제 48 신호등이 있는 사거리 교차로를 사고 차량이 남쪽에서 북쪽으로 진행 중 서쪽에서 동쪽으로 횡단보도를 횡단하는 보행자를 발견하고 급제동하였으나 사고 차량의 전면으로 보행자를 충돌하였다.
사고 차량이 보행자를 충돌할 당시 전방(진행방향) 신호기에 직좌 신호(2현시)가 점등되어 있었고 충돌 후 25초 뒤에 직좌 신호(2현시)가 종료, 황색 주의 신호가 개시된 것으로 조사되었다.(각 현시 27초 + 황색 3초)

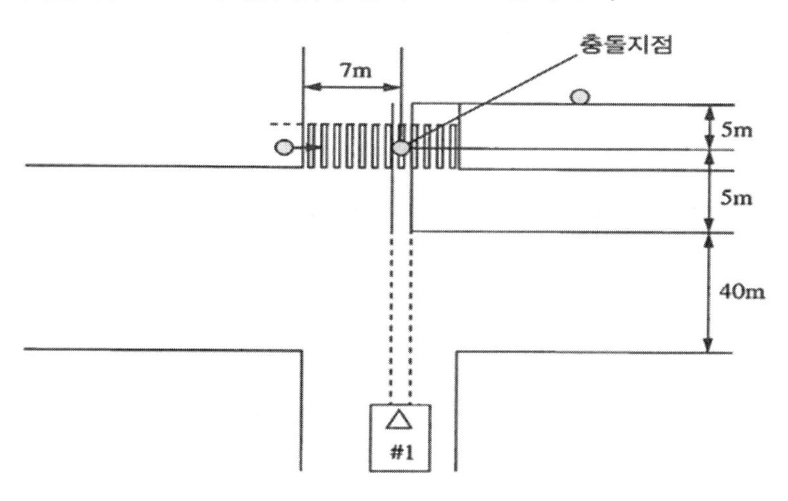

(μ : 마찰계수, g : 중력가속도, d : 거리, a : 가속도, V_i : 초기속도, V_e : 나중속도)

조 건

- 사고 차량 스키드마크 10m
- 스키드 시작에서 보행자 충돌 위치까지 5m
- 충돌 후 정지 시까지 거리 5m
- 정지선에서 스키드 시작점까지 거리 40m
- 차량 발진 가속도 0.2g
- 중력가속도 9.8m/s²
- 보행자 속도 1m/s
- 보행자 진입거리 7m
- 충격 시 운동량 손실은 무시, 인지 반응 시간 무시
- 소수점 둘째자리에서 반올림

01 차량 제동 시 속도(km/h)는? 보행자 충돌 시 속도(km/h)는?

풀이 차량 제동 시 속도 : $v = \sqrt{2\mu gd} = \sqrt{2\times0.8\times9.8\times10} = 12.52m/s$

보행자 충돌 속도 : $v = \sqrt{2\times0.8\times9.8\times5} = 8.85m/s$

02 보행자가 횡단보도에 진입, 사고 차량과 충돌하기까지 횡단하는데 소요된 시간은?

풀이 $t = \dfrac{d}{v}$에서 $t = \dfrac{7m}{1m/s} = 7s$

03 운전자가 정지선에 정차하였다는 주장을 토대로 사고 차량이 정지선에서 충돌 시까지 소요되는 시간은?

풀이 발진가속도 0.2g를 적용 40m 가속 주행 시간 : $d = v_0 t + \frac{1}{2}at^2$식을 이용하면

$$40 = \frac{1}{2} \times 0.2 \times 9.8 \times t^2,\ t = 6.39s$$

5m 제동시간 : $t = \dfrac{12.52 - 8.85}{0.8 \times 9.8} = 0.47s$

∴ 6.39+0.47= 6.86s

04 사고차량 운전자가 정지선에서 신호대기 후 출발을 주장할 경우 주어진 발진 가속도를 적용하여 제동 시작점의 도달속도는? 역학적 타당성을 논하시오.

풀이 발진 가속도 0.2g를 적용하면 제동 시작점의 속도는

$v = \sqrt{2 \times 0.2 \times 9.8 \times 40} = 12.52m/s$

이 속도는 스키드마크에 의한 제동 시 속도와 동일하다.

그러므로 정지선에서 출발하였다는 주장은 타당하다.

05 보행자의 횡단보도 진입시점에서의 신호상황, 사고차량의 교차로 진입시점에서의 신호 상황에 대해 각각 논하라.

예) 보행자는 0현시 00신호 종료 00초전에 횡단보도에 진입

풀이 승용차 운전자는 적색 신호에 출발하였다. 보행자는 1현시 보행신호 종료 5초전에 횡단보도에 진입하였다.

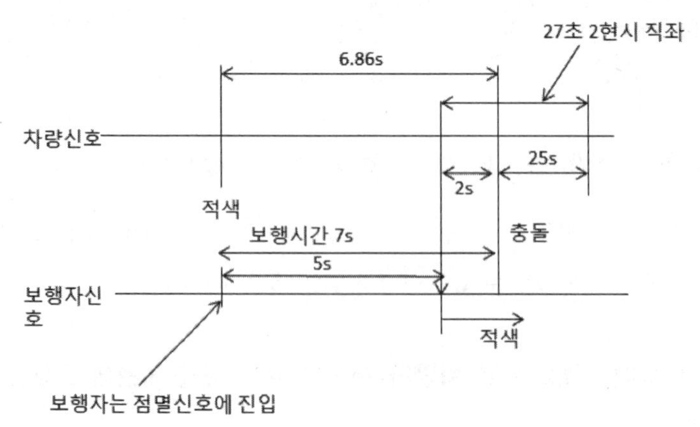

문제 49 차량이 주행하다가(편경사5%) 요 마크를 발생하고 추락하였다. 요 마크는 현의 길이가 72m, 중앙종거 5.7m, 수평거리 27m, 높이는 5m에서 추락하였다.(마찰계수 0.8, 중력가속도 9.8m/s²)

01 곡선반경을 구하시오.

풀이 $R = \frac{C^2}{8M} + \frac{M}{2} = \frac{72^2}{8 \times 5.7} + \frac{5.7}{2} = 116.5m$

02 요 마크 생성 시의 속도를 구하시오(km/h)

풀이 $v = \sqrt{(\mu + G)gR} = \sqrt{(0.8 + 0.05) \times 9.8 \times 116.5} = 31.15m/s = 112.15km/h$

03 추락 시 속도를 구하시오(km/h)

풀이 $v = d\sqrt{\frac{g}{2h}} = 27\sqrt{\frac{9.8}{2 \times 5}} = 26.73m/s = 96.23km/h$

문제 50 A차량은 정지 상태에서 출발하여 250m를 주행한 후 초속 10m/s로 주행 중이던 B차량의 뒷부분을 추돌하였고 두 차량이 한 덩어리가 된 상태에서 25m 이동하여 정지하였다. A차량의 충돌 전 스키드마크는 30m이고 마찰계수는 0.7이다. 두 차량은 충돌 후 A차량의 앞바퀴와 B차량의 뒷바퀴가 잠긴 상태로 이동하였다. 두 차량이 미끄러질 때의 마찰계수는 0.35이다. A차량의 무게는 1300kg이고 B차량의 무게는 1000kg이며 A차량에는 한사람이 승차했고 B차량에는 두 사람이 승차했으며 한 사람의 무게는 각각 70kg으로 한다. A차량의 운전자는 정지했다가 출발했다고 주장하는 상황이다. A차량의 최대발진가속도는 0.13g이다.

01 A, B차량의 충돌 후 속도는 얼마인가?

풀이 사고개요도

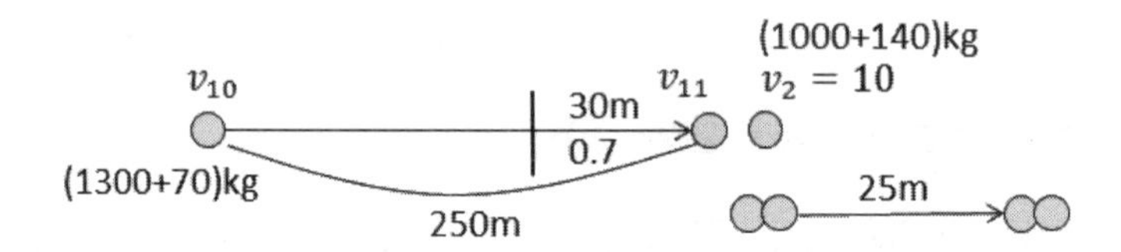

충돌직후 속도는 스키드마크 공식을 이용하여

$v = \sqrt{2 \times 0.35 \times 9.8 \times 25} = 13.10 m/s$

02 A차량의 충돌시 속도는 얼마인가?

풀이 운동량보존법칙을 사용하여

$1370 \times v_{11} + 1140 \times 10 = (1370 + 1140) \times 13.10$

$v_{11} = 15.68 m/s$

03 A차량의 제동직전 속도는 얼마인가?

풀이 $v^2 - v_0^2 = 2ad$식을 이용하여

$15.68^2 - v_0^2 = 2\times(-0.7\times9.8)\times30$

$v_{10} = 25.64m/s$

04 A차량이 공차시의 최대가속도가 0.16g 일 때, 한 사람이 탔을 때의 최대가속도는 얼마인가?

풀이 $F = ma$, $1300\times0.16g = 1370\times a_{\max}$

$\therefore a_{\max} = 1.494m/s^2$

05 A차량 운전자가 정지했다가 출발했다는 주장이 맞는 것인지 설명하시오.

풀이 출발하는 경우 220m 지점에서의 속도는

$v = \sqrt{2\times1.494\times220} = 25.64m/s$

출발시 발진가속도에 의한 제동직전의 속도와 스키드마크에 의한 속도가 같으므로 운전자의 주장은 타당하다.

단답형 기출문제

01 뉴턴(Newton)의 운동법칙 3가지를 설명하시오.

풀이 (1) **제1법칙(관성의 법칙)** : 물체의 외부에서 힘이 작용하지 않거나 또는 작용하고 있는 모든 힘의 합력이 "0"이 되면 정지하고 있던 물체는 계속해서 정지하고 운동하고 있는 물체는 언제까지나 등속운동을 한다.

(2) **제2법칙(가속도의 법칙)** : 물체에 힘이 작용하면 힘의 방향으로 가속도가 생기고 가속도의 크기는 작용한 힘의 크기에 비례하고 물체의 질량에 반비례한다.

(3) **제3법칙(작용반작용의 법칙)** : 두 물체 사이에서 크기는 같고 방향이 반대이며 직선상의 서로 다른 힘이 동시에 작용한다.

02 차 대 보행자 사고에서 보행자 충돌형태에 따른 충돌 후 보행자의 운동유형 5가지를 기술하고 각각의 유형에 대하여 설명하시오.

풀이
- Wrap Trajectory : 보행자가 차량을 감싸며 낙하하는 형태
- Forward Projection : 보행자가 전방으로 날아가는 형태
- Fender Vault : 보행자가 펜더 옆으로 넘어가는 형태
- Roof Vault : 보행자가 지붕으로 도약하여 넘어가는 형태
- Somer Vault : 보행자가 차량 위에서 공중회전(공중제비, 재주넘기) 하는 형태

03 자동차의 진동좌표계는 자동차의 무게중심을 원점으로 하여 원점에서 세운 수직축을 Z축, 세로방향은 X축, 좌우방향은 Y축으로 표시, 이에 입각하여 자동차의 운동특성 중 피칭(Pitching), 롤링(Rolling), 요잉(Yawing)의 운동방향을 아래 그림의 좌표계를 참고하여 그림으로 표시하고 각각에 대해 설명하시오.

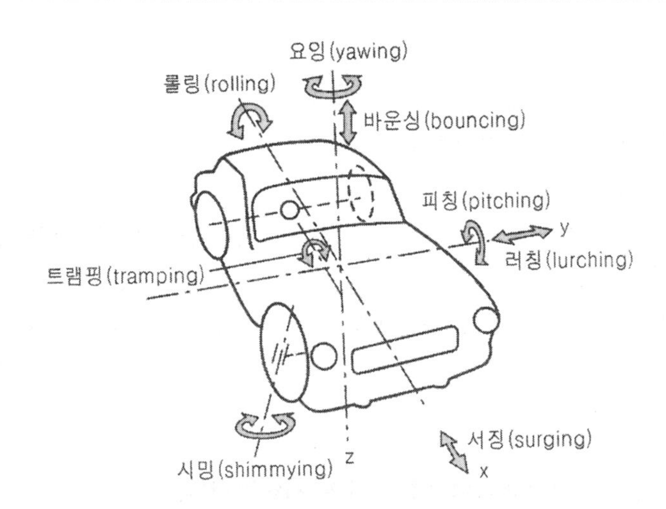

풀이 - **바운싱(Bouncing)** : 수직축(z축)을 따라 차체가 전체적으로 균일하게 상/하 직진하는 진동.
- **러칭(Lurching)** : 가로축(y축)을 따라 차체 전체가 좌/우 직진하는 진동.
- **서징(Surging)** : 세로축(x축)을 따라 차체 전체가 전/후 직진하는 진동.
- **피칭(Pitching)** : 가로축(y축)을 중심으로 차체가 전/후로 회전하는 진동.
- **롤링(Rolling)** : 세로축(x축)을 중심으로 차체가 좌/우로 회전하는 진동.
- **요잉(Yawing)** : 수직축(z축)을 중심으로 차체가 좌/우로 회전하는 진동.
- **시밍(Shimmying)** : 너클핀을 중심으로 앞바퀴(=조향륜)가 좌/우로 회전하는 진동.
- **트램핑(Tramping)** : 판 스프링에 의해 현가된 일체식 차축이 세로축(x축)에 나란한 회전축을 중심으로 좌/우 회전하는 진동.

04 마찰력과 원심력을 통한 요마크 공식을 유도하고 임계속도에 관하여 기술하시오.

풀이 마찰력 = 원심력

$\mu mg = m\dfrac{v^2}{r}$ 여기서 m은 약분하고 v에 대해서 정리하면,

$v = \sqrt{\mu gr}\ (m/s)$ 단, $r = \dfrac{C^2}{8M} + \dfrac{M}{2}$ (C: 현의 길이, M: 중앙종거)

05 가속도에 관하여 기술하고 단위를 쓰시오.

풀이 물체의 속도가 시간에 따라 변할 때 단위시간당 속도의 변화를 가속도라고 한다. 단위는 m/s^2 이고, 속도는 방향을 가진 물리량이므로 가속도도 방향을 가진 물리량이다. 즉, 벡터이다.

06 벡터와 스칼라에 관하여 논단하시오.

풀이 – 벡터는 어떤 점에 작용하여 크기와 방향으로 정해지는 양이다. 예를 들면 변위, 속도, 가속도, 운동량, 힘 등이다.
– 스칼라는 크기만으로 규정되는 양으로 길이, 거리, 시간, 속력, 질량, 일, 에너지 등이다.

07 over steering 과 under steering에 관하여 기술하시오.

풀이 – **오버스티어링**은 차량이 커브길을 선회할 때 스티어링휠을 돌린 각도보다 회전반경이 작아지는 현상이다. 일정한 조향각도로 회전하는 중에 뒷바퀴가 바깥쪽으로 미끄러지게 되면 쉽게 발생된다.
– **언더스티어링**은 차량이 커브길을 선회할 때 스티어링휠을 돌린 각도보다 회전반경이 커지는 현상이다. 운전자가 의도한 길보다 바깥쪽으로 벗어나는 경향이다.

08 노즈다운에 대해 설명하시오.

풀이 급제동시 무게중심이 앞쪽으로 쏠리고 앞쪽 현가장치 및 타이어 등이 눌려지면서 차체 앞부분이 내려가는 현상

09 완화구간을 설명하시오.

풀이 직선도로에서 곡선도로로 접어들거나 곡선반경이 다른 두 곡선도로가 접하는 경우 원심력에 의해 안정성이 극히 낮아지므로 두 도로가 만나는 부분을 부드럽게 연결시켜주는 구간

10 황화현상을 설명하시오.

풀이 전구 내부의 할로겐 가스가 유리벽 내부에 증착될 때 일어나는 현상

11 스탠딩웨이브를 설명하시오.

풀이 타이어 공기압이 낮은 상태에서 고속으로 주행할 경우 타이어의 측면부에 물결무늬의 파형이 생기면서 타이어가 파열되는 현상

12 편타손상을 설명하시오.

풀이 추돌사고 시 피추돌차량에 탑승한 사람의 목 부분이 채찍이 흔들이는 것처럼 앞뒤로 젖혀지면서 입게 되는 손상

13 일반브레이크와 ABS의 차이점을 설명하라.

풀이 일반브레이크는 급제동시 바퀴가 잠기게 되면 노면에 대해 미끄러지기 때문에 조향이 불가능하다. ABS는 약간씩 회전이 가능하므로 조향이 가능하며 차체 안정성이 향상된다.

14 장벽충돌환산속도에 대해 설명하시오.

풀이 동급의 차량이 같은 속도로 마주보면서 충돌하는 경우 두 차량은 제자리에 정지하게 된다. 이 상황과 같은 상황을 만들기 위해 고정벽에 충돌하는 실험을 하며 이 고정벽 충돌실험에서의 속도를 장벽충돌환산속도라고 한다. 동급의 차량이 마주보고 충돌하는 속도는 한 차량이 고정벽에 대해 같은 속도로 충돌하는 경우와 같다.

15 반발계수를 설명하시오.

풀이 $\text{반발계수} = \dfrac{\text{충돌 후 속도차이(상대속도)}}{\text{충돌 전 속도차이(상대속도)}}$

16 견인계수와 마찰계수에 대해 설명하시오.

풀이 견인계수는 두 물체의 표면이 정해지면 따라서 일정하게 정해지는 계수이다. 그러나 교통사고에서 타이어 하나가 제동이 되지 않을 수도 있고 충돌 후 차체가 찌그러지면서 노면을 긁을 수도 있다. 즉 교통사고에서는 노면과의 마찰이 일정하지 않기 때문에 수평력(견인력)/중력으로 견인계수를 구한다.

17 최초접촉과 최대접촉

풀이 최초 접촉은 두 차량이 최초 접촉하는 상황이다. 최초 접촉시의 자세는 두 차량이 어느 방향에서 왔는지에 대해 판단할 수 있다. 최대접촉은 두 차량이 최대 맞물린 상태로 최대 충격력이 작용하는 순간이다. 이때 소성변형이 가장 크게 일어나며 분리된 후라도 이 변형상태는 유지된다.

18 정지거리, 공주거리, 제동거리

풀이 인지반응시간 동안 주행한 거리를 공주거리라고 하고 실제적인 차량의 제동력이 발휘되어 속도가 감속되는 거리를 제동거리라고 한다. 정지거리는 공주거리와 제동거리를 더하여 구한다.

19 스킵스키드마크와 갭스키드마크의 차이점과 속도분석 시 유의점을 설명하시오.

풀이 스킵스키드마크는 제동장치에는 이상이 없으나 차체가 바운스되거나 ABS가 작동되어 점선처럼 나타나는 타이어 흔적이다. 갭스키드마크는 운전자가 제동페달에서 발을 떼어 제동이 되지 않은 구간이다. 그러므로 속도계산시에는 스킵스키드마크는 흔적의 처음부터 끝까지 모두 계산에 반영하여야 하고 갭스키드마크는 전체길이에서 끊어진 구간의 길이를 빼주어야 한다.

20 슬립률에 대해 간단히 설명하시오.

풀이 슬립률은 제동시 노면과 타이어 사이에서 미끄러지는 비율을 나타낸다. 급제동에 의해 타이어가 완전히 고정되어 노면 위를 미끄러지는 상황에서는 슬립률은 1이 된다. 제동이 없는 경우 타이어는 노면과 전혀 미끄러짐이 없이 굴러가게 되는 데 이 상황은 슬립률이 0이 된다.

21 브로드사이드 마크에 대해 설명하시오.

풀이 브러드사이드 마크는 충돌 또는 급조향에 따라 차체가 회전하여 옆으로 미끄러질 때 발생되는 폭이 넓은 스키드마크를 말한다.

22 최소회전반경을 간단히 설명하시오.

풀이 조향각을 최대로 하여 저속으로 진행하는 경우 가장 최외곽 타이어가 그리는 궤적을 최소회전반경이라고 한다.

23 충돌스크럽과 크룩에 대해 설명하시오.

풀이 충돌스크럽은 주행 중에 충돌로 인하여 타이어가 노면을 강하게 누르는 힘이 작용하여 충돌 순간에 일시적으로 나타나는 흔적이다. 정면충돌의 경우 짧게 나타나고 추돌의 경우에는 수 미터로 길게 나타난다. 크룩은 제동 중 스키드마크가 일직선으로 진행되다가 충돌에 의해 불규칙적으로 흔들리면서 나타나는 흔적이다.

24 잭나이프 효과에 대해 설명하시오.

풀이 트렉터-트레일러 차량에서 뒷바퀴가 제동되는 경우 트렉터와 트레일러의 연결 조인트를 기준으로 접히는 현상이 발생하는데 이를 잭나이프 현상이라고 한다.

25 액체 튀김과 방울짐에 대해 설명하시오.

풀이 액체의 튀김은 충돌지점에서 냉각수, 엔진오일 등이 충돌에 의해 비산되는 현상을 의미한다. 충돌지점에서 최종정지위치까지 이동되면서 액체가 흘러나오면서 바닥에 떨어지는 것을 방울짐이라고 한다. 튀김으로 충돌지점을 알 수 있고 방울짐 흔적으로 충돌이후 이동과정을 알 수 있다.

26 흑화현상

풀이 전구코일의 텅스텐이 증발하여 유리내벽에 증착할 때 일어나는 현상

27 플립과 볼트

풀이 플립은 차량이 옆으로 미끄러지면서 도로의 돌출물에 걸려 공중으로 올라갔다가 추락하는 현상을 말하고, 볼트는 차량이 앞으로 진행하면서 돌출물에 걸려 공중으로 올라갔다가 추락하는 현상을 말한다.

28 자동차에 설치된 ADAS장치는 사고의 위험을 줄여주는 역할을 한다. 이들 ADAS장치 중에서 LDWS와 LKAS에 대해 설명하시오.

풀이
- LDWS(차로이탈경고장치)는 졸음운전 등으로 운전자가 차선을 이탈하는 경우 경고하는 장치
- LKAS(차선유지지원시스템)은 ECU가 차선을 인식하고 계산을 하여 조향에 직접 개입을 하여 차로 내 주행을 유지하는 장치

29 타이어 측면에는 타이어규격이 표기되어 있다. 타이어 측면에 "225/45R17"의 표기가 있을 경우 각 항목이 의미하는 것은?

풀이 225 : 타이어 폭(mm)　　45 : 편평비(%)

R : 레이디얼 타이어　　17 : 림의 직경(inch)

30 다음의 설명을 참고하여 운동에너지 방정식을 유도하시오.

> 물체에 힘이 작용하여 물체가 힘의 방향으로 어떤 거리만큼 이동을 한 경우에 힘은 물체에 일을 한다고 말한다. 한 물체에서 다른 물체로 옮겨진 에너지의 양은 일과 동일하다고 볼 수 있으며 일을 할 수 있는 능력을 에너지와 같다고 표현할 수 있다.

풀이 $v^2 - v_0^2 = 2ad,\ a = \dfrac{v^2 - v_0^2}{2d}$

$$W = Fd = ma \times d = m\frac{v^2 - v_0^2}{2d}d = \frac{1}{2}mv^2 \ \ (v_0 = 0\text{인경우})$$

31 최근 과학기술의 발달로 도로교통분야도 많은 변화가 나타났다. 그 중에 대표적인 것이 바로 자율주행자동차이다. 자율주행자동차가 등장하여 사람들의 삶이 크게 달라질 것으로 예상된다. 이러한 변화는 긍정적인 부분도 많겠지만 새로운 고민거리를 던져주기도 한다.
이와 관련하여 자율주행자동차로 인해 새롭게 등장할 수 있는, 아직 해결하지 못한 법적, 윤리적 문제 등을 문제점에 대해 5가지를 기술하시오.

풀이 ① 운전자와 보행자 중 누구의 안전을 우선시하도록 프로그래밍 할 것인가.
② 사고 시 책임은 차량 제조회사인가 보험회사인가.
③ 운전자가 운전을 하지 않는데 자동차 보험에 가입할 필요가 있는가.
④ 비와 눈 등 기상이 좋지 않을 때 정확한 자율적인 운전이 가능한가.
⑤ 택시운전기사, 대리기사 등 운전에 종사하는 사람들의 실업문제는 해결가능한가.

32 축거와 윤거를 설명하시오.

풀이 축거는 앞차축부터 뒷차축까지의 거리이고 윤거는 좌우 타이어의 접지면의 중심간의 거리를 말한다.

33 백화현상

풀이 전구의 균열로 인하여 내부에 산소가 유입된 경우 발생한다.

34 베이퍼록 현상에 대해 설명하시오.

풀이 자동차가 내리막길 등에서 브레이크를 계속 사용하는 경우 브레이크가 과열되어 내부 오일에서 기포가 발생하게 되어 제동페달을 밟아도 브레이크 유압이 바퀴에 까지 전달되지 않는 현상.

35 페이드 현상

풀이 내리막길 등에서 브레이크를 계속 사용하는 경우 브레이크 내부 마찰 표면이 과열되어 마찰력이 저하되는 현상을 말한다.

36 크리프 현상에 대해 설명하시오.

풀이 자동변속기에서 변속기를 N에서 D로 놓는 경우 가속페달을 밟지 않아도 차량이 서서히 출발하는 현상을 말한다.

37 이륜차량 선회주행시 뱅크각에 대해 간략히 기술하시오.

풀이 선회시 원심력에 의해 오토바이가 바깥쪽으로 넘어지려는 힘이 발생한다. 여기에 대항하기 위해 오토바이를 커브의 안쪽 방향으로 기울여야 넘어지지 않는데 이 기울이는 각도를 뱅크각이라고 한다.

38 위치측정법 중 삼각법에 대해 설명하시오.

풀이 2개의 기준점으로 1개의 측정점을 측정하는 방법이다. 3점간의 길이만 측정하면 정확한 위치를 측정할 수 있는 장점이 있다.

39 롤링과 피칭

풀이 롤링은 차체의 앞뒤방향의 축을 기준으로 회전하는 현상이고 피칭은 차체의 좌우방향을 축으로 하여 회전하는 현상이다. 급가속 또는 급제동시 나타나는 현상은 피칭이고 전복시 나타나는 현상은 롤링이다.

저자 **박 성 지**

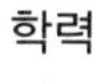

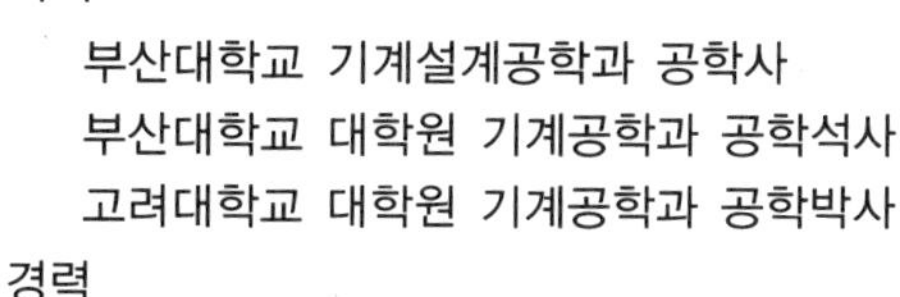

학력

부산대학교 기계설계공학과 공학사
부산대학교 대학원 기계공학과 공학석사
고려대학교 대학원 기계공학과 공학박사

경력

현) 대전보건대학교 과학수사학과 전임교수
전) 국립과학수사연구원 근무
전) 해양경찰청 근무
전) 삼성중공업 중장비연구개발실 근무
E-mail trafficar@naver.com

2022년 최신판

도로교통사고감정사 [1·2차 자격시험]

초판 인쇄 | 2022년 5월 3일
초판 발행 | 2022년 5월 10일

지 은 이 | 박성지
발 행 인 | 김길현
발 행 처 | (주)골든벨
등 록 | 제 1987-000018 호
I S B N | 979-11-5806-577-5
가 격 | 29,000원

이 책을 만든 사람들

편집 · 디자인 | 조경미, 남동우
웹매니지먼트 | 안재명, 서수진, 김경희
공급관리 | 오민석, 정복순, 김봉식
제작진행 | 최병석
오프마케팅 | 우병춘, 이대권, 이강연
회계관리 | 문경임, 김경아

㊕ 04316 서울특별시 용산구 245(원효로1가 53-1) 골든벨빌딩 5~6F
• TEL : 도서 주문 및 발송 02-713-4135 / 회계 경리 02-713-4137
내용 관련 문의 02-713-7452 / 해외 오퍼 및 광고 02-713-7453
• FAX : 02-718-5510 • http : // www.gbbook.co.kr • E-mail : 7134135@ naver.com